Alexander von Weiss

Die elektromagnetischen Felder

nachrichtentechnik

Herausgegeben von
Prof. Dr.-Ing. habil. Peter Jesorsky, Nürnberg
Prof. Dr. techn. Alexander von Weiss, Nürnberg

In der NTE-Reihe sollen die wichtigsten Theorien der Nachrichtentechnik erfaßt, ihre technischen Anwendungen herausgestellt und einschlägige Methoden, Verfahren und Technologien behandelt werden. Die Reihe wendet sich an Studenten mit abgeschlossenem Vorexamen und an Lehrende aus allen Zweigen der Nachrichtentechnik und der Allgemeinen Elektrotechnik an Fachhochschulen und Technischen Universitäten sowie an Ingenieure im Berufsleben.

Band 1 **Die elektromagnetischen Felder**
Einführung in die Feldtheorie und ihre Anwendung
von A. v. Weiss

Alexander von Weiss

Die elektromagnetischen Felder

Einführung in die Feldtheorie und ihre Anwendung

Mit 77 Beispielen
und 197 Bildern

Friedr. Vieweg & Sohn Braunschweig / Wiesbaden

CIP-Kurztitelaufnahme der Deutschen Bibliothek

Weiss, Alexander von:
Die elektromagnetischen Felder: Einf. in d.
Feldtheorie u. ihre Anwendung/Alexander von
Weiss. – Braunschweig; Wiesbaden: Vieweg, 1983.
(Nachrichtentechnik; Bd. 1)

NE: GT

1983

Umschlagentwurf: Peter Lenz, Wiesbaden
Satz: Friedr. Vieweg & Sohn, Braunschweig

ISBN-13: 978-3-528-04225-7 e-ISBN-13: 978-3-322-85309-7
DOI: 10.1007/978-3-322-85309-7

Vorwort

Enormes Anwachsen des Wissensstoffes begleitet von einer bisher nicht gekannten Innovationsdynamik kennzeichnet die technische Entwicklung der letzten zwanzig Jahre in der vielschichtigen Elektrotechnik. Eine Neuauflage der seit 1969 vergriffenen 3. Auflage der „Übersicht über die Theoretische Elektrotechnik“ des Verfassers, von der bereits Teil II gemeinsam mit Prof. Dr. H. Kleinwächter verfaßt wurde, müßte daher zu einer Buchreihe mit mehreren Verfassern erweitert werden, um allen Leserwünschen einigermaßen entgegenzukommen. So befaßt sich das vorliegende Buch nur mit der Lehre von den elektromagnetischen Feldern, dem eigentlichen Kerngebiet der Theoretischen Elektrotechnik. Es bildet das Fundament für viele Zweige der Nachrichtentechnik und der ihr angegliederten Fachgebiete und erschien daher besonders geeignet zu sein, um die NTE-Schriftenreihe zu eröffnen.

Behandelt werden die elektromagnetischen Felder und ihre technische Anwendung, die an 77 Anwendungsbeispielen erläutert wird. Der Stoffumfang reicht von den statischen Feldern bis zu den Mikrowellen und Lichtwellen in Lichtwellenleitern. Den Abschluß bildet ein kurzer Blick in die vierdimensionale Raum-Zeit-Welt; er soll eine Vertiefung des Verständnisses für die physikalischen Zusammenhänge vermitteln. Als Einführung in die Feldtheorie beschränkt sich die Stoffauswahl auf das Wesentliche und vermeidet ein detailliertes Eindringen in die anspruchsvolle mathematische Welt der Theoretischen Elektrotechnik. Im Vordergrund steht die physikalische Deutung der Naturvorgänge, der viel Raum gewidmet wird. Das Buch will zum Erkennen und Verstehen des physikalischen Geschehens aus möglichst übergeordneter Sicht verhelfen, das Verständnis für die Notwendigkeit exakt mathematischer Formulierungen wecken sowie zu den mathematischen Ansätzen bei der technischen Anwendung der Feldtheorie auf spezielle Probleme als Brücke zwischen Theorie und Praxis führen.

Die Darstellung versucht weitgehend die Maxwellschen Gedankengänge mit ihrer affininvarianten Form der Feldgleichungen herauszustellen. Der felderfüllte Raum, materiefrei oder mit Materie angefüllt, wird dabei als ein Kontinuum betrachtet. Doch bereits die Erklärung selbst elementarer Vorgänge bei der Elektrizitätsleitung ebenso wie die Behandlung der polarisierten und magnetisierten Materie stößt an die Grenzen der Feldtheorie als phänomenologische Theorie des Makrokosmos und kann auf eine atomistische Betrachtung nicht verzichten. Zum besseren Verständnis der Naturvorgänge dient ferner bei physikalischen Betrachtungen die sich in der Elektrodynamik immer mehr durchsetzende Darstellung der Feldgrößen als Multivektoren[1]); sie ermöglicht eine besonders anschauliche, klare und eindeutige Unterscheidung ihres Vektorcharakters. Auch im letzten Kapitel kommt der äußere Kalkül nochmals zur Anwendung, wobei seine große Leistungsfähigkeit erkennbar wird.

[1]) Siehe Schrifttum [2.4], [2.11], [2.12], [2.17], [2.21].

Vom Leser vorausgesetzt wird die Kenntnis der Grundlagen der Gleich- und Wechselstromtechnik und ihre mathematische Behandlung im Umfang der „Allgemeinen Elektrotechnik" des Verfassers [1.4]. Die verlangten mathematischen Vorkenntnisse gehen hinsichtlich Grundlagen der klassischen Vektoranalysis und Grundkenntnisse zur Lösung gewöhnlicher und partieller Differentialgleichungen nicht über das hinaus, was normalerweise von Studenten der Elektrotechnik nach abgeschlossenem Vorexamen erwartet wird. Intensive Mitarbeit des Lesers bleibt jedoch unverzichtbar, denn wirkliches Wissen muß erarbeitet werden; das Buch kann dabei nur Helfer sein.
Der Welt des Ingenieurs angepaßt, wird durchwegs das Vierersystem mit den kohärenten SI-Einheiten verwendet. Um jedoch zu einem kritischen Nachdenken anzuregen, wird insbesondere bei physikalischen Betrachtungen auf das Fünfersystem hingewiesen, das wegen seiner Systeminvarianz in der Raum-Zeit-Welt angewendet wird. Die Formelzeichen entsprechen den Empfehlungen des AEF, dabei wird im Vorgriff auf eine noch in Vorbereitung befindliche AEF-Empfehlung die elektrische Leitfähigkeit mit κ bezeichnet. Überschneidungen mit der Flächenladungsdichte σ oder bei der Wellenausbreitung mit der Fortpflanzungskonstante γ wären sonst unvermeidbar.
In zahlreichen Diskussionen mit Fachkollegen erhielt ich viele Anregungen und wertvolle Hinweise zur Verbesserung der Darstellung. Mein besonderer Dank richtet sich dabei an die Herren Prof. Dr. *Helmut Dietz*, Nürnberg und Prof. Dr.-Ing. *Anton Vlcek*, Darmstadt. Zu danken habe ich ferner dem Vieweg-Verlag für die angenehme Zusammenarbeit sowie für die schöne Ausstattung des Buches und den sauberen Formelsatz. Herrn *Michael Langfeld* bin ich für das stets gezeigte Verständnis und Entgegenkommen bei der durch Krankheit bedingten Verzögerung der Manuskriptabgabe zu großem Dank verpflichtet.

Nürnberg, Juli 1983 A. von Weiss

Inhaltsverzeichnis

Abschnitt I Einführende Grundlagen

Mathematische Hilfsmittel. Einführende Betrachtungen. Die elektromagnetischen Feldgrößen.

1 Mathematische Hilfsmittel

1.1 Grundlagen der Vektoralgebra und Vektoranalysis

1.1.1 Skalar und Vektor, Ortsfunktionen. Zur Beschreibung der elektromagnetischen Erscheinungen verwendet man richtungsunabhängige Größen, das sind *Skalare* oder skalare Größen, sowie richtungsabhängige Größen insbesondere Monovektoren, kurz *Vektoren* genannt, und Multivektoren (Kap. 1.2). Von diesen können Monovektoren oder 1-Vektoren einer gerichteten Strecke, Bivektoren oder 2-Vektoren einem orientierten Flächenstück und Trivektoren oder 3-Vektoren einem Volumen umkehrbar eindeutig zugeordnet werden. Im dreidimensionalen Raum R3 wird ein Bivektor wegen seiner drei wesentlichen Koordinaten meist noch durch einen ihm dual zugeordneten Monovektor ersetzt (Kap. 1.2.1). Bivektoren und Monovektoren werden dann nicht mehr unterschieden, sondern als Vektoren bezeichnet und behandelt. Ebenso werden Trivektor und Skalar wegen ihrer einen wesentlichen Koordinate nicht unterschieden. Auch im folgenden wird im allgemeinen auf eine Kennzeichnung einer Größe als Multivektor verzichtet; Mono- und Bivektoren werden allgemein als vektorielle Größen bezeichnet und nur dort besonders gekennzeichnet, wo der Vektorgrad hervorgehoben werden soll oder bestimmend ist. Siehe Kap. 1.2 sowie Kap. 9.4.3.

Im dreidimensionalen Raum R3 mit den Einheitsvektoren $\boldsymbol{e}_x, \boldsymbol{e}_y, \boldsymbol{e}_z$ in Richtung der drei Achsen x, y, z nach Bild 1.1 (kartesisches Koordinatensystem) erhält man für den Vektor $\boldsymbol{A}$

$$\boldsymbol{A} = \boldsymbol{A}_x + \boldsymbol{A}_y + \boldsymbol{A}_z = A_x \boldsymbol{e}_x + A_y \boldsymbol{e}_y + A_z \boldsymbol{e}_z \tag{1.1}$$

mit dem Betrag

$$|\boldsymbol{A}| = A = \sqrt{A_x^2 + A_y^2 + A_z^2}. \tag{1.2}$$

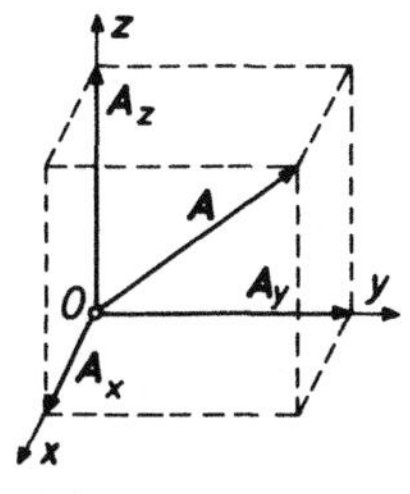

Bild 1.1 Räumlicher Vektor im kartesischen Koordinatensystem

Hierbei sind die Beträge der Komponenten des Vektors $\boldsymbol{A}$

$$\left.\begin{aligned} A_x &= \boldsymbol{A}\boldsymbol{e}_x = A \cos\alpha, \\ A_y &= \boldsymbol{A}\boldsymbol{e}_y = A \cos\beta, \\ A_z &= \boldsymbol{A}\boldsymbol{e}_z = A \cos\gamma, \end{aligned}\right\} \tag{1.3}$$

wo α, β, γ die Winkel sind, die der Vektor $\boldsymbol{A}$ mit den drei Achsen x, y, z bildet.

Das *Skalarprodukt* zweier Vektoren $\boldsymbol{A}$ und $\boldsymbol{B}$, die den Winkel α einschließen, ergibt mit Gl. (1.1) einen Skalar

$$\boldsymbol{A}\boldsymbol{B} = A_x B_x + A_y B_y + A_z B_z = AB \cos\alpha = c. \tag{1.4}$$

Für die orthogonalen Einheitsvektoren in R3 erhält man

$$e_i e_i = 1; \quad e_i e_j = 0. \tag{1.5}$$

Dagegen ergibt das dreidimensionale vektorielle Produkt oder ***Vektorprodukt*** zweier Vektoren $\boldsymbol{A}$ und $\boldsymbol{B}$ nach Bild 1.2

$$\boldsymbol{A} \times \boldsymbol{B} = \boldsymbol{C} = -(\boldsymbol{B} \times \boldsymbol{A}) \tag{1.6}$$

einen Vektor senkrecht auf der durch $\boldsymbol{A}$ und $\boldsymbol{B}$ gebildeten Fläche mit dem Betrag

$$|\boldsymbol{A} \times \boldsymbol{B}| = C = AB \sin\alpha. \tag{1.7}$$

Das ist der Flächeninhalt des durch die beiden Vektoren $\boldsymbol{A}$ und $\boldsymbol{B}$ gebildeten Parallelogramms. Die drei Vektoren $\boldsymbol{A}$, $\boldsymbol{B}$ und $\boldsymbol{C}$ bilden ein Rechtssystem. Unter Beachtung der Reihenfolge x, y, z und des nichtkommutativen Charakters der vektoriellen Multiplikation erhält man dabei wegen

$$e_i \times e_j = e_k = -(e_j \times e_i); \quad e_i \times e_i = 0 \tag{1.8}$$

für die beiden Vektoren $\boldsymbol{A}$ und $\boldsymbol{B}$ mit Gl. (1.1)

$$\boldsymbol{A} \times \boldsymbol{B} = (A_y B_z - A_z B_y)\boldsymbol{e}_x + (A_z B_x - A_x B_z)\boldsymbol{e}_y + (A_x B_y - A_y B_x)\boldsymbol{e}_z$$

oder, als Determinante angeschrieben,

$$\boldsymbol{A} \times \boldsymbol{B} = \begin{vmatrix} e_x & e_y & e_z \\ A_x & A_y & A_z \\ B_x & B_y & B_z \end{vmatrix} = \boldsymbol{C}. \tag{1.9}$$

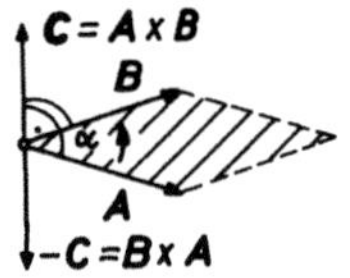

Bild 1.2
Zum Vektorprodukt zweier Vektoren im dreidimensionalen Raum

Aus der Definition des Vektorprodukts Bild 1.2 folgt, daß einem ebenen Flächenstück ein Vektor zugeordnet werden kann, den man in der dreidimensionalen Vektorrechnung als Flächenvektor $\boldsymbol{A}$ bezeichnet. Mit dieser Zuordnung ist der Flächenvektor $\boldsymbol{A}$ ein Vektor senkrecht zur ebenen Fläche A in Richtung der Normalen $\boldsymbol{n}$; sein Betrag ist gleich der Fläche, während seine Richtung mit dem Umlaufsinn der Flächenrandkurve eine Rechtsschraube bildet. Diese Zuordnung ist jedoch nicht umkehrbar eindeutig, da die Flächenform (Randkurve) bei gleichem Flächeninhalt verschieden sein kann.

Bem.: Man beachte, daß beide Produkte $\boldsymbol{AB}$ und $\boldsymbol{A} \times \boldsymbol{B}$ nicht umkehrbar eindeutig sind. Nach Gl. (1.4) kann der Skalar c durch skalare Multiplikation des Vektors $\boldsymbol{A}$ mit jeweils beliebig vielen Vektoren $\boldsymbol{B}$ gewonnen werden, sofern nur

$$B \cos\alpha = c/A.$$

Entsprechendes gilt wegen Gl. (1.7) auch für das Vektorprodukt.

Ist eine skalare oder vektorielle Größe eine Funktion des Ortes wie z.B. die potentielle Energie eines Körpers oder die Schwerkraft der Erde, so bezeichnet man diese Größe als skalare bzw. vektorielle *Ortsfunktion*. Eine skalare Ortsfunktion $\varphi(x, y, z)$ ordnet als Funktion von drei unabhängig Veränderlichen in ihrem Bereich jedem Punkt des Raumes einen Skalar zu, der ein Skalarfeld, z.B. ein Temperaturfeld beschreibt. Ist diese Zuordnung eindeutig und verbindet man Punkte gleichen Wertes φ, so erhält man eine Niveaufläche; ist insbesondere φ ein skalares Potential, so heißen diese Flächen *Äquipotentialflächen*. Auf einer Äquipotentialfläche ist $\varphi = \text{const}$.

Eine vektorielle Ortsfunktion

$$\boldsymbol{u}(x, y, z) = u_x(x, y, z)\boldsymbol{e}_x + u_y(x, y, z)\boldsymbol{e}_y + u_z(x, y, z)\boldsymbol{e}_z$$

bedeutet, drei Funktionen von jeweils drei unabhängig Veränderlichen. Eine solche Funktion ordnet in ihrem Bereich jedem Punkt des Raumes einen Vektor zu, der als Feldvektor ein Vektorfeld beschreibt. Dieses kann z.B. ein Kraftfeld oder ein Geschwindigkeitsfeld sein.

Die Richtung des Feldvektors, auch als Feldrichtung bezeichnet, kann man durch *Feldlinien* (Vektorlinien) angeben. Die Tangente in jedem Punkt auf einer Feldlinie gibt die Richtung des in diesem Punkt vorhandenen Feldvektors an. Verfolgt man nach Bild 1.3 die Feldlinien, die den Rand einer kleinen Fläche $\mathrm{d}A$ senkrecht zur Feldrichtung begrenzen, so erhält man eine *Vektorröhre* als röhrenartiges Gebilde. Durch den Querschnitt einer Vektorröhre ist der Fluß des Vektors $\boldsymbol{u}$

$$\Psi = \int \boldsymbol{u}\,\mathrm{d}A.$$

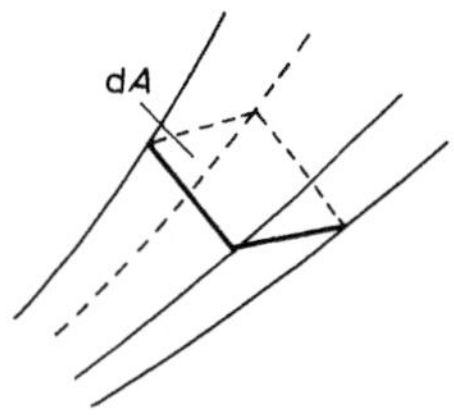

Bild 1.3 Vektorröhre

Je dichter die den Röhrenquerschnitt begrenzenden Feldlinien verlaufen, um so größer wird der Betrag des dort vorhandenen Feldvektors. Auf diese Weise kommt man zu einer anschaulichen Darstellung von Vektorfeldern mit quantitativ auswertbaren Feldbildern.

1.1.2 Elementare Differentialoperationen. Durch eine räumliche Differentiation erhält man

im Skalarfeld $\varphi(x, y, z)$ den Vektor $\operatorname{grad}\varphi$
im Vektorfeld $\boldsymbol{u}(x, y, z)$ den Skalar $\operatorname{div}\boldsymbol{u}$ oder
den Vektor $\operatorname{rot}\boldsymbol{u}$.

Ist im betrachteten Bereich eines Skalarfeldes $\varphi(x, y, z)$ eine stetige, differenzierbare Ortsfunktion, so wird der Zuwachs von φ beim Fortschreiten um $\mathrm{d}\boldsymbol{n}$ mit den Koordinaten $\mathrm{d}x$, $\mathrm{d}y$, $\mathrm{d}z$ in Richtung des größten Anstiegs der Werte φ (Richtung normal zu einer Niveaufläche $\varphi = \text{const.}$)

$$\mathrm{d}\varphi = \frac{\partial\varphi}{\partial x}\mathrm{d}x + \frac{\partial\varphi}{\partial y}\mathrm{d}y + \frac{\partial\varphi}{\partial z}\mathrm{d}z.$$

Wie man aus Bild 1.1 entnimmt, kann man setzen

$$\frac{\mathrm{d}x}{\mathrm{d}n} = \cos\alpha, \quad \frac{\mathrm{d}y}{\mathrm{d}n} = \cos\beta, \quad \frac{\mathrm{d}z}{\mathrm{d}n} = \cos\gamma$$

und diese Ausdrücke jeweils als Kosinus der Richtungswinkel eines Vektors betrachten. Nach Gl. (1.3) lautet dann der so erhaltene Vektor (Monovektor)

$$\boxed{\operatorname{grad}\varphi = \frac{\partial\varphi}{\partial x}\boldsymbol{e}_x + \frac{\partial\varphi}{\partial y}\boldsymbol{e}_y + \frac{\partial\varphi}{\partial z}\boldsymbol{e}_z} \tag{1.10}$$

er heißt *Gradient* der skalaren Ortsfunktion φ. Sein Betrag ist

$$|\operatorname{grad}\varphi| = \frac{\mathrm{d}\varphi}{\mathrm{d}n} = \sqrt{\left(\frac{\partial\varphi}{\partial x}\right)^2 + \left(\frac{\partial\varphi}{\partial y}\right)^2 + \left(\frac{\partial\varphi}{\partial z}\right)^2}. \tag{1.11}$$

Der Gradient einer skalaren Ortsfunktion ist ein Vektor und beschreibt ein Vektorfeld. Die Vektoren grad φ verlaufen normal zu den Flächen φ = const. (Niveau- oder Äquipotentialflächen) und zeigen in Richtung maximal wachsender Werte φ.

In der zweidimensionalen Darstellung bilden die Feldlinien des Vektors grad φ und die Äquipotentiallinien orthogonale Trajektorien.

Beispiel 1.1: Beim freien Fall eines Körpers wirkt die Schwerkraft radial in Richtung zum Erdmittelpunkt. Die Vektorlinien (Feldlinien) der Schwerkraft bilden also radiale Strahlen, die die Niveauflächen (konzentrische Kugelschalen um die Erde) des störungsfrei angenommenen Schwerefeldes senkrecht durchstoßen. Die Schwerkraft hat demnach die Richtung des größten Potentialgefälles (Richtung, in der die potentielle Energie abnimmt); sie ist der negative Gradient einer skalaren Ortsfunktion φ. Ein weiteres einfaches Beispiel für den Gradienten ist die Schichtliniendarstellung des Geländes, wie sie auf vielen Karten gebräuchlich ist. Die Schichtlinien sind die Kurven gleicher Höhe. Die „Fallinien", auf denen sich die Höhe am schnellsten ändert, schneiden sie stets senkrecht (orthogonale Trajektorien) und geben die Richtung an, in welcher etwa das Wasser zu Tal rinnt. Sie entsprechen den Feldlinien eines ebenen Vektors $\boldsymbol{F} = -\operatorname{grad}\varphi$.

Ist $\boldsymbol{u}(x, y, z)$ eine vektorielle Ortsfunktion, so ergibt das Flächenintegral (Hüllenintergral)

$$\Psi = \oint \boldsymbol{u}\,\mathrm{d}\boldsymbol{A}$$

über die geschlossene Oberfläche eines Raumteils (Volumens) den aus- oder eintretenden Fluß (Hüllenfluß). Ist Ψ positiv, so liegt im betrachteten Bereich eine Quelle vor, es tritt insgesamt Fluß aus. Ist Ψ negativ, so liegt im betrachteten Bereich eine Senke vor, es tritt insgesamt Fluß ein. Verschwindet der Hüllenfluß, so ist das Feld des Vektors $\boldsymbol{u}$ im betrachteten Bereich quellenfrei. Dabei ist zu beachten, daß die Flächennormale definitionsgemäß nach außen gerichtet ist. Verschwindet in einem Vektorfeld $\boldsymbol{u}(x, y, z)$ das Linienintegral auf jedem *beliebigen* geschlossenem Wege (Randintegral, Zirkulation)

$$\oint \boldsymbol{u}\,\mathrm{d}\boldsymbol{s} = 0,$$

so bezeichnet man das Vektorfeld im betrachteten Bereich auch als wirbelfrei. Anderenfalls beschreibt der Vektor $\boldsymbol{u}$ ein Wirbelfeld.
Um den Quellencharakter eines Vektorfeldes $\boldsymbol{u}(x, y, z)$ in jedem Feldpunkt zu ermitteln, bildet man die spezifische Ergiebigkeit des Feldes, indem man das Hüllenintegral durch das von der Hüllfläche gebildete Volumen V dividiert und durch Bilden des Grenzübergangs $V \to 0$ auf einen differentiellen Wert schrumpfen läßt. Dabei läßt sich zeigen, daß der so erhaltene Grenzwert unabhängig von der speziellen Form des Volumens endlich ist, wenn $\boldsymbol{u}$ im betrachteten Bereich eine stetige und differenzierbare vektorielle Ortsfunktion ist. Den auf diese Weise erhaltenen Grenzwert

$$\operatorname{div}\boldsymbol{u} = \lim_{V \to 0} \frac{1}{V} \oint \boldsymbol{u}\,\mathrm{d}\boldsymbol{A} \tag{1.12}$$

bezeichnet man als *Divergenz* oder spezifische Ergiebigkeit des Vektors $\boldsymbol{u}$ *).

*) Bei Berücksichtigung des Vektorgrades ist die Bildung der Divergenz eine Differentialoperation im Feld eines Bivektors und die Bildung der Rotation eine Differentialoperation im Feld eines Monovektors. Siehe Kapitel 1.2.2.

Die Divergenz ist ein Maß für die Ergiebigkeit eines Vektorfeldes. Sie gibt an, wieviel Fluß je Volumen in jedem Punkt des betrachteten Feldbereichs entsteht oder verschwindet.

Verschwindet in einem Vektorfeld innerhalb eines Bereiches die Divergenz, so liegen weder Quellen noch Senken vor. Das Vektorfeld ist in diesem Bereich quellenfrei, anderenfalls ist es ein *Quellenfeld*. Bei Quellenfreiheit haben die Feldlinien weder Anfang noch Ende; entweder sie verlaufen in sich geschlossen oder sie treten durch das betrachtete Volumen hindurch. In einem Quellenfeld entspringen dagegen an den Quellen neue Feldlinien (Vektorlinien), die an den Senken wieder münden.
Ähnlich wie bei der Bildung der Divergenz kann man unter gleichen Voraussetzungen das Randintegral des Vektors $\boldsymbol{u}$ durch die umlaufene Fläche A dividieren. Ist $\boldsymbol{n}$ die Flächennormale der Umlauffläche mit dem *größten* Wert des Randintegrals, so bezeichnet man den Grenzwert

$$\operatorname{rot}\boldsymbol{u} = \boldsymbol{n} \cdot \lim_{A \to 0} \frac{1}{A} \oint \boldsymbol{u}\, \mathrm{d}\boldsymbol{s} \tag{1.13}$$

als Rotation oder *Rotor* des Vektors $\boldsymbol{u}$ *).

rot $\boldsymbol{u}$ ist ein Vektor normal zum Flächenelement dA mit dem größten Wert des Randintegrals, dessen Richtung mit dem Umlaufsinn des Randintegrals eine Rechtsschraube bildet.

Verschwindet in einem Vektorfeld der Vektor rot $\boldsymbol{u}$, so ist das Vektorfeld in diesem Bereich wirbelfrei, anderenfalls ist es ein *Wirbelfeld*.
In kartesischen Koordinaten gewinnt man aus Gl. (1.12) für die Divergenz [2.13]

$$\operatorname{div}\boldsymbol{u} = \frac{\partial u_x}{\partial x} + \frac{\partial u_y}{\partial y} + \frac{\partial u_z}{\partial z} \tag{1.14}$$

Ein Vektor *konstanter* Richtung beschreibt ein quellenfreies Feld, wenn sich sein Betrag längs seiner Richtung nicht ändert.

Beispiele 1.2: Ein quellenfreies Feld beschreibt der Strömungsvektor innerhalb einer inkompressiblen Flüssigkeit. In jedem herausgegriffenen Volumen bleibt die Flüssigkeitsmenge unverändert; es tritt ebensoviel Fluß ein wie wieder austritt. Innerhalb einer Gasströmung liegen dagegen im Bereich geringer Dichte Senken, dort wird mehr Gas ein- als ausströmen. Im Bereich großer Dichte liegen wiederum Quellen. Dort wird mehr Gas aus- als einströmen.

Die Komponenten des Vektors rot $\boldsymbol{u}$ gewinnt man aus Gl. (1.13) in kartesischen Koordinaten aus der Determinante [2.13]

$$\operatorname{rot}\boldsymbol{u} = \begin{vmatrix} \boldsymbol{e}_x & \boldsymbol{e}_y & \boldsymbol{e}_z \\ \frac{\partial}{\partial x} & \frac{\partial}{\partial y} & \frac{\partial}{\partial z} \\ u_x & u_y & u_z \end{vmatrix} \tag{1.15}$$

*) Siehe Fußnote, Seite 4.

Daraus

$$\left.\begin{aligned}\operatorname{rot}_x \boldsymbol{u} &= \left(\frac{\partial u_z}{\partial y} - \frac{\partial u_y}{\partial z}\right) \boldsymbol{e}_x,\\ \operatorname{rot}_y \boldsymbol{u} &= \left(\frac{\partial u_x}{\partial z} - \frac{\partial u_z}{\partial x}\right) \boldsymbol{e}_y,\\ \operatorname{rot}_z \boldsymbol{u} &= \left(\frac{\partial u_y}{\partial x} - \frac{\partial u_x}{\partial y}\right) \boldsymbol{e}_z.\end{aligned}\right\} \qquad (1.16)$$

Ein Vektor *konstanter* Richtung ist wirbelfrei, wenn sich sein Betrag quer zu seiner Richtung nicht ändert.

Um den Begriff des Rotors näher zu erläutern, sollen noch einige Beispiele betrachtet werden, insbesondere da der mathematische Begriff des Wirbels keineswegs mit der im allgemeinen Sprachgebrauch üblichen Bedeutung des Wortes Wirbel identisch ist.

Beispiel 1.3: Bild 1.4 zeigt die idealisierte Darstellung des Schwerefeldes der Erde. Bildet man in einem solchen Vektorfeld das Randintegral längs des geschlossenen Weges 1-2-3-4-1, so erhält man die längs dieses Weges geleistete Arbeit und es wird

$$\oint \boldsymbol{F}\,\mathrm{d}\boldsymbol{s} = \int_1^2 \boldsymbol{F}\,\mathrm{d}\boldsymbol{s} + \int_2^3 \boldsymbol{F}\,\mathrm{d}\boldsymbol{s} + \int_3^4 \boldsymbol{F}\,\mathrm{d}\boldsymbol{s} + \int_4^1 \boldsymbol{F}\,\mathrm{d}\boldsymbol{s} = 0.$$

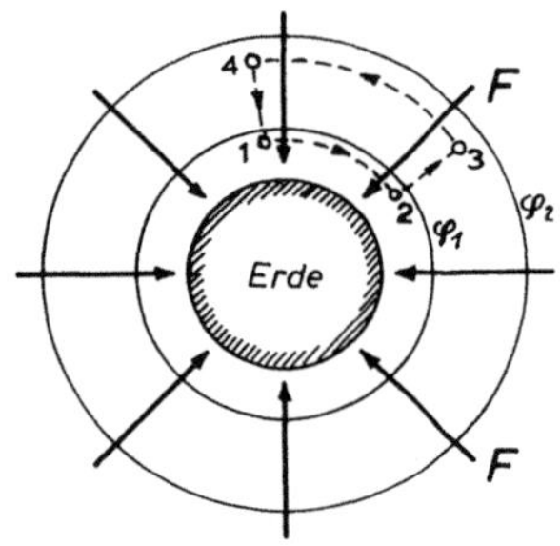

Bild 1.4
Idealisiertes Schwerefeld der Erde

Von 1 nach 2 und von 3 nach 4 wird keine Arbeit geleistet, da die Bewegung entlang einer Niveaufläche erfolgt, der Kraftvektor $\boldsymbol{F}$ durchdringt diese Flächen senkrecht. Auf dem Wege von 2 nach 3 muß genauso viel Arbeit gegen die Schwerkraft geleistet werden, wie auf dem Wege von 4 nach 1 wieder gewonnen wird. Damit verschwindet das Randintegral. Das gleiche Ergebnis würde man auch beim Umlauf eines bezüglich des Kraftvektors $\boldsymbol{F}$ beliebig orientierten Flächenstückes erhalten. Die auf beliebigem geschlossenem Wege geleistete Arbeit im Schwerefeld der Erde verschwindet.

Beispiel 1.4: Bild 1.5 zeigt das Geschwindigkeitsfeld innerhalb einer rotierenden Scheibe. Längs des Weges von 2 nach 3 und von 4 nach 1 verläuft der Weg senkrecht zu den Feldlinien, ergibt somit keinen Beitrag zum Randintegral. Es verbleibt demnach

$$\oint \boldsymbol{v}\,\mathrm{d}\boldsymbol{s} = \int_1^2 \boldsymbol{v}\,\mathrm{d}\boldsymbol{s} + \int_3^4 \boldsymbol{v}\,\mathrm{d}\boldsymbol{s} = \omega\alpha\,(r_2^2 - r_1^2) \neq 0.$$

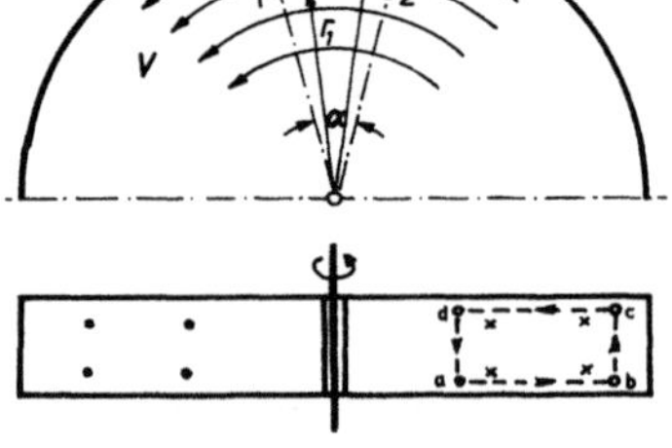

Bild 1.5
Geschwindigkeitsfeld innerhalb einer rotierenden Scheibe

Wird dagegen das Randintegral längs einer normal zum Feldvektor $\boldsymbol{v}$ liegenden Fläche, etwa längs *a-b-c-d-a* genommen, so wird sein Wert stets Null, da Geschwindigkeitsrichtung und Wegrichtung an jeder Stelle einen rechten Winkel miteinander bilden.

Beispiel 1.5: Bild 1.6 zeigt die Geschwindigkeitsverteilung innerhalb einer zähen Flüssigkeit in einer Rinne. Vom Wirbelcharakter dieser Strömung kann man sich leicht mittels eines kleinen Schwimmers überzeugen, der in Rotation geraten wird, wie in Bild 1.6 angedeutet ist. Nur für Punkte auf der Symmetrielinie in der Mitte der Rinne verschwindet die Rotation. Das Randintegral verschwindet ebenfalls längs einer symmetrisch zur Mittellinie liegenden Fläche, etwa längs des Rechtecks 1-2-3-4-1 in Bild 1.6.

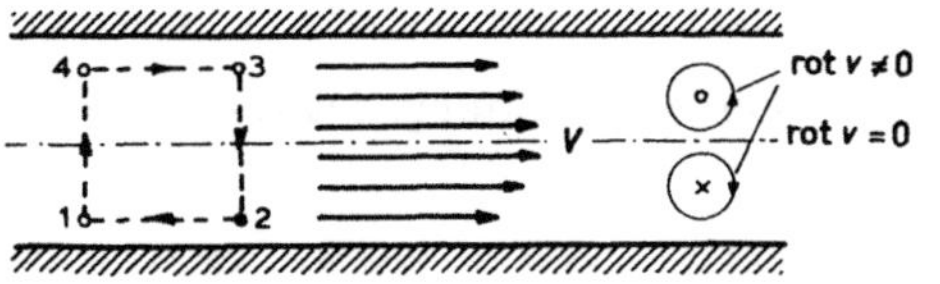

Bild 1.6
Strömungsfeld in einer Rinne

Der Rotor ist nach Gl. (1.13) als *Grenzwert* für eine Fläche $A \to 0$ definiert. Das Verschwinden des Randintegrals längs einer speziell angenommenen endlichen Fläche ist noch kein ausreichendes Kriterium für die Wirbelfreiheit eines Vektorfeldes.

Besonders einfache Ausdrücke erhält man, wenn man einen Operator, den *Nabla-Operator*, in kartesischen Koordinaten

$$\boxed{\nabla = \boldsymbol{e}_x \frac{\partial}{\partial x} + \boldsymbol{e}_y \frac{\partial}{\partial y} + \boldsymbol{e}_z \frac{\partial}{\partial z}} \qquad (1.17)$$

einführt. Als Differential- und Vektoroperator ist er im allgemeinen vom Koordinatensystem *nicht* unabhängig, weshalb seine Anwendung einige Vorsicht gebietet.

Definitionsgemäß wirkt der Nabla-Operator als Differentialsymbol nur auf rechts von ihm stehende Größen ein, soweit diese mit ihm multiplikativ verbunden sind.

Man erhält dann aus Gl. (1.10) für den Gradienten

$$\boxed{\operatorname{grad} \varphi = \nabla \varphi} \qquad (1.18)$$

und aus Gl. (1.14) unter Beachtung von Gl. (1.4) für die Divergenz

$$\boxed{\operatorname{div} \boldsymbol{u} = \nabla \boldsymbol{u}} \qquad (1.19)$$

sowie aus Gl. (1.15) wegen Gl. (1.9) für den Rotor

$$\boxed{\operatorname{rot} \boldsymbol{u} = \nabla \times \boldsymbol{u}} \qquad (1.20)$$

Schließlich erhält man zur Anwendung auf skalare Ortsfunktionen als Skalarprodukt aus dem Nabla-Operator mit sich selbst in kartesischen Koordinaten den *Laplace-Operator*

$$\boxed{\nabla^2 = \Delta = \frac{\partial^2}{\partial x^2} + \frac{\partial^2}{\partial y^2} + \frac{\partial^2}{\partial z^2}} \qquad (1.21)$$

1.1.3 Zusammengesetzte Differentialoperationen. Unter Beachtung der elementaren Differentiationsregeln findet man

$$\left.\begin{aligned} \operatorname{grad}\varphi\psi &= \varphi\operatorname{grad}\psi + \psi\operatorname{grad}\varphi,\\ \operatorname{div}\varphi\boldsymbol{u} &= \varphi\operatorname{div}\boldsymbol{u} + \boldsymbol{u}\operatorname{grad}\varphi,\\ \operatorname{div}(\boldsymbol{u}\times\boldsymbol{v}) &= \boldsymbol{v}\operatorname{rot}\boldsymbol{u} - \boldsymbol{u}\operatorname{rot}\boldsymbol{v},\\ \operatorname{rot}\varphi\boldsymbol{u} &= \varphi\operatorname{rot}\boldsymbol{u} - \boldsymbol{u}\times\operatorname{grad}\varphi. \end{aligned}\right\} \tag{1.22}$$

Ferner erhält man mit Gl. (1.21) die wichtige Beziehung

$$\boxed{\operatorname{div}\operatorname{grad}\varphi = \nabla\nabla\varphi = \Delta\varphi} \tag{1.23}$$

Definiert man dagegen in kartesischen Koordinaten unter Beachtung, daß $\boldsymbol{u}$ ein Vektor ist,

$$\Delta\boldsymbol{u} = \boldsymbol{e}_x\,\Delta u_x + \boldsymbol{e}_y\,\Delta u_y + \boldsymbol{e}_z\,\Delta u_z, \tag{1.24}$$

so wird der Laplace-Operator auf die skalaren Koordinaten eines Vektors angewendet. Damit wird

$$\boxed{\operatorname{rot}\operatorname{rot}\boldsymbol{u} = \operatorname{grad}\operatorname{div}\boldsymbol{u} - \Delta\boldsymbol{u}.} \tag{1.25}$$

Aus Gl. (1.25) kann $\Delta\boldsymbol{u}$ für jedes beliebige Koordinatensystem definiert werden, während Gl. (1.23) nur zur Bildung des Laplace-Operators eines Skalars dient und leicht zu Fehlern führen kann. Insbesondere sollten die einzelnen Operationen bei Produkten stets nacheinander ausgeführt werden. So wird nach Gl. (1.22) mit Gl. (1.23)

$$\operatorname{div}(\varphi\operatorname{grad}\psi) = \varphi\operatorname{div}\operatorname{grad}\psi = \operatorname{grad}\varphi\operatorname{grad}\psi = \varphi\Delta\psi + \operatorname{grad}\varphi\operatorname{grad}\psi, \tag{1.26}$$

wobei

$$\operatorname{grad}\varphi\cdot\operatorname{grad}\psi \neq \nabla\varphi\cdot\nabla\psi = \Delta\varphi\psi.$$

Von besonderer Bedeutung sind noch die beiden sich unmittelbar aus Gl. (1.18) bis Gl. (1.20) ergebenden Ableitungen

$$\boxed{\operatorname{rot}\operatorname{grad}\varphi = 0, \qquad \operatorname{div}\operatorname{rot}\boldsymbol{u} = 0.} \tag{1.27}$$

Der Gradient einer skalaren Ortsfunktion beschreibt demnach stets ein wirbelfreies Feld und der Rotor einer vektoriellen Ortsfunktion ein quellenfreies Feld. Eine ein wirbelfreies Feld beschreibende Ortsfunktion kann stets als Gradient einer skalaren Ortsfunktion und eine ein quellenfreies Feld beschreibende Ortsfunktion als Rotor einer vektoriellen Ortsfunktion $\boldsymbol{A}$ dargestellt werden. Der Vektor $\boldsymbol{A}$ heißt dann *Vektorpotential* oder vektorielles Potential.

Ein Vektorfeld kann weder *allein* aus seinen Wirbeln noch *allein* aus seinen Quellen eindeutig bestimmt werden. Zur eindeutigen Bestimmung eines Vektorfeldes ist die Kenntnis sowohl seiner Wirbel als auch seiner Quellen notwendig. Es ist nämlich wegen Gl. (1.27)

$$\begin{aligned} \operatorname{rot}\boldsymbol{u} &= \operatorname{rot}(\boldsymbol{u} + \operatorname{grad}\varphi) = \operatorname{rot}\boldsymbol{u} + \operatorname{rot}\operatorname{grad}\varphi\\ \operatorname{div}\boldsymbol{v} &= \operatorname{div}(\boldsymbol{v} + \operatorname{rot}\boldsymbol{A}) = \operatorname{div}\boldsymbol{v} + \operatorname{div}\operatorname{rot}\boldsymbol{A} \end{aligned}$$

mit φ als skalares und $\boldsymbol{A}$ als vektorielles Potential.

1.1.4 Integralsätze. Ist $\boldsymbol{u}$ eine vektorielle Ortsfunktion, die ebenso wie ihre Divergenz innerhalb des betrachteten Volumens V stetig und eindeutig ist, so erhält man aus Gl. (1.12) den *Satz von Gauß*

$$\boxed{\int \operatorname{div} \boldsymbol{u} \, \mathrm{d}V = \oint \boldsymbol{u} \, \mathrm{d}\boldsymbol{A}} \qquad (1.28)$$

Entsprechend erhält man aus Gl. (1.13) den *Satz von Stokes*

$$\boxed{\int \operatorname{rot} \boldsymbol{u} \, \mathrm{d}\boldsymbol{A} = \oint \boldsymbol{u} \, \mathrm{d}\boldsymbol{s}} \qquad (1.29)$$

Der Gaußsche Satz ermöglicht die Umwandlung eines Volumenintegrals in ein Flächenintegral (Hüllenintegral), der Stokessche Satz ermöglicht die Umwandlung eines Flächenintegrals in ein Linienintegral (Zirkulation).

1.1.5 Orthogonale krummlinige Koordinaten. In einem dreidimensionalen orthogonalen und krummlinigen Koordinatensystem mit den Einheitvektoren $\boldsymbol{e}_1$, $\boldsymbol{e}_2$, $\boldsymbol{e}_3$ in Richtung der drei Koordinatenachsen x_1, x_2, x_3 ist ein Vektor nach Gl. (1.1) gegeben durch

$$\boldsymbol{A} = \boldsymbol{A}_1 + \boldsymbol{A}_2 + \boldsymbol{A}_3 = A_1 \boldsymbol{e}_1 + A_2 \boldsymbol{e}_2 + A_3 \boldsymbol{e}_3 . \qquad (1.30)$$

Dabei beachte man:

In einem krummlinigen Koordinatensystem ändern sich die Richtungen der Einheitsvektoren im allgemeinen von Raumpunkt zu Raumpunkt. Die eine Koordinatenachse kennzeichnende Größe kann ferner lediglich einen Parameter bedeuten und beispielsweise ein Winkel sein. Für ein Streckenelement $\mathrm{d}s$ beim Fortschreiten um $\mathrm{d}x_i$ längs einer Achse x_i gilt daher im allgemeinen $\mathrm{d}s \neq \mathrm{d}x_i$.

Beim Fortschreiten um jeweils $\mathrm{d}x_i$ in Richtung der drei Achsen wird daher die zurückgelegte Strecke

$$\mathrm{d}\boldsymbol{s} = \mathrm{d}\boldsymbol{s}_1 + \mathrm{d}\boldsymbol{s}_2 + \mathrm{d}\boldsymbol{s}_3 = \mathrm{d}s_1 \boldsymbol{e}_1 + \mathrm{d}s_2 \boldsymbol{e}_2 + \mathrm{d}s_3 \boldsymbol{e}_3 , \qquad (1.31)$$

wobei

$$\mathrm{d}s_1 = \frac{\partial s}{\partial x_1} \mathrm{d}x_1 = g_1 \, \mathrm{d}x_1 ; \quad g_1 = g_1 (x_1, x_2, x_3),$$

$$\mathrm{d}s_2 = \frac{\partial s}{\partial x_2} \mathrm{d}x_2 = g_2 \, \mathrm{d}x_2 ; \quad g_2 = g_2 (x_1, x_2, x_3),$$

$$\mathrm{d}s_3 = \frac{\partial s}{\partial x_3} \mathrm{d}x_3 = g_3 \, \mathrm{d}x_3 ; \quad g_3 = g_3 (x_1, x_2, x_3).$$

Damit betragen Linienelement $\mathrm{d}s$ und Volumenelement $\mathrm{d}V$

$$\left.\begin{aligned} \mathrm{d}s^2 &= g_1^2 \, \mathrm{d}x_1^2 + g_2^2 \, \mathrm{d}x_2^2 + g_3^2 \, \mathrm{d}x_3^2 \\ \mathrm{d}V &= g_1 g_2 g_3 \, \mathrm{d}x_1 \, \mathrm{d}x_2 \, \mathrm{d}x_3 \end{aligned}\right\} \qquad (1.32)$$

und man erhält für die Koordinaten des Vektors $\operatorname{grad} \varphi$ [2.13]

$$|\operatorname{grad}_1 \varphi| = \frac{1}{g_1} \frac{\partial \varphi}{\partial x_1} ; \quad |\operatorname{grad}_2 \varphi| = \frac{1}{g_2} \frac{\partial \varphi}{\partial x_2} ; \quad |\operatorname{grad}_3 \varphi| = \frac{1}{g_3} \frac{\partial \varphi}{\partial x_3} . \qquad (1.33)$$

Ferner wird die Divergenz des Vektors $\boldsymbol{u}$

$$\operatorname{div}\boldsymbol{u} = \frac{1}{g_1 g_2 g_3}\left\{\frac{\partial}{\partial x_1}(g_2 g_3 u_1) + \frac{\partial}{\partial x_2}(g_3 g_1 u_2) + \frac{\partial}{\partial x_3}(g_1 g_2 u_3)\right\} \tag{1.34}$$

und der Laplace-Operator

$$\Delta = \frac{1}{g_1 g_2 g_3}\left\{\frac{\partial}{\partial x_1}\left(\frac{g_2 g_3}{g_1}\frac{\partial}{\partial x_1}\right) + \frac{\partial}{\partial x_2}\left(\frac{g_3 g_1}{g_2}\frac{\partial}{\partial x_2}\right) + \frac{\partial}{\partial x_3}\left(\frac{g_1 g_2}{g_3}\frac{\partial}{\partial x_3}\right)\right\}. \tag{1.35}$$

Schließlich lautet der Rotor des Vektors $\boldsymbol{u}$

$$\operatorname{rot}\boldsymbol{u} = \frac{1}{g_1 g_2 g_3}\begin{vmatrix} g_1\boldsymbol{e}_1 & g_2\boldsymbol{e}_2 & g_3\boldsymbol{e}_3 \\ \dfrac{\partial}{\partial x_1} & \dfrac{\partial}{\partial x_2} & \dfrac{\partial}{\partial x_3} \\ g_1 u_1 & g_2 u_2 & g_3 u_3 \end{vmatrix}. \tag{1.36}$$

Für *kartesische Koordinaten* x, y, z ist

$$g_1 = g_2 = g_3 = 1 \quad \text{und} \quad x_1 = x, \quad x_2 = y, \quad x_3 = z. \tag{1.37}$$

Man erhält die in Kapitel 1.1.2 angegebenen Ausdrücke.

Für *Zylinderkoordinaten* r, φ, z nach Bild 1.7a ist

$$g_1 = g_3 = 1, \quad g_2 = r; \quad x_1 = r, \quad x_2 = \varphi, \quad x_3 = z. \tag{1.38}$$

Für *Kugelkoordinaten* r, ϑ, φ nach Bild 1.7b ist unter Beachtung, daß ϑ der Polabstand ist und r, ϑ, φ ein Rechtssystem bilden,

$$\left.\begin{aligned} g_1 &= 1, & g_2 &= r, & g_3 &= r\sin\vartheta, \\ x_1 &= r, & x_2 &= \vartheta, & x_3 &= \varphi. \end{aligned}\right\} \tag{1.39}$$

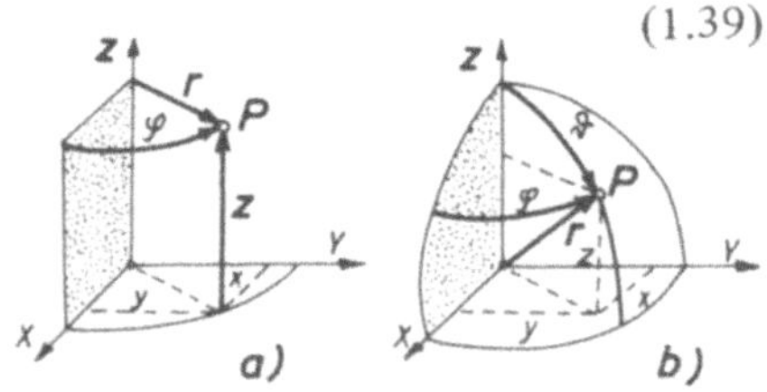

Bild 1.7 Krummlinige Orthogonalkoordinaten
a) Kreiszylinderkoordinaten, b) Kugelkoordinaten

1.2 Begriffe der äußeren Algebra

1.2.1 Multivektoren. Zur Beschreibung der elektromagnetischen Erscheinungen kennt die übliche dreidimensionale Vektorrechnung eigentlich nur Skalare und Vektoren ohne Unterscheidung des Vektorcharakters. So wird beispielsweise einer Fläche eine normal zur Fläche orientierte Strecke als Vektor zugeordnet und dieser Flächenvektor als Vektor behandelt. Erst bei der Betrachtung der Kraftwirkungen im elektromagnetischen Feld wird der Begriff des Tensors eingeführt. Sind nun im dreidimensionalen Raum R3 $\boldsymbol{a}, \boldsymbol{b}, \boldsymbol{c}$ drei nicht komplanare, also linear unabhängige Vektoren und $\boldsymbol{e}_1, \boldsymbol{e}_2, \boldsymbol{e}_3$ Einheitsvektoren in Richtung der drei Achsen, so erhält man mit den durch die Indizes 1, 2, 3 gekennzeichneten orthogonalen Koordinaten unter Beachtung von Gl. (1.6)

Strecke	$\boldsymbol{s} = \boldsymbol{a}$	$= a_i \boldsymbol{e}_i$
Fläche	$\boldsymbol{A} = \boldsymbol{a} \times \boldsymbol{b}$	$= (a_i b_j - a_j b_i)(\boldsymbol{e}_i \times \boldsymbol{e}_j)$
Volumen	$V = (\boldsymbol{a} \times \boldsymbol{b})\boldsymbol{c}$	$= (a_i b_j c_k - a_k b_j c_i)(\boldsymbol{e}_i \times \boldsymbol{e}_j)\boldsymbol{e}_k$

Beschränkt man sich im folgenden auf den euklidischen Raum mit orthonormierten Basisvektoren, so entfällt eine Unterscheidung zwischen kontravarianten und kovarianten Koordinaten. Ferner soll gesetzt werden

$s = A_i$ mit den Koordinaten a_i

$A = A_{ij}$ mit den Koordinaten a_{ij}

$V = A_{ijk}$ mit den Koordinaten a_{ijk}.

Die Indizes i, j, k entstehen aus der natürlichen Reihenfolge der m Zahlen 1, 2, 3 durch zyklische Vertauschung. Die Koordinaten a_i von A_i lauten dann a_1, a_2, a_3, während die Koordinaten a_{ij} von A_{ij} durch die Determinante

$$a_{ij} = \begin{vmatrix} a_i & a_j \\ b_i & b_j \end{vmatrix} = a_i b_j - a_j b_i$$

gegeben sind. Durchlaufen darin die Indizes i, j alle 3^2 möglichen Kombinationen der $m = 3$ Zahlen 1, 2, 3, so erhält man 9 Werte, von denen jedoch

$$a_{ij} = -a_{ji}, \quad a_{ii} = a_{jj} = 0\,.$$

Demnach kann A_{ij} durch die Matrix

$$A_{ij} = \begin{pmatrix} 0 & a_{12} & a_{13} \\ -a_{12} & 0 & a_{23} \\ -a_{13} & -a_{23} & 0 \end{pmatrix} \tag{1.40}$$

dargestellt werden. A_{ij} hat also im dreidimensionalen Raum R3 nur drei wesentlich verschiedene Koordinaten

$$A_x = a_{23}, \quad A_y = a_{31}, \quad A_z = a_{12}\,.$$

Entsprechend erhält man die Koordinaten a_{ijk} von A_{ijk} aus der Determinante

$$a_{ijk} = \begin{vmatrix} a_i & a_j & a_k \\ b_i & b_j & b_k \\ c_i & c_j & c_k \end{vmatrix}$$

und daraus, wenn man alle 3^3 möglichen Kombinationen der Zahlen 1, 2, 3 zuläßt, Koordinaten der Form

$$a_{ijk} = (a_i b_j c_k - a_k b_j c_i) + (a_j b_k c_i - a_i b_k c_j) + (a_k b_i c_j - a_j b_i c_k),$$

die jedoch für mindestens zwei gleiche Indizes verschwinden. Da ferner für die verbleibenden sechs nicht verschwindenden Koordinaten

$$a_{123} = a_{231} = a_{312}, \quad a_{321} = a_{132} = a_{213} = -a_{123}\,,$$

hat A_{ijk} nur eine wesentlich verschiedene Koordinate. Gl. (1.40) ergibt die Koordinaten eines schiefsymmetrischen oder antimetrischen Tensors zweiter Stufe A_{ij}; entsprechend ist A_{ijk} ein schiefsymmetrischer Tensor dritter Stufe.
Insgesamt hat im m-dimensionalen Raum Rm ein Tensor p-ter Stufe insgesamt m^p Koordinaten.

Ist er schiefsymmetrisch, so sind davon mit $0 \leqslant p \leqslant m$ höchstens

$$s = \binom{m}{p} = \binom{m}{m-p} \tag{1.41}$$

wesentlich verschiedene Koordinaten.

| Die s wesentlich verschiedenen Koordinaten eines schiefsymmetrischen Tensors sind seine Bestimmungsstücke und heißen *strikte* Koordinaten.

Ein schiefsymmetrischer Tensor p-ter Stufe wird auch als *Multivektor* oder p-Vektor bezeichnet[1]). Man erhält ihn als *alternierendes Produkt* oder Dachprodukt (äußeres Produkt) aus p Einzelvektoren. Diese Produktbildung wird durch das Symbol $\wedge$ gekennzeichnet.

Sind U_i, V_i und W_i drei nicht komplanare Vektoren des dreidimensionalen Raumes R3, gegeben durch

$$U_i = \sum_{i=1}^{3} u_i, \quad V_i = \sum_{i=1}^{3} v_i, \quad W_i = \sum_{i=1}^{3} w_i,$$

so erhält man in R3 unter Beachtung von Gl. (1.41) folgende Multivektoren (p-Vektoren)

Skalar	A	$= u$	$p = 0$	$s = 1$
Monovektor	A_i	$= \Sigma u_i$	$p = 1$	$s = 3$
Bivektor	A_{ij}	$= \Sigma (u_i \wedge v_j)$	$p = 2$	$s = 3$
Trivektor	A_{ijk}	$= \Sigma (u_i \wedge v_j \wedge w_k)$	$p = 3$	$s = 1$

wobei die Indizes i, j, k aus der natürlichen Reihenfolge der Zahlen 1, 2, 3 durch zyklische Vertauschung entstehen. Dabei ist

$$u_i \wedge v_j = -(v_j \wedge u_i); \quad u_i \wedge u_i = 0. \tag{1.42}$$

| Das alternierende Produkt aus p Vektoren des m-dimensionalen Raumes Rm mit $0 \leqslant p \leqslant m$ heißt Element der äußeren Algebra und ist ein Multivektor p-ter Stufe.

Im dreidimensionalen Raum R3 ist demnach dem Monovektor A_i eine Strecke, dem Bivektor A_{ij} eine Fläche und dem Trivektor A_{ijk} ein Raumteil (Volumen) zugeordnet. Der vollständige schiefsymmetrische Tensor zweiter Stufe (Bivektor) kann mit seinen insge-

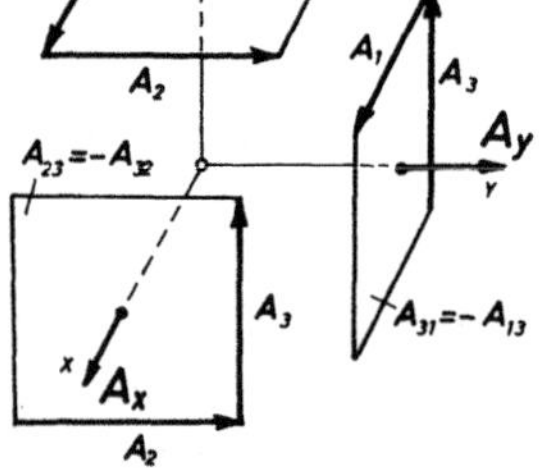

Bild 1.8

Geometrische Deutung eines dreidimensionalen Bivektors

---

[1]) Häufig wird zwischen p-Vektoren und Systemen von p-Vektoren unterschieden. Lediglich letztere werden dann als schiefsymmetrische Tensoren p-ter Stufe oder zerlegbare p-Vektoren bezeichnet.

samt sechs nicht verschwindenden Koordinaten geometrisch als Oberfläche eines aus sechs Flächen bestehenden Würfels gedeutet werden. Wie aus Bild 1.8 zu erkennen ist, bilden die $s = 3$ strikten Koordinaten die drei Flächen

$$A_{12} = -A_{21}\,; \quad A_{23} = -A_{32}\,; \quad A_{31} = -A_{13}\,.$$

Ebenso kann ein dreidimensionaler Trivektor A_{ijk} geometrisch als Raumteil (Volumen) gedeutet werden. Wegen $s = 3$ bleibt jedoch der Charakter eines Bivektors im dreidimensionalen Raum R3 verwischt, während ein Trivektor mit $s = 1$ als Skalar erscheint. Allgemein gilt nach Gl. (1.41):

> Jedem Multivektor p-ter Stufe kann ein Multivektor $(m\text{-}p)$-ter Stufe als duale Ergänzung mit gleicher Anzahl strikter Koordinaten zugeordnet werden.

Kennzeichnet man die dualen Zuordnungen durch einen Stern, so erhält man im dreidimensionalen Raum R3 die Zuordnungen

$$A_{ij} \longleftrightarrow A_k^* = A \quad \text{mit} \quad A_1 = A_{23}, \quad A_2 = A_{31}, \quad A_3 = A_{12},$$
$$A_{ijk} \longleftrightarrow A^* = A \quad \text{mit} \quad A = A_{123}.$$

Im vierdimensionalen Raum R4 entsprechen einander nach Gl. (1.41) die Dualübergänge

$$A_{ij} \longleftrightarrow A_{kl}^*; \quad A_{ijk} \longleftrightarrow A_l^*; \quad A_{ijkl} \longleftrightarrow A^*.$$

Jeder Dualübergang verlangt eine vorgegebene Metrik. Die Gültigkeit von Beziehungen, die Dualübergänge enthalten, wird daher durch den Gültigkeitsbereich der vorgegebenen Metrik begrenzt; solche Beziehungen sind nicht affininvariant. In diesem Zusammenhang beachte man, daß das nur in R3 definierte Vektorprodukt keinen Bivektor, sondern den dazu in R3 dual zugeordneten Vektor ergibt. Mithin ist in R3

$$A_i \wedge B_j = C_{ij}; \quad A_i \times B_j = C_k^* = C.$$

Entsprechend ist

$$A_i \wedge B_j \wedge C_k = D_{ijk}\,; \quad (A_i \times B_j)\, C_k = D^* = D.$$

1.2.2 Äußere Differentiation. Sind im dreidimensionalen Raum R3

$$\omega^{(1)} = \boldsymbol{E}\, \mathrm{d}s = E_i\, \mathrm{d}A_i$$
$$\omega^{(2)} = \boldsymbol{B}\, \mathrm{d}A = B_{ij}\, \mathrm{d}A_{ij}$$
$$\omega^{(3)} = C\, \mathrm{d}V = C_{ijk}\, \mathrm{d}A_{ijk}$$

drei gegebene Funktionen, so lauten diese Beziehungen, angeschrieben für die strikten Koordinaten,

$$\omega^{(1)} = E_1\, \mathrm{d}x_1 + E_2\, \mathrm{d}x_2 + E_3\, \mathrm{d}x_3$$
$$\omega^{(2)} = B_{12}(\mathrm{d}x_1 \wedge \mathrm{d}x_2) + B_{23}(\mathrm{d}x_2 \wedge \mathrm{d}x_3) + B_{31}(\mathrm{d}x_3 \wedge \mathrm{d}x_1)$$
$$\omega^{(3)} = C_{123}(\mathrm{d}x_1 \wedge \mathrm{d}x_2 \wedge \mathrm{d}x_3)\,.$$

Allgemein erhält man im m-dimensionalen Raum Rm, wenn der Stern am Summenzeichen bedeutet, daß nur über die strikten Koordinaten summiert werden soll, mit $p \leqslant m$

$$\boxed{\omega^{(p)} = \sum_{(m)}^{*} a_{i1,\, i2, \ldots,\, ip}(\mathrm{d}x_{i1} \wedge \mathrm{d}x_{i2} \wedge \ldots \wedge \mathrm{d}x_{ip})} \qquad (1.43)$$

Die Indizes $i1, i2, \dots, ip$ entstehen dabei aus der natürlichen Reihenfolge der Zahlen 1, $2, \dots, m$ durch zyklisches Vertauschen. Eine solche Funktion heißt alternierende oder *äußere Differentialform* vom Grade p. Im Sonderfall einer skalaren Ortsfunktion $\varphi = a$ heißt die Form vom Grade Null. Unter Beschränkung auf stetig differenzierbare Funktionen ist dann die äußere oder alternierende Differentiation in der Menge solcher regulärer Formen wie folgt definiert [2.11; 2.21]:

Äußere Differentiation einer äußeren Differentialform heißt diejenige Operation, die einer äußeren regulären Form ω vom Grade p eine äußere Differentialform $\mathrm{d}\omega$ vom Grade $p+1$ zuordnet.

Demnach ist

$$\mathrm{d}\omega^{(p)} = \omega^{(p+1)}, \tag{1.44}$$

wobei

$$\left.\begin{aligned} &\mathrm{d}(\varphi\omega) = \mathrm{d}\varphi \wedge \omega + \varphi\, \mathrm{d}\omega \\ &\mathrm{d}(\mathrm{d}\omega) = 0. \quad \text{(Satz von Poincaré)} \end{aligned}\right\} \tag{1.45}$$

Diese äußere Differentiation bedeutet die Bildung des totalen Differentials längs m-dimensionaler Flächen; $\mathrm{d}\omega$ ist das äußere Differential der äußeren Differentialform ω.
Bleiben die folgenden Betrachtungen auf den dreidimensionalen Raum mit $m = 3$ beschränkt und ist $\omega^{(0)}$ eine stetig differenzierbare skalare Ortsfunktion $\varphi(x)$ als reguläre äußere Form vom Grade Null vorgegeben, so ist

$$\mathrm{d}\omega^{(0)} = \mathrm{d}\varphi = \frac{\partial\varphi}{\partial x_1}\,\mathrm{d}x_1 + \frac{\partial\varphi}{\partial x_2}\,\mathrm{d}x_2 + \frac{\partial\varphi}{\partial x_3}\,\mathrm{d}x_3$$

Das ist eine Form ersten Grades (Pfaffsche Form) nach Gl. (1.43)

$$\omega^{(1)} = \sum_{i=1}^{3} g_i\,\mathrm{d}x_i = g_1\,\mathrm{d}x_1 + g_2\,\mathrm{d}x_2 + g_3\,\mathrm{d}x_3$$

mit den Koordinaten g_i eines Monovektors

$$G_i = \left(\frac{\partial\varphi}{\partial x_1};\ \frac{\partial\varphi}{\partial x_2};\ \frac{\partial\varphi}{\partial x_3}\right) = \operatorname{grad}\varphi. \tag{1.46}$$

Beschreibt ein Monovektor A_i mit seinen Koordinaten a_i ein reguläres Vektorfeld mit der zugehörigen Differentialform ersten Grades

$$\omega^{(1)} = a_1\,\mathrm{d}x_1 + a_2\,\mathrm{d}x_2 + a_3\,\mathrm{d}x_3$$

und kann A_i *nicht* als Gradient einer skalaren Ortsfunktion dargestellt werden, so ist unter Beachtung von Gl. (1.45)

$$\mathrm{d}\omega^{(1)} = \sum_{i=1}^{3} \{\mathrm{d}a_i \wedge \mathrm{d}x_i + a_i\,\mathrm{d}(\mathrm{d}x_i)\}$$

oder wegen $\mathrm{d}(\mathrm{d}x_i) = 0$

$$\mathrm{d}\omega^{(1)} = \sum_{ij}^{3}{}^{*} \frac{\partial a_j}{\partial x_i}(\mathrm{d}x_i \wedge \mathrm{d}x_j). \tag{1.47}$$

Die Indizes i, j entstehen dabei wieder aus der natürlichen Reihenfolge der Zahlen 1, 2, 3 durch zyklisches Vertauschen. Ausgerechnet wird

$$d\omega^{(1)} = \frac{\partial a_2}{\partial x_1}(dx_1 \wedge dx_2) + \frac{\partial a_3}{\partial x_1}(dx_1 \wedge dx_3) + \frac{\partial a_1}{\partial x_2}(dx_2 + dx_1) +$$

$$+ \frac{\partial a_3}{\partial x_2}(dx_2 \wedge dx_3) + \frac{\partial a_1}{\partial x_3}(dx_3 \wedge dx_1) + \frac{\partial a_2}{\partial x_3}(dx_3 \wedge dx_2),$$

so daß man unter Beachtung von Gl. (1.42) mit

$$\frac{\partial a_2}{\partial x_1} - \frac{\partial a_1}{\partial x_2} = r_{12}, \quad \frac{\partial a_3}{\partial x_2} - \frac{\partial a_2}{\partial x_3} = r_{23}, \quad \frac{\partial a_1}{\partial x_3} - \frac{\partial a_3}{\partial x_1} = r_{31}$$

eine Form zweiten Grades erhält

$$\omega^{(2)} = d\omega^{(1)} = r_{12}(dx_1 \wedge dx_2) + r_{23}(dx_2 \wedge dx_3) + r_{31}(dx_3 \wedge dx_1)$$

mit r_{ij} als strikte Koordinaten eines Bivektors

$$R_{ij} = (r_{12}, r_{23}, r_{31}) = \operatorname{rot} A_i\,. \tag{1.47a}$$

Wendet man schließlich die äußere Differentiation auf eine vorgegebene reguläre Differentialform zweiten Grades an, so erhält man entsprechend eine Form dritten Grades

$$\omega^{(3)} = d\omega^{(2)} = \left(\frac{\partial a_{23}}{\partial x_1} + \frac{\partial a_{31}}{\partial x_2} + \frac{\partial a_{12}}{\partial x_3}\right)(dx_1 \wedge dx_2 \wedge dx_3)$$

mit dem Trivektor

$$D_{ijk} = D_{123} = \frac{\partial a_{23}}{\partial x_1} + \frac{\partial a_{31}}{\partial x_2} + \frac{\partial a_{12}}{\partial x_3} = \operatorname{div} A_{ij}\,. \tag{1.48}$$

Man erkennt:

$d\omega^{(0)}$ ordnet einem Skalar φ den Vektor $G_i = \operatorname{grad}\varphi$ zu,
$d\omega^{(1)}$ ordnet einem Vektor A_i den Bivektor $R_{ij} = \operatorname{rot} A_i$ zu,
$d\omega^{(2)}$ ordnet einem Bivektor A_{ij} den Trivektor $D_{ijk} = \operatorname{div} A_{ij}$ zu.

Wie in Bild 1.9 veranschaulicht, ist der Gradient ein Monovektor G_i in Richtung des maximalen Anstiegs der skalaren Ortsfunktion φ, erhalten aus einer Differentialoperation

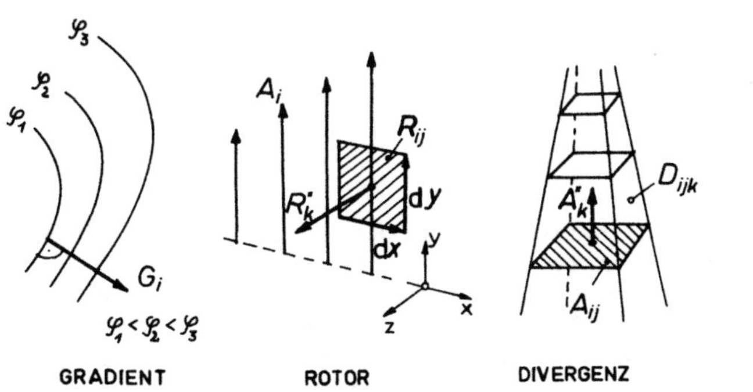

Bild 1.9
Zur Erläuterung der Begriffe Gradient, Rotor und Divergenz

im Skalarfeld. Den Rotor erhält man dagegen aus einer Differentialoperation im Feld eines Monovektors A_i. Als Bivektor R_{ij} beschreibt er eine Fläche, die durch Änderung des Vektors A_i quer zu seiner Richtung beschrieben wird und in der üblichen Vektoranalysis im dreidimensionalen Raum den zu R_{ij} dualen Vektor R_k^* ergibt. Die Divergenz beschreibt schließlich den durch die Änderung eines Bivektors A_{ij} (Fläche) entstandenen Raum, das ist der Trivektor D_{ijk}. Im dreidimensionalen Raum wird jedoch der Bivektor A_{ij} durch seine duale Zuordnung A_k^* ersetzt, die Divergenz wird daher aus einer Differentialoperation im Feld eines Monovektors gewonnen, während der Trivektor D_{ijk} wegen $s = 1$ zum Skalar wird[1]).

Wegen $\mathrm{d}(\mathrm{d}\omega) = 0$ folgt ferner unmittelbar aus den dem Gradienten G_i und dem Rotor R_{ij} zugeordneten Differentialformen

$$\operatorname{rot}\operatorname{grad}\varphi = 0, \qquad \operatorname{div}\operatorname{rot}A_i = 0$$

in Übereinstimmung mit Gl. (1.27). Schließlich lauten die beiden Integralsätze von Gauß und Stokes, Gl. (1.28) und Gl. (1.29) bei Berücksichtigung des Vektorgrades

$$\int \operatorname{rot} u_i \,\mathrm{d}A_{ij} = \oint u_i \,\mathrm{d}s_i; \qquad \int \operatorname{div} u_{ij} \,\mathrm{d}V_{ijk} = \oint u_{ij} \,\mathrm{d}A_{ij}.$$

1.3 Funktionen komplexer und reeller Veränderlicher

1.3.1 Funktionen komplexer Veränderlicher. Ist $\underline{z} = x + \mathrm{j}y$ eine komplexe Größe und sind x und y veränderlich, so ist $\underline{z}$ eine komplexe Veränderliche. Ist ferner $\underline{w} = \mathrm{f}(\underline{z})$ durch eine eindeutige Funktion mit $\underline{z}$ verknüpft, so daß

$$\underline{w} = \mathrm{f}(\underline{z}) = \mathrm{f}(x + \mathrm{j}y) = u(x, y) + \mathrm{j}v(x, y)$$

mit u und v als reelle Funktionen von x und y, so ist $\underline{w}$ eine Funktion der komplexen Veränderlichen $\underline{z}$. Eine solche Funktion heißt *holomorph* oder auch analytisch oder regulär innerhalb eines Gebietes von $\underline{z}$, wenn sie in jedem Punkt dieses Gebietes eine Ableitung $\mathrm{f}'(\underline{z})$ hat, die unabhängig von der Richtung von $\mathrm{d}\underline{z}$ ist. Für einen solchen Punkt muß die Ableitung bei Annäherung parallel zur reellen Achse ($\mathrm{d}\underline{z} = \mathrm{d}x, y = \mathrm{const.}$)

$$\frac{\partial \underline{w}}{\partial x} = \frac{\partial u}{\partial x} + \mathrm{j}\frac{\partial v}{\partial x}$$

gleich sein der Ableitung bei Annäherung parallel zur imaginären Achse ($\mathrm{d}\underline{z} = \mathrm{j}\,\mathrm{d}y$, $x = \mathrm{const.}$)

$$\frac{\partial \underline{w}}{\partial \mathrm{j}y} = \frac{\partial u}{\mathrm{j}\,\partial y} + \frac{\partial v}{\partial y}.$$

[1]) Im allgemeinen wird die Divergenz eines regularen Vektorfeldes A_i als Skalar definiert. Dabei wird dem Vektor A_i in Rm sein dualer Tensor $(m - 1)$-ter Stufe als Ergänzung zugeordnet, dem eine äußere Differentialform $(m - 1)$-ten Grades entspricht. Durch Bilden des äußeren Differentials dieser Form wird ein schiefsymmetrischer Tensor m-ter Stufe definiert, dem ein Skalar, also ein schiefsymmetrischer Tensor nullter Stufe als dualer Tensor zugeordnet ist. Dieser Skalar wird dann als $\operatorname{div} A_i$ bezeichnet. Es sind demnach zwei Dualübergänge erforderlich.

Das ergibt als Bedingung für den Realteil u und den Imaginärteil v die *Cauchy-Riemannschen* Differentialgleichungen

$$\boxed{\frac{\partial u}{\partial x} = \frac{\partial v}{\partial y}\,; \quad \frac{\partial u}{\partial y} = -\frac{\partial v}{\partial x}} \tag{1.49}$$

1.3.2 Zylinderfunktionen. Die Behandlung zylindrischer Probleme in Zylinderkoordinaten r, α, z nach Gl. (1.38) führt in vielen Fällen auf eine Differentialgleichung der Form

$$\frac{\mathrm{d}^2 R}{\mathrm{d}r^2} + \frac{1}{r}\frac{\mathrm{d}R}{\mathrm{d}r} + \left(k^2 - \frac{n^2}{r^2}\right) R = 0. \tag{1.50}$$

Darin ist $R(r)$ nur von r abhängig, n ist eine reelle nicht notwendig ganze Zahl und k beliebig. Führt man als neue Veränderliche ein

$$x = kr, \quad \mathrm{d}x = k\,\mathrm{d}r,$$

so erhält man aus Gl. (1.50) die *Besselsche Differentialgleichung*

$$\boxed{\frac{\mathrm{d}^2 R}{\mathrm{d}x^2} + \frac{1}{x}\frac{\mathrm{d}R}{\mathrm{d}x} + \left(1 - \frac{n^2}{x^2}\right) R = 0} \tag{1.51}$$

mit der allgemeinen Lösung

$$\boxed{R(x) = C_0 Z_n(x) = C_1 J_n(x) + C_2 N_n(x)} \tag{1.52}$$

Darin sind C_ν beliebige Konstanten und $Z_n(x)$ die Zylinderfunktionen n-ter Ordnung mit $J_n(x)$ als Zylinderfunktion erster Art oder *Besselsche Funktion* und $N_n(x)$ als Zylinderfunktion zweiter Art oder *Neumannsche Funktion*. Der Parameter (Index) n gibt die Ordnung an. Alle Zylinderfunktionen liegen gut tabuliert vor [2.1]. Den Verlauf der beiden Funktionen J_n und N_n nullter und erster Ordnung ($n = 0$ und $n = 1$) zeigt Bild 1.10. Je nach dem gerade vorliegenden Problem kann n jeden beliebigen Wert annehmen.

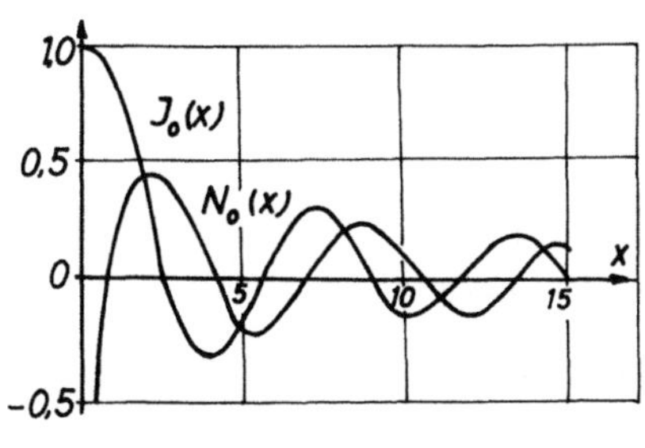

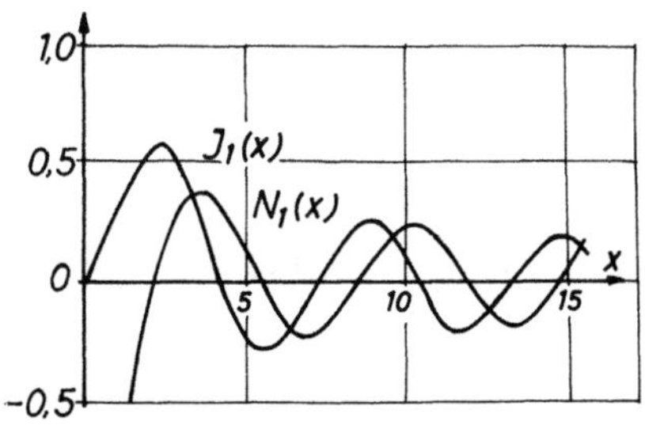

Bild 1.10 Verlauf der Zylinderfunktionen für die Parameter $n = 0$ und $n = 1$.
a) Besselsche Funktion $J_0(x)$ und Neumannsche Funktion $N_0(x)$, b) Besselsche Funktion $J_1(x)$ und Neumannsche Funktion $N_1(x)$

Besondere Bedeutung haben die Besselschen Funktionen, da sie mit ganzzahligem Parameter n für $x = 0$ endlich bleiben. Sie können durch folgende und für alle Werte x konvergierende Reihe angegeben werden

$$J_n(x) = \frac{x^n}{2^n \cdot n!} \left\{ 1 - \frac{x^2}{2^2 \cdot 1!(n+1)} + \frac{x^4}{2^4 \cdot 2!(n+1)(n+2)} - \frac{x^6}{2^6 \cdot 3!(n+1)(n+2)(n+3)} + \dots \right\}. \tag{1.53}$$

Insbesondere wird daraus für die Funktion nullter und erster Ordnung unter Beachtung, daß $0! = 1$,

$$\left. \begin{aligned} J_0(x) &= 1 - \left(\frac{x}{2}\right)^2 + \frac{1}{4}\left(\frac{x}{2}\right)^4 - \frac{1}{36}\left(\frac{x}{2}\right)^6 + \dots \\ J_1(x) &= \frac{x}{2}\left\{1 - \frac{1}{2}\left(\frac{x}{2}\right)^2 + \frac{1}{3 \cdot 4}\left(\frac{x}{2}\right)^4 - \frac{1}{4 \cdot 36}\left(\frac{x}{2}\right)^6 + \dots\right\} \end{aligned} \right\} \tag{1.54}$$

Das Argument x kann auch komplex sein.

Für ganze negative Werte n zeigt Gl. (1.53), daß

$$J_{-n}(x) = (-1)^n J_n(x). \tag{1.55}$$

Für die Funktionen nullter und erster Ordnung gelten ferner die Beziehungen [2.1; 2.13]

$$\left. \begin{aligned} \frac{dJ_0(x)}{dx} &= -J_1(x), \\ \frac{dJ_1(x)}{dx} &= J_0(x) - \frac{1}{x} J_1(x). \end{aligned} \right\} \tag{1.56}$$

Für sehr kleines Argument $x \ll 1$ erhält man für die Besselsche Funktion nullter Ordnung aus Gl. (1.54) sowie für die zugehörige Neumannsche Funktion mit $\Gamma = 1{,}781\,072\dots$

$$J_0(x) \approx 1; \quad N_0(x) \approx -\frac{2}{\pi} \ln \frac{2}{\Gamma x} \qquad x \ll 1 \tag{1.57}$$

sowie für $n \neq 0$

$$J_n(x) \approx \frac{1}{n!}\left(\frac{x}{2}\right)^n; \quad N_n(x) \approx -\frac{(n-1)!}{\pi}\left(\frac{2}{x}\right)^n. \quad \left\} \begin{array}{l} n \neq 0 \\ |x| \ll 1 \end{array} \right. \tag{1.57a}$$

Aus dem asymptotischen Verhalten der Zylinderfunktionen für $x \gg 1$ erhält man mit

$$\varphi_n = x - \left(n + \frac{1}{2}\right)\frac{\pi}{2} \tag{1.58}$$

für beide Zylinderfunktionen

$$\left. \begin{aligned} J_n(x) &\approx \sqrt{\frac{2}{\pi x}} \cos\varphi_n, \\ N_n(x) &\approx \sqrt{\frac{2}{\pi x}} \sin\varphi_n. \end{aligned} \right\} \quad |x| \gg 1 \tag{1.59}$$

Bei Problemen der Wellenausbreitung treten komplexe Argumente der Form

$$x\sqrt{\pm \mathrm{j}} = \frac{1 \pm \mathrm{j}}{\sqrt{2}}\, x = x\, \mathrm{e}^{\pm \mathrm{j}\pi/4}$$

auf. Damit erhält man für $n = 0$ und $n = 1$ nach Gl. (1.58)

$$\varphi_0 = \left(\frac{x}{\sqrt{2}} - \frac{\pi}{4}\right) \pm \mathrm{j}\,\frac{x}{\sqrt{2}} = a \pm \mathrm{j}\, b,$$

$$\varphi_1 = \left(\frac{x}{\sqrt{2}} - \frac{3\pi}{4}\right) \pm \mathrm{j}\,\frac{x}{\sqrt{2}} = \varphi_0 - \frac{\pi}{2},$$

so daß in Gl. (1.59) $\cos\varphi_1 = \sin\varphi_0$. Nun ist allgemein

$$\left.\begin{aligned} \sin(x \pm \mathrm{j}y) &= \sin x \cosh y \pm \mathrm{j} \cos x \sinh y \\ \cos(x \pm \mathrm{j}y) &= \cos x \cosh y \mp \mathrm{j} \sin x \sinh y \end{aligned}\right\} \qquad (1.60)$$

und für hinreichend großes Argument $x \gg 1$

$$\sinh x \approx \cosh x \approx \frac{1}{2}\,\mathrm{e}^x. \qquad |x| \gg 1 \qquad (1.61)$$

Mithin wird

$$\cos\varphi_0 \approx \frac{1}{2}\,\mathrm{e}^b \left\{\cos a \mp \mathrm{j} \sin a\right\} = \frac{1}{2}\,\mathrm{e}^{x/\sqrt{2}} \cdot \mathrm{e}^{\mp \mathrm{j}a}$$

$$\cos\varphi_1 \approx \sin\varphi_0 = \mathrm{j} \cos\varphi_0$$

und der Quotient

$$\left.\frac{J_0(x\sqrt{\pm \mathrm{j}})}{J_1(x\sqrt{\pm \mathrm{j}})} \approx -\mathrm{j},\ \right\} \quad |x| \gg 1 \qquad (1.62)$$

während man für die Beträge mit Gl. (1.59) erhält

$$|J_0(x\sqrt{\pm 1})| = |J_1(x\sqrt{\pm \mathrm{j}})| = \frac{1}{\sqrt{2\pi x}}\,\mathrm{e}^{x/\sqrt{2}}. \qquad |x| \gg 1 \qquad (1.63)$$

Die Beziehung Gl. (1.59) legt es nahe, auch noch zwei Zylinderfunktionen dritter Art $H_n^{(1)}$ und $H_n^{(2)}$ einzuführen. Sie heißen *Hankel-Funktionen* und werden durch die Verknüpfungen

$$\left.\begin{aligned} H_n^{(1)}(x) &= J_n(x) + \mathrm{j} N_n(x) \\ H_n^{(2)}(x) &= J_n(x) - \mathrm{j} N_n(x) \end{aligned}\right\} \qquad (1.64)$$

gewonnen. Für über alle Maßen wachsendes komplexes Argument verschwinden beide Funktionen; ihre Einführung ist daher für viele Anwendungen oft sehr vorteilhaft.

Ein Vergleich des asymptotischen Verhaltens der Zylinderfunktionen für hinreichend großes Argument Gl. (1.59) und Gl. (1.64) ergibt folgende Gegenüberstellung

Besselsche Funktion	$J_n(x)$	Kreisfunktion	$\cos x$
Neumannsche Funktion	$N_n(x)$	Kreisfunktion	$\sin x$
Hankel-Funktionen	$H_n^{(1,2)}(x)$	e-Funktion	$\mathrm{e}^{\pm \mathrm{j}x} = \cos x \pm \mathrm{j} \sin x$

1.3.3 Kugelfunktionen. Kugelfunktionen treten z.B. in der Potentialtheorie sowie bei Problemen der Wellenausbreitung im Raum auf. Zunächst soll der Fall betrachtet werden, daß in Kugelkoordinaten r, ϑ, φ nach Gl. (1.39) keine Abhängigkeit vom Azimut φ vorliegt. Die *Legendresche Differentialgleichung* lautet dann, wenn die Funktion $\Theta(\vartheta)$ nur vom Polabstand ϑ abhängen soll,

$$\frac{1}{\sin\vartheta}\frac{\mathrm{d}}{\mathrm{d}\vartheta}\left(\sin\vartheta\frac{\mathrm{d}\Theta}{\mathrm{d}\vartheta}\right)+n(n+1)\Theta=0. \tag{1.65}$$

Mit der Substitution

$$\cos\vartheta=x, \quad -\sin\vartheta\,\mathrm{d}\vartheta=\mathrm{d}x \tag{1.66}$$

erhält man daraus wegen

$$\frac{\mathrm{d}}{\mathrm{d}\vartheta}=-\sin\vartheta\frac{\mathrm{d}}{\mathrm{d}x}=-\sqrt{1-x^2}\,\frac{\mathrm{d}}{\mathrm{d}x}$$

aus Gl. (1.65)

$$\boxed{(x^2-1)\frac{\mathrm{d}^2\Theta}{\mathrm{d}x^2}+2x\frac{\mathrm{d}\Theta}{\mathrm{d}x}-n(n+1)\Theta=0.} \tag{1.67}$$

Die Lösung dieser Differentialgleichung durch eine Reihenentwicklung ergibt für ganze positive Werte n als partikuläre Lösung ein Polynom n-ten Grades

$$P_n(x)=\frac{1}{2^n n!}\frac{\mathrm{d}^n}{\mathrm{d}x^n}(x^2-1)^n. \tag{1.68}$$

Diese Polynome sind die gewöhnlichen oder *zonalen Kugelfunktionen erster Art* (Legendresche Polynome). Der zonale Parameter n gibt die Ordnung der Funktion an.
Um eine allgemeine Lösung der Legendreschen Differentialgleichung zu erhalten, kann ähnlich wie bei den Zylinderfunktionen $J_n(x)$ und $N_n(x)$ eine Kugelfunktion zweiter Art $Q_n(x)$ aus einer unendlichen Reihe gewonnen werden. Die allgemeine Lösung der Legendreschen Differentialgleichung lautet daher mit C_1 und C_2 als beliebige Konstanten

$$\Theta(x)=C_1P_n(x)+C_2Q_n(x). \tag{1.69}$$

Alle Funktionen $Q_n(x)$ sind an den Polen der Kugel $x=\pm 1$ singulär, d.h. sie haben dort einen „Pol". Im folgenden sollen sie nicht weiter untersucht werden.
Den Verlauf der Funktionen $P_n(x)$ im Intervall $x=\pm 1$ für zonale Parameter $n=0$ bis $n=5$ zeigt Bild 1.11. Für $n=0$ bis $n=3$ erhält man aus Gl. (1.68)

$$\left.\begin{aligned} &P_0(x)=1, && P_2(x)=(3x^2-1)/2,\\ &P_1(x)=x, && P_3(x)=(5x^3-3x)/2. \end{aligned}\right\} \tag{1.70}$$

An den Polen $x=\pm 1$ hat demnach $P_n(x)$ für alle ganzzahligen und positiven Werte n den Wert $+1$ oder -1. Innerhalb des Intervalls $x=\pm 1$ erweisen sich die Funktionen niederer Ordnung als bekannte elementare Funktionen. So ist $P_1(x)$ eine Gerade und $P_2(x)$ eine Parabel.

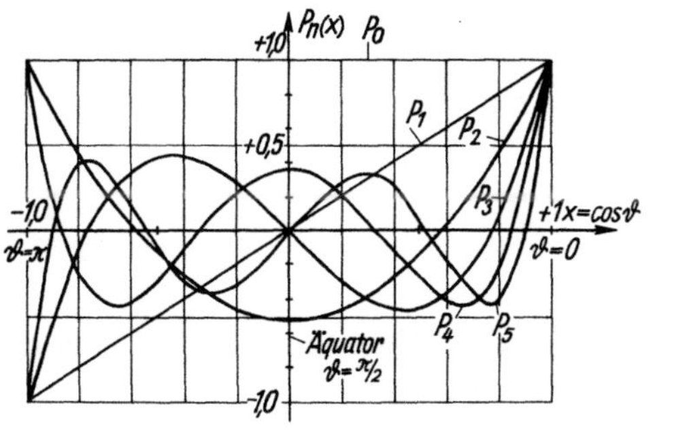

Bild 1.11
Verlauf der gewöhnlichen Kugelfunktionen $P_n(x)$ für $n = 0$ bis $n = 5$

Liegt auch eine Abhängigkeit vom Azimut φ vor und geht dabei Gl. (1.65) über in

$$\frac{d^2 \Theta}{d \vartheta^2} + \cot \vartheta \frac{d \Theta}{d \vartheta} + \left[n(n+1) - \frac{m^2}{\sin^2 \vartheta} \right] \Theta = 0, \tag{1.65a}$$

so erhält man daraus mit der Substitution Gl. (1.66) die auch häufig angegebene Form

$$\boxed{(x^2 - 1) \frac{d^2 \Theta}{dx^2} + 2x \frac{d\Theta}{dx} - \left[n(n+1) - \frac{m^2}{1 - x^2} \right] \Theta = 0.} \tag{1.71}$$

Darin ist m der *azimutale* und n wieder der zonale Parameter. Die allgemeine Lösung dieser Differentialgleichung lautet mit C_1 und C_2 als beliebige Konstanten

$$\Theta(x) = C_1 P_n^m(x) + C_2 Q_n^m(x). \tag{1.72}$$

Diese beiden Lösungsfunktionen $P_n^m(x)$ und $Q_n^m(x)$ sind die *zugeordneten* Legendreschen Funktionen (Kugelfunktionen) erster und zweiter Art. Die verlangte Eindeutigkeit in der Abhängigkeit vom Azimut φ und die Endlichkeitsbedingung an den Polen $x = \pm 1$ ($\vartheta = 0$ und $\vartheta = \pi$) fordern, daß m und n ganzzahlig sind mit $m \leqslant n$ sowie daß die Konstante C_2 verschwindet. Allgemein gilt nämlich für beide Kugelfunktionen, angeschrieben für $P_n^m(x)$,

$$P_n^m(x) = (1 - x^2)^{m/2} \frac{d^m P_n(x)}{dx^m}. \tag{1.73}$$

Für $m = 0$ reduzieren sich demnach die zugeordneten Kugelfunktionen auf gewöhnliche Kugelfunktionen. Näheres siehe [2.1].

2 Einführende Betrachtungen

2.1 Physikalische Größen, Maßsysteme

2.1.1 Physikalische Größen. Kennzeichen physikalischer Erscheinungen, die quantitativ direkt oder indirekt meßbare Einzelmerkmale des Naturgeschehens darstellen, bezeichnet man als physikalische Größen.

Die Angabe eines funktionellen Zusammenhangs zwischen physikalischen Größen erfordert zunächst die Einführung von Benennungen und Symbolen für die erkennbaren Einzelmerkmale des Naturgeschehens. Dabei können Funktionen zwischen physikalischen Größen grundsätzlich als Naturgesetze (Erfahrungssätze) oder als Definitionen gewonnen werden.

Naturgesetze sind aus der Beobachtung der Naturvorgänge abgeschaute Gesetzmäßigkeiten im Zusammenwirken einzelner physikalischer Größen. Eine solche Gesetzmäßigkeit kann dabei *nur* in Form eines funktionalen Zusammenhangs, in Form einer Proportion gewonnen werden.

Die Verwendung eines Gleichheitszeichen in einem Naturgesetz erfordert einen dimensionsbehafteten Proportionalitätsfaktor, der eine physikalische Größe ist.

Ein Proportionalitätsfaktor in einem Naturgesetz muß von *allen* im Naturgesetz vorkommenden Größen unabhängig sein, er hat *ausschließlich* die Aufgabe, die Verwendung eines Gleichheitszeichens in einem Naturgesetz zu ermöglichen und dient somit zur Erfüllung der Gleichheitsaxiome der Mathematik.

Definitionen im hier verwendeten Sinn erhält man, indem man einen aus mehreren Größen zusammengesetzten Ausdruck durch ein einziges Symbol für eine so gewonnene neue Größe *ersetzt*. Somit können physikalische Größen gewonnen werden:

1. Als aus der Naturbeobachtung direkt entnommene Einzelmerkmale, die als von der Natur unmittelbar gegebene unabhängige Größen betrachtet werden und Grundgrößen oder Grundgrößenarten heißen. Ihre erforderliche Mindestanzahl als Basisgrößen ist insbesondere zur Beschreibung der Elektrodynamik noch umstritten.
2. Als Definitionen, d.h. durch Ableitung aus Basisgrößen. Sie beschreiben ebenfalls Einzelmerkmale des Naturgeschehens.
3. Als Proportionalitätsfaktoren in einem Naturgesetz.

Für die quantitative Charakterisierung einer physikalischen Größe ist neben der Angabe eines Zahlenwertes auch noch die Angabe der zugehörigen Einheit notwendig. Daher gilt stets

$$\text{Größe} = \text{Zahlenwert} \times \text{Einheit}.$$

Durch Bundesgesetz vom 9.7.1969 wurden in der Bundesrepublik Deutschland die gesetzlichen Einheiten für physikalische Größen festgelegt. Sie stimmen mit den Einheiten des „Internationalen Einheitensystems" überein und werden auch SI-Einheiten (Système international d'unité) genannt.

Von der Einheit einer physikalischen Größe ist ihre physikalische *Dimension* zu unterscheiden. Diese repräsentiert die physikalischen Eigenschaften einer Größe und dient zu ihrer qualitativen Charakterisierung. Dabei kann eine physikalische Größe bestimmter Dimension, also ein Einzelmerkmal des Naturgeschehens, in vielen, beliebigen Einheiten angegeben oder gemessen werden. Allen diesen Einheiten ist dann aber eine physikalische Eigenschaft, nämlich die Dimension, gemeinsam. So kann etwa eine physikalische Größe der Dimension „Zeit" in den Einheiten Sekunde, Stunde oder Jahr angegeben oder gemessen werden. Da für jede Größe grundsätzlich die Angabe einer Dimension und einer Einheit möglich ist, muß dementsprechend zwischen Dimensionssystem (System der Basisgrößen) und Einheitensystem unterschieden werden.

Ein Einheitensystem wird durch die Bestimmung der Anzahl von Basisgrößen und die Wahl der hierfür vorgesehenen Größen festgelegt. Alle anderen Größen können dann als „abgeleitete Größen" auf die Basisgrößen zurückgeführt werden. Man erhält sie durch die Bildung von Potenzprodukten aus den Basisgrößen, wobei nur ganzzahlige Exponenten vorkommen sollten. Die Beschreibung und Darstellung von Erscheinungen und Begriffen des Naturgeschehens ergibt dann einen klaren und natürlichen Aufbau [1]). Grundsätzlich kann jedes Dimensionssystem mehrere Einheitensysteme haben. Zu seiner Anwendung benötigt schließlich jedes Einheitensystems noch ein System von Naturmaßen (Prototype oder Urmaße). Dimensionssystem, Einheitensystem und das damit verbundene System von Naturmaßen bilden zusammen ein *Maßsystem.*

2.1.2 Maßsysteme der Elektrodynamik. In der Mechanik, die nicht nur eine allgemeine Grundlage der Physik darstellt, sondern auch in allen Teilgebieten derselben Anwendung findet, genügen drei Grundgrößen zu ihrer Beschreibung:

Länge $[l]$, Masse $[m]$, Zeit $[t]$

entsprechend den drei Grundbegriffen der klassischen Physik, nämlich den Begriffen des Räumlichen, des Körperlichen und des Zeitlichen. Dieses System verwendet als Grundeinheiten Zentimeter, Gramm, Sekunde und wird daher das CGS-System genannt. Es zeigte sich aber bald, daß diese sog. „absoluten" Einheiten des CGS-Systems für die sich schnell entwickelnde Technik unpraktisch waren, da sie vielstellige Zahlenangaben erforderten.

Die Elektrizitätslehre und die Lehre von Magnestismus, die früher zwei voneinander unabhängige Teilgebiete der Physik darstellten, übernahmen verständlicherweise das CGS-System. Die Erkenntnis, daß es sich bei Elektrizität und Magnetismus nicht um zwei wesensverschiedene Gebiete handelt, führte dann aber zu drei Maßsystemen nebeneinander, nämlich dem *elektrostatischen* CGS-System, dem *elektromagnetischen* CGS-System und dem *Gaußschen* System. Das erstere geht aus von der Kraftwirkung zweier Ladungen aufeinander im elektrostatischen Feld, während im zweiten vom entsprechenden Gesetz im magnetostatischen Feld ausgegangen wird. Beide Systeme sind durch eine der Lichtgeschwindigkeit c_0 im leeren Raum entsprechende Konstante miteinander verknüpft. Das Gaußsche System setzt sich aus beiden vorigen Systemen zusammen, die für die früher selbständigen Teilgebiete bestimmt waren. Im Gaußschen System werden die elektrischen Größen vorwiegend nach dem elektrostatischen CGS-System, die magnetischen Größen nach dem elektromagnetischen CGS-System definiert. Für das Verständnis des älteren Schrifttums ist ferner von Wichtigkeit, daß im elektrostatischen CGS-System ϵ_0 und im elektromagnetischen CGS-System μ_0 gleich Eins gesetzt sind. Im Gaußschen System erscheinen daher sowohl ϵ_0 wie auch μ_0 mit Zahlenwert und Dimension Eins.

Das sich den Quellen der Feldlinien, den Elektronen und Ionen, zuwendende Interesse führte zwangsläufig dazu, die elektrische Ladung als vierte, den drei mechanischen Basisgrößen hinzugefügte Basisgröße zu betrachten. Diese Festlegung erhält ihre physikalische Untermauerung durch die Erkenntnis, daß die Elektrizität, als Ladung des Elektrons in ihrer elementaren Einheit dargeboten, einen Baustein der Materie darstellt. Damit erscheint die Ladung als eine keiner Definition fähige physikalische Größenart, also als eine über die Mechanik hinausgehende Gegebenheit, der eine eigene Dimension zusteht. Zusammen mit den Giorgischen Einheiten (SI-Einheiten) Meter, Kilogramm (Masse), Sekunde und Ampere erhält man ein vierdimensionales Maßsystem (Verersystem), das MKSA-System, in dem die Ladung Q als Grundgröße aufgenommen wurde, ihre Einheit Coloumb (C) = Ampere-Sek. (As) jedoch keine Grundeinheit ist.

Will man schließlich hervorheben, daß die enge Verknüpfung zwischen den wesensgleichen elektrischen und magnetischen Erscheinungen noch keinesfalls ihre absolute *Gleichheit* bedeutet, so ist in der Elektrodynamik auch noch eine zusätzliche magnetische Grundgröße erforderlich. Es kann dann beispielsweise nicht mehr gleichgesetzt werden

$$I = \frac{\mathrm{d}Q}{\mathrm{d}t} \quad \text{und} \quad I = \oint \boldsymbol{H}\,\mathrm{d}\boldsymbol{s}.$$

---

[1]) *R. Fleischmann*, Das physikalische Begriffssystem und die elektrischen Einheiten. Math. u. Naturwiss. Unterricht 5 (1952), Heft 3, Seite 130/40.

Dabei werden im zweiten Ausdruck zwei verschiedene Größenarten, eine elektrische und eine magnetische, einander gleichgesetzt, obgleich sie lediglich einander *entsprechen*, da der experimentelle Befund nur ergibt, daß sie einander proportional sind. Ebenso ist auch ein Spannungsstoß $\int u\, dt$ nicht das *gleiche*, wie etwa der magnetische Fluß Φ, mit dem man z.B. durch Abziehen einer Drahtschleife diesen Spannungsstoß erzeugen kann. Beide sind vielmehr einander proportional. Wie R. Fleischmann [1]) gezeigt hat, ist vielmehr bei eindeutiger Definition der einzelnen Größen z.B. eine elektrisch und magnetisch definierte Stromstärke nicht zulässig. Elektrische Stromstärke und magnetische Spannung (Durchflutung) müssen vielmehr zwei verschiedene Größenarten mit verschiedener Dimension sein. Vermeidung solcher „Begriffsmischungen" erfordert die Einführung einer Proportionalitätsgröße, die elektromagnetische Verkettung γ_0, kurz *Verkettung* genannt. Beide Maxwellschen Gleichungen erhalten dann die bereits von E. Cohn [2]) angegebene Form

$$\gamma_0 \operatorname{rot} \boldsymbol{H} = \boldsymbol{J} + \frac{\partial \boldsymbol{D}}{\partial t}, \quad \gamma_0 \operatorname{rot} \boldsymbol{E} = -\frac{\partial \boldsymbol{B}}{\partial t}, \tag{2.1}$$

wobei

$$\gamma_0^2 = \epsilon_0 \mu_0 c_0^2 . \tag{2.2}$$

Wählt man als Grundgrößen [3]).

Länge $[l]$, Zeit $[t]$, Energie $[W]$, Ladung $[Q]$, magnetischer Fluß $[\Phi]$,

so erhält man ein „eindeutiges Fünfersystem", das klare und physikalisch einwandfreie Dimensionsausdrücke ergibt (siehe Tafel I). Die Wahl des magnetischen Flusses Φ als fünfte Basisgröße kann physikalisch vor allem dadurch begründet werden, daß auch dem Neutron, also einem elektrisch neutralen Teilchen, ein magnetisches Moment zuzuordnen ist.

Der Unterschied in der Schreibweise der Gleichungen im Vierer- und Fünfersystem äußert sich nur durch das Auftreten der Feldkonstante γ_0 im Fünfersystem mit dem Zahlenwert 1 (siehe Tafel II im Anhang). Im Fünfersystem ist jedoch noch zusätzlich eine unabhängige (magnetische) Grundeinheit, z.B. die Einheit Weber (Wb) für den magnetischen Fluß notwendig. Dann wird die Amperewindung (Aw) zu einer Einheit für die magnetische Spannung, die von der Einheit Ampere (A) für die elektrische Stromstärke verschieden ist. Gleichzeitig werden Weber (Wb) und Voltsekunde (Vs) verschiedene Einheiten, wie aus Tafel III im Anhang entnommen werden kann. Die Verkettung als Feldkonstante zur Verknüpfung der elektrischen und magnetischen Größen beträgt (siehe Tafel III)

$$\gamma_0 = 1\ \mathrm{Wb/Vs} = 1\ \mathrm{A/Aw}. \tag{2.3}$$

Da die Verkettung jedoch mit dem Zahlenwert 1 auftritt, erscheint es für die Erfordernisse der Technik als eine unnötige Belastung, diese Konstante in den Gleichungen mitzuführen. Für eine physikalische Betrachtung (Kap. 9.4) ist jedoch die Einführung der Feldkonstante γ_0 sehr wertvoll und für das tiefere Verständnis des physikalischen Geschehens besonders nützlich. Auch gestattet eine Spezialisierung der Werte von ϵ_0, μ_0 und γ_0 einen leichten Übergang zu anderen Systemen, insbesondere zu den CGS-Systemen. Gl. (2.1) ist somit eine *systeminvariante* Größengleichung.

---

[1]) *R. Fleischmann*, Begriffsmischungen in der Physik. Die Naturwissenschaften 41 (1954) Heft 6, Seite 131/135. Ferner: *R. Fleischmann*, Die Relation der Gleichheit angewendet auf den Elektromagnetismus. Arch. Elektrotechn. 43 (1958), Seite 480/490.

[2]) *Emil Cohn*, Das elektromagnetische Feld. Leipzig 1900 und 1927.

[3]) *R. Fleischmann*, Das physikalische Begriffssystem und die elektrischen Einheiten. Math. u. Naturwiss. Unterricht 5 (1952), Heft 3, Seite 120/140. Ferner *A. von Weiss* [2.21].

In diesem Buch wird durchweg die allgemein übliche „technische Schreibweise" des MKSA-Systems (Vierersystems) mit den SI-Einheiten verwendet. Wo es jedoch für das bessere Verständnis bei physikalischen Betrachtungen zweckmäßig erschien, wird auch auf die systeminvariante Schreibweise des „eindeutigen Fünfersystems" in Kleindruck hingewiesen.

2.1.3 Konventionelle und rationale Schreibweise. Der Übergang vom CGS-System zu anderen Systemen wird dadurch erschwert, daß das CGS-System durchweg die konventionelle Schreibweise der Gleichungen verwendet, während sich die „technischen" Systeme zur rationalen Schreibweise, vorzugsweise als Größengleichungen bekennen. Bei dieser tritt der Faktor 4π nur bei sphärischen Problemen auf, was auch der Auffassung des Ingenieurs weit mehr entspricht, als das Auftreten von 4π bei Problemen mit orthogonalen Elementen, wie bei der konventionellen Schreibweise.

Definiert man nun $\boldsymbol{D}' = 4\pi\boldsymbol{D}$ und $\boldsymbol{H}' = 4\pi\boldsymbol{H}$ als nichtrationale elektrische Flußdichte und magnetische Feldstärke, so erhält man den Übergang von der Größengleichung des eindeutigen Fünfersystems zur konventionellen Schreibweise des CGS-Systems indem man die

rationalen Größen:	$\boldsymbol{D}$	$\boldsymbol{H}$	ϵ_0	μ_0
ersetzt durch:	$\dfrac{\boldsymbol{D}'}{4\pi}$	$\dfrac{\boldsymbol{H}'}{4\pi}$	$\dfrac{\epsilon_0'}{4\pi}$	$4\pi\mu_0'$,

wobei man die speziellen Werte von ϵ_0' und μ_0' in den CGS-Systemen beachten muß. Der umgekehrte Übergang von der konventionellen Schreibweise der CGS-Systeme zur Größengleichung des Vierer- und Fünfersystems ist nicht ohne weiteres möglich, da z.B. im Gaußschen System die Größe c sowohl als elektromagnetische Verkettung – dann ist sie Proportionalitätsfaktor – als auch als Lichtgeschwindigkeit im leeren Raum auftritt. Die Größen Q, $\boldsymbol{E}$, $\boldsymbol{J}$ sowie Φ und $\boldsymbol{B}$ bleiben in allen Systemen unverändert. Zu beachten ist nur, daß der Zusammenhang zwischen der nichtrationalen Polstärke p und dem magnetischen Fluß Φ gegeben ist durch

$$\Phi = 4\pi p, \quad \text{so daß} \quad \boldsymbol{F} = \Phi \boldsymbol{H} = p\boldsymbol{H}'.$$

Hierzu Tabelle II am Ende des Buches.

2.2 Theorien zur Beschreibung der Elektrodynamik

2.2.1 Fernwirkung und Nahewirkung. Noch bis Mitte des vorigen Jahrhunderts galt die Mechanik als alleinige Grundwissenschaft der Physik. Alle Naturgesetze mußten an mechanischen Modellen erklärt werden können. Auch die Lehre von der Elektrizität und dem Magnetismus wurde nach dem Newtonschen Kraftgesetz als Vorbild eingeleitet. Ausgangsgleichung zur Beschreibung der elektrischen Erscheinungen bildete das Coulombsche Gesetz, wonach zwei hinreichend kleine Träger der elektrischen Ladungen Q_1 und Q_2 im Abstand r eine Kraft vom Betrag

$$F \sim \frac{Q_1 Q_2}{r^2} \tag{2.4}$$

aufeinander ausüben. Alle Gesetze wurden dabei im Sinne der *Fernwirkungstheorie* ausgelegt und gedeutet. Diese kennt nur unmittelbare Fernwirkungen. Ladungen und Ströme stehen bereits aus der Ferne in Wechselwirkungen miteinander ohne Zwischenschaltung des dazwischen befindlichen Mediums und unabhängig von der Entfernung der einzelnen Teilchen. Eine Kraftwirkung müßte sich demnach momentan, also unendlich schnell auswirken; eine bereits begrifflich unbefriedigende Annahme. Schon 1845 hatte sich Gauß in einem Brief an Wilhelm Weber dagegen ausgesprochen und eine „konstruierbare Vorstellung" einer raumzeitlichen Fortpflanzung gefordert[1]). Erst Maxwell stellte anstelle einer unmittelbaren Fernwirkung die sogenannte Nahewirkung durch den Raum. Nach dieser *Nahewirkungstheorie* pflanzen sich Energie und Impuls mit endlicher Geschwindigkeit durch den Raum fort. Währenddessen ist der Raum Träger und Sitz der Energie; er befindet sich in einem physikalischen Zwangszustand, den man als *Feld* bezeichnet und der durch das Auftreten von Kräften, den Feldkräften gekennzeichnet ist.

Im Sinne der Nahewirkungstheorie wird jede Wechselwirkung zwischen elektrischen Ladungsträgern unter Einschaltung des sich zwischen ihnen befindlichen Mediums nicht genau im gleichen Augenblick mit dem gedachten plötzlichen Entstehen von Ladungen einsetzen. Auch sind die Wechselwirkungen zwischen Ladungsträgern oder überhaupt zwischen materiellen Teilchen eine Folge des Feldes dieser Ladungsträger. So ist bereits eine einzige Ladung einer Realität, denn sie verursacht einen Zwangszustand, ein Feld, in ihrer Umgebung. Allerdings erfordert die Bestimmung der Stärke dieses Feldes wiederum das Hineinbringen eines zweiten Ladungsträgers in das Feld der ersten Ladung. Dem gegenüber hat in der Fernwirkungstheorie eine einzige Ladung keine Bedeutung, da sie eine Kraftwirkung erst beim Vorhandensein weiterer Ladungen ausüben kann. Da in der Nahewirkungstheorie der felderfüllte Raum im Vordergrund der Betrachtung steht, heißt sie auch *Feldtheorie*.

2.2.2 Feldtheorie und Elektronentheorie. Die Maxwellsche Feldtheorie betrachtet das elektromagnetische Feld als selbständige physikalische Realität ohne Bedürfnis einer Erläuterung durch ein mechanisches Modell. Im Feld ist Energie gespeichert, Energie und Impuls werden durch das Feld und gemeinsam mit dem Feld transportiert. Im Gegensatz zur Vorstellung der Fernwirkungstheorie spielt der felderfüllte Raum, das Feld, eine primäre Rolle. Auf die in das Feld gebrachten Ladungsträger werden *vom Feld* Kräfte ausgeübt, wobei das elektrische und magnetische Feld durch vier Feldvektoren beschrieben werden: das elektrische Feld durch die elektrische Feldstärke $\boldsymbol{E}$ und die elektrische Flußdichte $\boldsymbol{D}$, das magnetische Feld durch die magnetische Feldstärke $\boldsymbol{H}$ und die magnetische Flußdichte $\boldsymbol{B}$. Die beiden Feldstärken $\boldsymbol{E}$ und $\boldsymbol{H}$ sind Monovektoren, die beiden Flußdichten $\boldsymbol{D}$ und $\boldsymbol{B}$ sind als Flächendichten Bivektoren (Kap. 9.4.3). Gegenüber diesen das Feld beschreibenden Feldgrößen treten die das Feld erzeugenden Ladungen und Ströme in den Hintergrund; ihrem historischen Ursprung nach ist die elektrische Ladung auch ein Fernwirkungsbegriff.

Die Maxwellsche Theorie erfaßt einen gewaltigen Komplex von Erscheinungen; ausgehend von den Maxwellschen Gleichungen kann die gesamte Elektrodynamik deduktiv behandelt werden. Die Maxwellsche Theorie ist aber eine Theorie des Makrokosmos, sie kennt nur den felderfüllten Raum. Die Anwesenheit von Materie wird durch Materialwerte wie Permittivität, Permeabilität und Leitfähigkeit berücksichtigt. Über die Struktur der Materie, insbesondere über die Abhängigkeit der Materialwerte von dieser Struktur, kann die Maxwellsche Theorie als Kontinuumstheorie keine Aussagen machen; sie ist eine phänomenologische Theorie, die nur makroskopische Begriffe kennt. Um ein Bild von der

---

[1]) Ges. Werke, Bd. V, S. 627.

Struktur der Materie zu gewinnen, ist es erforderlich, mikroskopische Hilfsvorstellungen einzuführen, also Annahmen zu machen und deren Richtigkeit anhand von Naturbeobachtungen zu überprüfen.

Mit der Entdeckung des Elektrons um die Jahrhundertwende begann sich das Interesse von den Faradayschen Kraftlinien wieder den Quellen dieser Kraftlinien, nämlich den Elektronen und Ionen zuzuwenden. Dabei zeigte sich, daß die Lorentzsche Elektronentheorie auch den großen Komplex makroskopischer Erscheinungen zu erklären vermag. Die großen Erfolge der Elektronentheorie führten dazu, die Maxwellschen Gleichungen auch noch im Sinne dieser Theorie zu deuten. Die Konzeption des Ampereschen Strommodells, das nur ruhende und bewegte elektrische Ladungen kennt und die magnetischen Erscheinungen auf die Wirkung atomarer Ringströme zurückführt, läßt die Aussagen der Maxwellschen Gleichungen leicht verständlich und anschaulich erklären [2.5, 2.13]. So wurde schließlich selbst eine konsequente phänomenologische elektrodynamische Theorie nicht unerheblich durch die Elektronentheorie beeinflußt, obgleich gar kein streng logischer Zusammenhang zwischen beiden besteht.

Der größte Erfolg der Maxwellschen Feldtheorie war die Verschmelzung von Elektrizitätslehre, Magnetismus und Optik. Ihr eigentlicher Gültigkeitsbereich ist jedoch der Makrokosmos als Kontinuum gesehen. Bereits das aus der Fernwirkungstheorie übernommene Kraftgesetz Gl. (2.4) verliert seine Gültigkeit für hinreichend kleinen Abstand r; im Bereich des Mikrokosmos ist Gl. (2.4) nicht mehr anwendbar. Überhaupt dürfte die Linearität der Feldgleichungen nur für relativ schwache Felder durch die Erfahrung vorgetäuscht werden und in unmittelbarer Umgebung der Elementarteilchen, wo starke Felder herrschen, in eine Nichtlinearität übergehen.

Das Spektrum der Anwendungen der Maxwellschen Elektrodynamik reicht von der Elektrostatik und dem Elektromaschinenbau bis zu den elektromagnetischen Wellen. Dem Nachrichtentechniker begegnet die Feldtheorie vor allem im Zusammenhang mit der Frage der Wellenausbreitung und damit vorzugsweise in der Hochfrequenztechnik, in der die Aussagen der Feldgleichungen erst voll zur Geltung kommen. Der Praktiker erfuhr erst durch Maxwell, daß er sich bei seinen Konstruktionen nach dem Verhältnis der Abmessungen seiner Geräte zu den Wellenlängen richten muß.

2.2.3 Zur Darstellung der Elektrodynamik. In der Physik stehen sich zwei Denkmodelle gegenüber, die sich in einer kontinuierlichen und in einer diskontinuierlichen Beschreibung und Betrachtungsweise von Vorgängen z.B. als Welle oder als Korpuskel äußern. Diesem Dualismus entspricht die Maxwellsche Feldtheorie als Theorie kontinuierlicher Felder und ihre Deutung im Sinne der Lorentzschen Elektronentheorie als Theorie diskreter Teilchensysteme, wobei sich auch diese Deutung weitgehend in eine Kontinuumstheorie einfügen läßt. Die atomistische Betrachtung stellt den molekularen Aufbau der Materie und die das Feld erregenden Ladungen und Ströme als dessen Quellen in den Vordergrund.

Der gleiche Dualismus spiegelt sich in der Gegenüberstellung von Wirbelfeld und Quellenfeld wieder. Die davon beherrschten Formulierungen lassen grundsätzlich zwei Deutungsmöglichkeiten für die Erscheinungen des Magnetismus der Materie zu:

1. Die ältere sogenannte „Mengentheorie". Sie führt die magnetisierte Materie auf die Betrachtung der Magnetpole zurück, die wie fiktive „magnetische Mengen" behandelt

werden. Die beiden Feldstärken ***E*** und ***H*** sind aus Kraftwirkungen abgeleitete Feldvektoren, während ***D*** und ***B*** Flächengrößen bedeuten.

2. Die sogenannte „Elementarstromtheorie" nach der Ampèreschen Hypothese. Sie basiert auf der Elektronentheorie und betrachtet den Magnetismus als eine Wirkung bewegter elektrischer Ladungen. ***E*** und ***B*** werden aus Kraftwirkungen auf ruhend bzw. bewegte elektrische Ladungen definiert, sie sind die eigentlichen Feldstärken; ***D*** und ***H*** sind Erregergrößen. Der Elementarstromtheorie liegt die Zuordnung

   ruhende elektrische Ladungen – elektrische Feldgrößen,
   bewegte elektrische Ladungen – magnetische Feldgrößen

   zugrunde.

In der Form Gl. (2.1) sind die Feldgleichungen affininvariant, d.h. sie benötigen keine vorgegebene Metrik. Auch hinsichtlich des Vektorgrades der Feldgrößen sind sie eindeutig[1]. Für die Deutung in der Mengentheorie und in der Elementarstromtheorie gilt das nicht. Beide Deutungen verlangen eine vorgegebene Metrik, da sie dreidimensionale Dualübergänge enthalten (Kap. 1.2.1).
In diesem Buch wird die Kontinuumstheorie zugrundegelegt. Nachdem das mit keiner elektrischen Ladung assoziierte Neutron ein magnetisches Moment besitzt, erschien es dabei durchaus berechtigt zu sein, sich bei der Definition von ***H*** von der Elementarstromtheorie frei zu machen und die magnetische Feldstärke als rein magnetische Größe auch für die Magnetostatik uneingeschränkt gültig abzuleiten. Bei der Behandlung der Felder in Materie insbesondere bei der Betrachtung des strukturellen Aufbaus der Materialwerte mußte die Kontinuumtheorie einer atomistischen Darstellung weichen. Auch sonst bleibt eine atomistische Betrachtung im Sinne der Elektronentheorie nicht ausgeschlossen, wenn diese zum besseren Verständnis der Vorgänge nützlich erschien.

[1] *A. von Weiss*, Die Feldgleichungen bei Berücksichtigung des Vektorgrades der Feldgrößen. Scientia Electrica, Zürich XII (1966), Seite 61–72.

3 Die elektromagnetischen Feldgrößen

3.1 Die elektrischen Feldgrößen

3.1.1 Elektrische Ladung, elektrisches Feld. Repräsentant der elektrischen Erscheinungen ist die *elektrische Ladung* oder Elektrizitätsmenge Q; sie ist ein Einzelmerkmal des Naturgeschehens und eine von der Natur unmittelbar gegebene, über die Mechanik hinausragende physikalische Größe. Ihre Einheit wird aus der elektrischen Grundeinheit Ampere (A) abgeleitet und heißt

1 Coulomb (C) = 1 Ampere-Sekunde (As).

Die elektrische Ladung tritt stets gequantelt als ganzzahliges Vielfaches einer Elementarladung

$$e = 1{,}602 \ldots 10^{-19}\,\mathrm{C} \tag{3.1}$$

auf. Träger elektrischer Ladungen haben eine Masse. Man unterscheidet zwischen positiven und negativen Ladungen $\pm Q$, die sich gegenseitig kompensieren, wenn sie gleich groß sind und räumlich zusammenfallen. Beide Ladungsträger werden dann zu einem elektrisch neutralen Körper. In einem elektrisch neutralen System ist demnach

$$\sum_{\nu} Q_{\nu} = \sum_{\nu} (Q_{+} + Q_{-}) = 0.$$

Elektrizitätserzeugung ist gleichbedeutend mit der Trennung elektrischer Ladungen verschiedenen Vorzeichens. Ladung im Sinne der Feldtheorie ist dabei stets eine Überschußladung eines Vorzeichens.

Träger einer negativen elektrischen Elementarladung nach Gl. (3.1) ist das Elektron mit einer Ruhemasse $m_0 = 0{,}911 \cdot 10^{-27}\,\mathrm{g}$. Ein Ion ist dagegen ein kleines Masseteilchen (Atom oder Molekül), das dadurch elektrisch geladen erscheint, daß ihm entweder Elektronen entzogen wurden (Vorgang der Ionisation) oder daß es zusätzlich Elektronen aufgenommen hat (Vorgang der Anlagerung). Im ersten Fall erhält man ein positives und im zweiten Fall ein negatives Ion.

Ein einzelnes Elektron kann in seiner Wirkung nach außen als punktförmige Ladung oder *Punktladung* betrachtet werden, wobei jedoch zu beachten ist, daß eine Punktladung im strengen Sinne nicht realisiert werden kann und bereits begrifflich unüberwindliche Schwierigkeiten bereitet. Wenn im folgenden der Begriff der Punktladung verwendet wird, soll darunter ein hinreichend kleiner gedachter materieller Ladungsträger der Ladung Q verstanden werden, dessen räumliche Ausdehnung und Masse in makroskopischen Bereichen vernachlässigbar sind. Entsprechend bedeutet eine *Linienladung* eine gedachte kontinuierliche und linienförmige Aneinanderreihung solcher Punktladungen.

Wird eine kontinuierliche flächenförmig verteilte Ladung (Flächenladung) Q etwa auf der Oberfläche A einer Elektrode auf diese Fläche bezogen, so erhält man die elektrische

Flächenladungsdichte oder Ladungsbedeckung σ. Entsprechend ergibt eine innerhalb eines Volumens kontinuierlich verteilte Ladung Q (Raumladung), bezogen auf das betrachtete Volumen V, die *Raumladungsdichte* ρ, auch als Ladungsdichte bezeichnet

$$\sigma = \lim_{\Delta A \to 0} \frac{\Delta Q}{\Delta A} = \frac{\mathrm{d}Q}{\mathrm{d}A}\,; \qquad \rho = \lim_{\Delta V \to 0} \frac{\Delta Q}{\Delta V} = \frac{\mathrm{d}Q}{\mathrm{d}V}\,. \tag{3.2}$$

Die Raumladungsdichte ρ ist ein Trivektor, jedoch als Skalar definiert.
Ruhende Raumladungen können in festen Nichtleitern unter Umständen beim Vorhandensein fein verteilter Beimengungen auftreten. Handelt es sich z.B. um Flüssigkeitseinschlüsse, in denen Ionenbildung auftritt, wobei die Elektronen abfließen können, so bilden die Ionen an den Grenzflächen der Beimengungen eine Raumladung. In gasförmigen Stoffen können Raumladungen nur bei dauerndem Elektrizitätsträgernachschub bestehen bleiben, man erhält dann ein Strömungsfeld.
In ihrer Umgebung verursacht eine elektrische Ladung immer einen Zwangszustand des Raumes, den man als *elektrisches Feld* bezeichnet. Dieser Zustand ist dadurch gekennzeichnet, daß auf einen in einen solchen Raum gebrachten, ruhend erscheinenden elektrischen Ladungsträger eine Kraft, die elektrische Feldkraft, ausgeübt wird, die beim Verschwinden der Ladung ebenfalls verschwindet und mechanisch nicht erklärt werden kann. Der elektrischen Ladung kommt somit eine Doppelrolle zu. Als Felderzeugende übernimmt sie eine aktive Rolle; dadurch, daß sie ihren Träger zum Angriffspunkt der Feldkräfte im elektrischen Feld macht, übernimmt sie eine passive Rolle. Entsprechend treten zur Beschreibung des elektrischen Feldes zwei Feldvektoren auf, nämlich die elektrische Feldstärke $\boldsymbol{E}$ und die elektrische Flußdichte oder Verschiebung $\boldsymbol{D}$.

3.1.2 Elektrische Feldstärke, skalares elektrisches Potential. Die Stärke eines elektrischen Feldes wird durch die *elektrische Feldstärke* angegeben. Als Maß hierfür dient die Feldkraft $\boldsymbol{F}$, ausgeübt auf einen hinreichend kleinen Ladungsträger der Ladung Q. Die Feldstärke $\boldsymbol{E}$ am Ort dieser in das Feld gebrachten Probeladung außerhalb von Materialinhomogenitäten ist definiert als

$$\boldsymbol{E} = \frac{\boldsymbol{F}}{Q}\,, \quad \text{genauer } \boldsymbol{E} = \lim_{Q \to 0} \frac{\boldsymbol{F}}{Q}\,. \tag{3.3}$$

Es muß nämlich Q die Ladung einer so kleinen ruhend erscheinenden, also unbewegten Probeladung (Punktladung) sein, daß keine unzulässige Verzerrung des ursprünglichen Feldes speziell durch Bildladungen (darüber siehe Beispiel 5.4 in Kap. 5.1.3) und auch nicht durch den als Ladungsträger dienenen *ungeladenen* Probekörper eintritt. $\boldsymbol{E}$ ist dann die Feldstärke im betrachteten Raumpunkt, die dort bereits *vor* dem Einbringen der Probeladung vorhanden war. Das Eigenfeld der Probeladung bleibt unberücksichtigt. Nach Gl. (3.3) ist die elektrische Feldstärke ein Vektor (Monovektor). Die Richtung ist gleich der Richtung der Feldkraft auf den Träger einer *positiven* Punktladung; die Einheit ist das Volt/Meter (V/m).
Das elektrische Feld kann durch Feldlinien dargestellt werden, deren Tangenten in jedem Punkt die Feldrichtung (Richtung der Feldstärke) in diesem Punkt angeben. Man beachte jedoch:

Feldlinien sind keine physikalische Realität, sondern gedachte Linien. Sie vermitteln als Hilfsvorstellung ein anschauliches Bild der Richtung des Feldes in jedem Punkt eines felderfüllten Raumes.

Ist das elektrische Feld im betrachteten Bereich zeitlich konstant, wobei die das Feld verursachenden Ladungen weder Größe *noch* Ort ändern, so handelt es sich um ein *elektrostatisches Feld*. Es ist homogen, wenn die Feldstärke in jedem Punkt des betrachteten Bereichs gleich groß ist, dann verlaufen die Feldlinien parallel in stets gleichem Abstand; anderenfalls bezeichnet man das Feld als inhomogen.
Zum Verschieben einer hinreichend kleinen Probeladung Q im elektrischen Feld um $\mathrm{d}s$ entgegen den Feldkräften ist ein Energieaufwand

$$\mathrm{d}W = \boldsymbol{F}\,\mathrm{d}\boldsymbol{s} = Q\boldsymbol{E}\,\mathrm{d}\boldsymbol{s} = QE\cos\alpha\,\mathrm{d}s \tag{3.4}$$

erforderlich, der in Richtung der Feldkräfte wiedergewonnen werden kann. Im elektrostatischen Feld ist dabei auf beliebigem geschlossenem Wege zum Ausgangspunkt zurück kein Energieaufwand erforderlich.
Insgesamt wird dann ebensoviel Energie aufgewendet wie zurückgewonnen. Im elektrostatischen Feld verschwindet daher das Linienintegral auf geschlossenem Wege

$$\boxed{\oint \boldsymbol{E}\,\mathrm{d}\boldsymbol{s} = 0} \quad \text{oder} \quad \boxed{\operatorname{rot}\boldsymbol{E} = 0} \tag{3.5}$$

Im elektrostatischen Feld verschwindet das Linienintegral der elektrischen Feldstärke längs jedes beliebigen geschlossenen Weges.

Das elektrostatische Feld ist wirbelfrei (Potentialfeld), jedem Raumpunkt im elektrostatischen Feld kann daher ein skalares Potential zugeordnet werden. Unter Beachtung, daß die Feldkraft auf einen positiven Ladungsträger nach Gl. (3.3) stets in Richtung negativer Ladungen, also abnehmenden Potentials gerichtet ist, kann die elektrische Feldstärke im elektrostatischen Feld wegen Gl. (1.27) als negativer Gradient des elektrischen Potentials φ dargestellt werden,

$$\boxed{\boldsymbol{E} = -\operatorname{grad}\varphi} \tag{3.6}$$

mit dem Betrag

$$E = -\frac{\mathrm{d}\varphi}{\mathrm{d}n}, \tag{3.7}$$

wobei $\mathrm{d}n$ der Betrag des Wegelements senkrecht zu den Äquipotentialflächen in Richtung maximalen Potentialanstiegs (Flächennormale) ist.

Im elektrostatischen Feld verläuft der Vektor der elektrischen Feldstärke in Richtung des größten *Potentialgefälles*, steht somit in jedem Punkt des Raumes senkrecht zu den Äquipotentialflächen.

Wird das Linienintegral der elektrischen Feldstärke nicht auf geschlossenem Wege sondern auf sonst *beliebigem* Wege vom Raumpunkt 1 zum Raumpunkt 2 erstreckt, so ist die elektrische *Spannung* U längs dieses Weges zwischen den beiden Punkten von 1 nach 2 bei Beachtung von Gl. (3.4) allgemein definiert als

$$\boxed{U_{12} = \frac{W_{12}}{Q} = \int_1^2 \boldsymbol{E}\,\mathrm{d}\boldsymbol{s}} \qquad (3.8)$$

mit W_{12} als Energieaufwand (Arbeit) zum Transport der hinreichend kleinen Ladung Q von 1 nach 2. Im elektrostatischen Feld ist daher infolge der Wirbelfreiheit unter Beachtung des Vorzeichens

$$\int_1^2 \boldsymbol{E}\,\mathrm{d}\boldsymbol{s} = -\int_1^2 \mathrm{d}\varphi = \varphi_1 - \varphi_2 = U_{12}. \qquad (3.8a)$$

Im elektrostatischen Feld ist das Linienintegral der Feldstärke *unabhängig* vom Weg gleich der Differenz der Potentiale zwischen Anfangs- und Endpunkt des Integrationsweges, also gleich der Spannung zwischen diesen beiden Punkten.

Dabei beachte man, daß eine Spannung immer nur zwischen *zwei* Punkten angegeben werden kann. Für einen Punkt des Feldes kann man im wirbelfreien Feld zwar ein Potential, aber nicht eine Spannung angeben.
Die Einheit der Spannung U und des Potentials φ ist das Volt (V).
Die Angabe des Potentials φ eines Raumpunktes P verlangt die Wahl eines beliebigen Bezugspunktes P_0, dessen Bezugspotential φ_0 grundsätzlich beliebig angenommen werden kann. Der Wert φ_0 bestimmt jedoch den Wert der Potentiale sämtlicher anderer Punkte. Dagegen ist die Potentialdifferenz $\varphi_p - \varphi_0$ als Spannung U_{p0} zwischen P und P_0 unabhängig von φ_0. Meist wählt man den unendlich fernen Punkt als Bezugspunkt oder auch die dann als Äquipotentialebene angenommene Erdoberfläche und setzt $\varphi_0 = 0$.
Das Potential φ_p des Punktes P wird dann aus Gl. (3.6)

$$\varphi_p = \int_p^{p_0} \boldsymbol{E}\,\mathrm{d}\boldsymbol{s} = \int_0^{\varphi_p} \mathrm{d}\varphi = \frac{W_p}{Q}, \qquad (3.9)$$

worin W_p der Energieaufwand (die Arbeit) zum Transport der hinreichend kleinen Ladung Q vom Punkt P_0 zu P ist.

Das elektrische Potential eines Punktes ist gleich der von den Feldkräften geleisteten Arbeit beim Transport einer (positiven) Einheitsladung vom Bezugspunkt zum betrachteten Punkt des Feldes, dividiert durch diese Ladung.

Bei $\varphi_0 = 0$ ist das Potential φ_p eines Punktes gleich der Spannung zwischen diesem Punkt und dem Bezugspunkt.
Eine atomistische Betrachtung zeigt, daß in einem Leiter kein elektrostatisches Feld aufrechterhalten werden kann, da in einem Leiter die Elektronen leicht beweglich sind und jeder auf sie wirkenden Kraft folgen. Elektrisches Gleichgewicht, also Ruhe der Ladungen, kann nur herrschen, wenn die Feldstärke im Innern des Leiters verschwindet.

Im Normalfall können die Elektronen aus der Oberfläche nicht heraustreten, können sich aber längs der Oberfläche bewegen, solange die Feldstärke an der Leiteroberfläche eine Tangentialkomponente hat. Die Bewegung von Ladungsträgern erfolgt daher so lange, bis eine Ladungsverteilung hergestellt ist, die zwei Bedingungen erfüllt, nämlich, daß
1. die Feldstärke im Innern Null ist,
2. die Feldlinien senkrecht zur Oberfläche stehen.

Daraus folgt als Randbedingung für Leiter im elektrostatischen Feld:

|| Die Oberfläche eines Leiters im elektrostatischen Feld ist immer eine Äquipotentialfläche.

Die Feldlinien münden und entspringen stets senkrecht auf der Leiteroberfläche. Hiervon kann bei der graphischen Ermittlung von Feldbildern einfacher Elektrodenanordnungen Gebrauch gemacht werden (Kap. 5.1.2).

Als Sitz überschüssiger elektrischer Ladungen kann im elektrostatischen Feld bei Leitern nur die Oberfläche angesehen werden. Im Innern einer leitenden Elektrode sind die Feldstärke und die überschüssigen Ladungen stets gleich Null. Ein massiver Leiter (Elektrode) kann somit im elektrostatischen Feld durch einen Hohlleiter ersetzt werden. Ferner kann die Feldfreiheit im Innern eines Leiters zur Abschirmung elektrischer Felder dienen (Faradayscher Käfig), so etwa zur Abschirmung eines Meß- oder Bedienungsraumes.

3.1.3 Influenz, elektrischer Fluß und Flußdichte. Unter Influenz versteht man die Einwirkung eines elektrischen Feldes auf die freien Ladungsträger (Elektronen) innerhalb eines Leiters. Die Influenz ist eine Folge der Kraftwirkung des elektrischen Feldes auf elektrische Ladungsträger und ein weiteres Kennzeichen des elektrischen Feldes. Da die Leitungselektronen innerhalb eines Leiters leicht beweglich sind, werden sie sich im elektrischen Feld entgegengesetzt zur Feldrichtung bewegen. Wird daher ein elektrisch neutraler Leiter (Metall) in ein elektrostatisches Feld gebracht, so wird ein Teil der Oberfläche negativ, der andere Teil positiv geladen (Überschuß oder Mangel an Elektronen). Wird der Leiter aus dem Feld entfernt, so gleichen sich Elektronenüberschuß und Elektronenmangel aus und der Leiter erscheint wieder elektrisch neutral. Besteht aber der in das Feld gebrachte Leiter wie in Bild 3.1 aus zwei Hälften (Maxwellsche Doppelplatte), so wird beim Trennen beider Hälften im Feld ein Ladungsausgleich verhindert. Man erhält zwei durch Influenz aufgeladene Elektroden.

Wird eine im Raum beliebig verteilte Gesamtladung Q im Dielektrikum (Luftraum) von einer diese Ladung Q vollständig umhüllenden Metallelektrode (Hohlkörper) umschlossen, so ist die influenzierte Ladung Q_i auf einer solchen Metallelektrode stets ebenfalls gleich Q. Man kann daher eine von der umhüllten Ladung Q ausgehende „elektrische Erregung" annehmen durch Einführen des *elektrischen Flusses* Ψ, auch elektrischer *Verschiebungsfluß* genannt. Dieser elektrische Fluß entspring an den positiven Ladungen und mündet

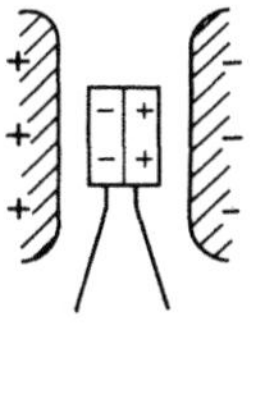

Bild 3.1 Maxwellsche Doppelplatte

an den negativen Ladungen. Dadurch wird im Sinne der Feldtheorie der vom elektrischen Fluß, d.h. der vom elektrischen Feld erfüllte Raum herausgestellt. Der gesamte von der Ladung Q ausgehende elektrische Fluß Ψ trifft auf die Q vollständig umschließende Elektrode und kann dort als $Q_i = Q$ gemessen werden. Mithin ergibt das Hüllenintegral über ein Raumgebiet vom Volumen V, das die Ladung Q enthält,

$$\boxed{\oint \boldsymbol{D}\,\mathrm{d}\boldsymbol{A} = \int \rho\,\mathrm{d}V = Q,} \tag{3.10}$$

worin $\boldsymbol{D}$ als zweite elektrische Vektorgröße die Flächendichte des elektrischen Flusses ein Bivektor ist und *elektrische Flußdichte* oder Verschiebung heißt. Ihr Betrag D ist gleich dem elektrischen Fluß pro Fläche und ihre Richtung als Vektor kann durch Verschiebungslinien angegeben werden, die von den positiven zu den negativen Ladungen reichen und damit im allgemeinen in Feldrichtung verlaufen. Die Einheit der elektrischen Flußdichte ist das Coulomb pro Quadratmeter (C/m^2).
Die Beziehung Gl. (3.10) sagt aus:

> Das Flächenintegral der elektrischen Flußdichte (Verschiebung) über eine beliebige geschlossene Hüllfläche (Hüllenintegral) ist gleich der von der Hüllfläche insgesamt eingeschlossenen Ladung.

Mithin ist der Hüllenfluß der elektrischen Flußdichte gleich der Ladung, von der er ausgeht oder auf der er mündet; ebenso ist der gesamte von einer positiven Ladung ausgehende oder auf einer negativen Ladung endende elektrische Fluß dieser Ladung gleich. Entsprechend ist der durch eine Fläche A hindurchtretende elektrische Fluß

$$\Psi = \int_A \boldsymbol{D}\,\mathrm{d}\boldsymbol{A} = Q_e \tag{3.11}$$

auch gleich der Ladung Q_e auf einer materiellen Fläche, sofern sie z.B. eine Elektrodenoberfläche A bildet. Der auf die Elektrodenoberfläche auftreffende Fluß ist auf der Fläche selbst eine negative Ladung und der von einer Elektrodenoberfläche ausgehende Fluß auf der Fläche selbst eine positive Ladung. Der Betrag D der Flußdichte (Verschiebung) auf einer Elektrodenoberfläche ist somit identisch mit der dortigen Ladungsdichte σ nach Gl. (3.2).
Der Begriff des elektrischen Flusses vermittelt ein anschauliches Bild des elektrostatischen Feldes im Nichtleiter, da er als Analogon zum elektrischen Strom aufgefaßt werden kann und bei der Berechnung elektrostatischer Felder die gleichen anschaulichen Vorstellungen wie im Strömungsfeld (Kap. 6.2) zuläßt. Der elektrische Fluß ist auch eine physikalische Größe. Die Bezeichnung „Verschiebung“ ist auf die im materiellen Nichtleiter erfolgenden atomaren Ladungsverschiebungen zurückzuführen (Kap. 4.2.1).
Beim Vorhandensein einer räumlichen Ladungsverteilung erhält man aus Gl. (1.12) mit der Raumladungsdichte ρ nach Gl. (3.2) für die Divergenz des Bivektors $\boldsymbol{D}$

$$\boxed{\operatorname{div}\boldsymbol{D} = \rho} \tag{3.12}$$

ρ kann dabei positiv oder negativ sein. Positive Ladungen bilden Erregerquellen, negative Ladungen dagegen Erregersenken. Das elektrostatische Feld ist demnach ein wirbelfreies

Quellenfeld, die Ladungen sind die Quellen. Ein quellenfreies elektrostatisches Feld ist das Feld eines Elektreten (Kap. 4.2.4).

3.1.4 Elektrische Stromstärke und Stromdichte. Elektrischer Strom bedeutet geordnete Bewegung elektrischer Ladungen. Die Stromstärke ist dabei für jeden Augenblick definiert als

$$\boxed{i = \frac{\mathrm{d}Q}{\mathrm{d}t}\,.} \tag{3.13}$$

Nun kann die elektrische Ladung Q nach Gl. (3.11) durch die Flußdichte D ausgedrückt werden, wobei man unter Beachtung, daß D eine Ortsfunktion ist, wegen

$$\frac{\mathrm{d}}{\mathrm{d}t} = \frac{\partial}{\partial t} + \frac{\mathrm{d}s}{\mathrm{d}t}\,\frac{\partial}{\partial s} = \frac{\partial}{\partial t} + v\,\frac{\partial}{\partial s}$$

erhält

$$\mathrm{d}D = \frac{\partial D}{\partial t}\mathrm{d}t + \frac{\partial D}{\partial s}\,\mathrm{d}s. \tag{3.14}$$

Im stationären, also zeitlich konstanten Strömungsfeld ist mit Gl. (3.2)

$$\frac{\mathrm{d}Q}{\mathrm{d}t} = I = \text{konst.}, \qquad \frac{\partial D}{\partial t} = 0, \qquad \frac{\partial D}{\partial s} = \frac{\mathrm{d}D}{\mathrm{d}s} = \rho.$$

Für den Strom durch ein Flächenelement $\mathrm{d}A$ erhält man daher bei Betrachtung von Ladungen nur eines Vorzeichens sowie bei konstanten Werten ρ und v.

$$\mathrm{d}i = \frac{\mathrm{d}D}{\mathrm{d}s}\,\boldsymbol{v}\,\mathrm{d}\boldsymbol{A} = \rho\,\boldsymbol{v}\mathrm{d}\boldsymbol{A}.$$

Handelt es sich um bewegte Ladungen im freien Raum, z.B. um einen Elektronenstrahl oder um mechanisch bewegte Ladungsträger, so spricht man von einem *Konvektionsstrom*. Im Leiter wird der Konvektionsstrom zum *Leitungsstrom*.

Beispiel 3.1: Wird ein hinreichend kleiner Probekörper mit der Ladung $Q = 10^{-6}$ C auf einer Kreisbahn vom Radius r gleichförmig mit der Drehzahl $n = 15\,000\ \text{min}^{-1}$ bewegt, so bedeutet das einen Kreisstrom auf einem Umfang $l = 2\pi r$ mit $v = 2\pi r n$ der Stromstärke

$$I = Q/t = Qn = 0{,}25\ \text{mA}.$$

Kennzeichen der räumlichen elektrischen Strömung ist die Flächendichte der Stromstärke, die *elektrische Stromdichte* $\boldsymbol{J}$. Für eine beliebige stromdurchflossene Fläche $\boldsymbol{A}$ gilt demnach im stationären elektrischen Strömungsfeld

$$\boxed{I = \int \boldsymbol{J}\,\mathrm{d}\boldsymbol{A} = J\cos\alpha\,\mathrm{d}A} \tag{3.15}$$

mit der (Leitungs-)Stromdichte

$$\boldsymbol{J} = \rho_+\boldsymbol{v}_+ + \rho_-\boldsymbol{v}_-\,. \tag{3.16}$$

Sie ist ein Bivektor.

Die Stromdichte zeigt als Vektor in Richtung vom höheren zum niedrigeren Potential. Sie ist gleich der Summe der Produkte aus Raumladungsdichte und mittlerer Geschwindigkeit für jeweils positive und negative Ladungsträger.

Die Vektorlinien der Stromdichte bezeichnet man als Stromlinien, sie geben den Weg positiver Ladungsträger an. Da zwischen Punkten gleichen Potentials kein Strom fließen kann, durchdringen die Stromlinien im wirbelfreien Feld die Äquipotentialflächen senkrecht.

Im zeitlich veränderlichen Feld ist wegen Gl. (3.14) in jedem Augenblick

$$i = \frac{\mathrm{d}Q}{\mathrm{d}t} = \int \left(\frac{\partial \boldsymbol{D}}{\partial t} + \boldsymbol{J} \right) \mathrm{d}\boldsymbol{A} = i_v + i_k \,.$$

Hierin ist i_v der *Verschiebungsstrom* mit der Verschiebungsstromdichte

$$\boldsymbol{J}_v = \frac{\partial \boldsymbol{D}}{\partial t} \tag{3.17}$$

und i_k der Konvektionsstrom bzw. im Leiter der Leitungsstrom. Die gesamte (wahre) Stromdichte $\boldsymbol{J}_w$ unter Einschluß der Verschiebungsstromdichte beträgt dann

$$\boldsymbol{J}_w = \boldsymbol{J} + \frac{\partial \boldsymbol{D}}{\partial t} \,. \tag{3.18}$$

In guten Leitern (Metallen) kann der Verschiebungsstrom im allgemeinen bis zu Frequenzen von 10 GHz gegenüber dem Leitungsstrom vernachlässigt werden. Im Dielektrikum (Isolator) bildet der Verschiebungsstrom bei jeder zeitlichen Änderung des elektrischen Feldes die Fortsetzung des Leitungsstromes, wie etwa der Lade- oder Entladestrom zwischen den Elektroden eines Kondensators.

In zeitlich veränderlichen Feldern haben elektrische Ströme weder Anfang noch Ende; am Ende des Leitungsstromes setzt der Verschiebungsstrom ein und umgekehrt.

Dabei gilt:

Die Erfahrung zeigt, daß der Verschiebungsstrom in gleicher Weise magnetische Wirkungen hervorruft wie der Leitungsstrom.

So kann z.B. ein an eine hochfrequente Spannung angeschlossener Kondensator durch die starken Verschiebungsströme ein magnetisches Wechselfeld erzeugen, das selbst Induktionswirkungen hervorruft. Diese Gleichwertigkeit von Verschiebungs- und Leitungsstrom hinsichtlich der magnetischen Wirkungen ist von grundlegender Bedeutung, insbesondere wenn es sich um rasch veränderliche Vorgänge handelt.

Maxwell erklärte den Verschiebungsstrom durch eine „Verschiebung“ von Elektrizitätsmengen im Nichtleiter und im Äther. Ein das Weltall ausfüllender Äther ist aber inzwischen als nicht vorhanden nachgewiesen worden. Soweit es sich dagegen um den Verschiebungsstrom im Dielektrikuum handelt, läßt sich sein Entstehen aus den bei der Polarisation eines Volumenelementes auftretenden atomaren Verschiebungen elektrischer Ladungen (Kap. 4.2.1) leicht erklären. Im Vakuum versagt diese Vorstellung. Dort ist der Verschiebungsstrom lediglich eine andere Benennung für die zeitliche Änderung des elektrischen Flusses (Verschiebungsflusses).

Nach Gl. (3.13) ist eine Ladung oder ein elektrischer Fluß gleich dem Zeitintegral der Stromstärke

$$Q = \int i \, dt,$$

obgleich z.B. eine ruhende Ladung lediglich mit elektrostatischen Wirkungen, ein Strom – auch ein Verschiebungsstrom – aber noch mit elektromagnetischen Wirkungen verknüpft ist. Diese scheinbare Unverträglichkeit von Ladung und Zeitintegral der Stromstärke wird hinfällig, wenn man berücksichtigt, daß

$$Q = \int i \, dt = f(i) + K.$$

Im elektrostatischen Feld ist definitionsgemäß $f(i) = 0$. Mithin ist die Integrationskonstante $K = Q$; sie darf nicht in jedem Fall $K = 0$ gesetzt werden.

3.1.5 Verknüpfung der elektrischen Größen. An einer geeigneten Elektrodenanordnung kann man durch Messen der Spannung U zwischen den Elektroden und Messen der Ladung Q nach Gl. (3.8) und Gl. (3.11) den Zusammenhang zwischen den beiden vektoriellen Feldgrößen $\boldsymbol{E}$ und $\boldsymbol{D}$ ermitteln. Dabei zeigt sich, daß in homogenen und isotropen Medien (Dielektrika) stets $\boldsymbol{D} \sim \boldsymbol{E}$. Man setzt daher im materiefreien Raum

$$\boldsymbol{D} = \epsilon_0 \boldsymbol{E},$$

wobei ϵ_0 als notwendiger und dimensionsbehafteter Proportionalitätsfaktor eine Naturkonstante, die *elektrische Feldkonstante* ist. Mit der Kapazitätseinheit

1 Farad (F) = 1 Ampere-Sekunde/Volt (As/V) = 1 Siemens-Sekunde (Ss)

ist

$$\boxed{\epsilon_0 = 8{,}854 \cdot 10^{-12} \, \frac{\mathrm{F}}{\mathrm{m}} = 8{,}854 \cdot 10^{-12} \, \frac{\mathrm{As}}{\mathrm{Vm}}\,.} \tag{3.19}$$

Allgemein setzt man dann als *elektrische Materialgleichung*

$$\boxed{\boldsymbol{D} = \epsilon \boldsymbol{E}} \tag{3.20}$$

wobei

$$\epsilon = \epsilon_0 \, \epsilon_r \tag{3.21}$$

als *Permittivität* (Dielektrizitätskonstante) bezeichnet wird. Der in homogenen und isotropen Dielektrika substanzabhängige Zahlenfaktor ϵ_r heißt *relative Permittivität* oder Permittivitätszahl (Dielektrizitätszahl). Im materiefreien Raum ist $\epsilon_r = 1$ und somit ϵ_0 die Permittivität des materiefreien Raumes; für Luft ist $\epsilon_r \approx 1$.

In anisotropen Stoffen ist ϵ_r richtungsabhängig und wird zu einem Tensor. In nichtlinearen Dielektrika z.B. Bariumtitanat ist ϵ_r eine Funktion der Feldstärke E. Für einige gebräuchliche Isoliermaterialien ist ϵ_r im Anhang angegeben. Näheres siehe Kap. 4.2.3.

Eine weitere elektrische Größe ist die elektrische Kapazität einer Elektrodenanordnung (Kap. 4.3)

$$C = \frac{Q}{U}. \tag{3.22}$$

Im homogenen Feld ist mit A als wirksame Elektrodenfläche und l als Elektrodenabstand z.B. bei einem Plattenkondensator

$$Q = DA = \epsilon EA, \qquad U = El,$$

so daß die Kapazität

$$C = \frac{\epsilon A}{l} \tag{3.23}$$

grundsätzlich nur durch die geometrischen Abmessungen der Elektroden, von deren Abstand und vom Dielektrikum zwischen ihnen gegeben ist.
Im linearen Leiter ist ferner bei konstanter Temperatur definitionsgemäß der Gleichstromwiderstand $R = U/I$ konstant. Den Kehrwert $G = 1/R$ bezeichnet man als Leitwert oder Konduktanz. Den Leitwert eines linearen Leiters, dessen Querschnitt senkrecht zu den Stromlinien $A = 1\ \text{mm}^2$ und dessen Länge in Richtung der Stromlinien $l = 1$ m beträgt, bezeichnet man als (spezifische) *elektrische Leitfähigkeit* κ oder Konduktivität. Damit ist nach dem Ohmschen Gesetz

$$R = \frac{U}{I} = \frac{l}{\kappa A} = \rho \frac{l}{A}, \tag{3.24}$$

wobei $\rho = 1/\kappa$ der spezifische Widerstand oder die Resistivität ist. Bildet man noch das Produkt RC, so erhält man aus Gl. (3.23) und Gl. (3.24) als Relaxationszeit oder *Zeitkonstante*

$$\tau = RC = \epsilon/\kappa. \tag{3.25}$$

Diese Beziehung gilt bei konstanten Werten ϵ und κ für eine beliebige Elektrodenanordnung.

Aus Gl. (3.24) erhält man für die Leitfähigkeit in linearen Leitern

$$\kappa = \frac{l}{RA} = \frac{I}{U}\frac{l}{A} = \frac{J}{E}$$

und damit die Verknüpfung von Leitungsstromdichte und Feldstärke als Ohmsches Gesetz des elektrischen Strömungsfeldes mit ρ als spezifischen Widerstand

$$\boxed{\boldsymbol{J} = \kappa \boldsymbol{E}; \quad \boldsymbol{E} = \rho \boldsymbol{J}} \tag{3.26}$$

In anisotropen Kristallen ist κ richtungsabhängig; Gl. (3.26) gilt dann nur für die Hauptachsenrichtungen und κ wird zu einem Tensor (Kap. 6.1.2).
Mit Gl. (3.20) erhält man schließlich für die gesamte Stromdichte aus Gl. (3.18) bei konstanten Materialwerten

$$\boxed{\boldsymbol{J}_w = \kappa \boldsymbol{E} + \epsilon \frac{\partial \boldsymbol{E}}{\partial t}} \tag{3.27}$$

3.1.6 Physikalische Deutung der elektrischen Feldgrößen. Auf die Einführung des elektrischen Flusses basiert die Nahewirkungs- oder Feldtheorie (Kap. 2.2.1), die den felderfüllten, also den vom elektrischen Fluß durchdrungenen Raum in den Vordergrund stellt, unabhängig davon, ob dieser Raum leer oder von Materie angefüllt ist. Es ist daher verständlich, daß der noch aus der Fernwirkungstheorie übernommene Begriff der an einen Träger gebundenen elektrischen Ladung Q in der Feldtheorie als Theorie kontinuierlicher Felder zu Schwierigkeiten führen muß.

Im materiefreien Raum kann man nicht mehr von einer „Verschiebung" sprechen, sondern nur im Dielektrikum, es sei denn, daß man die noch von Maxwell angenommene Existenz eines elastischen

Äthers voraussetzt und zwischen dessen Verzerrung und den in ihm auftretenden Spannungen unterscheidet. Da aber die Existenz eines solchen elastischen Äthers heute nicht mehr aufrechterhalten werden kann, werden Verschiebung und Verschiebungsfluß im materiefreien Raum lediglich zu Hilfsgrößen (Rechengrößen), die dort nicht physikalisch gedeutet werden können. Daneben hat die Einführung der Verschiebung im wesentlichen praktisch-technische Gründe; sie ermöglicht einerseits eine einheitliche und übersichtliche Behandlung des elektrostatischen Feldes im materiefreien Raum *und* in Materie, in der sie die Aufgaben des Polarisationsvektors (Kap. 4.2.2) übernimmt, anderseits können dadurch bei der Berechnung elektrischer Felder die anschaulichen Vorstellungen des Strömungsfeldes angewendet werden.
Bei einer solchen Betrachtungsweise kann die Einführung des elektrischen Flusses und seiner Dichte im materiefreien Raum nur dadurch begründet werden, daß bisher alle aus deren Annahme sich ergebenden Folgerungen durch die Wirklichkeit bestätigt worden sind, was aber unbefriedigend ist. Es erscheint daher angebracht, den elektrischen Fluß (Verschiebungsfluß) als physikalische Größe und Repräsentanten elektrischer Erscheinungen zu betrachten, auch im quellenfreien elektrischen Feld.

Im elektrischen Quellenfeld sind z.B. die Elektrodenoberflächen Sitz der Quellen und Senken. Anders ausgedrückt heißt das, daß man den dort auftreffenden elektrischen Fluß auf der Fläche selbst eine negative Ladung und den von dort ausgehenden Fluß auf der Fläche selbst eine positive Ladung nennt. Eine positive Ladung erscheint als Fluß- oder Erregerquelle, eine negative Ladung als Fluß- oder Erregersenke. Dabei kann ein materieller Körper durch Energiezufuhr zu einer elektrischen Erregerquelle werden, gleichzeitig entsteht auch immer eine Erregersenke. Überhaupt wird jeder in ein elektrisches Feld gebrachte Körper teilweise zu einer Erregerquelle, teilweise zu einer Erregersenke. Erregerquellen und Erregersenken treten also stets gleichzeitig auf, ihre Trennung bedeutet Elektrizitätserzeugung.
Nach Gl. (3.3) beschreibt die elektrische Feldstärke $\boldsymbol{E}$ die ponderomotorischen Kraftwirkungen im elektrischen Feld. Die Feldgröße $\boldsymbol{D}$ ist dagegen nach Gl. (3.10) die Erregerdichte, also die Dichte des elektrischen Flusses, womit die Schwierigkeit einer physikalischen Deutung der Flußdichte (Verschiebung) im materiefreien Raum entfällt. Beide Größen $\boldsymbol{E}$ und $\boldsymbol{D}$ sind gleichwertige physikalische Größen. Auf der Oberfläche eines als Erregerquelle oder als Erregersenke wirkenden Körpers ist $D = \sigma$.
Verknüpft werden die beiden elektrischen Feldgrößen durch das Naturgesetz, die elektrische Materialgleichung Gl. (3.20), was die Naturkonstante ϵ_0 ergab. Diese elektrische Feldkonstante ist ein „echter" Proportionalitätsfaktor, da von E und D unabhängig. Innerhalb eines Leiters ist allerdings die Permittivität ϵ nicht meßbar. Mit $\epsilon_r \to \infty$ ist jedoch im elektrostatischen Feld innerhalb eines Leiters trotz $E = 0$ nach Gl. (3.20) eine endliche Flußdichte verträglich. Ebenso wie ϵ_r ist ferner auch die elektrische Leitfähigkeit κ eine Materialgröße; sie ist jedoch *keine* Naturkonstante, sondern eine durch Definition gewonnene Größe des elektrischen Strömungsfeldes wie auch die elektrische Stromdichte J. Schließlich zeigt ein Vergleich von Gl. (3.23) und Gl. (3.24), daß die Kapazität C als „elektrostatischer Leitwert" und die Permittivität ϵ dann als „elektrostatische Leitfähigkeit" für den elektrischen Fluß gedeutet werden können.

3.2 Die magnetischen Feldgrößen

3.2.1 Magnetisches Feld, magnetischer Fluß. Mit Hilfe etwa einer kleinen, beweglich angeordneten Magnetnadel können in der Umgebung bewegter Ladungen (elektrischer Strom) neben elektrische auch noch zusätzlich magnetische Wirkungen nachgewiesen werden, die als bisher nicht berücksichtigte Einzelmerkmale auch in der Umgebung jedes

Magneten auftreten und sich als Kräfte auf andere Magnete oder bewegte Ladungen (stromdurchflossene Leiter) auswirken. Diese Kräfte können mechanisch nicht erklärt werden.

Jede bewegte elektrische Ladung (elektrische Strömung) zeigt in ihrer Umgebung neben elektrische auch magnetische Wirkungen.

Man bezeichnet den Zustand eines Raumes, der durch das Auftreten von Kraftwirkungen auf Magnete (stromdurchflossene Leiter) gekennzeichnet ist, als *magnetisches Feld* oder Magnetfeld.

Ebenso wie zur Aufrechterhaltung eines elektrostatischen Feldes, das lediglich durch das Vorhandensein elektrischer Ladungen bedingt ist, keine Energiezufuhr benötigt wird, bleibt auch ein Magnetfeld ohne Energiezufuhr bestehen. Das gilt grundsätzlich auch für Magnetfelder, hervorgerufen durch elektrische Ströme, denn in einer widerstandslosen Leiterschleife (Supraleiter), in der keine Energie als Stromwärme verzehrt wird, bleibt eine einmal angeregte Elektronenbewegung (Stromstoß) ständig ohne Wirkung einer eingeprägten Spannung erhalten und damit ebenfalls das dadurch hervorgerufene magnetische Feld. Demgegenüber ist die zur Aufrechterhaltung des Stromes in einem normalen Leiter benötigte Energie durch den endlichen Leiterwiderstand bedingt und dient *nicht* zur Aufrechterhaltung des Magnetfeldes. Dabei gilt:

Eine bewegt erscheinende elektrische Ladung (elektrischer Strom) verursacht ein magnetisches Feld mit gleichen Eigenschaften, wie dasjenige eines Dauermagneten. Beide Fehler sind hinsichtlich ihrer Wirkungen nicht voneinander zu unterscheiden.

Das Magnetfeld eines permanenten Magneten kann demnach durch dasjenige einer stromdurchflossenen Leiteranordnung entsprechender Größe und Gestalt ersetzt werden, wenn es gelingt, damit die erforderliche Vorteilung der Ringströme zu erreichen. So sind z.B. Stabmagnet und lange Zylinderspule in hinreichender Entfernung hinsichtlich ihrer magnetischen Wirkungen – aber *nur und nur* hinsichtlich dieser – einander gleichwertig. Ferner kann auch das Feld eines Dauermagneten (magnetostatische Feld) wie das magnetische Feld stromdurchflossener Leiter behandelt werden. Das führt zur *Ampèreschen Hypothese*, wonach der Magnetismus allgemein eine Wirkung bewegter elektrischer Ladungen ist und ein Atom modellmäßig als Träger atomarer Kreisströme angesehen wird. Alle magnetische Erscheinungen können durch elektrische Vorgänge erklärt und auf solche zurückgeführt werden. Daraus folgt aber noch nicht notwendig, daß elektrische und magnetische Erscheinungen das gleiche sind. Beide sind vielmehr eng miteinander verknüpft, aber *verschiedene* Einzelmerkmale ein und desselben Naturphänomens. Anders ausgedrückt heißt das, daß elektrische und magnetische Erscheinungen lediglich „verschiedene Seiten“ desselben Naturphänomens sind. Schon aus der Tatsache, daß es sich um *unterscheidbare* Erscheinungen handelt, folgt bereits, daß elektrische und magnetische Erscheinungen nicht dasselbe sind. So kann auch aus der Naturbeobachtung nur ein funktioneller Zusammenhang zwischen magnetischen und elektrischen Einzelmerkmalen gewonnen werden.

Kennzeichen jedes Magneten ist das Vorhandensein *zweier* Pole. Man beachte aber:

Einen freien Magnetismus, d.h. den elektrischen Ladungen entsprechende wahre, voneinander trennbare magnetische Ladungen sind bisher auch in atomaren Bereichen nicht festgestellt worden. Es gibt daher auch keinen einzelnen Magnetpol, sondern immer nur magnetische Dipole.

Nur im Falle eines hinreichend langen (Stab-)Magneten kann man in der Nähe eines Poles die Wirkung des anderen vernachlässigen und bei theoretischen Betrachtungen von einem einzelnen Magnetpol sprechen.
Als Repräsentant aller magnetischen Erscheinungen kann man den *magnetischen Fluß* Φ einführen. Er tritt stets gequantelt als ganzzahliges Vielfaches eines Flußquants

$$\Phi_0 = 2{,}068 \ldots 10^{-15}\,\mathrm{Wb} \tag{3.28}$$

auf, wobei die Flußeinheit

1 Weber (Wb) = 1 Voltsekunde (Vs)

aus der Induktionswirkung im magnetischen Feld (Kap. 9.1.1) abgeleitet wird.
Ebenso wie im elektrischen Feld bedeutet die Bezeichnung „Fluß" nicht, daß in einem vom magnetischen Fluß erfüllten Raum (Magnetfeld) etwas „fließt", vielmehr kennzeichnet der Fluß einen Zustand dieses Raumes. Er verläuft dabei immer in geschlossenen Bahnen (Flußlinien), die weder Anfang noch Ende haben; er hat gleichsam „Stromcharakter". Der aus einem Ende (Polgebiet) eines Stabmagneten austretende Fluß tritt in das andere Ende (Polgebiet) wieder ein. Auch bei einer entsprechenden Zylinderspule verläuft der magnetische Fluß längs der Zylinderachse durch die Spule hindurch. Als skalare Größe zählt man dann den magnetischen Fluß *außerhalb* des Magneten bzw. der stromdurchflossenen Zylinderspule in der Richtung vom Nordpol zum Südpol positiv. Als Nordpol gilt dabei derjenige Pol (Polgebiet), der bei freibeweglich aufgehängtem Magneten in Richtung zum Erdnordpol zeigt. Bei einer stromdurchflossenen Spule führt das zu den bekannten Richtungsregeln (Schraubenregel). Näheres siehe „Allgemeine Elektrotechnik" [1.4].

3.2.2 Magnetische Feldstärke, magnetische Flußdichte. Die Stärke des magnetischen Feldes kann analog zur elektrischen Feldstärke durch eine Vektorgröße, die magnetische Feldstärke $\boldsymbol{H}$ beschrieben werden, die die Stärke und Richtung des Feldes angibt. Um hierbei zu einer Definition der magnetischen Feldstärke zu gelangen, verwendet man eine kleine Magnetnadel an der Achse einer Schneckenfederwaage (Magnetoskop), deren Ruhelage durch die Entspannung der Schneckenfeder gegeben ist. Stellt man die Magnetnadel bei entspannter Feder (Ruhelage) in Richtung des Feldes (Ermittlung mittels Eisenfeilspäne) und spannt die Feder mit Hilfe eines an der Feder befestigten Zeigers bis die Magnetnadel senkrecht zur Ausgangslage (Feldrichtung) steht, so muß von der Federspannung das auf beide Pole der Magnetnadel ausgeübte Kräftepaar überwunden werden. Der Winkel, um den die Feder verdreht werden muß, wird daher $> 90°$ und ist ein direktes Maß für die Stärke des Feldes.
Offensichtlich wird auf die Pole der Magnetnadel im magnetischen Feld eine Kraft ausgeübt. Kennzeichnet man die „Polstärke" der Magnetnadel durch den von den Polen ausgehenden magnetischen Fluß Φ, so kann die magnetische Feldstärke als Kraft je „Poleinheit" definiert werden.
Bringt man nun ein punktförmig gedachtes Polgebiet mit dem Fluß Φ, z.B. einer hinreichend langen und schmalen Magnetnadel, in ein Magnetfeld, so erhält man als Definitionsgleichung für die magnetische Feldstärke

$$\boxed{\boldsymbol{H} = \frac{\boldsymbol{F}}{\Phi}} \tag{3.29}$$

in Analogie zu Gl. (3.3), wobei auch hier beachtet werden muß, daß $\boldsymbol{H}$ diejenige Feldstärke ist, die bereits vor Einbringen des punktförmig gedachten „Polgebietes“ mit dem Fluß Φ an der betreffenden Stelle vorhanden war. Angriffspunkt der Kraft ist dabei die materielle Oberfläche des in das Feld gebrachten Polgebietes.

Die Richtung der magnetischen Feldstärke ist gleich der Richtung der auf einen *Magnetnordpol* im Magnetfeld ausgeübten Kraft. Die magnetische Feldstärke ist ein Monovektor, die Einheit der Feldstärke ist

1 Ampere/Meter (A/m) = 1 Newton/Weber (N/Wb).

Wird das magnetische Feld ebenso wie das elektrische Feld durch Feldlinien dargestelllt (Sichtbarmachung durch Eisenfeilspäne), so erhält man die Richtung der magnetischen Feldstärke aus der Richtung, die eine Magnetnadel im Magnetfeld einnimmt; sie wird durch die magnetischen Feldlinien (H-Linien) angegeben. Hierbei muß aber nachhaltig betont werden:

Die magnetischen Feldlinien (H-Linien) geben nur als *gedachte* Linien die Richtung der magnetischen Feldstärke in jedem Raumpunkt an und stellen keine physikalische Realität dar.

Insbesondere kann bei der in Kap. 9.1 zu behandelnden Induktionswirkung die Vorstellung von etwa an der Polmasse befestigten Feldlinien in Form von materiellen Fäden leicht zu irrtümlicher Betrachtungsweise und falschen Ergebnissen führen.

Gl. (3.29) stellt vorerst eine mehr formale Definition dar, die eine einwandfreie Messung der magnetischen Feldstärke nicht ohne weiteres ermöglicht. Sie macht jedoch von der Ampèreschen Hypothese unabhängig und schließt das magnetostatische Feld (Feld von Permanentmagneten) mit ein.

Oft erfolgt die Ermittlung der magnetischen Feldstärke auf rechnerischem Wege, während eine direkte Messung dem magnetischen Fluß bzw. der zweiten vektoriellen Feldgröße des Magnetfeldes, der *magnetischen Flußdichte* oder Induktion $\boldsymbol{B}$ vorbehalten bleibt, sie ist ein Bivektor. Diese Feldgröße vermittelt den funktionellen Zusammenhang zwischen der Feldstärke und dem zugehörigen Fluß. Als Flächendichte des magnetischen Flusses definiert, erhält man $\boldsymbol{B}$ als Vektor indem man zunächst im homogenen Feld für eine vom Fluß Φ durchdrungene Fläche A setzt

$$\Phi = \boldsymbol{B}\boldsymbol{A} = BA \cos \alpha .$$

Man erhält dann für den magnetischen Fluß als skalare Größe allgemein

$$\boxed{\Phi = \int \boldsymbol{B}\, \mathrm{d}\boldsymbol{A}} \qquad (3.30)$$

Der magnetische Fluß durch eine Fläche kann somit modellmäßig als die Gesamtheit der durch eine Fläche hindurchtretenden „Kraftlinien“, die Flußdichte als „Kraftliniendichte“ gedeutet werden.

Die Einheit für die magnetische Flußdichte B ist

1 Tesla (T) = 1 Weber/Quadratmeter ($\mathrm{Wb/m^2}$).

In linearen und isotropen Stoffen ist stets $\boldsymbol{B} \sim \boldsymbol{H}$. Man setzt daher im materiefreien Raum

$$\boldsymbol{B} = \mu_0 \boldsymbol{H},$$

wobei μ_0 als notwendiger und dimensionsbehafteter Proportionalitätsfaktor eine Naturkonstante, die *magnetische Feldkonstante* ist. Mit der Induktivitätseinheit

1 Henry (H) = 1 Weber/Ampere (Wb/A) = 1 Ohm-Sekunde (Ωs)

ist

$$\boxed{\mu_0 = 1{,}256 \cdot 10^{-6}\,\frac{\mathrm{H}}{\mathrm{m}} = 0{,}4\pi \cdot 10^{-6}\,\frac{\mathrm{T \cdot m}}{\mathrm{A}}} \tag{3.31}$$

Allgemein setzt man dann als *magnetische Materialgleichung*

$$\boxed{\boldsymbol{B} = \mu \boldsymbol{H}} \tag{3.32}$$

und in Analogie zu Gl. (3.21) die *Permeabilität* μ

$$\mu = \mu_0 \mu_r. \tag{3.33}$$

Dann ist μ_0 die Permeabilität des materiefreien Raumes, während der in linearen und isotropen Stoffen substanzabhängige Zahlenfaktor μ_r die *relative Permeabilität* oder Permeabilitätszahl ist. Im materiefreien Raum ist $\mu_r = 1$ und für Luft ist $\mu_r \approx 1$. Näheres siehe Kap. 7.2.

Eine Lokalisierung des magnetischen Flusses auf die Polgebiete etwa langgestreckter Spulen oder Stabmagneten führt zum früher so wichtigen Begriff der „Polstärke“ oder „magnetischen Menge“. Dieser Begriff wurde früher in Analogie zur Elektrizitätsmenge (Ladung) eingeführt. Die Polgebiete erscheinen dann als Sitz von Quellen des magnetischen Feldes, was aber irreführend ist. Der magnetische Kraftfluß verläuft vielmehr *immer nur* in geschlossenen Bahnen.

Die B-Linien sind in sich geschlossene Linien ohne Anfang und Ende. Das Feld des Bivektors $\boldsymbol{B}$ ist stets quellenfrei.

Also

$$\boxed{\oint \boldsymbol{B}\,\mathrm{d}\boldsymbol{A} = 0} \quad \text{oder} \quad \boxed{\operatorname{div} \boldsymbol{B} = 0} \tag{3.34}$$

Auch bei einem permanenten Magneten entspringen und münden die B-Linien nicht an den Polen, sondern schließen sich im Innern des Magneten. Näheres siehe Kap. 7.2.2.

3.2.3 Magnetische Spannung, Durchflutung. Das Linienintegral der magnetischen Feldstärke längs eines Weges vom Raumpunkt 1 zum Raumpunkt 2 bezeichnet man als *magnetische Spannung*

$$V_{12} = \int_1^2 \boldsymbol{H}\,\mathrm{d}\boldsymbol{s} = \int_1^2 H \cos\alpha\,\mathrm{d}s. \tag{3.35}$$

Bildet man das Linienintegral der magnetischen Feldstärke auf geschlossenem Wege als magnetische Umlaufspannung $\overset{\circ}{V}$

$$\overset{\circ}{V} = \oint \boldsymbol{H}\,\mathrm{d}\boldsymbol{s},$$

so zeigt der experimentelle Befund, daß $\overset{\circ}{V}$ der Stromstärke I des vom geschlossenen Weg umschlungenen Stromleiters *proportional* ist. Umschlingt die Wegkurve N Stromleiter gleicher Stromstärke I oder wird ein Stromleiter von der Wegkurve N-mal umschlungen, so ist auch die Umlaufspannung N-mal größer und man erhält, wenn man den erforderlichen Proportionalitätsfaktor nach Gl. (2.3) $\gamma_0 = 1$ setzt sowie zunächst den Verschiebungsstrom vernachlässigt, als *Durchflutungsgesetz*

$$\boxed{\oint \boldsymbol{H}\,\mathrm{d}\boldsymbol{s} = \int \boldsymbol{J}\,\mathrm{d}\boldsymbol{A} = \Theta} \tag{3.36}$$

wobei die *Durchflutung*, wie aus Bild 3.2 zu erkennen ist, definiert ist als

$$\Theta = \Sigma I = NI. \tag{3.37}$$

Sie ist gleich den von der Randkurve s umschlungenen Leitungsströmen durch die Umlauffläche A, wobei die Randkurve der Flächennormale der Umlauffläche rechtsschraubig zugeordnet ist. Aus Gl. (3.36) und Gl. (3.15) folgt nun, ebenfalls bei Vernachlässigung des Verschiebungsstromes,

$$\boxed{\mathrm{rot}\,\boldsymbol{H} = \boldsymbol{J}} \tag{3.38}$$

Das magnetische Feld hat demnach im Gegensatz zum elektrostatischen Feld Wirbelcharakter, die Wirbel sind durch die Stromdichte gegeben und werden dieser gleichgesetzt.

| Das elektrische Strömungsfeld ist stets mit einem elektromagnetischen Feld verkettet.

Hierzu Bild 3.3. Dabei erkennt man:

|| Ist das Magnetfeld in einem Leiter in einem noch so kleinen Gebiet bekannt, so ist auch das Strömungsfeld dort völlig bestimmt.

Dagegen gilt *nicht* die Umkehrung dieser Aussage, da dem vom Strömungsfeld hervorgerufenen Magnetfeld auch noch ein wirbelfreies Magnetfeld zusätzlich überlagert sein kann.

In der Magnetostatik oder außerhalb stromführender Leiter verschwindet der Rotor der magnetischen Feldstärke. Das magnetische Feld ist dort wirbelfrei und kann als Gradient

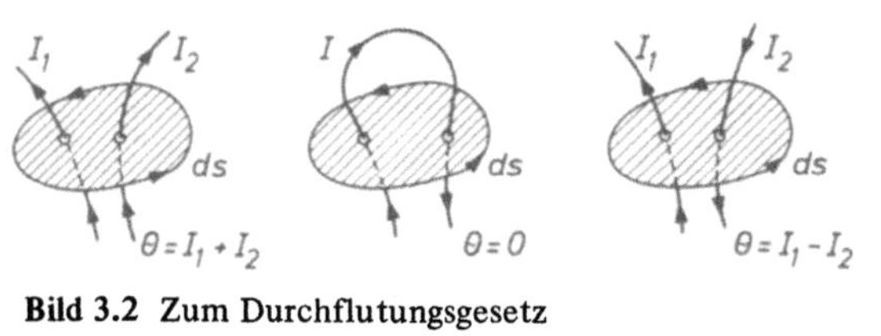

Bild 3.2 Zum Durchflutungsgesetz

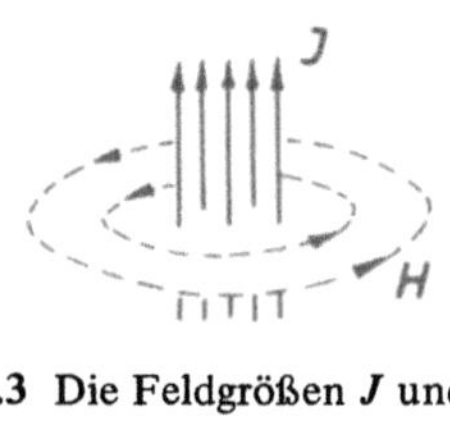

Bild 3.3 Die Feldgrößen $\boldsymbol{J}$ und $\boldsymbol{H}$

eines skalaren magnetischen Potentials ψ dargestellt werden, so daß außerhalb stromführender Leiter

$$\boldsymbol{H} = -\operatorname{grad} \psi. \tag{3.39}$$

Ist der Betrag H in Gl. (3.36) längs des geschlossenen Weges konstant und fallen Weg- und Feldrichtung zusammen, wie in Bild 3.4a beim N-maligen Umlaufen eines Stromleiters längs einer Feldlinie der Länge $l = 2\pi r$, so wird

$$\oint H \, \mathrm{d}s = H \int \mathrm{d}s = Hl = IN$$

oder

$$H = \frac{IN}{l}. \tag{3.40}$$

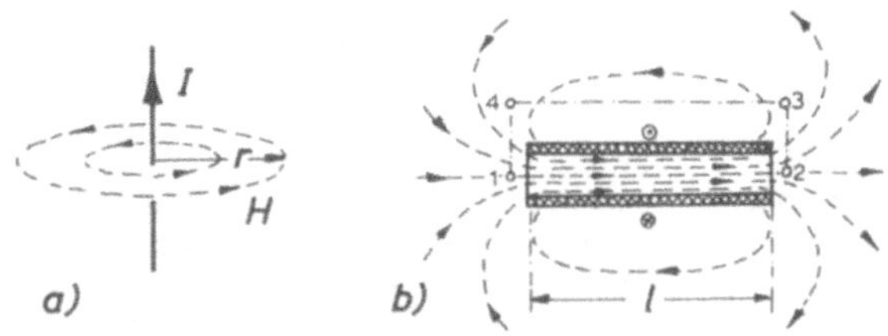

Bild 3.4 Magnetisches Feld (H-Linien), a) um einen geraden Stromleiter, b) um eine Zylinderspule

Diese Beziehung kann mit im allgemeinen ausreichender Genauigkeit auf im Verhältnis zum Durchmesser hinreichend lange Zylinderspulen mit N Windungen angewendet werden. Nach Bild 3.4b wird dann unter Vernachlässigung des Feldes außerhalb der Spule bei einem Umlauf 1-2-3-4-1 für l die Spulenlänge eingesetzt. Schließlich bezeichnet man den Quotienten aus Durchflutung (magnetische Spannung) und magnetischem Fluß

$$R_m = \frac{\Theta}{\Phi} = \sum_{\nu} \frac{l_\nu}{\mu A_\nu} \tag{3.41}$$

als *magnetischen Widerstand* und diese Beziehung auch als „Ohmsches Gesetz des Magnetismus".

Im Fünfersystem mit γ_0 nach Gl. (2.3) hat μ_0 bei gleichem Zahlenwert die Einheit Weber/Meter · Amperewdg. (Wb/m · Aw). Ferner sind in allen Gleichungen, die magnetische und elektrische Größen verknüpfen, magnetische Feldstärke H und magnetische Spannung V durch $\gamma_0 H$ und $\gamma_0 V$ zu ersetzen. Die Durchflutung ist dann von der magnetischen Umlaufspannung dimensionsmäßig verschieden und eine *elektrische* Größe. Die magnetische Spannung V wird als magnetische Größe in Aw und die magnetische Feldstärke H in Aw/m angegeben.

3.2.4 Zur Ableitung der magnetischen Feldgrößen. Je nach Betrachtungsweise wird meist auf der Grundlage der Elementarstromtheorie die Doppelrolle der elektrischen Ladung als Felderzeugende und als eine den Ladungsträger zum Angriffspunkt der Feldkräfte machende Größe auch auf das magnetische Feld übertragen. Die beiden „Feldstärken" E und B werden dann aus Kraftwirkungen auf ruhend bzw. bewegt erscheinende Ladungen abgeleitet und jeweils mit den beiden „Erregergrößen" D und H durch die Materialgleichungen Gl. (3.20) und Gl. (3.32) verbunden.

Die magnetische Flußdichte wird dann meist aus der Kraftwirkung auf einen vom Strom I durchflossenen Leiter der Länge l im Magnetfeld

$$F = BIl \sin\alpha; \qquad \boldsymbol{F} = I(\boldsymbol{l} \times \boldsymbol{B}) \tag{3.42}$$

definiert.

Dabei ergibt der experimentelle Befund

$$F \sim Il, \qquad F \sim B \sin \alpha,$$

wobei B der Betrag einer zu definierenden und zum stromführenden Leiter senkrechten, das Magnetfeld kennzeichnenden vektoriellen Größe ist, die in Gl. (3.42) als Proportionalitätsfaktor erklärt wird. Zwar sind elektrische und magnetische Erscheinungen aufs engste miteinander verbunden, sie sind aber nicht dasselbe, ebenso wie etwa Blitz und Donner. Auch ist die Größe B in Gl. (3.42) kein Proportionalitätsfaktor in einem Naturgesetz. Wird B als Unbekannte betrachtet, so macht man den gleichen Fehler wie bei der Ableitung der elektrischen Ladung Q im CGS-System aus mechanischen Größen mit Hilfe des experimentell ermittelten Gesetzes der Elektrostatik

$$F = \frac{Q^2}{r^2},$$

in dem Q eine noch unbekannte, die elektrischen Erscheinungen kennzeichnende Größe ist.
Anschließend wird die magnetische Feldstärke als elektrische Größe aus dem experimentellen Befund $Bl \sim IN$ innerhalb einer hinreichend langen, vom Strom I durchflossenen Luftspule mit N Windungen definiert, indem man mit der Permeabilität als Proportionalitätsfaktor setzt

$$B = \mu IN/l = \mu H,$$

was verallgemeinert zum Durchflutungsgesetz Gl. (3.36) führt.

3.2.5 Physikalische Deutung der magnetischen Feldgrößen. Der magnetische Fluß Φ ist der Repräsentant der magnetischen Erscheinungen; in der Faraday-Maxwellschen Feldliniendarstellung wird er durch die Gesamtheit der B-Linien symbolisiert. Der Feldvektor $\boldsymbol{H}$ gibt die Stärke des magnetischen Feldes an, während die magnetische Flußdichte $\boldsymbol{B}$ die Flächendichte des magnetischen Flusses auch im materiefreien Raum ist. Diese Bezeichnungen stimmen mit denen des internationalen Schrifttums überein, ihre Ableitungen entsprechen der Heavisideschen Auffassung, wonach E und H aus Kraftwirkungen definiert werden.
Beide Größen H und B sind durch ein Naturgesetz, die magnetische Materialgleichung Gl. (3.32) verbunden, wozu eine Naturkonstante μ_0 als Proportionalitätsfaktor notwendig wurde. Diese magnetische Feldkonstante μ_0 ist ebenso wie ϵ_0 im elektrischen Feld ein „echter" Proportionalitätsfaktor, da von H und B unabhängig. Wegen Gl. (3.41) kann schließlich die Permeabilität μ als „magnetische Leitfähigkeit" für den magnetischen Fluß gedeutet werden.

Welchem der beiden Feldgrößen H oder B der Vorrang gegeben wird, ist eine Frage verschiedener experimenteller Beobachtungen und deren Deutung, die nicht zuletzt durch das verwendete Dimensionssystem bestimmt wird. Auch wird man in der Technik bei Kraftwirkungen, also vorzugsweise in der Energietechnik, der Feldgröße B mehr Bedeutung zuordnen als der Feldgröße H. Diese ist dann nur die „magnetische Erregung". In der Nachrichtentechnik, insbesondere in der HF-Technik, sind dagegen eigentlich nur E und H von Interesse.
Der Begriff „Polstärke" muß schließlich als überholt betrachtet werden, er wird auch im Schrifttum sehr verschieden definiert. Dieser Begriff führt auf fiktive „magnetische Mengen".

3.3 Spezielles Verhalten der vektoriellen Feldgrößen

*3.3.1 Die Feldgrößen **H** und **B**.* Das Feld der magnetischen Flußdichte ist stets quellenfrei, es kennt nur in sich geschlossene B-Linien. Für das Feld der elektrischen Feldstärke gilt das nur mit der Einschränkung einer örtlich konstanten Permeabilität. Bei örtlich verschiedener Permeabilität ergibt Gl. (3.34) mit Gl. (3.32) wegen Gl. (1.22)

$$\operatorname{div} \boldsymbol{B} = \operatorname{div} \mu \boldsymbol{H} = \mu \operatorname{div} \boldsymbol{H} + \boldsymbol{H} \operatorname{grad} \mu = 0.$$

Daraus für die dem Vektor $\boldsymbol{H}$ zugeordnete Divergenz (vgl. Kap. 1.2.2)

$$\operatorname{div} \boldsymbol{H} = -\frac{\boldsymbol{H}}{\mu} \operatorname{grad} \mu. \tag{3.43}$$

Die Feldstärke ist also nur an den Stellen quellenfrei, wo μ keinen Gradienten hat, also kein Permeabilitätsgefälle besteht. Verläuft demnach das Feld in Richtung ansteigender Permeabilität, so enden dort H-Linien und umgekehrt z.B. beim Übergang von Luft in Eisen, wie Bild 3.5 zeigt. Im Luftspalt beginnen und enden an der Grenzfläche Eisen-Luft zusätzliche H-Linien, ohne daß „magnetische Mengen" als „echte" Quellen vorhanden sind. Da im Luftspalt bei gleicher Flußdichte B wie im Eisen $\mu_0 \ll \mu$ ist, wird

$$H_0 = \frac{B}{\mu_0} \gg \frac{B}{\mu}.$$

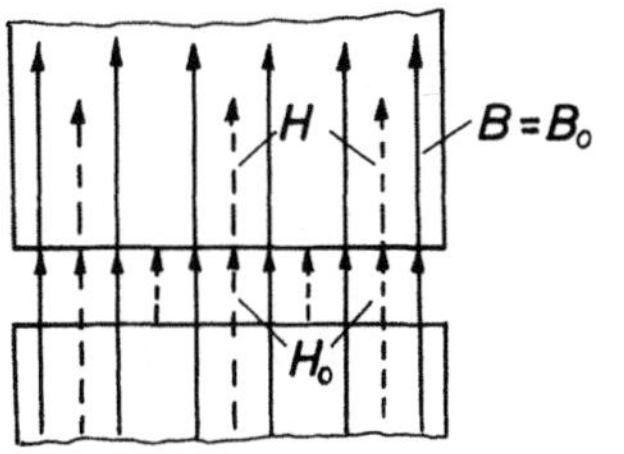

Bild 3.5
H- und *B*-Linien im Luftspalt eines Eisenkerns bei vernachlässigter Streuung

3.3.2 Verhalten an Grenzflächen homogener Materie. Von besonderer Bedeutung ist das Verhalten der vektoriellen Feldgrößen beim Übergang von einem Medium in ein anderes, wobei sich die Materialwerte ϵ, μ und κ sprunghaft ändern. Betrachtet man zu diesem Zweck zunächst einen schmalen rechteckigen Umlauf längs der beiden Seiten der Grenzfläche nach Bild 3.6a, so muß im stationären Feld für die elektrische Feldstärke wegen Gl. (3.5)

$$\oint \boldsymbol{E}\, \mathrm{d}\boldsymbol{s} = (E_{1t} - E_{2t}) l + \Delta U = 0$$

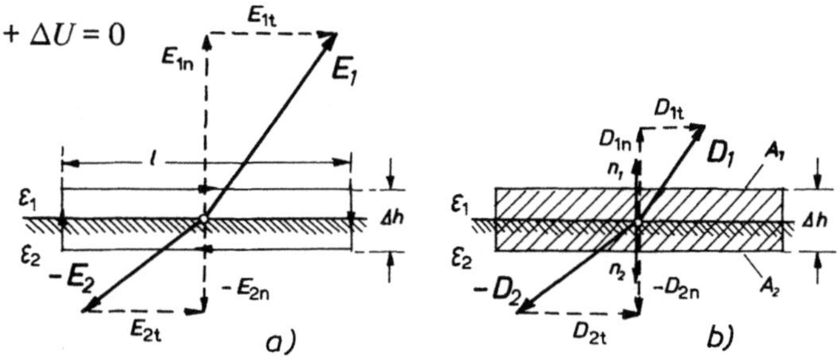

Bild 3.6 Die Feldvektoren $\boldsymbol{E}$ und $\boldsymbol{D}$ an homogenen Grenzflächen mit a) E-Linien, b) D-Linien

sein und entsprechend wegen Gl. (3.36) für die magnetische Feldstärke, unter Annahme einer Stromdichte senkrecht zur Umlauffläche

$$\oint \boldsymbol{H}\, \mathrm{d}\boldsymbol{s} = (H_{1t} - H_{2t}) l + \Delta V = J l \Delta h.$$

Hierbei sind ΔU und ΔV die auf den Teilstrecken Δh entfallenden elektrischen bzw. magnetischen Spannungen. Für $\Delta h \to 0$ verschwinden ΔU und ΔV, so daß mit der Oberflächendichte (dem Strombelag)

$$\lim_{\Delta h \to 0} J \, \Delta h = j$$

für die Tangentialkomponenten der Feldstärken E und H an Grenzflächen zwischen homogenen Medien (1) und (2) gilt

$$E_{1t} - E_{2t} = 0, \qquad H_{1t} - H_{2t} = j.$$

Um das Verhalten der Normalkomponenten von D und B zu ermitteln, kann man einen kleinen Zylinder nach Bild 3.6b betrachten. Die beiden gleich großen Endflächen $A_1 = A_2 = A_0$ verlaufen im Abstand Δh parallel zur Trennfläche zwischen beiden Medien (1) und (2). Unter Beachtung, daß die Flächennormalen n_1 und n_2 definitionsgemäß nach außen gerichtet sind, erhält man für die elektrische Flußdichte $\boldsymbol{D}$ wegen Gl. (3.10)

$$\oint \boldsymbol{D} \, \mathrm{d}\boldsymbol{A} = \rho A_0 \Delta h = (D_{1n} - D_{2n}) A_0 + \Delta Q$$

und entsprechend für die magnetische Flußdichte $\boldsymbol{B}$ wegen Gl. (3.34)

$$\oint \boldsymbol{B} \, \mathrm{d}\boldsymbol{A} = (B_{1n} - B_{2n}) A_0 + \Delta \Phi = 0.$$

ΔQ ist der aus der Mantelfläche der Höhe Δh austretende elektrische Fluß, $\Delta \Phi$ ist der entsprechende magnetische Fluß. Beide Flüsse verschwinden für $\Delta h \to 0$, so daß mit der Flächendichte

$$\lim_{\Delta h \to 0} \rho \, \Delta h = \sigma$$

für die Normalkomponenten der elektrischen und magnetischen Flußdichten zwischen homogenen Medien (1) und (2) gilt

$$D_{1n} - D_{2n} = \sigma, \qquad B_{1n} - B_{2n} = 0. \tag{3.44}$$

An Grenzflächen zwischen homogenen Medien gelten demnach folgende Randbedingungen:

1. Im elektrischen Feld

$$\boxed{E_{1t} = E_{2t}; \quad D_{1n} = D_{2n}} \tag{3.45}$$

wobei die zweite Bedingung nur bei ladungsfreien Grenzflächen erfüllt ist.

> Im elektrischen Feld verhalten sich an homogenen Grenzflächen zwischen linearen Dielektrika verschiedener Permittivität die Tangentialkomponenten der elektrischen Feldstärke und bei Ladungsfreiheit die Normalkomponenten der elektrischen Flußdichte stetig.

Damit ist wegen Gl. (3.20)

$$\frac{E_{1n}}{E_{2n}} = \frac{\epsilon_2}{\epsilon_1}, \qquad \frac{D_{1t}}{D_{2t}} = \frac{\epsilon_1}{\epsilon_2}. \tag{3.46}$$

2. Im magnetischen Feld:

$$\boxed{H_{1t} = H_{2t}, \quad B_{1n} = B_{2n}} \tag{3.47}$$

wobei die erste Bedingung nur bei stromloser Grenzfläche erfüllt ist.

Im magnetischen Feld verhalten sich an homogenen Grenzflächen zwischen Stoffen verschiedener Permeabilität die Normalkomponenten der magnetischen Flußdichte und bei stromlosen Grenzflächen die Tangentialkomponenten der magnetischen Feldstärke stetig.

Damit ist wegen Gl. (3.32)

$$\frac{H_{1n}}{H_{2n}} = \frac{\mu_2}{\mu_1}, \qquad \frac{B_{1t}}{B_{2t}} = \frac{\mu_1}{\mu_2}. \tag{3.48}$$

In beiden Fällen tritt eine Brechung der Feldlinien ein, wie aus Bild 3.6 zu erkennen ist.

In Bild 3.5 haben Feldstärke und Flußdichte nur Normalkomponenten. Die B-Linien durchlaufen das Eisen und den Luftspalt stetig. Wegen $\mu_0 < \mu$ hat dagegen die Feldstärke an der Grenzfläche Eisen-Luft einen Betragssprung, wobei im Eisen $H < H_0$.

Für die Leitungsstromdichte gilt im elektrischen Strömungsfeld wegen Gl. (3.38) bei Vernachlässigung des Verschiebungsstromes

$$\operatorname{div} \boldsymbol{J} = 0.$$

Mithin gelten für die Normalkomponenten der Stromdichte an Grenzflächen linearer Leiter mit der Leitfähigkeit κ_1 und κ_2 die analogen Beziehungen wie für die magnetische Flußdichte, also

$$E_{1t} = E_{2t}, \qquad J_{1n} = J_{2n}. \tag{3.49}$$

Haben im allgemeinen Fall beide Medien die konstanten Materialwerte Permittivität ϵ und Leitfähigkeit κ, so setzen sich an der Grenzfläche Oberflächenladungen ab. Wegen

$$D_{1n} = \epsilon_1 E_{1n} = \frac{\epsilon_1}{\kappa_1} J_n, \qquad D_{2n} = \epsilon_2 E_{2n} = \frac{\epsilon_2}{\kappa_2} J_n$$

gilt nicht mehr die Stetigkeit der Normalkomponenten der elektrischen Flußdichte. Vielmehr wird mit Gl. (3.25)

$$\frac{D_{1n}}{D_{2n}} = \frac{\epsilon_1 \kappa_2}{\epsilon_2 \kappa_1} = \frac{\tau_1}{\tau_2}, \tag{3.50}$$

während die Oberflächenladungen der Dichte σ nach Gl. (3.44)

$$\sigma = D_{1n} - D_{2n} = J_n(\tau_1 - \tau_2) \tag{3.51}$$

betragen.

Die Feldverteilung und damit die Spannungsverteilung wird jedoch ausschließlich durch die Leitfähigkeit der Stoffe bestimmt, da diese auch die Stromverteilung festlegt. So wird

$$\frac{E_{1n}}{E_{2n}} = \frac{\epsilon_2 D_{1n}}{\epsilon_1 D_{2n}} = \frac{\kappa_2}{\kappa_1}. \tag{3.52}$$

In fester Materie versagt die Definition der elektrischen Feldstärke nach Gl. (3.3). Nach Gl. (3.45) kann man jedoch – in jedem Fall als Gedankenexperiment – die Feldstärke E in einem hinreichend kleinen Längsschlitz (Hohlraum) in Feldrichtung und die elektrische Flußdichte D in einem Querschlitz senkrecht zur Feldrichtung messen. Bringt man zu diesem Zweck einen kleinen Plattenkondensator als Sonde in einen solchen Schlitz, so können der Betrag D als Dichte σ der Kondensatorladung oder der Betrag E als Produkt aus Spannung U und Plattenabstand d bestimmt werden. Die Permittivität ϵ ist dann der Quotient E/D.

3.4 Verkettung und Einteilung der Felder

3.4.1 Verkettung beider Felder. Erweitert man im Durchflutungsgesetz Gl. (3.36) die Leitungsstromdichte $\boldsymbol{J}$ unter Einbeziehung des Verschiebungsstromes zur Gesamtstromdichte nach Gl. (3.18), so erhält man bei konstanten Materialwerten ϵ und σ

$$\boxed{\oint \boldsymbol{H}\,\mathrm{d}\boldsymbol{s} = \int\limits_A \left(\boldsymbol{J} + \frac{\partial \boldsymbol{D}}{\partial t}\right)\mathrm{d}\boldsymbol{A} = \int\limits_A \left(\kappa\,\boldsymbol{E} + \epsilon\,\frac{\partial \boldsymbol{E}}{\partial t}\right)\mathrm{d}\boldsymbol{A}} \tag{3.53}$$

Das ist die *erste Maxwellsche Gleichung* in der Integralform. Die zweite Maxwellsche Gleichung gewinnt man aus dem Induktionsgesetz (Kap. 9.1.1). Danach beträgt die induzierte Spannung u_i in einer den magnetischen Fluß Φ insgesamt N-mal umschließenden Leiteranordnung

$$u_i = -N\,\frac{\mathrm{d}\Phi}{\mathrm{d}t}\,.$$

Wird die induzierte Spannung als elektrische Umlaufspannung gekennzeichnet, da sie nur in einer geschlossenen Leiterschleife nachgewiesen werden kann, so erhält man mit Gl. (3.30)

$$\boxed{\oint \boldsymbol{E}\,\mathrm{d}\boldsymbol{s} = -\frac{\partial}{\partial t}\int \boldsymbol{B}\,\mathrm{d}\boldsymbol{A}} \tag{3.54}$$

Das ist die *zweite Maxwellsche Gleichung* in der Integralform für ruhende, lineare und isotrope Medien. Den Übergang zu der in der Nachrichtentechnik meist zweckmäßigeren Differentialform der Feldgleichungen erhält man nach Gl. (1.13). Bei Beschränkung auf relativ zum Beobachter ruhende Medien mit konstanten Materialwerten lauten diese

$$\boxed{\begin{aligned} &\text{I.}\ \ \operatorname{rot}\boldsymbol{H} = \boldsymbol{J} + \frac{\partial \boldsymbol{D}}{\partial t} = \kappa\,\boldsymbol{E} + \epsilon\,\frac{\partial \boldsymbol{E}}{\partial t} \\ &\text{II.}\ \operatorname{rot}\boldsymbol{E} = -\frac{\partial \boldsymbol{B}}{\partial t} = -\mu\,\frac{\partial \boldsymbol{H}}{\partial t} \end{aligned}} \tag{3.55}$$

mit den Zusatzgleichungen

$$\operatorname{div}\boldsymbol{D} = \rho, \qquad \operatorname{div}\boldsymbol{B} = 0.$$

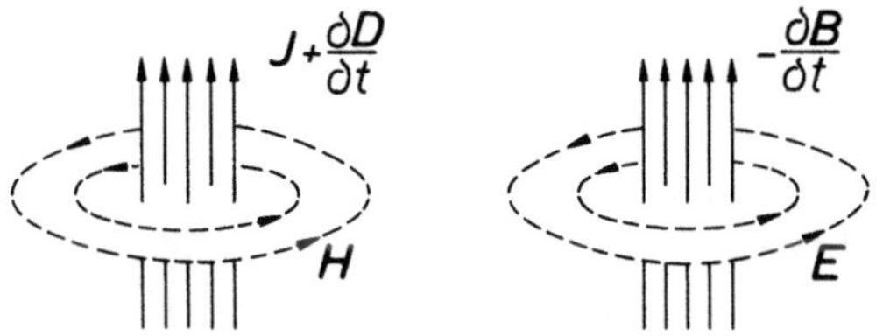

Bild 3.7
Aussage der beiden Maxwellschen Feldgleichungen

Die erste Maxwellsche Feldgleichung ist das um den Verschiebungsstrom erweiterte Durchflutungsgesetz; die zweite Maxwellsche Feldgleichung ist das Induktionsgesetz.

Beide Feldgleichungen sind das zusammengefaßte Ergebnis der Naturbeobachtung über das Zusammenwirken der elektromagnetischen Einzelmerkmale im Makrokosmos. Wesentliche Aussage dieser Gleichungen ist, wie Bild 3.7 erläutert, daß ein magnetisches Wirbelfeld ein zeitlich veränderliches elektrisches Feld (einen elektrischen Strom) in ähnlicher Weise umgibt, wie jedes elektrische Wirbelfeld ein zeitlich veränderliches Magnetfeld. Jede Änderung eines der beiden Felder für sich allein ist nicht möglich, ohne gleichzeitige Änderung des anderen. Elektrisches und magnetisches Feld sind miteinander verkettet.

Die Einführung des Verschiebungsstromes durch Maxwell führt einerseits zu den Wellenvorgängen im elektromagnetischen Feld mit denen das Feld Energie transportiert, andererseits bedeutet der Verschiebungsstrom als Fortsetzung des Leitungsstromes die Kontinuität der elektrischen Strömung. So erhält man aus der ersten Feldgleichung in Gl. (3.55) wegen Gl. (1.27) mit Gl. (3.12)

$$\operatorname{div}\left(\boldsymbol{J} + \frac{\partial \boldsymbol{D}}{\partial t}\right) = \operatorname{div}\boldsymbol{J} + \frac{\partial \rho}{\partial t} = 0. \tag{3.56}$$

Das ist die *Kontinuitätsgleichung* der Elektrizität.

Zusammengefaßt gelten für relativ zum Beobachter ruhende Körper in linearen und isotropen Medien folgende Feldgleichungen

Feldgleichungen:	$\operatorname{rot}\boldsymbol{H} = \boldsymbol{J} + \frac{\partial \boldsymbol{D}}{\partial t}$,	$\operatorname{rot}\boldsymbol{E} = -\frac{\partial \boldsymbol{B}}{\partial t}$	
Zusatzgleichungen:	$\operatorname{div}\boldsymbol{D} = \rho$,	$\operatorname{div}\boldsymbol{J} = -\frac{\partial \rho}{\partial t}$,	$\operatorname{div}\boldsymbol{B} = 0$
Materialgleichungen:	$\boldsymbol{D} = \epsilon\boldsymbol{E}$,	$\boldsymbol{J} = \kappa\boldsymbol{E}$,	$\boldsymbol{B} = \mu\boldsymbol{H}$

3.4.2 Einteilung der Elektrodynamik. Ausgehend von den Maxwellschen Gleichungen wird die Elektrodynamik nach dem zeitlichen Verhalten der Feldgrößen in statische, stationäre, quasistationäre und rasch veränderliche Felder eingeteilt. Statische Felder liegen in der Elektrostatik und in der Magnetostatik vor. Für diese verschwindet jede zeitliche Änderung, es gilt uneingeschränkt $\mathrm{d}/\mathrm{d}t = 0$. Auch besteht keine Verkettung elektrischer und magnetischer Größen, daher findet auch kein Energietransport statt und zur Aufrechterhaltung statischer Felder wird keine Energie benötigt. In der Umgebung einer elektrischen Ladung bleibt das elektrische Feld ebenso erhalten, wie das magnetostatische Feld in der Umgebung eines Permanentmagneten. Elektrostatik und Magnetostatik können beide für sich allein und abgeschlossen behandelt werden.

Im *elektrostatischen Feld* sind die das Feld erregenden Ladungen in Ruhe. Es ist

$$\mathrm{rot}\,\boldsymbol{E} = 0, \quad \mathrm{div}\,\boldsymbol{D} = \rho, \quad \boldsymbol{D} = \epsilon\boldsymbol{E}, \quad \Phi = 0.$$

Da keine Ströme fließen, muß sich auf den Leiteroberflächen eine solche Ladungsverteilung einstellen, daß die elektrische Feldstärke im Leiterinnern verschwindet und die Leiteroberflächen zu Äquipotentialflächen werden. Wäre diese Bedingung nicht erfüllt, so würden sowohl das Leiterinnere als auch die Leiteroberflächen Ströme führen. Für das *magnetostatische Feld* als Feld permanenter Magnete gilt

$$\mathrm{rot}\,\boldsymbol{H} = 0, \quad \mathrm{div}\,\boldsymbol{B} = 0, \quad \boldsymbol{B} = \mu\boldsymbol{H}, \quad Q = 0.$$

Bleibt weiterhin $\mathrm{d}/\mathrm{d}t = 0$, wobei jedoch $\mathrm{d}Q/\mathrm{d}t = \text{konst.}$ (Gleichstrom), so handelt es sich um ein *stationäres Strömungsfeld*, das ist das Feld stationärer Ströme (Gleichstromfeld). Elektrische und magnetische Größen sind bereits miteinander verknüpft. Es gilt jetzt

$$\mathrm{rot}\,\boldsymbol{E} = 0, \quad \mathrm{div}\,\boldsymbol{D} = \rho, \quad \boldsymbol{D} = \epsilon\boldsymbol{E},$$

$$\mathrm{rot}\,\boldsymbol{H} = \boldsymbol{J} = \kappa\,\boldsymbol{E}, \quad \mathrm{div}\,\boldsymbol{B} = 0, \quad \boldsymbol{B} = \mu\boldsymbol{H}, \quad \mathrm{d}\Phi/\mathrm{d}t = 0.$$

Dieses zeitlich konstante Feld ist bereits ein elektromagnetisches Feld, das sich sehr wesentlich vom elektrostatischen Feld unterscheidet. Zu seiner Aufrechterhaltung ist unter normalen Bedingungen stets eine Energiezufuhr notwendig, da im Leiter ständig Wärme (Joulesche Wärme) entsteht, die unwiederbringlich nach außen abgegeben wird.

Im *quasistationären Feld* erfolgen die zeitlichen Änderungen der Feldgrößen gegenüber den sich mit Lichtgeschwindigkeit ausbreitenden elektrischen und magnetischen Feldern so langsam, daß diese Änderungen als in allen betrachteten Punkten gleichzeitig erfolgend angesehen werden können. Quasistationäre Felder sind demnach langsam veränderliche Felder, die vorwiegend den 50 Hz-Bereich bis hinein in den Tonfrequenzbereich erfassen, wenn noch angenähert die Gesetze des stationären Feldes anwendbar sind. Berücksichtigt werden die zeitlichen Änderungen des magnetischen Feldes, die magnetisierende Wirkung der Verschiebungsströme bleibt jedoch weiterhin vernachlässigt. Die Verkettung der elektrischen und magnetischen Feldgrößen ist durch das Durchflutungsgesetz und das Induktionsgesetz gegeben, so daß man die Gleichungen erhält

$$\mathrm{rot}\,\boldsymbol{H} = \boldsymbol{J} = \kappa\,\boldsymbol{E}, \quad \mathrm{div}\,\boldsymbol{D} = \rho, \quad \boldsymbol{D} = \epsilon\boldsymbol{E},$$

$$\mathrm{rot}\,\boldsymbol{E} = -\frac{\partial \boldsymbol{B}}{\partial t}, \quad \mathrm{div}\,\boldsymbol{B} = 0, \quad \boldsymbol{B} = \mu\boldsymbol{H}.$$

Beispiel 3.2: Zur Abschätzung der magnetisierenden Wirkung des Verschiebungsstromes soll eine Spule mit Eisenkern nach Bild 3.8 betrachtet werden [2.8]. Bei einer mittleren Flußdichte mit einer Amplitude $\hat{B} = 1\,\mathrm{T}$ und einem Eisenquerschnitt $A_e = 25\ \mathrm{cm}^2$ wird die Windungsspannung bei $f = 50$ Hz

$$U = \frac{\omega}{\sqrt{2}}\hat{\Phi} = \frac{\omega}{\sqrt{2}}\hat{B}A_e = 0{,}56\ \mathrm{V}.$$

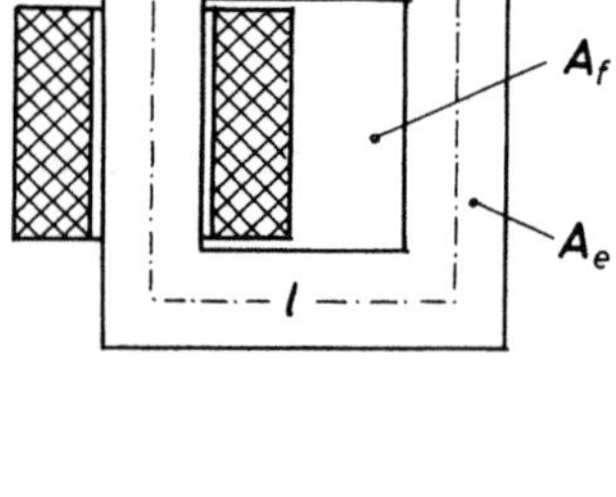

Bild 3.8
Spule mit geschlossenem Eisenkern

Die Verschiebungsstromdichte beträgt bei einer als Kreis vom Radius $r = 6$ cm angenäherten Feldlinie, längs der die Feldstärke konstant sein soll,

$$\frac{\partial D}{\partial t} = \epsilon_0 \frac{\partial E}{\partial t} = \omega \epsilon_0 \frac{U}{2\pi r} = 0{,}41 \cdot 10^{-12}\ \mathrm{A/cm^2}$$

Soll der Verschiebungsstrom das Spulenfenster mit $A_f = 300\ \mathrm{cm^2}$ voll ausfüllen, so ergibt das einen Verschiebungsstrom von $I_v \approx 1{,}2 \cdot 10^{-10}$ A gegenüber $I = Hl/N = 1$ A als Erregerstrom bei $N = 300$ Windungen, $l = 100$ cm und $H \approx 3$ A/cm.

Erst im ***rasch veränderlichen*** Feld erreicht die Verknüpfung der elektrischen und magnetischen Größen ihr volles Ausmaß, da sich erst dann alle Änderungen ganz auswirken. Erst in rasch veränderlichen Feldern kommen die Aussagen der Maxwellschen Gleichungen zur vollen Auswirkung. Feste Grenzfrequenzen für den Übergang vom langsam veränderlichen Feld zum rasch veränderlichen Feld können jedoch nicht angegeben werden; maßgebend ist die Wellenlänge

$$\lambda = \frac{c}{f} = \frac{2\pi}{\omega} c, \tag{3.57}$$

bezogen auf die Abmessungen der betrachteten Bauelemente. Im quasistationären Feld sind die Abmessungen der betrachteten Räume und Bauelemente vernachlässigbar klein gegenüber den Wellenlängen, bei rasch veränderlichen Vorgängen gilt das nicht mehr. Die Feldgrößen sind dann von der Zeit *und* vom Ort abhängig; man erhält andere Feldbilder als bei stationären Vorgängen.

Beispiel 3.3: Längs einer homogenen und verlustlosen Fernleitung der Länge $l = 10$ km erreicht eine am Leitungsanfang eingeschaltete Spannung das Leitungsende nach einer Laufzeit

$$t = l/c_0 = 33 \cdot 10^{-6}\ \mathrm{s}.$$

Ist die Spannung sinusförmig und wird sie im Zeitpunkt $t = 0$ mit ihrem Scheitelwert $\hat{u}$ am Leitungsanfang eingeschaltet, so ändert sich ihr Wert während der Laufzeit von $u_0 = \hat{u}$ auf $u_0 = \hat{u} \cos \omega t$.

Bei $f = 50$ Hz ist $\lambda = 6000$ km und $l = 1{,}66 \cdot 10^{-3}\,\lambda$ sowie $\omega t = 0{,}01$, so daß $u_0 \approx \hat{u}$.
Bei $f = 5$ kHz ist $\lambda = 60$ km und $l = 0{,}16\,\lambda$ sowie $\omega t = 1{,}04$, so daß $u_0 \approx 0{,}5\,\hat{u}$.
Bei $f = 50$ kHz ist $\lambda = 6$ km und $l = 1{,}66\,\lambda$ sowie $\omega t = 10{,}4$, so daß $u_0 \approx -0{,}6\,\hat{u}$.

Die Verhältnisse zeigt Bild 3.9. Demnach ist eine Leitung von 10 km Länge bei 50 Hz eine „kurze Leitung", die mit den Gleichungen des quasistationären Feldes berechnet werden kann. Ab etwa 5 kHz handelt es sich aber bereits um eine elektrisch „lange Leitung".

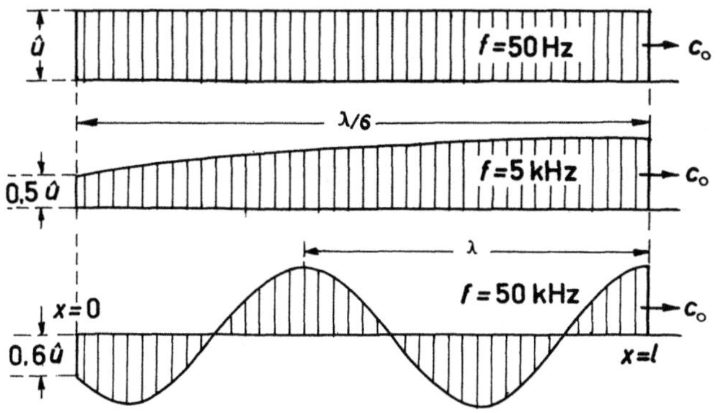

Bild 3.9
Spannungsverteilung längs einer homogenen und verlustlosen Leitung der Länge $l = 10$ km im Zeitpunkt $t = l/c_0$ nach dem Einschalten einer Spannung $u = \hat{u} \cos \omega t$ im Zeitpunkt $t = 0$

3.4.3 Quellen- und Wirbelfelder. Nach den Ausführungen in Kap. 3.1.3 ist das elektrische Feld beim Vorhandensein räumlich verteilter Ladungen ein Quellenfeld. Die Quellen sind die Ladungen, an denen die Feldlinien (Flußlinien) entspringen und münden. Im raumladungsfreien Raum ist das elektrische Feld dagegen quellenfrei. In den betrachteten Raumteil treten dann ebenso viele Feldlinien ein, wie wieder heraus. Ladungs- und damit quellenfrei ist insbesondere das durch Induktionswirkung hervorgerufene elektrische Feld, das durch in sich geschlossene Feldlinien gekennzeichnet ist und nach Gl. (3.54) ein Wirbelfeld ist. Einen Sonderfall bildet das *elektrostatische* Feld eines Elektreten (Kap. 4.2.4). Wegen $\operatorname{div} \boldsymbol{D} = 0$ ist es quellen- *und* wirbelfrei. Wegen des „Stromcharakters" des magnetischen Flusses ist ferner das magnetische Feld des Vektors $\boldsymbol{B}$ stets quellenfrei; es kennt nur in sich geschlossene B-Linien. Die magnetische Feldstärke $\boldsymbol{H}$ beschreibt jedoch lediglich dort ein quellenfreies Feld, wo μ keinen Gradienten hat (Kap. 3.3.1). Näheres siehe Kap. 9.4.3.

Beispiel 3.4: Wegen der Quellenfreiheit des magnetischen Feldes kann die induzierte Spannung in einer Leiterschleife im zeitlich konstanten Magnetfeld, hervorgerufen durch Bewegung und gleichzeitige Deformation der Leiterschleife, leicht berechnet werden. Der von der Leiterschleife umschlungene magnetische Fluß soll sich um

$$\mathrm{d}\Phi = \boldsymbol{B}\,\mathrm{d}\boldsymbol{A} = \frac{\partial(\boldsymbol{B}\,\mathrm{d}\boldsymbol{A})}{\partial s}\,\mathrm{d}s$$

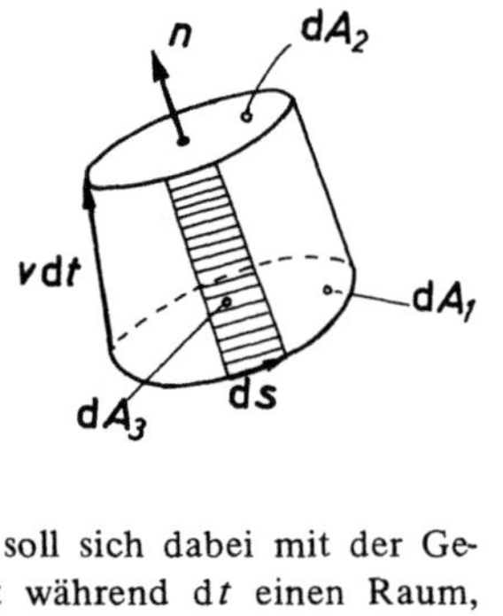

Bild 3.10 Zur Ableitung von Gl. (3.58)

ändern. Die Leiterschleife als Randkurve der Fläche $\mathrm{d}A_1$ in Bild 3.10 soll sich dabei mit der Geschwindigkeit $v \ll c$ relativ zum Beobachter bewegen, beschreibt somit während $\mathrm{d}t$ einen Raum, gebildet durch $\mathrm{d}A_1$ als Grundfläche und $\mathrm{d}A_2$ als Deckfläche. Die durch Bewegung und Deformation der Randkurve hervorgerufene Flußänderung ist gleich der Differenz der durch $\mathrm{d}A_1$ und $\mathrm{d}A_2$ hindurchgehenden Flüsse. Wegen der Quellenfreiheit muß nun der Fluß durch die gesamte Oberfläche des in Bild 3.10 betrachteten Volumens verschwinden. Demnach muß der durch Grund- und Deckfläche hindurchgehende Fluß entgegengesetzt gleich dem Fluß durch die Mantelfläche $\mathrm{d}A_3$ sein. Dieser ist aber nach Bild 3.10 unter Beachtung, daß die Flächennormale definitionsgemäß nach außen gerichtet ist,

$$\boldsymbol{B}\,\mathrm{d}\boldsymbol{A}_3 = \boldsymbol{B}(\mathrm{d}\boldsymbol{s} \times \boldsymbol{v}\,\mathrm{d}t) = (\boldsymbol{v} \times \boldsymbol{B})\,\mathrm{d}\boldsymbol{s}\,\mathrm{d}t,$$

so daß

$$\mathrm{d}\Phi = -\boldsymbol{B}\,\mathrm{d}\boldsymbol{A}_3 = -(\boldsymbol{v} \times \boldsymbol{B})\,\mathrm{d}\boldsymbol{s}\,\mathrm{d}t$$

und die durch Bewegung und Deformation der Leiterschleife induzierte Spannung

$$u_i = \oint \boldsymbol{E}\,\mathrm{d}\boldsymbol{s} = -\frac{\mathrm{d}\Phi}{\mathrm{d}t} = \oint (\boldsymbol{v} \times \boldsymbol{B})\,\mathrm{d}\boldsymbol{s}. \qquad (3.58)$$

Im wirbelfreien Feld bildet der Feldvektor den Gradienten eines skalaren Potentials; das Feld kann sowohl als Feld des Feldvektors (Vektorfeld) als auch als Feld des skalaren Potentials (Skalarfeld) beschrieben werden. Ein solches Feld bezeichnet man als *Potential-*

feld; das zeitlich konstante elektrische Feld ist ein Potentialfeld, das als Feld des Vektors $\boldsymbol{E}$ oder als Feld des skalaren Potentials φ beschrieben werden kann. Auch das zeitlich konstante Magnetfeld ist außerhalb stromführender Leiter wirbelfrei, sobald jedoch stromführende Leiter umschlungen werden, ist das skalare magnetische Potential ψ nicht mehr eindeutig (Kap. 7.1.3).

Im Wirbelfeld kann kein eindeutiges Potential definiert werden, da dann das Linienintegral der Feldstärke nicht mehr vom Wege unabhängig ist und daher auch nicht mehr als Differenz der Potentiale von Anfangs- und Endpunkt der Wegkurve angegeben werden kann. Die Anzeige eines Voltmeters im elektrischen Wirbelfeld wird davon abhängig, wie groß der Wert $\mathrm{d}\Phi/\mathrm{d}t$ ist, der von der betrachteten Leiteranordnung und den Zuleitungen zum Voltmeter umschlungen wird. Eine eindeutige Spannungsmessung zwischen zwei Punkten im elektrischen Wirbelfeld, z.B. in der HF-Technik ist nicht möglich.

Beispiel 3.5: Daß einem Punkt im elektrischen Wirbelfeld mit seinen in sich geschlossenen Feldlinien kein eindeutiges Potential zugeordnet werden kann, erkennt man leicht beim Bilden des Umlaufintegrals längs einer geschlossenen Feldlinie. Da dann Feld- und Wegrichtung zusammenfallen, wird

$$\oint \boldsymbol{E}\,\mathrm{d}\boldsymbol{s} = \oint E\,\mathrm{d}s \neq 0.$$

Nach dem Wiedererreichen des Ausgangspunktes wäre demnach sein Potential um den Betrag des Umlaufintegrals angewachsen und daher von anderem Wert als vor dem Umlauf.

Bildet man das Umlaufintegral im homogenen Feld nach Bild 3.11, so erhält man

$$\oint \boldsymbol{E}\,\mathrm{d}\boldsymbol{s} = E s_{23} + E s_{41} = 0,$$

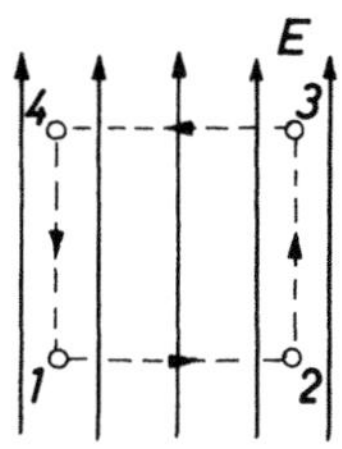

Bild 3.11 Geschlossener Umlauf im homogenen elektrischen Feld

da der Weg 1–2 und 3–4 senkrecht zur Feldrichtung verläuft und auf den Wegen 2–3 und 4–1 die Werte des Integrals entgegengesetzt gleich sind. Daraus folgt:

1. Es ist nicht möglich, eine Elektrodenanordnung anzugeben, mit der z.B. zur Beschleunigung von Teilchen ein elektrostatisches Feld *konstanter* Richtung erzeugt werden kann, daß sich *quer* zu seiner Richtung ändert, denn dann müßten die Beträge des Integrals auf den Wegen 2–3 und 4–1 verschieden ausfallen.
2. Im Wechselfeld kann die Stromdichte über den Querschnitt eines homogenen Leiters nicht konstant sein wie bei Gleichstrom. Da $\boldsymbol{J} \sim \boldsymbol{E}$, müßte sonst das Umlaufintegral verschwinden. Das ist jedoch im Wechselfeld nicht möglich, da der Umlauf dort den zeitlich veränderlichen Fluß $\mathrm{d}\Phi/\mathrm{d}t$ umschlingt. Die Stromdichte zweier paralleler Stromfäden muß daher verschieden sein, damit das Linienintegral auf dem Wege 2–3 und auf dem Wege 4–1 verschiedene Beträge ergibt, deren Differenz die umschlungene zeitliche Flußänderung ist. Das führt zur sogenannten Feld- und Stromverdrängung (Kap. 10.3).

Überhaupt hat das Auftreten der im elektrostatischen Feld völlig unbekannten *geschlossenen* elektrischen Feldlinien wesentliche Bedeutung. So ist es infolge der Notwendigkeit des Vorhandenseins einer geschlossenen, den pulsierenden Fluß umschlingenden Leiterschleife nicht ohne weiteres möglich, z.B. einen Schiebetransformator mit stetiger Spannungsregelung zu erhalten, indem man etwa mit dem Läufer längs einer Windung fortschreitet. Die Spannungsänderung kann immer nur sprunghaft von Windung zu Windung erfolgen. Entsprechend liegen auch die Verhältnisse z.B. beim Abgleich eines Stromwandlers. Nur durch Anwendung eines Kunstgriffes kann eine Spannungsunterteilung auf $\frac{1}{2}$ oder $\frac{1}{4}$ Windungsspannung erfolgen. Die Zuleitung wird dann z.T. durch den Eisenkern hindurchgeführt (Verringerung des umschlossenen Windungsflusses).

Abschnitt II Das elektrische Feld

Das elektrostatische Feld. Elektrostatische Probleme. Das stationäre elektrische Strömungsfeld.

4 Das elektrostatische Feld

4.1 Einige Grundbegriffe

4.1.1 Punktladungen. Die praktische Bedeutung der Begriffe Punktladung (Kap. 3.1.1), Linienladung, Dipole und Multipole liegt darin, daß man in der technischen Elektrostatik zahlreiche Anordnungen mit bestimmten Randbedingungen auf Punktladungen und daraus gebildete Systeme mit ihren einfachen Feldern zurückführen kann (Kap. 5.1), wenn man sich auf hinreichende Entfernung vom Ort dieser gedachten Ladungen beschränkt.

Zunächst erhält man für die Flußdichte und die Feldstärke im Abstand r von einer Punktladung Q im sonst ladungsfreien nichtleitenden isotropen Medium (Dielektrikum) nach Gl. (3.10), wenn man sich die Punktladung als Mittelpunkt einer Kugel vom Radius r denkt,

$$D = \frac{Q}{4\pi r^2} \quad \text{und} \quad E = \frac{Q}{4\pi \varepsilon r^2}\,. \tag{4.1}$$

Bezogen auf einen unendlich fernen Punkt ($\varphi_\infty \to 0$) wird dann das Potential im radialen Abstand r von der Punktladung unter Beachtung des Vorzeichens in Gl. (3.6)

$$\varphi = \int_r^\infty \boldsymbol{E}\,\mathrm{d}\boldsymbol{r}$$

oder

$$\boxed{\varphi = \frac{Q}{4\pi \varepsilon r}} \tag{4.2}$$

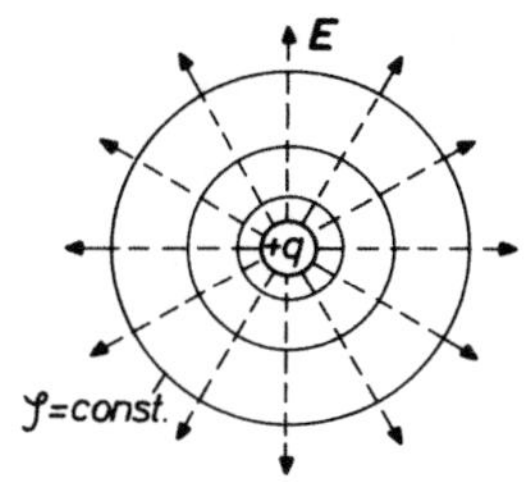

Bild 4.1 Feld einer positiven Punktladung $Q = q$

Bei einer ungestörten Punktladung Q bilden demnach die Feldlinien radiale Strahlen und die Äquipotentialflächen (Niveauflächen) konzentrische Kugelschalen mit Q als Mittelpunkt. Bei einer positiven Punktladung $+Q$ erhält man als Feldbild Bild 4.1. Bei einer negativen Punktladung $-Q$ zeigt der Feldvektor radial auf die Punktladung.

Wegen der linearen Abhängigkeit zwischen Ladung und Potential können die Potentiale verschiedener Punktladungen überlagert werden. Für das Gesamtpotential in einem beliebigen Punkt des Raumes wird daher bei ϵ = const.

$$\varphi = \varphi_1 + \varphi_2 + \ldots + \varphi_n$$

oder wegen Gl. (4.2)

$$\boxed{\varphi = \frac{1}{4\pi\epsilon} \sum_{r=1}^{n} \frac{Q_\nu}{r_\nu}} \tag{4.3}$$

wenn Q_ν die einzelnen Punktladungen sind und r_ν der Abstand derselben vom betrachteten Raumpunkt. Die Einführung der Raumladungsdichte nach Gl. (3.2) ergibt daraus

$$\boxed{\varphi = \frac{1}{4\pi\epsilon} \int \rho \frac{\mathrm{d}V}{r}} \tag{4.4}$$

mit $\mathrm{d}V$ als Volumenelement.

Das Feldbild zweier ungleichnamiger Punktladungen $Q_1 = +2Q$ und $Q_2 = -Q$ zeigt Bild 4.2. Die Feldstärke in jedem Raumpunkt erhält man durch vektorielle Addition der Feldstärken

$$\boldsymbol{E}_1 = \frac{Q_1}{4\pi\epsilon r_1^3} \boldsymbol{r}_1 ; \qquad \boldsymbol{E}_2 = \frac{Q_2}{4\pi\epsilon r_2^3} \boldsymbol{r}_2 ,$$

wie für den Punkt P in Bild 4.2 zu erkennen ist. Die Äquipotentialflächen (Niveauflächen) φ = const. bilden Rotationsflächen um die Verbindungslinie beider Punktladungen. Unter Beachtung des Vorzeichens beider Ladungen sind sie wegen Gl. (4.3) gegeben durch

$$\frac{Q_1}{r_1} + \frac{Q_2}{r_2} = \text{const.}$$

Insbesondere ergibt die Äquipotentialfläche für $\varphi = 0$ eine Kugelfläche um die kleinere Punktladung. Für jeden Punkt auf dieser Kugelfläche (im Schnitt ein Kreis) ist

$$\varphi = \frac{1}{4\pi\epsilon}\left(\frac{Q_1}{r_1} + \frac{Q_2}{r_2}\right) = 0,$$

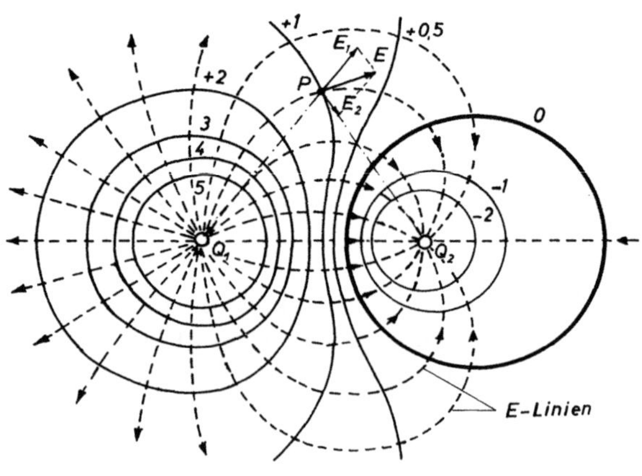

Bild 4.2

Feldbild zweier ungleichnamiger Punktladungen $Q_1 = +2Q$, $Q_2 = -Q$

so daß

$$\frac{r_1}{r_2} = -\frac{Q_1}{Q_2} = k \qquad k > 0. \tag{4.5}$$

In Bild 4.3 muß nach Gl. (4.5) für die Punkte P_1 und P_2 auf dem Kreis für $\varphi = 0$ gelten

$$\frac{D - r_0}{r_0 - x_0} = \frac{D + r_0}{r_0 + x_0} = k.$$

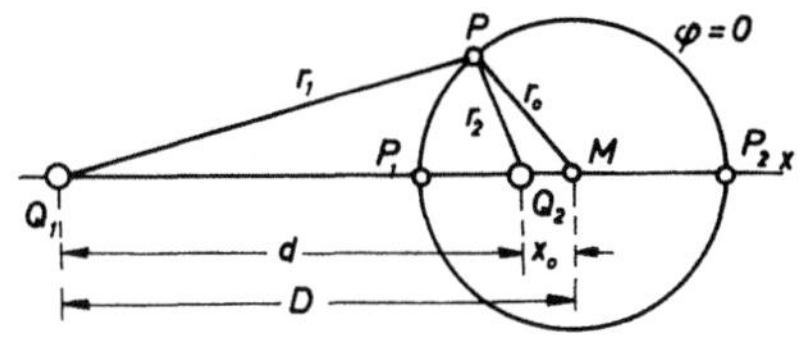

Bild 4.3
Zum Feldbild zweier ungleichnamiger Punktladungen

Daraus

$$r_0(D - x_0) + Dx_0 - r_0^2 = r_0(D - x_0) - (Dx_0 - r_0^2) = k(r_0^2 - x_0^2)$$

und wegen $D - x_0 = d$ aus den beiden ersten Ausdrücken

$$r_0^2 = Dx_0 = (d + x_0)\,x_0.$$

Dieses in den zweiten und dritten Ausdruck eingesetzt, ergibt $r_0/x_0 = k$, so daß mit Gl. (4.5) zusammengefaßt

$$\frac{r_0}{x_0} = \frac{D}{r_0} = k = -\frac{Q_1}{Q_2}. \tag{4.5a}$$

Daraus erhält man schließlich

$$x_0 = \frac{r_0^2}{D} = \frac{D}{k^2} = \frac{d + x_0}{k^2}$$

oder für den Mittelpunktsabstand x_0 und den Kreisradius r_0

$$x_0 = \frac{d}{k^2 - 1}, \qquad r_0 = \frac{kd}{k^2 - 1}. \tag{4.6}$$

4.1.2 Dipol, Multipole. Für zwei gleich große ungleichnamige Ladungen $\pm Q$ wird in Gl. (4.5) $k = 1$. Damit werden x_0 und r_0 unendlich groß. Die Niveaufläche für $\varphi = 0$ wird Symmetrieebene zwischen beiden Punktladungen. Für einen hinreichend kleinen Abstand d beider Punktladungen erhält man dann einen elektrischen *Dipol.* Darunter versteht man eine Anordnung aus voneinander isolierten gleich großen, ungleichnamigen Punktladungen $\pm Q$ im Abstand d, wenn mit r als Entfernung des Aufpunktes $d \ll r$. Das Produkt

$$\boldsymbol{p} = Q\boldsymbol{d}, \qquad |\boldsymbol{p}| = p = Qd \tag{4.7}$$

bezeichnet man als Dipolmoment oder elektrisches Moment des Dipols.

Das elektrische Moment eines Dipols ist ein Vektor. Seine Richtung ist durch die Richtung der Dipolachse d (Verbindungslinie der beiden Punktladungen) von $-Q$ nach $+Q$ festgelegt, ist also der Richtung der Eigenfeldstärke entgegengesetzt.

Wird ein Dipol in ein elektrisches Feld gebracht, so wird auf den Dipol ein mechanisches Drehmoment ausgeübt. Dieses wird mit Gl. (3.3) und Gl. (4.7) im homogenen Feld

$$\boldsymbol{M}_d = \boldsymbol{p} \times \boldsymbol{E}. \tag{4.8}$$

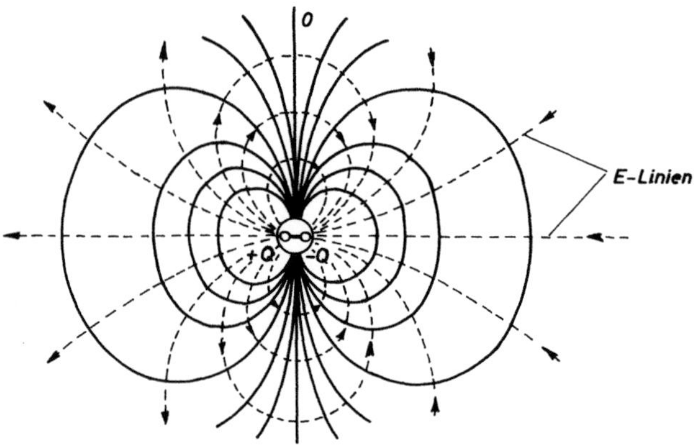

Bild 4.4 Feldbild eines elektrischen Dipols

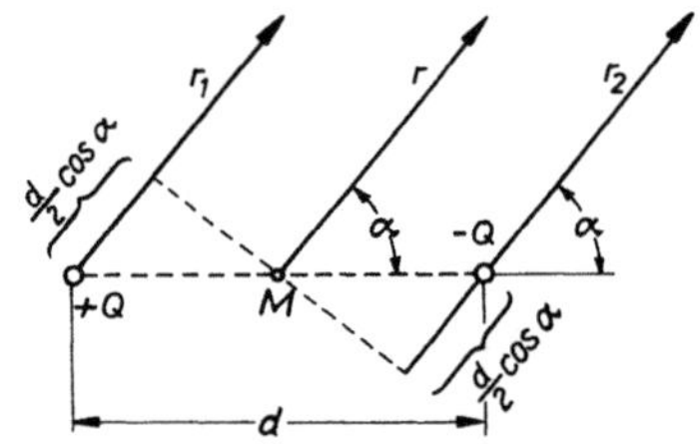

Bild 4.5 Zur Berechnung des Potentials in großer Entfernung von einem Dipol

Das mechanische Drehmoment versucht die Dipolachse in Feldrichtung zu stellen. Das elektrische Moment eines Dipols ist demnach ein Maß für das mechanische Drehmoment, das auf einen Dipol in einem elektrischen Feld ausgeübt wird. Das ungestörte Feldbild eines solchen Dipols zeigt Bild 4.4.

In hinreichend großer Entfernung vom Mittelpunkt *M* der Dipolachse wird nach Bild 4.5

$$r_1 = r + \frac{d}{2}\cos\alpha; \qquad r_2 = r - \frac{d}{2}\cos\alpha. \tag{4.9}$$

Damit wird für $r \gg d$

$$\frac{1}{r_2} - \frac{1}{r_1} \approx \frac{d}{r^2}\cos\alpha$$

und das Potential φ bei Einführung des Dipolmoments Gl. (4.7) und Beschränkung auf die weitere Umgebung des Dipols

$$\varphi = \frac{p\cos\alpha}{4\pi\epsilon r^2}. \tag{4.10}$$

Für die beiden Feldstärkekomponenten erhält man daraus

$$E_r = \left|\frac{\partial\varphi}{\partial r}\right| = \frac{p\cos\alpha}{2\pi\epsilon r^3}; \qquad E_\alpha = \left|\frac{1}{r}\frac{\partial\varphi}{\partial\alpha}\right| = \frac{p\sin\alpha}{4\pi\epsilon r^3}$$

oder

$$E = \sqrt{E_r^2 + E_\alpha^2} = \frac{p}{4\pi\epsilon r^3}\sqrt{3\cos^2\alpha + 1}. \tag{4.11}$$

Obgleich die Gesamtladung eines Dipols verschwindet, erhält man ein elektrisches Feld. Dabei nimmt das Potential mit der zweiten und die Feldstärke mit der *dritten* Potenz der Entfernung ab, also schneller als bei einer einzelnen Punktladung.

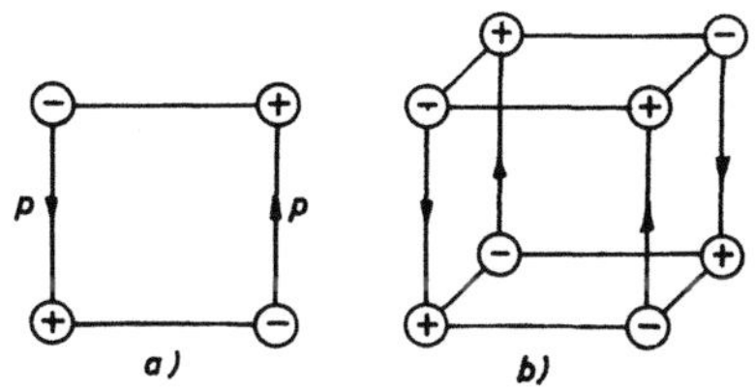

Bild 4.6 Quadropol a) und Oktopol b)

Ordnet man einem Dipol einen gleich großen Dipol mit umgekehrter Polarität nach Bild 4.6a zu, so erhält man einen Quadrupol, der nach Bild 4.6b zu einem Oktopol oder allgemein zu einem *Multipol* erweitert werden kann. Zwei gleich große Dipole mit entgegengesetzten Dipolmomenten ergeben aneinandergereiht einen axialen Quadrupol. Felder von Multipolen haben u.a. in der Festkörperphysik besondere Bedeutung.

4.1.3 Linienladung, Liniendipol. Ist l die Länge einer Linienladung Q mit homogener Ladungsverteilung in Richtung der x-Achse, so ergibt jedes Linienelement $\mathrm{d}x$ den Beitrag $Q\,\mathrm{d}x/l$ zum Gesamtpotential. Für einen beliebigen Raumpunkt $P(x_p, y_p)$ in Bild 4.7 wird dann in homogenen Medien konstanter Permittivität nach Gl. (4.2)

$$\mathrm{d}\varphi = Q\,\frac{\mathrm{d}x}{l}\,\frac{1}{4\pi\epsilon r} = \frac{Q}{4\pi\epsilon l}\,\frac{\mathrm{d}x}{\sqrt{(x_p - x)^2 + y_p^2}}\,.$$

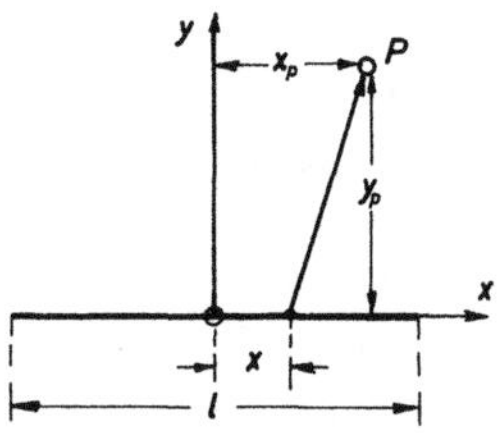

Bild 4.7
Zur Berechnung des Potentialverlaufs um eine Linienladung der Länge l

Das ergibt mit

$$x_p - x = z, \qquad \mathrm{d}x = -\,\mathrm{d}z$$

das bekannte Integral

$$\varphi = \frac{Q}{4\pi\epsilon l}\int\limits_{x_p - l/2}^{x_p + l/2}\frac{\mathrm{d}z}{\sqrt{z^2 + y_p^2}} = \frac{Q}{4\pi\epsilon l}\,\ln\left[x_p - x + \sqrt{(x_p - x)^2 + y_p^2}\right]_{x = +l/2}^{x = -l/2}$$

und daraus, wenn nun die Koordinaten x_p, y_p mit x, y bezeichnet werden,

$$\boxed{\varphi = \frac{Q}{4\pi\epsilon l}\,\ln\frac{\sqrt{\left(x + \frac{l}{2}\right)^2 + y^2} + x + \frac{l}{2}}{\sqrt{\left(x - \frac{l}{2}\right)^2 + y^2} + x - \frac{l}{2}}} \qquad (4.12)$$

Die Niveauflächen sind Rotationsellipsoide und sind in der xy-Ebene in Bild 4.8 angegeben. Die Brennpunkte liegen in den Endpunkten der Linienladung. Die Feldlinien (Verschiebungslinien) ergeben konfokale Hyperbeln, sie haben mit den Ellipsen gemeinsame Brennpunkte.

Bei einer sehr langen Linienladung kann der Einfluß der Enden vernachlässigt werden. Die Feldlinien werden radiale Strahlen und die Niveauflächen konzentrische Kreiszylinder. Betrachtet man einen Ausschnitt der Länge l mit der Ladung Q, so wird im Abstand r von der Linienladung bei konstanter Permittivität

$$D = \frac{Q}{2\pi r l}\,; \qquad E = \frac{Q}{2\pi\epsilon r l}$$

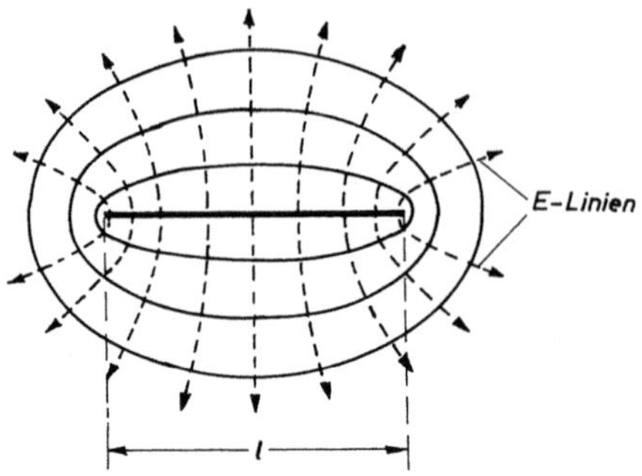

Bild 4.8
Feldbild einer positiven Linienladung der Länge l im freien Raum

und nach Gl. (3.6)

$$\varphi = \frac{Q}{2\pi\epsilon l} \ln \frac{r}{r_0} \tag{4.13}$$

Die notwendige Integrationskonstante ist in r_0 enthalten.

Bei einer unendlich langen Linienladung strömt der überschüssige elektrische Fluß Q nach Unendlich, das ist im Sinne der Funktionentheorie der „unendlich ferner Punkt“ [1]. Da in einem Gesamtsystem ΣQ_n verschwindet (Kap. 3.1.1), ist $-Q \ln r_0$ in Gl. (4.13) stets zu berücksichtigen, sobald in einen Gesamtsystem von Linienladungen $\Sigma Q_n \neq 0$. Die Randbedingungen bleiben dabei erfüllt, da bei mehreren Linienladungen in unmittelbarer Umgebung von Q_n der Abstand $r_n \to 0$ und damit der Einfluß aller von anderen Linienladungen herrührenden Beiträge $Q \ln r$ vernachlässigbar ist. Andererseits verschwindet der Beitrag einer unendlich fernen Linienladung zum betrachteten Feld, da grad $|\ln r_0| = 1/r_0$ für $r_0 \to \infty$ verschwindet. Eine Berücksichtigung von r_0 in Gl. (4.13) ist auch schon deshalb notwendig, weil der Logarithmus einer Strecke nicht definiert und physikalisch sinnlos ist.

Für zwei gleichgroße, ungleichnamige Linienladungen (Ausschnitt der Länge l zweier unendlich langer paralleler Linienladungen) ist nach Gl. (4.13) in der Entfernung r (radial von den Linienladungen)

$$\varphi = \varphi_1 + \varphi_2 = \frac{Q}{2\pi\epsilon l} \ln \frac{r_1}{r_2}\,. \tag{4.14}$$

Für jede Niveaufläche ist somit

$$\frac{r_1}{r_2} = k = \text{const.} \tag{4.14a}$$

---

[1] Zur Darstellung des „unendlich fernen Punktes“ kommt man, wenn man das rechtwinklige Koordinatennetz auf eine Kugel (Riemannsche Kugel) stereographisch abbildet. Denkt man sich dabei den Südpol der Kugel mit dem Koordinatenursprung zusammenfallend, so bilden die x- und y-Achse sich rechtwinklig schneidende Großkreise durch Nord- und Südpol. Der Nordpol bildet den Unendlichkeitspunkt, also den unendlich weiten Punkt der Ebene. Das unendlich ferne Gebiet der Ebene wird zu einem Punkt.

Die Äquipotentialflächen bilden Kreiszylinder, deren Radien r_0 und Mittelpunktsabstände x_0 durch Gl. (4.6) mit k nach Gl. (4.14a) gegeben. Da die Feldlinien (Verschiebungslinien) die Äquipotentialflächen senkrecht durchdringen, bilden sie ebenfalls Kreise, deren Mittelpunkte auf der Symmetrieebene zwischen beiden Linienladungen für $\varphi = 0$, $r_0 \to \infty$ liegen. Die Konstruktion der Feld- und Potentiallinien kann Bild 4.9 entnommen werden.

In Bild 4.9 ist

$$\left(\frac{d}{2}\right)^2 + r_0^2 = \left(\frac{d}{2} + x_0\right)^2. \qquad (4.15)$$

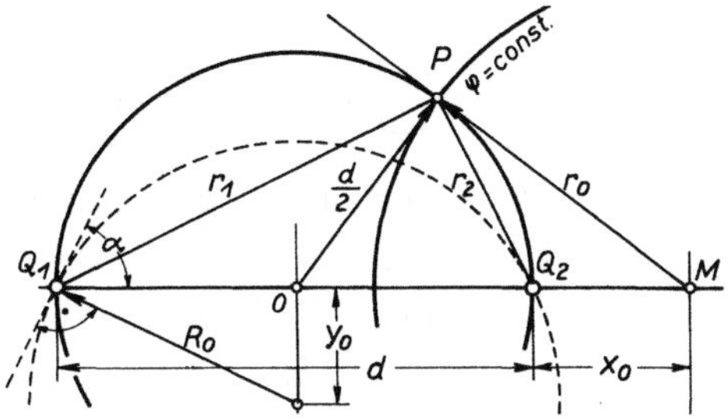

Bild 4.9
Zur Konstruktion des Feldbildes zweier paralleler Linienladungen $Q_1 = +Q$, $Q_2 = -Q$ im Abstand d

Schlägt man demnach mit $d/2$ als Radius von 0 aus einen Kreis durch Q_1 und Q_2 als Feldlinie, so findet man die Potentiallinie durch jeden beliebigen Punkt P auf diesem Kreis dadurch, daß man, wie Bild 4.9 erkennen läßt, im Punkt P die Tangente an den Kreis (Feldlinie) bis zum Schnittpunkt M mit der verlängerten Verbindungslinie $Q_1 - Q_2$ zieht. Dieser Schnittpunkt M ist dann der gesuchte Mittelpunkt des Potentialkreises vom Radius r_0 durch den Punkt P.
Die Mittelpunkte der Feldlinienkreise liegen auf der Symmetriebene zwischen beiden Ladungen (Niveauebene für $\varphi = 0$). Bild 4.9 entnimmt man für den Mittelpunktsabstand y_0 von 0

$$y_0 = \sqrt{R_0^2 - (d/2)^2}, \qquad (4.15a)$$

wobei R_0 der Radius des gesuchten Feldlinienkreises ist. Das so erhaltene Feldbild zweier ungleichnamiger paralleler Linienladungen $\pm Q$ senkrecht zur Zeichenebene zeigt Bild 4.10.

Wird der Abstand d zweier ungleichnamiger paralleler Linienladungen bezüglich des Abstandes r vom Aufpunkt $d \ll r$, so erhält man einen *Liniendipol*. Dabei wird wegen der Näherungen für $x \ll 1$

$$\frac{1}{1 \pm x} \approx 1 \mp x \qquad (4.16)$$

$$\ln(1 \pm x) = \pm x - \frac{x^2}{2} \pm \frac{x^3}{3} - \frac{x^4}{4} \pm \ldots \qquad (4.17)$$

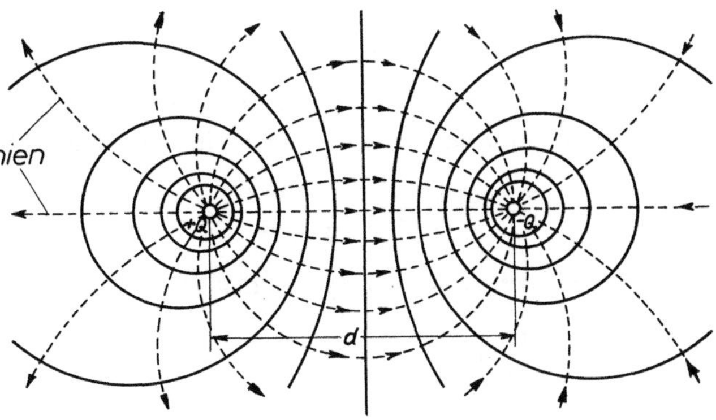

Bild 4.10
Feldbild zweier paralleler ungleichnamiger Linienladungen $\pm Q$ sehr großer Länge

nach Gl. (4.9) bei $d \ll r$ (Bild 4.5)

$$\frac{r_1}{r_2} = \frac{r + \frac{d}{2}\cos\alpha}{r - \frac{d}{2}\cos\alpha} \approx \left(1 + \frac{d}{2r}\cos\alpha\right)^2$$

und

$$\ln\frac{r_1}{r_2} = 2\left(\frac{d}{2r}\cos\alpha - \frac{d^2}{4r^2}\cos^2\alpha - \ldots\right).$$

Für das Potential erhält man damit nach Gl. (4.14) mit $p_e = Qd/l$ als Betrag des Dipolmoments pro Länge

$$\varphi \approx \frac{Qd\cos\alpha}{2\pi\epsilon l r} = \frac{p_e}{2\pi\epsilon}\frac{\cos\alpha}{r}. \tag{4.18}$$

4.1.4 Homogene Doppelschichten. Bei einer flächenhaften Ladungsverteilung mit der Flächendichte σ wird das Potential nach Gl. (4.4) in einem beliebigen Raumpunkt z.B. in Luft

$$\boxed{\varphi = \frac{1}{4\pi\epsilon}\int\frac{\sigma\,\mathrm{d}A}{r}} \tag{4.19}$$

Eine *Doppelschicht* erhält man, wenn sich zwei Flächen mit Ladungsdichten entgegengesetzten Vorzeichen in sehr kleinem Abstand δ gegenüberstehen und gegenüberliegende Punkte auf beiden Flächen den gleichen Ladungsbetrag $\pm Q$ tragen. Eine Doppelschicht ist demnach eine mit Dipolen belegte Fläche, deren Achsen δ die Richtung der Normalen haben. Als Moment der Doppelschicht je Fläche definiert man einen Vektor vom Betrag

$$|\boldsymbol{p}_d| = \sigma\delta = p_d. \tag{4.20}$$

Die Richtung des Momentenvektors ist durch die Richtung von δ gegeben, die von der negativen Flächenladung zur positiven Flächenladung zeigt.
Jedes Flächenelement $\mathrm{d}A$ der Doppelschicht trägt die Ladung $+\sigma\,\mathrm{d}A$ oder $-\sigma\,\mathrm{d}A$. Ihr Beitrag zum Potential im homogenen Dielektrikum konstanter Permittivität im Aufpunkt P in hinreichend großen Abstand r beträgt daher nach Gl. (4.3)

$$\mathrm{d}\varphi = \frac{\sigma\,\mathrm{d}A}{4\pi\epsilon}\left(\frac{1}{r_1} - \frac{1}{r_2}\right).$$

Setzt man in Gl. (4.9) $r_- = r_1$, $r_+ = r_2$, $d = \delta$, so erhält man auf die gleiche Weise wie bei der Berechnung des Potentials eines einzelnen Dipols Gl. (4.10)

$$\mathrm{d}\varphi = \frac{\sigma\delta\cos\alpha}{4\pi\epsilon r^2}\,\mathrm{d}A = \frac{p_d\cos\alpha}{4\pi\epsilon r^2}\,\mathrm{d}A$$

oder für eine homogene Doppelschicht mit überall konstantem Moment p_d

$$\varphi = \frac{p_d}{4\pi\epsilon}\int\frac{\cos\alpha}{r^2}\,\mathrm{d}A, \tag{4.21}$$

wobei α der Winkel ist, den die Flächennormale (Flächenvektor dA) mit dem Ortsvektor r bildet.
Gl. (4.21) kann auch in eine andere Form gebracht werden. Nach Bild 4.11 ist

$$\frac{\cos\alpha}{r^2}\,\mathrm{d}A = \mathrm{d}\Omega \qquad (4.22)$$

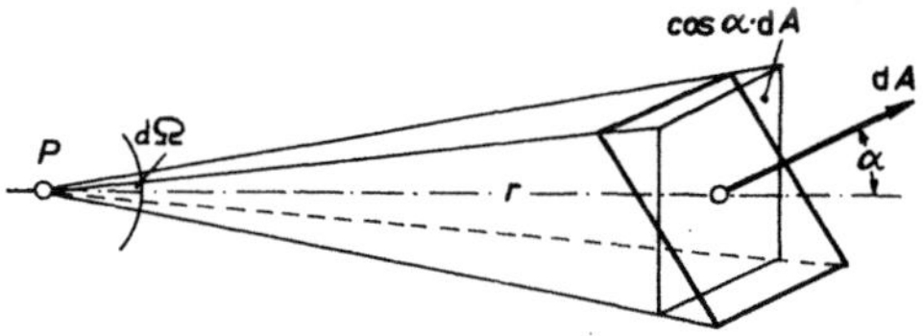

Bild 4.11
Zur Definition des Raumwinkels eines Flächenelements dA

der *räumliche Winkel*, unter dem das Flächenelement dA vom Aufpunkt P aus gesehen wird. Unter dem räumlichen Winkel dΩ eines Flächenelementes dA versteht man dabei die Projektion von dA auf die Oberfläche der Einheitskugel um P, also das Flächenelement, das der vom Aufpunkt P nach der Berandung von dA gezogene Kegel auf der Einheitskugel um P ausschneidet. Somit wird aus Gl. (4.21), wenn bei einer homogenen Doppelschicht über die ganze Fläche integriert wird,

$$\boxed{\varphi = \frac{1}{4\pi\epsilon}\,p_d\,\Omega} \qquad (4.23)$$

Das Potential einer homogenen Doppelschicht ist dem Raumwinkel Ω proportional, den ein Kegel mit dem Aufpunkt P als Scheitel und der Berandung der Doppelschicht als Kegelbasis aus der Einheitskugel um P ausschneidet. Hierbei ist festgelegt, daß das Potential positiv zu rechnen ist, wenn der Aufpunkt P auf der positiven Seite der Doppelfläche liegt.
Sind $+\varphi_0$ und $-\varphi_0$ die Potentiale auf jeweils einer Seite der Doppelschicht, so springt das Potential beim Durchschreiten der Doppelschicht um

$$\varphi_0 - (-\varphi_0) = 2\varphi_0 = U.$$

Wird die Doppelschicht als Plattenkondensator mit sehr kleinem Plattenabstand δ angesehen, so ist U die Kondensatorspannung und wegen Gl. (4.23) bei einer homogenen Doppelschicht das Moment

$$p_d = \epsilon U = 2\epsilon\varphi_0, \qquad (4.24)$$

da auf der Doppelfläche $\Omega = 2\pi$.

4.2 Das elektrostatische Feld in dielektrischer Materie

4.2.1 Polarisation des Dielektrikums. Setzt man im materiefreien Raum für Feldstärke und Flußdichte

$$E = E_0\,; \quad D = \epsilon_0 E_0 = D_0$$

und wird der materiefreie Raum mit einem homogenen Dielektrikum (Isoliermaterial) mit überall konstanter Permittivität ϵ ausgefüllt, so wird nach Gl. (3.20) bei unverändert bleibenden felderzeugenden Ladungen Q = const.

$$E = E_0/\epsilon_r; \quad D = D_0 = \epsilon_0\,\epsilon_r E = \epsilon E,$$

wie man auch Gl. (4.1) entnehmen kann.

Das von ein und derselben Ladung verursachte elektrische Feld ist im Dielektrikum ϵ_r-mal kleiner als im materiefreien Raum.

Wird das Feld dagegen zwischen zwei Elektroden bei *konstanter* Spannung erzeugt und bleibt die Spannung angeschaltet, so ist wegen Gl. (3.8a), da φ = const.

$$E = E_0\,; \quad D = \epsilon_0\,\epsilon_r\,E = \epsilon_r D_0\,.$$

Um innerhalb eines Dielektrikums bei konstanten Potentialen ein gleichstarkes Feld wie im materiefreien Raum zu erzeugen, ist demnach eine ϵ_r-mal größere Ladung erforderlich.
In beiden betrachteten Fällen wurde das ursprüngliche Feld durch das eingebrachte neutrale Dielektrikum beeinflußt. Man kann dabei bei Q = const. setzen

$$E = E_0 - E_p = \frac{E_0}{\epsilon_r}\,; \quad E_p = E_0\left(1 - \frac{1}{\epsilon_r}\right)$$

und bei φ = const.

$$\left.\begin{aligned} D &= D_0 + P = \epsilon_0\,\epsilon_r\,E, \\ P &= \epsilon_0\,\epsilon_r\,E_p = D_0\,(\epsilon_r - 1). \end{aligned}\right\} \tag{4.25}$$

Offenbar ist P ein von der Materie herrührender Anteil der Flußdichte (Verschiebung), der zu einer entsprechenden Ladungserhöhung auf den Elektroden führt und sich mit dem im leeren Raum entstehenden Anteil D_0 zur gesamten Flußdichte D zusammensetzt. Ein in das elektrische Feld gebrachter elektrisch neutraler Körper wird nämlich im Feld polarisiert. Unter der Einwirkung der Feldkräfte erfolgt dabei eine Verschiebung von Ladungsträgern. Im Leiter sind die Ladungsträger (Elektronen) leicht beweglich und wandern im elektrischen Feld zur Leiteroberfläche (Vorgang der Influenz, Kap. 3.1.3); das Feld bricht daher im Leiterinnern zusammen. Innerhalb des Nichtleiters (Dielektrikums) kommt es dagegen nur zu elastischen Verschiebungen innerhalb des Atomverbandes. Dadurch fallen die Ladungsschwerpunkte der positiven Atomkerne und der negativen Elektronenhüllen nicht mehr zusammen. Ein vorher elektrisch neutrales Atom wird im elektrischen Feld zu einem elektrischen Dipol. Diesen Vorgang des Auftretens atomarer elastischer Verschiebungen von Ladungsträgern oder deren Ausrichtung im elektrischen Feld bezeichnet man als *Polarisation des Dielektrikums*.
Alle im Dielektrikum auftretenden atomaren Verschiebungen tragen zum elektrischen Fluß in der Materie bei. Ein Maß hierfür bietet die Flußdichte (Verschiebung), deren Größe von der Art des Nichtleiters (Atomaufbau) und der elektrischen Feldstärke an der betrachteten Stelle in homogenen und isotropen Stoffen nach Gl. (3.20) durch

$$\boldsymbol{D} = \epsilon\,\boldsymbol{E} = \epsilon_0\,\epsilon_r\,\boldsymbol{E} \tag{4.26}$$

gegeben ist.

Als Folge der Polarisation erscheinen an den Endflächen eines Isolators makroskopische Flächenladungen der Dichte $\sigma_p = P$. Im Innern eines homogen polarisierten Nichtleiters kompensieren sich diese Flächenladungen entgegengesetzten Vorzeichens an den jeweils

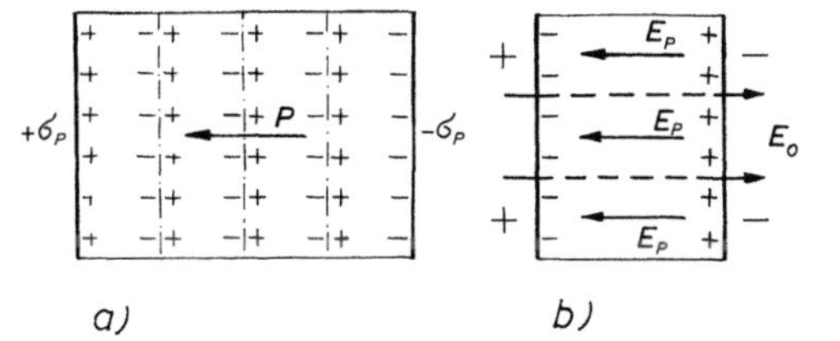

Bild 4.12
Homogenes Dielektrikum im elektrostatischen Feld. a) Homogene Polarisation, b) Wirkung der Polarisation

aneinandergrenzenden Volumenelementen, wie Bild 4.12a erkennen läßt. Im Gegensatz zum feldfreien Leiterinnern besteht innerhalb des polarisierten Dielektrikum ein elektrisches Feld der Stärke E_p. Nach Bild 4.12b ist dieses Feld dem äußeren Feld der Stärke E_0 im leeren Raum entgegengesetzt gerichtet, da es den Raum innerhalb des Nichtleiters definitionsgemäß von den positiven zu den negativen Polarisationsladungen überspannt.

Von den durch Influenz gewonnenen Influenzladungen (Kap. 3.1.3) unterscheiden sich die Polarisationsladungen nur dadurch, daß sie mit dem Dielektrikum unlösbar verbunden sind. Sie können weder getrennt, noch auf andere Körper übertragen oder durch Berühren mit einem Leiter abgeleitet werden. Da man die einzelnen elementaren Dipole auch nicht durchschneiden kann, erhält man beim Zerteilen eines polarisierten Körpers immer nur polarisierte Teilstücke, die nur ganze Dipole enthalten. Jeder noch so kleine polarisierte Isolator bleibt immer ein elektrischer Dipol.

4.2.2 Das Feld im Dielektrikum. Zur Erfassung des durch die Materie hervorgerufenen Anteils des elektrischen Flusses setzt man in der Physik allgemein wegen Gl. (4.25)

$$\boxed{\boldsymbol{D} = \epsilon_0 \boldsymbol{E} + \boldsymbol{P} = \epsilon \boldsymbol{E}} \tag{4.27}$$

Die vektorielle Feldgröße $\boldsymbol{P}$ heißt *elektrische Polarisation*. In homogenen und isotropen Stoffen ist $\boldsymbol{P} \sim \boldsymbol{E}$. Man setzt daher

$$\boldsymbol{P} = \epsilon_0 \chi_e \boldsymbol{E} = (\epsilon_r - 1) \epsilon_0 \boldsymbol{E} = \boldsymbol{D} - \epsilon_0 \boldsymbol{E},$$

wobei

$$\chi_e = \epsilon_r - 1 \tag{4.28}$$

die elektrische *Suszeptibilität* ist.

Die Polarisation beschreibt die von der Materie herrührende Verschiebung (Flußdichte). Man beachte jedoch:

> In Gl. (4.27) ist $\boldsymbol{E}$ die Feldstärke im Dielektrikum. Dagegen ist $\boldsymbol{E}$ *nur* bei unveränderten Potentialen gleich der Feldstärke $\boldsymbol{E}_0$ im leeren Raum *vor* Einbringung des Dielektrikums (Kap. 4.2.1). Bei unveränderten felderzeugenden Ladungen ist $\boldsymbol{E} = \boldsymbol{E}_0/\epsilon_r$.

Definiert ist die Polarisation $\boldsymbol{P}$ als elektrisches Moment des Volumens. Teilt man nämlich die polarisierte Materie in Richtung der Polarisation (Feldstärke) in kleine Zylinder der Länge l auf, deren Volumen $\mathrm{d}V = l\,\mathrm{d}A$ immer noch eine für die Mittelwertbildung ausreichende Anzahl von Atomen enthält, so bildet ein solcher kleiner Zylinder einen elektrischen Dipol. Die Polarisationsladungen $\mathrm{d}Q_p$ auf den Stirnflächen und das Moment $\boldsymbol{p}$ werden mit Gl. (4.7)

$$\mathrm{d}Q_p = \boldsymbol{P}\,\mathrm{d}A; \quad \mathrm{d}\boldsymbol{p} = \boldsymbol{l}\,\mathrm{d}Q_p = \boldsymbol{P}\,\mathrm{d}V$$

oder

$$\boxed{\boldsymbol{P} = \frac{\mathrm{d}\boldsymbol{p}}{\mathrm{d}V}} \tag{4.29}$$

Die Polarisation $\boldsymbol{P}$ hat demnach die Richtung der Dipolachse und zeigt von den negativen zu den positiven Polarisationsladungen.

Polarisationsladungen Q_p werden auch als „gebundene" oder „scheinbare" Ladungen bezeichnet, im Gegensatz zu den „wahren" Ladungen Q, etwa auf einer Metalloberfläche. Die Summe $Q_p + Q$ wird dann „freie" oder „totale" Ladung Q_f genannt. Während die Quellen der Flußdichte $\boldsymbol{D}$ die „wahren" Ladungen darstellen, bilden die „freien" Ladungen die der elektrischen Feldstärke $\boldsymbol{E}$ zugeordneten Quellen. Entsprechend Gl. (4.27) erhält man demnach

$$\operatorname{div}\boldsymbol{D} = \epsilon_0 \operatorname{div}\boldsymbol{E} + \operatorname{div}\boldsymbol{P} = \rho$$

oder die Raumladungsdichte ρ der „wahren" Ladungen als Differenz aus der Raumladungsdichte der „freien" und der „gebundenen" Ladungen

$$\rho = \rho_f - \rho_p,$$

wobei unter Beachtung, daß der Vektor $\boldsymbol{P}$ in Richtung der Dipolachsen zeigt,

$$\left.\begin{aligned} &\operatorname{div}\boldsymbol{D} = \rho, \qquad \epsilon_0 \operatorname{div}\boldsymbol{E} = \rho_f = \rho + \rho_p, \\ &\operatorname{div}\boldsymbol{P} = -\rho_p. \end{aligned}\right\} \tag{4.30}$$

Diese in der Physik übliche Ladungsunterscheidung mag zwar für manche praktische Berechnung zweckmäßig erscheinen, in der Feldtheorie kann man auf sie verzichten. Die Feldtheorie kennt nur Ladungen im Sinne von Überschußladungen. Polarisationsladungen oder „gebundene" Ladungen werden als „scheinbare" Ladungen makroskopisch auch bei räumlicher Verteilung durch eine ortsabhängige Permittivität berücksichtigt.

Auch ist eine klare Unterscheidung zwischen „wahren" und „gebundenen" Ladungen z.B. in Halbleitern nicht immer durchführbar. Ein polarisiertes Dielektrikum kann ferner immer nur in *ganze* Dipole aufgeteilt werden; Polarisationsladungen sind nicht trennbar. Die Summe der Polarisationsladungen eines noch so kleinen polarisierten Körpers verschwindet als Gesamtladung. Die Bildung der Divergenz von $\boldsymbol{P}$ verlangt demnach einen sogenannten „mathematischen Trennschnitt", nämlich das Durchtrennen der einzelnen Dipolachsen, was physikalisch nicht möglich ist. Darüber siehe insbesondere [2.5]. Schließlich verlangt die Bildung der Divergenz des Monovektors $\boldsymbol{E}$ wegen Gl. (1.48) einen dreidimensionalen Dualübergang, sie bleibt daher an eine dreidimensionale Metrik gebunden (Kap. 9.4.3).

4.2.3 Polarisationsformen, dielektrische Stoffe. Zur Erklärung der Erscheinungsformen der Polarisation ist eine atomistische Betrachtung notwendig; eine makroskopische Betrachtung (Kontinuumstheorie) reicht dafür nicht mehr aus. Grundsätzlich können zwei Grenzfälle hervorgehoben werden:

1. Die Moleküle erscheinen für sich allein nicht nur elektrisch neutral, sondern auch dipolfrei. Erst im elektrischen Feld erhalten sie unter der Einwirkung der äußeren Feld-

stärke ein elektrisches Moment durch Verlagerung (Verschiebung) der Elektronenhülle gegenüber dem Atomkern. Die Moleküle werden im elektrischen Feld gleichsam „elektrisch deformiert". Man bezeichnet diese Stoffe auch als *unpolar*.

2. Die Moleküle besitzen unabhängig vom äußeren Feld ein permanentes Moment, sind also selbst Dipole. Die Summe aller Einzelmomente ist infolge der regellosen Orientierung im örtlichen und zeitlichen Mittel Null. Im elektrischen Feld erfolgt neben der „elektrischen Deformation" eine Ausrichtung der einzelnen Dipole, der die molekulare Wärmebewegung entgegenwirkt. Diese Stoffe bezeichnet man auch als *polar*.

Demnach ist die Permittivität polarer Stoffe im allgemeinen temperaturabhängig, während die Permittivität unpolarer Stoffe nahezu temperaturunabhängig ist.

Nach dem makroskopischen Verhalten der einzelnen Stoffe im elektrischen Feld kann man grundsätzlich zwischen linearen und nichtlinearen Dielektrika unterscheiden. Besteht zwischen den Feldgrößen $\boldsymbol{E}$ und $\boldsymbol{D}$ ein linearer Zusammenhang, d.h. $\boldsymbol{D} \sim \boldsymbol{E}$, so handelt es sich um lineare Dielektrika; sie sind außerdem *isotrop*, wenn beide Feldgrößen unabhängig von der Feldrichtung parallel verlaufen und die Permittivität ein konstanter Skalar ist. Bei linearen *anisotropen* Stoffen z.B. bei nichtregulären Kristallen ist die Polarisierbarkeit richtungsabhängig. Proportionalität zwischen den Feldgrößen besteht nur für die Komponenten einer Achsrichtung. $\boldsymbol{E}$ und $\boldsymbol{D}$ haben nicht mehr gleiche Richtung, die Permittivität wird zu einem Tensor, so daß

$$\left.\begin{aligned} D_x &= \epsilon_{xx} E_x + \epsilon_{xy} E_y + \epsilon_{xz} E_z \\ D_y &= \epsilon_{yx} E_x + \epsilon_{yy} E_y + \epsilon_{yz} E_y \\ D_z &= \epsilon_{zx} E_x + \epsilon_{zy} E_y + \epsilon_{zz} E_z \end{aligned}\right\} \tag{4.31}$$

oder in Matrizenschreibweise

$$(D) = (\epsilon)\,(E). \tag{4.31a}$$

Bei polaren Stoffen müßte die Flußdichte (Polarisation) einem Sättigungswert zustreben (Ausrichtung aller Dipole). Vor dem Erreichen der hierfür erforderlichen Feldstärken treten jedoch meist bereits Entladungserscheinungen auf. Eine Sättigung der Polarisation zeigen jedoch *ferroelektrische* Stoffe. Ihr nichtlinearer Zusammenhang $D = \mathrm{f}(E)$ ergibt als Zustandskurve eine Hystereseschleife wie bei ferromagnetischen Stoffen mit einer Remanenzflußdichte $D_r = P_r$ bei $E = 0$ und einer Koerzitivfeldstärke E_c sowie einer Neukurve. Die Permittivität $\epsilon = \mathrm{f}(E)$ dieser Stoffe erreicht große Werte z.B. bei Bariumtitanat $\epsilon_r > 5000$. Ferroelektrische Kristalle zeigen auch eine ausgesprochene Anisotropie, d.h. $\boldsymbol{D}$ und $\boldsymbol{E}$ verlaufen nicht mehr parallel und die Matrixelemente ϵ_{kl} in Gl. (4.31) sind eine Funktion der Feldstärke.

4.2.4 Elektrete. Ein ferroelektrischer Körper, bei dem durch die Einwirkung eines elektrischen Fremdfeldes nach dessen Verschwinden ein elektrisches Moment infolge remanenter Polarisation zurückbleibt, bildet einen Elektreten. Elektrete z.B. aus gepreßten Quarzkristallen oder Bariumtitanat sind ein elektrisches Analogon zu Permanentmagneten. Bei homogener Polarisation bilden sie ein homogen polarisiertes anisotropes Dielektrikum.

Den schematischen Feldverlauf innerhalb und außerhalb eines Stabelektreten zeigt Bild 4.13. Die Stirnflächen tragen bei homogener Polarisation flächenhafte Polarisationsladungen konstanter Flächendichte σ_p, die im Stabinnern ein homogenes P-Feld hervor-

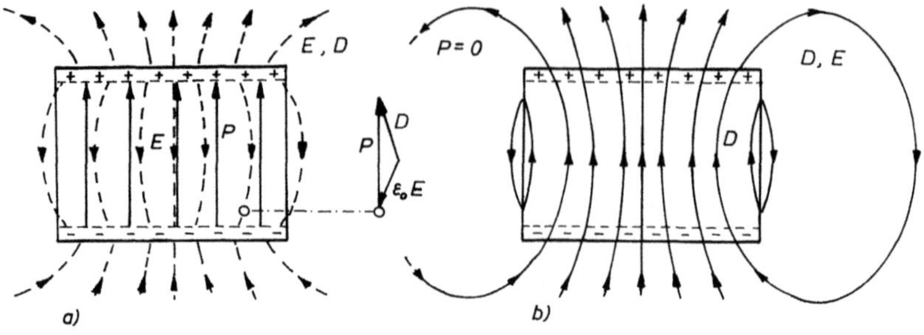

Bild 4.13 Schematischer Feldverlauf innerhalb und außerhalb eines homogen polarisierten Elektreten. a) E- und P-Linien mit Vektordiagramm, b) D-Linien

rufen (Bild 4.13a), das durch Gl. (4.27) mit dem E- und D-Feld verknüpft ist. Wegen der Anisotropie haben im Stabinnern $\boldsymbol{E}$, $\boldsymbol{D}$ und $\boldsymbol{P}$ verschiedene Richtungen, wie aus dem zugehörigen Diagramm in Bild 4.13a zu entnehmen ist. Da keine „wahren" Ladungen vorhanden sind, ist das D-Feld überall quellenfrei. Das Feld eines Elektreten ist demnach ein *quellenfreies elektrostatisches* Feld. Selbst bei Einschluß beliebiger Teile des Elektreten wird immer

$$\oint \boldsymbol{D}\, \mathrm{d}\boldsymbol{A} = 0,$$

weil man die elementaren Dipole innerhalb des Elektreten nicht durchschneiden kann. Die D-Linien verlaufen daher in sich geschlossen und durchstoßen die Stirnflächen ungestört, jedoch grundsätzlich gebrochen und nicht senkrecht, da die Stirnflächen im Gegensatz zu Flächenladungen tragende Metallelektroden keine Äquipotentialflächen bilden. Außerhalb des Stabes (materiefreier Raum, Luft) ist $P = 0$, E- und D-Linien zeigen gleichen Verlauf.

Technische Anwendung finden Elektrete u.a. in der Nachrichtentechnik z.B. im Elektretmikrofon.

4.2.5 Piezoelektrizität, Elektrostriktion. Bei einigen aus Ionen aufgebauten ferroelektrischen Kristallen kann durch mechanische Deformation eine Polarisation auftreten, die der mechanischen Deformation proportional ist. Man bezeichnet diese Erscheinung als *piezoelektrischen Effekt* (Piezoelektrizität). Polarisation kann auch durch Erwärmung hervorgerufen werden (Pyroelektrizität). Pyroelektrische Kristalle sind gleichzeitig piezoelektrisch. Neben der „elektrischen Deformation" bedingt die Polarisation auch stets eine geringe mechanische Deformation des Dielektrikums. Diese Erscheinung wird *Elektrostriktion* genannt und stellt eine Umkehrung des piezoelektrischen Effektes dar. Bei piezoelektrischen Kristallen kann die Elektrostriktion erhebliche Werte erreichen. Wichtigste Vertreter piezoelektrische Stoffe sind Quarz, Seignettesalz, Turmalin aber auch Bariumtitanate und Blei-Zirkon-Titan.

In grober Weise kann die Erscheinung der piezoelektrischen Polarisation an Hand eines regulären Tetraeders nach Bild 4.14 erklärt werden. Im Mittelpunkt befindet sich am Ort des negativen Ladungsschwerpunktes der vier einfach geladenen Ionen jedes Eckpunktes ein vierfach geladenes positives Ion, wodurch die negativen Ionenladungen kompensiert

werden. Der Kristall besitzt daher kein Dipolmoment. Wird der Kristall jedoch deformiert, etwa in Bild 4.14 die Spitze nach unten gedrückt, so verlagert sich der Schwerpunkt der negativen Ladungen und es entsteht ein Dipolmoment. Voraussetzung für das Auftreten des piezoelektrischen Effektes ist dabei das Vorhandensein einer Achse, polare Achse genannt, deren Normalebene keine Symmetrieebene des Kristalls ist.
Technische Anwendung finden Piezoelektrizität und Elektrostriktion unter anderem für elektromechanische und elektroakustische Wandler, z.B. zur elektrischen Druck- und Beschleunigungsmessung mittels Quarzindikatoren oder in elektrischen Tonabnehmern. Im elektrischen Wechselfeld kann ein piezoelektrischer Kristall wegen seiner Elektrostriktion zu energiereichen mechanischen Schwingungen angeregt werden, wenn die Frequenz mit der mechanischen Eigenfrequenz des Kristalls oder mit einer ihrer Oberschwingungen übereinstimmt. Ein solcher Schwingquarz ergibt ein Frequenznormal sehr konstanter Frequenz z.B. für Zeitmessungen (Quarzuhren) oder als Ultraschallgeber. Er kann auch zur Frequenzkonstanthaltung dienen.

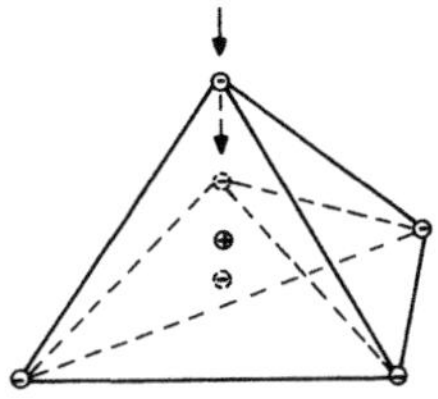

Bild 4.14
Zur Erklärung des piezoelektrischen Effektes

4.3 Kondensatoren

4.3.1 Allgemeines. Ein System zweier Leiteranordnungen, das gleich große ungleichnamige Ladungen aufnehmen kann, bildet einen *Kondensator*, sofern sich das Feld einer solchen Leiteranordnung ganz oder überwiegend auf einen begrenzten Raumbereich innerhalb des Systems konzentriert. Die Kapazität eines Kondensators ist nach Gl. (3.22) definiert als

$$\boxed{C = \frac{Q}{U}} \tag{4.32}$$

Ein Kondensator hat die Kapazität 1 Farad (F), wenn er bei einer Spannung $U = 1$ V eine Ladung $Q = 1$ C (1 As) aufnimmt (Kap. 3.1.5).
Bei *Parallelschaltung* von Kondensatoren beträgt der Gesamtfluß $Q = Q_1 + Q_2 + ... + Q_n$ und die Spannung $U_1 = U_2 = ... = U_n$, daher erhält man aus Gl. (4.32)

$$\boxed{C = \sum_1^n C_n} \tag{4.33}$$

Bei *Reihenschaltung* ist dagegen $Q = Q_1 = Q_2 = ... = Q_n$ und $U = U_1 + U_2 + ... + U_n$, so daß für die Gesamtkapazität gilt

$$\boxed{\frac{1}{C} = \sum_1^n \frac{1}{C_n}} \tag{4.34}$$

Näheres siehe „Allgemeine Elektrotechnik“ [1.4].

4.3.2 Plattenkondensatoren. Bei hinreichend kleinem Elektrodenabstand a kann das Streufeld am Kondensatorrand vernachlässigt werden. Die Kapazität eines Plattenkondensators (Scheibenkondensators) aus n Platten beträgt dann, wenn A die Plattenfläche ist,

$$C = (n-1)\,\epsilon\,\frac{A}{a}\,. \tag{4.35}$$

Handelt es sich insbesondere um einen Kreisplatten-Drehkondensator mit n Kreisplatten nach Bild 4.15, so wird dessen Kapazität, wenn R der Plattenradius und r der Radius der Aussparung ist,

$$C = (n-1)\,\epsilon\,\frac{R^2 - r^2}{2a}\,\alpha = \mathrm{f}(\alpha) \tag{4.35a}$$

mit $0 \leqslant \alpha \leqslant \pi$ als Eintauchwinkel. Setzt man als Kürzung

$$\rho^2 = R^2 - r^2, \tag{4.36}$$

so wird allgemein die Plattenfläche

$$A = \frac{1}{2}\int_0^\alpha \rho^2\,\mathrm{d}\alpha = \mathrm{f}(\alpha).$$

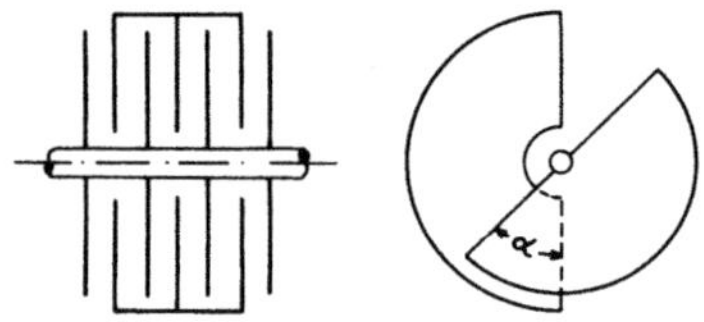

Bild 4.15 Kreisplatten-Drehkondensator

Damit wird die Kapazität eines Drehkondensators, wenn man alle Konstanten zusammenfaßt,

$$C = K\int_0^\alpha \rho^2\,\mathrm{d}\alpha = \mathrm{f}(\alpha). \tag{4.37}$$

Beispiel 4.1: Zur Abstimmung eines Schwingkreises durch einen Drehkondensator mit einer linearen nach der Wellenlänge λ geeichten Skala muß $\lambda \sim \alpha$ sein. Hierbei ist (siehe „Allgemeine Elektrotechnik" [1.4]) mit c_0 als Lichtgeschwindigkeit im materiefreien Raum und L als Induktivität

$$\lambda = \frac{2\pi}{\omega}\,c_0 = 2\pi c_0\sqrt{LC} \sim \rho\sqrt{\alpha} = \frac{\rho}{\sqrt{\alpha}}\,\alpha.$$

Die gewünschte Bedingung $\lambda \sim \alpha$ ist demnach erfüllt, wenn man eine solche Plattenform wählt, für die $\rho/\sqrt{\alpha} = \text{const.}$ Es wird dann für $\alpha = \pi$

$$\frac{\rho}{\sqrt{\alpha}} = \frac{\rho_{\max}}{\sqrt{\pi}} \qquad \text{oder} \qquad \rho = \rho_{\max}\sqrt{\frac{\alpha}{\pi}},$$

womit man nach Gl. (4.36) für den Radius R einer wellengeraden Rotorplatte erhält

$$R = \sqrt{(R_{\max}^2 - r^2)\,\frac{\alpha}{\pi} + r^2}. \tag{4.38}$$

Damit wird die Kapazität eines wellengeraden Kondensators mit n Kondensatorplatten bei Vernachlässigung der Restkapazität bei $\alpha = 0$ und der Randstreuung

$$C = (n-1)\,\epsilon\,\frac{\rho_{\max}^2}{2\pi a}\int \alpha\,\mathrm{d}\alpha = (n-1)\,\epsilon\,\frac{R_{\max}^2 - r^2}{4\pi a}\,\alpha^2 = \mathrm{f}(\alpha). \tag{4.39}$$

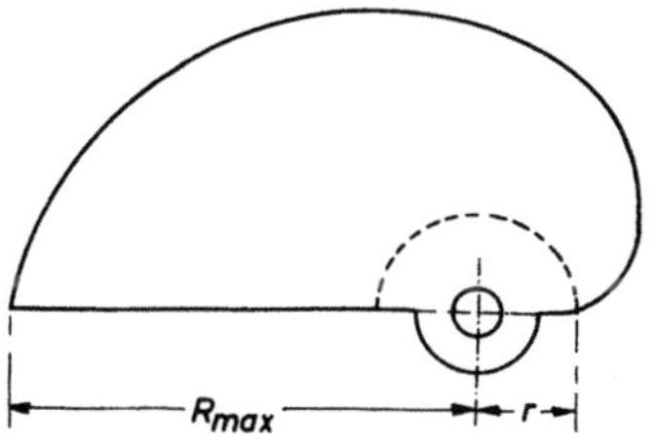

Bild 4.16
Rotorplatte eines wellengeraden Drehkondensators

Die nach Gl. (4.38) ermittelte Berandungskurve der Rotorplatte eines wellengeraden Drehkondensators zeigt Bild 4.16.

4.3.3 Der Kugelkondensator. Ohne Störung des Feldbildes kann eine Äquipotentialfläche im Feldbild einer ungestörten Punktladung, Bild 4.1 in Kap. 4.1.1, durch eine Metallschicht ersetzt werden. Ersetzt man zwei solcher Kugelflächen jeweils durch eine Metallschicht, so erhält man einen Kugelkondensator, gebildet aus zwei konzentrischen Kugelelektroden (Kugelschalen). Ist R_i der Radius der inneren Kugel und R_a der Radius der äußeren Kugel, so beträgt die Spannung U zwischen beiden

$$U = \varphi_i - \varphi_a = \frac{Q}{4\pi\epsilon}\left(\frac{1}{R_i} - \frac{1}{R_a}\right).$$

Somit die Kapazität nach Gl. (4.32)

$$\boxed{C = 4\pi\epsilon \frac{R_i}{1 - R_i/R_a}} \tag{4.40}$$

Diese Beziehung kann zum Abschätzen der Kapazität einer Meßanordnung, z.B. gegenüber den Zimmerwänden des Meßraumes, dienen. Bei hinreichend kleinem Kugelabstand $R_a - R_i = a$, $R_a R_i = R^2$ geht Gl. (4.40) über in Gl. (3.23) bzw. Gl. (4.35) für einen Plattenkondensator mit $n = 2$ Platten. Setzt man in Gl. (4.40) $R_i = R$ und $R_a \to \infty$, so erhält man die Kapazität einer Metallkugel, z.B. mit $\epsilon = \epsilon_0$ gegenüber ausreichend weit entfernten Zimmerwänden,

$$C = 4\pi\epsilon_0 R. \tag{4.41}$$

4.3.4 Zylinderkondensator, Koaxialkabel. Um eine ungestörte sehr lange Linienladung bilden die Äquipotentialflächen bei Vernachlässigung des Einflusses der Enden nach Gl. (4.13) konzentrische Kreiszylinder. Ersetzt man zwei solcher Zylinder durch je eine Leiteroberfläche, so erhält man einen Zylinderkondensator (Röhrenkondensator), wie er z.B. beim Koaxialkabel vorliegt. Sind R_i und R_a die Radien des inneren und äußeren Kreiszylinders und l die Zylinderlänge, so beträgt die Spannung zwischen beiden Elektroden

$$U = \varphi_a - \varphi_i = \frac{Q}{2\pi\epsilon l} \ln \frac{R_a}{R_i} \tag{4.42}$$

und damit die Kapazität nach Gl. (4.32)

$$\boxed{C = \frac{2\pi \epsilon l}{\ln(R_a/R_i)}} \tag{4.43}$$

Die Feldstärke im Innern des Kondensators ist mit

$$D = \frac{Q}{2\pi r l}; \qquad E = \frac{Q}{2\pi \epsilon r l} \tag{4.44}$$

unter Berücksichtigung von Gl. (4.42)

$$E = \frac{U}{r \ln(R_a/R_i)} \qquad R_a > r > R_i. \tag{4.45}$$

Die Feldlinien bilden radiale Strahlen und die Potentiallinien konzentrische Kreise zwischen Innen- und Außenleiter. Der größte Betrag E_m der Feldstärke tritt an der inneren Zylinderoberfläche $(r = R_i)$ auf (Bild 4.17a) und ist vom Radienverhältnis R_a/R_i abhängig, wie Bild 4.17b zeigt. E_m hat einen Kleinstwert für $R_a/R_i = \mathrm{e}$, also

$$R_a = 2{,}718\, R_i \quad \text{oder} \quad R_a - R_i = 1{,}718\, R_i\,.$$

Damit wird

$$E_{\min} = \frac{U}{R_i} = 2{,}718 \frac{U}{R_a} = 1{,}718 \frac{U}{R_a - R_i}\,.$$

Dieser Kleinstwert ist immer noch nahezu doppelt so groß, wie der Mittelwert, den man bei Annahme einer gleichmäßigen Feldverteilung durch Division der Spannung U durch den Zylinderabstand $R_a - R_i$ erhalten würde. Bild 4.17b kann man ferner folgende Bedeutung des Radienverhältnisses entnehmen. Ist $R_a > 2{,}718\, R_i$ und ist die Feldstärke am inneren Leiter eines Koaxialkabels bereits so groß, daß eine Glimmentladung eintritt, so wird die leitende Glimmhaut den Leiterradius R_i scheinbar vergrößern, so daß die Feldstärke verkleinert und die Glimmstrecke begrenzt bleibt, vorausgesetzt, daß der Wert $E_{\min}$ noch unterhalb des Glimmwertes liegt. Ist dagegen $R_a < 2{,}718\, R_i$ und tritt an der inneren Leiteroberfläche Glimmentladung auf, so bewirkt die dadurch bedingte scheinbare Radiusvergrößerung ein noch weiteres Ansteigen der Höchstfeldstärke; die Glimmentladung pflanzt sich damit weiter fort, bis es zum Durchbruch (Durchschlag) kommt.

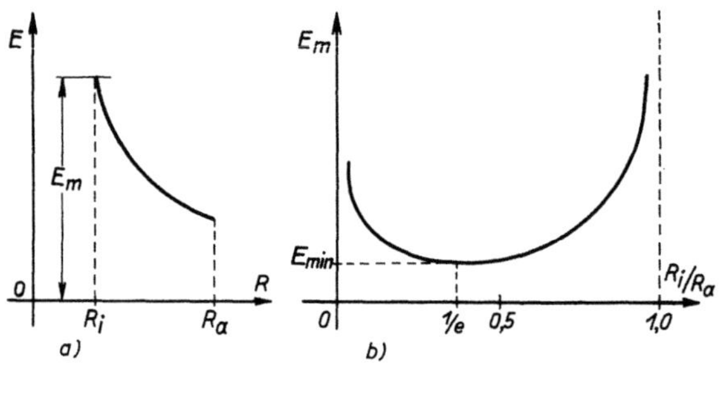

Bild 4.17

Feldverstärkeverteilung in einem Koaxialkabel. a) Feldstärke über den Kabelradius, b) Höchstfeldstärke E_m abhängig vom Radienverhältnis R_i/R_a

Beispiel 4.2: Ein Koaxialkabel mit geschichtetem Dielektrikum (Mehrschicht-Röhren-Kondensator) kann als Reihenschaltung der einzelnen Schichtkondensatoren aufgefaßt werden. Für einen solchen Zweischicht-Kondensator nach Bild 4.18 betragen die beiden Teilkapazitäten nach Gl. (4.43)

$$C_1 = \frac{2\pi\epsilon_1 l}{\ln(R/R_i)}; \qquad C_2 = \frac{2\pi\epsilon_2 l}{\ln(R_a/R)}.$$

Somit wird die Gesamtkapazität nach Gl. (4.34)

$$C = \frac{2\pi l}{\frac{1}{\epsilon_1}\ln\left(\frac{R}{R_i}\right) + \frac{1}{\epsilon_2}\ln\left(\frac{R_a}{R}\right)} = \frac{2\pi l}{K}.$$

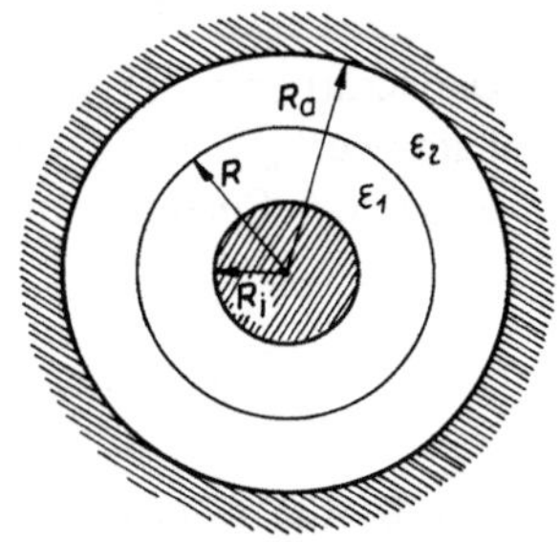

Bild 4.18 Zweischicht-Zylinderkondensator (Koaxialkabel)

Mit U als Spannung zwischen Innenleiter und Außenleiter (Kabelmantel) wird die Feldstärke in einer Schicht der Permittivität ϵ vom Radius r unter Beachtung, daß der elektrische Fluß durch alle Schichten gleich sein muß,

$$E = \frac{Q}{2\pi\epsilon r l} = \frac{CU}{2\pi\epsilon r l}$$

oder

$$E = \frac{U}{r\epsilon\left(\frac{1}{\epsilon_1}\ln\frac{R}{R_i} + \frac{1}{\epsilon_2}\ln\frac{R_a}{R}\right)} = \frac{U}{\epsilon r K}.$$

Auf der Oberfläche des Innenleiters ist

$$E_i = \frac{U}{\epsilon_1 R_i K}.$$

In der Trennschicht springt die Feldstärke von

$$E_{11} = \frac{U}{\epsilon_1 R K} \quad \text{auf} \quad E_{12} = \frac{U}{\epsilon_2 R K}.$$

Am Außenleiter (Kabelmantel) wird

$$E_a = \frac{U}{\epsilon_2 R_a K}.$$

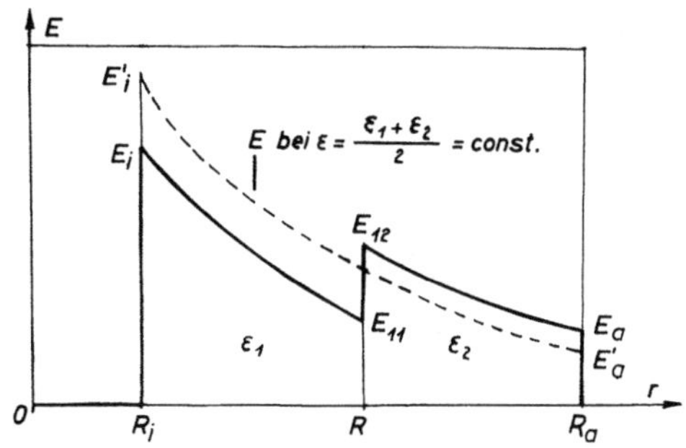

Bild 4.19 Feldverteilung im Zweischicht-Zylinderkondensator, Beispiel 4.2

Die Verteilung der Feldstärke über den Radius für $\epsilon_1/\epsilon_2 = 1{,}5$ und einem Radienverhältnis $R_i : R : R_a = 1 : 3 : 5$ zeigt Bild 4.19. Da auf den Stoff kleinster Permittivität die größte elektrische Beanspruchung entfällt, ist es möglich, durch geeignete Schichtung und Wahl der Permittivität in den einzelnen Schichten eine angenähert konstante Feldstärke zu erhalten.

4.4 Kräfte und Energie im elektrostatischen Feld

4.4.1 Kraftwirkung auf punktförmige Ladungsträger. Die Kraft F auf einen in ein elektrostatisches Feld der Stärke E gebrachten ruhend erscheinenden punktförmigen Träger einer Ladung Q beträgt nach der Definitionsgleichung für die elektrische Feldstärke Gl. (3.3)

$$\boxed{F = QE} \qquad (4.46)$$

Andererseits hat die von einer punktförmigen Ladung $Q = Q_1$ herrührende Feldstärke im Abstand r den Betrag (Kap. 4.1.1)

$$E = \frac{D}{\epsilon} = \frac{Q_1}{4\pi\epsilon r^2}.$$

Die Kraft mit der sich zwei ruhend erscheinende punktförmige Ladungsträger mit den Ladungen Q_1 und Q_2 im Abstand r in isotropen Medien konstanter Permittivität gegenseitig beeinflussen beträgt somit nach Gl. (4.46)

$$\boxed{F = \frac{Q_1 Q_2}{4\pi\epsilon r^2}} \tag{4.47}$$

Das ist das *Coulombsche Gesetz* der Elektrostatik, abgeleitet im Sinne der Feldtheorie. Dieses Gesetz bildete die Ausgangsgleichung zur Beschreibung der Elektrostatik in der Fernwirkungstheorie. Da die Feldstärke von der positiven zur negativen Ladung gerichtet ist und $\boldsymbol{F} \sim \boldsymbol{E}$, ziehen sich ungleichnamige Ladungen gegenseitig an, während sich gleichnamige Ladungen abstoßen.

4.4.2 Kraftwirkung auf Dipole und ungeladene Körper. Im homogenen Feld wird auf einen Dipol lediglich ein mechanisches Drehmoment nach Gl. (4.8) ausgeübt. Im inhomogenen Feld kommt noch eine Kraftkomponente in Richtung des Feldanstiegs hinzu. So beträgt in Bild 4.20

$$\boldsymbol{F} = Q(\boldsymbol{E}_1 - \boldsymbol{E}_2), \quad \text{wobei} \quad \boldsymbol{E}_1 = \boldsymbol{E}_2 + \frac{\partial \boldsymbol{E}}{\partial s} d.$$

Mithin wird mit Gl. (4.7)

$$F = p\frac{\mathrm{d}E}{\mathrm{d}s}. \tag{4.48}$$

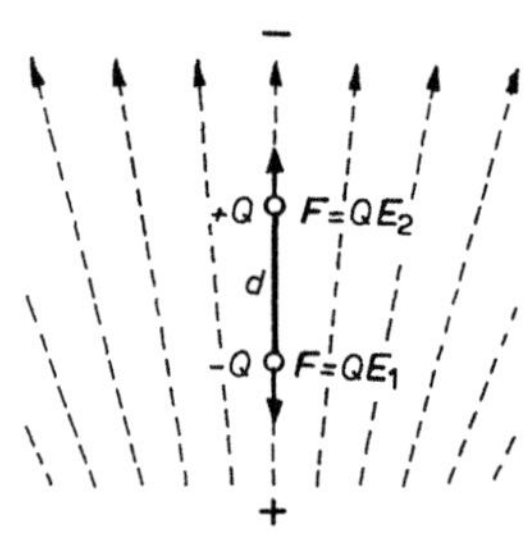

Bild 4.20 Elektrischer Dipol im inhomogenen elektrischen Feld

Da jeder dielektrische Körper im elektrostatischen Feld durch Polarisation zu einem Dipol wird, erkennt man:

> In einem inhomogenen Feld werden auf einen Körper Kräfte ausgeübt, die ihn in Richtung wachsender Feldstärke hineinzuziehen versuchen.

Ein Beispiel bilden die von einem geriebenen Hartgummistab angezogenen Papierschnitzel.

4.4.3 Kraftwirkung auf Träger von Flächenladungen. Eine homogene Flächenladung Q kann man sich aus sehr vielen, flächenmäßig fein verteilten punktförmigen Ladungsträgern zusammengesetzt denken. Eine solche Flächenladung bildet mit der Fläche A einen Ausschnitt aus einer über alle Maßen ausgedehnten homogenen Flächenladung. Verschiebungslinien entspringen dabei auf *beiden* Flächenseiten, so daß in Bild 4.21a

$$E' = \frac{Q}{2\epsilon A}.$$

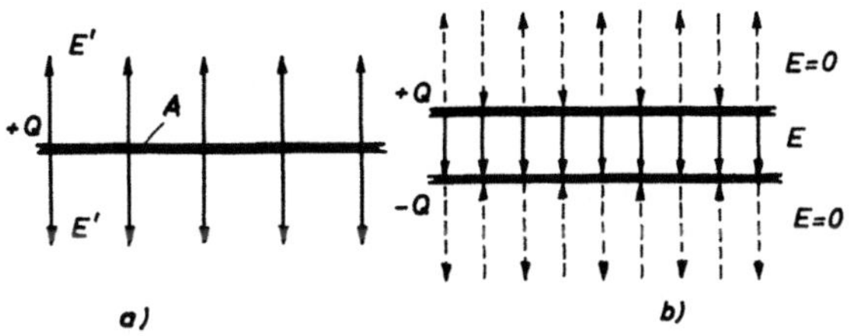

Bild 4.21
Zur Ableitung von Gl. (4.49)

Wird einer solchen Flächenladung $+Q$ *eine gleichartige* und gleich große parallele Flächenladung $-Q$ nach Bild 4.21b genähert, so wird auf ein Flächenelement $\mathrm{d}A$ der den Flächenladungen zugewandten Seiten nach Gl. (4.46) die Kraft

$$\mathrm{d}F = \frac{Q}{2\epsilon A} \cdot \frac{Q}{A}\,\mathrm{d}A$$

ausgeübt. Durch die zweite Flächenladung $-Q$ wird jedoch gleichzeitig der gesamte Feldverlauf geändert. Außerhalb der Flächenladungen wird $E = 0$ und zwischen beiden werden Feldstärke E und Flußdichte D

$$E = \frac{Q}{\epsilon A}; \qquad D = \frac{Q}{A} = \sigma.$$

Das ergibt, oben eingesetzt, als Kraft je Fläche

$$\boxed{p = \frac{ED}{2} = \frac{\epsilon}{2} E^2 = \frac{D^2}{2\epsilon}} \tag{4.49}$$

Die gesamte Kraft auf die eine Flächenladung tragende Oberfläche z.B. Elektrode, erhält man durch Integration über die Gesamtfläche

$$F = \int p\,\mathrm{d}A. \tag{4.50}$$

Da innerhalb eines Leiters im elektrostatischen Feld ebenfalls $E = 0$ ist, gilt Gl. (4.49) insbesondere für beliebige Elektrodenformen aber auch für Nichtleiter.
Für einen Plattenkondensator aus zwei Platten mit sehr kleinem Abstand a und der Kapazität C sind bei Vernachlässigung der Randstreuung

$$D = \frac{CU}{A}; \qquad E = \frac{U}{a}.$$

Unter Berücksichtigung von Gl. (4.35) ergibt das, in Gl. (4.49) eingesetzt, mit Gl. (4.50) für die Kraft auf jede Kondensatorplatte

$$F = U^2 \frac{C}{2a} = \frac{1}{2} U^2 \frac{\mathrm{d}C}{\mathrm{d}s}. \tag{4.51}$$

Diese Kraft versucht den Plattenabstand a zu verringern und dadurch die Kapazität zu vergrößern.

Man bezeichnet diese im elektrostatischen Feld an der Leiteroberfläche angreifende Kraft als *elektrostatischen Zug* senkrecht zur Leiteroberfläche in Richtung der Feldlinien.

4.4.4 Mechanische Spannungen, Kräfte an Grenzflächen. Nach der Anschauung der Feldtheorie erfolgt die Kraftübertragung durch das Feld selbst. Die Feldtheorie nimmt dabei einen mechanischen Spannungszustand im Nichtleiter an. Diese fiktiven Zug- oder Druckspannungen, deren Betrag durch Gl. (4.49) gegeben ist, sind bei stetiger Ladungsverteilung nach außen hin nicht wahrnehmbar, da sie sich gegenseitig aufheben. Sie zeigen sich aber als mechanische Kräfte an Unstetigkeitsstellen, insbesondere an Grenzflächen, und werden durch die Oberfläche der Volumenelemente hindurch als Längszug in Richtung der Feldlinien und als Querdruck senkrecht zu den Feldlinien übertragen. Ihre ausführliche Behandlung erfolgt in Kap. 8.2.

Bei einer Grenzfläche zwischen zwei isotropen und homogenen Nichtleitern (1) und (2) mit $\epsilon_1 < \epsilon_2$ kann man die durch diesen Spannungszustand entstehenden Flächenkräfte leicht berechnen. Teilt man zu diesem Zweck die Feldstärke in eine Normal- und Tangentialkomponente

$$E^2 = E_n^2 + E_t^2$$

auf, so ist wegen des stetigen Übergangs der Tangentialkomponenten nach Gl. (3.45) mit Gl. (3.46)

$$E_{t1} = E_{t2} = E_t; \qquad \epsilon_1 E_{n1} = \epsilon_2 E_{n2}.$$

Verläuft die Feldstärke senkrecht zur Grenzfläche, so ist $E_t = 0$. Damit werden nach Gl. (4.49) die auf die Grenzfläche wirkenden Zugspannungen p_1 nach Raum (1) und p_2 nach Raum (2)

$$p_1 = \frac{1}{2}\epsilon_1 E_{n1}^2, \qquad p_2 = \frac{1}{2}\epsilon_1 \frac{\epsilon_1}{\epsilon_2} E_{n1}^2.$$

Da $p_1 > p_2$ wird bei $E_t = 0$ die auf die Grenzfläche ausgeübte Zugspannung p_n nach Raum (1)

$$p_n = p_1 - p_2 = \frac{1}{2}(\epsilon_2 - \epsilon_1)\frac{\epsilon_1}{\epsilon_2} E_{n1}^2 = \frac{1}{2}(\epsilon_2 - \epsilon_1)\frac{\epsilon_1}{\epsilon_2} E_1^2. \tag{4.52}$$

Verläuft die Feldstärke parallel zur Grenzfläche, so ist $E_n = 0$. Damit werden nach Gl. (4.49) die auf die Grenzfläche wirkenden Druckspannungen p_1 aus Raum (1) und p_2 aus Raum (2)

$$p_1 = \frac{\epsilon_1}{2} E_t^2, \qquad p_2 = \frac{\epsilon_2}{2} E_t^2.$$

Wegen $\epsilon_2 > \epsilon_1$ ist $p_1 < p_2$. Man erhält daher eine resultierende aus Raum (2) wirkende Druckspannung. Das ist gleichbedeutend mit einer bei $E_n = 0$ auf die Grenzfläche nach Raum (1) wirkende Zugspannung

$$p_t = p_2 - p_1 = \frac{1}{2}(\epsilon_2 - \epsilon_1)E_t^2 = \frac{1}{2}(\epsilon_2 - \epsilon_1)E_1^2. \tag{4.52a}$$

Bei einer unter einem beliebigen Winkel gegenüber der Feldrichtung geneigten Fläche addieren sich p_n und p_t, so daß man für den auf die Grenzfläche wirkenden resultierenden elektrostatischen Zug (Druck) erhält

$$p = \frac{1}{2}(\epsilon_2 - \epsilon_1)\left(E_t^2 + \frac{\epsilon_1}{\epsilon_2} E_{n1}^2\right) \tag{4.53}$$

Die an Grenzflächen angreifende *resultierende* Flächenkraft ist stets normal zum Flächenelement vom Stoff höherer Permittivität zum Stoff geringerer Permittivität gerichtet.

Für einen Leiter mit $\epsilon_2 \to \infty$, $\epsilon_1 = \epsilon_0$ und $E_t = 0$ (Leiteroberfläche gleich Äquipotentialfläche) erhält man aus Gl. (4.52) bzw. Gl. (4.53) wieder Gl. (4.49) als Sonderfall für Leiter.

Sind schließlich $\boldsymbol{n}$ und $\boldsymbol{t}$ Einheitsvektoren normal und tangential zur Grenzfläche und beachtet man, daß das Skalarprodukt

$$\boldsymbol{E}_1 \boldsymbol{E}_2 = (\boldsymbol{n}E_{n1} + \boldsymbol{t}E_{t1})(\boldsymbol{n}E_{n2} + \boldsymbol{t}E_{t2}) = E_t^2 + \frac{\epsilon_1}{\epsilon_2} E_{n1}^2,$$

so wird aus Gl. (4.53) der Spannungsvektor

$$\boldsymbol{p} = \boldsymbol{n}(\epsilon_2 - \epsilon_1)\frac{\boldsymbol{E}_1 \boldsymbol{E}_2}{2} = \frac{\boldsymbol{E}_1 \boldsymbol{E}_2}{2} \operatorname{Grad} \epsilon, \tag{4.53a}$$

wobei Grad ϵ der Flächengradient ist.

Beispiel 4.3: Befindet sich eine Metallkugel vom Radius R mit der Ladung Q in hinreichender Entfernung von anderen Leitern oder Ladungen im Luftraum, so beträgt ihr Potential φ_0 gegenüber dem unendlich fernen Punkt mit $\varphi_\infty = 0$ nach Gl. (4.2) und die Feldstärke auf der Kugeloberfläche nach Gl. (4.1)

$$\varphi_0 \equiv U = \frac{Q}{4\pi\epsilon_0 R}; \qquad E = \frac{Q}{4\pi\epsilon_0 R^2}.$$

Infolge gegenseitiger Abstoßung der einzelnen Ladungsträger herrscht auf der Kugeloberfläche ein „elektrostatischer Zug". Dieser wird im Luftraum nach Gl. (4.50) wegen der homogenen Ladungsverteilung

$$F = \int p \, \mathrm{d}A = \frac{\epsilon_0}{2} \frac{Q^2}{16\pi^2 \epsilon_0^2 R^4} \cdot 4\pi R^2 = 2\pi\epsilon_0 U^2.$$

Bei $U = 6$ kV ergibt das $F \approx 2$ mN. Bei einer leicht deformierbaren Kugel, z.B. bei einer Seifenblase kann man die Wirkung dieser Kraft beobachten; die Seifenblase versucht sich zu vergrößern.

4.4.5 Energie im elektrostatischen Feld. Gemäß der Feldtheorie erfolgt der Energietransport durch den Raum mit endlicher Geschwindigkeit, wobei der Raum (das Feld) selbst Träger der Energie ist. Sieht man von Verlusten ab, so muß die Energie des elektrostatischen Feldes gleich der Arbeit sein, die zum Aufbau des Feldes erforderlich ist, und die von einer Energiequelle geliefert werden muß. Da während der Zeit des Feldaufbaus Ladungen „verschoben" werden, kommt es während des Auf- oder Abbaus eines elektrostatischen Feldes zu einer elektrischen Strömung. (Lade- bzw. Entladestrom eines Kondensators.)

Betrachtet man eine Feldröhre im elektrostatischen Feld, die von der Ladung $+Q$ eines Flächenelementes dA einer beliebigen positiven Elektrode 1 ausgeht und auf der Ladung $-Q$ eines Flächenelementes der negativen Elekrode 2 endet, so war zum Aufbau des Feldes innerhalb dieser Feldröhre ein Energieaufwand notwendig, der dem Aufbringen der Ladungen $+Q$ und $-Q$ auf die Elektroden entspricht. Sind φ_1 und φ_2 die Potentiale beider Elektroden, deren Ladungen von einer Stelle mit dem Potential φ_0 bezogen wurden, so wird nach Gl. (3.8) und Gl. (3.8a)

$$W_1 = +\int_0^Q \mathrm{d}Q\,(\varphi_1 - \varphi_0), \qquad W_2 = -\int_0^Q \mathrm{d}Q\,(\varphi_2 - \varphi_0)$$

oder der gesamte Energieaufwand als Energieinhalt W_e des elektrischen Feldes der betrachteten Feldröhre

$$W = W_1 + W_2 = \int_0^Q \mathrm{d}Q\,(\varphi_1 - \varphi_2) = W_e.$$

Werden die Endflächen der Vektorröhre als Kondensator der Kapazität C aufgefaßt, so wird nach Gl. (3.22)

$$\varphi_1 - \varphi_2 = \frac{1}{C}\,Q \quad \text{und} \quad W_e = \frac{1}{C}\int_0^Q Q\,\mathrm{d}Q = \frac{1}{2}\,\frac{Q^2}{C}$$

oder allgemein die von einem Kondensator gespeicherte elektrische Energie

$$\boxed{W_e = \frac{1}{2}\,QU = \frac{1}{2}\,\frac{Q^2}{C} = \frac{1}{2}\,CU^2} \qquad (4.54)$$

Setzt man noch nach Gl. (3.8a) und Gl. (3.10)

$$\varphi_1 - \varphi_2 = \int_1^2 \boldsymbol{E}\,\mathrm{d}\boldsymbol{s}, \qquad Q = \oint \boldsymbol{D}\,\mathrm{d}\boldsymbol{A},$$

so wird schließlich mit $\mathrm{d}\boldsymbol{A}\,\mathrm{d}\boldsymbol{s} = \mathrm{d}V$ als Volumenelement

$$\boxed{W_e = \frac{1}{2}\int \boldsymbol{E}\boldsymbol{D}\,\mathrm{d}V = \frac{\epsilon}{2}\int E^2\,\mathrm{d}V = \frac{1}{2\epsilon}\int D^2\,\mathrm{d}V} \qquad (4.54a)$$

oder die Energie je Volumeneinheit

$$\boxed{w_e = \frac{1}{2}\,\boldsymbol{E}\boldsymbol{D} = \frac{1}{2}\,\frac{D^2}{\epsilon} = \frac{\epsilon}{2}\,E^2} \qquad (4.55)$$

|| Sitz der elektrischen Energie ist das elektrische Feld selbst, also der felderfüllte Raum.

Ebenso wie in der Mechanik das stabile Gleichgewicht durch ein Minimum an potentieller Energie gekennzeichnet ist, versuchen auch die frei beweglichen Ladungen im elektrostatischen Feld eine solche Verteilung anzunehmen, daß dabei die Feldenergie ein Minimum wird. Bei metallischen Leitern wird dabei die Oberfläche eine Niveaufläche. Eine Verschiebung von Elektrizitätsträgern (Elektronen als „Probeladung") auf der Leitoberfläche erfordert demnach keinen Energieaufwand.

4.4.6 Ablenkung von Ladungsträgern, Elektronenoptik. Nach Gl. (4.46) wird ein Elektron der Ladung $-e$ im elektrostatischen Feld als negativer Ladungsträger entgegen der Feldrichtung beschleunigt. Hat das Elektron dabei die Potentialdifferenz $\Delta\varphi = U_0$ (Beschleunigungsspannung) durchlaufen, so wird die dabei vom Elektron aus dem Feld entnommene potentielle Energie in kinetische Energie des Elektrons umgewandelt. Mit Gl. (3.8) wird demnach bei $v \ll c_0$

$$\boxed{e U_0 = \frac{m v^2}{2}} \tag{4.56}$$

Ein zur Zeit t_0 mit der Geschwindigkeit $v \ll c_0$ normal zur Feldrichtung in das homogene Feld eines Plattenkondensators nach Bild 4.22 eintretendes Elektron wird senkrecht zur Einflugrichtung beschleunigt. Beschleunigung a und Geschwindigkeit v_p haben den Betrag

$$a = \frac{F}{m} = \frac{eE}{m}; \qquad v_p = \frac{eE}{m}(t - t_0) = \frac{eE}{m}\frac{l}{v}, \tag{4.57}$$

so daß man aus Bild 4.22 entnimmt

$$\tan\alpha = \frac{v_p}{v} = \frac{eEl}{mv^2}.$$

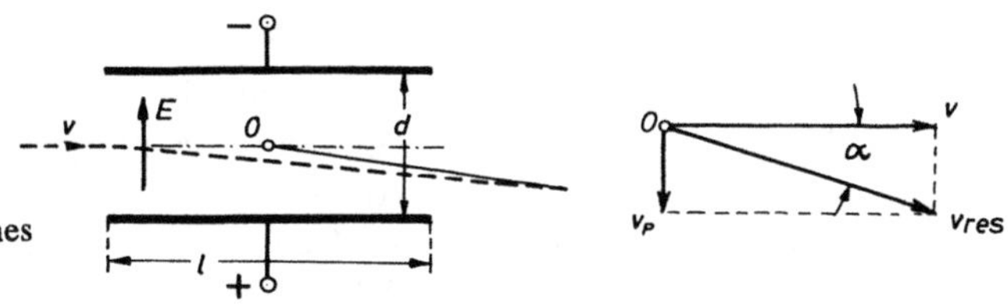

Bild 4.22
Elektronenstrahl im Feld eines Plattenkondensators

Die Beschleunigungsspannung U_0 nach Gl. (4.56) und die Ablenkspannung (Kondensatorspannung) $U_p = Ed$ darin eingesetzt, ergibt für den Ablenkwinkel

$$\boxed{\tan\alpha = \frac{1}{2}\frac{l U_p}{d U_0} \sim \frac{U_p}{U_0}} \tag{4.58}$$

Die Ablenkung eines Ladungsträgers im elektrostatischen Feld ist demnach nur durch das Verhältnis von Ablenkspannung zu Beschleunigungsspannung gegeben.
Innerhalb des Kondensatorfeldes beschreibt das Elektron eine parabolische Bahn. Aus der Zentrifugalkraft erhält man dabei für kleine Ablenkwinkel und $v \ll c_0$ angenähert unter Beachtung von Gl. (4.56)

$$F_z = \frac{mv^2}{r} \approx eE = \frac{1}{2}\frac{mv^2}{U_0}E$$

und daraus als Krümmungsradius

$$r = \frac{2U_0}{E} = \frac{2dU_0}{U_p}. \tag{4.59}$$

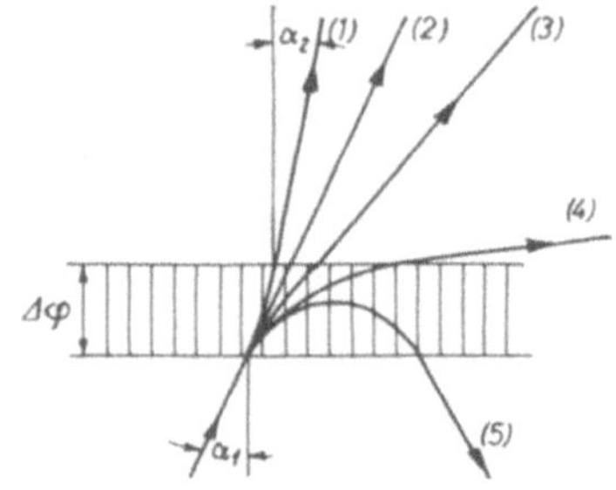

Bild 4.23
Elektronenbahnen in einer elektrischen Feldschicht

Betrachtet man das Kondensatorfeld als angenähert homogene Feldschicht zwischen zwei Äquipotentialflächen mit der Potentialdifferenz $\Delta\varphi$, so wird die Bahnkrümmung durch Größe und Vorzeichen dieser Potentialdifferenz bestimmt, wie aus Bild 4.23 zu ersehen ist. Für $\Delta\varphi < 0$ kann auch Totalreflexion eintreten, wie beispielsweise bei Bahn (5).

Tritt ein Elektron von einer Feldschicht (1) in eine Feldschicht (2), so bleiben die Tangentialkomponenten der Geschwindigkeiten v_1 und v_2 auf beiden Seiten der Trennschicht unverändert, da auf der Trennschicht φ = const. Es muß daher in Bild 4.23 gelten

$$v_1 \sin\alpha_1 = v_2 \sin\alpha_2 .$$

Daraus erhält man mit Gl. (4.56) das elektronenoptische Brechungsgesetz

$$\frac{\sin\alpha_1}{\sin\alpha_2} = \frac{v_2}{v_1} = \sqrt{\frac{U_2}{U_1}} \tag{4.60}$$

in Analogie zum Brechungsgesetz der Optik von *Snellius*. Durch geeignete Potentialausbildung können demnach den optischen Linsen entsprechende elektrostatische Elektronenlinsen (kurz elektrische Linsen genannt) gewonnen werden. Mit solchen elektrischen Linsen kann eine Zerstreuung oder Bündelung von Elektronenstrahlen vorgenommen werden. So zeigt Bild 4.24 das Schema zweier verschiedener elektrischer Linsen mit angedeutetem Potential- und Feldverlauf. In Bild 4.24a besteht die Linsenanordnung aus drei ebenen Scheiben, von denen die beiden äußeren gleiches, die mittlere demgegenüber negatives Potential haben. In Bild 4.24b handelt es sich um zwei koaxiale Zylinder.

Voraussetzung für das Zustandekommen einer elektronenoptischen Abbildung ist, daß der Potentialverlauf innerhalb der elektrischen Linse so verläuft, daß ein von einem

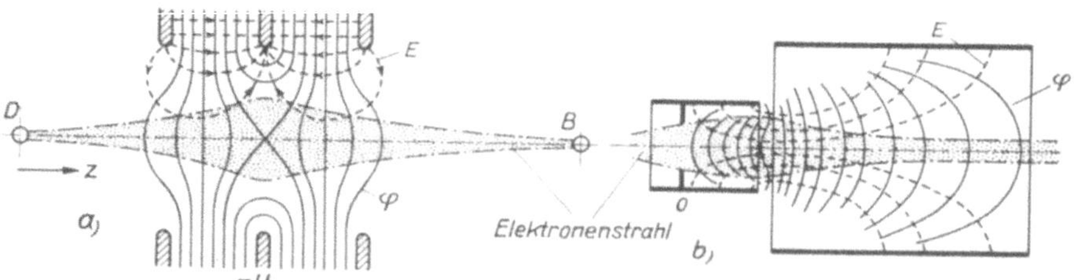

Bild 4.24 Schema elektrostatischer Linsen

Punkt, dem Dingpunkt D ausgehendes Bündel von Trägern gleicher Geschwindigkeit wieder in einem Punkt, dem Bildpunkt B konzentriert wird. Diese Bedingung muß wenigstens angenähert für alle Punkte einer (kleinen) Fläche senkrecht zur Feldachse gelten. Das ergibt in Bild 4.25 als Bedingung

$$\alpha \sim \gamma \sim r,$$

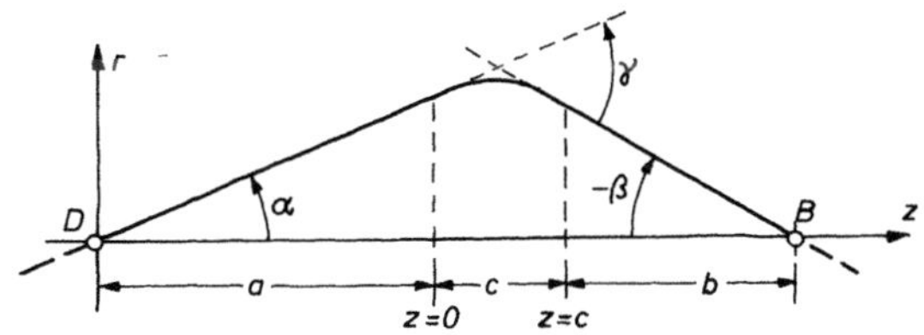

Bild 4.25
Zur Abbildungseigenschaft einer Linse

was in rotationssymmetrischen Feldern von achsennahen Strahlen erfüllt werden kann. Ist $\varphi_0 = \mathrm{f}(z)$ der Potentialverlauf auf der z-Achse in Bild 4.25 und $U = U_a + \varphi_0$ die an jeder Stelle z insgesamt durchlaufene Spannung, so kann man die Elektronengeschwindigkeit $v \ll c_0$ mit Gl. (4.56) in

$$v_z = \frac{\mathrm{d}z}{\mathrm{d}t} \approx \sqrt{2 \frac{e}{m} U}; \qquad v_r = \frac{\mathrm{d}r}{\mathrm{d}t}$$

aufteilen. Damit wird

$$v_r = v_z \frac{\mathrm{d}r}{\mathrm{d}z} = \sqrt{2 \frac{e}{m} U} \frac{\mathrm{d}r}{\mathrm{d}z}$$

oder mit der radialen Beschleunigung a_r nach Gl. (4.57) unter Beachtung der Integrationsgrenzen (Bild 4.25) und der Beschleunigungsrichtung

$$v_r = \int\limits_{z=0}^{z=c} a\,\mathrm{d}t = \int\limits_0^c \frac{a}{v_z}\,\mathrm{d}z = -\frac{e}{m} \int\limits_0^c E_r \frac{\mathrm{d}z}{v_z},$$

so daß

$$\frac{\mathrm{d}r}{\mathrm{d}z} = \frac{v_r}{\sqrt{2 \frac{e}{m} U}} = -\frac{1}{2\sqrt{U}} \int\limits_0^c E_r \frac{\mathrm{d}z}{\sqrt{U}}. \tag{4.61}$$

Die Abhängigkeit $E_r = \mathrm{f}(z)$ findet man für achsennahe Strahlen nach Küpfmüller [2.8] durch Betrachten eines kleinen Kreiszylinders der Länge $\mathrm{d}z$ vom Radius $\mathrm{d}r$ um die z-Achse. Wegen der Quellenfreiheit des Feldes muß der durch die linke Stirnfläche eintretende elektrische Fluß dem aus der rechten Stirnfläche und der Mantelfläche austretenden Fluß gleich sein oder

$$\epsilon E_z \pi (\mathrm{d}r)^2 = \epsilon\,\mathrm{d}E_r\, 2\pi\,\mathrm{d}r\,\mathrm{d}z + \epsilon (E_z + \mathrm{d}E_z) \pi (\mathrm{d}r)^2.$$

Daraus erhält man, wie in Kap. 5.3.6, Gl. (5.80) aus der Potentialgleichung abgeleitet wird,

$$\mathrm{d}E_r = -\frac{1}{2} \frac{\mathrm{d}E_z}{\mathrm{d}z}\,\mathrm{d}r; \qquad E_r = -\frac{1}{2} r \frac{\mathrm{d}E_z}{\mathrm{d}z} = \frac{1}{2} r \frac{\mathrm{d}^2 \varphi_0}{\mathrm{d}z^2}. \tag{4.62}$$

Dieses in Gl. (4.61) eingesetzt, ergibt

$$\frac{\mathrm{d}r}{\mathrm{d}z} = \frac{v_r}{v_z} = -\frac{1}{4}\frac{r}{\sqrt{U}} \int\limits_{0}^{z=c} \frac{\mathrm{d}^2\varphi_0}{\mathrm{d}z^2}\frac{\mathrm{d}z}{\sqrt{U}}. \tag{4.63}$$

Aus Bild 4.25 erkennt man dabei, daß für kleine Winkel

$$\frac{r}{a} \to \frac{\mathrm{d}r}{\mathrm{d}z} \approx \alpha \text{ für } z = 0; \qquad \frac{r}{b} \to \frac{\mathrm{d}r}{\mathrm{d}z} \approx -\beta \text{ für } z = c.$$

Somit wird aus Gl. (4.63) für sehr kleine Winkel bei Beachtung der Integrationsgrenzen

$$\frac{\mathrm{d}r}{\mathrm{d}z} = -\frac{r}{f} = -\beta - \alpha \tag{4.64}$$

mit

$$\boxed{\frac{1}{f} = \frac{1}{4\sqrt{U}} \int\limits_{0}^{c} \frac{\mathrm{d}^2\varphi_0}{\mathrm{d}z^2}\frac{\mathrm{d}z}{\sqrt{U}},} \tag{4.65}$$

wobei f die „Brennweite" der elektrischen Linse ist. Für sehr kleine Winkel ($\tan\alpha \approx \alpha$) ergibt sich dann nach Bild 4.25 aus Gl. (4.64) die allgemeine Linsenformel der Optik

$$\frac{1}{a} + \frac{1}{b} = \frac{1}{f}. \tag{4.66}$$

Dabei folgt aus Gl. (4.65), daß die Brennweite unabhängig vom Linsendurchmesser ist, solange dieser hinreichend klein. Die Einstellung der Brennweite erfolgt durch Verändern der Linsenspannung.

5 Elektrostatische Probleme

5.1 Einfache elektrostatische Probleme

5.1.1 Allgemeines. Bei elektrostatischen Problemen handelt es sich um die Bestimmung des Gleichgewichts elektrischer Ladungen. Grundsätzlich läßt sich dabei ein Feld nach Kap. 1.1.3 aus seinen Wirbeln und Quellen berechnen, wobei nach Gl. (3.5) und Gl. (3.12) mit ρ als Raumladungsdichte im elektrostatischen Feld $\operatorname{rot}\boldsymbol{E} = 0$ und $\operatorname{div}\boldsymbol{D} = \rho$. Wegen der Wirbelfreiheit (Potentialfeld) kann die Feldstärke $\boldsymbol{E}$ nach Gl. (3.6) als Gradient des skalaren elektrischen Potentials φ dargestellt werden. Mit Gl. (3.20) erhält man daher in isotropen und homogenen Medien für die Quellen des elektrostatischen Feldes

$$\operatorname{div}\boldsymbol{D} = -\epsilon \operatorname{div}\operatorname{grad}\varphi = -\epsilon\,\Delta\varphi = \rho$$

und daraus

$$\boxed{\Delta\varphi = -\frac{\rho}{\epsilon}} \tag{5.1}$$

Das ist die *Raumladungsgleichung* oder die *Laplace-Poissonsche Differentialgleichung*. Im raumladungsfreien Raum wird sie zur *Potentialgleichung* oder *Laplaceschen Differentialgleichung*

$$\boxed{\Delta\varphi = 0} \tag{5.2}$$

oder in kartesischen Koordinaten

$$\Delta\varphi = \frac{\partial^2\varphi}{\partial x^2} + \frac{\partial^2\varphi}{\partial y^2} + \frac{\partial^2\varphi}{\partial z^2} = 0. \tag{5.2a}$$

Diese beiden partiellen und linearen Differentialgleichungen zweiter Ordnung sind die Ausgangsgleichungen für die analytischen Methoden der Feldberechnung. Um sie für einen bestimmten Fall zu integrieren, ist aus ihren beliebig vielen Lösungen eine solche zu suchen, die die Randbedingungen des vorliegenden Problems erfüllt.

In der Potentialtheorie wird nun bewiesen, daß das Potential in einem beliebigen Raumpunkt eindeutig bestimmt werden kann, wenn die Ladungsverteilung (Flächendichte σ, Raumladungsdichte ρ) in allen Punkten des betrachteten Raumes bekannt ist. Meist ist das nicht der Fall. Im allgemeinen kennt man nur die geometrischen Abmessungen der an den bekannten Spannungen angeschlossenen Leiter. Raumladungs- bzw. Potentialgleichung müssen dann unter Beachtung der beim vorliegenden Problem bestehenden Randbedingungen integriert werden. Die Ermittlung der Randbedingungen ist dabei vor allem eine physikalische Aufgabe.

Eine Aufgabe, bei der eine Funktion innerhalb eines bestimmten Gebietes einer vorgegebenen Differentialgleichung genügen muß, wobei an der Begrenzung dieses Gebietes die Werte der Funktion, deren

Ableitung oder eine lineare Kombination aus beiden vorgeschrieben ist, bezeichnet man als *Randwertaufgabe*. Bei der Lösung der Potentialgleichung innerhalb eines begrenzten Raumes spricht man insbesondere von der *ersten Randwertaufgabe* oder dem *Dirichletschen* Problem, wenn die Potentialwerte auf der gesamten den betrachteten Raum begrenzenden Fläche bekannt sind. Von der *zweiten Randwertaufgabe* oder dem *Neumannschen* Problem spricht man, wenn die Ableitung des Potentials nach der Normalen der Begrenzungsfläche überall gegeben ist.

Liegt eine allgemeine Lösung der Potentialgleichung ohne Berücksichtigung spezieller Randbedingungen vor (Kap. 5.3), so kann man auch untersuchen, welche Randflächen zu dieser allgemeinen Lösung passen. Das ist allerdings ein sowohl mathematisch unbefriedigender als auch ein den Erfordernissen der praktischen Elektrostatik nicht entsprechender Weg. Da es sich jedoch um eine lineare Differentialgleichung handelt, verbleibt schließlich noch, auf bereits bekannte Lösungen spezieller Fälle zurückzugreifen und daraus passende Potentialfunktionen als Lösungsansätze zusammenzusetzen. Die so gewonnenen Ansätze sind dann daraufhin zu untersuchen, ob sie die Differentialgleichung und die Randbedingungen des gerade vorliegenden Problems erfüllen. Man erkennt daraus:

|| In der Elektrostatik ist die Kenntnis vieler gelöster Sonderfälle nützlich, um durch Überlagerung bekannter Lösungen einfacher geometrischer Formen neue Lösungsansätze zu finden.

Ist das Potential in jedem Punkt des betrachteten Raumes ermittelt, so erhält man die Feldstärke aus Gl. (3.6). Eine ausführliche Behandlung der Potentialgleichung erfolgt in Kap. 5.3.

5.1.2 Graphische und experimentelle Feldbildermittlung. Neben den mathematischen Methoden der Feldbildermittlung, die in den folgenden Kapiteln behandelt werden, wird in der Praxis oft ein graphischer oder experimenteller Weg eingeschlagen. Kann hierbei die vorliegende Anordnung als ebenes Problem betrachtet werden (zweidimensionales Feld), so wird eine angenäherte graphische Feldermittlung besonders einfach.
Um ein anschauliches Bild zu erhalten, macht man die Potentialdifferenz ΔU zwischen zwei benachbarten Potentiallinien stets gleich. Ist a deren mittlerer Abstand, so wird bei konstanter Permittivität ϵ für eine Feldröhre

$$\Delta U = Ea = \frac{Q}{\epsilon} \frac{a}{A} .$$

Die Fläche A der Feldröhre ist dabei $A = lb$, wobei l die Länge der Elektrode und b der mittlere Abstand zweier Feldlinien ist. Da der elektrische Fluß Q durch eine Röhre konstant ist, erhält man gleiche Potentialdifferenz ΔU zwischen zwei Potentiallinien, wenn die Bedingung

$$\epsilon \frac{b}{a} = \epsilon k = \text{const.} \qquad (5.3)$$

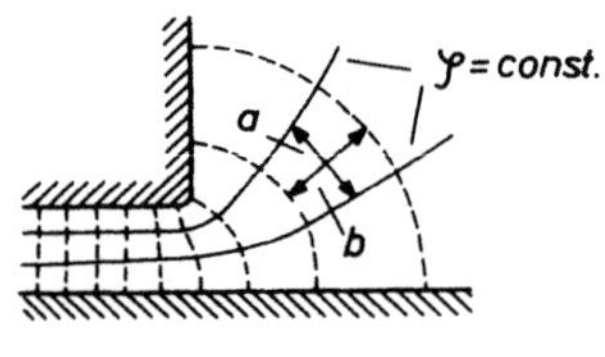

Bild 5.1 Zur graphischen Ermittlung ebener Feldbilder

erfüllt ist. Zweckmäßig wählt man $k = b/a = 1$, unterteilt also das Feld so weit, daß angenähert lauter Quadrate entstehen, wie aus Bild 5.1 zu erkennen ist. Man erhält demnach folgendes Schema zur graphischen Ermittlung des Feldbildes zweidimensionaler Anordnungen:

1. Zeichnen einiger angenommener Potentiallinien unter Beachtung, daß Leiteroberflächen (Berandungslinien) stets Äquipotentialflächen (Potentiallinien) darstellen.
2. Einzeichnen einiger Feldlinien unter Beachtung von Gl. (5.3). Feld- und Potentiallinien schneiden sich stets senkrecht.
3. Korrigieren des Bildes und immer feinere Unterteilung ergibt schließlich das gesuchte Feldbild.

Auf diese Weise kann das Feldbild einer gegebenen Elektrodenanordnung mit einiger Übung leicht ermittelt werden. Liegt geschichtetes Dielektrikum vor, so sind auch noch die Brechungsgesetze Gl. (3.45) und Gl. (3.46) zu berücksichtigen. Der Betrag der Feldstärke an einer beliebigen Stelle wird angenähert $E = \Delta U/a$.
Bei n Potentiallinien zwischen zwei Elektroden verschiedenen Potentials und m Feldlinien (Verschiebungslinien), also m Feldröhren wird nun die Spannung U zwischen zwei Elektroden und der gesamte elektrische Fluß Q, wenn l die Länge der Elektrode ist,

$$U = (n+1)\,\Delta U, \qquad Q = m\,\epsilon\,\Delta U\,l\,k.$$

Damit wird die Kapazität der Anordnung je Länge

$$\boxed{C' = \frac{C}{l} = \epsilon\,\frac{m}{n+1}\,k} \tag{5.4}$$

Die Kapazität geometrisch ähnlicher Anordnungen ist demnach gleich.

Beispiel 5.1: Das Feldbild einer Flachschiene in Luft parallel zu einer leitenden Wand zeigt Bild 5.2. Dem Bild entnimmt man $n = 2$ Potentiallinien und $m = 13$ Feldlinien. Mit $\epsilon = \epsilon_0$ und $k = 1$ ergibt das nach Gl. (5.4) als Kapazitätsbelag $C' = 38$ pF/m.

Handelt es sich um eine dreidimensionale Anordnung, deren Feldbild ermittelt werden soll, so sind das in der Praxis meist Rotationskörper. Grundsätzlich kann dann das gleiche Verfahren wie bei zweidimensionalen Anordnungen angewendet werden. Wie aus Bild 5.3 zu erkennen ist, bildet jetzt der Querschnitt einer Feldröhre einen Kreisring der Breite b. Es wird also

$$A = 2\pi r b.$$

Hierbei ist b der jeweilige mittlere Abstand zwischen zwei benachbarten Rotationsflächen. An die Stelle der Bedingung Gl. (5.3) tritt daher

$$\epsilon\, r\,\frac{b}{a} = \epsilon\, k' = \text{const.} \tag{5.3a}$$

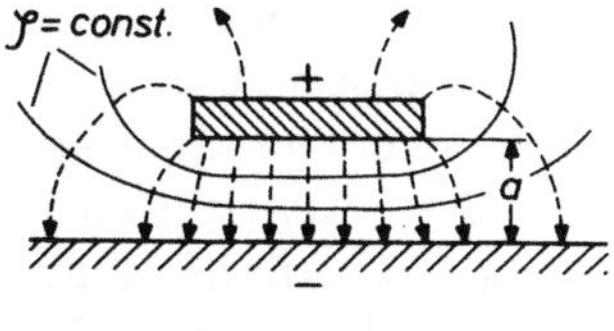

Bild 5.2 Feldbild um eine Flachschiene parallel zu einer leitenden Wand

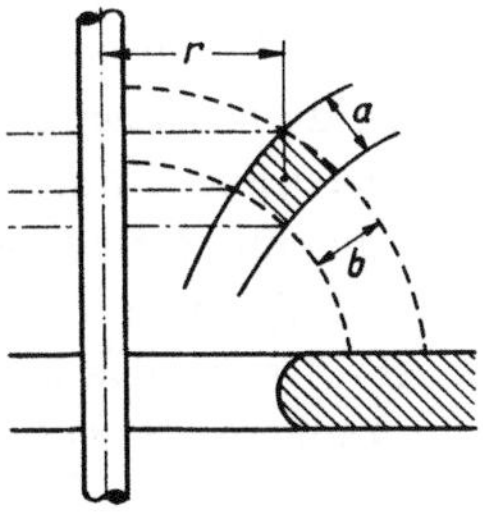

Bild 5.3 Zur graphischen Ermittlung rotationssymmetrischer Feldbilder

Der Betrag der Feldstärke berechnet sich wie bisher. Die Kapazität wird jetzt

$$\boxed{C = \frac{2\pi\epsilon m}{n+1} r \frac{b}{a} = \frac{2\pi\epsilon m}{n+1} k'} \tag{5.4a}$$

Im allgemeinen Fall eines räumlichen Feldes ist es nicht immer möglich, aus der Dichte der Feldlinien auf die elektrische Beanspruchung des Dielektrikums zu schließen. Einem engeren Feldlinienverlauf in der Schnittebene braucht noch nicht eine größere Feldstärke zu entsprechen, da der Querschnitt gleichzeitig in einer im Schnitt nicht sichtbaren Dimension wachsen kann. Dieses ist bei der Betrachtung dreidimensionaler Feldbilder zu beachten.

Die formale Analogie der Grundgesetze des raumladungsfreien elektrostatischen Feldes und des Strömungsfeldes (Kap. 3.1.4 und 3.1.5) ergibt in beiden Feldern identische Feldbilder. Das gestattet, Feldbilder insbesondere komplizierter Elektrodenanordnungen experimentell als Strömungsbilder z.B. im *elektrolytischen Trog* zu ermitteln. Zu diesem Zweck bringt man die dem vorliegenden Problem entsprechenden Elektroden in einen „Trog" mit einer Flüssigkeit nicht zu hoher elektrischer Leitfähigkeit. Schaltet man beide Elektroden an eine konstante Wechselspannung nicht zu hoher Frequenz (Tonfrequenz, 800 Hz), so kann man mit einer Sonde das Potential jedes Punktes im Elektrolyten zwischen beiden Elektroden als Spannung zwischen diesem Punkt und dem Verzweigungspunkt in einer Brückenschaltung messen. Befindet sich die Sonde in einem Punkt bei abgeglichener Brücke, so bleibt der Brückennullzweig stromlos, wenn man die Sonde längs einer Potentiallinie bewegt. Auf diese Weise können die Potentiallinien und damit die Strömungs- bzw. Feldlinien als zugehörige orthogonale Trajektoren leicht ermittelt werden. Als Nullinstrument kann ein Kopfhörer dienen.

Um den störenden Einfluß der Wandungen der als Trog dienenden Wanne gering zu halten, muß diese hinreichend groß gewählt werden. Auch darf die Leitfähigkeit des Elektrolyten nicht zu groß sein, damit die Stromlinien (Feldlinien) senkrecht aus den Metallelektroden austreten. An die Stelle eines solchen Troges kann auch „elektrolytisches Papier" mit entsprechender elektrischer Leitfähigkeit dienen.

Mit dem im elektrolytischen Trog gemessenen Widerstand zwischen zwei Elektroden erhält man schließlich bei bekannter Leitfähigkeit des Elektrolyten nach Gl. (3.25) die Kapazität der Elektrodenanordnung.

5.1.3 Verfahren der Spiegelung. Liegt eine Anordnung bekannter Ladungsverteilung vor und kann das Potential der vorhandenen Leiteroberflächen angegeben werden, so können in vielen Fällen die Randbedingungen durch das Verfahren der Spiegelung erfüllt werden. Das gilt insbesondere bei einer leitenden Wand (Ebene), deren Potential $\varphi = 0$ ist. Punktladung und eine unendlich ausgedehnte leitende Wand sind ein einfaches Beispiel für eine solche Anordnung. Wie man Bild 5.4 entnehmen kann, wird die leitende Wand zur Äquipotentialebene für $\varphi = 0$ im Feldbild zweier gleich großer ungleichnamiger Punktladungen $\pm Q$. Ersetzt man diese Symmetrieebene durch eine Metallschicht oder füllt den gesamten Halbraum rechts von der Wand mit Metall aus, so ändert sich der Feldverlauf im Halbraum links von der Wand nicht, da diese Symmetrieebene als Leiteroberfläche weiterhin eine Äquipotentialfläche bleibt. Der Feldverlauf zwischen einer leitenden Ebene und einer Punktladung im Abstand d kann somit dadurch ermittelt werden, daß man die Punkt-

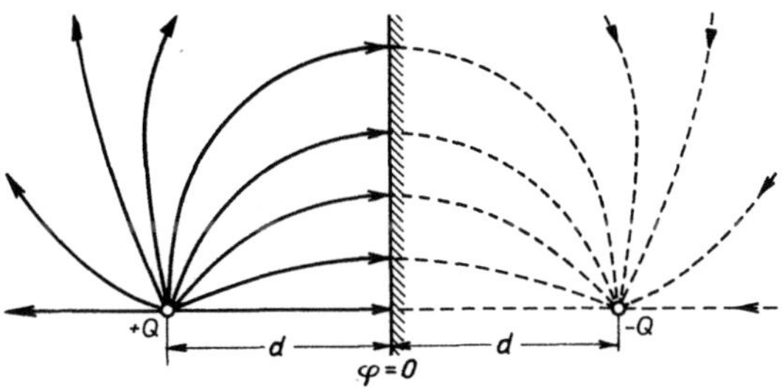

Bild 5.4
Spiegelung einer Punktladung an einer leitenden Ebene

ladung an der Ebene spiegelt, also den Feldverlauf für zwei gleich große und ungleichnamige Ladungen im Abstand $2d$ ermittelt. Eine solche Anordnung erfüllt die Randbedingungen auf der leitenden Ebene.

Das Verfahren der Spiegelung an einer Ebene kann immer dort angewendet werden, wo der Feldverlauf zwischen einer Ebene und einer beliebigen aber *bekannten* Ladungsanordnung ermittelt werden soll.

Auf die gleiche Weise kann auch das Feldbild zwischen einer leitenden Ebene und einer parallel dazu im Abstand $d/2$ verlaufenden Linienladung ermittelt werden, wie man dem Feldbild zweier ungestörter Linienladungen $\pm Q$, Bild 4.10 in Kap. 4.1.3 entnehmen kann. Die Äquipotentialflächen werden durch Kreiszylinder um die beiden Linienladungen gebildet, für $\varphi = 0$ erhält man eine Symmetrieebene (Radius $R \to \infty$). Wird einer der Kreiszylinder durch einen Metallzylinder ersetzt oder mit Metall ausgefüllt, so bleibt das Feld außerhalb dieses Zylinders unverändert und man erhält das Feldbild einer leitenden unendlich ausgedehnten Ebene und eines parallel dazu verlaufenden Metallzylinders.
Grundsätzlich kann eine Spiegelung auch an einer beliebig geformten Ebene zweckmäßig sein. Besondere Bedeutung hat dabei die Spiegelung an einer Kugel nach Bild 5.5. Man kommt dazu über das ungestörte Feldbild zweier ungleichnamiger und verschieden großer Punktladungen, Bild 4.2 in Kap. 4.1.1. Darin bildet die Äquipotentialfläche für $\varphi = 0$ eine Kugelfläche um die kleinere Ladung Q_2 im Abstand x_0 vom Kugelmittelpunkt M, wie auch aus Bild 5.5 zu entnehmen ist. Dabei wird nach Gl. (4.5a) mit R als Kugelradius und D als Abstand der ursprünglichen Ladung Q_1 vom Kreismittelpunkt M

$$x_0 = \frac{R^2}{D}. \tag{5.5}$$

Man bezeichnet Q_2 als *Bildladung*. Für ihren Abstand von der Ladung Q_1 entnimmt man Bild 5.5

$$d = D - x_0 = \frac{D^2 - R^2}{D}.$$

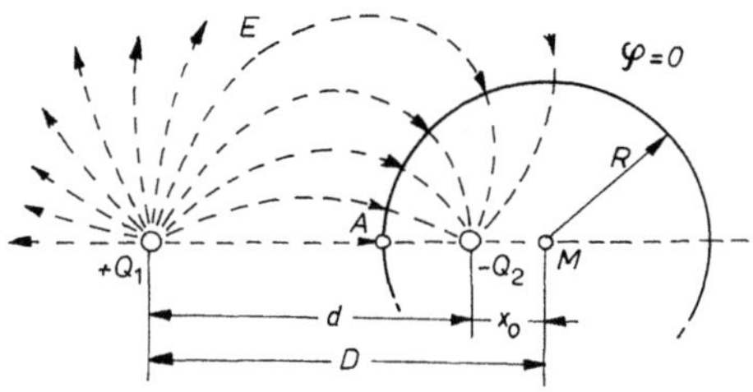

Bild 5.5
Zur Spiegelung an einer Kugeloberfläche

Die Bildladung wird nach Gl. (4.5a)

$$Q_2 = -Q_1 \frac{R}{D} = -Q_1 \frac{x_0}{R} \tag{5.6}$$

Wie leicht einzusehen ist, gelten diese Beziehungen für die Spiegelung an einer Zylinderoberfläche entsprechend.
Besondere Bedeutung hat das Spiegelungsverfahren zur Berücksichtigung des Erdeinflusses, wobei das Vorzeichen der gespiegelten Ladung oder des gespiegelten Stromleiters von den Randbedingungen auf der Erdoberfläche als Symmetrieebene abhängt. Auch im elektrischen Strömungsfeld sowie im magnetischen Feld findet das Spiegelungsverfahren eine vielfache Anwendung (Kap. 6.2.3 und Kap. 7.3.4).

Beispiel 5.2: Ein einfaches Beispiel für die Anwendung der Spiegelung an einer Kugel bildet eine ungeladene Metallkugel vom Radius R nach Bild 5.5, die in das Feld einer Punktladung $+Q_1$ im Abstand D vom Kugelmittelpunkt gebracht wurde. Die Bedingung, daß die Kugeloberfläche eine Äquipotentialfläche mit $\varphi = 0$ bildet, wird erfüllt, wenn man in die Kugel im Abstand x_0 vom Kugelmittelpunkt M eine negativ gedachte Bildladung Q_2 nach Gl. (5.6) bringt. Diese negative Ladung Q_2 innerhalb der vorher ungeladenen Kugel muß anschließend durch eine weitere Punktladung $Q_3 = -Q_2$ im Kugelmittelpunkt M kompensiert werden. Sind dabei für einen beliebigen Punkt auf der Kugeloberfläche r_1, r_2, r_3 die Abstände von den drei Punktladungen Q_1, Q_2, Q_3, so wird das Potential auf der Kugeloberfläche mit $\epsilon = \epsilon_0$

$$\varphi = \frac{Q_1}{4\pi\epsilon_0}\left(\frac{1}{r_1} - \frac{R}{D}\frac{1}{r_2} + \frac{R}{D}\frac{1}{r_3}\right).$$

Für den Punkt A in Bild 5.5 ist

$$r_1 = D - R, \quad r_2 = R - x_0, \quad r_3 = R,$$

was oben eingesetzt wegen Gl. (5.5) ergibt

$$\varphi = \frac{Q_1}{4\pi\epsilon_0 D}.$$

Wird demnach eine ungeladene Metallkugel in ein elektrostatisches Feld gebracht, so nimmt sie das Potential an, das am Ort des Kugelmittelpunkts vor dem Hineinbringen der Kugel in das Feld bestand.

Beispiel 5.3: Daß mit Hilfe des Spiegelungsverfahrens die Potentialgleichung und die Randbedingungen auch an einer dielektrischen Ebene erfüllt werden können, soll am Beispiel der Anordnung Punktladung $+Q$ im Luftraum im Abstand a von einer dielektrischen Wand gezeigt werden. Die Wand bildet in Bild 5.6 die Ebene $z = 0$; der Luftraum (1) ist die rechte Halbebene $z > 0$ und der dielektrische

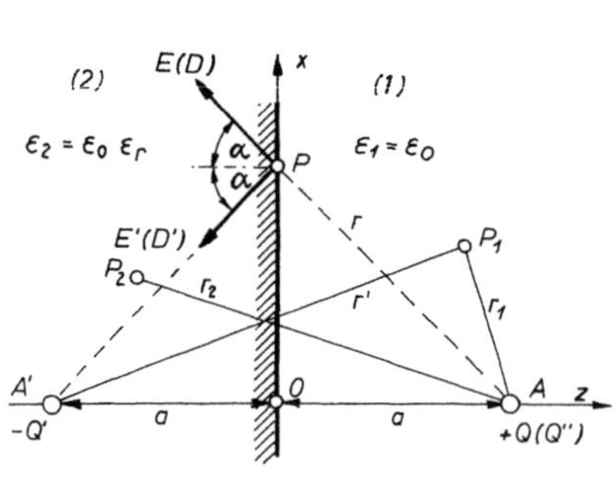

Bild 5.6
Punktladung $+Q$ und dielektrischer Halbraum

Halbraum (2) ist die linke Halbebene $z < 0$. Auf der Grenzfläche entsteht eine Polarisationsladung, die jedoch keine „wahre" Ladung darstellt, daher müssen nach Gl. (3.45) auf der Grenzfläche $z = 0$ die Bedingungen $D_{n1} = D_{n2}$ und $E_{t1} = E_{t2}$ gelten. Außerdem muß die Potentialgleichung in beiden Halbebenen erfüllt sein. Um sie zu erfüllen, soll für Raum (1) als Bildladung in A' die noch unbekannte Punktladung $-Q'$ und da für Raum (2) nur eine Ladung in A vorhanden ist, diese zunächst Q'' genannt werden. Für einen beliebigen Punkt P_1 in (1) und einen beliebigen Punkt P_2 in (2) ist dann in Bild 5.6 nach Gl. (4.3)

$$\varphi_1 = \frac{1}{4\pi\epsilon_1}\left(\frac{Q}{r_1} - \frac{Q'}{r'}\right); \qquad \varphi_2 = \frac{Q''}{4\pi\epsilon_2 r_2}.$$

Damit ist die Potentialgleichung in beiden Halbebenen erfüllt (Kap. 5.3.2).
Für einen beliebigen Punkt P auf der Grenzfläche ($r_1 = r_2 = r' = r$) ergeben die Grenzbedingungen für die elektrische Flußdichte (siehe Bild 5.6)

$$\frac{Q + Q'}{4\pi r^2}\cos\alpha = \frac{Q''}{4\pi r^2}\cos\alpha, \qquad \text{also } Q + Q' = Q''$$

und für die Feldstärke

$$\frac{Q - Q'}{4\pi\epsilon_1 r^2}\sin\alpha = \frac{Q''}{4\pi\epsilon r^2}\sin\alpha, \qquad \text{also } Q - Q' = \frac{\epsilon_1}{\epsilon_2}Q''.$$

Daraus

$$Q'' = \frac{2\epsilon_2}{\epsilon_2 + \epsilon_1}Q, \qquad Q' = \frac{\epsilon_2 - \epsilon_1}{\epsilon_2 + \epsilon_1}Q.$$

Mit diesen Werten werden Randbedingungen und Potentialgleichung erfüllt. Sie ergeben, oben eingesetzt, für die Potentiale in (1) und (2)

$$\varphi_1 = \frac{Q}{4\pi\epsilon_1}\left(\frac{1}{r_1} - \frac{\epsilon_2 - \epsilon_1}{\epsilon_2 + \epsilon_1}\frac{1}{r'}\right), \qquad \varphi_2 = \frac{Q}{2\pi(\epsilon_2 + \epsilon_1)r_2}.$$

Den Feldverlauf für $\epsilon_2/\epsilon_1 = 3$ zeigt Bild 5.7. Die gesamte Anordnung kann für den Luftraum (1) ersetzt werden durch die beiden Punktladungen $+Q$ in A und $-Q'$ in A' sowie für den dielektrischen Halbraum (2) durch die Punktladung Q'' in A. Man vergleiche hiermit Bild 4.2 in Kap. 4.1.1.

Beispiel 5.4: Befindet sich der gesamte betrachtete Raum des vorigen Beispiels 5.3 in einem homogenen elektrostatischen Feld $E = E_z$, das als unendlich ausgedehnt betrachtet werden kann, so wird dieses homogene Feld durch das Hineinbringen der Punktladung $+Q$ in den Luftraum (1) verzerrt. Das resultierende Feld erhält man durch Überlagerung des Feldverlaufs in Bild 5.7 mit dem vor-

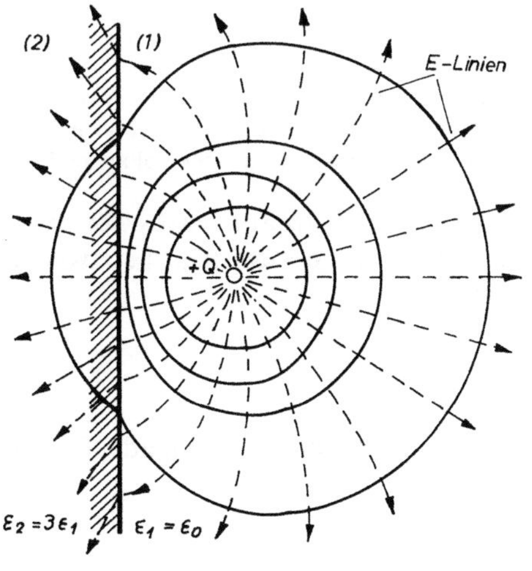

Bild 5.7
Punktladung $+Q$ vor einer dielektrischen Wand. Potential- und Feldlinienverlauf bei $\epsilon_2/\epsilon_1 = 3$

gegebenen homogenen Feld. Dieses homogene Feld übt im Luftraum (1) auf den Träger der Punktladung Q in A nach Gl. (3.3) die Kraft $F_h = QE$ aus. Wie jedoch im vorigen Beispiel 5.3 gezeigt wurde, kann die gesamte Anordnung für den Luftraum (1) durch die Punktladung $+Q$ in A und eine Punktladung $-Q'$ in A' ersetzt werden. Auf den Träger der Punktladung Q wird somit nach Gl. (4.47) *zusätzlich* die Kraft – siehe Bild 5.6 –

$$F_b = \frac{QQ'}{4\pi\epsilon_1 4a^2} = \frac{Q^2}{16\pi\epsilon_1 a^2}\,\frac{\epsilon_2 - \epsilon_1}{\epsilon_2 + \epsilon_1}$$

ausgeübt. Die Definition der elektrischen Feldstärke nach Gl. (3.3) hat somit eine sehr kleine Punktladung $Q\,(Q \to 0)$ zur Voraussetzung, damit F_b gegenüber F_h vernachlässigt werden kann. Durch Materialinhomogenitäten kann sonst der Einfluß von Bildladungen zu erheblich falschen Ergebnissen führen.

5.1.4 Kugel, zwei Kugeln. Ersetzt man im Feldbild einer ungestörten Punktladung, Bild 4.1 in Kap. 4.1.1 eine Äquipotentialfläche (konzentrische Kugelschale um die Punktladung) durch eine leitende Kugel vom Radius R mit gleicher Ladung Q wie die Punktladung, so bleibt das Feld außerhalb dieser Kugel unverändert, während im Innern der Kugel die Feldstärke gleich Null sein muß. Für die Kugeloberfläche gilt demnach, bezogen auf einen unendlich entfernten Punkt,

$$\varphi = U_0 = \frac{Q}{4\pi\epsilon R}$$

und für den Betrag der Feldstärke in der Umgebung der ungestörten Kugel ($r > R$)

$$E = \frac{Q}{4\pi\epsilon r^2} = U_0\,\frac{R}{r^2}\,. \tag{5.7}$$

Da jede scharfe Kante oder Spitze als Oberfläche mit sehr kleinem Krümmungsradius aufgefaßt werden kann, wird die Feldstärke dort bereits bei kleinen Spannungen sehr groß.

Beispiel 5.5: Mit $\mathrm{d}V = 4\pi r^2 \mathrm{d}r$ als Volumenelement wird die elektrische Energie einer die Ladung Q tragenden Kugel vom Radius R nach Gl. (4.54a) mit Gl. (5.7)

$$W_e = \frac{1}{2}\,\frac{Q^2}{4\pi\epsilon_0}\int_R^\infty \frac{\mathrm{d}r}{r^2} = \frac{1}{2}\,\frac{Q^2}{4\pi\epsilon_0 R}\,.$$

Diese Energie muß zum Aufbau des Feldes der geladenen Kugel aufgebracht werden. Versucht man die Ladung Q auf einen sehr kleinen punktförmigen Träger ($R \to 0$) zu komprimieren, so müßte man eine unendlich große Arbeit leisten. Eine Punktladung im strengen Sinne ist daher nicht realisierbar.

Sollen Feldbild und Kapazität zweier Kugeln z.B. einer Kugelfunkenstrecke ermittelt werden und ist U die Spannung zwischen beiden Kugeln, so setzt man bei zwei gleich großen Kugeln (1) und (2) vom Radius R mit Vorteil

$$\varphi_1 = +\frac{U}{2}\,; \qquad \varphi_2 = -\frac{U}{2}\,.$$

Man führt zuerst die Berechnung mit $\varphi_2 = 0$ durch, dann für $\varphi_1 = 0$. Beide Ergebnisse werden anschließend überlagert.

Zunächst nimmt man eine Punktladung

$$Q_1' = 4\pi\epsilon R\varphi_1 = 2\pi\epsilon RU \tag{5.8}$$

im Mittelpunkt der Kugel (1) an. Damit auf der Kugel (2) weiterhin $\varphi_2 = 0$ bleibt, muß innerhalb dieser Kugel in Bild 5.8 eine Bildladung Q_2' im Abstand x_2 vom Kugelmittelpunkt M angenommen werden. Nach Gl. (5.5) und Gl. (5.6) werden dabei mit D als Mittelpunktsabstand beider Kugeln

$$Q_2' = -Q_1'\frac{R}{D}; \qquad x_2 = \frac{R^2}{D}.$$

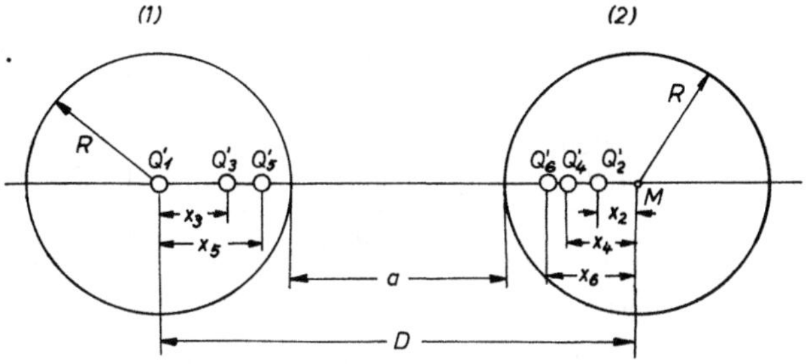

Bild 5.8
Zur Ermittlung des Feldbildes zweier Kugeln

Die Rückwirkung dieser Ladung auf die Kugel (1) muß wiederum durch eine weitere Bildladung Q_3' innerhalb der Kugel (1) kompensiert werden, wodurch noch eine weitere Bildladung Q_4' in der Kugel (2) erforderlich wird usw. Dieses Verfahren fortgesetzt, ergibt in Bild 5.8 für die Kugel (2) mit Q_1' nach Gl. (5.8) unter Beachtung, daß $x_1 = 0$,

$$Q_{2n}' = -Q_{2n-1}'\frac{R}{D - x_{2n-1}}; \quad x_{2n} = \frac{R^2}{D - x_{2n-1}}, \quad \Big\} \quad n = 1, 2, 3, \ldots \tag{5.8a}$$

und für die Kugel (1)

$$Q_{2n+1}' = -Q_{2n}'\frac{R}{D - x_{2n}}; \quad x_{2n+1} = \frac{R^2}{D - x_{2n}}. \quad \Big\} \quad n = 1, 2, 3 \ldots \tag{5.8b}$$

Der Abstand x der Bildladungen von den Kugelmittelpunkten nähert sich schnell einem festen Grenzwert, wobei die Größe der Bildladungen ebenfalls schnell abnimmt. Die Rechnung kann daher bald abgebrochen werden.
Die erste Berechnung mit $\varphi_2 = 0$ ergibt als Gesamtladungen

$$Q_{(1)}' = \sum_0^n Q_{2n+1}'; \qquad Q_{(2)}' = \sum_1^n Q_{2n}'. \tag{5.9}$$

Da es sich um zwei gleich große Kugeln handelt, ergibt die wiederholte Berechnung mit $\varphi_1 = 0$ dieselben Ergebnisse, wenn man statt mit $+Q_1'$ im Mittelpunkt der Kugel (1) nun mit der Ladung $-Q_2'$ im Mittelpunkt der Kugel (2) beginnt und Q_2' den Wert von Q_1' nach Gl. (5.8) gibt sowie die Reihe mit Q_3', Q_4' usw. fortsetzt. Es brauchen also nur die Vorzeichen und die Kugeln vertauscht zu werden. Unter Beachtung der Vorzeichen erhält man aus beiden Berechnungen

$$Q_1 = Q_{(1)}' - Q_{(2)}' = Q; \quad Q_2 = Q_{(2)}' - Q_{(1)}' = -Q \tag{5.10}$$

und damit aus Gl. (3.22) die Kapazität beider Kugeln. Das Gesamtfeld ergibt sich durch Überlagerung der von den einzelnen Punktladungen herrührenden Felder. Auf der Kugeloberfläche ist die Feldstärke an den einander am nächsten zugekehrten Kugelpunkten am größten.

Beispiel 5.6: Für zwei Kugeln vom Radius $R = 1$ cm im Abstand $a = 3$ cm (Schlagweite) bei einem Mittelpunktsabstand $D = 5$ cm ist das Berechnungsergebnis für $\varphi_2 = 0$ in Tabelle 5.1 zusammengefaßt.

Tabelle 5.1

	Kugel (2) $\varphi_2 = 0$			Kugel (1) $\varphi_1 = U/2$		
n	$D - x_{2n-1}$	Q'_{2n}	x_{2n}	$D - x_{2n}$	Q'_{2n+1}	x_{2n+1}
0	–	–	–	–	1,000 Q'_1	0,000
1	5,000	− 0,200 Q'_1	0,200	4,800	0,042 Q'_1	0,208
2	4,792	− 0,009 Q'_1	0,209	4,791	0,002 Q'_1	0,209
Σ	–	− 0,209 Q'_1	–	–	1,044 Q'_1	–

Demnach wird

$$Q'_{(1)} = 1{,}044\, Q'_1; \qquad Q'_{(2)} = -\,0{,}209\, Q'_1,$$

so daß nach Gl. (5.10) die Gesamtladung $Q = 1{,}25\, Q'_1$ und wegen Gl. (5.8) mit $\epsilon = \epsilon_0$

$$C = 1{,}25 \cdot 2\pi\epsilon_0 R = \frac{Q}{U} \approx 0{,}69 \text{ pF}.$$

Die Kapazität einer einzelnen Kugel etwa gegenüber den Zimmerwänden würde dagegen nach Gl. (4.41) $C_0 = 1{,}1$ pF betragen.

Führt man nach Russel eine Funktion $\eta = f(a/R)$ ein, so erhält man zur Berechnung von Kapazität und Feldstärke einer Kugelfunkenstrecke die Beziehung (Zahlenwertgleichung)

$$C = \frac{a/\text{cm}}{36\,(\eta - 1)} \cdot 10^{-11}\text{ F} \quad \text{und} \quad E_{\max} = \frac{U}{a}\,\eta. \tag{5.11}$$

Zahlenwerte für η sind in der folgenden Tabelle 5.2 enthalten.

Tabelle 5.2

a/R	0,1	0,2	0,3	0,4	0,5	0,6	0,8	1,0	1,5	2,0	3,0	4,0
η	1,034	1,068	1,102	1,137	1,173	1,208	1,283	1,359	1,559	1,770	2,214	2,677

Ist eine der beiden Kugeln geerdet, so können durch den Einfluß der Zimmerwände beträchtliche Feldänderungen hervorgerufen werden, was bei Meßfunkenstrecken insbesondere bei $a/R > 0{,}2$ beachtet werden muß.

Haben schließlich beide Kugeln verschiedene Radien, $R_1 \neq R_2$, so kann die Rechnung grundsätzlich auf die gleiche Weise wie bei zwei gleich großen Kugeln durchgeführt werden. Man setzt jetzt zweckmäßig

$$\varphi_1 = \frac{Q_1}{4\pi\epsilon R_1}; \qquad \varphi_2 = U - \varphi_1 = \frac{Q_2}{4\pi\epsilon R_2}. \tag{5.12}$$

5.1.5 Einzelleiter, Doppelleitung. Ein horizontaler Einzelleiter mit dem Leiterdurchmesser d parallel zur Erdoberfläche im Abstand h kann bei $d \ll h$ durch eine Linienladung Q in der Leiterachse angenähert werden. Der Einfluß der Erde wird durch Spiegelung an der Erdoberfläche nach Bild 5.9a berücksichtigt. Die Erdoberfläche wird dabei

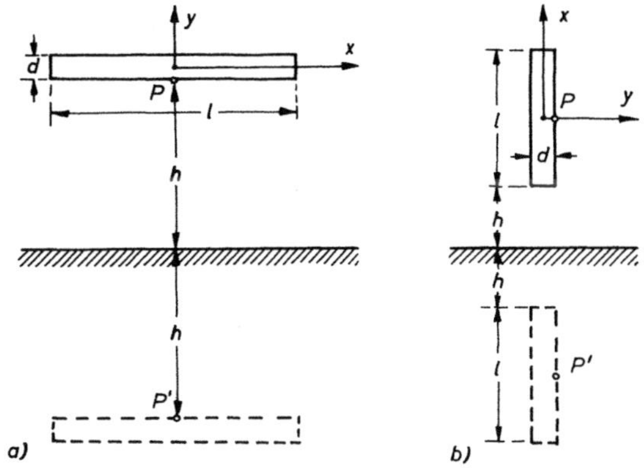

Bild 5.9
Gerader Leiter mit Spiegelbild. a) Horizontaler Leiter, b) vertikaler Leiter

als Äquipotentialfläche mit $\varphi = 0$ angenähert. Wird der Koordinatenursprung in die Mitte der Linienladung der Länge l gelegt, so lautet das Potential für einen beliebigen Punkt $P(x, y)$ nach Gl. (4.12) ohne Berücksichtigung des Erdeinflusses

$$\varphi = \frac{Q}{4\pi\epsilon l} \ln \frac{\sqrt{\left(x + \frac{l}{2}\right)^2 + y^2} + x + \frac{l}{2}}{\sqrt{\left(x - \frac{l}{2}\right)^2 + y^2} + x - \frac{l}{2}} . \tag{5.13}$$

Das Feldbild zeigt Bild 4.8 in Kap. 4.1.3.

Bei Berücksichtigung des Erdeinflusses durch die Spiegelung wird für den Punkt P in Bild 5.9a

$$x = 0, \qquad y = \begin{cases} d/2 & \text{Leiter,} \\ 2h + d/2 & \text{Spiegelbild.} \end{cases}$$

Damit erhält man für das Potential auf der Leiteroberfläche

$$\varphi = \frac{Q}{4\pi\epsilon l} \left[\ln \frac{\sqrt{l^2 + d^2} + l}{\sqrt{l^2 + d^2} - l} - \ln \frac{\sqrt{l^2 + (d + 4h)^2} + l}{\sqrt{l^2 + (d + 4h)^2} - l} \right]. \tag{5.14}$$

Für $d \ll l$ und $d \ll h$ kann der Einfluß der Enden vernachlässigt werden. Man erhält einen Ausschnitt der Länge l aus einer unendlich langen Linienladung. Unter Anwendung der Näherung für $x \ll 1$

$$\sqrt{1 \pm x} \approx 1 \pm \frac{x}{2} \tag{5.15}$$

ergibt dann der erste Ausdruck in der eckigen Klammer von Gl. (5.14)

$$\frac{\sqrt{l^2 + d^2} + l}{\sqrt{l^2 + d^2} - l} \approx \frac{l\left(1 + \frac{d^2}{2l^2}\right) + l}{l\left(1 + \frac{d^2}{2l^2}\right) - l} \approx \frac{4l^2}{d^2} ,$$

während im zweiten Ausdruck d vernachlässigt werden kann. Damit wird das Potential unter Beachtung, daß $\ln x^2 = 2 \ln x$,

$$\varphi \approx \frac{Q}{2\pi\epsilon l} \ln \frac{2l}{d} \sqrt{\frac{\sqrt{l^2 + (4h)^2} - l}{\sqrt{l^2 + (4h)^2} + l}} \tag{5.14a}$$

oder die Kapazität, da φ die Spannung gegen Erde ist,

$$C = \frac{2\pi\epsilon l}{\ln \frac{2l}{d} \sqrt{\frac{\sqrt{l^2 + (4h)^2} - l}{\sqrt{l^2 + (4h)^2} + l}}} . \tag{5.16}$$

Ist $h \ll l$, so erhält man für den Wurzelausdruck mit Gl. (5.15)

$$\frac{\sqrt{l^2 + (4h)^2} - l}{\sqrt{l^2 + (4h)^2} + l} \approx \frac{l\left(1 + \frac{(4h)^2}{2l^2}\right) - l}{l\left(1 + \frac{(4h)^2}{2l^2}\right) + l} \approx \frac{4h^2}{l^2}$$

oder für die Erdkapazität einer sehr langen Einfachleitung mit $\epsilon = \epsilon_0$

$$C_0 = \frac{2\pi\epsilon_0 l}{\ln \frac{4h}{d}} . \tag{5.16a}$$

Für den vertikalen Einzelleiter nach Bild 5.9b ist

$$y = \frac{d}{2}, \qquad x = \begin{cases} 0 & \text{Leiter,} \\ 2h + l & \text{Spiegelbild.} \end{cases}$$

Damit wird das Potential des vertikalen Einzelleiters bei Berücksichtigung des Erdeinflusses

$$\varphi = \frac{Q}{4\pi\epsilon l} \left[\ln \frac{\sqrt{l^2 + d^2} + l}{\sqrt{l^2 + d^2} - l} - \ln \frac{\sqrt{(3l + 4h)^2 + d^2} + 3l + 4h}{\sqrt{(l + 4h)^2 + d^2} + l + 4h} \right] \tag{5.17}$$

und bei $d \ll l$ und $d \ll h$ mit Gl. (5.15)

$$\varphi \approx \frac{Q}{2\pi\epsilon l} \ln \frac{2l}{d} \sqrt{\frac{l + 4h}{3l + 4h}} \tag{5.17a}$$

oder

$$C = \frac{2\pi\epsilon l}{\ln \frac{2l}{d} \sqrt{\frac{l + 4h}{3l + 4h}}} . \tag{5.18}$$

Für $4h \ll l$ wird daraus schließlich mit $\epsilon = \epsilon_0$

$$C = \frac{2\pi\epsilon_0 l}{\ln \frac{2l}{d\sqrt{3}}} . \tag{5.18a}$$

Kann ein sehr langer horizontaler Einzelleiter als Abschnitt der Länge l aus einer unendlich langen Leitung betrachtet werden, so geht das Feldbild der Leitung mit Spiegelbild über in das Feldbild zweier paralleler ungleichnamiger Linienladungen $\pm Q$ mit der Erdoberfläche als Symmetrieebene für $\varphi = 0$, Bild 4.10 in Kap. 4.1.3. Ersetzt man je eine Äquipotentialfläche um jede Ladung durch eine Leiteroberfläche, so erhält man eine Doppelleitung. Mit abnehmendem Leiterabstand a und zunehmendem Leiterradius R rücken die beiden jeden Leiter ersetzenden Linienladungen $\pm Q$ immer mehr zusammen und aus dem Leitermittelpunkt heraus, so daß in Bild 5.10 $d < a$ ist. Diesem Bild entnimmt man für die Punkte P und P' als Potential der beiden Leiter nach Gl. (4.13)

$$\varphi_P = \frac{Q}{2\pi\epsilon l} \ln \frac{\frac{d+a}{2} - R}{\frac{d-a}{2} + R}\,; \qquad \varphi_{P'} = \frac{Q}{2\pi\epsilon l} \ln \frac{\frac{d-a}{2} + R}{\frac{d+a}{2} - R}\,.$$

Nach Gl. (4.15) ist dabei mit den Bezeichnungen in Bild 5.10

$$\frac{d}{2} = \sqrt{\left(\frac{a}{2}\right)^2 - R^2}\,.$$

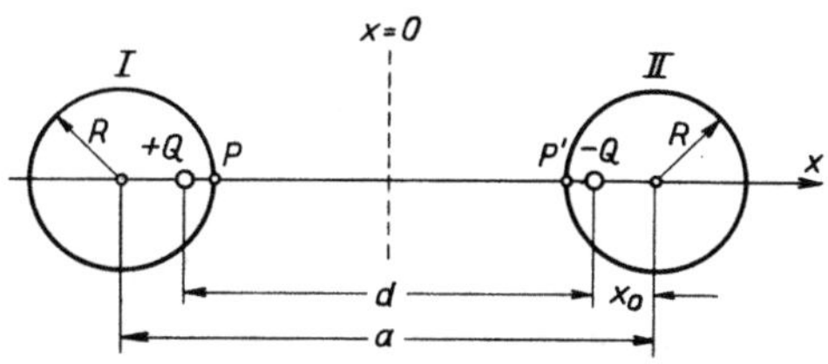

Bild 5.10
Zum Feldbild einer Doppelleitung

Dieses oben eingesetzt, ergibt für die Potentialdifferenz nach Multiplikation von Zähler und Nenner mit dem Zähler

$$U = \varphi_P - \varphi_{P'} = \frac{Q}{\pi\epsilon l} \ln\left[\frac{a}{2R} + \sqrt{\left(\frac{a}{2R}\right)^2 - 1}\right]. \tag{5.19}$$

Somit wird die Kapazität einer Doppelleitung ohne Berücksichtigung des Erdeinflusses

$$C = \frac{\pi\epsilon l}{\ln\left[\frac{a}{2R} + \sqrt{\left(\frac{a}{2R}\right)^2 - 1}\right]}\,. \tag{5.20}$$

Mit $a \gg R$ wird $(a/2R)^2 \gg 1$ und

$$C = \frac{\pi\epsilon l}{\ln\frac{a}{R}}\,. \tag{5.20a}$$

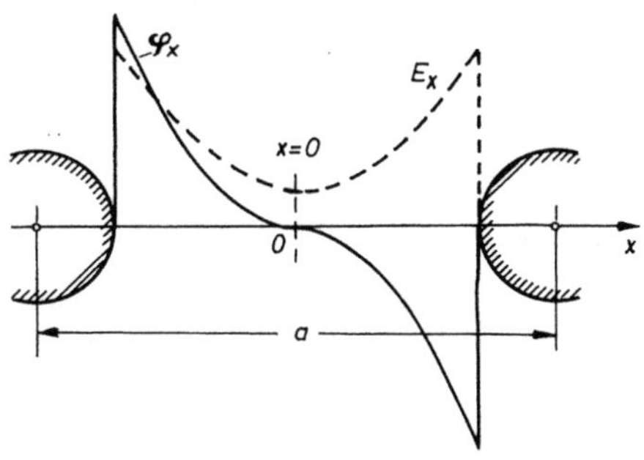

Bild 5.11
Feld- und Potentialverlauf zwischen einer Doppelleitung

Den Feld- und Potentialverlauf auf der Verbindungslinie beider Leitermittelpunkte zeigt Bild 5.11.

Mit $a = 2h$ und $R = d/2$ ergibt Gl. (5.20a) den halben Wert C_0 nach Gl. (5.16a), da C als Reihenschaltung zweier Kondensatoren der Kapazität C_0 aufgefaßt werden kann.

5.1.6 Mehrleitersysteme. Bei mehreren Leitern (Linienladungen), die sich auf verschiedenem Potential befinden, gehen von der Oberfläche eines jeden Leiters Verschiebungslinien zu den anderen Leitern über. Die Summe der Flüsse ergibt für jeden Leiter dessen Ladung. Das Potential jedes Leiters setzt sich aus den einzelnen Teilpotentialen zusammen, die durch die Ladung jedes Einzelleiters hervorgerufen werden. Die Berücksichtigung der Erde kann durch Spiegelung der Leitungen an der Erdoberfläche erfolgen.

Für eine Doppelleitung nach Bild 5.12 wird z.B. das Potential für den Punkt P bezogen auf die Erdoberfläche mit $\varphi = 0$

$$\varphi_P = \frac{1}{2\pi\varepsilon l}\left[Q_1 \ln\frac{r_1'}{r_1} + Q_2 \ln\frac{r_2'}{r_2}\right] = a_{P1}Q_1 + a_{P2}Q_2.$$

Entsprechend erhält man bei einem Mehrleitersystem von n Leitungen die Potentiale der Leiter 1 bis n als Summe der Teilpotentiale

$$\left.\begin{aligned} \varphi_1 &= a_{11}Q_1 + a_{12}Q_2 + a_{13}Q_3 + \ldots + a_{1n}Q_n \\ \varphi_2 &= a_{21}Q_1 + a_{22}Q_2 + a_{23}Q_3 + \ldots + a_{2n}Q_n \\ &\vdots \\ \varphi_n &= a_{n1}Q_1 + a_{n2}Q_2 + a_{n3}Q_3 + \ldots + a_{nn}Q_n. \end{aligned}\right\} \tag{5.21}$$

Die Koeffizienten a_{nm} werden Potentialkoeffizienten genannt.

Da meist die Spannungen (Potentialdifferenzen) bekannt sind, kann man auch schreiben

$$\left.\begin{aligned} Q_1 &= C_{11}\varphi_1 + C_{12}(\varphi_1 - \varphi_2) + C_{13}(\varphi_1 - \varphi_3) + \ldots \\ Q_2 &= C_{21}(\varphi_2 - \varphi_1) + C_{22}\varphi_2 + C_{23}(\varphi_2 - \varphi_3) + \ldots \\ &\vdots \\ Q_n &= C_{n1}(\varphi_n - \varphi_1) + C_{n2}(\varphi_n - \varphi_2) + C_{n3}(\varphi_n - \varphi_3) + \ldots \end{aligned}\right\} \tag{5.22}$$

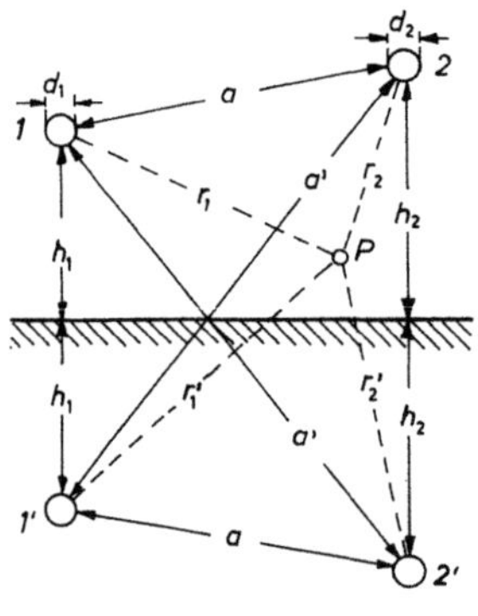

Bild 5.12
An der Erdoberfläche gespiegelte Doppelleitung

Q_1 bis Q_n sind die gesamten vom Leiter 1 bis n ausgehenden Verschiebungsflüsse, die in die Verschiebungsflüsse zu den einzelnen Leitern aufgeteilt werden. Dabei muß z.B. für den vom Leiter 1 zum Leiter 2 übergehenden Verschiebungsfluß gelten

$$C_{12}(\varphi_1 - \varphi_2) = -C_{21}(\varphi_2 - \varphi_1), \quad \text{also} \quad C_{12} = C_{21} \quad \text{usw.}$$

Die Koeffizienten C_{nm} sind die *Teilkapazitäten* des Mehrleitersystems.

Für die Teilkapazitäten einer Doppelleitung wird das Potential des Leiters (1) und (2) in Bild 5.12 mit d_1 und d_2 als Leiterdurchmesser

$$\varphi_1 = \frac{1}{2\pi\epsilon l}\left[Q_1 \ln\frac{4h_1}{d_1} + Q_2 \ln\frac{a'}{a}\right], \quad \varphi_2 = \frac{1}{2\pi\epsilon l}\left[Q_1 \ln\frac{a'}{a} + Q_2 \ln\frac{4h_2}{d_2}\right].$$

Daraus

$$Q_1 = 2\pi\epsilon l\left[\frac{\varphi_1 \ln\frac{4h_2}{d_2} - \varphi_2 \ln\frac{a'}{a}}{\ln\frac{4h_1}{d_1}\cdot\ln\frac{4h_2}{d_2} - \ln^2\frac{a'}{a}}\right], \quad Q_2 = 2\pi\epsilon l\left[\frac{\varphi_2 \ln\frac{4h_1}{d_1} - \varphi_1 \ln\frac{a'}{a}}{\ln\frac{4h_1}{d_1}\cdot\ln\frac{4h_2}{d_2} - \ln^2\frac{a'}{a}}\right]$$

oder umgeformt

$$Q_1 = \frac{2\pi\epsilon l}{\ln\frac{4h_1}{d_1}\cdot\ln\frac{4h_2}{d_2} - \ln^2\frac{a'}{a}}\left[\varphi_1\left(\ln\frac{4h_2}{d_2} - \ln\frac{a'}{a}\right) + (\varphi_1 - \varphi_2)\ln\frac{a'}{a}\right],$$

$$Q_2 = \frac{2\pi\epsilon l}{\ln\frac{4h_1}{d_1}\cdot\ln\frac{4h_2}{d_2} - \ln^2\frac{a'}{a}}\left[(\varphi_2 - \varphi_1)\ln\frac{a'}{a} + \varphi_2\left(\ln\frac{4h_1}{d_1} - \ln\frac{a'}{a}\right)\right].$$

Durch Vergleich mit Gl. (5.22) kann man daraus die Teilkapazitäten direkt ablesen zu

$$\left.\begin{aligned}
C_{11} = C_{10} &= 2\pi\epsilon l\,\frac{\ln\frac{4h_2}{d_2} - \ln\frac{a'}{a}}{\ln\frac{4h_1}{d_1}\cdot\ln\frac{4h_2}{d_2} - \ln^2\frac{a'}{a}}\\
C_{12} = C_{21} = C &= 2\pi\epsilon l\,\frac{\ln\frac{a'}{a}}{\ln\frac{4h_1}{d_1}\cdot\ln\frac{4h_2}{d_2} - \ln^2\frac{a'}{a}}\\
C_{22} = C_{20} &= 2\pi\epsilon l\,\frac{\ln\frac{4h_1}{d_1} - \ln\frac{a'}{a}}{\ln\frac{4h_1}{d_1}\cdot\ln\frac{4h_2}{d_2} - \ln^2\frac{a'}{a}}
\end{aligned}\right\} \qquad (5.23)$$

Die Teilkapazitäten eines Mehrleitersystems werden durch die Anzahl der Leiter und durch deren geometrische Anordnung im Gesamtsystem bestimmt, da davon die Aufteilung der Teilflüsse auf die einzelnen Leiter des Systems abhängt.

Die Teilkapazitäten ändern sich mit der Gesamtanordnung und der Anzahl der einzelnen Leiter des gesamten Systems.

Für eine symmetrische Doppelleitung mit $h_1 = h_2 = h$, $d_1 = d_2 = d$ und $a' = \sqrt{(2h)^2 + a^2}$ wird $C_{11} = C_{22} = C_0$ und man erhält

$$C_0 = 2\pi\epsilon l \frac{\ln\frac{4h}{d} - \ln\sqrt{\left(\frac{2h}{a}\right)^2 + 1}}{\ln^2\frac{4h}{d} - \ln^2\sqrt{\left(\frac{2h}{a}\right)^2 + 1}} = \frac{2\pi\epsilon l}{\ln\frac{4h}{d} + \ln\sqrt{\left(\frac{2h}{a}\right)^2 + 1}}$$

oder

$$\boxed{C_0 = \frac{2\pi\epsilon l}{\ln\left[\frac{4h}{d}\sqrt{\left(\frac{2h}{a}\right)^2 + 1}\right]}} \tag{5.24}$$

Entsprechend wird

$$C = \frac{2\pi\epsilon l \ln\sqrt{\left(\frac{2h}{a}\right)^2 + 1}}{\ln^2\frac{4h}{d} - \ln^2\sqrt{\left(\frac{2h}{a}\right)^2 + 1}}$$

oder

$$\boxed{C = \frac{2\pi\epsilon l \ln\sqrt{\left(\frac{2h}{a}\right)^2 + 1}}{\ln\left[\frac{4h}{d}\sqrt{\left(\frac{2h}{a}\right)^2 + 1}\right] \cdot \ln\left[\frac{4h}{d}\left(\sqrt{\left(\frac{2h}{a}\right)^2 + 1}\right)^{-1}\right]}} \tag{5.24a}$$

Die Betriebskapazität einer symmetrischen Doppelleitung beträgt nach „Allgemeine Elektrotechnik" [1.4]

$$C_b = C + \frac{C_{10}C_{20}}{C_{10} + C_{20}} = C + \frac{C_0}{2}\ .$$

Das ergibt nach Gl. (5.24) und Gl. (5.24a)

$$\boxed{C_b = \frac{\pi\epsilon l}{\ln\left[\frac{4h}{d}\left(\sqrt{\left(\frac{2h}{a}\right)^2 + 1}\right)^{-1}\right]} = \frac{\pi\epsilon l}{\ln\left[\frac{2a}{d}\left(\sqrt{1 + \left(\frac{a}{2h}\right)^2}\right)^{-1}\right]}\ .} \tag{5.25}$$

Für große Höhen $h \gg a$ kann der Erdeinfluß vernachlässigt werden; man erhält dann wieder Gl. (5.20a) für eine Doppelleitung mit dem Leiterradius $r \ll a$ ohne Erdeinfluß.

Bei einem Mehrleiterkabel mit metallenem Kabelmantel kann man für eine angenäherte Berechnung jeden Leiter durch eine Linienladung in der Leiterachse ersetzt denken. Leiteroberflächen und Kabelmantel müssen Äquipotentialflächen bilden, was durch

Spiegelung der Linienladungen am Kabelmantel erfüllbar ist. Dabei werden die Linienladungen $+Q_1 \dots +Q_n$ durch gedachte Bildladungen $-Q_1 \dots -Q_n$ außerhalb des Kabelmantels kompensiert.

Beispiel 5.7: Für ein Zweileiterkabel nach Bild 5.13 muß für den Kabelmantel r_1/r_2 konstant sein. Der Abstand b wird daher nach Gl. (5.5) mit r_0 als Radius des Kabelmantels (Kap. 5.1.3) und a als Abstand $Q_1 - M$

$$b = \frac{r_0^2}{a} . \tag{5.26}$$

Offensichtlich bleibt der kreisförmige Kabelmantel als Äquipotentialfläche erhalten, wenn man in Bild 5.13 für die Linienladung Q_2 ebenfalls das Spiegelbild im Abstand b rechts vom Kabelmittelpunkt M anbringt. Unter Beachtung, daß die mittleren Abstände der Leiteroberflächen von den einzelnen Linienladungen

$$\frac{d}{2}; \quad b - \left(a + \frac{d}{2}\right) \approx b - a; \quad a + \left(a - \frac{d}{2}\right) \approx 2a; \quad b + \left(a - \frac{d}{2}\right) \approx b + a$$

betragen, wird dann für einen Punkt auf den Leiteroberflächen nach Gl. (4.13)

$$2\pi\epsilon l \varphi_1 = Q_1 \ln \frac{2(b-a)}{d} + Q_2 \ln \frac{b+a}{2a} ,$$

$$2\pi\epsilon l \varphi_2 = Q_2 \ln \frac{2(b-a)}{d} + Q_1 \ln \frac{b+a}{2a} .$$

Daraus Q_1 und Q_2 eliminiert, ergibt

$$\frac{Q_1}{2\pi\epsilon l} = \frac{\varphi_1 \ln \frac{2(b-a)}{d} - \varphi_2 \ln \frac{b+a}{2a}}{\ln^2 \frac{2(b-a)}{d} - \ln^2 \frac{b+a}{2a}}, \qquad \frac{Q_2}{2\pi\epsilon l} = \frac{\varphi_2 \ln \frac{2(b-a)}{d} - \varphi_1 \ln \frac{b+a}{2a}}{\ln^2 \frac{2(b-a)}{d} - \ln^2 \frac{b+a}{2a}} .$$

Erweitern des Zählers der rechten Seite der ersten Gleichung bzw. der zweiten Gleichung mit

$$\pm \varphi_1 \ln \frac{b+a}{2a} \qquad \text{bzw.} \qquad \pm \varphi_2 \ln \frac{b+a}{2a}$$

ergibt die Form von Gl. (5.22)

$$Q_1 = C_{11}\varphi_1 + C_{12}(\varphi_1 - \varphi_2),$$
$$Q_2 = C_{21}(\varphi_2 - \varphi_1) + C_{22}\varphi_2 .$$

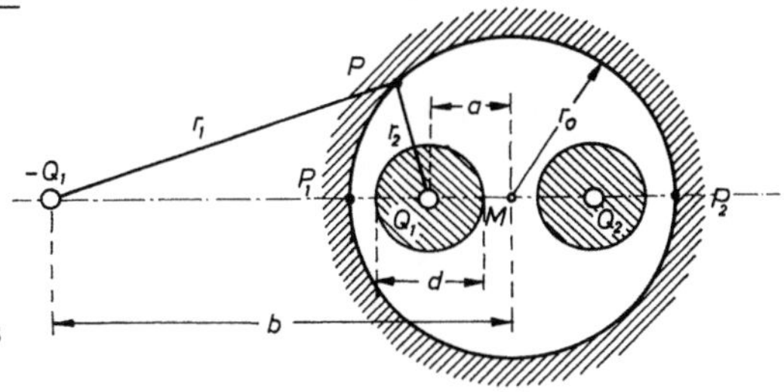

Bild 5.13
Zur Berechnung der Teilkapazitäten eines Zweileiterkabels

Infolge der symmetrischen Anordnung sind die Teilkapazitäten $C_{11} = C_{22} = C_0$ (Leiter-Kabelmantel) und $C_{12} = C_{21}$ (Leiter-Leiter). Es wird also mit den Bezeichnungen in Bild 5.13 und mit b nach Gl. (5.26)

$$\left.\begin{aligned} C_0 &= \frac{2\pi\epsilon l}{\ln \frac{2(b-a)}{d} + \ln \frac{b+a}{2a}} = \frac{2\pi\epsilon l}{\ln \frac{b^2 - a^2}{ad}} \\ C_{12} &= 2\pi\epsilon l \frac{\ln \frac{b+a}{2a}}{\ln^2 \frac{2(b-a)}{d} - \ln^2 \frac{a+b}{2a}} . \end{aligned}\right\} \tag{5.27}$$

Für den Grenzfall, daß sich beide Leiter frei im Raum befinden, wird $r_0 \to \infty$, also $b \to \infty$. Somit $C_0 = 0$. Dagegen wird nach der de l'Hospitalschen Regel durch Ersetzen von Zähler und Nenner durch deren Ableitung nach b

$$\lim_{b \to \infty} \frac{\ln \dfrac{b+a}{2a}}{\ln^2 \dfrac{2(b-a)}{d} - \ln^2 \dfrac{a+b}{2a}} = \lim_{b \to \infty} \frac{1}{2 \dfrac{b+a}{b-a} \ln \dfrac{2(b-a)}{d} - 2 \ln \dfrac{b+a}{2a}}$$

oder

$$C_{12} = \frac{\pi \epsilon l}{\ln \dfrac{4a}{d}}$$

in Übereinstimmung mit Gl. (5.20a) für eine Doppelleitung ohne Berücksichtigung des Erdeinflusses, wobei zu beachten ist, daß in Bild 5.13 der Leiterabstand $2a$ beträgt und der Leiterradius $d/2$ ist.

In den Kabeln der Nachrichtentechnik führen die Teilkapazitäten durch kapazitive Kopplung zum „Nebensprechen“. Man verdrillt daher zusammengehörige Adern, um angenähert gleich große Teilkapazitäten zu erhalten, wodurch eine kapazitive Kopplung vermieden wird.

5.1.7 Ladungsverteilung auf Leitern. Die Ladungsverteilung auf einer Leiteroberfläche ist im allgemeinen nicht bekannt. Sie stellt sich in der Elektrostatik stets so ein, daß die Feldstärke im Leiterinnern verschwindet und außen auf der Leiteroberfläche senkrecht steht. Auf der Oberfläche eines beliebigen Leiters wird sich daher im allgemeinen eine komplizierte Ladungsverteilung einstellen, die keine elementare Berechnung zuläßt. Oft wird man daher versuchen, auf Elektrodenformen zurückzugreifen, die Äquipotentialflächen mit bereits bekannter Ladungsverteilung darstellen.

Bei einer punktförmigen Ladung $+Q$ im Abstand d von einer leitenden und geerdeten Wand kann man den Feldverlauf durch das Anbringen einer (gedachten) punktförmigen Ladung $-Q$ auf der anderen Seite der Wand im gleichen Abstand ermitteln. Für einen beliebigen Punkt $P(x, y, z)$ wird dann nach Gl. (4.3)

$$\varphi = \frac{Q}{4\pi\epsilon} \left(\frac{1}{r_1} - \frac{1}{r_2} \right),$$

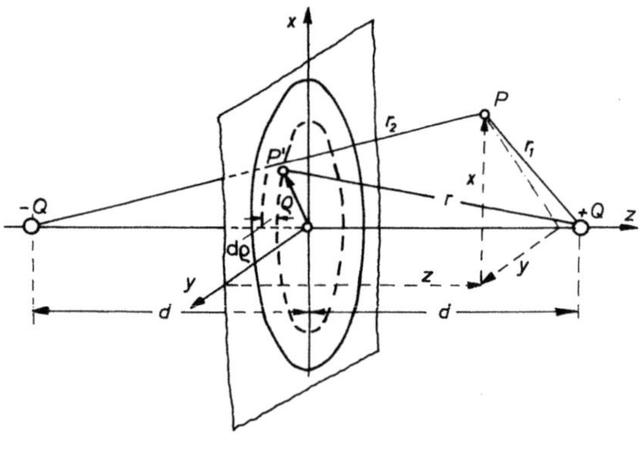

Bild 5.14
Zur Berechnung der Ladungsverteilung auf einer geerdeten Metallwand

wobei mit der Kürzung $\rho^2 = x^2 + y^2$ nach Bild 5.14

$$r_1 = \sqrt{\rho^2 + (d-z)^2}\,; \qquad r_2 = \sqrt{\rho^2 + (d+z)^2}\,. \tag{5.28}$$

Damit wird die Flußdichte (Verschiebung)

$$D = \epsilon E = -\epsilon \frac{\partial \varphi}{\partial z} = -\frac{Q}{4\pi}\left(\frac{d-z}{r_1^3} + \frac{d+z}{r_2^3}\right).$$

Auf der leitenden Wand ist $z = 0$ und daher die Flächendichte der Ladung für einen Punkt P' auf der Wand im Abstand r von der Ladung Q

$$\sigma = D_{z=0} = -\frac{Qd}{2\pi r^3}. \tag{5.29}$$

Die gesamte Ladung auf der leitenden Wand beträgt natürlich mit

$$\rho = \sqrt{r^2 - d^2}; \qquad \mathrm{d}A = 2\pi\rho\,\mathrm{d}\rho = 2\pi r\,\mathrm{d}r$$

unter Beachtung der Integrationsgrenzen (Bild 5.14)

$$Q = \int \sigma\,\mathrm{d}A = -Qd\int\limits_d^\infty \frac{\mathrm{d}r}{r^2} = -Q.$$

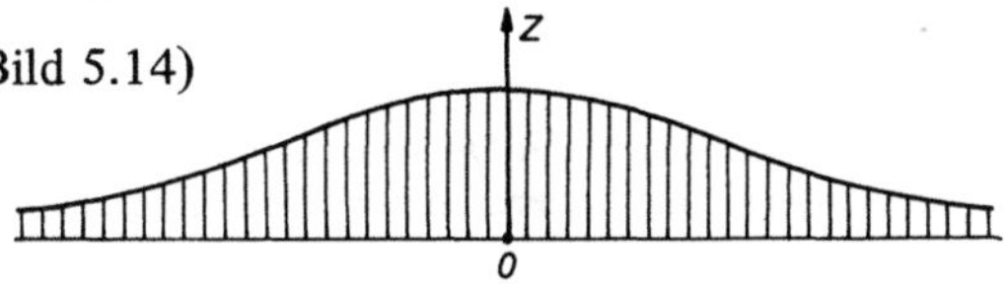

Bild 5.15 Ladungsdichte auf der Oberfläche einer geerdeten Metallwand, hervorgerufen durch eine Punktladung Q

Die Dichteverteilung der Ladung über der Ebene zeigt Bild 5.15. Auf jedem Kreis um den Ursprung vom Radius ρ ist die Ladungsdichte σ bekannt.

Beispiel 5.8: Ersetzt man die leitende Wand durch eine geerdete Metallkugel vom Radius R und ist $D > R$ der Abstand der Ladung $+Q$ vom Kugelmittelpunkt M in Bild 5.16, so bleibt das Potential auf der Oberfläche der geerdeten Kugel $\varphi = 0$, wenn man sich innerhalb der Kugel eine Bildladung $-Q'$ im Abstand x_0 von M denkt. Hierbei wird nach Gl. (5.5) und Gl. (5.6)

$$x_0 = \frac{R^2}{D}; \qquad Q' = -Q\frac{R}{D}.$$

Bild 5.16
Zur Ermittlung der Ladungsverteilung auf einer geerdeten Metallkugel

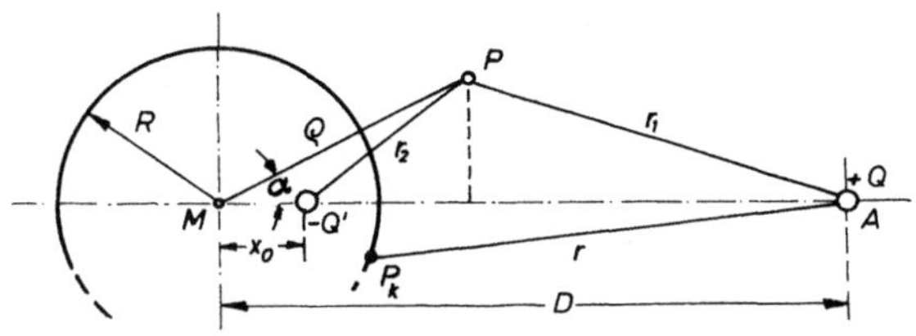

Für einen beliebigen Punkt P außerhalb der Kugel wird dann das Potential

$$\varphi = \frac{Q}{4\pi\epsilon}\left(\frac{1}{r_1} - \frac{R}{Dr_2}\right). \tag{5.30}$$

Bei Einführung von Kugelkoordinaten ρ und α unter Beachtung der Rotationssymmetrie (Rotationsachse MA) erhält man (siehe Bild 5.16)

$$r_1 = \sqrt{\rho^2 \sin^2\alpha + (D - \rho\cos\alpha)^2} = \sqrt{\rho^2 - 2\rho D\cos\alpha + D^2},$$

$$r_2 = \sqrt{\rho^2\sin^2\alpha + (\rho\cos\alpha - x_0)^2} = \sqrt{\rho^2 - 2\rho\frac{R^2}{D}\cos\alpha + \frac{R^4}{D^2}}.$$

Damit wird

$$\frac{d\varphi}{d\rho} = \frac{Q}{4\pi\epsilon}\left(-\frac{\rho - D\cos\alpha}{r_1^3} + \frac{R\left(\rho - \frac{R^2}{D}\cos\alpha\right)}{D r_2^3}\right).$$

Für einen Punkt P_k auf der Kugeloberfläche ist $\varphi = 0$, daher ist dort wegen Gl. (5.30)

$$\frac{r_1}{r_2} = \frac{D}{R}.$$

Somit beträgt die Ladungsdichte σ auf der Kugeloberfläche

$$\sigma = -\epsilon\left(\frac{d\varphi}{d\rho}\right)_{\rho=R} = -\frac{Q}{4\pi r^3}\,\frac{D^2 - R^2}{R}, \tag{5.31}$$

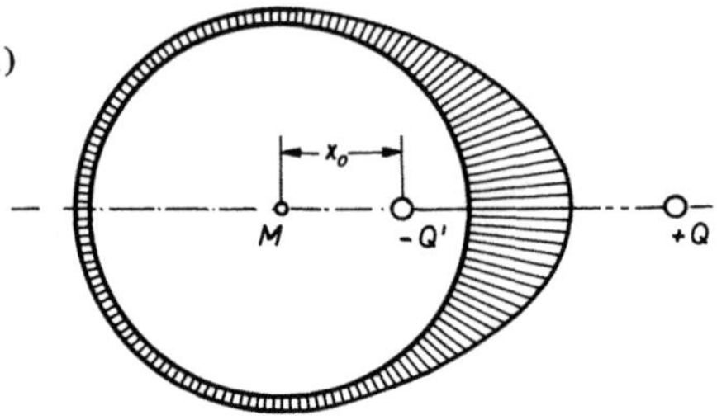

Bild 5.17
Ladungsdichte auf der Oberfläche einer geerdeten Metallkugel, hervorgerufen durch eine Punktladung Q

wobei

$$r = \sqrt{R^2 - 2RD\cos\alpha + D^2}$$

der Abstand eines beliebigen Punktes P_k auf der Kugeloberfläche von der Punktladung $+Q$ ist. Die Gesamtladung der Kugel ist $Q = Q'$.

Die Ladungsverteilung zeigt Bild 5.17, sie entspricht derjenigen in Bild 5.15. Setzt man in Gl. (5.31)

$$D = d + R, \quad D^2 = d^2 + 2Rd + R^2$$

so erhält man mit $R \to \infty$ wieder Gl. (5.29).

Zahlreiche Elektrodenformen wie z.B. Kreisscheibe, zylindrische Leiter usw. können als entartetes Ellipsoid angenähert werden. Die Berechnung der Ladungsverteilung auf einem leitenden Ellipsoid bereitet aber keine Schwierigkeiten. Sind a, b, c die drei Halbachsen des Ellipsoids und p die Länge des Lotes vom Mittelpunkt des Ellipsoids auf eine in x, y, z das Ellipsoid tangierende Ebene, wobei

$$\frac{1}{p} = \sqrt{\frac{x^2}{a^4} + \frac{y^2}{b^4} + \frac{z^2}{c^4}}, \tag{5.32}$$

so gilt mit K als Konstante für die Ladungsdichte σ in jedem Punkt der Leiteroberfläche eines Ellipsoids [2.13]

$$\sigma = Kp. \tag{5.33}$$

Die Ladung des Ellipsoids beträgt

$$Q = \int \sigma\, dA = K \int p\, dA$$

unter Beachtung, daß p als Höhe eines Kegels der Basis dA aufgefaßt werden kann, dessen Scheitel im Mittelpunkt des Ellipsoids liegt. Das Volumen eines solchen Kegels beträgt

$$dV = \frac{1}{3}\, p\, dA.$$

Somit

$$Q = K \int p \, \mathrm{d}A = 3KV.$$

Das Volumen eines Ellipsoids ist aber

$$V = \frac{4}{3} \pi a b c,$$

also

$$K = \frac{Q}{3V} = \frac{Q}{4\pi a b c}$$

und somit aus Gl. (5.32) mit Gl. (5.33)

$$\boxed{\sigma = \frac{Q}{4\pi a b c \sqrt{\dfrac{x^2}{a^4} + \dfrac{y^2}{b^4} + \dfrac{z^2}{c^4}}}} \tag{5.34}$$

Entartet das Ellipsoid zu einer Kugel, so werden die drei Halbachsen $a = b = c$ und nach Gl. (5.32) p gleich dem Radius R, also $\sigma = \text{const.}$ Auf einer geladenen Kugel ist demnach die Ladungsverteilung homogen und die Ladungsdichte in jedem Punkt konstant. Es wird die Ladung Q

$$Q = \int \sigma \, \mathrm{d}A = KR \int \mathrm{d}A = 4\pi R^2 K.$$

Somit

$$K = \frac{Q}{4\pi R^3}, \qquad \sigma = KR = \frac{Q}{4\pi R^2}.$$

Entartet dagegen das Ellipsoid zu einem gestreckten Rotationsellipsoid mit $2c$ als Rotationsachse ($a = b \ll c$), so folgt aus Gl. (5.33), daß die Ladungsverteilung keineswegs mehr homogen ist. Insbesondere gilt das auch für einen zylindrischen Leiter, wenn dieser durch ein gestrecktes Rotationsellipsoid angenähert werden soll. An den Leiterenden ist die Ladungsdichte wesentlich größer als in der Leitermitte.

Nur bei einem kreiszylindrischen Leiter der Länge l mit *sehr kleinem* Radius R kann man die Näherung verwenden

$$x^2 + y^2 = R^2, \quad a = b, \quad c \approx l/2.$$

Damit erhält man aus Gl. (5.34) für die Flächendichte der Ladung

$$\sigma = \lim_{a \to 0} \frac{Q}{4\pi a^2 c} \frac{1}{\sqrt{\dfrac{x^2 + y^2}{a^4} + \dfrac{z^2}{c^4}}} \to \frac{Q}{4\pi c \sqrt{x^2 + y^2}} \approx \frac{Q}{2\pi R l}.$$

Somit ist nur bei einem *sehr* dünnen Leiter die Annahme einer homogenen Ladungsverteilung eine zulässige Näherung.

Betrachtet man eine dünne Kreisscheibe aus Metall vom Radius R als entartetes Ellipsoid mit $a = b = R$, $c \to 0$, so erhält man für die Ladungsdichte aus Gl. (5.34), wenn Q die Gesamtladung der Kreisscheibe ist,

$$\sigma = \lim_{c \to 0} \frac{Q}{4\pi R^2 c \sqrt{\dfrac{x^2 + y^2}{R^4} + \dfrac{z^2}{c^4}}}$$

oder unter Beachtung, daß

$$\frac{x^2}{a^2} + \frac{y^2}{b^2} + \frac{z^2}{c^2} = 1, \tag{5.35}$$

$$\sigma = \lim_{c \to 0} \frac{Q}{4\pi R^2 \sqrt{c^2 \left[\dfrac{x^2 + y^2}{R^4} + \dfrac{1}{c^2}\left(1 - \dfrac{x^2 + y^2}{R^2}\right)\right]}} = \frac{Q}{4\pi R^2 \sqrt{1 - \dfrac{x^2 + y^2}{R^2}}}\,.$$

Mit $r = \sqrt{x^2 + y^2}$ als Abstand eines Punktes auf der Kreisscheibe von deren Mittelpunkt erhält man daraus

$$\boxed{\sigma = \frac{Q}{4\pi R \sqrt{R^2 - r^2}}} \tag{5.36}$$

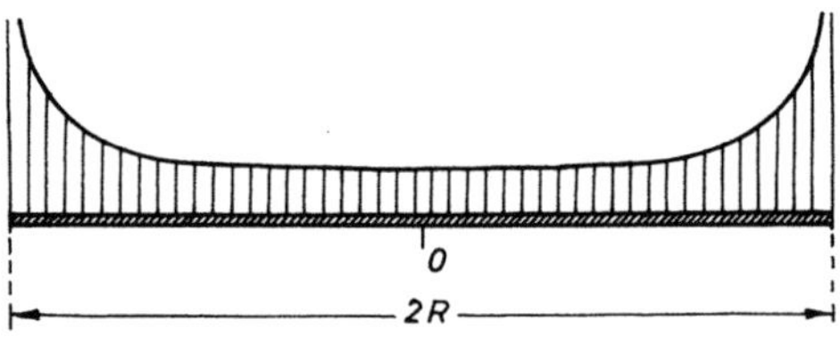

Bild 5.18
Ladungsdichte auf der Oberfläche einer metallischen Kreisscheibe

Die hierdurch gegebene Ladungsverteilung auf der Oberfläche der Kreisscheibe zeigt Bild 5.18. Am Rande der Scheibe ist $r = R$; Ladungsdichte und Feldstärke werden dort unendlich groß.
Das Potential der Scheibe erhält man aus Gl. (4.19). Da beide Seiten der Scheibe zu berücksichtigen sind, wird

$$\mathrm{d}A = 2 \cdot 2\pi r\,\mathrm{d}r,$$

so daß mit Gl. (5.36) auf der Scheibenoberfläche mit $\epsilon = \epsilon_0$

$$\varphi_0 = \frac{Q}{4\pi\epsilon_0 R} \int_0^R \frac{\mathrm{d}r}{\sqrt{R^2 - r^2}} = \frac{Q}{4\pi\epsilon_0 R}\left(\arcsin\frac{r}{R}\right)_0^R = \frac{Q}{8\epsilon_0 R}\,. \tag{5.37}$$

Die Kapazität der Kreisscheibe bezüglich einer sehr weiten Gegenelektrode z.B. Zimmerwände beträgt demnach nach Gl. (4.32)

$$C = 8\epsilon_0 R. \tag{5.38}$$

5.2 Raumladungsfehler

5.2.1 Raumladungswolken. Infolge gegenseitiger Abstoßung haben Raumladungswolken das Bestreben auseinanderzufließen. In festen Stoffen mit endlicher elektrischer Leitfähigkeit κ gleichen sich daher Raumladungswolken aus. Befindet sich beispielsweise in einem Stoff mit konstanten Materialwerten κ und ϵ eine Raumladungswolke mit einem Ladungsüberschuß Q_0 zur Zeit t_0, so fließt aus dem betrachteten Raumteil der Oberfläche A unter Beachtung von Gl. (3.20) und Gl. (3.26) als Ladungsausgleich ein Strom

$$\frac{\mathrm{d}Q'}{\mathrm{d}t} = \frac{\kappa}{\epsilon} \oint \boldsymbol{D}\,\mathrm{d}\boldsymbol{A} = \frac{\kappa}{\epsilon}(Q_0 - Q') = \frac{\kappa}{\epsilon} Q,$$

wobei Q' der abfließende und Q der verbleibende Ladungsüberschuß bedeutet. Somit wird wegen $\mathrm{d}Q = -\,\mathrm{d}Q'$

$$\frac{\mathrm{d}Q'}{Q_0 - Q'} = -\frac{\mathrm{d}Q}{Q} = \frac{\kappa}{\epsilon}\,\mathrm{d}t = \frac{\mathrm{d}t}{\tau}$$

oder

$$\int\limits_{Q_0}^{Q} \frac{\mathrm{d}Q}{Q} = -\frac{1}{\tau}\int\limits_0^t \mathrm{d}t; \qquad \ln\frac{Q}{Q_0} = -\frac{t}{\tau}\,.$$

Die Ladung klingt somit exponentiell ab nach der Beziehung

$$Q = Q_0\,\mathrm{e}^{-t/\tau} \quad \text{mit} \quad \tau = \epsilon/\kappa. \tag{5.39}$$

Die Zeitkonstante τ heißt dielektrische *Relaxationszeit*. In Metallen liegt τ in der Größenordnung von 10^{-19} s. Metalle können daher stets als raumladungsfrei betrachtet werden. In Halbleitern liegt τ um 10^{-11} bis 10^{-9} s, in Isolierstoffen kann τ Werte von einigen Stunden erreichen.

Bei einer kugelförmigen Ladungsverteilung, die im Augenblick der Betrachtung den Radius R hat, beträgt das Potential außerhalb der Kugel

$$\varphi_a = \frac{1}{4\pi\epsilon}\int \rho\,\frac{\mathrm{d}V}{r} = \frac{\rho}{\epsilon r}\int\limits_0^R r_k^2\,\mathrm{d}r_k \tag{5.40}$$

oder, da im vorliegenden Fall

$$\rho = \frac{Q}{V} = \frac{3Q}{4\pi R^3}\,,$$

$$\varphi_a = \frac{1}{3}\,\frac{\rho R^3}{\epsilon r} = \frac{Q}{4\pi\epsilon r} \qquad r > R \tag{5.40a}$$

in Übereinstimmung mit dem Potential im Abstand r von einer Punktladung nach Gl. (4.2). Bei homogener Ladungsverteilung kann demnach auch eine Raumladungskugel hinsichtlich ihrer Wirkung nach außen durch eine punktförmige Ladung $Q = \rho V$ im Kugelmittelpunkt ersetzt werden.

Für Punkte innerhalb der Raumladungskugel, $r < R$ setzt man zweckmäßig

$$\varphi_i = \varphi_1 + \varphi_2\,.$$

Hierbei wird φ_1 von einer Vollkugel mit dem Radius $r < R$ hervorgerufen, während φ_2 von der verbleibenden Hohlkugel mit dem Innenradius r und dem Außenradius R herrührt. Mithin erhält man φ_1 aus Gl. (5.40a) mit $R = r$ und φ_2 aus Gl. (5.40) mit $r_k = r$ unter Beachtung der Integrationsgrenzen

$$\varphi_1 = \frac{1}{3}\frac{r^2\rho}{\epsilon}, \qquad \varphi_2 = \frac{\rho}{\epsilon}\int_r^R r\,\mathrm{d}r = \frac{\rho}{2\epsilon}(R^2 - r^2).$$

Somit

$$\varphi_i = \frac{\rho}{6\epsilon}(3R^2 - r^2) = \frac{Q}{8\pi\epsilon R^3}(3R^2 - r^2), \quad r < R \tag{5.41}$$

was bei $r = R$ mit Gl. (5.40a) übereinstimmt. Für den Betrag der Feldstärke innerhalb der kugelförmigen Raumladungswolke wird daraus

$$E_i = \left|\frac{\mathrm{d}\varphi_i}{\mathrm{d}r}\right| = \frac{1}{3}\frac{\rho r}{\epsilon} = \frac{Q}{4\pi\epsilon}\frac{r}{R^3} \qquad r < R. \tag{5.42}$$

Bei einer Metallkugel (Hohlkugel) ist dagegen die Feldstärke innerhalb der Kugel $E_i = 0$ und daher das Potential φ konstant und gleich dem Oberflächenwert.

Den Potential- und Feldverlauf innerhalb und außerhalb einer Metallkugel (Hohlkugel aus Metall) und einer gleich großen homogenen Raumladungskugel zeigt Bild 5.19. Außerhalb beider Kugeln sind beide Kugeln hinsichtlich ihres Potential- und Feldverlaufs nicht zu unterscheiden. Innerhalb der Raumladungskugel hat das Potential im Kugelmittelpunkt ($r = 0$) mit $E_i = 0$ seinen größten Wert

$$\varphi_0 = \frac{\rho R^2}{2\epsilon} = \frac{3Q}{8\pi\epsilon R}. \tag{5.41a}$$

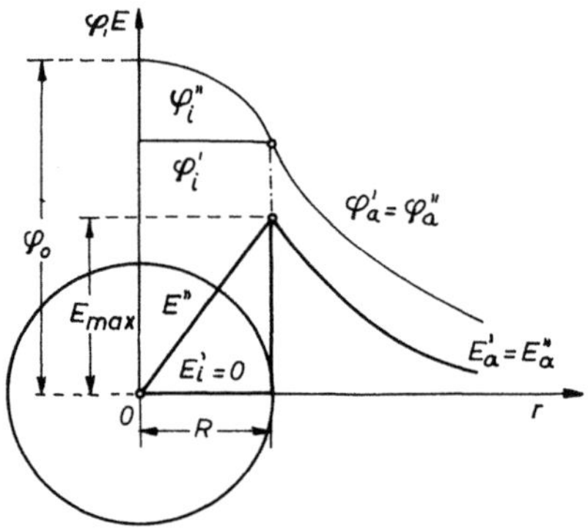

Bild 5.19
Potential und Feldstärke innerhalb und außerhalb einer homogen geladenen Metallkugel (φ', E') und einer homogenen gleich großen Raumladungskugel (φ'', E'')

5.2.2 *Feldverlauf bei Raumladungen.* Die einfachste Elektrodenanordnung mit einer Raumladung bilden zwei parallele ebene Elektroden im Abstand a, die als Ausschnitt aus einem unbegrenzten Plattenkondensator betrachtet werden kann. Die negative Elektrode kann als Glühkathode oder Feldkathode ausgebildet sein. Zur weiteren Vereinfachung soll die Raumladungsdichte ρ zwischen beiden Elektroden als konstant angenommen werden. Da es sich um ein eindimensionales Problem handelt, lautet die Raumladungsgleichung Gl. (5.1)

$$\frac{\mathrm{d}^2\varphi}{\mathrm{d}x^2} = -\frac{\rho}{\epsilon_0}. \tag{5.43}$$

Wegen ρ = const. ergibt zweimalige Integration als Lösungsansatz

$$\varphi = Ax^2 + Bx + C. \tag{5.44}$$

Das Potential der Kathode ($x = 0$) soll $\varphi_k = 0$ und das Potential der Anode ($x = a$) soll gleich der Anodenspannung (Kondensatorspannung) $\varphi_A = U$ sein. Diese Randbedingungen ergeben für

$$x = 0: \quad \varphi = 0 \quad \text{oder} \quad C = 0,$$

$$x = a: \quad \varphi = U \quad \text{oder} \quad Aa^2 + Ba = U.$$

Ferner wird mit $\epsilon = \epsilon_0$

$$\frac{d^2\varphi}{dx^2} = -\frac{\rho}{\epsilon_0} = 2A; \quad A = -\frac{\rho}{2\epsilon_0},$$

so daß

$$B = \frac{U}{a} - Aa = \frac{U}{a} + \frac{\rho a}{2\epsilon_0}$$

oder

$$\varphi = \frac{U}{a}x + \frac{\rho}{2\epsilon_0}(a - x)x. \tag{5.45}$$

Der Betrag der Feldstärke wird damit

$$E = \left|\frac{d\varphi}{dx}\right| = \frac{U}{a} + \frac{\rho}{2\epsilon_0}(a - 2x). \tag{5.46}$$

Demnach ist für

$$x = 0: \quad E = \frac{U}{a} \pm \frac{\rho a}{2\epsilon_0},$$

$$x = a: \quad E = \frac{U}{a} \mp \frac{\rho a}{2\epsilon_0},$$

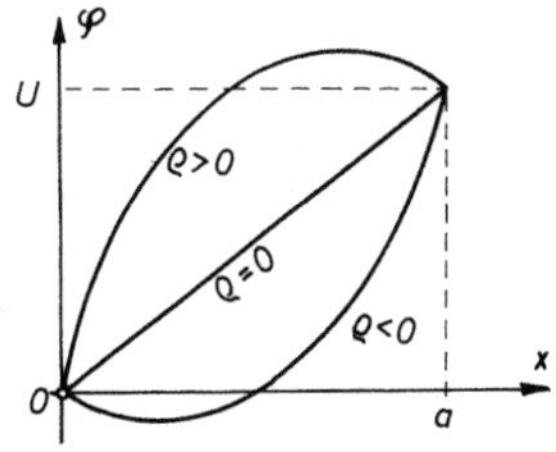

Bild 5.20 Potentialverlauf innerhalb eines unendlich ausgedehnten Plattenkondensators bei örtlich konstanter Raumladungsdichte ρ

wobei das obere Vorzeichen für eine positive, das untere Vorzeichen für eine negative Raumladung gilt.
Beim Nichtvorhandensein einer Raumladung wird dagegen

$$\varphi = U\frac{x}{a} \quad \text{und} \quad E = \frac{U}{a}. \tag{5.47}$$

Eine Raumladung schwächt das Feld an der gleichnamigen Elektrode, da sie diese abschirmt, und verstärkt das Feld der ungleichnamigen Elektrode.

Den Potentialverlauf im Plattenkondensator zeigt Bild 5.20. Infolge der gegenseitigem elektrostatischen Abstoßung kann eine Raumladung im Gasraum nur bei ständigem Trägernachschub bestehen bleiben. Bei konstanter Spannung U erhält man dann ein stationäres Strömungsfeld. Siehe Kap. 6.

5.3 Die Potentialgleichung

5.3.1 Einführung. Bei den elektrostatischen Problemen der Praxis handelt es sich im allgemeinen um die Ermittlung von Potential und Feldstärke in jedem Raumpunkt eines vorgegebenen raumladungsfreien Raumteils, in dem die räumliche Lage und die geometrischen Abmessungen der Leiter gegeben sind, d.h. es geht darum, die Potentialgleichung zu integrieren. Dabei sind meist entweder die Potentiale der Leiter, also die an ihnen liegenden Spannungen oder die Gesamtladungen der einzelnen Leiter bekannt. Kann hierbei ein dem vorliegenden Problem angepaßter Lösungsansatz der Potentialgleichung angegeben werden, so ist zu prüfen, ob dieser Ansatz die Potentialgleichung und die Randbedingungen erfüllt. Im folgenden sollen einige in vielen Fällen anwendbare allgemeine räumliche Lösungen abgeleitet werden. Es verbleibt dann nur noch zu prüfen, ob mit diesen Lösungen die Randbedingungen der vorliegenden Aufgabe erfüllt werden können.

In kartesisichen Koordinaten lautet die Potentialgleichung für homogene und isotrope Medien nach Gl. (5.2a)

$$\boxed{\Delta\varphi = \frac{\partial^2\varphi}{\partial x^2} + \frac{\partial^2\varphi}{\partial y^2} + \frac{\partial^2\varphi}{\partial z^2} = 0} \tag{5.48}$$

Vielseitig anwendbar ist die Methode der Lösung durch Trennung der Variablen mit dem Bernoullischen Produktansatz

$$\boxed{\varphi(x, y, z) = X(x) \cdot Y(y) \cdot Z(z)} \tag{5.49}$$

Hierbei sind $X(x)$, $Y(y)$ und $Z(z)$ noch unbekannte und zu bestimmende Funktionen, von denen $X(x)$ nur von x, $Y(y)$ nur von y und $Z(z)$ nur von z abhängen. Mit diesem Ansatz erhält man aus Gl. (5.48) drei gewöhnliche Differentialgleichungen, die im allgemeinen unter Berücksichtigung der vorgegebenen Randbedingungen leicht auf übliche Weise gelöst werden können.

Da in der Praxis die meisten Elektrodenanordnungen mit in allen drei Koordinatenrichtungen veränderlichen Feldgrößen zylinder- oder kugelförmig sind, bleibt im folgenden die Behandlung der dreidimensionalen Potentialgleichung auf Zylinder- und Kugelkoordinaten beschränkt.

5.3.2 Einfache Lösungen. Im einfachsten Fall handelt es sich um ein elektrostatisches Feld, in dem sich die Feldgrößen nur in einer Richtung ändern. Wählt man hierfür die x-Richtung, so verschwinden alle Ableitungen nach den übrigen Veränderlichen y und z und man erhält aus Gl. (5.48) sowie durch zweimalige Integration

$$\Delta\varphi = \frac{d^2\varphi}{dx^2} = 0; \quad \varphi(x) = Ax + B. \tag{5.50}$$

Das Ergebnis ist ein homogenes Feld, wie in einem unbegrenzten Plattenkondensator. Kennzeichnet man dabei die negative Elektrode durch $x = 0$ mit dem Bezugspotential

$\varphi_1 = 0$ und die positive Elektrode durch $x = a$, wobei U die Kondensatorspannung ist, so ergeben die Randbedingungen

$$x = 0: \quad \varphi = B = \varphi_1 = 0; \qquad B = 0,$$

$$x = a: \quad \varphi = Aa = \varphi_2 = U; \qquad A = \frac{U}{a}.$$

Mithin wird

$$\varphi = U\frac{x}{a}; \quad E = \left|\frac{\mathrm{d}\varphi}{\mathrm{d}x}\right| = \frac{U}{a}$$

in Übereinstimmung mit Gl. (5.47).

Besonders häufig treten zylindrische Elektrodenformen auf. Die Verwendung von Zylinderkoordinaten nach Gl. (1.38), Kap. 1.1.5, kann dann den Rechnungsgang sehr vereinfachen. Ist beispielsweise ein metallischer sehr langer Kreiszylinder um die z-Achse mit vernachlässigbarem Einfluß der Zylinderenden (Randstreuung) im sonst freien Raum gegeben, so ist die Potentialgleichung in Zylinderkoordinaten nur von der Koordinate r abhängig. Sie lautet daher nach Gl. (1.35) mit Gl. (1.38)

$$\Delta\varphi = \frac{1}{r}\frac{\mathrm{d}}{\mathrm{d}r}\left(r\frac{\mathrm{d}\varphi}{\mathrm{d}r}\right) = \frac{\mathrm{d}^2\varphi}{\mathrm{d}r^2} + \frac{1}{r}\frac{\mathrm{d}\varphi}{\mathrm{d}r} = 0, \tag{5.50a}$$

woraus man abliest

$$r\frac{\mathrm{d}\varphi}{\mathrm{d}r} = A = \text{const.}, \qquad \varphi = A \ln r + B.$$

Als Lösungsansatz erhält man demnach mit $\ln r_0$ als Integrationskonstante (siehe Bemerkung zu Gl. (4.13) in Kap. 4.1.3)

$$\varphi(r) = A \ln\frac{r}{r_0}. \tag{5.51}$$

Beispiel 5.9: Für einen Röhrenkondensator der Länge l mit R_i und R_a als Radien des Innen- und Außenzylinders lauten die Randbedingungen bei Vernachlässigung der Randstreuung, d.h. $R_a - R_i$ hinreichend klein,

$$r = R_i \text{ für } \varphi_i, \qquad r = R_a \text{ für } \varphi_a$$

und

$$\left|\frac{\mathrm{d}\varphi}{\mathrm{d}r}\right| = \frac{A}{r} = \frac{D}{\epsilon} = \frac{Q}{2\pi\epsilon r l}, \qquad A = \frac{Q}{2\pi\epsilon l}.$$

Damit erhält man für die Kondensatorspannung

$$U = \varphi_a - \varphi_i = \frac{Q}{2\pi\epsilon l}\ln\frac{R_a}{R_i}$$

in Übereinstimmung mit Gl. (4.42).

Liegt nur eine Abhängigkeit von der Kugelkoordinate r vor, so lautet die Potentialgleichung in Kugelkoordinaten nach Gl. (1.35) mit Gl. (1.39)

$$\Delta\varphi = \frac{1}{r^2}\,\frac{\mathrm{d}}{\mathrm{d}r}\left(r^2\,\frac{\mathrm{d}\varphi}{\mathrm{d}r}\right) = \frac{\mathrm{d}^2\varphi}{\mathrm{d}r^2} + \frac{2}{r}\,\frac{\mathrm{d}\varphi}{\mathrm{d}r} = 0. \tag{5.50b}$$

Daraus entnimmt man unmittelbar

$$r^2\,\frac{\mathrm{d}\varphi}{\mathrm{d}r} = A = \text{const.}, \qquad \frac{\mathrm{d}\varphi}{\mathrm{d}r} = \frac{A}{r^2}\,; \qquad \varphi = -\frac{A}{r} + B$$

oder als allgemeinen Lösungsansatz

$$\varphi = \frac{A}{r} + B. \tag{5.52}$$

Für $r \to \infty$ ist $\varphi = 0$, so daß auch $B = 0$, während

$$-\frac{\mathrm{d}\varphi}{\mathrm{d}r} = E = \frac{A}{r^2} = \frac{D}{\epsilon} = \frac{Q}{4\pi\epsilon r^2}\,; \qquad A = \frac{Q}{4\pi\epsilon}\,.$$

Mithin wird

$$\varphi = \frac{Q}{4\pi\epsilon r}$$

in Übereinstimmung mit Gl. (4.2).

5.3.3 Probleme in der Ebene. Unter den Problemen, bei denen die Feldgrößen nur nach zwei Richtungen veränderlich sind, läßt sich eine allgemeine Lösung für eine große Gruppe praktischer Fälle als Real- oder Imaginärteil einer komplexen regulären Funktion darstellen. Diese Gruppe wird im nächsten Kapitel 5.4 besprochen. Zunächst soll nur eine Abhängigkeit in den kartesischen Koordinaten x und y vorliegen, so daß die Ableitung $\partial/\partial z$ verschwindet. Dann lautet die Potentialgleichung Gl. (5.48)

$$\Delta\varphi = \frac{\partial^2\varphi}{\partial x^2} + \frac{\partial^2\varphi}{\partial y^2} = 0 \tag{5.53}$$

mit dem Lösungsansatz nach Gl. (5.49)

$$\varphi(x, y) = X(x)\cdot Y(y). \tag{5.54}$$

Dieser Ansatz in Gl. (5.53) eingesetzt, ergibt nach Division durch XY

$$\frac{1}{X}\,\frac{\mathrm{d}^2X}{\mathrm{d}x^2} = -\frac{1}{Y}\,\frac{\mathrm{d}^2Y}{\mathrm{d}y^2} = k^2,$$

da voraussetzungsgemäß in Bezug auf die Variable x die rechte Seite sowie in Bezug auf die Variable y die linke Seite konstant ist und beide einander gleich sind. Man erhält somit zwei gewöhnliche Differentialgleichungen mit den bekannten Lösungen

$$\frac{\mathrm{d}^2X}{\mathrm{d}x^2} - k^2X = 0; \qquad X(x) = A_1\sinh kx + A_2\cosh kx \tag{5.55}$$

und

$$\frac{d^2 Y}{dy^2} + k^2 Y = 0; \quad Y(y) = B_1 \sin ky + B_2 \cos ky. \tag{5.56}$$

Die allgemeine Lösung $\varphi(x, y)$ der Potentialgleichung Gl. (5.53) ist damit als Produkt $X(x) \cdot Y(y)$ gegeben.
Die Separationskonstante k kann reell, imaginär oder komplex sein. Alle Konstanten müssen aus den Randbedingungen des vorliegenden Problems ermittelt werden.
Bei zylindrischen Anordnungen ohne eine Abhängigkeit von der z-Richtung lautet die zweidimensionale Potentialgleichung in Polarkoordinaten r, α nach Gl. (1.35) mit Gl. (1.38)

$$\Delta\varphi = \frac{\partial^2 \varphi}{\partial r^2} + \frac{1}{r}\frac{\partial \varphi}{\partial r} + \frac{1}{r^2}\frac{\partial^2 \varphi}{\partial \alpha^2} = 0 \tag{5.53a}$$

mit dem Lösungsansatz nach Gl. (5.49)

$$\varphi(r, \alpha) = R(r)\, A(\alpha). \tag{5.54a}$$

Gl. (5.53a) wird im nächsten Kapitel 5.3.4 als Sonderfall der dreidimensionalen Potentialgleichung in Zylinderkoordinaten behandelt.

5.3.4 Allgemeine Lösung in Zylinderkoordinaten. Nach Gl. (1.35) mit Gl. (1.38) erhält man für die Potentialgleichung in Zylinderkoordinaten r, α, z

$$\boxed{\Delta\varphi = \frac{\partial^2 \varphi}{\partial r^2} + \frac{1}{r}\frac{\partial \varphi}{\partial r} + \frac{1}{r^2}\frac{\partial^2 \varphi}{\partial \alpha^2} + \frac{\partial^2 \varphi}{\partial z^2} = 0} \tag{5.57}$$

Zu einer allgemeinen Lösung führt der Bernoullische Produktansatz entsprechend Gl. (5.49)

$$\varphi(r, \alpha, z) = R(r) \cdot A(\alpha) \cdot Z(z), \tag{5.49a}$$

wobei R nur von r, A nur von α und Z nur von z abhängen. Dieser Ansatz in Gl. (5.57) eingeführt, ergibt nach Division durch AZ

$$\frac{d^2 R}{dr^2} + \frac{1}{r}\frac{dR}{dr} + R\left[\frac{1}{r^2}\left(\frac{1}{A}\frac{d^2 A}{d\alpha^2}\right) + \left(\frac{1}{Z}\frac{d^2 Z}{dz^2}\right)\right] = 0.$$

Setzt man in der eckigen Klammer

$$\frac{1}{A}\frac{d^2 A}{d\alpha^2} = -n^2; \quad \frac{1}{Z}\frac{d^2 Z}{dz^2} = k^2,$$

so erhält man die beiden bereits bekannten gewöhnlichen Differentialgleichungen

$$\frac{d^2 A}{d\alpha^2} + n^2 A = 0; \quad A(\alpha) = A_1 \sin n\alpha + A_2 \cos n\alpha \tag{5.58}$$

und

$$\frac{d^2 Z}{dz^2} - k^2 Z = 0; \quad Z(z) = B_1 \sinh kz + B_2 \sinh kz \tag{5.59}$$

sowie die dritte Gleichung

$$\frac{\mathrm{d}^2 R}{\mathrm{d}r^2} + \frac{1}{r}\frac{\mathrm{d}R}{\mathrm{d}r} + R\left(k^2 - \frac{n^2}{r^2}\right) = 0. \tag{5.60}$$

Das ist die Besselsche Differentialgleichung Gl. (1.50) mit der allgemeinen Lösung nach Gl. (1.52)

$$R(r) = C_1 J_n(kr) + C_2 N_n(kr). \tag{5.61}$$

Darin ist $J_n(kr)$ die Besselsche Funktion n-ter Ordnung und $N_n(kr)$ die Neumannsche Funktion n-ter Ordnung. Einzelheiten siehe Kap. 1.3.1.

Ist $k = 0$ und $\partial/\partial z \neq 0$, so ist die Potentialgleichung in z-Richtung durch Gl. (5.50) gegeben und Gl. (5.60) kann mit dem Ansatz $R = Cr^{\nu}$ gelöst werden. Das ergibt

$$R(r) = C_1 r^n + C_2 r^{-n}. \tag{5.62}$$

Entsprechendes gilt für $n = 0$ und $\partial/\partial\alpha \neq 0$ für $A(\alpha)$, nur daß dann in Gl. (5.61) die Zylinderfunktionen n-ter Ordnung durch ebensolche nullter Ordnung, $J_0(kr)$ und $N_0(kr)$ zu ersetzen sind. Für $k = 0$ *und* $n = 0$ ist die Funktion $R(r)$ durch Gl. (5.51) gegeben.

Das Potential in Zylinderkoordinaten $\varphi(r, \alpha, z)$ erhält man schließlich nach Gl. (5.49a) bei $n \neq 0$ sowie $k \neq 0$ und reell als Produkt aus den drei Funktionen

$$\left.\begin{aligned} R(r) &= C_1 J_n(kr) + C_2 N_n(kr), \\ A(\alpha) &= A_1 \sin n\alpha + A_2 \cos n\alpha, \\ Z(z) &= B_1 \sinh kz + B_2 \cosh kz. \end{aligned}\right\} \tag{5.63}$$

Bei $k = 0$, $\partial/\partial z \neq 0$ wird daraus mit Gl. (5.50)

$$\varphi(r, \alpha, z) = (A_1 \sin n\alpha + A_2 \cos n\alpha)\cdot(B_1 z + B_2)\cdot(C_1 r^n + C_2 r^{-n}) \tag{5.64}$$

oder bei $k = 0$ und $n = 0$ sowie $\partial/\partial\alpha \neq 0$, $\partial/\partial z \neq 0$ mit Gl. (5.51)

$$\varphi(r, \alpha, z) = (A_1\alpha + A_2)\cdot(B_1 z + B_2)\cdot C \ln\frac{r}{r_0}. \tag{5.65}$$

Von besonderem Interesse ist der Sonderfall, daß keine Abhängigkeit in z-Richtung vorhanden ist. Dann ist

$$k = 0, \quad \partial/\partial z = 0 \quad \text{und} \quad Z(z) = Z = \text{const.},$$

wobei Z zu den übrigen Konstanten hinzugenommen werden kann. Man erhält dann Gl. (5.53a) mit dem Lösungsansatz Gl. (5.54a). Das Potential $\varphi(r, \alpha)$ wird dann aus Gl. (5.64)

$$\varphi(r, \alpha) = (A_1 \sin n\alpha + A_2 \cos n\alpha)\cdot(C_1 r^n + C_2 r^{-n}) \tag{5.64a}$$

als Lösungsfunktion für Probleme in der Ebene in Zylinderkoordinaten.

Beispiel 5.10: Wird ein sehr langer ungeladener Kreiszylinder aus Metall vom Radius R nach Bild 5.21 in ein homogenes Feld der Stärke E_0 in Richtung der horizontalen x-Achse ($x = r\cos\alpha$) gebracht und wählt man die z-Achse als Zylinderachse, so ist keine Abhängigkeit von der z-Koordinate vorhanden, wenn der Einfluß der Zylinderenden unberücksichtigt bleiben kann. Da die Feldstärke für $\alpha = 0$ keine Komponente E_α hat, verschwindet A_1 in Gl. (5.64a) und A_2 kann den Konstanten C_1 und C_2 zugeschlagen werden. Für das Potential des durch den Metallzylinder gestörten Feldes erhält man somit aus Gl. (5.64a)

$$\varphi(r, \alpha) = (C_1 r^n + C_2 r^{-n}) \cos n\alpha.$$

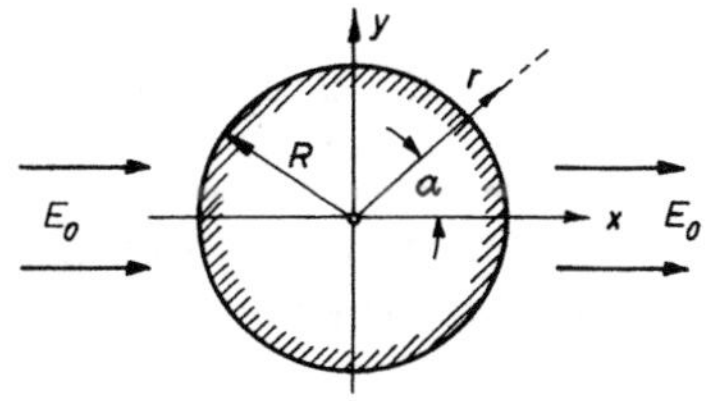

Bild 5.21
Zur Ermittlung des Potentialverlaufs um einen Kreiszylinder im homogenen Feld E_0

Die Randbedingungen lauten:

1. Für $\alpha = 0$ und $r \to \infty$ muß E_r den Wert E_0 des ursprünglichen ungestörten Feldes annehmen.
2. Für alle Werte α und $r = R$ (Zylinderoberfläche) muß die Tangentialkomponente E_α verschwinden.

Die erste Bedingung ergibt

$$-\left(\frac{\partial \varphi}{\partial r}\right)_{r \to \infty} = -(nC_1 r^{n-1} - nC_2 r^{-n-1})_{r \to \infty} = E_0.$$

Daraus erhält man $n = 1$, $C_2 = -E_0$, da für $r \to \infty$ nur dann $r^{n-1} \to 1$ und $r^{-n-1} \to 0$. Damit ergibt die zweite Bedingung

$$-\left(\frac{1}{r}\frac{\partial \varphi}{\partial \alpha}\right)_{r=R} = \frac{1}{R}(C_2 R^{-1} - E_0 R) \sin\alpha = 0$$

oder $C_2 = E_0 R^2$.

Mithin erhält man als Potentialverteilung des durch den ungeladenen Zylinder gestörten Feldes

$$\varphi = E_0 \left(\frac{R^2}{r} - r\right) \cos\alpha \qquad r \geqslant R. \tag{5.66}$$

Die Beträge der Feldstärkekomponente werden

$$\left.\begin{aligned} E_r &= -\frac{\partial \varphi}{\partial r} = E_0 \left(\frac{R^2}{r^2} + 1\right) \cos\alpha \\ E_\alpha &= -\frac{1}{r}\frac{\partial \varphi}{\partial \alpha} = E_0 \left(\frac{R^2}{r^2} - 1\right) \sin\alpha \end{aligned}\right\} \quad r \geqslant R. \tag{5.67}$$

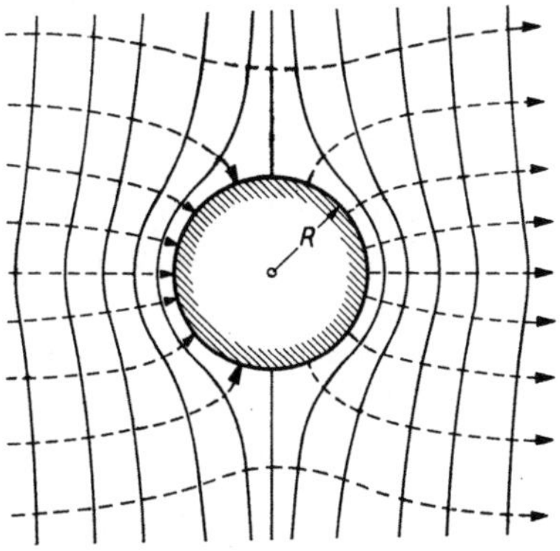

Bild 5.22
Verlauf der Potential- und Feldlinien um einen ungeladenen Metallzylinder im homogenen elektrischen Feld

Auf der Zylinderoberfläche ($r = R$) hat die Feldstärke, wie verlangt, nur eine Radialkomponente mit $E_{max} = 2E_0$ bei $\alpha = 0°$.
Die Potential- und Feldverteilung um den Zylinder zeigt Bild 5.22.

5.3.5 Allgemeine Lösung in Kugelkoordinaten. In Kugelkoordinaten r, ϑ, α lautet die Potentialgleichung nach Gl. (1.35) mit Gl. (1.39)

$$\Delta\varphi = \frac{\partial^2 \varphi}{\partial r^2} + \frac{2}{r}\frac{\partial \varphi}{\partial r} + \frac{1}{r^2}\left(\frac{\partial^2 \varphi}{\partial \vartheta^2} + \cot\vartheta \frac{\partial \varphi}{\partial \vartheta}\right) + \frac{1}{r^2 \sin^2\vartheta}\frac{\partial^2 \varphi}{\partial \alpha^2} = 0. \tag{5.68}$$

Der Bernoullische Produktansatz lautet dabei

$$\varphi(r, \vartheta, \alpha) = R(r) \cdot \Theta(\vartheta) \cdot A(\alpha),$$

wobei R nur von r, Θ nur von ϑ und A nur von α abhängen soll. Dieser Ansatz in die Differentialgleichung eingesetzt, ergibt nach Division durch ΘA

$$\frac{d^2R}{dr^2} + \frac{2}{r}\frac{dR}{dr} + \frac{R}{r^2}\left[\frac{1}{\Theta}\frac{d^2\Theta}{d\vartheta^2} + \frac{\cot\vartheta}{\Theta}\frac{d\Theta}{d\vartheta} + \frac{1}{\sin^2\vartheta}\left(\frac{1}{A}\frac{d^2A}{d\alpha^2}\right)\right] = 0. \tag{5.69}$$

Setzt man darin zunächst den eckigen Klammerausdruck gleich $-k$, so erhält man für die so gewonnene homogene Differentialgleichung mit dem Ansatz $R = r^n$

$$n(n+1) = k. \tag{5.70}$$

Dieser Ausdruck ist zweideutig. So erhält man aus

$$\nu(\nu+1) = n(n+1)$$

die beiden Lösungen

$$\nu_1 = n; \quad \nu_2 = -(n+1). \tag{5.70a}$$

Setzt man schließlich in Gl. (5.69) innerhalb des eckigen Klammerausdrucks für den runden Klammerausdruck $-m^2$, so erhält man unter Berücksichtigung von Gl. (5.70) die drei linearen gewöhnlichen Differentialgleichungen

$$\left.\begin{aligned}
&\frac{d^2R}{dr^2} + \frac{2}{r}\frac{dR}{dr} - \frac{n(n+1)}{r^2}R = 0,\\
&\frac{d^2\Theta}{d\vartheta^2} + \cot\vartheta\frac{d\Theta}{d\vartheta} + \left[n(n+1) - \frac{m^2}{\sin^2\vartheta}\right]\Theta = 0,\\
&\frac{d^2A}{d\alpha^2} + m^2A = 0.
\end{aligned}\right\} \tag{5.71}$$

Die zweite Gleichung ist die Legendresche Differentialgleichung Gl. (1.65a) mit den zugeordneten Legendreschen Kugelfunktionen nach Gl. (1.72) als Lösung. Näheres siehe Kap. 1.3.3.

Unter Beachtung von Gl. (5.70a) erhält man somit den Potentialverlauf $\varphi(r, \vartheta, \alpha)$ als Produkt der drei Lösungsfunktionen

$$\left.\begin{aligned}
R(r) &= C_1 r^n + C_2 r^{-(n+1)},\\
\Theta(\vartheta) &= B_1 P_n^m(\cos n\,\vartheta) + B_2 Q_n^m(\cos n\,\vartheta),\\
A(\alpha) &= A_1 \sin m\alpha + A_2 \cos m\alpha.
\end{aligned}\right\} \tag{5.72}$$

Diese Lösungsfunktionen sind genügend allgemein gehalten, um mit ihren Konstanten C_1, C_2 sowie B_1 und B_2 und A_1, A_2 die Randbedingungen eines speziellen Problems zu erfüllen.

5.3.6 Zylinder- und Kugelsymmetrie. Bei Zylinder- und Kugelsymmetrie entfällt die Abhängigkeit von der azimutalen α-Koordinate. Die Zylinderkoordinate z oder bei kugelförmigen Anordnungen die Polachse bilden eine Symmetrieachse. Wegen $\partial/\partial\alpha = 0$ wird im Bernoullischen Produktansatz die Funktion $A(\alpha)$ eine Konstante, die den anderen Integrationskonstanten zugeschlagen werden kann. Bei zylindrischen Anordnungen nimmt die Potentialgleichung bei Zylindersymmetrie die Form an

$$\Delta\varphi = \frac{\partial^2\varphi}{\partial r^2} + \frac{1}{r}\frac{\partial\varphi}{\partial r} + \frac{\partial^2\varphi}{\partial z^2} = 0. \tag{5.73}$$

Wegen $n = 0$ wird somit aus Gl. (5.60)

$$\frac{d^2R}{dr^2} + \frac{1}{r}\frac{dR}{dr} + k^2 R = 0, \tag{5.74}$$

so daß die Lösungsfunktion $R(r)$ nach Gl. (5.61) nur Zylinderfunktionen nullter Ordnung enthält. Damit erhält man für den Potentialverlauf aus Gl. (5.63) bei Zylindersymmetrie in Zylinderkoordinaten bei reeller Separationskonstante k

$$\varphi(r, z) = [C_1 J_0(kr) + C_2 N_0(kr)] \cdot (B_1 \sinh kz + B_2 \cosh kz). \tag{5.75}$$

Die Konstanten C_1, C_2 und B_1, B_2 müssen wieder aus den Randbedingungen bestimmt werden. Die Separationskonstante k kann auch imaginär, oder komplex sein, was gegebenenfalls in Gl. (5.75) berücksichtigt werden muß.

Einen Sonderfall der Zylindersymmetrie erhält man, wenn der Potentialverlauf $\varphi_0(z)$ längs der Zylinderachse bekannt ist, was in der Elektronenoptik (Kap. 4.4.6) Bedeutung hat. Man kann dann Gl. (5.73) durch eine Reihe als Ansatz [2.13]

$$\varphi(r, z) = \sum_{n=0}^{\infty} Z_n(z)\, r^{2n} \tag{5.76}$$

lösen, worin $Z_n(z)$ nur von der z-Koordinate abhängt. Ist hierbei

$$\varphi(0, z) = Z_0(z) = \varphi_0(z) \tag{5.77}$$

der bekannt vorausgesetzte Potentialverlauf längs der z-Achse, so erhält man durch Einsetzen des Ansatzes Gl. (5.76) in die Differentialgleichung Gl. (5.73)

$$\sum_{n=0}^{\infty} (Z_n'' r^{2n} + 4n^2 Z_n r^{2n-2}) = 0.$$

Geordnet nach Potenzen von r wird daraus

$$(Z_0'' + 2^2 Z_1) + [Z_1'' + (2 \cdot 2)^2 Z_2]\, r^2 + [Z_2'' + (2 \cdot 3)^2 Z_3]\, r^4 + \ldots = 0$$

oder

$$\sum_{n=1}^{\infty} [Z_{n-1}'' + (2n)^2 Z_n]\, r^{2n-2} = 0,$$

was für beliebige Werte r gelten muß, weshalb nur der Klammerausdruck verschwinden kann. Das ergibt unter Beachtung von Gl. (5.77) insbesondere

$$Z_1 = -\frac{Z_0''}{2^2} = -\frac{1}{2^2}\frac{d^2\varphi_0}{dz^2}$$

und entsprechend

$$Z_2 = -\frac{Z_1''}{(2 \cdot 2)^2} = \frac{1}{2^2 (2 \cdot 2)^2}\frac{d^4\varphi_0}{dz^4} = \frac{1}{2^4 (2!)^2}\frac{d^4\varphi_0}{dz^4}$$

oder allgemein

$$Z_n = \frac{1}{2^{2n}}\frac{(-1)^n}{(n!)^2}\frac{d^{2n}\varphi_0}{dz^{2n}}. \tag{5.78}$$

Bei bekanntem Verlauf des Potentials φ_0 längs der z-Achse ist somit das Potential im ganzen Raum gegeben durch die Reihe

$$\boxed{\varphi(r, z) = \varphi_0 + \sum_{n=1}^{\infty} \frac{(-1)^n}{(n!)^2} \left(\frac{r}{2}\right)^{2n} \frac{d^{2n}\varphi_0}{dz^{2n}}} \tag{5.79}$$

Bricht man die so gewonnene Reihe nach dem zweiten Glied ab, so erhält man als eine allgemeine Lösung von Gl. (5.73)

$$\varphi(r, z) = \varphi_0 - \left(\frac{r}{2}\right)^2 \frac{d^2\varphi_0}{dz^2} + \frac{1}{4}\left(\frac{r}{2}\right)^4 \frac{d^4\varphi_0}{dz^4} - + \ldots \tag{5.79a}$$

und daraus die Radialkoordinate der Feldstärke

$$E_r = -\frac{\partial\varphi}{\partial r} \approx \frac{1}{2}\, r\, \frac{d^2\varphi_0}{dz^2} \tag{5.80}$$

in Übereinstimmung mit Gl. (4.62) in Kap. 4.4.6, wo diese Beziehung aus der Quellenfreiheit des elektrischen Feldes um die Zylinderachse abgeleitet wurde.

Bildet bei kugelförmigen Anordnungen die Polachse eine Symmetrieachse (Kugelsymmetrie), so reduzieren sich wegen $m = 0$ die zugeordneten Kugelfunktionen in Gl. (5.72) auf gewöhnliche Kugelfunktionen nach Gl. (1.68). Da ferner die Kugelfunktionen zweiter Art $Q_n(\cos\vartheta)$ an den Polen $\cos\vartheta = \pm 1$ singulär werden, verschwindet die Konstante B_2 in Gl. (5.72). Der Potentialverlauf nimmt daher bei Kugelsymmetrie in Kugelkoordinaten und unter Zusammenfassung der Konstanten die Form an

$$\varphi(r, \vartheta) = (C_1 r^n + C_2 r^{-(n+1)})\, P_n \cos n\vartheta. \tag{5.81}$$

Beispiel 5.11: Ein Beispiel für eine kugelsymmetrische Anordnung bildet eine dielektrische Kugel vom Radius R mit $\epsilon = \epsilon_i$ in einem homogenen Feld der Stärke E_0 innerhalb eines isotropen Isoliermaterials mit $\epsilon = \epsilon_a$. Legt man die Polachse in Richtung des ungestörten Feldes $x = r\cos\vartheta$, so ist $\partial/\partial\alpha = 0$ und das Potential $\varphi(r, \vartheta)$ ist durch Gl. (5.81) gegeben. Beachtet man noch, daß das Potential φ speziell für $r = 0$ und $r \to \infty$ endlich bleiben muß, so erhält man für das Potential innerhalb und außerhalb der dielektrischen Kugel

$$\left.\begin{aligned} \varphi_i &= C_i r^n P_n \cos n\vartheta & r &\leqslant R \\ \varphi_a &= (C_1 r^n + C_2 r^{-(n+1)})\, P_n \cos n\vartheta & r &\geqslant R \end{aligned}\right\} \tag{5.82}$$

Die Randbedingungen lauten:

1. Für $r \to \infty$ und $\vartheta = 0$ muß die Feldstärke den Wert E_0 des ursprünglichen, ungestörten Feldes annehmen.
2. Auf der Kugeloberfläche $r = R$ muß für die Normal- und Tangentialkomponenten von Flußdichte und Feldstärke gelten

$$D_{ni} = D_{na} \quad \text{und} \quad E_{ti} = E_{ta}.$$

Die erste Bedingung ergibt

$$-\left(\frac{\partial\varphi_a}{\partial r}\right)_{r\to\infty} = -\left[nC_1 r^{n-1} - (n+1)\, C_2 r^{-(n+2)}\right]_{r\to\infty} = E_0.$$

Das ist nur möglich für $n = 1$. Dann wird in Gl. (5.82) unter Beachtung von Gl. (1.70)

$$C_1 = -E_0; \qquad P_n \cos n\vartheta = \cos\vartheta.$$

Die zweite Bedingung ergibt

$$\epsilon_i \left(\frac{\partial \varphi_i}{\partial r}\right)_{r=R} = \epsilon_a \left(\frac{\partial \varphi_a}{\partial r}\right)_{r=R}; \qquad \left(\frac{\partial \varphi_i}{\partial \vartheta}\right)_{r=R} = \left(\frac{\partial \varphi_a}{\partial \vartheta}\right)_{r=R}.$$

Daraus

$$\epsilon_i C_i = -\epsilon_a (E_0 + 2C_2 R^{-3}); \qquad C_i R = C_2 R^{-2} - E_0 R$$

oder

$$C_i = -\frac{3\epsilon_a}{2\epsilon_a + \epsilon_i} E_0; \qquad C_2 = -\frac{\epsilon_a - \epsilon_i}{2\epsilon_a + \epsilon_i} E_0 R^3.$$

Damit wird das Potential aus Gl. (5.82)

$$\left.\begin{aligned} \varphi_i &= -E_0 \frac{3\epsilon_a}{2\epsilon_a + \epsilon_i} r \cos\vartheta & r &\leqslant R, \\ \varphi_a &= -E_0 \left(\frac{\epsilon_a - \epsilon_i}{2\epsilon_a + \epsilon_i} \frac{R^3}{r^2} + r\right) \cos\vartheta & r &\geqslant R. \end{aligned}\right\} \tag{5.83}$$

Der Betrag der Feldstärke wird innerhalb der Kugel wegen $x = r \cos\vartheta$

$$E_i = -\frac{\partial \varphi_i}{\partial x} = E_0 \frac{3\epsilon_a}{2\epsilon_a + \epsilon_i}. \tag{5.84}$$

Das Feld innerhalb der Isolierkugel ist demnach homogen und hat nur eine x-Komponente. Für $\epsilon_i > \epsilon_a$ ist die Feldstärke im Innern der Kugel stets kleiner als außerhalb. Praktische Bedeutung hat ferner der Fall, daß $\epsilon_i < \epsilon_a$, z.B. bei Lufteinschlüssen in festem Isoliermaterial. Dann ist $E_i > E_0$. Die Feldstärke innerhalb der Kugel kann jedoch höchstens $1{,}5\,E_0$ werden, was aber bereits innerhalb von Lufteinschlüssen zu Glimmentladungen (Ionisation) führen kann, wodurch der gesamte Isolierkörper angegriffen und schließlich zerstört wird.
Die Beträge der Feldstärkekomponenten des gestörten Feldes außerhalb der dielektrischen Kugel werden aus Gl. (5.83)

$$\left.\begin{aligned} E_r &= -\frac{\partial \varphi_a}{\partial r} = E_0 \left(2\frac{\epsilon_i - \epsilon_a}{\epsilon_i + 2\epsilon_a} \frac{R^3}{r^3} + 1\right) \cos\vartheta \\ E_\vartheta &= -\frac{1}{r}\frac{\partial \varphi_a}{\partial \vartheta} = E_0 \left(\frac{\epsilon_i - \epsilon_a}{\epsilon_i + 2\epsilon_a} \frac{R^3}{r^3} - 1\right) \sin\vartheta \end{aligned}\right\} \quad r \geqslant R. \tag{5.85}$$

Außerhalb der Kugel tritt demnach die größte Feldstärke in der x-Achse $\vartheta = 0°$ der Kugeloberfläche auf. Dort ist $E_a = E_i$ und man erkennt:

> Auch nichtleitende Einschlüsse in Isolierstoffen können zu einer örtlichen Vergrößerung der Feldstärke, also zu einer höheren elektrischen Beanspruchung des Isoliermaterials führen.

Den Feldverlauf innerhalb und außerhalb der dielektrischen Kugel zeigt Bild 5.23.

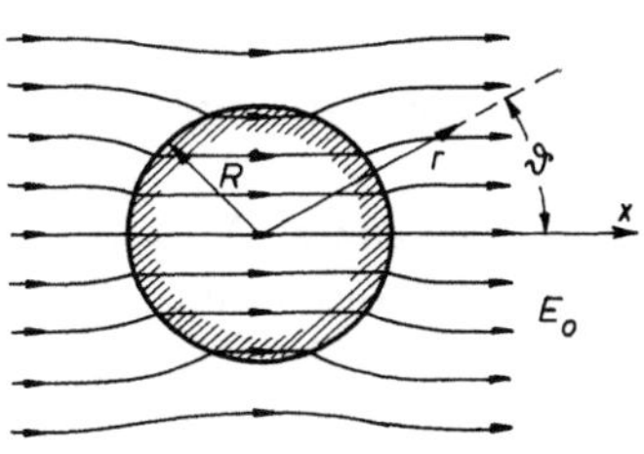

Bild 5.23
Feldverlauf innerhalb und außerhalb einer dielektrischen Kugel im homogenen elektrischen Feld

Die Radialkomponente (Normalkomponente) der Feldstärke macht auf der Kugeloberfläche einen Sprung (Flächendivergenz Div $\boldsymbol{E}$)

$$\operatorname{Div}\boldsymbol{E} = E_{ra} - E_{ri} = \left(\frac{\partial \varphi_i}{\partial r} - \frac{\partial \varphi_a}{\partial r}\right)_{r=R} = \frac{3(\epsilon_i - \epsilon_a)}{2\epsilon_a + \epsilon_i} E_0 \cos\vartheta .$$

Hieraus berechnet sich die Flächenladungsdichte σ' der Polarisationsladungen zu

$$\sigma' = \epsilon_a \operatorname{Div}\boldsymbol{E} = \frac{3\epsilon_a(\epsilon_i - \epsilon_a)}{2\epsilon_a + \epsilon_i} E_0 \cos\vartheta . \tag{5.86}$$

Durch den Grenzübergang $\epsilon_i \to \infty$ wird die dielektrische Kugel zu einer Metallkugel mit $\varphi = 0$. Für das Potential außerhalb der Kugel erhält man dann aus Gl. (5.83)

$$\varphi = E_0\left(\frac{R^3}{r^2} - r\right)\cos\vartheta \qquad r \geqslant R. \tag{5.83a}$$

Die Beträge der Feldstärkekomponenten werden aus Gl. (5.85)

$$\left.\begin{aligned} E_r &= E_0\left(2\frac{R^3}{r^3} + 1\right)\cos\vartheta \\ E_\vartheta &= E_0\left(\frac{R^3}{r^3} - 1\right)\sin\vartheta \end{aligned}\right\} \qquad r \geqslant R. \tag{5.85a}$$

Auf der Kugeloberfläche ($r = R$) ist bei der Metallkugel, wie verlangt, nur eine Radialkomponente E_r mit $E_{max} = 3E_0$ bei $\vartheta = 0°$ vorhanden. Die Flächenladungsdichte auf der Metallkugel beträgt

$$\sigma = 3\epsilon_a E_0 \cos\vartheta . \tag{5.86a}$$

Beide Kugeln besitzen natürlich keine Gesamtladung.

5.4 Konforme Abbildung

5.4.1 Aufgabe der konformen Abbildung in der Elektrostatik. Die konforme Abbildung ordnet dem Punkt $\underline{z} = x + jy$ in der z-Ebene den Punkt $\underline{w} = u + jv$ in der w-Ebene mit Hilfe einer holomorphen Abbildungsfunktion $\underline{w} = f(\underline{z})$ zu. Für einen beliebigen Punkt $\underline{w}_1 = f(\underline{z}_1)$ ergibt dabei die Entwicklung in eine Taylorsche Reihe

$$\underline{w}_1 + d\underline{w} = f(\underline{z}_1 + d\underline{z}) = f(\underline{z}_1) + \frac{f'(\underline{z}_1)}{1!}d\underline{z} + \frac{f''(\underline{z}_1)}{2!}(d\underline{z})^2 + \dots$$

oder, wenn man die Reihe nach dem zweiten Glied abbricht,

$$\underline{w}_1 + d\underline{w} = f(\underline{z}) + f'(\underline{z}_1)d\underline{z} + \dots$$

und

$$\boxed{d\underline{w} \approx f'(\underline{z}_1)d\underline{z}} \tag{5.87}$$

Demnach ist $d\underline{w}$ proportional $d\underline{z}$, wenn die Ableitung $f'(\underline{z})$ an der betrachteten Stelle $\underline{z}_1$ von Null verschieden und eindeutig ist.
Im allgemeinen wird $d\underline{w}/d\underline{z}$ um ein bestimmtes Maß, dem sogenannten Verzerrungsfaktor, drehgestreckt, wobei dieses Verzerrungsverhältnis bei einer holomorphen Funktion unabhängig von der Annäherungsrichtung an den Punkt $\underline{z}_1$ ist (Kap. 1.3.1). Im differentiellen ergibt ein Vieleck in der z-Ebene ein drehgestrecktes, also ähnliches Vieleck in der

w-Ebene. Die Winkel bleiben dabei in beiden Ebenen erhalten, wenn $f(\underline{z}) \neq 0$. Eine solche Abbildung bezeichnet man als *konform* (winkeltreu). Da ferner Real- und Imaginärteil einer holomorphen Funktion die Cauchy-Riemannschen Differentialgleichungen Gl. (1.49) erfüllen, genügen sie auch der Laplaceschen Differentialgleichung, wie man sich durch nochmaliges Differenzieren von Gl. (1.49) nach x und y leicht überzeugt.
Sowohl für den reellen als auch für den imaginären Teil der Abbildungsfunktion $\underline{w} = f(\underline{z})$ gilt die zweidimensionale Potentialgleichung

$$\Delta u = \frac{\partial^2 u}{\partial x^2} + \frac{\partial^2 u}{\partial y^2} = 0; \qquad \Delta v = \frac{\partial^2 v}{\partial x^2} + \frac{\partial^2 v}{\partial y^2} = 0. \tag{5.88}$$

Die Linien konstanten Realteils u oder konstanten Imaginärteils v bilden zwei zueinander orthogonale Kurvenscharen. Welche dieser Kurvenscharen als Potentiallinien oder als Feldlinien zu deuten sind, hängt von deren Verlauf in Leiternähe ab.
Die praktische Aufgabe der konformen Abbildung in der Elektrostatik liegt in der Auffindung entsprechender Abbildungsfunktionen $\underline{w} = f(\underline{z})$ zur Ermittlung von Feldbildern. Sie bildet ein wichtiges Verfahren zur Berechnung von Potentialfeldern mit grundsätzlich zwei Möglichkeiten:

1. Lösung mittels komplexer Funktionen durch Annahme einer Funktion $\underline{w} = f(\underline{z})$ und Aufsuchen einer Elektrodenform, deren Feldbild durch diese Funktion dargestellt oder angenähert werden kann.
2. Ermittlung der gesuchten Abbildungsfunktion aus der gegebenen Elektrodenanordnung.

Der erste Weg ist relativ einfach, verlangt jedoch ein gewisses Probieren und die Kenntnis einer ausreichenden Anzahl von Mutterfunktionen, aus denen wieder neue Funktionen zusammengestellt werden können. Der zweite Weg erfordert in der Regel einen erheblichen mathematischen Aufwand und ausreichende Kenntnisse aus der Funktionentheorie komplexer Veränderlicher. Auch kann ein mathematisches Verfahren zur Feldermittlung bei gegebener Elektrodenanordnung nicht in allen Fällen angegeben werden. Darüber sowie über numerische Verfahren wird auf das Spezialschrifttum verwiesen [2.10; 2.13].

5.4.2 Feldermittlung mit Hilfe komplexer Funktionen. Im folgenden seien

$$\underline{w} = u + \mathrm{j}v = f(\underline{z}); \qquad \underline{z} = x + \mathrm{j}y = r \cdot e^{\mathrm{j}\alpha}$$

holomorphe Funktionen (Kap. 1.3.1). Die Funktion $\underline{w} = f(\underline{z})$ bildet dabei die z-Ebene auf die w-Ebene ab und umgekehrt. Die Ermittlung von Feldbildern mit Hilfe solcher Funktionen besteht nun darin, holomorphe Funktionen $\underline{w} = f(\underline{z})$ zu suchen, deren Real- oder Imaginärteil den Potentialverlauf eines vorliegenden Problems beschreibt oder ausreichend annähert. Hierfür müssen vorgegebene Funktionen untersucht werden. Oft wird man dabei auch so vorgehen, daß man das gesuchte Feldbild durch Addition einzelner Teilfunktionen zu ermitteln versucht, die bereits bekannte Feldbilder ergeben.
Als Beispiel soll zunächst die holomorphe Funktion

$$\underline{w} = c \ln \frac{\underline{z}}{r_0} = f(\underline{z})$$

betrachtet werden.

Dann ist

$$\underline{w} = u + \mathrm{j}v = c \ln \frac{r}{r_0} + \mathrm{j}\alpha; \qquad r = \sqrt{x^2 + y^2} \tag{5.89}$$

oder

$$u = c \ln \frac{r}{r_0}; \qquad v = c\,\alpha = c \arctan \frac{y}{x}.$$

In der z-Ebene erhält man demnach für u = const. konzentrische Kreise um den Ursprung und für v = const. radiale Strahlen aus dem Ursprung. Es handelt sich um die konforme Abbildung des Koordinatennetzes der w-Ebene auf die z-Ebene. Wählt man dabei u als Potentialfunktion mit

$$c = \frac{Q}{2\pi \epsilon l}, \tag{5.90}$$

so erhält man nach Gl. (4.13) den Potentialverlauf um einen Ausschnitt der Länge l einer sehr langen Linienladung Q.

Beschränkt man sich auf die rechte Halbebene $u > 0$ der w-Ebene und wählt weiterhin u als Potentialfunktion mit c nach Gl. (5.90), so erhält man nach Bild 5.24 die Abbildung eines Parallelstreifens der w-Ebene als Ausschnitt eines unbegrenzten Plattenkondensators mit $u = 0$ bis $u = a$ auf die z-Ebene. Das ergibt in der z-Ebene den Potentialverlauf innerhalb eines Koaxialkabels. Dabei wurde in Gl. (5.89) gesetzt $r_0 = R_i$, während in der z-Ebene die Punkte $x = R_i$ für $u = 0$ und $x = R_a$ für $u = a$ gewählt wurden, so daß in Übereinstimmung mit Gl. (4.42) in Kap. 4.3.4 für $r = R_i$ und $r = R_a$

$$u = \varphi = \frac{Q}{2\pi \epsilon l} \ln \frac{R_a}{R_i} = U.$$

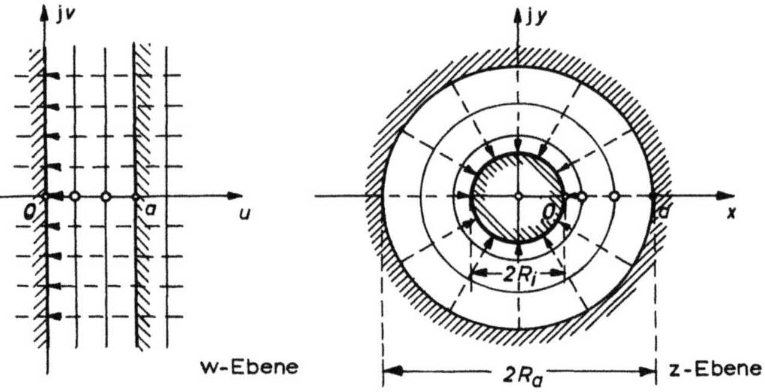

Bild 5.24
Feldbild eines Koaxialkabels, gewonnen aus der Abbildungsfunktion $\underline{w} = c \ln (\underline{z}/r_0)$

Beschränkt man sich schließlich auf die obere Halbebene $0 \leqslant v \leqslant \pi$ der w-Ebene und wählt als Potentialfunktion $v = \varphi$, so erhält man nach Bild 5.25 die Abbildung eines unbegrenzten Plattenkondensators in der w-Ebene auf die obere z-Ebene. Positive und negative Elektrode werden in die negativ-reelle und positiv-reelle x-Achse der z-Ebene überführt. Im Ursprung $x = 0$ hat man sich beide Elektroden durch eine unendlich dünne Isolierschicht von sehr großer Durchschlags- und Überschlagsfestigkeit getrennt zu denken. Die imaginäre v-Achse der w-Ebene, $u = 0$, ergibt in der z-Ebene einen Halbkreis vom Radius $r = r_0$, der in Bild 5.25 die x-Achse in den Punkten b und c schneidet. Für die Werte $u < 0$ ist der Halbkreisradius $r < r_0$, für die Werte $u > 0$ ist $r > r_0$.

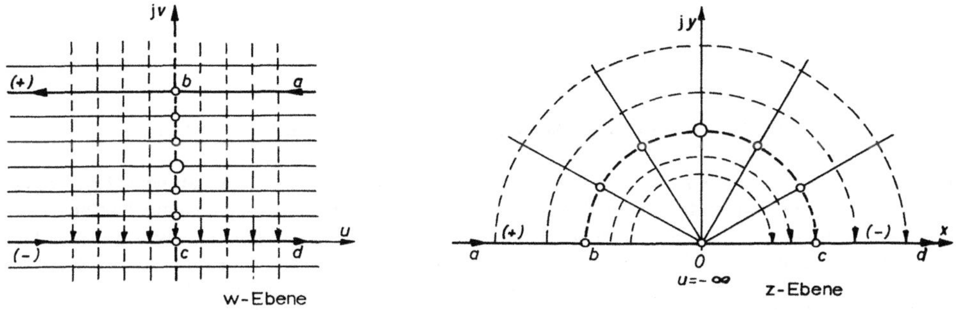

Bild 5.25 Abbildungsfunktion $\underline{w} = c \ln (\underline{z}/r_0)$ für $0 \leqslant v \leqslant \pi$ in der w- und z-Ebene

Bem.: Eine konforme Abbildung des Koordinatennetzes der z-Ebene für $x \geqslant 0$ auf die w-Ebene ist das sogenannte *Smith-Diagramm*, das in der HF-Technik (Leitungstheorie) vielfache Anwendung findet.

5.4.3 Berechnung des elektrischen Flusses. Ist $u(x, y)$ die Potentialfunktion, so entspricht einer Änderung von u um $\mathrm{d}u$ einer Strecke $\mathrm{d}n$ auf einer Feld-(Verschiebungs-) linie $v = \text{const.}$ Ferner entspricht einer Strecke $\mathrm{d}s$ längs einer Potentiallinie $u = \text{const.}$ vom gleichen Ausgangspunkt aus einer Änderung von v um $\mathrm{d}v$. In der z-Ebene bedeutet die Strecke $\mathrm{d}n$ eine Änderung um $\mathrm{d}z$, wobei nach Bild 5.26 $\mathrm{d}s = \mathrm{j}\,\mathrm{d}n$. Damit erhält man bei einer holomorphen Funktion wegen Gl. (5.87) beim Fortschreiten längs einer Linie $v = \text{const.}$

$$\mathrm{d}\underline{w} = \mathrm{d}u = \mathrm{d}\underline{z}\,\mathrm{f}'(\underline{z}) = \mathrm{d}n\,\mathrm{f}'(\underline{z})$$

und längs einer Linie $u = \text{const.}$

$$\mathrm{d}\underline{w} = \mathrm{j}\,\mathrm{d}v = \mathrm{d}\underline{z}\,\mathrm{f}'(\underline{z}) = -\mathrm{j}\,\mathrm{d}s\,\mathrm{f}'(\underline{z}).$$

Daraus

$$\frac{\mathrm{d}u}{\mathrm{d}n} = -\frac{\mathrm{d}v}{\mathrm{d}s}.$$

Da aber

$$-\frac{\partial \varphi}{\partial n} = -\frac{\partial u}{\partial n} = E; \qquad D = \epsilon_0 E$$

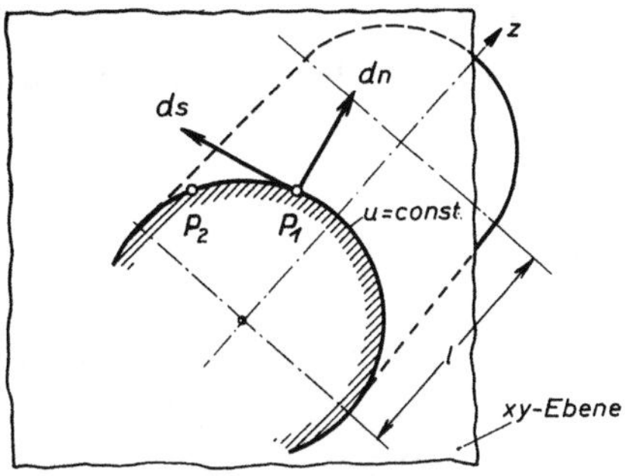

Bild 5.26 Zur Berechnung des elektrischen Flusses aus der Potentialfunktion

erhält man für den Fluß Q, der von einer Elektrodenoberfläche ($u = \text{const.}$) der Länge l in z-Richtung zwischen den Punkten P_1 und P_2 in Bild 5.26 ausgeht,

$$Q = \epsilon_0\, l \int_{P_1}^{P_2} \frac{\partial v}{\partial s}\,\mathrm{d}s = \epsilon_0\, l \int_{P_1}^{P_2} \mathrm{d}v$$

oder

$$\boxed{Q = \epsilon_0\, l\,(v_2 - v_1)} \tag{5.91}$$

Hierbei sind v_1 und v_2 die Funktionswerte von v in den Punkten P_1 und P_2.

Beispiel 5.12: Als weiteres Beispiel soll das Feldbild einer sehr langen Linienladung $+Q$ zwischen den beiden Platten eines unendlich ausgedehnten Plattenkondensators mit sehr kleinem Plattenabstand d ermittelt werden. Gesucht ist dabei die Änderung der durch diese Linienladung auf beide Platten influenzierten Ladungen Q' und Q'', wenn die Linienladung senkrecht zu ihrer Achse, d.h. normal zur Plattenoberfläche von einer Platte (Elektrode) zur anderen bewegt wird. Zur Lösung dieser Aufgabe soll vom Feld einer Linienladung Q ausgegangen werden, die sich im Abstand a parallel zu einer leitenden und geerdeten Ebene befindet, gebildet durch die negative und positive u-Achse der w-Ebene. Mit Hilfe der Abbildungsfunktion

$$\underline{z} = \sqrt[n]{\underline{r}}; \qquad r = \sqrt{u^2 + v^2}; \qquad \underline{r} = r \cdot e^{j\alpha} \tag{5.92}$$

ist dann das Feld der w-Ebene auf die z-Ebene abzubilden. Wenn Q dabei sehr weit hinausrückt, ergibt der Grenzübergang $n \to \infty$ die gesuchte Anordnung[1]).

In der w-Ebene erhält man nach Bild 5.27a eine Linienladung parallel zu einer leitenden Ebene, die durch die reelle u-Achse der w-Ebene gebildet wird. Führt man das „komplexe Potential" χ ein, so wird für den Punkt P in Bild 5.27a unter Berücksichtigung der Spiegelung nach Gl. (5.89)

$$\chi = \frac{Q}{2\pi\epsilon l}\left[\ln\frac{r_1}{r_2} + j(\alpha_1 - \alpha_2)\right] = \varphi + j\psi. \tag{5.93}$$

Die Feldlinien (Verschiebungslinien) sind in der w-Ebene Kreisbögen durch $+Q$ und $-Q$, sie münden auf der reellen u-Achse. Dort werden die Ladungen Q' und Q'' influenziert. Der durch die Ebene $-\infty < u < +\infty$ hindurchtretende elektrische Fluß $Q_i = Q' + Q''$ ist nach Gl. (5.91) durch die Differenz gegeben

$$Q_i = \epsilon l\,[\text{Im: } \chi_{u=-\infty} - \text{Im: } \chi_{u=+\infty}] = \epsilon l(\psi_1 - \psi_2). \tag{5.94}$$

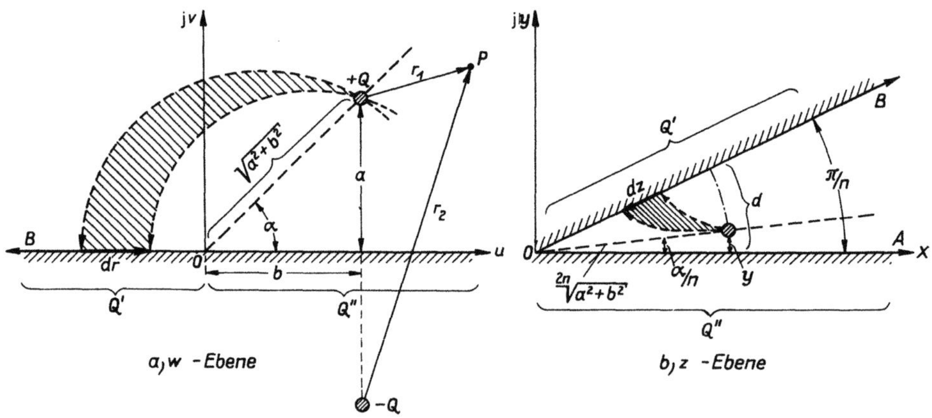

Bild 5.27 Zur Abbildungsfunktion Gl. (5.92) mit Linienladung Q, w- und z-Ebene

1) Nach H. Kleinwächter [2.20]

Auf der negativ reellen Achse werden aus Bild 5.27a für $u \to -\infty$ die Winkel $\alpha_1 = 0$, $\alpha_2 = 2\pi$ und für $u = 0$, $\alpha_1 = \alpha$, $\alpha_2 = 2\pi - \alpha$. Somit wird

$$(\alpha_1 - \alpha_2)_{u=-\infty} = 2\pi; \qquad (\alpha_1 - \alpha_2)_{u=0} = 2\alpha - 2\pi$$

und

$$\psi_1 - \psi_2 = (\alpha_1 - \alpha_2)_{u=-\infty} - (\alpha_1 - \alpha_2)_{u=0} = -2\alpha$$

oder damit wegen Gl. (5.93) und Gl. (5.94)

$$Q' = -Q\frac{\alpha}{\pi}. \tag{5.95}$$

Entsprechend werden aus Bild 5.27a für $u = +\infty$ die Winkel $\alpha_1 = \alpha_2 = \pi$ und

$$\psi_2 - \psi_3 = (\alpha_1 - \alpha_2)_{u=0} - (\alpha_1 - \alpha_2)_{u=+\infty} = 2\alpha - 2\pi$$

oder

$$Q'' = -\frac{Q}{\pi}(\pi - \alpha). \tag{5.95a}$$

Wird nun die w-Ebene durch die Abbildungsfunktion Gl. (5.92) auf die z-Ebene abgebildet, so tritt durch ein Element $d\underline{z}$ der z-Ebene der gleiche elektrische Fluß wie durch das zugehörige Element $d\underline{w}$ der w-Ebene; auch Q' und Q'' bleiben bei der Abbildung unverändert, obgleich die negative u-Achse ($\alpha = \pi$) in die Gerade B übergeht, die mit der positiv-reellen Achse (Gerade A) den Winkel $\alpha = \pi/n$ bildet, wie aus Bild 5.27b zu erkennen ist. Für $n \to \infty$ gehen beide Leiterschenkel A und B in genügend großer Entfernung vom Scheitel in zwei Parallelen über mit sehr kleinem Abstand d. Der Abstand y der Linienladung Q von der unteren Platte (Gerade A), der in der w-Ebene der Strecke a entspricht, und ebenso der Plattenabstand d werden (als Bogen) nach Bild 5.27b

$$y = \frac{\alpha}{n}\sqrt[n]{r} = \frac{\alpha}{n}\sqrt[2n]{a^2 + b^2}; \qquad d = \frac{\pi}{n}\sqrt[2n]{a^2 + b^2}$$

oder

$$\frac{y}{d} = \frac{\alpha}{\pi}.$$

Damit erhält man für die Influenzladungen aus Gl. (5.95) und Gl. (5.95a)

$$Q' = -Q\frac{y}{d}; \qquad Q'' = -Q\left(1 - \frac{y}{d}\right),$$

so daß

$$Q + Q' + Q'' = 0.$$

Für $y = 0$ berührt die Linienladung die untere Platte, es wird $Q' = 0$ und $Q'' = -Q$. Für $y = d$ berührt die Linienladung die obere Platte, es wird $Q' = -Q$ und $Q'' = 0$. Das erhaltene Feldbild zeigt Bild 5.28.

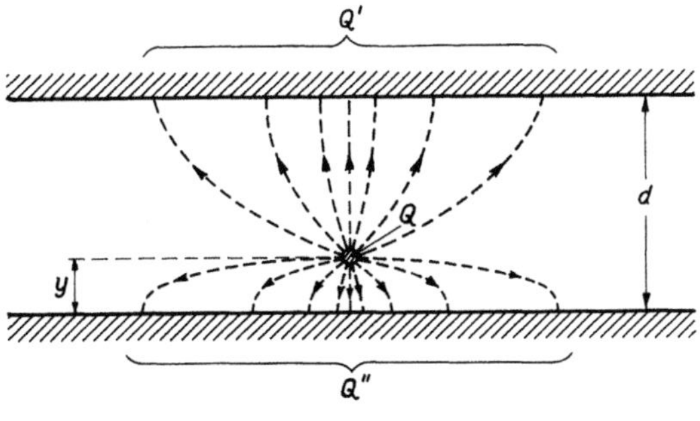

Bild 5.28

Linienladung $+Q$ zwischen zwei unbegrenzten geerdeten und parallelen Metallplatten

Bewegt sich die Linienladung Q mit der Geschwindigkeit $v = \mathrm{d}y/\mathrm{d}t$ von einer Platte zur anderen, so fließt zwischen beiden Platten ein Ausgleichsstrom (Verschiebungsstrom)

$$I = \frac{\mathrm{d}Q'}{\mathrm{d}t} = -\frac{\mathrm{d}Q''}{\mathrm{d}t} = \frac{Q}{d}\,v.$$

Dieses gilt auch, wenn beide Platten an eine Gleichspannung angeschlossen werden oder wenn es sich um eine Punktladung, z.B. um ein Elektron oder Ion handelt.

6 Das stationäre elektrische Strömungsfeld

6.1 Kennzeichen und Grundgesetze

6.1.1 Grunderscheinungen. Im elektrostatischen Feld sind die Feldgrößen zeitlich konstant, die Ladungen sind in Ruhe und das Leiterinnere ist feldfrei, also auch stromlos. In einem Leiter kann sich kein elektrostatisches Feld ausbilden. Da jeder Stoff eine bestimmte Leitfähigkeit hat, ist das elektrische Feld in Materie im strengen Sinne stets ein Strömungsfeld und das elektrostatische Feld nur ein Sonderfall des elektrischen Feldes im materiefreien Raum. Im Leiter kann jedoch auch ein zeitlich konstantes elektrisches Feld bestehen. Dieses Feld unterscheidet sich dann aber als Strömungsfeld von dem elektrostatischen Feld dadurch, daß es unter normalen Bedingungen nur durch eine ständige Energiezufuhr aufrecht erhalten werden kann. Außerdem findet ein ständiger Ladungstransport statt, was stets das gleichzeitige Vorhandensein eines magnetischen Feldes bedeutet. Ferner sind die von einem stromdurchflossenen Leiter nach außen tretenden Feldlinien infolge des Spannungsabfalls längs des Leiters in Richtung vom höheren zum niedrigeren Potential, d.h. in Stromzählrichtung geneigt. Daher ist die Oberfläche eines stromführenden Leiters *keine* Äquipotentialfläche, wie in Bild 6.1 schematisch dargestellt ist.

Im stationären Strömungsfeld gelten auch die Beziehungen des elektrostatischen Feldes Gl. (3.10) und Gl. (3.20)

$$\oint \boldsymbol{D}\,\mathrm{d}\boldsymbol{A} = Q, \qquad \boldsymbol{D} = \epsilon \boldsymbol{E}$$

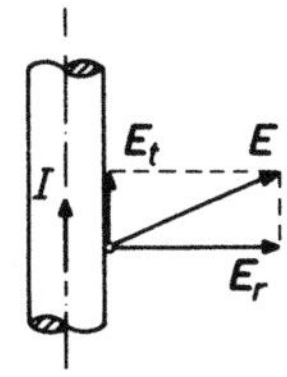

Bild 6.1
Elektrische Feldstärke auf der Oberfläche eines stromführenden Leiters

und, wenn vorerst keine eingeprägte Spannungen (z.B. chemische oder thermo-elektrische Spannungsquellen, PN-Übergänge etc.) auf dem betrachteten Wege wirken, Gl. (3.6) und Gl. (3.8a)

$$\boldsymbol{E} = -\operatorname{grad}\varphi, \qquad U_{12} = \int_1^2 \boldsymbol{E}\,\mathrm{d}\boldsymbol{s} = \varphi_1 - \varphi_2\,.$$

Kennzeichen der elektrischen Strömung im Leiter ist die elektrische Stromstärke nach Gl. (3.13)

$$i = \frac{\mathrm{d}Q}{\mathrm{d}t}, \tag{6.1}$$

wobei im zeitlich konstanten Strömungsfeld $i = I$ konstant ist. Der Stromstärke wird ein positives Vorzeichen in Richtung vom höheren zum niedrigeren Potential zugeordnet

(konventionelle Stromzählrichtung). Diese Richtung entspricht der Bewegungsrichtung *positiver* Ladungsträger im elektrischen Feld.
Kennzeichen der *räumlichen* elektrischen Strömung ist die Stromdichte $\boldsymbol{J}$ nach Gl. (3.16). Sie ergibt an jeder Stelle des Raumes die Flächendichte der Stromstärke. Somit ist die Stromdichte eine räumliche Vektorgröße, die entsprechend der willkürlich festgelegten Stromzählrichtung vom höheren zum niedrigeren Potential verläuft. Die Vektorlinien des Stromdichtevektors bezeichnet man als *Stromlinien*; sie geben den Weg positiver Ladungsträger an. Da schließlich zwischen Punkten gleichen Potentials kein Strom fließen kann, werden die Niveauflächen von den Stromlinien stets senkrecht durchstoßen. Für eine beliebige stromdurchflossene Fläche gilt demnach im stationären Strömungsfeld

$$\mathrm{d}I = \boldsymbol{J}\,\mathrm{d}\boldsymbol{A} = J\,\mathrm{d}A\cos\alpha$$

oder

$$\boxed{I = \int \boldsymbol{J}\,\mathrm{d}\boldsymbol{A} = \int J\cos\alpha\,\mathrm{d}A} \tag{6.2}$$

6.1.2 Grundgesetze. Im homogenen linearen Leiter ist $U \sim I$ und es gilt nach Gl. (3.24) das Ohmsche Gesetz

$$R = \frac{U}{I}. \tag{6.3}$$

Der Widerstand eines homogenen Leiters, dessen Länge l gleich der Längeneinheit und dessen überall gleicher Querschnitt A gleich der Flächeneinheit ist, heißt *spezifischer Widerstand* oder Resistivität ρ; sein Kehrwert ist die *elektrische Leitfähigkeit* oder Konduktivität κ nach Gl. (3.24), so daß

$$\rho = \frac{U}{I}\frac{A}{l} = R\frac{A}{l}, \qquad \kappa = \frac{I}{U}\frac{l}{A} = \frac{l}{RA}. \tag{6.4}$$

Der Widerstand eines homogenen Leiters vom überall gleichen Querschnitt A und der Länge l beträgt demnach

$$\boxed{R = \rho\frac{l}{A} = \frac{l}{\kappa A}} \tag{6.3a}$$

woraus man im Strömungsfeld nach Gl. (3.26), Kap. 3.1.5, findet

$$\boxed{\boldsymbol{J} = \kappa \boldsymbol{E}, \quad \boldsymbol{E} = \rho \boldsymbol{J}} \tag{6.5}$$

Proportionalität $U \sim I$ bedeutet konstante elektrische Leitfähigkeit κ. Befinden sich nun in einem leitenden Raumteil im elektrischen Feld insgesamt dauernd z Ladungsträger eines Vorzeichens je Rauminhalt mit der Ladung ne je Teilchen, so beträgt die Stromdichte unter Beachtung von Gl. (3.16)

$$J = \kappa E = nez\,(v_+ + v_-),$$

so daß man bei Einführung der Beweglichkeit

$$\boxed{w = \frac{v}{E}} \tag{6.6}$$

für die Leitfähigkeit bei gleicher Anzahl positiver und negativer Ladungsträger erhält,

$$\kappa = zne(w_+ + w_-).$$

In Metallen mit reiner Elektronenleitung ist $n = 1$ und $w_+ = 0$, also $w_- = w$. (Siehe auch „Allgemeine Elektrotechnik" [1.4].) Demnach müssen in linearen Leitern zwei Bedingungen erfüllt sein:

1. $ze = \text{const.}$, d.h. konstante Elektronenzahl (Träger) je Volumen,
2. $w = v/E = \text{const.}$, d.h. Proportionalität zwischen Eigengeschwindigkeit der Elektronen und der Feldstärke, also konstante Beweglichkeit.

Dieses sind die beiden Voraussetzungen für die Gültigkeit des Ohmschen Gesetzes.
In linearen und isotropen Stoffen, bei denen die Leitfähigkeit in allen Richtungen gleich ist, fällt die Richtung der Feldstärke und der Stromdichte zusammen. Ist die Leitfähigkeit dagegen richtungsabhängig, wie in anisotropen Stoffen (Kristallen), so haben $\boldsymbol{J}$ und $\boldsymbol{E}$ verschiedene Richtung, κ wird dann zu einem Tensor (lineare Vektorfunktion).

Beispiel 6.1: Als Beispiel eines Stoffes mit richtungsabhängiger Leitfähigkeit soll ein leitender Einkristall (anisotroper Stoff) betrachtet werden. Beschränkt man sich zur Vereinfachung der Rechnung auf den zweidimensionalen Fall und geben die x- und die y-Achse die Richtungen der beiden betrachteten Kristall-Hauptachsen an, so verlaufen Stromdichte und Feldstärke nur jeweils in diesen beiden ausgezeichneten Richtungen parallel, so daß

$$J_x = \kappa_x E_x, \qquad J_y = \kappa_y E_y$$

oder in Matrizenschreibweise

$$\begin{bmatrix} J_x \\ J_y \end{bmatrix} = \begin{bmatrix} \kappa_x & 0 \\ 0 & \kappa_y \end{bmatrix} \cdot \begin{bmatrix} E_x \\ E_y \end{bmatrix}, \qquad (J) = (\kappa)\,(E). \tag{6.5a}$$

Wird nun das Koordinatenkreuz um den Winkel φ nach Bild 6.2 gedreht, so lauten die Achsen x, y im neuen gestrichenen System

$$x = x' \cos\varphi - y' \sin\varphi$$
$$y = x' \sin\varphi + y' \cos\varphi$$

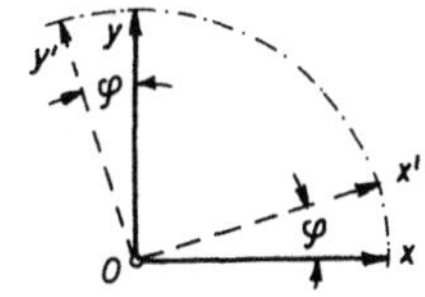

Bild 6.2
Koordinatendrehung um den Winkel φ

oder in Matrizenschreibweise

$$\begin{bmatrix} x \\ y \end{bmatrix} = \begin{bmatrix} \cos\varphi & -\sin\varphi \\ \sin\varphi & \cos\varphi \end{bmatrix} \cdot \begin{bmatrix} x' \\ y' \end{bmatrix} = (c) \cdot \begin{bmatrix} x' \\ y' \end{bmatrix}.$$

Die Transformationsmatrix (c) ist nichtsingulär und ihre Determinante $\det(c) = 1$. Somit lautet ihre Inverse (Kehrmatrix)

$$(c)^{-1} = \begin{bmatrix} \cos\varphi & \sin\varphi \\ -\sin\varphi & \cos\varphi \end{bmatrix}.$$

Damit wird

$$(J) = (c)\,(J'), \qquad (E) = (c)\,(E')$$

und daher im gestrichenen System

$$(J') = (c)^{-1} (\kappa) (c) (E') = (\kappa') (E'),$$

wobei

$$(\kappa') = \begin{bmatrix} \kappa_x \cos^2\varphi + \kappa_y \sin^2\varphi & -(\kappa_x - \kappa_y) \sin\varphi \cos\varphi \\ -(\kappa_x - \kappa_y) \sin\varphi \cos\varphi & \kappa_x \sin^2\varphi + \kappa_y \cos^2\varphi \end{bmatrix} = \begin{bmatrix} \kappa_{xx} & \kappa_{xy} \\ \kappa_{yx} & \kappa_{yy} \end{bmatrix}.$$

Im allgemeinen Fall lautet somit der Leitfähigkeitstensor in Matrizenschreibweise, übertragen auf den dreidimensionalen Fall,

$$\boldsymbol{\kappa} = \begin{bmatrix} \kappa_{xx} & \kappa_{xy} & \kappa_{xz} \\ \kappa_{yx} & \kappa_{yy} & \kappa_{yz} \\ \kappa_{zx} & \kappa_{zy} & \kappa_{zz} \end{bmatrix}. \tag{6.7}$$

In isotropen Stoffen entartet diese Tensormatrix zu einer Skalarmatrix mit $\kappa_{ii} = \kappa$ und $\kappa_{ik} = 0$. Damit wird

$$J_x = \kappa E_x, \quad J_y = \kappa E_y, \quad J_z = \kappa E_z$$

oder

$$\boldsymbol{J} = \kappa \boldsymbol{E}.$$

Ganz analog zur Leitfähigkeit anisotroper Stoffe erhält man auch für die elektrische Flußdichte in Kristallen mit richtungsabhängiger Polarisierbarkeit (Kap. 4.2.3) oder für die magnetische Flußdichte anisotroper Magnetika (Kap. 7.2.1)

$$\boldsymbol{D} = \boldsymbol{\epsilon} \boldsymbol{E}, \qquad \boldsymbol{B} = \boldsymbol{\mu} \boldsymbol{H},$$

wobei $\boldsymbol{\epsilon}$ und $\boldsymbol{\mu}$ Tensoren sind.

Bem.: Wie sich aus einer energetischen Betrachtung zeigen läßt, sind $\boldsymbol{\epsilon}$ und $\boldsymbol{\mu}$, ebenso wie im vorliegenden Fall $\boldsymbol{\kappa}$, symmetrisch. Man beachte aber, daß die Symmetrie von $\boldsymbol{\kappa}$ im kristallinen Leiter grundsätzlich nicht garantiert ist, da die Joulesche Wärme im Gegensatz zur elektrischen und magnetischen Energie *keine* Zustandsgröße ist. Die Symmetrie von $\boldsymbol{\kappa}$ ist nur infolge besonderer Kristallsymmetrie gegeben. (Siehe z.B. A. Sommerfeld, Elektrodynamik, Leipzig 1948, S. 30.)

Aus der Überlegung, daß im stationären Strömungsfeld in ein Raumteil (Hüllfläche) nur ebensoviel Elektrizität „einströmen" kann, wie aus ihm „ausströmt", folgt, daß für eine beliebige Hüllfläche innerhalb des Strömungsfeldes gelten muß

$$\boxed{\oint \boldsymbol{J}\, \mathrm{d}\boldsymbol{A} = 0} \quad \text{oder} \quad \boxed{\operatorname{div} \boldsymbol{J} = 0} \tag{6.8}$$

Das ist der *erste Krichhoffsche Satz* im Strömungsfeld; er folgt wegen Gl. (1.27) unmittelbar aus Gl. (3.38).

Betrachtet man ferner das äußere Strömungsfeld unter Weglassen der Stromquellen, so ist das Linienintegral der elektrischen Feldstärke ebenso wie im elektrostatischen Feld vom Wege unabhängig, also

$$\boxed{\oint \boldsymbol{E}\, \mathrm{d}\boldsymbol{s} = 0} \quad \text{oder} \quad \boxed{\operatorname{rot} \boldsymbol{E} = 0} \tag{6.9}$$

was sich bereits unmittelbar aus Gl. (3.6) ergibt.

Sind eingeprägte Spannungen im Strömungsfeld stetig verteilt, z.B. bei elektrochemischen oder elektrothermischen Eigenschaften der Leiter, dann tritt bereits im stromlosen Zustand des Leiters eine Potentialdifferenz auf. Man bezeichnet diese Spannung, bezogen auf die Längeneinheit, auch als „eingeprägte" elektrische Feldstärke E_e. Damit kann allgemein auch bei Einschluß einer Stromquelle geschrieben werden

$$\oint (\boldsymbol{E} - \boldsymbol{E}_e)\,\mathrm{d}\boldsymbol{s} = 0 \qquad \text{oder} \qquad \operatorname{rot}(\boldsymbol{E} - \boldsymbol{E}_e) = 0. \tag{6.9a}$$

Gl. (6.9) bzw. Gl. (6.9a) ist der *zweite Kirchhoffsche Satz* im Strömungsfeld, für das somit gilt:

‖ Das stationäre elektrische Strömungsfeld ist quellen- und wirbelfrei.

Schließlich erhält man für ein Volumenelement dV der Länge dl mit dem Querschnitt dA als elektrischen Widerstand nach Gl. (6.3a)

$$R = \frac{\mathrm{d}l}{\kappa\,\mathrm{d}A}\,.$$

Die in dV in Wärme umgesetzte Leistung wird dann mit Gl. (6.2) nach dem Jouleschen Gesetz

$$\mathrm{d}P = \frac{1}{\kappa}\,J^2\,\mathrm{d}V$$

oder die je Volumen zur Wärmeerzeugung aufgebrachte Leistung

$$P' = \frac{1}{\kappa}\,J^2 = EJ = \kappa\,E^2\,. \tag{6.10}$$

Das ist das *Joulesche Gesetz* im Strömungsfeld. Über das Verhalten von Feldstärke und Stromdichte an Grenzflächen siehe Kap. 3.3.2.

6.2 Räumliche Leiteranordnungen

6.2.1 Allgemeines. Die formale Analogie der Grundgesetze des raumladungsfreien elektrostatischen Feldes und des Strömungsfeldes ergibt Identität der Feldbilder. Zur Ermittlung der Strömungsbilder genügt es deshalb in den meisten Fällen, die zeitlich unveränderlichen Größen Q und D des raumladungsfreien elektrostatischen Feldes durch die zeitlich unveränderlichen Größen I und J zu ersetzen. Insbesondere kann auch das Verfahren der konformen Abbildung (Kap. 5.4) angewendet werden. An Stelle der Verschiebungslinien treten jetzt die Strömungslinien. Auch können die Hilfsvorstellungen des elektrostatischen Feldes, Punktladung und Linienladung (Kap. 4.1) durch die ihnen im Strömungsfeld entsprechenden Begriffe, nämlich *Punktquelle* und *Linienquelle* ersetzt werden.

6.2.2 Kugel- und Halbkugelelektrode. Befindet sich eine Metallkugel vom Radius r_0 in einem hinreichend ausgedehnten und homogenen Medium der Leitfähigkeit κ und wird ihr durch einen isolierten Draht ein Strom I zugeführt, so kann diese Kugel durch eine Punktquelle im Kugelmittelpunkt ersetzt werden. Stromdichte J und Feldstärke E betragen dann im Abstand $r \geqslant r_0$ vom Kugelmittelpunkt entsprechend Gl. (4.1) mit Gl. (6.5)

$$J = \frac{I}{4\pi r^2}\,, \qquad E = \frac{I}{4\pi\kappa\,r^2}\,. \tag{6.11}$$

Entsprechend Gl. (4.2) erhält man für das Potential

$$\boxed{\varphi = \frac{I}{4\pi\kappa r}} \qquad r \geqslant r_0, \tag{6.12}$$

wobei φ wieder auf einen unendlich fernen Punkt ($r \to \infty$) bezogen wird. Das Strömungsbild entspricht dem Feldbild einer Punktladung Bild 4.1 in Kap. 4.1.1. Die Spannung zwischen der Kugeloberfläche und einem beliebigen Punkt des Strömungsfeldes im Abstand $r > r_0$ vom Kugelmittelpunkt wird demnach

$$U = \frac{I}{4\pi\kappa}\left(\frac{1}{r_0} - \frac{1}{r}\right) = U_0\left(1 - \frac{r_0}{r}\right). \tag{6.13}$$

Das Potentialgefälle ist in der nächsten Umgebung der Kugel am größten, Bild 6.3. Es nähert sich mit wachsender Entfernung von der Kugelelektrode dem Grenzwert

$$U_0 = \frac{I}{4\pi\kappa r_0}. \tag{6.14}$$

Damit wird der *Übergangs-* oder *Ausbreitungswiderstand* der Kugel

$$R = \frac{U_0}{I} = \frac{1}{4\pi\kappa r_0}. \tag{6.15}$$

Bildet die Kugel einen sehr tief eingegrabenen Erder und kann der Einfluß der Erdoberfläche vernachlässigt werden, so ist R der Übergangswiderstand des Erders (Kap. 6.2.3). Kann man einen Erder als Halbkugelelektrode nach Bild 6.4 annähern, z.B. bei einem im Erdboden verankerten Stahlmast oder auch bei einem Baum, so werden für $r > r_0$ Stromdichte und Potential

$$J = \frac{I}{2\pi r^2}, \qquad \varphi = \frac{I}{2\pi\kappa r}.$$

Die Spannung zwischen zwei Punkten im Abstand r_1 und r_2 vom Halbkugelmittelpunkt beträgt dann auf der Erdoberfläche

$$U_{12} = \frac{I}{2\pi\kappa}\left(\frac{1}{r_1} - \frac{1}{r_2}\right) \tag{6.16}$$

oder bei $r_1 = r_0$ und $r_2 = r > r_0$

$$U = \frac{I}{2\pi\kappa}\left(\frac{1}{r_0} - \frac{1}{r}\right) = U_0\left(1 - \frac{r_0}{r}\right). \tag{6.16a}$$

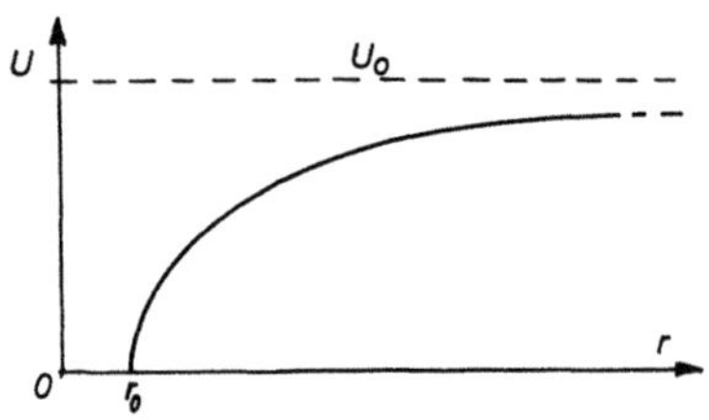

Bild 6.3
Potentialgefälle im Strömungsfeld um eine Kugelelektrode

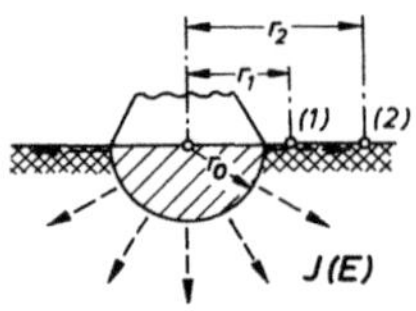

Bild 6.4 Halbkugelerder

Damit wird der Übergangswiderstand eines Halbkugelerders nach Bild 6.4

$$R = \frac{1}{2\pi\kappa r_0}. \tag{6.17}$$

Der Potentialverlauf auf der Erdoberfläche entspricht demjenigen in Bild 6.3. Stellt man sich ihn räumlich als Rotationskörper um die Ordinate vor, so erhält man ein trichterartiges Gebilde, den sogenannten *Spannungstrichter* eines Erders. Aus seinem Verlauf (Steilheit) kann man die Gefahrenzone in der Umgebung eines Erders ermitteln, innerhalb der infolge zu hoher *Schrittspannung* eine Gefährdung des Menschen oder sonstiger Lebewesen möglich ist. Unter Schrittspannung versteht man dabei die Spannung (Potentialdifferenz) U_s zwischen zwei Punkten auf der Erdoberfläche im Abstand eines Schrittes ($a \approx 80$ cm).

Die Berechnung der Strömungsbilder zweier und mehrerer Punktquellen erfolgt auf die gleiche Weise wie im analogen Fall des elektrostatischen Feldes (zwei oder mehrere Punktladungen, Kap. 4.1.1) unter Anwendung des Superpositionsprinzips für das skalare Potential φ; es ist nur ϵ durch κ, Q durch I und D durch J zu ersetzen. Das Gesamtpotential eines beliebigen Punktes im Raum wird also entsprechend Gl. (4.3)

$$\boxed{\varphi = \frac{1}{4\pi\kappa} \sum_{\nu=1}^{n} \frac{I_\nu}{r_\nu}} \tag{6.18}$$

6.2.3 Der Tiefenerder. Kann ein tief eingegrabener Erder, z.B. eine nicht zu große Metallplatte, durch eine Punktquelle angenähert werden, so erhält man einen Tiefenerder. Die Randbedingungen auf der Erdoberfläche (keine Normalkomponente der Stromdichte) kann durch das Spiegelungsverfahren (Kap. 5.1.3) berücksichtigt werden. Nach Bild 6.5 wird dabei im Luftraum eine Punktquelle *gleicher* Polarität angenommen, so daß die Erdoberfläche zu einer Symmetrieebene wird.

Für das Potential des Erders gegenüber einem sehr weit entfernten Punkt ($r \to \infty$) entnimmt man dann Bild 6.5 nach Gl. (6.18) mit $r_1 = r_0$ und $r_2 = 2h$

$$U_e = \frac{I}{4\pi\kappa}\left(\frac{1}{r_0} + \frac{1}{2h}\right).$$

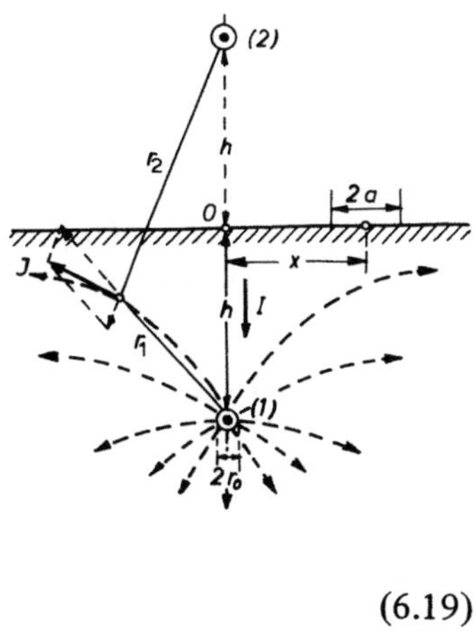

Bild 6.5 Tiefenerder

Damit wird der Übergangswiderstand des Erders

$$R = \frac{1}{4\pi\kappa r_0}\left(1 + \frac{r_0}{2h}\right). \tag{6.19}$$

Für $h \to \infty$ (sehr tiefer Erder), geht diese Beziehung über in Gl. (6.15).
Auf der Erdoberfläche beträgt das Potential im Abstand x von der Eingrabstelle wegen $r_1 = r_2 = r$ gegenüber dem unendlich fernen Punkt (vgl. Bild 6.5)

$$\varphi = \frac{I}{2\pi\kappa}\frac{1}{r} = \frac{I}{2\pi\kappa}\frac{1}{\sqrt{h^2 + x^2}} \tag{6.20}$$

und an der Eingrabstelle $x = 0$

$$\varphi_0 \equiv U_0 = \frac{I}{4\pi\kappa}\frac{2}{h} = \frac{I}{2\pi\kappa h}. \tag{6.20a}$$

Damit erhält man für den Spannungstrichter als Spannungsverlauf

$$U = \varphi_0 - \varphi = U_0\left(1 - \frac{1}{\sqrt{1 + \left(\frac{x}{h}\right)^2}}\right), \tag{6.21}$$

was in Bild 6.6 dargestellt ist.

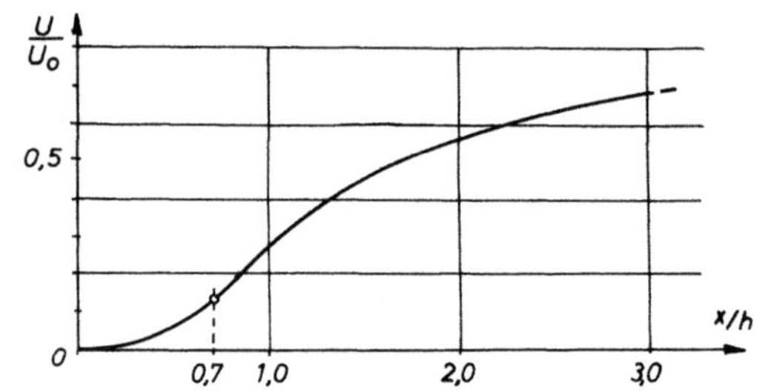

Bild 6.6 Spannungstricher eines Tiefenerders

Ist $2a$ die Schrittlänge, so erhält man daraus für die Schrittspannung U_s auf der Erdoberfläche (vgl. Bild 6.5)

$$U_s = U_0\left(\frac{1}{\sqrt{1 + \frac{(x-a)^2}{h^2}}} - \frac{1}{\sqrt{1 + \frac{(x+a)^2}{h^2}}}\right). \tag{6.22}$$

Am Ort des größten Potentialgefälles auf der Erdoberfläche tritt die größte Schrittspannung auf. Die zugehörige Entfernung x_s von der Eingrabstelle erhält man durch Nullsetzen der zweiten Ableitung von Gl. (6.21) nach x. Das ergibt für den Tiefenerder $x_s = h/\sqrt{2} = 0{,}707h$.

Beispiel 6.2: In einem homogenen Erdreich mit der Leitfähigkeit $\kappa = 10^{-2}$ S/m wurde eine Metallplatte als Tiefenerder in $h = 10$ m Tiefe eingegraben. Bei einem Erdschluß fließen dem Erder $I = 2$ kA zu. Die Wirkung der Zuleitung zum Erder kann vernachlässigt werden. Mit $2a = 80$ cm als Schrittlänge erhält man dann auf der Erdoberfläche.

$$U_0 \approx 3200 \text{ V} \quad \text{und} \quad U_s = 0{,}03\, U_0 = 96 \text{ V}$$

im Abstand $x_s = 7{,}07$ m von der Eingrabstelle. Den Verlauf der Schrittspannung U_s in Abhängigkeit vom Verhältnis x/h für $h = 10$ m zeigt Bild 6.7. Bei Verdoppelung der Eingrabtiefe h wird auch x_s verdoppelt und die maximale Schrittspannung sinkt auf etwa den vierten Teil.

6.2.4 Koaxialkabel und Rohrerder. In Analogie zur Linienladung der Elektrostatik kann man sich eine Linienquelle der Länge l aus einer großen Anzahl von dichten Punktquellen $I\,\mathrm{d}x/l$ zu einer Reihe zusammengesetzt denken. Man erhält dann den gleichen Rechnungs-

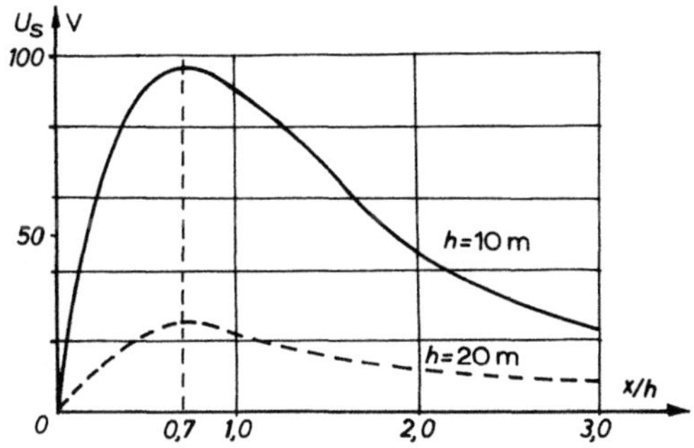

Bild 6.7
Verlauf der Schrittspannung beim Tiefenerder Beispiel 6.2 bei I = 2 kA und einer Schrittweite $2a$ = 0,8 m

gang wie bei der Linienladung in Kap. 4.1.3. Das Potential in einem beliebigen Punkt $P(x, y)$ lautet daher nach Gl. (4.12), wenn man Q und ϵ durch I und κ ersetzt.

$$\varphi = \frac{I}{4\pi\kappa l} \ln \frac{\sqrt{\left(x+\frac{l}{2}\right)^2 + y^2} + x + \frac{l}{2}}{\sqrt{\left(x-\frac{l}{2}\right)^2 + y^2} + x - \frac{l}{2}} . \tag{6.23}$$

Die Niveauflächen ergeben Rotationsellipsoide und in der xy-Ebene im Schnitt konfokale Ellipsen, wie in Bild 4.8, Kap. 4.1.3 zu erkennen ist.
Bei einer sehr langen Linienquelle kann der Einfluß der Enden vernachlässigt werden. Man erhält dann in Analogie zur Linienladung für die Stromdichte J und die Feldstärke E in axialem Abstand r von der Linienquelle

$$J = \frac{I}{2\pi r l} \quad \text{und} \quad E = \frac{I}{2\pi\kappa r l} \tag{6.24}$$

sowie für das Potential nach Gl. (4.13), wenn die notwendige Integrationskonstante wieder in r_0 enthalten sein soll,

$$\varphi = \frac{I}{2\pi\kappa l} \ln \frac{r}{r_0} . \tag{6.25}$$

Damit wird die Spannung zwischen zwei koaxialen und hinreichend langen Zylindern der Länge l, z.B. zwischen dem Kabelmantel (Radius R_a) und dem Innenleiter (Radius R_i) eines Koaxialkabels

$$U = \varphi_a - \varphi_i = \frac{I}{2\pi\kappa l} \ln \frac{R_a}{R_i} \tag{6.26}$$

oder der Isolationswiderstand

$$\boxed{R = \frac{1}{2\pi\kappa l} \ln \frac{R_a}{R_i}} \tag{6.27}$$

Wird ein zylindrischer Einzelleiter der Länge l vom Durchmesser d durch eine sich dicht an eine Linienquelle anschließende Niveaufläche (Rotationsellipsoid) angenähert, so kann man in Gl. (6.23) für die Leiteroberfläche setzen $x \approx 0$, $y \approx d/2$, so daß man für diese erhält

$$U_0 = \varphi = \frac{I}{4\pi\kappa l} \ln \frac{\sqrt{l^2 + d^2} + l}{\sqrt{l^2 + d^2} - l}. \tag{6.23a}$$

Für $d \ll l$ wird daraus mit der Näherung Gl. (5.15) gegenüber einem weit entfernten Punkt

$$U_0 \approx \frac{I}{2\pi\kappa l} \ln \frac{2l}{d}. \tag{6.28}$$

Für einen senkrecht in die Erde eingegrabenen Stab (Rohrerder) vom Durchmesser d wird damit der Übergangswiderstand, wenn $l_e = l/2$ die eingegrabene Stab-(Rohr-)Länge ist,

$$\boxed{R = \frac{1}{2\pi\kappa l_e} \ln \frac{4l_e}{d}} \tag{6.29}$$

Bem.: In Wirklichkeit ist der Übergangswiderstand eines (senkrechten) Rohrerders etwas kleiner, da bei einem zylindrischen Rohr der Durchmesser größer ist, als der mittlere Durchmesser d des Ellipsoides.

Die Berechnung des Spannungstrichters kann durch Einsetzen von I aus Gl. (6.28) in Gl. (6.23a) erfolgen. Das ergibt für den Potentialverlauf längs der Erdoberfläche $x = 0$ wegen $l_e = l/2$, wenn y die radiale Entfernung vom Rohrerder auf der Erdoberfläche ist,

$$\varphi = \frac{U_0}{2\ln\frac{4l_e}{d}} \ln \frac{\sqrt{y^2 + l_e^2} + l_e}{\sqrt{y^2 + l_e^2} - l_e}. \tag{6.30}$$

6.3 Elektronen- und Ionenströme

6.3.1 Wesen und Mechanismus der Elektrizitätsleitung. Voraussetzung für das Zustandekommen eines elektrischen Leitungsstromes ist das Vorhandensein von Elektrizitätsträgern. Praktisch sind das Elektronen, also negative Ladungsträger, und positive oder negative Ionen, also Moleküle oder Atome. Bei der Elektronenleitung erfolgt die Elektrizitätsleitung ausschließlich durch Elektronen, die Wirkung positiver Ladungsträger wird dabei im allgemeinen durch einen Mangel an Elektronen hervorgerufen. Bei der Ionenleitung handelt es sich um materielle Träger der Elementarladungen (Atom- oder Molekülionen). Im Gegensatz zur reinen Elektronenleitung ist somit die Ionenleitung oder die Beteiligung von Ionen an der Elektrizitätsleitung stets mit einem Materialtransport verbunden und daran kenntlich, wie beispielsweise die Elektrizitätsleitung in Elektrolyten (siehe „Allgemeine Elektrotechnik" [1.4]).

Je nachdem die Ladungsträger zur Aufrechterhaltung der Elektrizitätsleitung zusätzlich aufgebracht werden müssen oder nicht, unterscheidet man ferner zwischen einer selbstständigen und einer unselbständigen Elektrizitätsleitung. Bei der *selbständigen* Elektrizitätsleitung verschafft sich der Stromdurchgang selbst die erforderlichen Ladungsträger. Zusätzliche äußere Hilfsmittel sind zu ihrer Aufrechterhaltung nicht erforderlich, wie beispielsweise bei der Elektrizitätsleitung in Metallen (siehe „Allgemeine Elektrotechnik"

[1.4]). Bei der *unselbständigen* Elektrizitätsleitung müssen die Ladungsträger sämtlich oder zum Teil durch eine besondere Trägerquelle erzeugt und in die Entladungsbahn gebracht werden, wie bei der Elektrizitätsleitung im Vakuum.

6.3.2 Elektronenemission. Die das sogenannte *Elektronengas* bildenden Leitungselektronen in Metallen führen unregelmäßige Wärmebewegungen aus, deren Geschwindigkeitsverteilung durch die Wahrscheinlichkeitsgesetze gegeben ist. Ideale Gase gehorchen dabei der Maxwell-Verteilung nach Bild 6.8. Das Maximum dieser Verteilungskurve ergibt die wahrscheinlichste Geschwindigkeit v_m. Außerdem sind in Bild 6.8 noch der arithmetische Mitelwert $\bar{v}$ und der quadratische Mittelwert (Effektivwert) v_{eff} eingetragen. Rechnerisch findet man dabei

$$\bar{v} = \frac{2}{\sqrt{\pi}} v_m = 1{,}128\, v_m, \qquad v_{eff} = \sqrt{\tfrac{2}{3}}\, v_m = 1{,}223\, v_m. \tag{6.31}$$

Außerhalb des Metalls (Vakuum) gilt demnach für die mittlere kinetische Energie eines Elektrons nach der kinetischen Gastheorie

$$\frac{m v_m^2}{2} = kT, \qquad \frac{m v_{\text{eff}}^2}{2} = \frac{3}{2} kT, \tag{6.32}$$

worin k die Boltzmannsche Konstante (siehe Anhang) und T die absolute Temperatur. Überschreitet die Energie eines Elektrons einen bestimmten Grenzwert, so kann es den Leiter verlassen und in das Vakuum austreten. Durch den Verlust einer negativen Elementarladung erscheint der Leiter (Elektrode) positiv geladen. Ohne Vorhandensein eines äußeren Feldes wird daher auf das ausgetretene Elektron eine Rückholkraft ausgeübt. Ist der Abstand x des Elektrons von der Leiteroberfläche groß gegenüber den Atomabständen ($x > 10^{-7}$ cm), so kann die Leiteroberfläche als eben angesehen werden. Man erhält die Anordnung Punktladung – leitende Ebene (Kap. 5.1.3) und es wird die *Bildkraft* (Rückholkraft) nach Gl. (4.47) mit $Q_1 = -Q_2 = e$ und $r = 2x$ (Spiegelung!)

$$F = \frac{e^2}{16 \pi \epsilon_0 x^2}$$

oder das Potential wegen Gl. (3.3) und Gl. (3.9)

$$\varphi_x = \frac{e}{16 \pi \epsilon_0 x}.$$

In Atomnähe kann die Leiteroberfläche nicht mehr als eben betrachtet werden. Die Hyperbel in Bild 6.9 biegt daher in Atomnähe auf den Wert des Halte- oder Austritts-

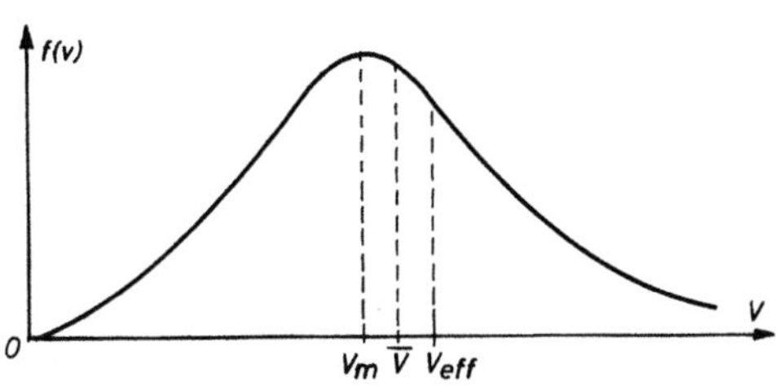

Bild 6.8 Maxwell-Verteilung

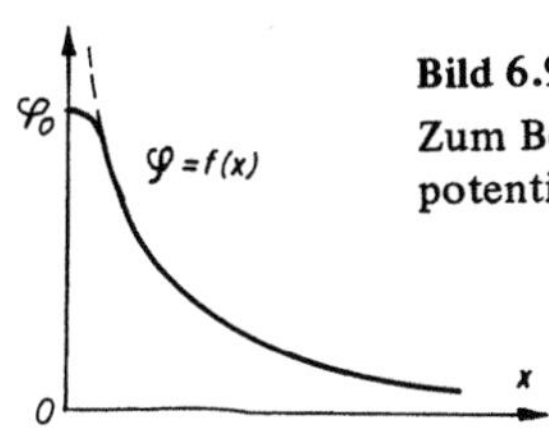

Bild 6.9 Zum Begriff des Austrittspotentials φ_0

Tabelle 6.1

Stoff	$\frac{\varphi_0}{\text{V}}$	$\frac{A_0}{\text{Ws}}$	$\frac{\nu_0}{\text{km/s}}$
Barium	1,5	$2{,}4 \cdot 10^{-19}$	730
Bariumoxyd	1,0	$1{,}6 \cdot 10^{-19}$	600
Kalzium	2,2	$3{,}2 \cdot 10^{-19}$	850
Platin	5,0	$8{,}0 \cdot 10^{-19}$	1330
Thorium	3,0	$5{,}0 \cdot 10^{-19}$	1050
Wolfram	4,6	$7{,}2 \cdot 10^{-19}$	1250

potentials φ_0 ab. Demnach erhält man für die Austrittsarbeit A_0 und die zugehörige Grenzgeschwindigkeit v_0

$$A_0 = e\varphi_0 = \frac{m v_0^2}{2}, \qquad v_0 = \sqrt{\frac{2e\varphi_0}{m}}. \tag{6.33}$$

Die Tabelle 6.1 enthält Zahlenwerte für φ_0, A_0 und v_0 einiger wichtiger Stoffe. Bei normalen Temperaturen liegen die Elektronengeschwindigkeiten weit unterhalb der Grenzgeschwindigkeit v_0.

In der Elektronentheorie ist es üblich, Geschwindigkeiten in „Volt" anzugeben. Man versteht darunter die Energie (Geschwindigkeit) eines Elektrons, die gerade ausreicht, um gegen den angegebenen Spannungswert (in Volt) „anzulaufen". Die Einheit „Elektronvolt" (eV) bedeutet dabei

$$\boxed{1\ \text{eV} = 1{,}60 \cdot 10^{-19}\ \text{Ws}} \tag{6.34}$$

Ein Elektronvolt (eV) ist diejenige Energie, die ein Elektron beim Durchlaufen einer Potentialdifferenz von 1 Volt aus dem Feld aufnimmt, oder dem Feld abgibt.

Die wichtigsten Möglichkeiten der Elektronenbefreiung aus Metallen im Vakuum sind:

1. Thermische Elektronenemission mittels Glühkathoden (Glühemission).
2. Feldemission bei kalter Kathode durch hohe Feldstärken.
3. Lichtelektrische Elektronenauslösung mittels Photokathoden (Photoeffekt).
4. Sekundäremission durch Aufprall von Ladungsträgern auf feste Oberflächen.

Bei der thermischen Elektronenemission wird ein Metall im Vakuum erhitzt (Energiezufuhr). Dadurch wird die Geschwindigkeitsverteilung der Leitungselektronen derart verschoben, daß ein wachsender Anteil von ihnen eine Energie erhält, die sie befähigt, das Metall zu verlassen und ins Vakuum zu treten.

Die Feldemission erfolgt bei kalter Kathode allein durch die Wirkung eines starken elektrischen Feldes an der Kathodenoberfläche. Die hierfür erforderlichen Feldstärken liegen in der Größenordnung von 10^4 kV/cm und lassen sich z.B. an dünnen Drähten und Spitzen erreichen.

Bei der lichtelektrischen Elektronenemission wird eine Metall- oder Halbleiterfläche (Photokathode) mit genügend kurzwelligem (ultraviolettem) Licht bestrahlt, wodurch es zur Auslösung von Photoelektronen kommt. Mit h als Plancksches Wirkungsquantum (siehe Anhang) und f als Frequenz der einfallenden Strahlung beträgt die auftreffende Lichtenergie hf (Energieinhalt der Lichtquanten); sie wird teils in kinetische Energie der

Elektronen umgewandelt, teils zur Bestreitung der Elektronen-Austrittsarbeit $A_0 = hf_a$ aufgebraucht, so daß

$$hf = \frac{mv^2}{2} + hf_a$$

oder

$$h(f - f_a) = hf - A_0 = \frac{mv^2}{2}.$$

Nur bei $f > f_a$ verbleibt ein Energieüberschuß, der in kinetische Energie der Elektronen umgewandelt wird. Die Austrittsgeschwindigkeit der Elektronen kann daher bei Bestrahlung mit hinreichend kurzwelligem Licht sehr hoch werden.

Elektronen großer Geschwindigkeit können schließlich auch beim Auftreffen auf eine feste (metallische) Oberfläche Sekundärelektronen aus dieser auslösen. Der durch eine solche Sekundäremission ausgelöste Elektronenstrom kann dabei stärker sein als der auftreffende Primärelektronenstrom und besteht aus reflektierten Primärelektronen und ausgelösten Sekundärelektronen. Sekundäremission kann auch durch positive Ionen ausgelöst werden. Technische Anwendung findet die Sekundäremission u.a. zur Verstärkung schwacher Elektronenströme, vorzugsweise von Photoströmen im Sekundärelektronen-Verstärker.

Treffen sehr schnelle Elektronen auf einen festen Körper, insbesondere auf Metalle mit hohem Atomgewicht, so entstehen Röntgenstrahlen. Das sind Strahlen sehr kurzer Wellenlänge von etwa 10^{-5} bis 10^{-8} mm, was einer Frequenz von etwa 10^{10} bis 10^{13} MHz entspricht.

Die Röntgenstrahlung (Röntgenlicht) setzt sich aus zwei auf grundsätzlich verschiedene Weise entstandene Teilstrahlungen zusammen, das sind die *Bremsstrahlung* und die charakteristische Strahlung oder *Eigenstrahlung*. Die Bremsstrahlung entsteht als Abstrahlung durch die Bremsung der Elektronen im Kraftfeld der Ionen des festen Körpers der als Anode dienenden Antikathode. Die Eigenstrahlung erfolgt dagegen durch Rückfallen der Elektronen des Antikathodenmaterials in ihre Grundbahnen, aus denen sie durch das Auftreffen der schnellen Elektronen „gehoben“ wurden. Es handelt sich dabei um Elektronen der inneren Schalen bzw. der tiefer liegenden Energiebänder. Die Bremsstrahlung ist daher um so intensiver – „härter“ – je größer die Geschwindigkeit der auf die Antikathode auftreffenden Elektronen (Anodenspannung) ist. Die Eigenstrahlung ist dagegen vom Material der Antikathode abhängig.

6.3.3 Elektrizitätsleitung im Hochvakuum. Die Kennlinie der Elektrizitätsleitung im Hochvakuum zeigt Bild 6.10. Es handelt sich um eine unselbständige Elektrizitätsleitung mit den drei Hauptgebieten, dem Anlaufgebiet *a*, dem Raumladungsgebiet *b* und dem Sättigungsgebiet *c*.

Im Anlaufgebiet wird der Anlaufstrom durch Elektronen mit $v > v_0$ nach Gl. (6.33) gebildet, er ist demnach sehr klein. Aus dem Maxwellschen Verteilungsgesetz erhält man für den Anlaufstrom die Beziehung

$$I_{an} = I_s \, e^{U_a/U_m}. \qquad (6.35)$$

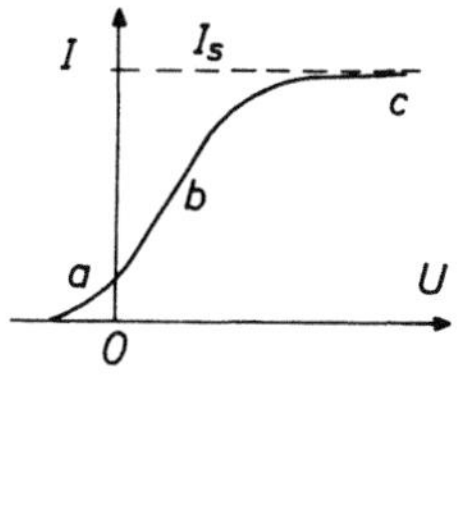

Bild 6.10
Kennlinie der Elektrizitätsleitung im Hochvakuum

Hierbei ist I_s der Sättigungsstrom, U_a die im Anlaufgebiet negative Anodenspannung und U_m die mittlere Anlaufspannung oder Temperaturspannung. Diese wird nach Gl. (4.56) mit Gl. (6.32)

$$U_m = \frac{m v_m^2}{2e} = \frac{kT}{e}. \tag{6.36}$$

Bei $U_a = 0$ müßte der Sättigungsstrom I_s einsetzen, was jedoch der Einfluß der Raumladung vor der Kathode verhindert, da diese auf die austretenden Elektronen eine abstoßende Wirkung ausübt, die erst durch eine höhere Anodenspannung kompensiert werden muß. Der Potentialverlauf zwischen Kathode und Anode, Bild 6.11, zeigt deshalb infolge der negativen Raumladung ein ausgesprochenes Minimum, eine sogenannte Potentialschwelle φ_s (Raumladungsschwelle), die von den anlaufenden Elektronen überwunden werden muß.

Die Größe von φ_s stellt sich so ein, daß im ganzen Raum die Raumladungsgleichung erfüllt ist. Nur Elektronen mit $\varphi > \varphi_s$ können die Potentialschwelle überschreiten. Die von der Höhe der Anodenspannung abhängige Raumladung bestimmt dabei Ort und Größe (x_s, φ_s) der Potentialschwelle, diese wiederum die Verteilung der vor- und rückwärtslaufenden Elektronen. Mit zunehmender Anodenspannung verschiebt sich φ_s immer weiter zur Kathode. Das Anlaufstromgesetz gilt dann nur noch innerhalb des Bereiches $0 < x < x_s$.

Die Raumladungswolke vor der Kathode verhindert einen plötzlichen Übergang vom Anlaufgebiet in das Sättigungsgebiet, dieser erfolgt allmählich über das Raumladungsgebiet. Bei Steigerung der Anodenspannung dringt dabei das Feld immer tiefer in die Raumladungswolke ein, so daß die Elektronen zur Anode abzuwandern beginnen. Je größer die Anodenspannung, um so mehr Elektronen wandern ab, um sich am Strom zu beteiligen. Im Raumladungsgebiet gelten Gl. (3.12) und Gl. (5.1)

$$\operatorname{div} \boldsymbol{D} = \rho \quad \text{und} \quad \Delta\varphi = -\frac{\rho}{\epsilon}.$$

Ist die Geschwindigkeit der aus der Elektronenwolke abwandernden Elektronen $v = \mathrm{d}x/\mathrm{d}t$, so wird die Raumladungsdichte mit V als Volumen

$$\rho = \frac{\mathrm{d}Q}{\mathrm{d}V} = \frac{I\,\mathrm{d}t}{\mathrm{d}x\,\mathrm{d}A} = \frac{J}{v}$$

oder, wenn die Austrittsgeschwindigkeit v_0 vernachlässigt wird, mit v aus Gl. (4.56) für $U = \varphi$

$$\rho = \sqrt{\frac{mJ^2}{2e}} \cdot \frac{1}{\sqrt{\varphi}}.$$

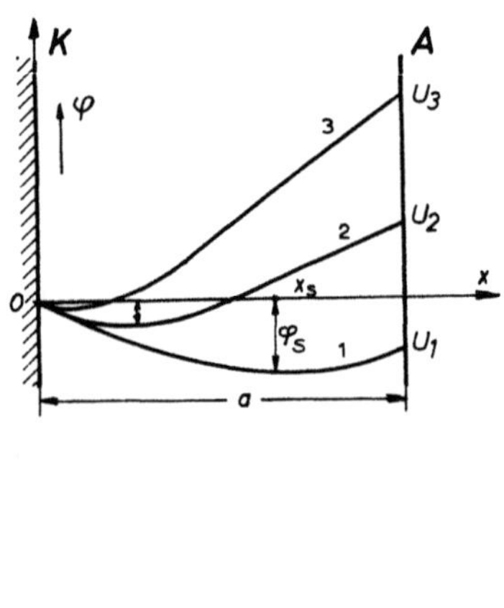

Bild 6.11

Angenäherter Potentialverlauf zwischen ebener Glühkatode K und paralleler Anode A

Für eine zylindrische Anordnung nach Bild 6.12 wird dann bei Annahme einer konstanten Stromdichte J mit C als Konstante

$$\frac{\rho}{\epsilon_0} = \frac{J}{\epsilon_0 v} = \frac{I}{2\pi l \epsilon_0} \cdot \frac{1}{rv} = \frac{C}{r\sqrt{\varphi}}. \qquad (6.37)$$

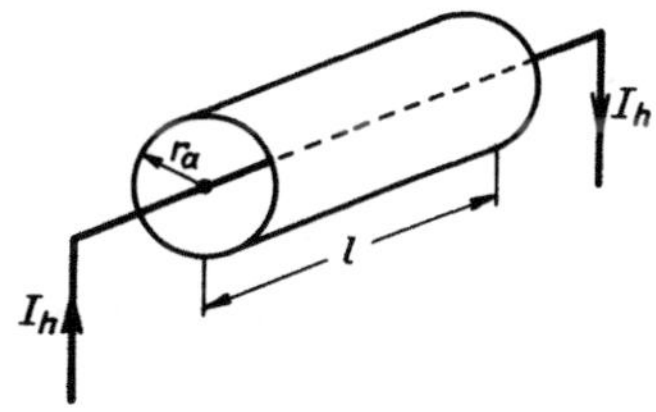

Bild 6.12

Zur Ableitung des Raumladungsgesetzes für eine zylindrische Anordnung

Da es sich in Bild 6.12 um eine rotationssymmetrische Anordnung handelt, lautet die Raumladungsgleichung

$$\Delta\varphi = \frac{\partial^2\varphi}{\partial r^2} + \frac{1}{r}\frac{\partial\varphi}{\partial r} = \frac{C_1}{r\sqrt{\varphi}}. \qquad (6.38)$$

Der Lösungsansatz

$$\varphi = C_2 r^n$$

in Gl. (6.38) eingesetzt, ergibt

$$n^2 C_2 r^{3/2\,n-1} = C_1 C_2^{-1/2}. \qquad (6.39)$$

Da C_1 und C_2 von r unabhängig sind, muß der Exponent von r verschwinden. Also wird

$$n = \frac{2}{3}, \qquad C_1 = \frac{4}{9} C_2^{3/2}.$$

Setzt man noch an der Anode $(r = r_a)\,\varphi = U$, so wird aus Gl. (6.39)

$$C_2 = U r_a^{-2/3}, \qquad C_1 = \frac{4}{9} r_a^{-1} U^{3/2}.$$

Damit erhält man, da nach Gl. (6.37)

$$I = 2\pi\epsilon_0 l C_1 \sqrt{\frac{2e}{m}},$$

bei Zusammenfassung aller Konstanten als *Perveanz K* das *Raumladungsgesetz* („$U^{3/2}$-Gesetz")

$$\boxed{I = K U^{3/2}} \qquad (6.40)$$

Es hat in dieser Form für beliebig geformte Elektroden Gültigkeit. Die Perveanz K ist dagegen von der Elektrodenform abhängig. Im Raumladungsgebiet hat somit das Ohmsche Gesetz keine Gültigkeit, da die Beweglichkeit der Elektronen nicht mehr der Feldstärke proportional ist. Das Raumladungsgebiet der Kennlinie ist ihr technisch wichtigster Teil.

Beispiel 6.3: Für eine Anordnung aus zwei unendlich ausgedehnten, parallelen und ebenen Eletroden in der yz-Ebene mit der einen Elektrode als Glühkathode ($x = 0$) und $\varphi = 0$ und der zweiten Elektrode als Anode im Abstand $x = a$ mit $\varphi = U$ lautet die Raumladungsgleichung mit den gleichen Annahmen wie bei der zylindrischen Anordnung

$$\Delta\varphi = \frac{d^2\varphi}{dx^2} = \frac{C_1}{\sqrt{\varphi}} \,. \tag{6.38a}$$

Der Ansatz

$$\varphi = C_2 x^n$$

ergibt $n = 4/3$ und wegen $\varphi = U$ bei $x = a$ für die Konstante

$$C_2 = U a^{-4/3}.$$

Damit werden Potential φ und Feldstärke E an der Stelle x

$$\varphi = U\left(\frac{x}{a}\right)^{4/3}, \qquad E = \left|\frac{d\varphi}{dx}\right| = \frac{4}{3} U \sqrt[3]{\frac{x}{a^4}} \tag{6.41}$$

oder

$$\rho = -\epsilon_0 \frac{d^2\varphi}{dx^2} = -\frac{4}{9} \frac{\epsilon_0 U}{\sqrt[3]{a^4 x^2}} \,. \tag{6.42}$$

Mit A als Elektrodenfläche beträgt die Gesamtladung

$$Q = \int_0^a \rho A \, dx = \frac{4}{3} \epsilon_0 \frac{UA}{a} = CU.$$

Die Kapazität C der Elektrodenanordnung beträgt somit beim Vorhandensein einer Raumladung zwischen den Elektroden

$$C = \frac{Q}{U} = \frac{4}{3} \epsilon_0 \frac{A}{a} = \frac{4}{3} C_0, \tag{6.43}$$

wenn C_0 die Kapazität ohne Raumladung ist. Durch eine negative Raumladung vor der Kathode wird nämlich der Abstand a zwischen Kathode und Anode auf $a - x_s$ verkürzt. Hierbei ist der Ort des Raumladungsschwerpunkts x_s in Bild 6.11 mit Gl. (6.42)

$$x_s = \frac{1}{Q} \int_0^a A \rho x \, dx = \frac{1}{3} a^{-1/3} \int_0^a x^{1/3} \, dx = \frac{1}{4} a. \tag{6.44}$$

Für den Strom I erhält man mit Gl. (6.42) für $x = a$ wieder das Raumladungsgesetz

$$I = \rho v A = \frac{4}{9} \frac{\epsilon_0 A}{a^2} \sqrt{\frac{2e}{m}} U^{3/2} = K U^{3/2}. \tag{6.40a}$$

Da die Elektronen gegen die Potentialschwelle φ_s anlaufen müssen, wird auch ihre mittlere Geschwindigkeit geringer als im raumladungsfreien Feld. Kennzeichnen im folgenden die gestrichenen Werte die Größen bei vorhandener Raumladung, so ist zwar an der Anode $x = a$

$$v_a' = v_a = \sqrt{\frac{2e}{m}} U^{1/2}, \qquad v \ll c$$

jedoch bereits für $x = a/2$ beträgt wegen Gl. (5.47) und Gl. (6.41)

$$v' = 0{,}63\, v_a, \qquad v = 0{,}71\, v_a.$$

Entsprechend betragen die Elektronenlaufzeiten für die Strecke a

$$\tau = \int_0^a \frac{dx}{v} = \sqrt{\frac{am}{2eU}} \int_0^a \frac{dx}{\sqrt{x}} = 2a\sqrt{\frac{m}{2eU}}; \qquad \tau' = 3a\sqrt{\frac{m}{2eU}} = 1{,}5\,\tau. \tag{6.45}$$

Da $I \sim v$, arbeiten Elektronenröhren in der Regel mit hohen Anodenspannungen und kleinen Stromstärken, also mit geringen Steilheiten und großen inneren Widerständen. In gasgefüllten Röhren (Ionenröhren) kompensieren dagegen die positiven Ionen die Raumladung der negativen Elektronen. Man erhält daher bei bereits niedrigen Spannungen relativ große Ströme.

Im Sättigungsgebiet ist eine Stromerhöhung durch weitere Steigerung der Anodenspannung nicht möglich, da die Feldstärke bereits so groß geworden ist, daß alle Elektronen sofort zur Anode fortgeschafft werden. Die Auswertung der Wahrscheinlichkeitsgesetze ergibt dabei für die Stromdichte die *Richardsonsche Formel*

$$J_s = a\,T^2\,e^{-b/T}. \tag{6.46}$$

Hierin sind a und b Konstanten. Für alle reinen Metalle beträgt nach *Schottky*

$$a = 60{,}2\,\frac{A}{cm^2 \cdot K^2}, \qquad \text{während} \quad b = \frac{A_0}{k}$$

eine Materialkonstante ist, gegeben durch das Verhältnis der Austrittsarbeit zur Boltzmannschen Konstante. b kann aus Tabelle 6.1 berechnet werden.
Die auf die Anode auftreffenden Elektronen werden schließlich zu Leitungselektronen, wobei ihre kinetische Energie einschließlich der Austrittsarbeit in Form von Wärme frei wird. Dabei können die Elektronen bei hohen Anodenspannungen so stark beschleunigt werden, daß sie beim Auftreffen auf die Anode diese zur hellen Glut erhitzen.

Zusammengefaßt gilt:

> Die Elektrizitätsleitung im Hochvakuum ist eine unselbständige Elektrizitätsleitung, die nur durch Hineinbringen der Elektrizitätsträger (Auslösen von Elektronen aus der Kathode) aufrechterhalten werden kann.

Die Elektrizitätsleitung im Hochvakuum bildet das Gebiet der Vakuumelektronik (Gebiet der Elektronenröhren) und hat große technische Bedeutung erlangt.
Zum physikalischen Verständnis der Vorgänge soll noch folgende Betrachtung dienen.

Beispiel 6.4: Befindet sich ein Elektron e in einem elektrischen Feld der Stärke E zwischen Kathode und Anode, so wird auf das Elektron eine Kraft ausgeübt vom Betrag

$$F = eE = e\,|\text{grad}\,\varphi| = e\,\frac{d\varphi}{dn}.$$

Die vom Elektron aufgenommene Leistung wird dabei

$$P = Fv_n = e\,\frac{d\varphi}{dn}\frac{dn}{dt} = e\,\frac{d\varphi}{dt},$$

wobei dn ein Wegelement in Feldrichtung (normal zu den Äquipotentialflächen) ist. Diese dem Elektron zugeführte Leistung muß dem Feld entnommen, also von einer äußeren, das Feld aufrechterhaltenden Spannungsquelle zugeführt werden. Ist eine solche Spannungsquelle nicht vorhanden, so würde das elektrische Feld zusammenbrechen (Entladung der Elektroden). Im Außenkreis muß demnach ein Strom fließen. Seine Größe wird bei konstanter Anodenspannung U und homogenem Feld zwischen Anode und Kathode im Abstand a

$$i = \frac{P}{U} = \frac{e}{U}\frac{d\varphi}{dt} = \frac{e}{U}E v_n = \frac{e v_n}{a}.$$

Der Strom ist also der Ladung des Trägers und der Trägergeschwindigkeit relativ zu den Elektroden proportional. Dabei ist offensichtlich, daß eine Bewegung eines Ladungsträgers längs einer Potentiallinie keinen Strom im äußeren Kreis zur Folge haben kann.

Der Strom im Außenkreis hält solange an, bis sich kein *bewegter* Ladungsträger mehr zwischen den Elektroden befindet. Eine Stromerhöhung ist demnach möglich:

1. durch Erhöhung der Trägerzahl,
2. durch Vergrößern der Trägergeschwindigkeit (Anodenspannung).

6.3.4 Kennlinie der Gasentladung. Bei der Elektrizitätsleitung in Gasen (Gasentladung) treten neben Elektronen in vermehrtem Maße positive und auch negative Ionen auf. Da Gas jedoch im natürlichen Zustand aus elektrisch neutralen Atomen besteht, müssen vorerst Ladungsträger in den Entladungsraum gebracht werden. Die Entladung wird selbstständig, sobald es zu einer Trägerbildung ohne zusätzliche äußere Hilfsmittel kommt. Zur wichtigsten Trägerbildung führt die Stoßionisation, also eine Ionisierung durch Stoß mit energetischen Wechselwirkungen. Ein solches Zusammentreffen von Teilchen kann in Form eines rein elastischen Stoßes erfolgen, kann jedoch durch Energieübertragung vom stoßenden auf das gestoßene Teilchen zur Anregung (Vorstufe der Ionisierung) oder zur Ionisierung des gestoßenen Teilchens führen. Auch ist eine Trägerbildung z.B. durch Erhitzen des Gases oder durch Bestrahlen mit hinreichend kurzwelligem Licht, beispielsweise mit Röntgenlicht möglich. Man spricht dann von einer Temperaturionisation bzw. einer Ionisation durch Strahlungsabsorption. Die zur Ionisierung im elektrischen Feld erforderliche Mindestspannung, die *Ionisierungsspannung* U_i hat für jedes Gas je nach Atomaufbau einen charakteristischen Wert. Einige Ionisierungsspannungen enthält Tabelle 6.2.

Damit es im elektrischen Feld überhaupt zur Ionisation kommen kann, muß zunächst für die freie Weglänge λ_w eines Teilchens der Ladung e gelten

$$eE\lambda_w \geqslant eU_i.$$

Daraus erhält man als *Ionisierungsbedingung*

$$\boxed{E\lambda_w \geqslant U_i} \tag{6.47}$$

Diese Bedingung ist zwar notwendig aber noch nicht hinreichend, da auch die Wahrscheinlichkeit gegeben sein muß, daß ein Stoß überhaupt zur Ionisierung führt.

Tabelle 6.2

Element	$\frac{U_i}{V}$	Element	$\frac{U_i}{V}$
Argon	15,7	Xenon	12,1
Helium	25,5	Quecksilberdampf	10,4
Neon	21,5	Natriumdampf	5,1
Krypton	14,0	Kaliumdampf	4,3

Den schematischen Verlauf der vollständigen Kennlinie der Gasentladung im logarithmischen Maßstab zeigt Bild 6.13. Im Gebiet der unselbständigen Entladung ist die Stromstärke I sehr klein. Sobald alle von der Kathode emittierten Elektronen die Anode erreicht haben, beginnt das Gebiet der Sättigung a–b. Eine weitere Erhöhung der Feldstärke (Spannung) bewirkt schließlich eine solche Geschwindigkeitssteigerung der Elektronen, daß deren kinetische Energie ausreicht, um die Entladungsbahn zu ionisieren; es kommt damit zu einem starken Stromanstieg, mit dem der Übergang zur selbständigen Entladung mit den beiden Hauptformen Glimmentladung und Bogenentladung eingeleitet wird.

Geht man dabei von einem an der Kathode erzeugten Elektron aus, so vermehrt sich dieses nach dem ersten Zusammenstoß mit einem Gasteilchen auf insgesamt zwei Elektronen und einem positiven Ion. Nach einem Zusammenstoß dieser beiden Elektronen mit je einem weiteren Gasteilchen ergeben sich zusätzlich zwei weitere Elektronen und zwei positive Ionen. Schließlich entsteht eine „Elektronenlawine", die sich zur positiven Anode bewegt. Kennzeichnet man dabei die von einem Elektron im Mittel durch stoßerzeugten Trägerpaare je cm Weglänge durch die Ionisierungszahl α und befinden sich im Abstand x von der Kathode z Elektronen je Flächeneinheit, so vermehrt sich ihre Anzahl zwischen x und $x + \mathrm{d}x$ um

$$\mathrm{d}z = z\,\alpha\,\mathrm{d}x \quad \text{oder} \quad \frac{\mathrm{d}z}{z} = \alpha\,\mathrm{d}x.$$

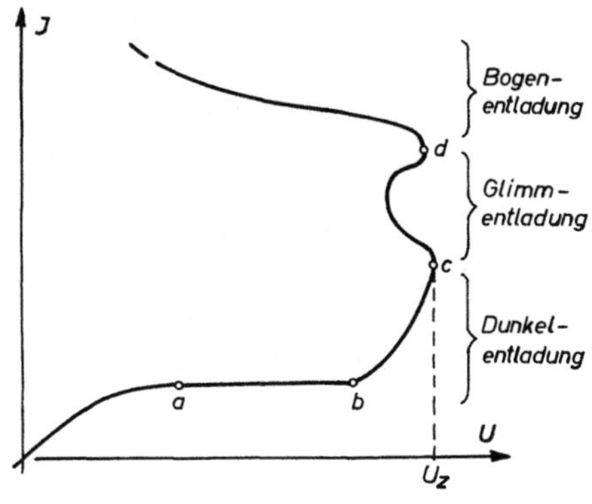

Bild 6.13

Kennlinie der Elektrizitätsleitung in Gasen in logarithmischem Maßstab. a–b Gebiet der Sättigung, b–c Gebiet der Stoßionisation

Daraus durch Integration, wenn der Elektrodenabstand (Kathode–Anode) $x = d$ ist und z_0 Elektronen aus der Kathode austreten,

$$z = z_0\,\mathrm{e}^{\alpha d}.$$

Somit wird im homogenen Feld, wenn nur die Beteiligung der Elektronen an der Elektrizitätsleitung betrachtet wird (unselbständiger Entladung),

$$I = I_s\,\mathrm{e}^{\alpha d}$$

mit I_s als Sättigungsstrom. Gleichzeitig wandern $z_0\,(\mathrm{e}^{\alpha d} - 1)$ positive Ionen zur Kathode, die dort durch Aufnahme je eines Elektrons neutralisiert werden. Die hierfür erforderliche Austrittsarbeit wird aus der Ionisierungsenergie gedeckt.

Ist die kinetische Energie der positiven Ionen genügend groß, so kommt es durch sie zu einer Auslösung von Elektronen aus der Kathode. Die $z_0\,(\mathrm{e}^{\alpha d} - 1)$ positiven Ionen werden $\gamma z_0\,(\mathrm{e}^{\alpha d} - 1)$ Elektronen aus der Kathode auslösen, die wiederum bis zur Anode auf

$\gamma z_0 (e^{\alpha d} - 1) e^{\alpha d}$ angewachsen sind usw. Die Stromstärke steigt damit an und man erhält den Strom

$$I = I_s \frac{e^{\alpha d}}{1 - \gamma (e^{\alpha d} - 1)}. \tag{6.48}$$

Zum Übergangsgebiet zählt die sogenannte *Townsendentladung*, die noch zum Gebiet des dunklen Vorstromes gezählt wird, bei dem die auftretenden Raumladungen noch so unbedeutend sind, daß sie den Mechanismus der Entladung fast nicht beeinflussen. Weitere Zwischenentladungen sind die *Büschelentladung*, die *Korona* und der *Funke*. Die Korona kann noch als Form der Townsendentladung angesprochen werden. Sie tritt an stark gekrümmten Leiteroberflächen auf, insbesondere an dünnen Drähten und Spitzen (Hochspannungsseilen). Dort bildet sie einen leuchtenden Kranz aus angeregten Gasatomen, deren Elektronen auf „gehobenen" Quantenbahnen unter Abgabe der aufgenommenen und zur Ionisierung nicht ausreichenden Energie wieder in ihre Grundbahnen zurückfallen. Die leuchtende Oberfläche wird durch die Korona vergrößert und das Gebiet kleinerer Feldstärken wieder erreicht, so daß die Leuchterscheinung begrenzt bleibt.
Die Entstehung der sichtbaren Entladung bezeichnet man als Zündung. Sie ist gekennzeichnet durch die Zündspannung U_z (Punkt c in Bild 6.13). Mit der Zündung beginnt das Gebiet der selbständigen Entladung. Die Zündspannung wird daher auch als Anfangsspannung bezeichnet. Während aber die Anfangsspannung tatsächlich den Beginn der eigentlichen selbständigen Entladung angibt, braucht damit infolge des Zündverzugs noch keine Zündung einzutreten, wenn nämlich die nötige Anzahl von Trägern an günstigen Stellen des Gasraumes nicht sichergestellt ist.
Die *Zündbedingung* kann durch folgende Überlegung ermittelt werden. Im Punkt c der Kennlinie Bild 6.13 ist der Strom I sehr groß gegenüber dem Sättigungsstrom I_s. Man kann daher setzen $I_s/I \to 0$, d.h. Nullsetzen des Nenners in Gl. (6.48). Das ergibt als Zündbedingung (Anfangsbedingung) für das homogene Feld

$$\gamma (e^{\alpha d} - 1) = 1$$

oder

$$\boxed{\alpha d = \ln\left(1 + \frac{1}{\gamma}\right)} \tag{6.49}$$

Da ein Elektron auf seinem Wege zur Anode $e^{\alpha d} - 1$ positive Ionen durch Stoß erzeugt, sagt Gl. (6.49) aus, daß ein von der Kathode ausgehendes Elektron auf seinem Weg zur Anode so viele positive Ionen erzeugen muß, daß deren Anzahl ausreicht, um wieder ein Elektron, also die Ausgangsanzahl, aus der Kathode auszulösen. Hierdurch wiederholt sich das gleiche Spiel, die Entladung erhält sich selbständig. Das Selbständigwerden der Entladung ist also in erster Linie durch das Mitwirken der positiven Ionen zur Elektronenbildung bedingt. Die Mitwirkung derselben erfolgt dabei in einem solchen Maße, daß äußere Ionisierungsmittel nicht mehr erforderlich sind.

6.3.5 Glimm- und Bogenentladung. Äußerlich ist die Glimmentladung an charakteristischen Leuchterscheinungen kenntlich, die von Fall zu Fall verschieden sein können, aber gemeinsame Kennzeichen aufweisen. Sie sind am besten in sauberen Edelgasen bei nicht zu geringen Drücken zu erkennen. So ist in Bild 6.14 beginnend mit der Kathode

1. Eine dünne, schwach leuchtende Glimmhaut, die die Kathode bedeckt, unter Umständen auch von der Kathode durch eine sehr dünne lichtlose Schicht, den sogenannten *Astonschen Dunkelraum*, getrennt sein kann.
2. Der *Hittorfsche Dunkelraum*, eine sehr schwach leuchtende Wolke.
3. Das *negative Glimmlicht*, die hellste Leuchtschicht, die mit scharfer Begrenzung beginnt und allmählich in
4. den *Faradayschen Dunkelraum* übergeht. Dieser ist ein sehr schwach leuchtender Teil, der weit von der Kathode wegragt. Er reicht entweder bis zur Anode oder geht in
5. die *positive Säule* über.

Die einzelnen Teile der Glimmentladung hängen stark von der Form der Röhre und dem Gasdruck ab. Wird dabei die Entladungsstrecke verkürzt, so geht es stets auf Kosten der positiven Säule, die schließlich ganz verschwindet. Eine weitere Verkürzung der Entladestrecke führt zum Abreißen der Entladung. Die der Kathode benachbarten Teile bis zum Faradayschen Dunkelraum müssen daher immer vorhanden sein, wenn eine Glimmentladung erhalten bleiben soll. Diesen Teil der Entladungsstrecke bezeichnet man als *Kathodenfall*.

Der Kathodenfall U_K umfaßt den größten und wesentlichsten Teil des Spannungsgefälles, Bild 6.15. Dort vor der Kathode überwiegen die längs der Entladestrecke gebildeten positiven Ionen und bilden eine positive Raumladung. Dadurch entsteht ein starkes Potentialgefälle, der Kathodenfall. Dort erhalten die Elektronen auch die notwendige Beschleunigung zur Ionisierung, aus der Kathode erfolgt ferner die Auslösung der zur Aufrechterhaltung der selbständigen Entladung notwendigen Anzahl von Elektronen durch die positiven Ionen. Innerhalb der positiven Säule steigt das Potential dagegen nur unmerklich an, um schließlich kurz vor der Anode um den Anodenfall U_A wieder anzusteigen, da sich dort eine Raumladung aus auffliegenden Elektronen und negativen Ionen gebildet hat.

Im einzelnen erhält man folgendes Bild:

Im Astonschen Dunkelraum reicht die Energie der Elektronen noch nicht zur Anregung aus, diese erfolgt erst im Gebiet der Glimmhaut an der Kathode. Anschließend werden die Elektronen stark beschleunigt. (Hauptgebiet des Kathodenfalls.) Aus der Erfahrungstatsache, daß schnellere Elektronen, die nur kürzere Zeit auf ein Gasteilchen einwirken, weniger zur Anregung neigen, erklärt sich die Abnahme der Lichtintensität (Hittorfscher Dunkelraum). Im Gebiet des negativen Glimmlichtes werden die hochbeschleunigten Elektronen durch Abgabe ihrer Energie stark gebremst, es kommt somit zur Anregung

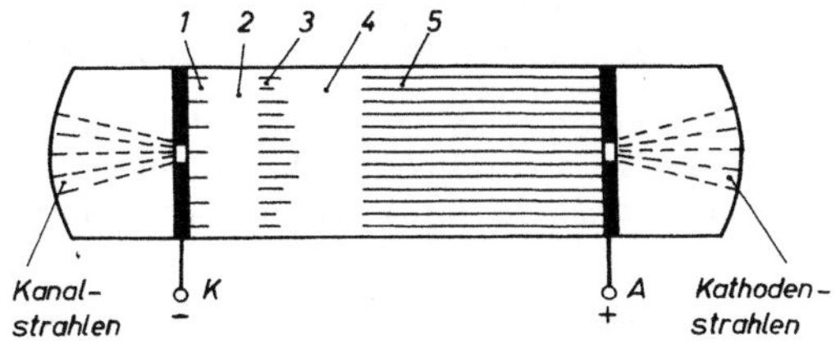

Bild 6.14 Glimmentladung

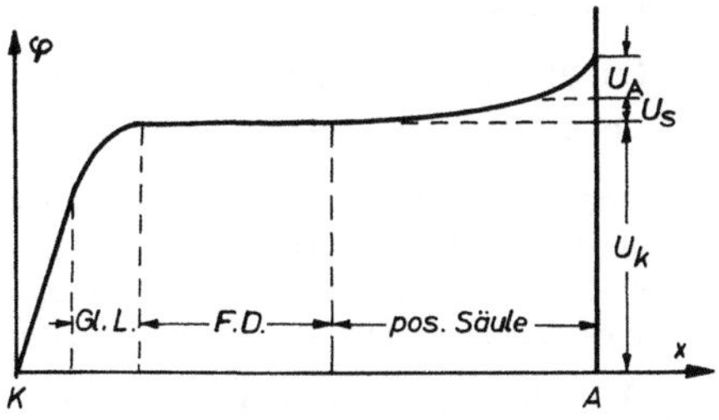

Bild 6.15 Potentialverlauf in einer Glimmentladung

und Stoßionisation. Damit erscheinen die positiven Ionen, die zusammen mit den Elektronen eine Raumladung bilden. Die Gesamtdichte wird $\rho \approx 0$, also $E \approx$ const. Folglich herrscht ein Gleichgewichtszustand. Die abgebremsten Elektronen haben ihre ionisierende und lichtanregende Tätigkeit stark eingebüßt, über den Faradayschen Dunkelraum ist das Gebiet der positiven Säule erreicht. Ein Überschuß an positiver Ladung würde das Feld gegenüber der Anode schwächen und daher die Elektronen weiterhin abbremsen, Mangel an positiver Ladung würde dagegen einen Überschuß an Elektronen und damit ein starkes weiterhin beschleunigendes Feld ergeben. Diese Gleichgewichtsverhältnisse pflanzen sich durch die ganze positive Säule fort, vgl. Bild 6.15. Die positive Säule besteht demnach aus einem leitenden Gemisch neutraler Gasmoleküle, Elektronen und durch Anlagerung entstandener negativer Ionen und angeregter Atome. Ein solches Gemisch bezeichnet man als Plasma; es ist gekennzeichnet durch eine nahezu verschwindende Raumladungsdichte $\rho \approx 0$.

Die Kennlinie der Glimmentladung zeigt Bild 6.16, die Röhre ist dabei über einen Widerstand R an eine Gleichspannungsquelle der Spannung U_0 angeschlossen. Beim Erreichen der Zündspannung U_z zündet die Entladung und springt auf den Punkt P. Die an der Röhre zur Verfügung stehende Spannung fällt dabei auf den Wert

$$U = U_0 - IR.$$

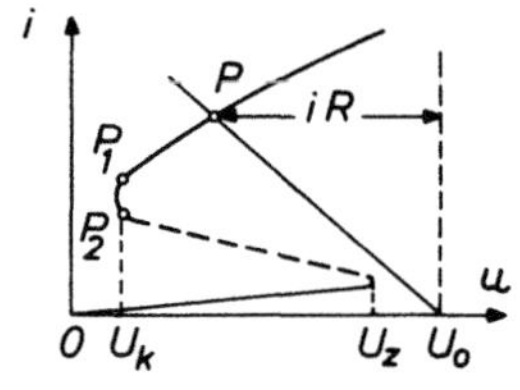

Bild 6.16 Kennlinie der Glimmentladung

Durch Verändern der Spannung U_0 oder des Vorwiderstandes R kann die Kennlinie durchlaufen werden. Zwischen den Punkten P_1 und P_2 bleibt die Spannung nahezu konstant, es ist das Gebiet des normalen Kathodenfalls U_K, gekennzeichnet durch eine annähernd konstante Stromdichte J. In diesem Bereich nimmt die Bedeckung der an der Entladung teilnehmenden Kathodenfläche proportional mit der abnehmenden Stromstärke ab, bis die Entladung im Punkt P_2 abreißt. Der untere Teil der Kennlinie kann nur mit einem hinreichend großen Vorwiderstand, also bei genügend kleiner Steigung der Widerstandsgeraden in Bild 6.16 erreicht werden. Die Höhe des Kathodenfalls hängt in weiten Grenzen vom Gasdruck, vom Kathodenmaterial und von der Gasart ab. Die kleinsten Kathodenfälle erhält man in Edelgasen, z.B. Argon gegen Kalium mit $U_K = 64$ V.

Die Glimmentladung ist eine raumladungsbeschwerte selbständige Entladungsform bei *kalter* Kathode und relativ geringer Stromdichte.

Dabei ist zu beachten, daß eine Glimmlampe wegen der fallenden Kennlinie niemals ohne Vorwiderstand an eine Spannungsquelle angeschlossen werden darf (Kurzschluß!).

Sind die Elektroden wie in Bild 6.14 durchbohrt, so erhält man an der Anode: *Kathodenstrahlen*, das sind Elektronenstrahlen, an der Kathode: *Kanalstrahlen*, das sind positive Ionenstrahlen. Handelt es sich um hochbeschleunigte Heliumionen, so bezeichnet man sie als α-Strahlen. Hochbeschleunigte Elektronen bezeichnet man als β-Strahlen.

Wird bei der Glimmentladung der Strom weiter gesteigert, so geht diese in eine Bogenentladung über, die die zweite Hauptform der selbständigen Entladung darstellt. Bei hohen Gasdrücken kann es auch ohne vorherige Glimmentladung direkt im Anschluß an

Büschel- und Funkenentladung zur Bogenentladung kommen. Die verstärkte Elektronenemission an der Kathode führt zu einem starken Ansteigen der Stromstärke (z.B. einige 10^4 A) bei gleichzeitiger Erhitzung der Kathode. Infolge der hohen Stromstärke kommt es zu großen Stromdichten an der Kathode, da sich außerdem die Strömung auf den für die Bogenentladung charakteristischen *Brennfleck* auf der Kathode zusammenzieht.

Die räumliche Ausdehnung des Kathodenfalls ist bei der Bogenentladung sehr gering und kann bis auf die freie Weglänge zurückgehen. Hierbei kommt es zu sehr hohen Feldstärken, die zur Feldemission führen. Bei hoher Kathodentemperatur (hohe Stromdichte!) kann außerdem thermische Elektronenemission einsetzen. Infolge der guten Leitfähigkeit des gesamten Bogens beträgt der Kathodenfall z.B. beim Kohlebogen nur etwa 5 ... 10 V, beim Quecksilberbogen etwa 10 V.

Die positive Säule, *Bogensäule* genannt, spielt im allgemeinen die gleiche Rolle wie bei der Glimmentladung. Der Anodenfall hat dagegen größere Bedeutung als bei der Glimmentladung. Infolge Fehlens kompensierender positiver Ionen kann die Anode durch die hochbeschleunigten Elektronen Verdampfungstemperatur annehmen. Man beachte aber dabei, daß eine hohe Anodentemperatur zur Aufrechterhaltung der Bogenentladung unwesentlich ist. Dagegen kann ein Bogen bei kalter Kathode nicht aufrechterhalten werden (Brennfleck!). Allgemein wird die Summe der drei Spannungsteile als *Brennspannung* U_b angegeben, da genaue Messungen insbesondere des Anodenfalls schwierig und unsicher sind. Die den ganzen Bogen umgebende, sonst unwesentliche, diffuse Lichterscheinung bezeichnet man als „Aureole". Ebenso wie bei einer Glimmentladung ist ferner auch beim Bogen infolge der fallenden Kennlinie stets ein Vorwiderstand erforderlich, Bild 6.17. Die Schnittpunkte der Kennlinie mit der Widerstandsgeraden $U_0 - IR$ ergeben die beiden möglichen Betriebspunkte P_1 und P_2. Bei der geringsten zufälligen Stromvergrößerung wird der Spannungsbedarf für den Bogen im Punkt P_1 sinken, der Strom wird daher bis zur Erreichung des Punktes P_2 ansteigen. Der Schnittpunkt P_1 ist also ein labiler Punkt, da der Bogendurchmesser bei Stromerhöhung zunimmt, was einen quadratisch mit dem Durchmesserzuwachs abnehmenden Bogenwiderstand zur Folge hat. Da die Wärmeabstrahlung aber nur linear mit dem Durchmesser (linear mit der Oberfläche) zunimmt, wird die zur Deckung der Wärmeabstrahlung benötigte Leistung U^2/R mit einer kleineren Spannung erreicht.

|| Die Bogenentladung ist eine raumladungsbeschwerte, selbständige Entladungsform mit großer Stromdichte, vorwiegend heißer Kathode (Brennfleck) und zusätzlicher Elektronenemission.

Technische Anwendungen der Bogenentladung sind u.a. die Bogenlampe, elektrische Schmelzöfen für höchste Temperaturen sowie elektrisches Schweißen und Schneiden. Als intensive Quelle ultravioletter Strahlung werden Quecksilberdampf-Lampen in der Medizin z.B. als künstliche Höhensonnen verwendet. Gasgefüllte Röhren (Ionenröhren) wurden dagegen weitgehend durch Halbleiterbauelemente verdrängt ebenso wie zahlreiche technische Anwendungen der Glimmentladung („Allgemeine Elektrotechnik" [1.4]). Eine wichtige Anwendung findet die Glimmentladung dagegen in den Leuchtstofflampen sowie zur Anzeige.

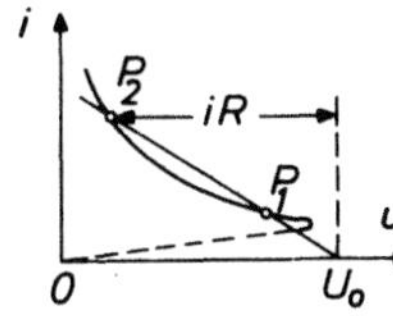

Bild 6.17 Statische Bogenkennlinie

Abschnitt III Elektromagnetische Felder

Das Magnetfeld stationärer Ströme. Kräfte und Energie. Zeitlich veränderliche Felder.

7 Das Magnetfeld stationärer Ströme

7.1 Grundbegriffe und Grunderscheinungen

7.1.1 Magnetischer Dipol, magnetisches Moment. Jeder Magnet (stromdurchflossene Spule) bildet einen magnetischen Dipol mit einem Nordpol und einem Südpol, dessen Polabstand d beispielsweise bei einem Stabmagneten stets kleiner als die Länge des Magneten ist und vom Magnetquerschnitt A, der Stablänge l und dem Magnetmaterial abhängt. Bei dünnen und hinreichend langen Stabmagneten liegt der Polabstand im allgemeinen zwischen 0,8 l und 0,9 l. Ist in grober Näherung Φ_m der gesamte magnetische Fluß eines Stabmagneten, so kann man in Analogie zu Gl. (4.7) den Vektor

$$\boldsymbol{m} = \Phi_m \boldsymbol{d}; \qquad m = \Phi_m d \tag{7.1}$$

als *magnetisches Moment* eines magnetischen Dipols (Stabmagneten) definieren. Seine Richtung ist vom Südpol zum Nordpol festgelegt. Auf eine Magnetnadel wird demnach im homogenen Magnetfeld der Stärke H wegen Gl. (3.29) ein mechanisches Drehmoment

$$\boldsymbol{M}_d = \boldsymbol{m} \times \boldsymbol{H}; \qquad M_d = m H \sin\alpha \tag{7.2}$$

ausgeübt, das die Nadel in Feldrichtung zu stellen versucht und, sofern m konstant bleibt, zur Messung der magnetischen Feldstärke H dienen kann (Kap. 3.2.2).

Beispiel 7.1: Im Erdfeld mit einer Horizontalkomponente $B = 0{,}3 \cdot 10^{-4}$ T wird auf eine Magnetnadel mit $d \approx l = 5$ cm und $\Phi_m = 0{,}6 \cdot 10^{-6}$ Wb unter Beachtung von Gl. (3.32) maximal ein Drehmoment

$$M_d = \frac{\Phi_m l B}{\mu_0} \approx 72 \cdot 10^{-6}\ \mathrm{N \cdot cm}$$

ausgeübt.

In hinreichend großer Entfernung $r \gg d$ von einer Magnetnadel kann man z.B. in Luft ihre Feldstärke H wegen der Wirbelfreiheit des Feldes in Analogie zum elektrischen Dipol aus Gl. (4.11) erhalten, wenn man dort ϵ_0 und p durch μ_0 und m ersetzt. Das ergibt – vgl. Bild 4.5 in Kap. 4.1.2 – die beiden Komponenten

$$H_r = \frac{m \cos\alpha}{2\pi \mu_0 r^3}, \qquad H_\alpha = \frac{m \sin\alpha}{4\pi \mu_0 r^3}$$

oder

$$H = \sqrt{H_r^2 + H_\alpha^2} = \frac{m}{4\pi \mu_0 r^3} \sqrt{3 \cos^2\alpha + 1}. \tag{7.3}$$

Auch für eine Stromschleife kann ein magnetisches Moment definiert werden. So wird auf jede Seite der Länge l der vom Strom I durchflossenen rechteckigen Stromschleife mit der Fläche $A = 2rl$ in Bild 7.1 mit α als Winkel zwischen d$\boldsymbol{A}$ und $\boldsymbol{B}$ nach Gl. (3.42) im Luftraum die Kraft

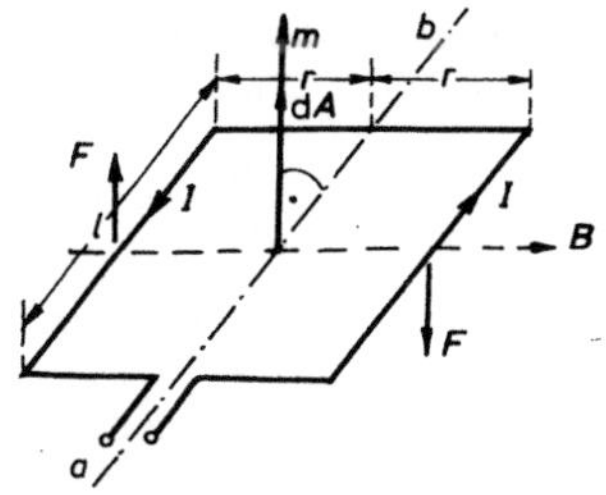

Bild 7.1
Zur Definition des magnetischen Moments einer Stromschleife

$$F = BIl \sin\alpha = \frac{\mu_0 HIA}{2r} \sin\alpha$$

ausgeübt, so daß man als Drehmoment erhält

$$M_\alpha = 2rF = \mu_0 IAH \sin\alpha. \tag{7.4}$$

Dieses Drehmoment versucht die Stromschleife um die Achse a–b zu verdrehen, bis das Feld die Spulenfläche senkrecht durchdringt ($\alpha = 0°$). Man erhält wieder Gl. (7.2), wenn man in Gl. (7.4) als magnetisches Moment $\boldsymbol{m}$ der Stromschleife einführt,

$$\boldsymbol{m} = \mu_0 I\boldsymbol{A}; \quad |\boldsymbol{m}| = m = \mu_0 IA. \tag{7.5}$$

Als Vektor betrachtet, gilt:

Das magnetische Moment einer stromdurchflossenen Schleife (Windung) ist definiert als ein Vektor, der senkrecht auf der von der Schleife gebildeten Fläche steht und mit dem Umlaufsinn derselben in konventioneller Stromzählrichtung ein Rechtssystem bildet.

Handelt es sich um eine Spule mit N Windungen, so ist ihr magnetisches Moment, wenn jede Windung die gleiche Fläche A umschließt,

$$\boldsymbol{m} = \mu_0 IN\boldsymbol{A}. \tag{7.6}$$

Ein einzelnes Elektron, das mit der Geschwindigkeit v eine Kreisbahn mit dem Radius r beschreibt (elementarer Kreisstrom) hat mit

$$i = e\frac{v}{2\pi r} = e\frac{\omega}{2\pi} \quad \text{und} \quad A = \pi r^2$$

nach Gl. (7.5) ein magnetisches Moment vom Betrag

$$m_e = \frac{\mu_0}{2} e\omega r^2. \tag{7.7}$$

Für das Elektron des Wasserstoffatoms im Grundzustand gilt dabei mit h als Plancksche Konstante (siehe Anhang)

$$\omega r^2 = \frac{h}{2\pi m}.$$

Dieses in Gl. (7.7) eingesetzt, ergibt als „elementares magnetisches Moment" das *Bohrsche Magneton*

$$\boxed{m_B = \frac{\mu_0}{4\pi}\frac{e}{m}h = 1{,}16 \cdot 10^{-29}\,\text{Wb}\cdot\text{m}} \tag{7.8}$$

Außerdem besitzt ein Elektron noch einen Eigendrehimpuls (Drall) um seine Achse. Diese Eigenrotation nennt man *Spin* des Elektrons. Der Spin verleiht dem Elektron zusätzlich auch ohne Bahnbewegung ein magnetisches Moment.

Manchmal wird in Gl. (7.5) $\mu_0 IA$ durch IA ersetzt. Das so definierte magnetische Moment $m' = m/\mu_0$ heißt *elektromagnetisches* oder *Ampèresches Moment* im Gegensatz zum *Coulombschen Moment* nach Gl. (7.5). Der Betrag des Bohrschen Magnetons wird mit dem Ampèreschen Moment

$$\mu_B = \frac{m_B}{\mu_0} = 9{,}274 \cdot 10^{-24}\,\mathrm{A \cdot m^2}. \tag{7.8a}$$

Es entspricht in dieser Definition der „Elementarstromtheorie", während m_B nach Gl. (7.8) der „Mengentheorie" zugeordnet ist. Siehe Kap. 2.2.3.
Wegen der Verknüpfung elektrischer und magnetischer Größen in Gl. (7.4) bis Gl. (7.8) sind dort im Fünfersystem I durch I/γ_0 bzw. e durch e/γ_0 zu ersetzen.

7.1.2 Magnetisches Vektorpotential, Biot-Savartsches Gesetz. Umschließt der Integrationsweg im elektromagnetischen Feld Stromlinien, so gilt bei Vernachlässigung des Verschiebungsstromes nach Gl. (3.38)

$$\mathrm{rot}\,\boldsymbol{H} = \boldsymbol{J}. \tag{7.9}$$

Wegen der Quellenfreiheit der magnetischen Flußdichte B kann man ferner ein magnetisches Vektorpotential $\boldsymbol{A}_m$ einführen, indem man unter Beachtung von Gl. (1.27) setzt

$$\boxed{\boldsymbol{B} = \mathrm{rot}\,\boldsymbol{A}_m} \tag{7.10}$$

Ein Vektorfeld ist jedoch erst durch seine Wirbel und zugeordneten Quellen eindeutig bestimmt, daher soll zunächst für die dem Vektor $\boldsymbol{A}_m$ zugeordnete Divergenz die Nebenbedingung gelten

$$\mathrm{div}\,\boldsymbol{A}_m = 0. \tag{7.11}$$

Bei Magnetfeldern stationärer Ströme ist diese Bedingung praktisch immer erfüllt; bei zeitlich veränderlichen Feldern insbesondere bei schnell veränderlichen Feldern (Kap. 10.1.3) wird diese Nebenbedingung durch eine andere ersetzt werden müssen.
Mit Gl. (7.10) und Gl. (7.11) erhält man für den magnetischen Fluß Φ durch eine Fläche A unter Anwendung des Stokesschen Satzes Gl. (1.29)

$$\int \boldsymbol{B}\,\mathrm{d}\boldsymbol{A} = \int \mathrm{rot}\,\boldsymbol{A}_m\,\mathrm{d}\boldsymbol{A} = \oint \boldsymbol{A}_m\,\mathrm{d}\boldsymbol{s}$$

oder

$$\boxed{\Phi = \oint \boldsymbol{A}_m\,\mathrm{d}\boldsymbol{s}} \tag{7.12}$$

Der magnetische Fluß durch eine Fläche ist demnach gleich dem Linienintegral (Zirkulation) des Vektorpotentials längs der diese Fläche begrenzenden Kurve. Setzt man ferner im folgenden konstante Permeabilität voraus, so wird mit Gl. (7.9) und Gl. (3.32) unter Berücksichtigung von Gl. (1.25)

$$\mu\,\mathrm{rot}\,\boldsymbol{H} = \mathrm{rot\,rot}\,\boldsymbol{A}_m = \mathrm{grad\,div}\,\boldsymbol{A}_m - \Delta \boldsymbol{A}_m = \mu \boldsymbol{J}$$

oder wegen Gl. (7.11)

$$\boxed{\Delta \boldsymbol{A}_m = -\mu \boldsymbol{J}} \tag{7.13}$$

in Analogie zur Poissonschen Gleichung Gl. (5.1) für das Raumladungsgebiet im elektrostatischen Feld, nur daß $\boldsymbol{A}_m$ und $\boldsymbol{J}$ jetzt vektorielle Größen sind. Für die Komponenten des Vektorpotentials erhält man demnach bei μ = const.

$$\left.\begin{aligned} \Delta A_{mx} &= \boldsymbol{e}_x \, \Delta A_{mx} = -\mu J_x, \\ \Delta A_{my} &= \boldsymbol{e}_y \, \Delta A_{my} = -\mu J_y, \\ \Delta A_{mz} &= \boldsymbol{e}_z \, \Delta A_{mz} = -\mu J_z. \end{aligned}\right\} \tag{7.14}$$

Ersetzt man in Gl. (5.1) ρ/ϵ durch $\mu \boldsymbol{J}$, so ergibt Gl. (4.4) als Lösung von Gl. (7.13) für das magnetische Vektorpotential mit V als Volumen bei μ = const.

$$\boxed{\boldsymbol{A}_m = \frac{\mu}{4\pi} \int \boldsymbol{J} \frac{\mathrm{d}V}{r}} \tag{7.15}$$

wobei sich die Integration auf alle vom Strom durchflossenen Leiter bezieht.

Bem.: In einigen Lehrbüchern erfolgt die Ableitung des Vektorpotentials mit dem Ansatz $\operatorname{div} \boldsymbol{H} = 0$, d.h. $\boldsymbol{H} = \operatorname{rot} \boldsymbol{A}'_m$. Es wird somit bei μ = const. $\boldsymbol{A}_m = \mu \boldsymbol{A}'_m$.

Läßt sich ein stromdurchflossener Leiter durch einen „Stromfaden" ersetzen, so erhält man, da der Strom I innerhalb des Stromfadens definitionsgemäß konstant ist, mit

$$\mathrm{d}V = \mathrm{d}A \, \mathrm{d}\boldsymbol{s} \quad \text{und} \quad I = \boldsymbol{J} \, \mathrm{d}\boldsymbol{A}$$

für das Vektorpotential aus Gl. (7.15)

$$\boldsymbol{A}_m = \frac{\mu}{4\pi} I \int \frac{1}{r} \, \mathrm{d}\boldsymbol{s} \tag{7.16}$$

oder mit Gl. (3.32) und Gl. (7.10) für einen geschlossenen Stromfaden

$$\boldsymbol{H} = \frac{I}{4\pi} \oint \operatorname{rot} \frac{\mathrm{d}\boldsymbol{s}}{r} \; . \tag{7.17}$$

Nach Gl. (1.20) wird, da $\mathrm{d}\boldsymbol{s}$ unabhängig von x, y und z ist, für einen beliebigen Aufpunkt $P(x, y, z)$ im Raum unter Berücksichtigung, daß

$$\nabla \frac{1}{r} = \operatorname{grad} \frac{1}{r} = -\frac{\boldsymbol{r}}{r^3} \tag{7.18}$$

in Gl. (7.17)

$$\operatorname{rot} \frac{\mathrm{d}\boldsymbol{s}}{r} = -\left(\mathrm{d}\boldsymbol{s} \times \nabla \frac{1}{r}\right) = \frac{\mathrm{d}\boldsymbol{s} \times \boldsymbol{r}}{r^3}$$

oder

$$\boxed{\mathrm{d}\boldsymbol{H} = \frac{I}{4\pi} \frac{\mathrm{d}\boldsymbol{s} \times \boldsymbol{r}}{r^3}} \qquad \boxed{H = \frac{I}{4\pi} \oint \frac{\sin\alpha}{r^2} \, \mathrm{d}s} \tag{7.19}$$

wenn α der durch $\boldsymbol{r}$ und $d\boldsymbol{s}$ gebildete Winkel ist. Dieses ist die Ampèresche Formel oder das *Biot-Savartsche Gesetz* zur Berechnung magnetischer Felder linearer, stromdurchflossener Leiter (Stromfäden). Die magnetische Feldstärke eines Stromfadens kann demnach aufgefaßt werden als die Summe einzelner von den Längenelementen $d\boldsymbol{s}$ herrührender Anteile dH. Jeder Teilvektor $d\boldsymbol{H}$ steht senkrecht auf der durch $d\boldsymbol{s}$ und $\boldsymbol{r}$ gebildeten Fläche und bildet mit dieser ein Rechtssystem (Rechtsschraube).

Im Fünfersystem sind in den Gleichungen dieses Abschnittes J durch J/γ_0 und I durch I/γ_0 zu ersetzen.

Beispiel 7.2: Gesucht ist die längs eines geschlossenen kreisförmigen stromführenden Ringes nach Bild 7.2 wirksame Flußdichte B, um die auf den Kreisring wirkenden Stromkräfte mit Hilfe des Biot-Savartschen Gesetzes zu berechnen. Der Leiterradius $r_0 \ll R$. In Bild 7.2 ist

$$\sin\alpha = \sin\frac{\varphi}{2} = \frac{r}{2R}; \qquad ds_1 = R\,d\varphi = 2R\,d\alpha$$

und nach dem Cosinussatz

$$r^2 = 2R^2(1-\cos\varphi) = 4R^2\sin^2\alpha.$$

Damit ergibt Gl. (7.19) für die Flußdichte am Ort von ds_2

$$B = \frac{\mu_0 I}{4\pi}\int\limits_{\varphi=0}^{\varphi=2\pi}\frac{\sin\alpha\,ds_1}{r^2} = \frac{\mu_0 I}{8\pi R}\int\limits_{0}^{\alpha=\pi}\frac{d\alpha}{\sin\alpha},$$

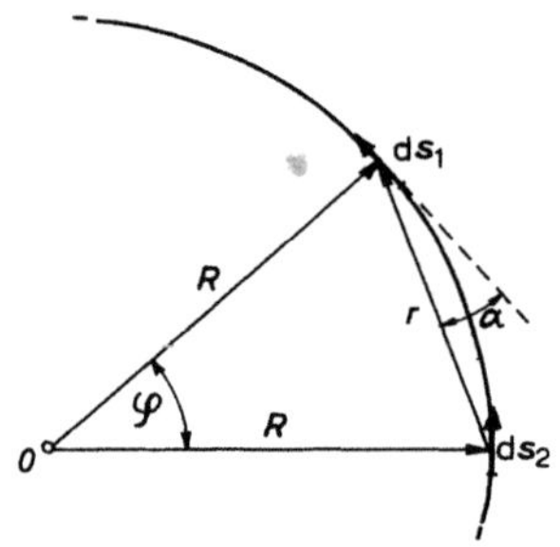

Bild 7.2 Zu Beispiel 7.2

was einen unendlich großen Wert ergibt. Die Flußdichte längs eines Leiters endlicher Dicke und damit die gesuchte Kraftwirkung ist auf diese Weise nicht zu berechnen, da der Integrationsweg durch den Ort des Elementes ds_2 des Stromfadens führt. In solchen Fällen erfolgt die Berechnung zweckmäßig aus einer Energiebetrachtung.

Das magnetische Feld eines stromführenden linearen Leiters ist nur außerhalb des Leiters identisch mit dem Feld eines in der Leiterachse gedachten Stromfadens mit gleicher Stromstärke wie der Leiter.

7.1.3 Skalares magnetisches Potential, magnetische Doppelschicht. Werden vom betrachteten Integrationsweg keine Stromleiter umschlungen, so ist das magnetische Feld nach Gl. (7.9) wirbelfrei, so daß man die magnetische Feldstärke als Gradient eines skalaren Potentials ψ nach Gl. (3.39) in Kap. 3.2.3 darstellen kann

$$\boldsymbol{H} = -\operatorname{grad}\psi. \tag{7.20}$$

Bei konstanter Permeabilität z.B. in Luft ist dann wegen $\operatorname{div}\boldsymbol{B} = 0$

$$\operatorname{div}(\mu\operatorname{grad}\psi) = \mu\operatorname{div}\operatorname{grad}\psi = 0$$

oder in Analogie zu Gl. (5.2)

$$\boxed{\Delta\psi = 0} \tag{7.21}$$

Außerhalb von Stromleitern gilt demnach bei konstanter Permeabilität auch für das skalare magnetische Potential die Laplacesche Differentialgleichung (Potentialgleichung).

Für die Berechnung solcher magnetischer Felder können die gleichen Methoden wie bei elektrostatischen Feldern angewendet werden. Insbesondere ist auch die Anwendung des Verfahrens der konformen Abbildung nach Kap. 5.4 möglich.
Will man das skalare magnetische Potential aus Gl. (7.20) entsprechend

$$-\mathrm{d}\psi = \boldsymbol{H}\,\mathrm{d}\boldsymbol{l}$$

außerhalb eines Stromfadens berechnen, so erhält man zunächst aus Gl. (7.19)

$$\mathrm{d}\psi = -\frac{I}{4\pi}\oint \frac{\mathrm{d}\boldsymbol{s}\times\boldsymbol{r}}{r^3}\,\mathrm{d}\boldsymbol{l} = \frac{I}{4\pi}\oint \frac{\mathrm{d}\boldsymbol{s}\times\mathrm{d}\boldsymbol{l}}{r^3}\,\boldsymbol{r}$$

oder bei Einführung des Raumwinkels nach Gl. (4.22)

$$\mathrm{d}\psi = \frac{I}{4\pi}\oint \frac{\cos\alpha}{r^2}\,\mathrm{d}A = \frac{I}{4\pi}\,\mathrm{d}\Omega,$$

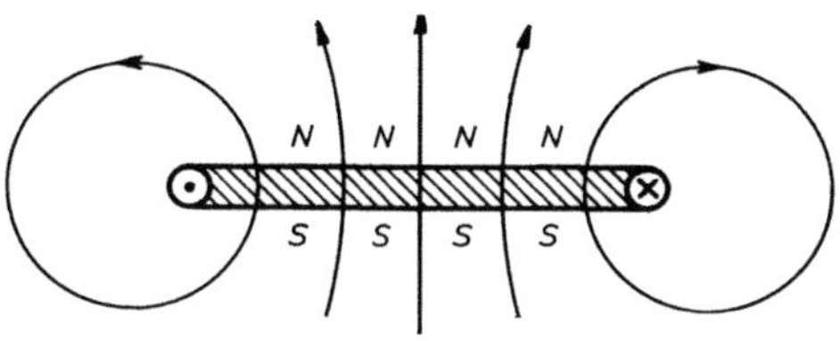

Bild 7.3 Ringförmige Stromschleife als magnetische Doppelschicht

also bei Wahl einer passenden Integrationskonstanten

$$\psi = \frac{I}{4\pi}\,\Omega = \frac{1}{4\pi\mu}\,|\boldsymbol{m}_d| \tag{7.22}$$

mit

$$\boxed{|\boldsymbol{m}_d| = \mu I} \tag{7.23}$$

Das magnetische Feld eines geschlossenen Stromfadens entspricht demnach einer homogenen magnetischen Doppelschicht (magnetischen Membran), die nach Bild 7.3 mit magnetischen Dipolen in Richtung der Flächennormalen belegt ist und deren Rand durch den Stromfaden gebildet wird. Wie ein Vergleich mit Gl. (7.5) zeigt, ist das magnetische Moment je Fläche der Doppelschicht durch Gl. (7.23) gegeben. Man spricht auch von einer Doppelbelegung der gedachten Doppelschicht mit gedachten magnetischen Flächenbelegungen. Der die Doppelschicht bildende Stromleiter kann beliebige Form haben, nur muß die Doppelschicht homogen sein. Die Fläche innerhalb des Stromfadens kann z.B. auch gewölbt sein.
Das skalare magnetische Potential der Doppelschicht wird von der Gestalt des die Doppelschicht bildenden Stromfadens bestimmt. Es ist nach Gl. (7.22) durch den Raumwinkel Ω gegeben, unter dem die Doppelschicht vom Aufpunkt aus erscheint. Dabei ist zu beachten, daß Ω auf $\Omega + 4\pi n$ anwächst, sobald der Integrationsweg den Stromleiter n-mal umschließt. Das Potential ψ ist dann unendlich mehrdeutig, da von der Anzahl der Umläufe abhängig.
Durch einen Kunstgriff kann die Mehrdeutigkeit des Potentials vermieden werden. Zu diesem Zweck bringt man irgendwo innerhalb des Integrationsweges eine Trennfläche T an, so daß kein Stromleiter umschlungen werden kann, und vereinbart, daß T nicht durchschritten werden darf. Damit wird für alle Umläufe, die T nicht durchschreiten, das Potential eindeutig. Zu beiden Seiten von T unterscheiden sich die ψ-Werte um den Wert I, d.h. innerhalb der Trennschicht springt das Potential um I.

Beispiel 7.3: In Bild 7.4 kann die vom Strom I durchflossene kreisförmige Schleife vom Radius R als homogene Doppelschicht aufgefaßt werden. Der Raumwinkel Ω, unter dem sie längs der Mittelachse h (z-Achse) im Punkt P erscheint, wird durch die Kalottenfläche der Höhe d bestimmt, die der Berandungskegel aus der Einheitskugel herausschneidet. Demnach ist in Bild 7.4 der Raumwinkel

$$\Omega = \frac{2\pi r d}{r^2} = \frac{2\pi d}{r},$$

wobei die zugehörige Kalottenhöhe

$$d = r(1 - \cos\alpha) = r\left(1 - \frac{h}{\sqrt{R^2 + h^2}}\right).$$

Somit beträgt der Raumwinkel längs der z-Achse

$$\Omega = 2\pi\left(1 - \frac{h}{\sqrt{R^2 + h^2}}\right) \tag{7.24}$$

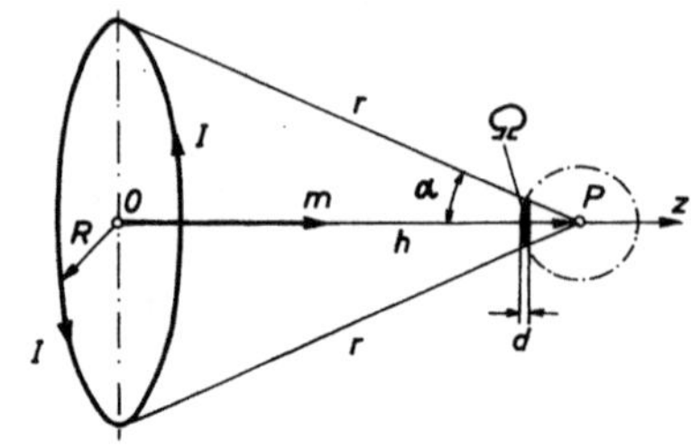

Bild 7.4 Zur Berechnung der Feldstärke längs der Achse einer ringförmigen Stromschleife

und das Potential längs der Mittelachse h (z-Achse) nach Gl. (7.22) mit Gl. (7.23)

$$\psi = \frac{I}{2}\left(1 - \frac{h}{\sqrt{R^2 + h^2}}\right). \tag{7.25}$$

Der Betrag der magnetischen Feldstärke längs der z-Achse wird damit

$$H_z = -\frac{\partial \psi}{\partial z} = \frac{I}{2}\,\frac{R^2}{\sqrt{(R^2 + h^2)^3}}\,. \tag{7.26}$$

Im Kreismittelpunkt $h = z = 0$ wird daraus

$$H_0 = \frac{I}{2R}\,. \tag{7.26a}$$

7.2 Magnetisches Feld in Materie

7.2.1 Die Magnetisierungskurve, Permeabilität. Im materiefreien Raum sind die beiden magnetischen Feldgrößen $\boldsymbol{H}$ und $\boldsymbol{B}$ einander proportional und durch die magnetische Feldkonstante μ_0 nach Gl. (3.31) miteinander verknüpft. Im materiegefüllten Raum ist nach Gl. (3.32) mit Gl. (3.33)

$$\boldsymbol{B} = \mu \boldsymbol{H} = \mu_0 \mu_r \boldsymbol{H}. \tag{7.27}$$

Soll das von der Materie herrührende Magnetfeld besonders gekennzeichnet werden, so setzt man auch

$$\boldsymbol{B} = \mu_0 \boldsymbol{H} + \boldsymbol{J}_m = \mu_0(\boldsymbol{H} + \boldsymbol{M}) = \mu \boldsymbol{H} \tag{7.28}$$

in Analogie zu Gl. (4.27) in Kap. 4.2.2. Die *magnetische Polarisation* $\boldsymbol{J}_m$ ist ein Bivektor und als die auf das Volumen bezogene Summe der die Materie bildenden atomaren magnetischen Momente $\boldsymbol{m}_\mu$ in Analogie zu Gl. (4.29) definiert

$$\boldsymbol{J}_m = \sum \frac{\mathrm{d}\boldsymbol{m}_\mu}{\mathrm{d}V} = \frac{\mathrm{d}\boldsymbol{m}}{\mathrm{d}V}\,. \tag{7.29}$$

Der Vektor $\boldsymbol{M}$ heißt *Magnetisierung*

$$\boldsymbol{M} = \frac{\boldsymbol{B}}{\mu_0} - \boldsymbol{H} = \frac{\boldsymbol{J}_m}{\mu_0}\,. \tag{7.30}$$

Die Einführung dieser Größe geht von der „Elementarstromtheorie" (Ampèresche Hypothese) aus, die den Magnetismus als Wirkung atomarer Kreisströme deutet, während die magnetische Polarisation J_m auf der sogenannten „Mengentheorie" basiert, die hypothetische „magnetische Mengen" annimmt (Kap. 2.2.3). Aus Gl. (7.27) und Gl. (7.28) erhält man schließlich als magnetische Suszeptibilität

$$\chi_m = \frac{M}{H} = \mu_r - 1\,. \tag{7.31}$$

Die Zustandskurven $B = \mathrm{f}(H)$ oder J_m sowie M in Abhängigkeit von H heißen Magnetisierungskurven.

Für magnetisch lineare und isotrope Stoffe ist die relative Permeabilität eine Stoffkonstante und die Magnetisierungskurve eine Gerade. Dabei bezeichnet man Stoffe mit $\mu_r > 1$ als paramagnetisch und mit $\mu_r < 1$ als diamagnetisch. Die Suszeptibilität ist demnach wegen Gl. (7.31) bei paramagnetischen Stoffen positiv und bei diamagnetischen Stoffen negativ. Für lineare aber anisotrope Stoffe (Kristalle) werden die skalaren Stoffkonstanten zu Tensoren, vgl. Kap. 6.1.2, Gl. (6.7). Einige Werte μ_r für dia- und paramagnetische Stoffe sind im Anhang angegeben. Im allgemeinen kann man für beide Stoffe setzen $\mu_r \approx 1$.

Bei ferro- und ferrimagnetischen Stoffen ist $\mu_r \gg 1$ und nicht angenähert konstant. Der Verlauf der Magnetisierungskurve ist u.a. von der Vorgeschichte abhängig und ergibt eine geschlossene Schleife, die *Hystereseschleife*, wie sie Bild 7.5 für Eisen zeigt. Bei Koerzitivfeldstärken H_k wesentlich höher als 1 kA/m handelt es sich um hartmagnetische Stoffe anderenfalls nennt man sie weichmagnetisch, da dann bereits relativ schwache Außenfelder ausreichen, um den Restmagnetismus zum Verschwinden zu bringen. Hohe Koerzitivfeldstärken sind daher insbesondere für Magnetstähle von Bedeutung, während weniger hohe Remanenzwerte der Flußdichte in vielen Fällen durch entsprechend konstruktive Gestaltung des magnetischen Kreises ausgeglichen werden können. Siehe „Allgemeine Elektrotechnik" [1.4].

Für digitale Datenspeicher (Kernspeicher) werden in der Nachrichtentechnik Stoffe mit Rechteck-Hystereseschleifen verwendet, z.B. 50 %-Nickel-Eisen sowie Ferrite (Kap. 7.2.4), insbesondere Magnesium-Mangan-Ferrit und Nickel-Zink-Ferrit.

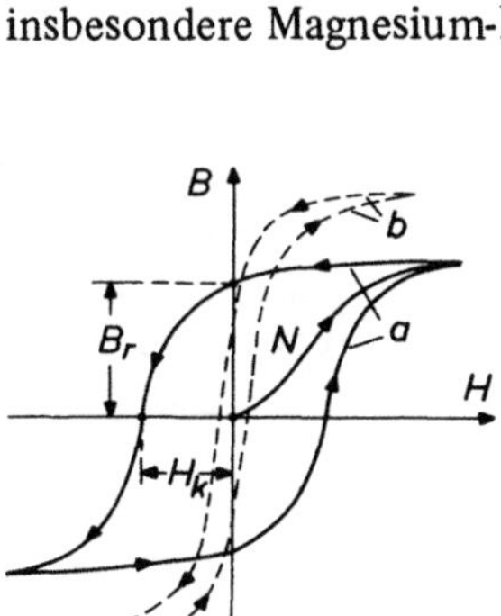

Bild 7.5

Magnetisierungskurven von Eisen (Hystereseschleifen). *a* magnetisch hartes Eisen, *b* magnetischen weiches Eisen, *N* Neukurve, B_r Remanenz-Flußdichte, H_k Koerzitivfeldstärke

7.2.2 Das Feld innerhalb und außerhalb magnetisierter Stoffe. Da jeder Körper im magnetischen Feld zu einem magnetischen Dipol wird, muß jedes magnetische Feld durch das Hineinbringen von Materie geändert werden. Bei diamagnetischen Stoffen ist dabei die von der Materie herrührende Flußdichte dem äußeren Feld entgegengesetzt gerichtet, bei para- und ferromagnetischen Stoffen dagegen gleichgerichtet. Wird daher ein diamagnetischer Körper in ein magnetisches Feld gebracht, so wird nach Bild 7.6a das äußere Feld an den Stirnflächen, senkrecht zur äußeren Feldrichtung geschwächt, an den Seitenflächen dagegen verstärkt. Im Innern des diamagnetischen Körpers wird daher die Flußdichte kleiner als außen. Wird ein paramagnetischer Körper in ein magnetisches Feld gebracht, so wird dagegen nach Bild 7.6b das äußere Feld an den Stirnflächen, senkrecht zur äußeren Feldrichtung, verstärkt und an den Seitenflächen geschwächt. Im Innern des paramagnetischen Körpers ist daher die Flußdichte größer als außen. Demnach versucht ein diamagnetischer Körper die B-Linien des äußeren Feldes aus sich herauszudrängen, ein paramagnetischer Körper dagegen die B-Linien in sich hineinzuziehen.
Bei ferromagnetischen Stoffen bedingt der hohe Wert der Permeabilität eine Brechung der Feldlinien an den Grenzflächen nach Gl. (3.48). An der Grenzfläche Luft gegen ferromagnetische Stoffe werden dabei die Feldlinien nahezu senkrecht zur Grenzfläche gebrochen. Hierauf beruht die Schirmwirkung von Eisen gegen magnetische Felder. So ist z.B. die vom Eisenring in Bild 7.7 eingeschlossene Fläche nahezu feldfrei. Bei der Ermittlung magnetischer Felder oder Feldverteilungskurven etwa bei elektrischen Maschinen können auch mit guter Näherung die Feldlinien in Luft stets senkrecht zur Grenzschicht Eisen-Luft angenommen werden.
Wird ein Magneteisen in einem magnetischen Feld magnetisiert und das äußere Magnetfeld anschließend abgeschaltet, so erhält man einen Permanentmagneten. Der Feldverlauf hat sich jedoch innerhalb des Magneten völlig verändert, wie Bild 7.8 für eine angenommene homogene Magnetisierung zeigt. Während die B-Linien weiterhin in den Magneten hineingezogen werden, drängen die H-Linien aus dem Magneten heraus. Innerhalb des Magneten verläuft die Feldstärke bei vorgegebenem M wegen Gl. (7.30) nach Bild 7.8b, wobei jetzt $M > B/\mu_0$. Nur außerhalb des Magneten haben B- und H-Linien gleichen Verlauf. Dort ist $M = 0$, B und H sind dabei durch die magnetische Feldkonstante μ_0 miteinander verknüpft.

Wegen $\mu_r \neq$ const. ist für die Ermittlung von magnetischen Feldern in Eisen (oder sonstigen ferromagnetischen Stoffen) eine analytische Berechnung nicht angebracht bzw. oft unmöglich. Unter Um-

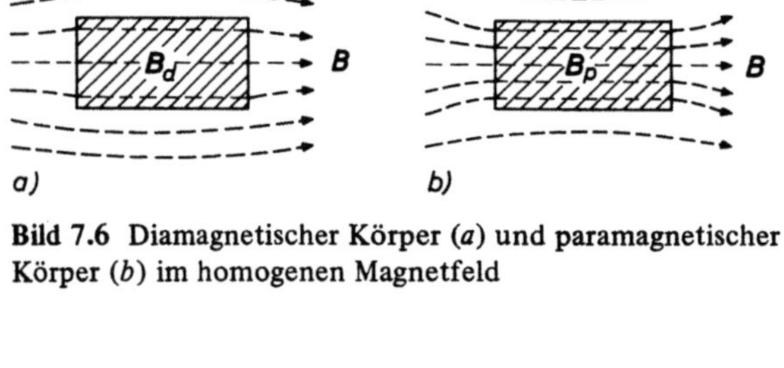

Bild 7.6 Diamagnetischer Körper (*a*) und paramagnetischer Körper (*b*) im homogenen Magnetfeld

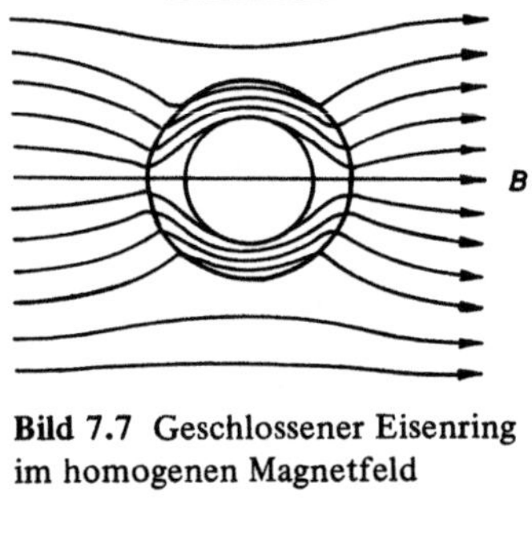

Bild 7.7 Geschlossener Eisenring im homogenen Magnetfeld

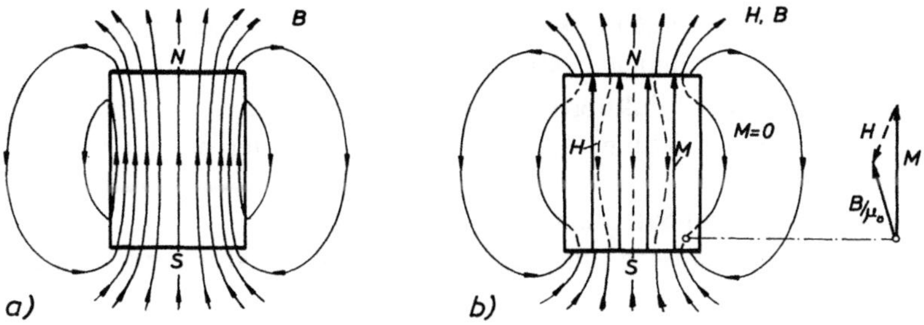

Bild 7.8 Schematischer Feldverlauf innerhalb und außerhalb eines homogenen magnetisierten Dauermagneten.
a) B-Linien, b) H- und M-Linien mit Vektordiagramm

ständen führen mühsame Zahlenrechnungen und Näherungen zum Ziel, wobei die Permeabilität von der Feldstärke unabhängig (Mittelwert!) angenommen werden muß. Man erhält dann meist ein grobes Bild der wirklichen Verhältnisse. Der einzige gangbare Weg führt im allgemeinen über graphische oder halbgraphische Verfahren. Siehe „Allgemeine Elektrotechnik" [1.4].

7.2.3 Dia- und Paramagnetismus. Diamagnetische Stoffe sind äußerlich daran kenntlich, daß sie im magnetischen Feld aus Gebieten hoher Feldstärke herausgedrängt werden. Ihre Moleküle besitzen kein magnetisches Moment (unpolare Stoffe), sondern erhalten ein solches erst im magnetischen Feld. Das Fehlen eines magnetischen Momentes und der negative Wert der Suszeptibilität kann dabei so erklärt werden, daß bei diamagnetischen Molekülen die Umlaufbewegungen der Elektronen (Elementarströme) stets paarweise antiparallel erfolgen. Auch die Spinmomente, das sind die durch die Eigenrotation (Spin) der Elektronen verursachten Momente, der paarweise auftretenden Elektronen heben sich im ungestörten Zustand gegenseitig auf. Unter der Wirkung eines äußeren Magnetfeldes wird dann ein zur Feldrichtung entgegengesetztes magnetisches Moment erzeugt, das zu einer Feldschwächung innerhalb der diamagnetischen Moleküle führt, indem die sich bildenden „Elektronenkreisel" eine Präzessionsbewegung um die Feldrichtung ausführen. Diese zusätzliche Präzessionsbewegung der „Elektronenkreisel" bezeichnet man als *Larmor-Präzession*.
Paramagnetische Stoffe sind äußerlich daran kenntlich, daß sie im Gegensatz zu diamagnetischen Stoffen in das Gebiet höherer Feldstärken hineingezogen werden. Ihre Moleküle besitzen bereits ein natürliches magnetisches Moment (polare Stoffe) unabhängig von einem äußeren Feld. Diese, das paramagnetische Verhalten verursachenden magnetischen Momente, sind teils bedingt durch den Bahnumlauf der Elektronen, teils durch den Spin. Infolge regelloser Orientierung (Wärmebewegungen!) hebt sich die äußere Wirkung der molekularen magnetischen Dipole im örtlichen und zeitlichen Mittel auf. Im magnetischen Feld erfolgt dagegen eine der Feldstärke proportionale Ausrichtung der Momentachsen entgegen der molekularen Wärmebewegung.

7.2.4 Ferro- und ferrimagnetische Stoffe. Auch für die ferromagnetischen Erscheinungen hat der Elektronenspin wesentliche Bedeutung, da er dem Elektron bereits ohne Bahnbewegung ein magnetisches Moment verleiht. Dabei unterscheiden sich ferromagnetische Stoffe (Fe, Co, Ni und ihre Legierungen) von paramagnetischen Stoffen durch außerordentlich hohe Permeabilitätswerte, wobei die Abhängigkeit $B = f(H)$ nicht angenähert linear ist. Die Permeabilität μ ist eine Funktion der äußeren Feldstärke. Ferner kann man folgende ferromagnetische Erscheinungen beobachten:

1. Abhängigkeit der Flußdichte (Induktion) von der Vorgeschichte.
2. Vorzugsrichtung der Magnetisierung; bei dem kubischen Gitter des Eisens z.B. die Würfelkanten.
3. Erscheinung der Hysterese und Sättigung.
4. Verschwinden der ferromagnetischen Eigenschaften bei einer bestimmten Temperatur (Curie-Punkt).
5. Teilweises Beibehalten einer bei ferromagnetischen Stoffen einmal erzeugten Magnetisierung (Remanenz).
6. Beschränkung der ferromagnetischen Eigenschaften auf den festen Zustand. So zeigt z.B. Eisen in Dampfform paramagnetisches Verhalten.
7. Mechanische Deformierung ferromagnetischer Stoffe, die in ein magnetisches Feld gebracht werden (Magnetostriktion). Dieser Effekt ist reversibel und beeinflußt auch den elektrischen Widerstand.
8. Magnetisierung bzw. Ummagnetisierung eines in ein magnetisches Feld gebrachten Eisenstabes durch kräftige Hammerschläge.

Bem.: Einem in einer Spule als Drehpendel aufgehängten nicht magnetisierten Eisenstab (Unordnung der Dipole und der Richtungen ihrer Drehimpulse) kann durch einen magnetisierenden Stromstoß in der Spule ein mechanischer Drehimpuls erteilt werden. (Einstein-De Haas-Effekt). Der gleiche Effekt kann auch durch plötzliches Entmagnetisieren z.B. durch Erwärmen über den Curie-Punkt beobachtet werden. Umgekehrt zeigt ein nichtmagnetischer Körper bei genügend schneller Rotation magnetische Wirkungen (Barnett-Effekt).

Diese Erscheinungen lassen erkennen, daß der Ferromagnetismus eine makroskopische Erscheinung, eine Eigenschaft von Kristallen ist. Es handelt sich um eine in der Struktur des betreffenden Stoffes begründete Erscheinung, dabei werden größere kristalline Bereiche, sogenannte *Weißsche Bezirke* spontan magnetisiert. Jeder Weißsche Bezirk enthält einige 10^6 elementare magnetische Dipole (parallel gerichtete Magnetonen). Diese Bereiche sind normalerweise verschieden ausgerichtet, ihre Lagen entsprechen denen kleinster potentieller Energie. Beim Vorhandensein eines äußeren magnetischen Feldes erfolgt eine reihenweise Umgruppierung (Umklappen – Barkhausensprünge) einzelner Bereiche, deren Magnetisierung mit der Feldrichtung einen spitzen Winkel bildet. Dieser Vorgang erfolgt ähnlich einer thermischen Umkristallisierung und wird als „Wandverschiebung" bezeichnet. Außerdem können noch Drehungen der Bereichsrichtungen in Feldrichtung hinzutreten. Nach Ausrichtung aller Bezirke ist der höchste Grad der Magnetisierung erreicht (Sättigung). Verschwindet das ausrichtende magnetische Feld, so schwenken die einzelnen Bereiche nicht wieder in die regellos ursprünglichen Richtungen zurück, sondern wählen Vorzugsrichtungen, die energetisch stabilen Zuständen entsprechen (Remanenz). Aus diesen Ausführungen erklärt sich auch die Erscheinung der reversiblen Permeabilität, bei der es bei kleinen äußeren Feldstärken lediglich zu geringen Verdrehungen der einzelnen Bereiche aus ihren ursprünglichen Lagen in Richtung des äußeren Feldes kommt, ohne daß ein Umklappen der Bereiche eintritt.

Die Permeabilität ferromagnetischer Stoffe ist temperaturabhängig und erreicht bei einer bestimmten Temperatur, der *Curie-Temperatur* (Curie-Punkt), die Werte paramagnetischer Stoffe. Der Curie-Punkt ist erreicht, sobald die thermische Energie die Größenordnung

der potentiellen Energie der spontanen Zustände angenommen hat. Das ferromagnetische Verhalten verschwindet dann. Die Curie-Temperatur beträgt bei Eisen 769 °C, bei Nickel 360 °C und bei Kobalt 1173 °C.
Die Permeabilität kann auch in verschiedenen Achsrichtungen verschieden sein (siehe Punkt 2). Wird z.B. Eisen quer zur Richtung des äußeren Feldes vormagnetisiert, so erhält man einen anderen Wert der Flußdichte als bei gleicher äußerer Feldstärke und vorheriger gleichstarker Vormagnetisierung in Richtung des äußeren Feldes.
Sehr geringe elektrische Leitfähigkeit bis herab zu 10^{-5} S/m haben *Ferrite*, das sind ferromagnetische Halbleiter. Meist handelt es sich um Verbindungen von Eisenoxid (Fe_3O_3) mit Metalloxiden wie z.B. Mangan-Zink-Ferrit oder Nickel-Zink-Ferrit. Ihre Permeabilität ist sehr temperaturabhängig und der Curiepunkt liegt unterhalb 200 °C.
Das ferromagnetische Verhalten der Ferrite erklärt sich aus Bild 7.9. Während sich die elementaren magnetischen Dipole bei ferromagnetischen Stoffen nach Bild 7.9a parallel stellen, richten sie sich beim Ferrit nach Bild 7.9b abwechselnd entgegengesetzt gegeneinander aus. Das im wesentlich ferromagnetische Verhalten der Ferrite wird dabei durch ein verbleibendes resultierendes Dipolmoment bestimmt, da die Dipolmomente der Eisenatome überwiegen. Kompensieren sich dagegen alle Elementardipole nach Bild 7.9c, so bezeichnet man den Stoff als *antiferromagnetisch*. Eine solche antiferromagnetische Struktur bildet eine Überlagerung entgegengesetzt magnetisierter Teilgitter gleicher sich kompensierender magnetischer Momente. Bei den Ferriten sind dagegen die magnetischen Momente der Teilgitter verschieden, so daß eine spontane Magnetisierung des Kristalls eintritt.
Eine leicht magnetisierte Vorzugsrichtung mit äußerst niedriger Koerzitivfeldstärke zeigen bestimmte anisotrope Stoffe, sogenannte *Orthoferrite*. Das sind FeO_3-Verbindungen in Kristallform. Wird ein solches dünnes Kristallplättchen senkrecht zur ausgezeichneten Vorzugsrichtung herausgeschnitten und in der Vorzugsrichtung ummagnetisiert, so verbleiben kleine entgegengesetzt magnetisierte Bereiche gleichsam als „magnetische Blasen“. Diese lassen sich wegen der geringen Koerzitivfeldstärke durch schwache äußere Magnetfelder leicht örtlich verschieben, was in der Nachrichtentechnik zur digitalen Datenspeicherung in sogenannten Magnetblasen-Speichern mit sehr kleinen Abmessungen Anwendung findet.

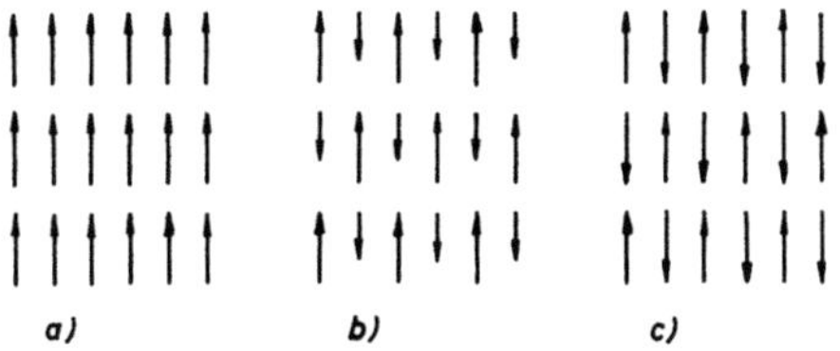

Bild 7.9
Schematische Anordnung atomarer magnetischer Momente innerhalb eines Weißschen Bezirks
a) Ferromagnetisches Gitter
b) ferrimagnetisches Gitter
c) antiferromagnetisches Gitter

7.3 Berechnung einfacher magnetischer Felder

7.3.1 Gerader, stromdurchflossener Leiter. Im radialen Abstand r von der Achse eines sehr langen stromdurchflossenen Leiters mit dem Radius R wird der Betrag der magnetischen Feldstärke nach Gl. (3.40) außerhalb des Leiters ($r > R$)

$$H = \frac{I}{2\pi}\frac{1}{r}. \qquad (7.32)$$

Die Feldlinien bilden konzentrische Kreise um die Leiterachse, wie aus Bild 7.10 zu erkennen ist. Der Betrag der Feldstärke nimmt umgekehrt mit der radialen Entfernung von der Leiterachse ab.

Wird das Feld durch Vektorröhren dargestellt, so bilden diese konzentrische Hohlzylinder um den Leiter. Ist l ihre Höhe, so ist der Fluß durch eine solche Vektorröhre mit r_1 und r_2 als Radien nach Gl. (7.32) bei $\mu = \mu_0$ (Luft)

$$\Phi = \int_{r_1}^{r_2} \boldsymbol{B}\, \mathrm{d}A = \mu_0 \int_{r_1}^{r_2} Hl\, \mathrm{d}r = \mu_0 \frac{Il}{2\pi} \int_{r_1}^{r_2} \frac{\mathrm{d}r}{r}$$

oder

$$\Phi = \frac{\mu_0}{2\pi} lI \ln \frac{r_2}{r_1}. \qquad (7.33)$$

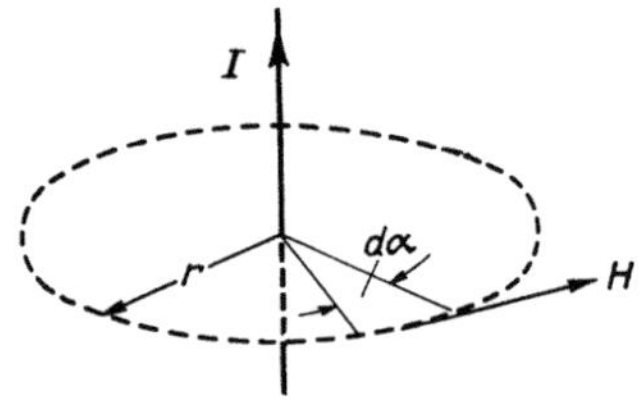

Bild 7.10 Zur Berechnung des magnetisches Feldes um einen Stromfaden

Außerhalb des Leiters muß das Feld wirbelfrei sein, es können demnach Niveauflächen angegeben werden. Für das skalare magnetische Potential ist dann (vgl. Bild 7.10) wegen Gl. (7.20)

$$\mathrm{d}\psi = -\boldsymbol{H}\, \mathrm{d}s = -Hr\, \mathrm{d}\alpha$$

oder mit Gl. (7.32) im Vierersystem

$$\boxed{\psi = -\frac{I}{2\pi}\alpha} \qquad (7.34)$$

Innerhalb des stromdurchflossenen Leiters gilt für $r < R$ bei gleichmäßiger Stromverteilung

$$H_i\, 2\pi r = J \pi r^2 = I \frac{r^2}{R^2}$$

also

$$H_i = \frac{r}{2\pi R^2} I = \frac{Jr}{2} \qquad r \leqslant R \qquad (7.35)$$

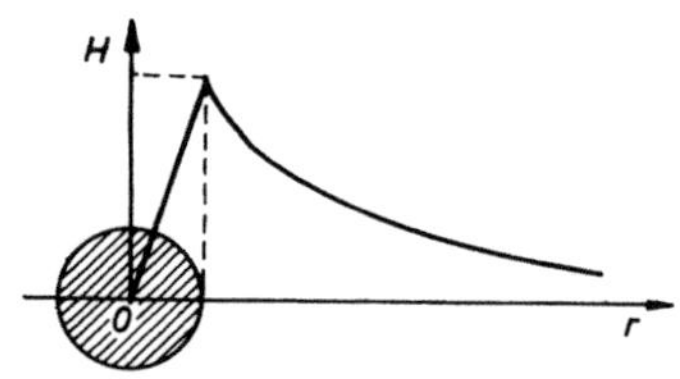

Bild 7.11
Feldstärkeverlauf innerhalb und außerhalb eines Stromleiters bei gleichmäßiger Stromverteilung

in Übereinstimmung mit Gl. (7.32) für $r = R$ (Leiteroberfläche). Bei einem sehr langen geraden stromdurchflossenen Leiter wächst also die magnetische Feldstärke innerhalb des Leiters proportional mit dem radialen Abstand vom Leitermittelpunkt, nimmt dagegen außerhalb des Leiters umgekehrt proportional mit der radialen Entfernung ab. Diese Abhängigkeit zeigt Bild 7.11.

Beispiel 7.4: Da das Feld innerhalb eines Leiters mit dem Strom verkettet ist, muß es dort ein Wirbelfeld sein. So erhält man für einen geschlossenen Umlauf innerhalb des Leiters, etwa längs der Strecke

$a-b-c-d-a$ in Bild 7.12 unter Beachtung, daß das Linienintegral längs $a-b$ und $c-d$ verschwindet ($\boldsymbol{H}_i \perp \mathrm{d}\boldsymbol{s}$) mit Gl. (7.35) und R als Leiterradius

$$\oint \boldsymbol{H}_i \, \mathrm{d}\boldsymbol{s} = \frac{R_2}{2\pi R^2} I R_2 \alpha - \frac{R_1}{2\pi R^2} I R_1 \alpha$$

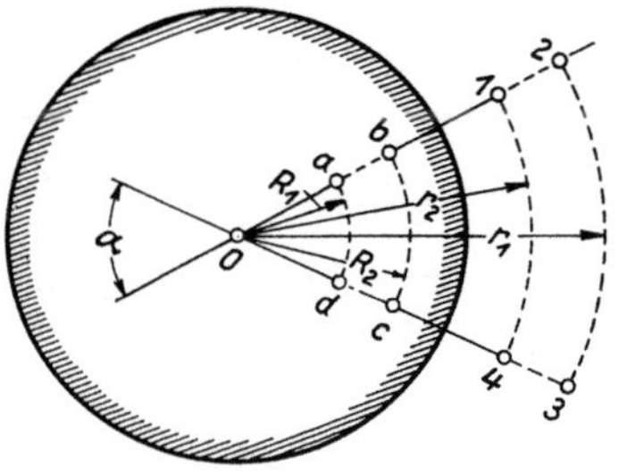

Bild 7.12
Zur Ermittlung der Feldeigenschaften innerhalb und außerhalb eines Stromleiters

oder

$$\oint \boldsymbol{H}_i \, \mathrm{d}\boldsymbol{s} = I \frac{\alpha}{2\pi} \frac{R_2^2 - R_1^2}{R^2},$$

was bei gleichmäßiger Stromverteilung den durch die umlaufende Fläche $a-b-c-d$ hindurchtretenden Strom ergibt.

Außerhalb des stromführenden Leiters verschwindet das Linienintegral der Feldstärke in Bild 7.12 längs der Strecken 1–2 und 3–4, da $\boldsymbol{H}$ und $\mathrm{d}\boldsymbol{s}$ dort senkrecht zueinander verlaufen. Somit wird nach Gl. (7.32)

$$\oint \boldsymbol{H} \, \mathrm{d}\boldsymbol{s} = \frac{I}{2\pi} \frac{1}{r_2} r_2 \alpha - \frac{I}{2\pi} \frac{1}{r_1} r_1 \alpha = 0.$$

Dort handelt es sich um ein ebenes Potentialfeld, dessen Verlauf auch mit Hilfe der konformen Abbildung (Kap. 5.4) ermittelt werden kann, sofern keine Stromleiter umschlungen werden.

Beispiel 7.5: Betrachtet man den Beitrag, den ein Leiterelement $\mathrm{d}y$ eines stromführenden, linearen Leiterstückes (Stromfaden) der Länge $a + b$ zur Feldstärke im Aufpunkt P liefert, so wird in Bild 7.13 für das Leiterstück a

$$r = \sqrt{x^2 + y^2}; \qquad \sin\alpha = \frac{x}{\sqrt{x^2 + y^2}}.$$

Für das Leiterstück b wechselt der Winkel α sein Vorzeichen. Somit ergibt Gl. (7.19)

$$H = \frac{I}{4\pi} \left(\int\limits_0^a \frac{x \, \mathrm{d}y}{(x^2 + y^2)^{3/2}} - \int\limits_b^0 \frac{x \, \mathrm{d}y}{(x^2 + y^2)^{3/2}} \right).$$

Setzt man

$$(x^2 + y^2)^{3/2} = y^3 \left(1 + \frac{x^2}{y^2}\right)^{3/2} = y^3 u^3,$$

also

$$u = \left(1 + \frac{x^2}{y^2}\right)^{1/2}; \qquad \mathrm{d}y = -\frac{u y^3}{x^2} \mathrm{d}u,$$

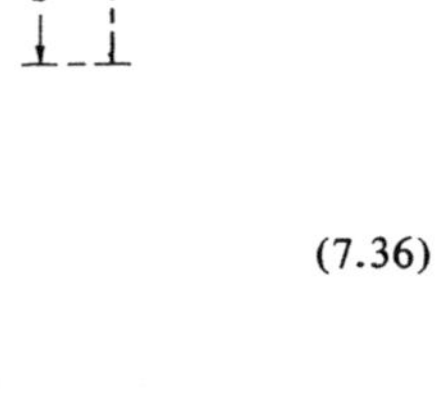

Bild 7.13
Zum Feldbeitrag eines Leiterelements $\mathrm{d}y$

so wird

$$H = \frac{I}{4\pi x} \left(\frac{1}{\sqrt{1 + \frac{x^2}{a^2}}} + \frac{1}{\sqrt{1 + \frac{x^2}{b^2}}} \right) \tag{7.36}$$

Gl. (7.32) gilt also nur für hinreichend große Leiterlänge relativ zur Entfernung x des Aufpunktes von der Leiterachse, also für $x^2/a^2 \ll 1$ und $x^2/b^2 \ll 1$.

7.3.2 Mehrere parallele Leiter. Zur Ermittlung des Vektorpotentials A_m in einer Ebene senkrecht zu zwei parallelen Stromfäden mit $\pm I$ (Doppelleitung) soll ein Koordinatensystem nach Bild 7.14 angenommen werden, so daß die Stromdichte J nur eine z-Komponente hat. Damit hat auch das Vektorpotential ebenfalls nur eine z-Komponente und es wird in Gl. (7.15) $J\,\mathrm{d}V = I\,\mathrm{d}z$, sowie da nach Bild 7.14

für Leiter (1) $r = \sqrt{r_1^2 + z^2}$, für Leiter (2) $r = \sqrt{r_2^2 + z^2}$,

der Betrag des Vektorpotentials, wenn statt von $z = -l$ bis $z = +l$ zweimal von $z = 0$ bis $z = l$ integriert wird,

$$A_m = \frac{\mu I}{2\pi}\left[\int\limits_0^l \frac{\mathrm{d}z}{r_1\sqrt{1+\left(\frac{z}{r_1}\right)^2}} - \int\limits_0^l \frac{\mathrm{d}z}{r_2\sqrt{1+\left(\frac{z}{r_2}\right)^2}}\right].$$

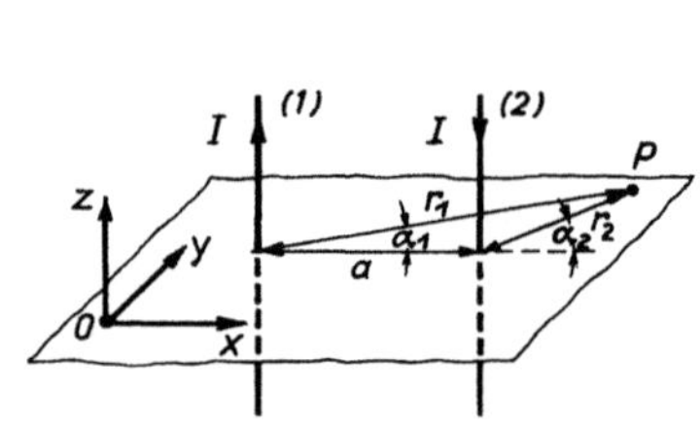

Bild 7.14 Zur Berechnung des Vektorpotentials zweier paralleler Stromfäden (Doppelleitung)

Setzt man ferner

$$\frac{z}{r} = u; \quad \mathrm{d}z = r\,\mathrm{d}u \quad \text{und} \quad u_1 = \frac{l}{r_1}; \quad u_2 = \frac{l}{r_2},$$

so wird

$$A_m = \frac{\mu I}{2\pi}\int\limits_{u_2}^{u_1} \frac{\mathrm{d}u}{\sqrt{1+u^2}}$$

oder

$$A_m = \frac{\mu I}{2\pi}\ln\frac{u_1+\sqrt{1+u_1^2}}{u_2+\sqrt{1+u_2^2}} = \frac{\mu I}{2\pi}\left[\ln\frac{u_1}{u_2} + \ln\frac{1+\sqrt{1+\frac{1}{u_1^2}}}{1+\sqrt{1+\frac{1}{u_2^2}}}\right].$$

Für $l \to \infty$ verschwindet der zweite Summand und man erhält

$$\boxed{A_m = \frac{\mu I}{2\pi}\ln\frac{r_2}{r_1}} \tag{7.37}$$

Das Vektorpotential entspricht dem skalaren elektrischen Potential φ einer sehr langen Doppelleitung der Ladung Q' je Längeneinheit

$$\varphi = \frac{Q'}{2\pi\epsilon}\ln\frac{r_2}{r_1}.$$

Die Feldstärke wird nach Gl. (7.10)

$$H = \frac{1}{\mu}\,|\mathrm{rot}\,A_m|.$$

Da A_m nur eine z-Komponente hat, wird mit (siehe Bild 7.14)

$$r_1 = \sqrt{x_1^2 + y_1^2}; \qquad r_2 = \sqrt{x_2^2 + y_2^2},$$

wegen Gl. (7.37) nach Gl. (1.16)

$$H_x = \frac{1}{\mu}\frac{\partial A_m}{\partial y} = -\frac{I}{2\pi}\left(\frac{y_1}{r_1^2} - \frac{y_2}{r_2^2}\right),$$

$$H_y = -\frac{1}{\mu}\frac{\partial A_m}{\partial x} = \frac{I}{2\pi}\left(\frac{x_1}{r_1^2} - \frac{x_2}{r_2^2}\right).$$

Sind α_1 und α_2 die Winkel, die die Strahlen r_1 und r_2 mit der x-Richtung bilden (Bild 7.14), so werden die Feldstärkebeträge

$$H_x = \frac{I}{2\pi}\left(\frac{\sin\alpha_1}{r_1} - \frac{\sin\alpha_2}{r_2}\right), \qquad H_y = \frac{I}{2\pi}\left(\frac{\cos\alpha_1}{r_1} - \frac{\cos\alpha_2}{r_2}\right).$$

Insbesondere wird auf der Verbindungslinie zwischen beiden Leitern ($\alpha_1 = 0$ und $\alpha_2 = \pi$)

$$H = H_y = \frac{I}{2\pi}\left(\frac{1}{r_1} + \frac{1}{r_2}\right). \tag{7.38}$$

Bei konstanter Permeabilität z.B. in Luft ist demnach der Betrag H der Feldstärke dem Gefälle des Vektorpotentials proportional; die H-Linien entsprechen den Linien konstanten Vektorpotentials. Da das Vektorpotential dabei nach Gl. (7.37) bis auf einen konstanten dimensionsbehafteten Faktor mit dem skalaren elektrischen Potential nach Gl. (4.14) übereinstimmt, ergeben die Potentiallinien im elektrischen Feldbild einer Doppelleitung, Bild 4.10 in Kap. 4.1.3, gleichzeitig die magnetischen Feldlinien.

Beispiel 7.6: Ist a der Leiterabstand einer sehr langen Doppelleitung der Länge $l \gg a$ mit dem Leiterradius r_0 und dem Strom $\pm I$, so wird der Fluß Φ durch die Fläche al mit Gl. (7.32) unter Beachtung, daß sich die Felder von Hin- und Rückleitung in der Ebene zwischen beiden Leitern addieren,

$$\Phi = \int \boldsymbol{B}\,\mathrm{d}A = 2\,\frac{\mu_0 I l}{2\pi}\int_{r_0}^{a}\frac{\mathrm{d}r}{r}$$

oder bei $r_0 \ll a$

$$\Phi = \frac{\mu_0 I l}{\pi}\ln\frac{a}{r_0}. \tag{7.39}$$

Dieses Ergebnis erhält man auch aus Gl. (7.12) mit A_m aus Gl. (7.37) und $r_2 = a$, $r_1 = r_0$ durch Multiplikation mit dem geschlossenen Weg $2\,(l + a) \approx 2\,l$.

Bei mehreren Leitern können die Einzelfelder außerhalb der Leiter ebenso wie im elektrostatischen Feld überlagert werden. Bei n Einzelleitern nach Bild 7.15 erhält man daher aus Gl. (7.34)

$$\psi = -\frac{1}{2\pi}(I_1\alpha_1 + I_2\alpha_2 + \ldots + I_n\alpha_n) = -\frac{1}{2\pi}\sum_1^n I_n\alpha_n. \tag{7.40}$$

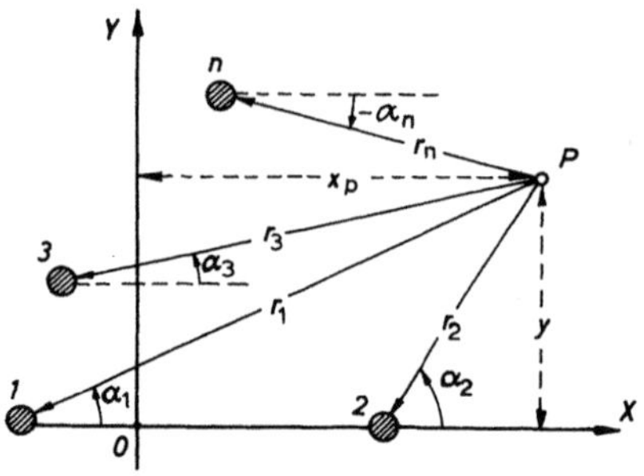

Bild 7.15
Zur Feldberechnung mehrerer paralleler Stromleiter

Die Koordinaten der Feldstärke werden unter Berücksichtigung, daß nur eine Abhängigkeit in der x- und y-Richtung vorliegt,

$$H_x = |\operatorname{grad}_x \psi| = \frac{1}{2\pi}\left(I_1 \frac{\partial \alpha_1}{\partial x} + I_2 \frac{\partial \alpha_2}{\partial x} + \dots I_n \frac{\partial \alpha_n}{\partial x}\right) = \frac{1}{2\pi} \sum_1^n I_n \frac{\partial \alpha_n}{\partial x}$$

und

$$H_y = |\operatorname{grad}_y \psi| = \frac{1}{2\pi}\left(I_1 \frac{\partial \alpha_1}{\partial y} + I_2 \frac{\partial \alpha_2}{\partial y} + \dots I_n \frac{\partial \alpha_n}{\partial y}\right) = \frac{1}{2\pi} \sum_1^n I_n \frac{\partial \alpha_n}{\partial y}.$$

Aus Bild 7.15 erkennt man dabei, daß

$$\alpha_n = \arctan \frac{y_p - y_n}{x_p - x_n}; \quad r_n = \frac{y_p - y_n}{\sin \alpha_n} = \frac{x_p - x_n}{\cos \alpha_n} = \sqrt{(x_p - x_n)^2 + (y_p - y_n)^2}.$$

Daraus

$$\frac{\partial \alpha_n}{\partial x} = -\frac{\sin \alpha_n}{r_n}; \qquad \frac{\partial \alpha_n}{\partial y} = \frac{\cos \alpha_n}{r_n}.$$

Dieses oben eingesetzt, ergibt für die Koordinaten der Feldstärke im Punkt P

$$H_x = (-)\frac{1}{2\pi} \sum_1^n \frac{I_n}{r_n} \sin \alpha_n; \qquad H_y = \frac{1}{2\pi} \sum_1^n \frac{I_n}{r_n} \cos \alpha_n \tag{7.41}$$

oder

$$\boxed{\boldsymbol{H} = -\frac{1}{2\pi}\left(\boldsymbol{e}_x \sum_1^n I_n \frac{\sin \alpha_n}{r_n} - \boldsymbol{e}_y \sum_1^n I_n \frac{\cos \alpha_n}{r_n}\right)} \tag{7.42}$$

Sind die Leiterabstände klein gegenüber der Entfernung des Punktes P von den Leitern, so werden die Winkel α_n einerseits und die Radiusvektoren r_n andererseits angenähert gleich und man erhält für den Betrag

$$H = \sqrt{H_x^2 + H_y^2} = \frac{1}{2\pi r} \sum_1^n I_n. \tag{7.43}$$

In großer Entfernung von einem System paralleler Leiter erscheint dieses so beschaffen, wie wenn nur ein Leiter vorhanden wäre, dessen Strom gleich der Summe der Einzelströme ist.

Insbesondere wird für eine Doppelleitung (Hin- und Rückleitung) mit $I_1 = \mp I_2 = I$ aus Gl. (7.40)

$$\boxed{\psi = \frac{I}{2\pi}\,(\alpha_1 \mp \alpha_2)} \tag{7.44}$$

Auf der Verbindungslinie zwischen beiden Leitern ist

$$\sin\alpha_1 = \sin\alpha_2 = 0; \quad \cos\alpha_1 = 1; \quad \cos\alpha_2 = -1.$$

Somit aus Gl. (7.41) der Betrag in Übereinstimmung mit Gl. (7.38)

$$H = H_y = \frac{I}{2\pi}\left(\frac{1}{r_1} + \frac{1}{r_2}\right).$$

7.3.3 Stromführender Kreisring und Zylinderspule. Mit Hilfe des Biot-Savartschen Gesetzes, Gl. (7.19), kann die Feldstärke in der Achse eines stromführenden Kreisringes leicht berechnet werden, wenn dieser als Stromfaden betrachtet werden darf. Es wird für den Punkt P in Bild 7.16 unter Berücksichtigung, daß $\boldsymbol{r}$ und $\mathrm{d}\boldsymbol{s}$ aufeinander senkrecht stehen,

$$\mathrm{d}H = \frac{I}{4\pi}\,\frac{\mathrm{d}s}{r^2}$$

und die Summe der Teilfelder in Achsrichtung

$$H = \int \mathrm{d}H \sin\beta = \frac{I \sin\beta}{4\pi r^2}\int_0^{2\pi R} \mathrm{d}s$$

oder mit $\sin\beta = R/r$

$$H = \frac{I}{2R}\,\sin^3\beta = \frac{IR^2}{2r^3}\,. \tag{7.45}$$

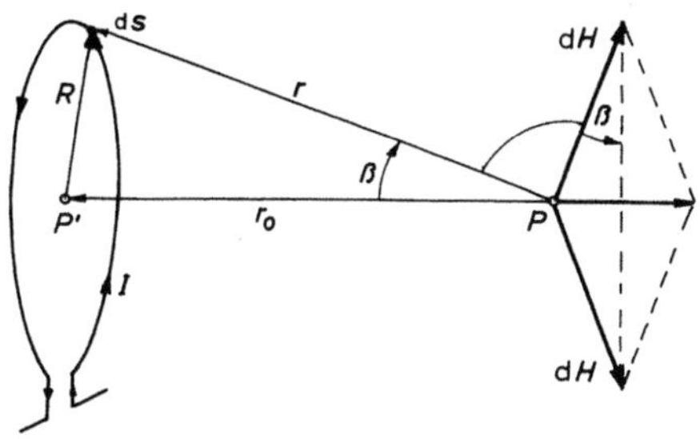

Bild 7.16 Zur Feldberechnung eines ringförmigen Stromfadens

Für große Abstände ist $r \approx r_0$, in Entfernungen $r \gg R$ nimmt daher die Feldstärke eines stromführenden Kreisringes auf der Achse mit der dritten Potenz der Entfernung ab. Der Kreisring kann auch als magnetische Doppelschicht aufgefaßt werden (siehe Kap. 7.1.3). Für die Ringmitte (Punkt P' in Bild 7.16) erhält man mit $r = R$ in Übereinstimmung mit Gl. (7.26a)

$$H_0 = \frac{I}{2R}\,.$$

Auf die gleiche Weise kann auch das Feld im Innern einer Zylinderspule berechnet werden, Bild 7.17. Bei insgesamt N Windungen entfallen auf die Längeneinheit N/l Windungen, demnach auf ein Spulenelement $\mathrm{d}l$

$$\frac{N}{l}\,\mathrm{d}l = \frac{N}{l}\,\mathrm{d}x \tag{7.46}$$

Windungen. Jedes Spulenelement stellt einen Kreisring dar, der vom Strom $IN/l\,\mathrm{d}x$ durchflossen wird. Es wird dann in Bild 7.17 für einen Punkt P auf der Spulenachse im Innern der Spule mit

$$x = R\cot\beta \quad \text{und} \quad \mathrm{d}x = -\frac{R}{\sin^2\beta}\,\mathrm{d}\beta$$

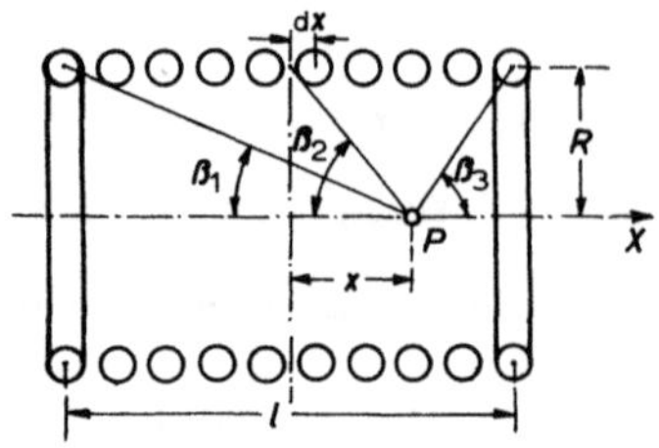

Bild 7.17 Zur Berechnung des Feldes im Innern einer Zylinderspule

aus Gl. (7.45) unter Beachtung von Gl. (7.46)

$$\mathrm{d}H = \frac{IN}{2lR}\sin^3\beta\,\mathrm{d}x = -\frac{IN}{2l}\sin\beta\,\mathrm{d}\beta$$

oder

$$H = -\frac{IN}{2l}\int_{\beta_1}^{\beta_2}\sin\beta\,\mathrm{d}\beta = \frac{IN}{2l}(\cos\beta_1 + \cos\beta_2)$$

mit

$$\cos\beta_1 = \frac{\frac{l}{2}+x}{\sqrt{R^2+\left(\frac{l}{2}+x\right)^2}}; \qquad \cos\beta_2 = \frac{\frac{l}{2}-x}{\sqrt{R^2+\left(\frac{l}{2}-x\right)^2}}.$$

Somit

$$H = \frac{IN}{2l}\left(\frac{l+2x}{\sqrt{4R^2+(l+2x)^2}} + \frac{l-2x}{\sqrt{4R^2+(l-2x)^2}}\right). \tag{7.47}$$

Für die Spulenmitte wird $x = 0$ und damit

$$H_0 = \frac{IN}{\sqrt{4R^2+l^2}}. \tag{7.47a}$$

Für $R \ll l$ kann R gegenüber l vernachlässigt werden. An den Spulenenden wird schließlich $x = \pm l/2$ und damit

$$H = \frac{IN}{2\sqrt{R^2+l^2}}. \tag{7.47b}$$

Während das Feld im mittleren Teil einer hinreichend langen Zylinderspule angenähert als konstant angesehen werden kann, erfolgt an den Spulenenden selbst einer langen und schmalen Zylinderspule eine Feldabnahme.

Beispiel 7.7: Der Fluß Φ durch eine von einer kreisförmigen Stromschleife umrandeten Fläche wird zweckmäßig über das Vektorpotential aus Gl. (7.12) berechnet [2.20], was jedoch auf elliptische Integrale führt. Eine angenäherte Berechnung erhält man aus der Betrachtung einer Doppelleitung der Länge l mit dem Leiterabstand $a \ll l$. Wird die Doppelleitung als ein die Fläche al umschließender Stromkreis vom Umfang $2l$ betrachtet und ist R der Radius des stromführenden Kreisringes sowie r_0 der Leiterradius, so entsprechen einander

Umfang: $2l \to 2\pi R$, Fläche: $al \to \pi R^2$.

In Gl. (7.39) hat man daher zu ersetzen l durch πR und a durch R. Damit erhält man angenähert als Fluß Φ durch die Fläche eines den Strom I führenden Kreisringes vom Radius R, wenn der Leiterradius $r_0 \ll R$,

$$\Phi \approx \mu_0 I R \ln \frac{R}{r_0} \,. \tag{7.48}$$

7.3.4 Stromleiter innerhalb und außerhalb von Eisenkörpern. Kann bei kleinen Feldstärken angenähert mit einer konstanten mittleren Permeabilität μ im Eisen gerechnet werden, so läßt sich die Anordnung: Stromleiter parallel zur Begrenzungsfläche Eisen-Luft durch Anwenden des Spiegelungsverfahrens (Kap. 5.1.3) auf zwei parallele Stromleiter zurückführen. Befindet sich der vom Strom I durchflossene Leiter im Eisen, so wird zunächst die Permeabilität innerhalb und außerhalb des Eisens als gleich angenommen und der Strom nach Bild 7.18 im Bildpunkt A' im Luftraum gleich I' gesetzt. Diese Annahme wird dann durch die Einführung eines einzigen Stromes I'' im Punkt A in Bild 7.18 wieder kompensiert, wobei im Außenraum das Eisen wieder durch Luft ersetzt wird. Unter Beachtung der Stetigkeitsbedingungen an Grenzflächen ergibt die erste Annahme (I in A, I' in A', Bild 7.18) für die Tangentialkomponenten der Feldstärke und die Normalkomponenten der Flußdichte nach Gl. (7.41) in Punkt P, Bild 7.18

$$H_t = \frac{\sin\alpha}{2\pi r}(I - I'), \qquad B_n = \mu \frac{\cos\alpha}{2\pi r}(I + I').$$

Für den Außenraum ergibt die zweite Annahme (lediglich I'' in Punkt A)

$$H_t = \frac{\sin\alpha}{2\pi r} I'', \qquad B_n = \mu_0 \frac{\cos\alpha}{2\pi r} I''.$$

Die Stetigkeitsbedingungen an Grenzflächen, Gl. (3.47) in Kap. 3.3.2, verlangen, daß in beiden Fällen jeweils die Tangentialkomponenten H_t und die Normalkomponenten B_n gleich sein müssen. Das ergibt

$$I'' = I - I'; \qquad I'' = \mu_r (I + I').$$

Daraus

$$I' = -\frac{\mu_r - 1}{\mu_r + 1} I, \qquad I'' = \frac{2\mu_r}{\mu_r + 1} I, \tag{7.49}$$

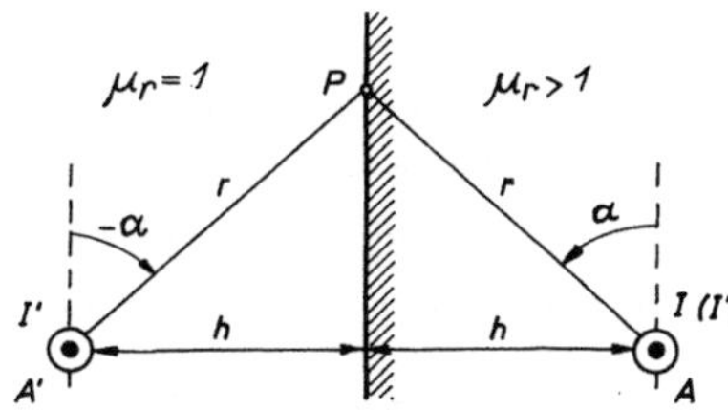

Bild 7.18 Zur Berechnung des Feldes um einen Stromleiter in einem Eisenkörper

womit die Grenzbedingungen erfüllt sind. Damit kann das Feld in jedem Punkt berechnet werden. Für den Eisenraum erhält man den Fall der Doppelleitung mit $I_1 = I$ und $I_2 = I'$ in A' (s. oben), für den Außenraum (Luftraum) handelt es sich um den Fall eines Stromleiters in A mit $I = I''$.

Befindet sich der Stromleiter außerhalb des Eisenkörpers, so führt das gleiche Verfahren zum Ziel. In den meisten Fällen kann aber dann die Permeabilität des Eisens gegenüber Luft als so groß angenommen werden, daß die Eisenoberfläche als Niveaufläche angesehen werden darf. Durch Einführung des Spiegelbildes jenseits der Grenzfläche (im Eisen) erhält man den Fall der Doppelleitung mit $I' = I$. In komplizierten Fällen, wie etwa bei elektrischen Maschinen, wird der Feldverlauf zweckmäßig graphisch bestimmt, wobei im allgemeinen die Eisenoberfläche als Niveaufläche angenähert werden kann.

7.4 Induktivität und Gegeninduktivität

7.4.1 Die Selbstinduktivität. Die *Induktivität* oder der Selbstinduktionskoeffizient L einer Leiterschleife ist bei konstanter Permeabilität μ definiert als Quotient

$$\boxed{L = \frac{\Psi}{I}} \tag{7.50}$$

wobei Ψ der die Schleife durchsetzende und mit ihr verkettete magnetische Kraftfluß und I der ihm zugehörige Leiterstrom ist. Setzt man bei N Windungen der Schleife und gleichmäßiger Verkettung $\Psi = N\Phi$, so wird mit Gl. (3.41) in Kap. 3.2.3

$$L = \frac{N^2}{R_m} = \frac{N^2 \mu A}{l}, \tag{7.51}$$

wobei R_m der magnetische Widerstand, A die von der Leiterschleife (mit N Windungen) gebildete und vom magnetischen Fluß Φ durchsetzte Fläche und l die Länge des magnetischen Weges ist. Die Induktivität ist demnach von der geometrischen Form der Leiterschleife und der Permeabilität des sie umgebenden Mediums abhängig. Bei nicht konstanter Permeabilität (ferromagnetische Stoffe) wird mit i als Augenblickswert des Stromes

$$L = \frac{\mathrm{d}\Psi}{\mathrm{d}i}. \tag{7.52}$$

Die nach Gl. (7.50) definierte Induktivität berücksichtigt nur den Fluß außerhalb der Leiteranordnung; sie wird daher auch *äußere* Induktivität genannt. Hinzu kommt noch die *innere* Induktivität L_i, die den zusätzlichen Fluß Φ_i im Leiter selbst berücksichtigt. Dieser Fluß ist nur mit einem Teil I_i des Leitungsstromes verkettet, der durch die Stromverteilung über den Leiterquerschnitt gegeben ist. Die Gesamtinduktivität L setzt sich demnach aus der Summe $L_a + L_i$ zusammen. Die innere Induktivität wird zweckmäßig aus der magnetischen Energie (Kap. 8.1.6) berechnet.

Im Fünfersystem erhält man für die Induktivität

$$L = \frac{\Psi}{\gamma_0 I} = \frac{\mu A}{l}\left(\frac{N}{\gamma_0}\right)^2. \tag{7.53}$$

Demnach ist die Induktivität im Fünfersystem eine elektrische Größe.

7.4.2 Gegeninduktivität und Streuinduktivität. Handelt es sich um zwei Stromkreise nach Bild 7.19 und ist

$$\Psi_{12} = N_2\,\Phi_{12}, \qquad \Psi_{21} = N_1\,\Phi_{21}$$

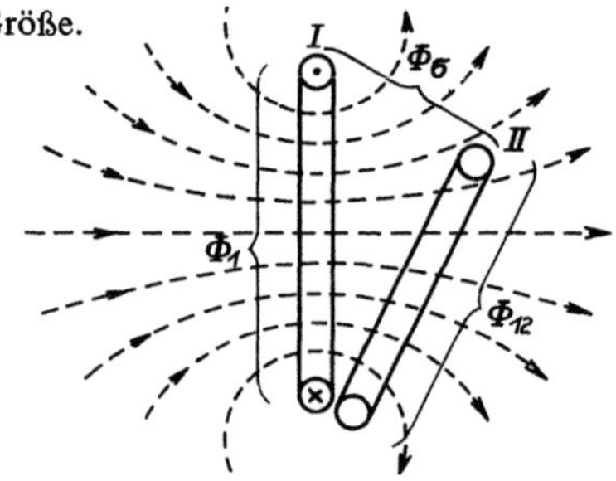

Bild 7.19 Zum Begriff der Gegeninduktivität

der mit den zunächst stromlos angenommenen N_2 Windungen des Stromkreises II verkettete Teil des magnetischen Flusses Φ_1 des Stromkreises I oder umgekehrt, so ist

$$\boxed{M_{12} = \frac{\Psi_{12}}{I_1}\,; \quad M_{21} = \frac{\Psi_{21}}{I_2}} \tag{7.54}$$

die *Gegeninduktivität* oder der Koeffizient der gegenseitigen Induktion des Kreises I gegenüber II, bzw. des Kreises II gegenüber I. Befinden sich beide Kreise in einem Medium ohne ferromagnetische Stoffe, so gilt bei gleichen Bedingungen

$$M_{12} = M_{21} = M.$$

Die Berechnung erfolgt zweckmäßig aus der Gleichung für das Vektorpotential. So wird nach Gl. (7.12) und Gl. (7.16)

$$\Phi_{12} = \oint_{II} A_m \, \mathrm{d}s = \frac{\mu}{4\pi} I_1 \oint_{I} \oint_{II} \frac{\mathrm{d}s_1 \, \mathrm{d}s_2}{r_{12}}\,.$$

Daraus folgt die *Neumannsche Formel* für die Gegeninduktivität

$$\boxed{M = \frac{\mu}{4\pi} \oint \oint \frac{\mathrm{d}\mathbf{s}_1 \, \mathrm{d}\mathbf{s}_2}{r_{12}} = \frac{\mu}{4\pi} \oint \oint \frac{\mathrm{d}s_1 \, \mathrm{d}s_2 \cos\alpha}{r_{12}}} \tag{7.55}$$

wobei r_{12} der Abstand beider Leiterelemente $\mathrm{d}s_1$ und $\mathrm{d}s_2$ ist. Diese Beziehung beweist die Gleichwertigkeit der beiden Indizes 1 und 2. Befinden sich dagegen beide Stromkreise in verschiedenen Medien ($\mu_1 \neq \mu_2$), so wird $M_{12} \neq M_{21}$.

Bei Leiteranordnungen in Luft mit $\mu = \mu_0$ ist es oft von Vorteil, gleich den Zahlenwert

$$\frac{\mu_0}{4\pi} = 0{,}1 \, \frac{\mathrm{mH}}{\mathrm{km}} \tag{7.56}$$

in die Induktivitätsformel einzusetzen.

Im Normalfall ist nur ein Teil des Flusses eines Kreises mit dem anderen Kreis verkettet. Den Teil des Flusses, der mit beiden Stromkreisen I und II verkettet ist (Φ_{12} bzw. Φ_{21}), bezeichnet man als Haupt- oder Nutzfluß. Den lediglich mit dem ihn erzeugenden Kreis verketteten Fluß (Φ_{s_1} bzw. Φ_{s_2}) bezeichnet man als Streufluß. Es ist also der primäre bzw. sekundäre Streufluß

$$\Phi_{s_1} = \Phi_1 - \Phi_{12}, \qquad \Phi_{s_2} = \Phi_2 - \Phi_{21}.$$

Dem Streufluß kann man eine Streuinduktivität zuordnen. Es ist dann die primäre und sekundäre Streuinduktivität

$$L_{s_1} = \frac{N_1 \Phi_{s_1}}{I_1}\,; \qquad L_{s_2} = \frac{N_2 \Phi_{s_2}}{I_2}\,. \tag{7.57}$$

Über Streuinduktivität und Streuung sowie über die Schaltung von Induktivitäten und gekoppelte Stromkreise siehe „Allgemeine Elektrotechnik" [1.4].
Infolge des meist nur schwer zu kontrollierenden Verlaufes der Streulinien ist eine exakte Berechnung der Streuung oder der Streuinduktivität im allgemeinen nicht ohne weiteres

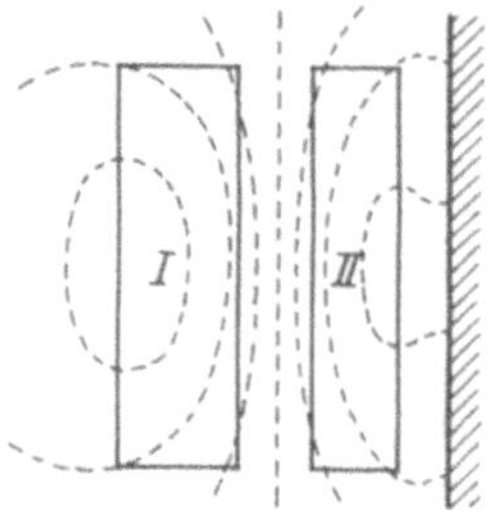

Bild 7.20
Zylinderwicklung eines Übertragers mit Streulinien

möglich. Man beschränkt sich daher auf eine Näherungsrechnung, wobei die Ergebnisse gelegentlich durch einen empirisch ermittelten Korrekturfaktor verbessert werden. Den grundsätzlichen Verlauf der Streulinien bei einem Übertrager mit Zylinderwicklung zeigt Bild 7.20.

Beispiel 7.8: Bei der Berechnung der Streuung geht man im allgemeinen davon aus, daß der Widerstand im Eisenkern wegen der hohen Permeabilität und im äußeren Luftraum wegen des praktisch nahezu unbegrenzten Querschnitts vernachlässigt werden kann. Zur angenäherten Berechnung der Streuinduktivität L_s einer einfachen Zylinderwicklung wird dann nach Bild 7.21, wenn der Raum zwischen Wicklung und Eisenkern so klein sein soll, daß das Feld dort infolge der Eisennähe vernachlässigbar ist, $N_x = Nx/a$. Dabei werden nur die in Bild 7.21 gestrichelt gezeichneten Streulinien berücksichtigt. Ist I der Spulenstrom, so wird demnach der Betrag der mittleren Flußdichte

$$B = \frac{\mu_0 N_x}{l} I$$

und der Fluß $d\Phi$ mit l_m als mittlere Windungslänge

$$d\Phi = B l_m \, dx = \frac{\mu_0 N_x}{l} I l_m \, dx.$$

Gl. (7.50) ergibt dann für die Streuinduktivität, da $d\Psi = N_x d\Phi$,

$$L_s = \int_0^a \frac{\mu_0 N_x^2 l_m}{l} dx = \frac{\mu_0 N^2 l_m}{l a^2} \int_0^a x^2 dx$$

oder

$$L_s = \frac{\mu_0 N^2 l_m}{l} \frac{a}{3}. \tag{7.58}$$

Bild 7.21 Zur Berechnung der Streuinduktivität einer einfachen Zylinderwicklung

7.4.3 Induktivität einiger Anordnungen. Für einen gleichmäßig mit N Windungen bewickelten Kreisring (Toroid) in Luft mit dem mittleren Radius r betragen aus Gl. (3.40) in Kap. 3.2.3 Feldstärke und Flußdichte

$$H = \frac{IN}{2\pi r}; \qquad B = \mu_0 H = \mu_0 \frac{IN}{2\pi r}.$$

Mit A als Ringquerschnitt (Wicklungsquerschnitt) beträgt dann der mit den N Windungen verkettete magnetische Fluß bei angenähert homogenem Feld

$$\Psi = N\Phi = \frac{\mu_0 A}{2\pi} \frac{IN^2}{r}.$$

Somit

$$L = \frac{\mu_0 A}{2\pi r} N^2. \tag{7.59}$$

Für eine lange, gestreckte Spule (Zylinderspule) der Spulenlänge l ist angenähert (Vernachlässigung des äußeren Feldes) nach Gl. (7.52)

$$L = \frac{\mu_0 A}{l} N^2, \tag{7.60}$$

sofern der Spulendurchmesser gegenüber l hinreichend klein ist.
Handelt es sich um kurze Spulen, so muß der Einfluß der Spulenenden berücksichtigt werden. In der Praxis werden meist empirische Näherungsformeln benutzt oder die Induktivitätswerte aus Zahlentafeln entnommen. Bei einer langen einlagigen Zylinderspule mit Kreisquerschnitt kann das magnetische Feld außerhalb der Spule vernachlässigt werden. Im Bereich $l = 10 \dots 20R$ (R mittlerer Radius) ist für l näherungsweise der Wert

$$l' = \sqrt{l^2 + 4R^2}$$

zu setzen.

Beispiel 7.9: Für eine kreisförmige Drahtschleife in Luft (Drahtradius r_0, Kreisradius R) erhält man als äußere Induktivität L_a unmittelbar aus Gl. (7.48)

$$L_a = \frac{\Phi}{I} \approx \mu_0 R \ln \frac{R}{r_0}.$$

Die innere Induktivität kann angenähert gleich derjenigen eines gestreckten Leiters der Länge $l = 2\pi R$ gesetzt werden. Sie wird zweckmäßig aus der magnetischen Energie innerhalb des Leiters berechnet (Kap. 8.1.6). Aus Gl. (7.50) erhält man L_i bei gleichmäßiger Stromverteilung über den Leiterquerschnitt mit Gl. (7.35) unter Beachtung, daß jeder Teilfluß im Leiterinnern nur einen um r^2/R^2 verringerten Beitrag zur inneren Induktivität ergibt, bei $\mu = \mu_0$

$$L_i = \frac{1}{I}\int_0^R \frac{r^2}{R^2} B_i l \,\mathrm{d}r = \frac{\mu_0 l}{2\pi R^4}\int_0^R r^3 \,\mathrm{d}r = \frac{\mu_0 l}{8\pi}. \tag{7.61}$$

Somit wird für den Kreisring

$$L_i = \frac{\mu_0 R}{4}.$$

Damit wird die Gesamtinduktivität $L = L_a + L_i$

$$L = \mu_0 R \left(\ln \frac{R}{r_0} + \frac{1}{4}\right). \qquad r_0 \ll R \tag{7.62}$$

Hat der Ring mehrere Windungen (Flachspule, Rahmenspule), so werden in der Praxis Näherungsformeln verwendet, bei denen die tatsächliche Verkettung von Spulenfluß und Windungszahl durch die Einführung von Korrekturfaktoren berücksichtigt wird. Hierfür muß auf das Spezialschrifttum verwiesen werden.

Die Induktivität einer Doppelleitung der Länge l im Luftraum erhält man unmittelbar aus Gl. (7.39) mit Gl. (7.61), wenn a der Leiterabstand und $r_0 \ll a$ der Leiterradius ist.

Unter Beachtung, daß wegen der Hin- und Rückleitung der doppelte Wert der inneren Induktivitäten zu nehmen ist, wird

$$L = L_a + L_i = \frac{\mu_0 l}{\pi} \ln \frac{a}{r_0} + \frac{\mu_0 l}{4\pi}$$

oder

$$L = \frac{\mu_0 l}{4\pi} \left(4 \ln \frac{a}{r_0} + 1\right). \tag{7.63}$$

Mit Gl. (7.56) erhält man daraus für den Induktivitätsbelag L' (Induktivität pro km Länge) die „zugeschnittene" Gleichung

$$\boxed{L' = 0{,}4 \left(\ln \frac{a}{r_0} + 0{,}25\right) \frac{\text{mH}}{\text{km}}} \tag{7.63a}$$

Auf entsprechende Weise kann die Induktivität eines Koaxialkabels berechnet werden. Sind R_i und R_a die Radien der Innen- und Außenleiter (Kabelmantels), so beträgt der Fluß zwischen beiden nach Gl. (7.33) bei $\mu = \mu_0$

$$\Phi = \frac{\mu_0 l I}{2\pi} \ln \frac{R_a}{R_i} .$$

Damit wird die äußere Induktivität

$$L_a = \frac{\mu_0 l}{2\pi} \ln \frac{R_a}{R_i} .$$

Hinzu kommt noch die innere Induktivität L_i des Innenleiters nach Gl. (7.61). Bei gleichmäßiger Stromverteilung über den Leiterquerschnitt und Vernachlässigung der inneren Induktivität des Außenleiters (Kabelmantels) erhält man somit für das Koaxialkabel

$$L = \frac{\mu_0 l}{2\pi} \left(\ln \frac{R_a}{R_i} + \frac{1}{4}\right) \tag{7.64}$$

oder als Induktivitätsbelag mit Gl. (7.56)

$$\boxed{L' = 0{,}2 \left(\ln \frac{R_a}{R_i} + 0{,}25\right) \frac{\text{mH}}{\text{km}}} \tag{7.64a}$$

Die künstliche Erhöhung der Induktivität von Fernmeldekabeln kann wie beim Krarupkabel, Bild 7.22 durch abschnittsweises Bewickeln des Leiters mit Eisndraht oder -band erfolgen. Innerhalb einer solchen Bewicklung wird der Fluß im wesentlichen durch das Eisen geführt, so daß er den Leiter in Schraubenlinien umschließt, deren Steigung nahezu mit derjenigen des Bewicklungsdrahtes übereinstimmt. Zwischen den Enden des Bewicklungsdrahtes schließt sich der Fluß wieder in Luft.
Bildet man das Linienintegral der magnetischen Feldstärke innerhalb der Eisenbewicklung längs einer mittleren Feldlinie, so wird aus Gl. (3.40) nach Bild 7.22

$$\pi (2r_0 + \delta) H = I \sin \alpha .$$

Daraus

$$\Psi = \mu H A_e = \frac{\mu I N' l A_e}{\pi (2r_0 + \delta)} \sin \alpha ,$$

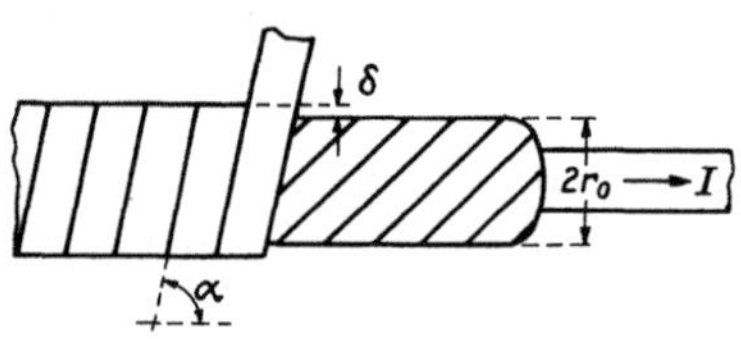

Bild 7.22
Krarupkabel

wobei $\mu = \mu_0 \mu_r$ die mittlere Permeabilität des Eisens, N' die Windungszahl je Längeneinheit der Bewicklung und A_e der Querschnitt des Eisenbandes ist. Somit der Beitrag der Eisenbewicklung zur Induktivität nach Gleichung (7.50)

$$L = \frac{\mu N' l A_e}{\pi (2r_0 + \delta)} \sin\alpha. \tag{7.65}$$

Von Bedeutung für die induktive Beeinflussung zweier Doppelleitungen nach Bild 7.23 ist schließlich ihre Gegeninduktivität. Dabei ist in Bild 7.23 der von dem Leiter 1 hervorgerufene und mit der Doppelleitung 3–4 verkettete Fluß gleich der Differenz des durch die Verbindungsebene der Leiter 1–4 (a_{14}) und 1–3 (a_{13}) hindurchtretenden Flusses. Somit beträgt bei $\mu = \mu_0$

$$\Phi_1 = \frac{\mu_0 l}{2\pi} I_1 \int_{r_I}^{a_{14}} \frac{\mathrm{d}r}{r} - \frac{\mu_0 l}{2\pi} I_1 \int_{r_I}^{a_{13}} \frac{\mathrm{d}r}{r} = \frac{\mu_0 l}{2\pi} I_1 \ln \frac{a_{14}}{a_{13}}.$$

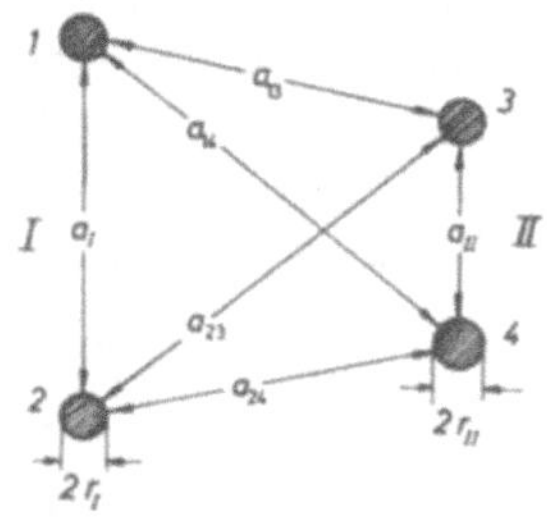

Bild 7.23 Zur Gegeninduktivität zweier Doppelleitungen I und II

Entsprechend wird der vom Leiter 2 hervorgerufene Fluß

$$\Phi_2 = \frac{\mu_0 l}{2\pi} I_1 \ln \frac{a_{23}}{a_{24}}.$$

Der gesamte Verkettungsfluß zwischen beiden Doppelleitungen ist

$$\Phi = \Phi_1 + \Phi_2,$$

also ist

$$M = \frac{\mu_0 l}{2\pi} \ln \frac{a_{14} a_{23}}{a_{13} a_{24}}, \qquad M' = 0{,}2 \ln \frac{a_{14} a_{23}}{a_{13} a_{24}} \frac{\mathrm{mH}}{\mathrm{km}}. \tag{7.66}$$

Das Feld im Innern der Leiter trägt zur Gegeninduktivität praktisch nichts bei, da sich die Felder in den beiden Hälften eines jeden Leiters nahezu aufheben.
Für zwei symmetrische Doppelleitungen ist $a_{14} = a_{23} = a_1, a_{13} = a_{24} = a_2$ und

$$\boxed{M' = 0{,}4 \ln \frac{a_1}{a_2} \frac{\mathrm{mH}}{\mathrm{km}}} \tag{7.66a}$$

7.4.4 Die Betriebsinduktivität von Mehrleitersystemen. Verallgemeinert man Gl. (7.50), so kann bei konstanter Permeabilität für ein beliebiges System linearer Leiter der Fluß einer Leiterschleife als Summe linearer Funktionen der einzelnen Leiterströme dargestellt werden

$$\Psi_1 = L_1 I_1 + M_{12} I_2 + M_{13} I_3 + \ldots + M_{1n} I_n, \tag{7.67}$$

woraus die einzelnen Induktivitäten als Koeffizienten der Ströme direkt abgelesen werden können.

Entsprechend der Definition der Betriebsinduktivität L_b als Ersatzinduktivität eines Mehrleitersystems bei einer bestimmten Betriebsart wird dann für den Leiter (1)

$$L_{b1} = \frac{\Psi_1}{I_1}. \tag{7.68}$$

In Gl. (7.67) bedeutet dann L_1 die Induktivität des betrachteten Einzelleiters (1) und M_{1n} die Gegeninduktivität dieses Leiters (1) gegenüber den übrigen n Leitern des Systems. Nun erscheint aber der Begriff der Induktivität eines abgetrennten Leiterstückes (Einzelleiters) offenbar physikalisch nicht haltbar. Wie aber R. Brüderlink gezeigt hat, können durch die Einführung eines passend gewählten fiktiven Rückleiters die obigen Bedenken bei der Betrachtung eines einzelnen Leiters beseitigt werden[1]).

Denkt man sich hierbei um den Einzelleiter eine kreiszylindrische Hülle vom Radius ρ nach Bild 7.24a, so bilden Leiter und Hülle eine Schleife, wobei die Hülle für den Strom als Rückleiter dient. Die Induktivität dieser Anordnung Leiter-Hülle kann aus der Gegeninduktivität zweier Doppelleitungen, Leiterschleifen I und II nach Gl. (7.66):

$$M = \frac{\mu_0}{2\pi}\, l \ln \frac{a_{14}\, a_{23}}{a_{13}\, a_{24}} \tag{7.69}$$

abgeleitet werden. Läßt man zu diesem Zweck in Bild 7.24b Leiter (1) und (3) zusammenfallen, so ergibt das den betrachteten Einzelleiter in Bild 7.24a. An Stelle des mittleren geometrischen Abstandes a tritt der mittlere geometrische Abstand aller den Leiterquerschnitt ausfüllenden Stromfäden. Dieser beträgt bei gleichmäßiger Durchströmung, wenn r_0 der Leiterradius ist,

$$a_{13} = a \to r_0\, e^{-1/4}. \tag{7.70}$$

Läßt man ferner in Bild 7.24b Leiter (2) und (4) zusammenfallen, so muß der so erhaltene Leiter der zylindrischen Hülle entsprechen. Da nun der mittlere geometrische Abstand aller Punkte eines Kreises sowohl von diesem selbst als auch von einer innerhalb der Kreisebene liegenden Kreisfläche gleich dem Kreisradius ist, unabhängig von Größe und Lage der inneren Kreisfläche, so ist in Gl. (7.69) zu setzen (vgl. Bild 7.24a und b)

$$a_{14} = a_{23} = a_{24} = \rho.$$

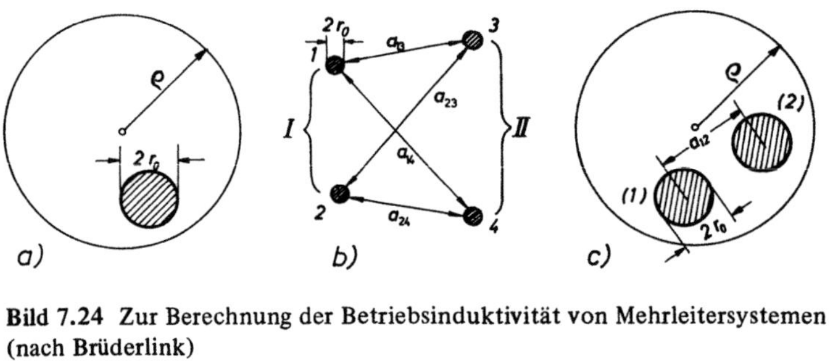

Bild 7.24 Zur Berechnung der Betriebsinduktivität von Mehrleitersystemen (nach Brüderlink)

---

[1]) *R. Brüderlink*, Induktivität und Kapazität der Starkstromleitungen. G. Braun, Karlsruhe 1954.

Damit erhält man für die Induktivität der Schleife Leiter-Hülle, Bild 7.24a, nach Gl. (7.69)

$$\Lambda_{11} = \frac{\mu_0}{2\pi} l \left(\ln \frac{\rho}{r_0} + \frac{1}{4}\right).$$

Da der Radius ρ der gedachten Hülle willkürlich ist, außerdem ρ in der Induktivitätsformel für den Einzelleiter verschwinden muß, setzt man zweckmäßig

$$\rho = \frac{2l}{\mathrm{e}} = 2l\,\mathrm{e}^{-1}.$$

Man erhält dann für die Induktivität eines Einzelleiters

$$\boxed{\Lambda_{11} = \frac{\mu_0}{2\pi} l \left(\ln \frac{2l}{r_0} - \frac{3}{4}\right)} \tag{7.71}$$

Auf die gleiche Weise wie Gl. (7.71) erhält man auch die Gegeninduktivität zweier paralleler Leiter, wenn man sich diese ebenfalls von einem leitenden Kreiszylinder nach Bild 7.24c umgeben denkt, der als Rückleiter für den Strom dienen soll, Gl. (7.69) ergibt für die Gegeninduktivität der beiden Schleifen: Leiter (1)-Hülle und Leiter (2)-Hülle

$$\boxed{\Lambda_{12} = \frac{\mu_0}{2\pi} l \left(\ln \frac{2l}{a_{12}} - 1\right)} \tag{7.72}$$

Für die mittleren geometrischen Abstände wird dabei in Gl. (7.69), wenn man Leiter (2) und (4) zusammenfallen läßt, was dann der kreiszylindrischen Hülle entsprechen muß (vgl. Bild 7.24b und c),

$$a_{14} = a_{23} = a_{24} = \rho; \quad a_{13} = a_{12}.$$

Für die Betriebsinduktivität eines beliebigen Mehrleitersystems mit n Einzelleitern wird damit schließlich aus Gl. (7.68) z.B. für Leiter (1)

$$\boxed{L_{b1} = \Lambda_{11} + \sum_{n=2}^{n} \Lambda_{1n} \frac{\underline{I}_n}{\underline{I}_1}} \tag{7.73}$$

mit Λ_{11} nach Gl. (7.71) und Λ_{1n} nach Gl. (7.72). Beide Größen werden (nach Brüderlink) Teilinduktivitäten genannt, da aus ihnen die Betriebsinduktivität eines Mehrleitersystems gleichsam baukastenförmig aufgebaut werden kann. Die einzelnen Leiterströme $\underline{I}_1 \ldots \underline{I}_n$ sind als (komplexe) Zeigergrößen unter Berücksichtigung ihrer gegenseitigen zeitlichen Lage, je nach Betriebsart der Leitung, einzusetzen. Bei Betrieb mit einer Mehrphasenspannung kann die Betriebsinduktivität demnach auch komplex werden.

Beispiel 7.10: Für eine symmetrische Drehstrom-Einfachleitung, deren drei Leiter die Eckpunkte eines Dreiecks der Seitenlängen a als Leiterabstände bilden, wird mit

$$\underline{I}_1 = I; \quad \underline{I}_2 = I\,\mathrm{e}^{-\mathrm{j}\,120°}; \quad \underline{I}_3 = I\,\mathrm{e}^{+\mathrm{j}\,120°}$$

aus Gl. (7.73) mit Gl. (7.71) und Gl. (7.72)

$$L_b = \frac{\mu_0}{2\pi} l \left[\ln \frac{2l}{r_0} - \frac{3}{4} + \left(\ln \frac{2l}{a} - 1 \right) (e^{-j\,120^\circ} + e^{+j\,120^\circ}) \right].$$

Somit

$$L_b = \frac{\mu_0}{2\pi} l \left(\ln \frac{a}{r_0} + \frac{1}{4} \right). \qquad (7.74)$$

Infolge der symmetrischen Leiteranordnung ist die Betriebsinduktivität für jeden der drei Leiter gleich.

Bei unsymmetrischer Leiteranordnung werden die Leiter in der Praxis abschnittsweise zyklisch vertauscht, so daß mit einem mittleren geometrischen Leiterabstand

$$a = \sqrt[3]{a_{12} a_{23} a_{31}} \qquad (7.75)$$

gerechnet werden kann. Gl. (7.74) kann somit für eine beliebige Leiteranordnung angewendet werden.

8 Kräfte und Energie

8.1 Kräfte und Energie im magnetischen Feld

8.1.1 Kraftwirkung auf magnetische Dipole. Hinsichtlich der Wechselwirkungen mit einem magnetischen Feld entspricht ein magnetischer Dipol einem elektrischen Dipol im elektrischen Feld. Im zeitlich konstanten und homogenen Magnetfeld wird somit auf einen magnetischen Dipol ein Drehmoment nach Gl. (7.2) in Kap. 7.1.1 ausgeübt. Im inhomogenen Feld erfolgt außerdem eine Kraftausübung in Richtung des Feldanstiegs analog Gl. (4.48) in Kap. 4.4.2

$$F = m\,\frac{\mathrm{d}H}{\mathrm{d}s}\,, \tag{8.1}$$

wodurch sich z.B. von einem Magneten angezogene Eisenfeilspäne in Feldrichtung ausrichten. Vergleiche auch Bild 4.20 in Kap. 4.4.2.
Bei diamagnetischen Körpern ist das magnetische Moment m negativ, bei paramagnetischen Körpern dagegen positiv. Im inhomogenen Feld werden daher diamagnetische Stoffe aus Gebieten großer Feldstärke herausgedrängt, dagegen paramagnetische Stoffe in Gebiete großer Feldstärke hineingezogen. Gl. (8.1) kann auch zur Messung eines unbekannten Feldgefälles dienen. Man verwendet dazu kleine Meßspulen mit bekanntem magnetischem Moment.

8.1.2 Kräfte auf Ladungsträger und Stromleiter. Wird eine ruhend erscheinende elektrische Ladung in ein zeitlich konstantes Magnetfeld gebracht, so wird auf diese Ladung vom Magnetfeld keine Kraft ausgeübt. Bewegt erscheinende Ladungen, z.B. Elektronenstrahlen werden dagegen im Magnetfeld senkrecht zur Feldrichtung abgelenkt, ohne daß eine Änderung des Geschwindigkeitsbetrages erfolgt. Der experimentelle Befund ergibt dabei im homogenen Magnetfeld für den Betrag F der vom Magnetfeld ausgeübten Kraft, wenn sich der Ladungsträger der Ladung Q (Punktladung) mit der Geschwindigkeit v relativ zum Beobachter bewegt, der den Betrag B der Flußdichte mißt, und α der Winkel zwischen Geschwindigkeits- und Feldrichtung bedeutet,

$$F \sim Q v B \sin\alpha,$$

wobei stets

$$\boldsymbol{F} \perp \boldsymbol{v} \quad \text{und} \quad \boldsymbol{F} \perp \boldsymbol{B}$$

und $\boldsymbol{v}$, $\boldsymbol{B}$ und $\boldsymbol{F}$ bei einer positiven Ladung Q ein Rechtssystem bilden. Sofern Geschwindigkeits- und Feldrichtung übereinstimmen, wird somit keine Kraft auf den Ladungsträger ausgeübt. Das ist der *vollständige* experimentelle Befund.
Mit k als notwendigen Proportionalitätsfaktor (Kap. 2.1.1) lautet somit das Kraftgesetz auf bewegte elektrische Ladungen im Magnetfeld

$$\boldsymbol{F} = kQ(\boldsymbol{v} \times \boldsymbol{B}).$$

Im Fünfersystem ist $k = 1/\gamma_0$ und daher im Vierersystem $k = 1$, also eine unbenannte Zahl. Es lautet daher die magnetische Feldkraft auf freie bewegt erscheinende elektrische Ladungsträger der Ladung Q im Vierersystem

$$\boxed{\boldsymbol{F} = Q\,(\boldsymbol{v} \times \boldsymbol{B})} \tag{8.2}$$

mit dem Betrag

$$F = Q\,v\,B\,\sin\alpha. \tag{8.2a}$$

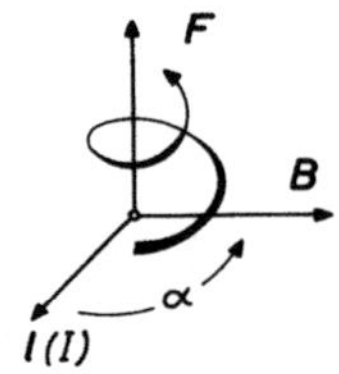

Bild 8.1
Richtungsregel zur Lorentzkraft bei positiver Ladung, $v \sim I$

Diese magnetische Feldkraft auf bewegte elektrische Ladungsträger heißt *Lorentzkraft*. Man erkennt aus Bild 8.1

> Die Kraft, die auf einen im magnetischen Feld relativ zum Beobachter bewegten Ladungsträger ausgeübt wird, erfolgt stets senkrecht zu der aus dem Vektor der Geschwindigkeit und dem Vektor der Flußdichte gebildeten Ebene.

Daraus folgt, daß ein Ladungsträger im Magnetfeld keine Änderung des Geschwindigkeits*betrages* sondern lediglich eine Änderung der Geschwindigkeits*richtung* erfährt. Seine kinetische Energie $mv^2/2$ bleibt unverändert.
Während ein Ladungsträger im elektrischen Feld beschleunigt oder abgebremst wird, also ein Energieaustausch zwischen Ladungsträger und elektrischem Feld stattfindet, gilt im magnetischen Feld:

> Zwischen einem magnetischen Feld und einem elektrischen Ladungsträger ist kein Energieaustausch möglich. Ein Ladungsträger kann aus einem magnetischen Feld weder Energie aufnehmen noch dem Feld Energie abgeben.

Im zeitlich konstanten elektromagnetischen Feld wird die Gesamtkraft auf einen punktförmig gedachten elektrischen Ladungsträger der Ladung Q aus Gl. (3.3) und Gl. (8.2), auch *Coulomb-Lorentz-Kraft* genannt,

$$\boldsymbol{F} = Q\,(\boldsymbol{E} + \boldsymbol{v} \times \boldsymbol{B}). \tag{8.2b}$$

Beispiel 8.1: Bilden in einem homogenen und konstanten magnetischen Feld Feldrichtung und Bewegungsrichtung eines Ladungsträgers einen rechten Winkel, so beschreibt der Ladungsträger eine Kreisbahn und es wird der Betrag der Zentripetalkraft

$$F = \frac{m\,v^2}{r} = Q\,v\,B.$$

Daraus der Krümmungsradius

$$r = \frac{m}{Q}\,\frac{v}{B}. \tag{8.3}$$

Damit wird die Umlaufdauer $\tau = 2\pi r/v$ oder

$$\tau = 2\pi\,\frac{m}{Q}\,\frac{1}{B} \tag{8.4}$$

und die Winkelgeschwindigkeit $\omega = 2\pi/\tau$

$$\boxed{\omega = \frac{Q}{m}\,B} \tag{8.5}$$

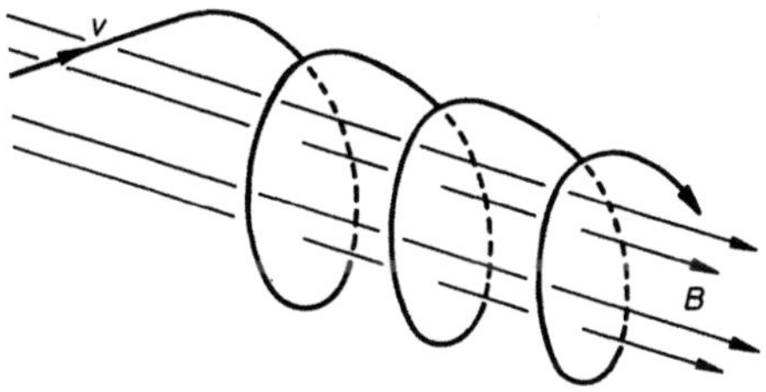

Bild 8.2
Schraubenlinienbahnen eines positiven Ladungsträgers im homogenen Magnetfeld

Dieses Beispiel zeigt, daß Umlaufzeit und Winkelgeschwindigkeit eines Ladungsträgers im magnetischen Feld von seiner Geschwindigkeit unabhängig sind und nur durch die spezifische Ladung Q/m und die Flußdichte B bestimmt werden. Wegen Gl. (8.2) bestimmt ferner das Ladungsvorzeichen die Ablenkrichtung. Bilden schließlich Bewegungs- und Feldrichtung einen beliebigen, jedoch nicht rechten Winkel, so erhält man im homogenen Magnetfeld eine Schraubenlinienbahn nach Bild 8.2. Die Ganghöhe ist allein durch die Geschwindigkeitskomponente in Feldrichtung gegeben.
Aus Gl. (8.2) kann auch die Kraftwirkung des magnetischen Feldes auf einen in das Feld gebrachten stromdurchflossenen Leiter der Länge l abgeleitet werden, wenn man setzt $Qv = Il$. Die auf einen vom Strom I durchflossenen Leiter der Länge l im homogenen und zeitlich konstanten Magnetfeld der Flußdichte B ausgeübte Kraft ist dann nach Gl. (8.2), wenn man die Leiterlänge $\boldsymbol{l}$ in Stromzählrichtung positiv zählt,

$$\boxed{\boldsymbol{F} = I(\boldsymbol{l} \times \boldsymbol{B})} \tag{8.6}$$

oder ihr Betrag

$$F = IlB \sin\alpha. \tag{8.6a}$$

Berücksichtigt man, daß die Stromzählrichtung in einem Stromleiter mit der Bewegungsrichtung positiver Ladungsträger übereinstimmt, so ergibt Bild 8.1 auch die Richtung der auf einen Stromleiter im Magnetfeld nach Gl. (8.6) ausgeübten Kraft.

Im Fünfersystem ist die Lorentzkraft

$$\boldsymbol{F} = Q\frac{\boldsymbol{v} \times \boldsymbol{B}}{\gamma_0}, \qquad F = Q\frac{vB}{\gamma_0}\sin\alpha. \tag{8.7}$$

Beispiel 8.2: Durchfliegt ein schwach divergierender Elektronenstrahl eine kurze stromdurchflossene Zylinderspule, so erhält man Schraubenlinienbahnen der einzelnen Elektronen ähnlich Bild 8.3. Eine solche Anordnung bildet eine magnetische Elektronenlinse. Für achsennahe Strahlen ist $B = B_z$ und auf die Tangentialkomponente v_t der Elektronengeschwindigkeit wirkt nach Gl. (8.2) eine radial zur z-Achse (Spulenachse) gerichtete Kraftkomponente. Wegen $v_t = \omega r$ ist diese radiale Kraft für achsennahe Strahlen proportional dem Achsabstand r, womit die Abbildungseigenschaften des kreissymmetrischen magnetischen Feldes für achsennahe Strahlen (Kap. 4.4.6) bewiesen ist.

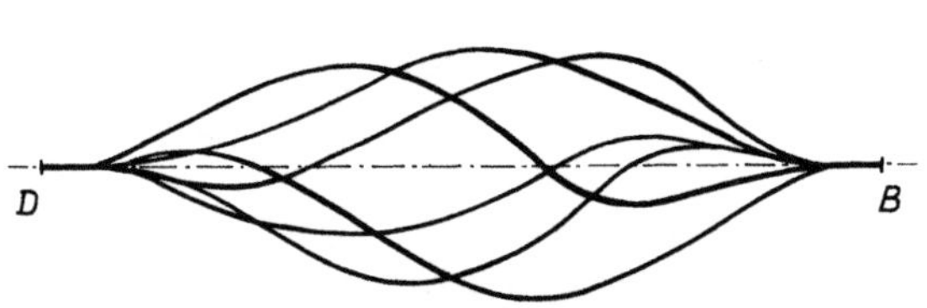

Bild 8.3
Schraubenlinienbahnen von Elektronen im kreissymmetrischen Magnetfeld einer kurzen Zylinderspule

Beispiel 8.3: Soll ein Elektronenstrahl der Geschwindigkeit v etwa in einer Braunschen Röhre durch ein homogen angenommenes magnetisches Querfeld der Flußdichte B nach Bild 8.4 abgelenkt werden, so erhält man für kleine Ablenkwinkel

$$\tan\alpha = \frac{l}{r} .$$

Mit r nach Gl. (8.3) und der Beschleunigungsspannung U_0 nach Gl. (4.56) in Kap. 4.4.6 wird daraus

$$\tan\alpha = l\frac{eB}{mv} = l\sqrt{\frac{e}{2m}}\frac{B}{\sqrt{U_0}} ,$$

während die elektrische Ablenkung nach Gl. (4.58) der Ablenkspannung U_0 umgekehrt proportional ist. Außerdem ist die magnetische Ablenkung auch von der spezifischen Ladung der Träger abhängig. Ein magnetisches Querfeld ermöglicht daher Teilchen verschiedener spezifischer Ladung zu trennen oder bei bekannter spezifischer Ladung die Teilchengeschwindigkeit aus dem Ablenkwinkel zu bestimmen. Die Kombination eines elektrischen und magnetischen Feldes dient im Massenspektrographen zur Bestimmung von Trägermassen.

Beispiel 8.4: Zur Beschleunigung elektrischer Ladungsträger z.B. aus einer Gasentladung stammender Ionen dient das Zyklotron. Im Zyklotron werden diese Träger mittels eines starken, konstanten magnetischen Feldes im Kreis geführt und durchlaufen mehrmals die gleiche Beschleunigungsstufe. Diese wird nach Bild 8.5 im Hochvakuum durch zwei dosenförmige Halbzylinder gebildet, Duanten genannt, die an der zur Beschleunigung dienenden Wechselspannung liegen. Entspricht die nach Gl. (8.4) konstante Umlaufzeit eines Trägers einer vollen Wechselstromperiode, so wechselt das Feld nach jedem halben Umlauf sein Vorzeichen, der Ladungsträger findet daher stets ein beschleunigendes Feld vor. Nach Gl. (8.3) vergrößert sich der Bahndurchmesser mit zunehmender Geschwindigkeit, die Träger beschreiben daher Spiralbahnen, bis sie schließlich durch eine elektrostatische Ablenkvorrichtung von der Spiralbahn abgezogen werden und das Zyklotron z.B. durch ein Aluminiumfenster verlassen.

8.1.3 Induktionswirkung im zeitlich konstanten Magnetfeld. Eine Bewegung von Ladungsträgern liegt auch vor, wenn ein Leiter mit der Geschwindigkeit v relativ zum Beobachter bewegt wird; es werden dann die Leitungselektronen mit dem Leiter mitbewegt. Erfolgt die Bewegung des Leiters in einem magnetischen Feld der Flußdichte B, so muß demnach auf die Leitungselektronen eine Kraft (Lorentzkraft) nach Gl. (8.2)

$$\boldsymbol{F} = e(\boldsymbol{v} \times \boldsymbol{B})$$

ausgeübt werden. Da nach Gl. (3.3) im elektrischen Feld

$$\boldsymbol{F} = e\boldsymbol{E},$$

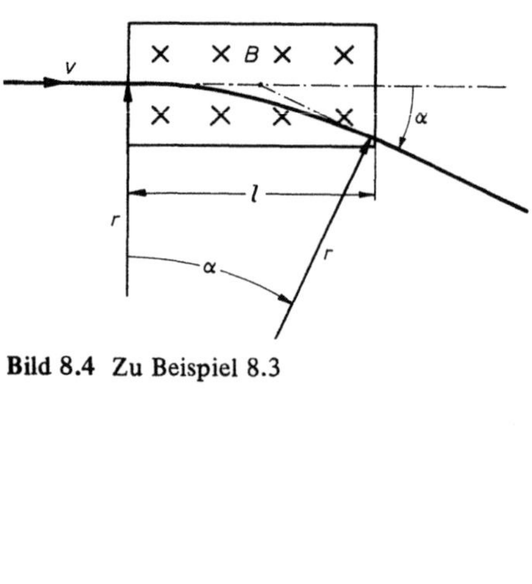

Bild 8.4 Zu Beispiel 8.3

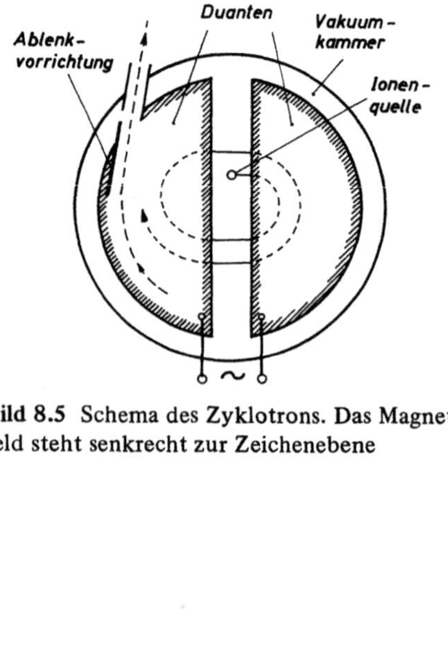

Bild 8.5 Schema des Zyklotrons. Das Magnetfeld steht senkrecht zur Zeichenebene

ist die magnetische Feldkraft in jedem Augenblick gleich einer in einem elektrischen Feld der Stärke

$$\boxed{\boldsymbol{E} = \boldsymbol{v} \times \boldsymbol{B}} \tag{8.8}$$

auf ein Elektron ausgeübten *elektrischen* Feldkraft. Dadurch entsteht an den Leiterenden parallel zur Richtung von $\boldsymbol{E}$, also senkrecht zur Geschwindigkeits- und Flußdichterichtung eine Elektronenanhäufung bzw. ein Elektronenmangel. Verbindet man die beiden Leiterenden außerhalb des Magnetfeldes zu einem geschlossenen Stromkreis mit dem Gesamtwiderstand R, so mißt man in diesem Stromkreis einen Strom I, für den

$$R\,\mathrm{d}I = (\boldsymbol{v} \times \boldsymbol{B})\,\mathrm{d}\boldsymbol{s}.$$

Die rechte Seite dieser Beziehung muß demnach eine im *geschlossenen* Leiterkreis wirkende „treibende Spannung" U_i bedeuten, die zur Berechnung des Stromes wie die Quellenspannung U_0 einer gedachten Zweipolquelle behandelt werden kann, an die der Leiterkreis angeschlossen wird. Für einen so gebildeten, beliebig geformten Stromkreis ist demnach mit $\mathrm{d}\boldsymbol{s}$ als bewegtes Leiterelement im Magnetfeld

$$\boxed{U_i = \oint (\boldsymbol{v} \times \boldsymbol{B})\,\mathrm{d}\boldsymbol{s} = \oint \boldsymbol{E}\,\mathrm{d}\boldsymbol{s}} \tag{8.9}$$

Diese Spannung U_i bezeichnet man als „induzierte Spannung" und das Auftreten eines elektrischen Feldes (einer elektrischen Umlaufspannung) im Magnetfeld als *Induktionserscheinung*. Im vorliegenden Fall handelt es sich um einen speziellen Fall der Induktionserscheinung im zeitlich konstanten Magnetfeld. Ist der bewegte Körper ein Nichtleiter, so wird er elektrisch polarisiert wie in einem elektrischen Feld der Stärke E nach Gl. (8.8).

Bem.: Man beachte, daß das elektrische Feld nach Gl. (8.8) andere Eigenschaften zeigt, als das elektrostatische Feld. Werden nämlich die Leiterenden eines in ein elektrostatisches Feld gebrachten Leiters außerhalb des Feldes verbunden, so erhält man in einem solchen geschlossenen Leiterkreis wegen der Wirbelfreiheit *keinen* Strom.

Eine genaue Betrachtung und Erklärung des Induktionsvorganges erfolgt in Kap. 9.1.
Durch die Kraftwirkung auf bewegte Ladungen nach Gl. (8.2) werden auch die Strombahnen in Leitern z.B. in Bild 8.6 umgelenkt (Halleffekt). Man erhält eine Ladungsanhäufung an einer Längsseite und dadurch zwischen den Punkten 1 und 2 die sog. Hallspannung. Diese ist nach Gl. (8.9) mit Gl. (6.6) unter Beachtung, daß nur der Weg längs der Leiterbreite b einen Beitrag zum Linienintegral liefert,

$$U_h = B\,b\,(w_- - w_+)E.$$

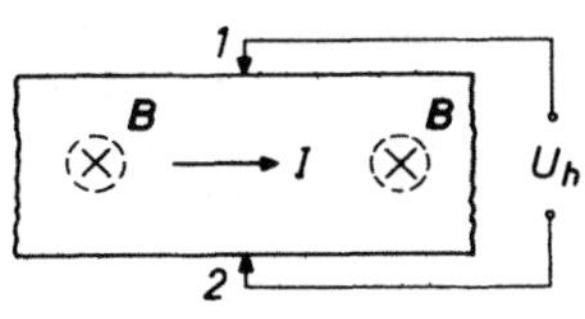

Bild 8.6 Zum Halleffekt

Mit d als Leiterdicke und bd als Leiterquerschnitt ist aber der Betrag der elektrischen Feldstärke

$$E = \frac{IR}{l} = \frac{I}{\kappa\,b\,d}.$$

Somit

$$U_h = c_h \frac{BI}{d}, \tag{8.10}$$

wobei

$$c_h = \frac{w_- - w_+}{\kappa} \tag{8.11}$$

die Hallkonstante ist. Ein solcher Hallgenerator ermöglicht z.B. eine Unterscheidung zwischen *P*- und *N*-Halbleitern (Vorzeichen von c_h). Bei bekannter Hallkonstante können Hallsonden auch zur Messung der magnetischen Flußdichte dienen.

Im Fünfersystem ist wegen Gl. (8.7)

$$\boxed{\boldsymbol{E} = \frac{\boldsymbol{v} \times \boldsymbol{B}}{\gamma_0}} \tag{8.12}$$

und daher

$$U_i = \oint \frac{\boldsymbol{v} \times \boldsymbol{B}}{\gamma_0} \, \mathrm{d}\boldsymbol{s}, \tag{8.13}$$

so daß γ_0 auch im Nenner von Gl. (8.9) aufttritt.

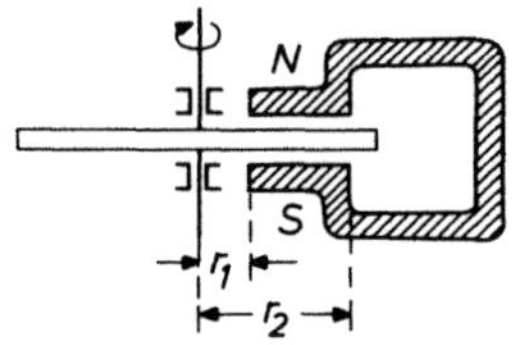

Bild 8.7
Bremsscheibe

Beispiel 8.5: Wird eine Blechscheibe nach Bild 8.7 zwischen den Polen eines Magneten gedreht, so werden die Leitungselektronen innerhalb der Scheibe in radialer Richtung abgelenkt. Kann das Magnetfeld der Flußdichte *B* als homogen angesehen werden (kleiner Luftspalt, Vernachlässigung der Streuung), so wird die in der Scheibe induzierte Spannung nach Gl. (8.9), wenn *n* die Drehzahl der Scheibe ist,

$$U_i = 2\pi n B \int_{r_1}^{r_2} r \, \mathrm{d}r = 2\pi n B (r_2^2 - r_1^2).$$

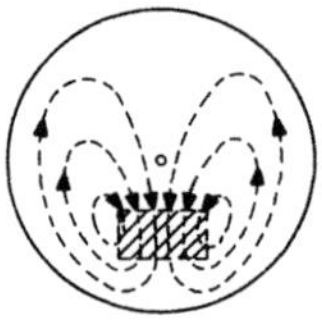

Bild 8.8
Wirbelströme in einer Bremsscheibe

Man erhält in der Scheibe sogenannte *Wirbelströme*, deren Bahnen in Bild 8.8 angegeben sind. Die durch diese Wirbelströme in der Scheibe entwickelte Wärme muß durch mechanische Arbeit beim Drehen der Scheibe durch das Magnetfeld aufgewendet werden. Eine solche Scheibe kann daher als elektromagnetische Scheibenbremse, sog. *Wirbelstrombremse* dienen, z.B. in Elektrizitätszählern oder zur Dämpfung von Meßinstrumenten. Bei Wirbelstrombremsen größerer Leistungen wirkt sich die Feldschwächung infolge der Scheibenströme aus (Ankerrückwirkung). Die Leistungsaufnahme (Bremsmoment) erreicht daher einen Maximalwert, um bei weiter zunehmender Drehzahl wieder abzusinken.

Verwendet man eine Scheibe, die vollständig im Magnetfeld rotiert, so können sich keine Wirbelströme in der Scheibe ausbilden, da sie sich nicht schließen können. Zwischen Scheibenrand und Achse kann jedoch eine Gleichspannung über Schleifkontakte abgenommen werden. Man erhält eine Unipolarmaschine. Erst bei Anschluß eines Verbrauchers fließt in der Scheibe ein Strom.

8.1.4 Kräfte zwischen Stromleitern. Für zwei parallele hinreichend lange Leiter im Abstand *a* wird die vom Leiter 1 hervorgerufene Flußdichte am Ort des Leiters 2 mit Gl. (7.32)

$$B_1 = \mu H_1 = \frac{\mu I_1}{2\pi a}.$$

Ist I_2 der den Leiter 2 durchfließende Strom, so wird damit aus Gl. (8.6a) der Betrag der ausgeübten Kraft

$$\boxed{F = \frac{\mu l}{2\pi} \frac{I_1 I_2}{a}} \tag{8.14}$$

Dabei folgt aus der Richtung der magnetischen Einzelfelder:

Gleichgerichtete und parallele Ströme ziehen sich an, entgegengesetzt gerichtete und parallele Ströme stoßen sich ab.

Bei einer stromdurchflossenen Spule wird demnach eine axiale Kraftwirkung der einzelnen Windungen aufeinander im Sinne einer gegenseitigen Anziehung (Druckkraft) ausgeübt. Außerdem wirkt auf jede Windung eine radial nach außen gerichtete Kraft, die die Windung (Wicklung) zu sprengen sucht. Hierbei können im Kurzschlußfall z.B. bei elektrischen Maschinen erhebliche Kräfte auftreten. Vergleiche auch Beispiel 8.7 in Kap. 8.1.7.

Im Fünfersystem lautet Gl. (8.14)

$$F = \frac{\mu l}{\gamma_0^2} \frac{I_1 I_2}{2\pi a}. \tag{8.14a}$$

8.1.5 Kraftwirkung auf Grenzflächen. In dem zur Definition der magnetischen Feldstärke dienenden Kraftgesetz

$$\boldsymbol{F} = \Phi \boldsymbol{H}$$

ist $\boldsymbol{H}$ diejenige Feldstärke, die bereits vor dem Einbringen eines *punktförmigen* Polgebietes mit dem Kraftfluß Φ an der betrachteten Stelle herrschte. Betrachtet man nun eine Polfläche A eines hinreichend kleinen Luftspaltes innerhalb eines Eisenkreises, so daß das Feld im Luftspalt als durchweg homogen angenommen werden darf, so tritt der magnetische Fluß Φ überall senkrecht aus einer Polfläche aus und senkrecht in die gegenüberliegende Polfläche ein. Dabei kann eine Polfläche als ein in das magnetische Feld des Luftspaltes gebrachtes ausgedehntes Polgebiet betrachtet werden, wobei aber im vorliegenden Fall der durch beide Polflächen hindurchtretende Fluß Φ ein und derselbe ist. Das Feld ist also für die betrachtete Polfläche *kein* Fremdfeld. Vielmehr ist jetzt im Luftspalt unter Beachtung der vorausgesetzten Homogenität

$$H = \frac{B}{\mu_0} = \frac{\Phi}{\mu_0 A}.$$

Damit wird der Betrag der unmittelbar an der Polfläche angreifenden Kraft F, z.B. auf den angezogenen Anker eines Magneten

$$F = \int_0 H \, \mathrm{d}\Phi = \frac{1}{\mu_0 A} \int_0 \Phi \, \mathrm{d}\Phi = \frac{1}{2} \frac{\Phi^2}{\mu_0 A}$$

oder

$$F = \frac{1}{2} \Phi H = \frac{\boldsymbol{HB}}{2} A, \tag{8.15}$$

wobei $\boldsymbol{H}$ und $\boldsymbol{B}$ die Werte im hinreichend kleinen Luftspalt sind. Die Kraft pro Fläche bei μ = const, ist dann

$$\boxed{p = \frac{1}{2} \boldsymbol{HB} = \frac{1}{2} \mu H^2} \tag{8.16}$$

in Analogie zu Gl. (4.49) des elektrostatischen Feldes. Für genügend kleinen Luftspalt kann Gl. (8.16) zur angenäherten Berechnung der Hubkraft vom Elektromagneten verwendet werden (s. „Allgemeine Elektrotechnik" [1.14]). Aus der Analogie zu den entsprechenden Kraft- und Brechungsgesetzen im elektrischen Feld erhält man ferner für die von einem Stoff mit μ_2 nach einem Stoff mit μ_1 hin gerichtete Zugspannung – vgl. Gl. (4.53) –

$$\boxed{p = \frac{1}{2} (\mu_2 - \mu_1) \left(H_t^2 + \frac{\mu_1}{\mu_2} H_{n1}^2 \right)} \tag{8.17}$$

An Grenzflächen Eisen–Luft wird, wenn μ_r die mittlere relative Permeabilität des Eisens ist [Stoff (1) = Luft],

$$p = \frac{\mu_r - 1}{2 \mu_0 \mu_r} (B_n^2 + \mu_r B_{t1}^2). \tag{8.17a}$$

Bei bekanntem Feldverlauf kann damit die Tragkraft eines Elektromagneten genauer berechnet werden.
Über eine genaue Berechnung der Kraftwirkungen im elektromagnetischen Feld aus den Maxwellschen Spannungen siehe Kap. 8.2.

8.1.6 Energie im magnetischen Feld. Wird als Gedankenexperiment ein Flächenelement dA eines Polgebietes im Magnetfeld verschoben, so muß hierfür, abgesehen von Verlusten durch Reibung usw., mit Gl. (8.15) eine Energie

$$\boldsymbol{F} \, \mathrm{d}s = \frac{\boldsymbol{HB}}{2} \, \mathrm{d}A \, \mathrm{d}s = \frac{HB}{2} \, \mathrm{d}V$$

aufgewendet werden. Diese Energie wird dem Feld entzogen bzw. zugeführt. Die Energie des magnetischen Feldes bei konstanter Permeabilität beträgt daher, da auch ein inhomogenes Feld im differentiellen als homogen angesehen werden kann, mit V als Volumen

$$\boxed{w_m = \frac{HB}{2} = \frac{\mu}{2} H^2} \tag{8.18}$$

oder die Energiedichte (Energie je Volumen) bei μ = const.

$$w_m = \frac{HB}{2} = \frac{\mu}{2} H^2 \tag{8.19}$$

in Analogie zu Gl. (4.55) des elektrostatischen Feldes in Kap. 4.4.5.
Setzt man in Gl. (8.18) für eine geschlossene Vektorröhre bei weiterhin μ = const.

$$\frac{1}{2} \int \boldsymbol{HB} \, \mathrm{d}V = \frac{1}{2} \int \boldsymbol{B} \, \mathrm{d}\boldsymbol{A} \cdot \oint \boldsymbol{H} \, \mathrm{d}\boldsymbol{s},$$

so erhält man für eine Anordnung mit N Windungen

$$\boxed{W_m = \frac{1}{2}\,\Psi I = \frac{1}{2}\,L I^2} \tag{8.20}$$

wobei $\Psi = N\Phi$, während L die Induktivität der Anordnung ist. Diese Beziehung kann in vielen Fällen zur Berechnung von Induktivitäten, insbesondere der inneren Induktivität, verwendet werden.
Im allgemeinen Fall, daß $\mu \neq$ const., z.B. bei ferromagnetischen Stoffen wird

$$w_m = \int_0^B \boldsymbol{H}\,\mathrm{d}\boldsymbol{B}, \tag{8.21}$$

woraus man bei konstanter Permeabilität wieder Gl. (8.19) erhält.
Setzt man ferner unter Einführung des Vektorpotentials für Gl. (8.19)

$$w_m = \frac{1}{2}\,\boldsymbol{H}\,\mathrm{rot}\,\boldsymbol{A}_m,$$

wobei wegen Gl. (1.22)

$$\boldsymbol{H}\,\mathrm{rot}\,\boldsymbol{A}_m = \mathrm{div}\,(\boldsymbol{A}_m \times \boldsymbol{H}) + \boldsymbol{A}_m\,\mathrm{rot}\,\boldsymbol{H} = \mathrm{div}\,(\boldsymbol{A}_m \times \boldsymbol{H}) + \boldsymbol{A}_m \boldsymbol{J},$$

so wird

$$w_m = \frac{1}{2}\,\{\boldsymbol{A}_m \boldsymbol{J} + \mathrm{div}\,(\boldsymbol{A}_m \times \boldsymbol{H})\},$$

wobei nach dem Gaußschen Satz Gl. (1.28)

$$\int \mathrm{div}\,(\boldsymbol{A}_m \times \boldsymbol{H})\,\mathrm{d}V = \oint (\boldsymbol{A}_m \times \boldsymbol{H})\,\mathrm{d}\boldsymbol{A}$$

ein Ausdruck ist, der bei Integration über den unendlichen Raum verschwindet [2.14].
Somit erhält man als magnetische Energie des felderfüllten Raumes

$$W_m = \frac{1}{2}\int \boldsymbol{A}_m \boldsymbol{J}\,\mathrm{d}V. \tag{8.22}$$

Im Fünfersystem ist die Induktivität L nach Gl. (7.53) eine elektrische Größe und daher wegen der Äquivalenz der einzelnen Energieformen

$$W_m = \frac{1}{2\gamma_0}\,\Phi I = \frac{1}{2}\,L I^2$$

die z.B. von einer Zweipolquelle aufzubringende elektrische Energie zum Aufbau des magnetischen Feldes in der Umgebung der stromführenden Leiteranordnung der Induktivität L.

Beispiel 8.6: Handelt es sich etwa um den Innenleiter eines Koaxialkabels vom Radius R_i, so erhält man bei gleichmäßiger Stromverteilung mit $r < R_i$ und $\mu = \mu_0$ wegen Gl. (8.18)

$$\mathrm{d}W_m = \frac{\mu_0}{2}\,\frac{I^2 r^2}{4\pi^2 R_i^4}\,2\pi r l\,\mathrm{d}r$$

und

$$W_m = \frac{\mu_0}{2} \frac{I^2 l}{2\pi R_i^4} \int\limits_0^{R_i} r^3 \, \mathrm{d}r$$

oder

$$W_m = \frac{\mu_0 l}{16\pi} I^2 .$$

Daraus nach Gl. (8.20)

$$L_i = \frac{\mu_0}{8\pi} . \tag{8.23}$$

Sind zwei lineare Stromkreise I und II gleichzeitig von Strömen durchflossen, so ist wegen Gl. (8.20) der Energieanteil beider Kreise

$$\mathrm{d}W_m = (L_1 i_1 + M i_2)\,\mathrm{d}i_1 + (L_2 i_2 + M i_1)\,\mathrm{d}i_2 .$$

Man erhält also als gesamte magnetische Energie beim Vorhandensein zweier miteinander magnetisch verketteter Kreise, wenn i_1 von 0 bis I_1 und i_2 von 0 bis I_2 anwächst,

$$W_m = \left(L_1 + M \frac{I_2}{I_1}\right) \int\limits_0^{I_1} i_1 \, \mathrm{d}i_1 + \left(L_2 + M \frac{I_1}{I_2}\right) \int\limits_0^{I_2} i_2 \, \mathrm{d}i_2 ,$$

also

$$\boxed{W_m = \frac{1}{2} L_1 I_1^2 + M I_1 I_2 + \frac{1}{2} L_2 I_2^2} \tag{8.24}$$

8.1.7 Berechnung der Kraftwirkung aus der Induktivität. Eine oft anwendbare Methode besteht darin, die Änderung der magnetischen Energie aus einer gedachten Formänderung der stromführenden Leiteranordnung bei konstant gehaltener Stromstärke zu ermitteln. Eine solche Energieänderung ist gleichbedeutend mit einer Induktivitätsänderung. So ändert sich der mit einem Stromkreis verkettete magnetische Fluß Ψ bei einer Formänderung des Stromkreises um

$$\mathrm{d}\Psi = I \,\mathrm{d}L = I \frac{\partial L}{\partial x} \mathrm{d}x ,$$

oder die im magnetischen Feld gespeicherte Energie nach Gl. (8.20) um

$$\mathrm{d}W = \frac{1}{2} I^2 \frac{\partial L}{\partial x} \mathrm{d}x .$$

Somit wird, wenn man setzt,

$$\mathrm{d}W = -F_x \,\mathrm{d}x = -\frac{1}{2} I^2 \frac{\partial L}{\partial x} \mathrm{d}x$$

$$\boxed{F_x = \frac{1}{2} I^2 \frac{\partial L}{\partial x}} \tag{8.25}$$

Entsprechend erhält man für zwei Stromkreise (1) und (2) bei einer Verschiebung eines Stromkreises um $\mathrm{d}x$

$$\boxed{F_x = I_1 I_2 \frac{\partial M}{\partial x}} \tag{8.26}$$

Beispiel 8.7: Der magnetische Fluß Φ durch eine kreisförmige Stromschleife vom Radius R mit dem Leiterradius $r_0 \ll R$ beträgt nach Beispiel 7.7 in Kap. 7.3.3

$$\Phi = \mu_0 I R \ln \frac{R}{r_0}.$$

Damit erhält man aus Gl. (8.25) als radiale Kraft

$$F_r = \frac{1}{2} I^2 \frac{\partial L}{\partial R} = \frac{\mu_0}{2} \left(\ln \frac{R}{r_0} + 1\right) I^2.$$

Da die Kraftwirkung im magnetischen Feld stets so gerichtet ist, daß sie die Induktivität des Kreises zu vergrößern sucht, ist die Kraft radial nach außen gerichtet. Sie versucht den Schleifenradius zu vergrößern, also die Leiterschleife zu sprengen. (Kurzschlußkräfte bei Transformationen!)

Beispiel 8.8: Für die Gegeninduktivität einer sehr langen Doppelleitung der Länge l mit hinreichend kleinem Leiterdurchmesser und einem Leiterabstand $a \ll l$ entnimmt man Gl. (7.72) als Gegeninduktivität

$$M = \pm \frac{\mu_0 l}{2\pi} \left(\ln \frac{2l}{a} - 1\right).$$

Somit ergibt Gl. (8.26) mit $I_1 = I_2 = I$

$$F = I^2 \frac{\partial M}{\partial a} = \mp \frac{\mu_0}{2\pi a} I^2 l$$

in Übereinstimmung mit Gl. (8.14).

8.1.8 Räumliche Kraftdichten. Bewegt sich ein linearer Leiter als Teil eines Stromkreises im elektromagnetischen Feld mit der Geschwindigkeit v relativ zum Beobachter, so beträgt die Stromdichte J nach dem Ohmschen Gesetz, Gl. (3.26), bei Berücksichtigung eines eventuellen zusätzlich parallel verlaufenden Konvektionsstromes mit ρ als Raumladungsdichte

$$\boldsymbol{J} = \kappa (\boldsymbol{E} + \boldsymbol{v} \times \boldsymbol{B}) + \rho \boldsymbol{v}.$$

Daraus erhält man

$$\boldsymbol{E} = \frac{\boldsymbol{J}}{\kappa} - \left\{(\boldsymbol{v} \times \boldsymbol{B}) + \rho \frac{\boldsymbol{v}}{\kappa}\right\}$$

oder mit J multipliziert als Leistungsdichte

$$\boldsymbol{E}\boldsymbol{J} = \kappa \boldsymbol{E}^2 - \{(\boldsymbol{v} \times \boldsymbol{B})\boldsymbol{J} + \rho \boldsymbol{E} \boldsymbol{v}\} = \kappa \boldsymbol{E}^2 + \{(\boldsymbol{J} \times \boldsymbol{B}) - \rho \boldsymbol{E}\} \boldsymbol{v}.$$

Entsprechend der Beziehung

Leistung = Kraft × Geschwindigkeit

können die beiden Ausdrücke

$$\boldsymbol{f}_e = \rho \boldsymbol{E}; \quad \boldsymbol{f}_m = (\boldsymbol{J} \times \boldsymbol{B}) \tag{8.27}$$

als räumliche elektrische und magnetische Kraftdichten gedeutet werden. Bildet man insbesondere das Volumenintegral

$$\boldsymbol{F} = \int (\boldsymbol{J} \times \boldsymbol{B})\, \mathrm{d}V,$$

so wird bei positivem Wert vF mechanische Energie aus dem Feld gewonnen (Motorbetrieb). Sind dagegen v und F entgegengesetzt gerichtet, so wird elektrische Energie aus mechanischer Arbeit gewonnen (Generatorbetrieb).

8.2 Die Maxwellschen Spannungen

8.2.1 Der Maxwellsche Spannungsvektor. Aus der Anschauung heraus, daß die Kraftübertragung durch das Feld selbst erfolgt, nimmt die Feldtheorie einen Spannungszustand an, in dem sich jeder durch ein elektrisches oder magnetisches Feld erfüllte Raum befindet. Diese Vorstellung geht auf die Mechanik elastischer Körper zurück. Ebenso, wie etwa die an dem einen Ende eines Stabes angreifende Kraft in *gleicher* Größe in jedem Querschnitt auftritt, hat man sich die Übertragung einer Kraftwirkung durch alle Elemente des Raumes vorzustellen. Es handelt sich dabei um fiktive Spannungen, die *Maxwellschen Spannungen*, bedingt durch Wechselwirkungen zwischen den atomaren Ladungsträgern und dem äußeren Feld, die nach außen nicht wahrnehmbar sind, da sie sich gegenseitig aufheben. Sie zeigen sich aber als mechanische Kräfte an Unstetigkeitsstellen (Grenzflächen) und werden durch die Oberfläche der Volumenelemente hindurch übertragen. Wie an einem Volumen in Bild 8.9 dargestellt, setzen sich diese fiktiven Spannungen aus einem Längszug p_l in Richtung der Feldlinien und einem Querdruck p_q senkrecht zu den Feldlinien zusammen.

Nach diesen Vorstellungen muß die auf eine Anordnung im elektromagnetischen Feld wirkende Gesamtkraft F gleich der resultierenden Kraft sein, die an *jede beliebige*, die betrachtete Anordnung umschließende Hüllfläche angreift. Ist dabei f die Kraftdichte und $\mathrm{d}T$ die an jedes Flächenelement $\mathrm{d}A$ angreifende Flächenkraft (Kraft/Fläche), so wird die Gesamtkraft

$$\boldsymbol{F} = \int_V \boldsymbol{f}\, \mathrm{d}V = \int_A \boldsymbol{T}\, \mathrm{d}A.$$

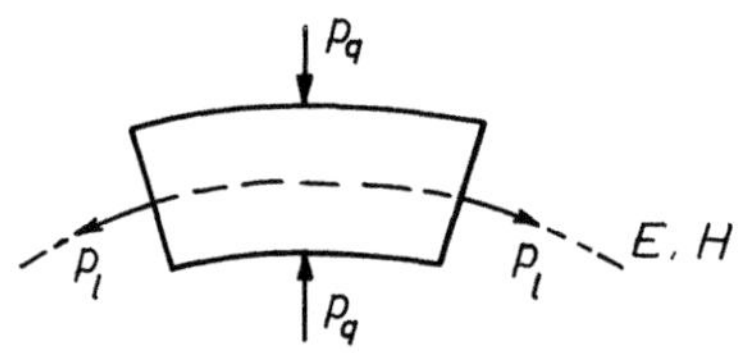

Bild 8.9
Maxwellsche Spannungen im elektrischen bzw. magnetischen Feld. p_l Längszug, p_q Querdruck

Der Vektor $\boldsymbol{T}$ hat die Dimension Kraft/Fläche und heißt *Maxwellscher Spannungsvektor*. Die Komponente von $\boldsymbol{T}$ normal zur betrachteten Fläche ergibt eine Normalspannung (Längszug p_l), die Komponente von $\boldsymbol{T}$ parallel zur betrachteten Fläche ergibt eine Schubspannung (Querdruck p_q). Im Sinne der Feldtheorie darf dabei T nur von den Feldgrößen am Ort des betrachteten Flächenelements $\mathrm{d}A$ und dessen Orientierung gegenüber der Feldrichtung abhängen. Im allgemeinen liegt $\boldsymbol{T}$ schief zur Flächennormalen.

Die jeweilige Richtung des Spannungsvektors $\boldsymbol{T}$ bei sechs verschiedenen Richtungen der elektrischen Feldstärke bezüglich der Flächennormalen $\boldsymbol{n}$ zeigt Bild 8.10. Die gleichen

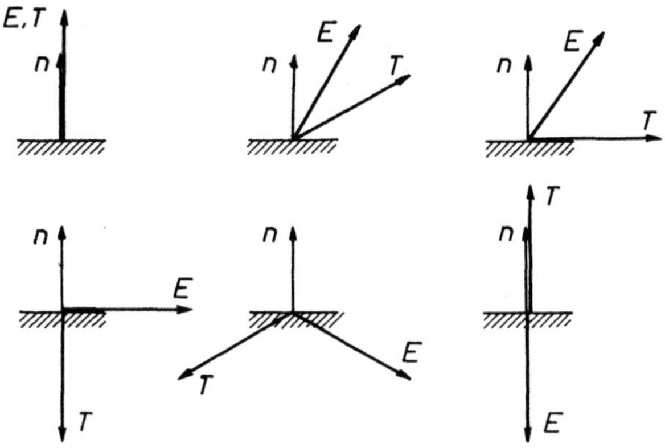

Bild 8.10
Maxwellscher Spannungsvektor im elektrischen Feld

Bilder erhält man im magnetischen Feld, wenn man $\boldsymbol{E}$ durch $\boldsymbol{H}$ ersetzt. Demnach liegt $\boldsymbol{T}$ bei isotropen Stoffen in der durch den Feldvektor und die Flächennormale aufgespannten Fläche, wobei der Feldvektor stets die Winkelhalbierende zwischen der Flächennormalen und dem Spannungsvektor bildet. Man findet also die Richtung des Spannungsvektors durch Umklappen der Flächennormale um den Feldvektor, d.h. bilden Flächennormale und Feldvektor den Winkel α, so bilden $\boldsymbol{n}$ und $\boldsymbol{T}$ den doppelten Winkel 2α.
Der Betrag des Spannungsvektors ist unabhängig von seiner Orientierung zur Flächennormalen im Feld und wie noch im nächsten Abschnitt gezeigt wird gleich der Energiedichte Gl. (4.55) bzw. Gl. (8.19).

8.2.2 Berechnung des Maxwellschen Spannungstensors. Zur Berechnung von Größe und Richtung des Vektors $\boldsymbol{T}$ geht man meist vom Gaußschen Satz Gl. (1.28) aus, indem man setzt

$$\int \boldsymbol{f}\, \mathrm{d}V = \int \operatorname{div} \boldsymbol{T}\, \mathrm{d}V = \oint \boldsymbol{T}\, \mathrm{d}\boldsymbol{A}. \tag{8.28}$$

Die Aufgabe besteht dann darin, die Komponenten der Kraftdichte $\boldsymbol{f}$ in der Form einer dem Vektor $\boldsymbol{T}$ zugeordneten Divergenz darzustellen.
Betrachtet man einen Würfel mit den Kanten $\mathrm{d}\boldsymbol{x}$, $\mathrm{d}\boldsymbol{y}$, $\mathrm{d}\boldsymbol{z}$ nach Bild 8.11 und sind

$$\boldsymbol{T}_1^{(x)} = -\boldsymbol{T}^{(x)}; \quad \boldsymbol{T}_2^{(x)} = \boldsymbol{T}^{(x)} + \frac{\partial \boldsymbol{T}^{(x)}}{\partial x}\, \mathrm{d}x$$

die Spannungsvektoren an den Flächen A_1 und A_2 senkrecht zur x-Achse, so wird auf diese beiden Flächen die Gesamtkraft übertragen

$$\mathrm{d}\boldsymbol{F}_x = (\boldsymbol{T}_1^{(x)} + \boldsymbol{T}_2^{(x)})\, \mathrm{d}y\, \mathrm{d}z = \frac{\partial \boldsymbol{T}^{(x)}}{\partial x}\, \mathrm{d}x\, \mathrm{d}y\, \mathrm{d}z.$$

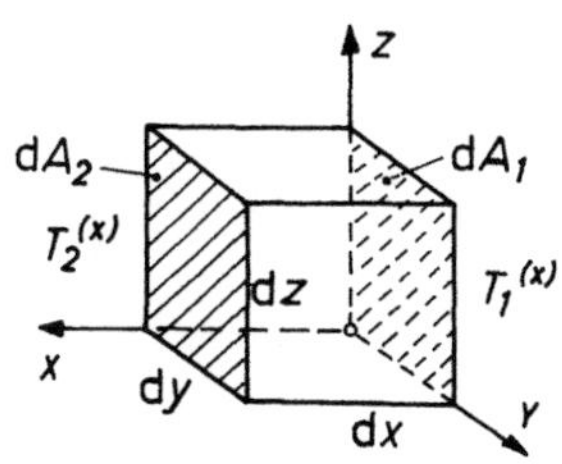

Bild 8.11
Zur Ableitung des Maxwellschen Spannungstensors

Für den ganzen Würfel vom Volumen $\mathrm{d}V$ erhält man dann, wenn man auch für die übrigen Würfelflächen senkrecht zur y- und z-Achse die gleiche Rechnung mit den Spannungsvektoren $\boldsymbol{T}^{(y)}$ und $\boldsymbol{T}^{(z)}$ durchführt, als resultierende Gesamtkraft

$$\mathrm{d}\boldsymbol{F} = \mathrm{d}\boldsymbol{F}_x + \mathrm{d}\boldsymbol{F}_y + \mathrm{d}\boldsymbol{F}_z = \left(\frac{\partial \boldsymbol{T}^{(x)}}{\partial x} + \frac{\partial \boldsymbol{T}^{(y)}}{\partial y} + \frac{\partial \boldsymbol{T}^{(z)}}{\partial z}\right) \mathrm{d}x\, \mathrm{d}y\, \mathrm{d}z. \tag{8.29}$$

Größe und Richtung der drei Vektoren $\boldsymbol{T}^{(x)}$, $\boldsymbol{T}^{(y)}$, $\boldsymbol{T}^{(z)}$ sind zunächst noch unbekannt. In Komponenten aufgespalten, erhält man aber

$$\left.\begin{aligned} \boldsymbol{T}^{(x)} &= \boldsymbol{e}_x \tau_{xx} + \boldsymbol{e}_y \tau_{xy} + \boldsymbol{e}_z \tau_{xz} \\ \boldsymbol{T}^{(y)} &= \boldsymbol{e}_x \tau_{yx} + \boldsymbol{e}_y \tau_{yy} + \boldsymbol{e}_z \tau_{yz} \\ \boldsymbol{T}^{(z)} &= \boldsymbol{e}_x \tau_{zx} + \boldsymbol{e}_y \tau_{zy} + \boldsymbol{e}_z \tau_{zz} \end{aligned}\right\} \tag{8.30}$$

Diese lineare Vektorfunktion mit ihren $3 \times 3 = 9$ Komponenten ergibt die Komponenten eines Tensors $\boldsymbol{\tau}$, für den man in Matrizenschreibweise die Tensormatrix erhält

$$\boldsymbol{\tau} = \begin{bmatrix} \tau_{xx} & \tau_{xy} & \tau_{xz} \\ \tau_{yx} & \tau_{yy} & \tau_{yz} \\ \tau_{zx} & \tau_{zy} & \tau_{zz} \end{bmatrix}. \tag{8.31}$$

Dieser Tensor ist der *Maxwellsche Spannungstensor*. Eine Gleichgewichtsbetrachtung zeigt dabei, daß er symmetrisch ist, d.h.

$$\tau_{xy} = \tau_{yx}, \quad \tau_{xz} = \tau_{zx}, \quad \tau_{yz} = \tau_{zy}.$$

Die Komponenten $\tau_{ik} = \tau_{ki}$ bedeuten die Komponenten einer Schubspannung, während die Tensorkomponenten $\tau_{xx}, \tau_{yy}, \tau_{zz}$ die Normalspannungen in Richtung der drei Achsen x, y, z sind. Bei positivem τ_{xx} wird z.B. der Würfel in Bild 8.11 in x-Richtung auf Zug beansprucht, d.h., auf $\mathrm{d}A_1$ und $\mathrm{d}A_2$ wirkt je eine Zugkraft in Richtung der definitionsgemäß stets nach außen zeigenden Flächennormalen. Bei negativem τ_{xx} erfolgt dagegen eine Druckbeanspruchung in x-Richtung.

Für die Kraftdichte $\boldsymbol{f}$ erhält man nun

$$f = \frac{\mathrm{d}F}{\mathrm{d}V} = \frac{\partial T^{(x)}}{\partial x} + \frac{\partial T^{(y)}}{\partial y} + \frac{\partial T^{(z)}}{\partial z} = \nabla \boldsymbol{\tau} = \operatorname{div} \boldsymbol{\tau}. \tag{8.32}$$

Das ist eine lineare Vektorfunktion in Form einer Divergenz. Mit Gl. (8.30) erhält man somit für die Kraftdichte

$$\left.\begin{aligned} \boldsymbol{f} = \boldsymbol{e}_x &\left(\frac{\partial \tau_{xx}}{\partial x} + \frac{\partial \tau_{yx}}{\partial y} + \frac{\partial \tau_{zx}}{\partial z}\right) \\ + \boldsymbol{e}_y &\left(\frac{\partial \tau_{xy}}{\partial x} + \frac{\partial \tau_{yy}}{\partial y} + \frac{\partial \tau_{zy}}{\partial z}\right) \\ + \boldsymbol{e}_z &\left(\frac{\partial \tau_{xz}}{\partial x} + \frac{\partial \tau_{yz}}{\partial y} + \frac{\partial \tau_{zz}}{\partial z}\right) \end{aligned}\right\} \tag{8.33}$$

oder für die x-Komponente $\boldsymbol{f}_x$ unter Beachtung von Gl. (8.30)

$$f_x = \boldsymbol{e}_x \left(\frac{\partial \tau_{xx}}{\partial x} + \frac{\partial \tau_{yx}}{\partial y} + \frac{\partial \tau_{zx}}{\partial z}\right).$$

Damit sind die Komponenten von $\boldsymbol{f}$ in Form einer Divergenz dargestellt. Für den Spannungsvektor $\boldsymbol{T}$ erhält man nun mit $\boldsymbol{n}$ als Einheitsvektor in Richtung der Flächennormale

$$\boldsymbol{T} = \boldsymbol{\tau} \cdot \boldsymbol{n}, \qquad \boldsymbol{T}\,\mathrm{d}A = \boldsymbol{\tau} \cdot \boldsymbol{n}\,\mathrm{d}A = \boldsymbol{\tau}\,\mathrm{d}\boldsymbol{A}$$

oder wegen

$$n = \{\cos(nx), \quad \cos(ny), \quad \cos(nz)\}$$

für die Komponenten

$$\left.\begin{aligned} \boldsymbol{T}_x &= \boldsymbol{e}_x \{\tau_{xx} \cos(nx) + \tau_{xy} \cos(ny) + \tau_{xz} \cos(nz)\} \\ \boldsymbol{T}_y &= \boldsymbol{e}_y \{\tau_{yx} \cos(nx) + \tau_{yy} \cos(ny) + \tau_{yz} \cos(nz)\} \\ \boldsymbol{T}_z &= \boldsymbol{e}_z \{\tau_{zx} \cos(nx) + \tau_{zy} \cos(ny) + \tau_{zz} \cos(nz)\} \end{aligned}\right\} \tag{8.34}$$

Zur Berechnung der Tensorkomponenten τ_{ik} verbleibt noch die Ermittlung der Kraftdichte $\boldsymbol{f}$ nach Gl. (8.27). Hinzu kommt die durch die Inhomogenitäten der Materie bedingte Kraftdichte. Dabei sollen keine zusätzlichen Raumladungen angenommen werden, auch sollen Permittivität ϵ und Permeabilität μ sich nur stetig von Ort zu Ort ändern und von der Stoffdichte unabhängig sein.
Bei Beschränkung auf das elektrische Feld gilt für eine virtuelle Verschiebung δs für isotrope Stoffe nach Gl. (4.54a)

$$\int (\boldsymbol{f}\,\delta \boldsymbol{s})\,\mathrm{d}V = -\delta W_e = -\frac{1}{2}\int \delta(\epsilon E^2)\,\mathrm{d}V$$

oder

$$\int (\boldsymbol{f}\,\delta \boldsymbol{s})\,\mathrm{d}V + \frac{1}{2}\int \delta(\epsilon E^2)\,\mathrm{d}V = 0. \tag{8.35}$$

Da die Energieänderung

$$\delta W_e = \frac{\partial W_e}{\partial E}\,\delta E + \frac{\partial W_e}{\partial \epsilon}\,\delta \epsilon,$$

wird in Gl. (8.35)

$$\frac{1}{2}\int \delta(\epsilon E^2)\,\mathrm{d}V = \frac{1}{2}\int (E^2\,\delta\epsilon)\,\mathrm{d}V + \int (\epsilon \boldsymbol{E}\,\delta \boldsymbol{E})\,\mathrm{d}V. \tag{8.36}$$

Bei einer virtuellen Verschiebung der Volumenelemente um δx ändert sich nun ϵ um

$$\delta\epsilon = \frac{\partial \epsilon}{\partial x}\,\delta x.$$

Somit wird $\delta\epsilon$ allgemein bei einer virtuellen Verschiebung der Volumenelemente um δs

$$\delta\epsilon = \delta \boldsymbol{s}\,\operatorname{grad}\epsilon,$$

was im ersten Ausdruck der rechten Seite von Gl. (8.36) eingesetzt werden kann. Der zweite Ausdruck der rechten Seite in Gl. (8.36) ergibt

$$\int (\epsilon \boldsymbol{E}\,\delta \boldsymbol{E})\,\mathrm{d}V = \int (\boldsymbol{E}\,\delta \boldsymbol{D})\,\mathrm{d}V = -\int (\delta \boldsymbol{D}\,\operatorname{grad}\varphi)\,\mathrm{d}V,$$

wobei wegen Gl. (1.22)

$$\delta \boldsymbol{D} \operatorname{grad} \varphi = \operatorname{div}(\varphi \delta \boldsymbol{D}) - \varphi \operatorname{div} \delta \boldsymbol{D} = \operatorname{div}(\varphi \delta \boldsymbol{D}) - \varphi \delta \rho$$

mit ρ als Raumladungsdichte. Somit wird, da voraussetzungsgemäß $\delta \rho = 0$, wegen Gl. (1.28)

$$\int (\delta \boldsymbol{D} \operatorname{grad} \varphi) \, \mathrm{d}V = \int \operatorname{div}(\varphi \delta \boldsymbol{D}) \, \mathrm{d}V = \oint \varphi \delta \boldsymbol{D} \, \mathrm{d}\boldsymbol{A} = 0,$$

da das Integral über das Unendliche zu nehmen ist und die Verschiebungen sich nur im Endlichen abspielen. Insgesamt erhält man somit aus Gl. (8.35)

$$\int (\boldsymbol{f} \delta \boldsymbol{s}) \, \mathrm{d}V + \frac{1}{2} \int E^2 (\operatorname{grad} \epsilon \, \delta \boldsymbol{s}) \, \mathrm{d}V = 0$$

oder

$$\int \left\{ \left(\boldsymbol{f} + \frac{E^2}{2} \operatorname{grad} \epsilon \right) \delta \boldsymbol{s} \right\} \mathrm{d}V = 0,$$

was für jede beliebige virtuelle Verschiebung der Volumenelemente gelten muß.
Das analoge Ergebnis erhält man im magnetischen Feld, wenn man $\boldsymbol{E}$ durch $\boldsymbol{H}$ und ϵ durch μ ersetzt. Mit Gl. (8.27) wird mithin die gesamte elektrische und magnetische Kraftdichte

$$\boldsymbol{f} = \rho \boldsymbol{E} - \frac{E^2}{2} \operatorname{grad} \epsilon + (\boldsymbol{J} \times \boldsymbol{B}) - \frac{H^2}{2} \operatorname{grad} \mu. \tag{8.37}$$

Dieser Ausdruck ist nun in die Form einer Divergenz zu bringen, was ebenfalls für das elektrische Feld durchgeführt werden soll. Für dieses ist wegen

$$\rho \boldsymbol{E} = \boldsymbol{E} \operatorname{div} \boldsymbol{D}$$

nur der Ausdruck $E^2 \operatorname{grad} \epsilon$ umzuformen. Hierbei ist nach Gl. (1.22)

$$E^2 \operatorname{grad} \epsilon = \operatorname{grad}(\epsilon E^2) - \epsilon \operatorname{grad} E^2 = \operatorname{grad}(\boldsymbol{E}\boldsymbol{D}) - \epsilon \operatorname{grad}(\boldsymbol{E}\boldsymbol{E})$$

und allgemein

$$\operatorname{grad}(\boldsymbol{u}\boldsymbol{v}) = \boldsymbol{u} \nabla \cdot \boldsymbol{v} + \boldsymbol{v} \nabla \cdot \boldsymbol{u} + \boldsymbol{u} \times \operatorname{rot} \boldsymbol{v} + \boldsymbol{v} \times \operatorname{rot} \boldsymbol{u}. \tag{8.38}$$

Wegen der Wirbelfreiheit von $\boldsymbol{E}$ wird demnach

$$\epsilon \operatorname{grad}(\boldsymbol{E}\boldsymbol{E}) = 2\boldsymbol{D} \nabla \cdot \boldsymbol{E} = 2 \left(D_x \frac{\partial}{\partial x} + D_y \frac{\partial}{\partial y} + D_z \frac{\partial}{\partial z} \right) \boldsymbol{E}.$$

Die x-Komponente $\boldsymbol{f}_x$ der elektrische Kraftdichte wird also

$$\boldsymbol{f}_x = \boldsymbol{e}_x \left\{ E_x \left(\frac{\partial D_x}{\partial x} + \frac{\partial D_y}{\partial y} + \frac{\partial D_z}{\partial z} \right) - \frac{1}{2} \frac{\partial (ED)}{\partial x} + \left(D_x \frac{\partial}{\partial x} + D_y \frac{\partial}{\partial y} + D_z \frac{\partial}{\partial z} \right) E_x \right\}$$

$$= \boldsymbol{e}_x \left\{ \frac{\partial}{\partial x} \left(E_x D_x - \frac{1}{2} ED \right) + \frac{\partial}{\partial y} (E_x D_y) + \frac{\partial}{\partial z} (E_x D_z) \right\}.$$

Damit ist die elektrische Kraftdichte $\boldsymbol{f}_e$ auf die Form einer Divergenz gebracht. Für den elektrischen Maxwellschen Spannungstensor Gl. (8.31), erhält man nun durch Vergleich mit Gl. (8.33) und zyklischer Vertauschung die Tensormatrix

$$\tau_e = \begin{bmatrix} \frac{\epsilon}{2}(E_x^2 - E_y^2 - E_z^2) & \epsilon E_x E_y & \epsilon E_x E_z \\ \epsilon E_x E_y & \frac{\epsilon}{2}(E_y^2 - E_x^2 - E_z^2) & \epsilon E_y E_z \\ \epsilon E_z E_x & \epsilon E_z E_y & \frac{\epsilon}{2}(E_z^2 - E_x^2 - E_y^2) \end{bmatrix} \tag{8.39}$$

Mit $E_x = E_z = 0$ wird diese Tensormatrix zu einer Diagonalmatrix

$$\tau_e = \frac{\epsilon}{2}\begin{bmatrix} -E_y^2 & 0 & 0 \\ 0 & E_y^2 & 0 \\ 0 & 0 & -E_y^2 \end{bmatrix}.$$

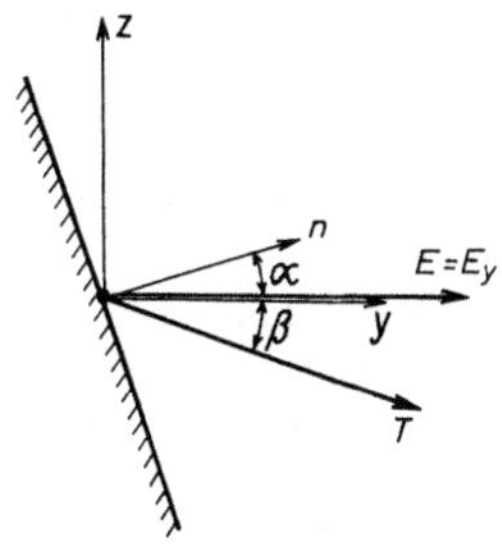

Bild 8.12
Zur Ableitung von Gl. (8.40)

Bild 8.12 entnimmt man dabei, da die x-Achse zur Normalen $\boldsymbol{n}$ und zum Spannungsvektor $\boldsymbol{T}$ senkrecht steht,

$$\cos(nx) = 0, \quad \cos(ny) = \cos\alpha, \quad \cos(nz) = \sin\alpha.$$

Nach Gl. (8.34) ist dabei

$$T_x = 0, \quad T_y = \frac{\epsilon}{2}E^2\cos\alpha, \quad T_z = -\frac{\epsilon}{2}E^2\sin\alpha.$$

Ferner ist nach Bild 8.12

$$T_y = T\cos\beta, \quad T_z = -T\sin\beta.$$

Somit ist $\alpha = \beta$ und der Betrag des Spannungsvektors

$$\boxed{T = \frac{\epsilon E^2}{2} = \frac{ED}{2}} \tag{8.40}$$

also gleich der Energiedichte nach Gl. (4.55) und unabhängig von der Feldrichtung.
Entsprechend erhält man mit dem magnetischen Teil der Kraftdichte in Gl. (8.27) wegen $\operatorname{div}\boldsymbol{B} = 0$ und $\boldsymbol{J} = \operatorname{rot}\boldsymbol{H}$ den magnetischen Maxwellschen Spannungstensor

$$\tau_m = \begin{bmatrix} \frac{\mu}{2}(H_x^2 - H_y^2 - H_z^2) & \mu H_x H_y & \mu H_x H_z \\ \mu H_y H_x & \frac{\mu}{2}(H_y^2 - H_x^2 - H_z^2) & \mu H_y H_z \\ \mu H_z H_x & \mu H_z H_y & \frac{\mu}{2}(H_z^2 - H_x^2 - H_y^2) \end{bmatrix}. \tag{8.41}$$

Der Betrag des Spannungsvektors wird entsprechend Gl. (8.40)

$$\boxed{T = \frac{\mu H^2}{2} = \frac{BH}{2}} \tag{8.42}$$

Während die Kraftwirkung im elektrostatischen Feld relativ gering ist und im allgemeinen nur für Meßgeräte technische Bedeutung hat, kann die vom magnetischen Feld ausgeübte Kraft erhebliche Werte erreichen. Die mechanische Kraftwirkung im magnetischen Feld findet daher eine vielseitige technische Anwendung (Motoren, Hubmagnete, Relais, magnetische Kupplungen usw.).

8.2.3 Anwendungsbeispiele. Bei der Anwendung des Maxwellschen Spannungsvektors geht man so vor, daß man sich eine die betrachtete Stelle eng umschließende Hüllfläche denkt. Die Feldrichtung und die definitionsgemäß stets nach außen gerichtete Flächennormale ergeben dann die gesuchte Richtung des Spannungsvektors.

Beispiel 8.9: Die Kraft F, die eine Ladung auf der einen Elektrode eines als Ausschnitt eines unendlich ausgedehnt gedachten Plattenkondensators auf die andere Platte ausübt, muß gleich der Maxwellschen Spannung sein, integriert über eine *beliebige* Hüllfläche, in Bild 8.13 gestrichelt gezeichnet. Außerhalb der Platten ist der Raum voraussetzungsgemäß feldfrei und die Feldstärke nur zwischen den Kondensatorplatten von Null verschieden. Es genügt daher über die Fläche A zwischen den Kondensatorplatten zu integrieren. Außerdem haben nach Bild 8.13 Flächennormale $\boldsymbol{n}$, Feldstärke $\boldsymbol{E}$ und damit auch der Spannungsvektor $\boldsymbol{T}$ die gleiche Richtung. Der Betrag der Kraft wird somit nach Gl. (8.40)

Bild 8.13 Plattenkondensator, Beispiel 8.9

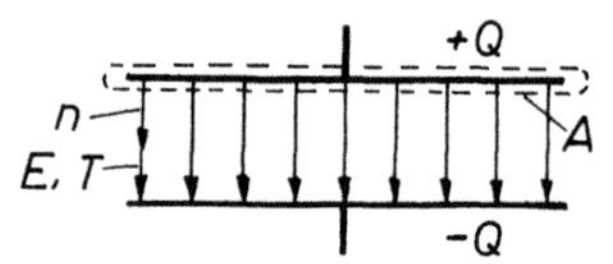

$$F = F_y = \frac{\epsilon E^2}{2} \int_A \mathrm{d}A = \frac{\epsilon E^2}{2} A = \frac{1}{2} QE$$

in Übereinstimmung mit Gl. (4.49) und Gl. (4.50) in Kap. 4.4.3. Es handelt sich um eine Zugkraft, auf die obere Platte in Bild 8.13 in Feldrichtung, auf die untere Platte entgegen der Feldrichtung.

Beispiel 8.10: An Grenzflächen verschiedener Dielektrika (1) und (2) mit den Permittivitäten ϵ_1 und ϵ_2 wirkt eine resultierende Flächenkraft nach Gl. (4.53) in Kap. 4.4.4. Zu ihrer Berechnung aus dem Maxwellschen Spannungstensor denkt man sich um die Trennfläche die in Bild 8.14 gestrichelt eingezeichnete Hüllfläche. Dabei ist für beide Medien wegen Gl. (3.45) und Gl. (3.46)

$$E_{n2} = \frac{\epsilon_1}{\epsilon_2} E_{n1}; \qquad E_{t1} = E_{t2} = E_t.$$

Ferner ist

$$\cos(nx) = 1, \quad \cos(ny) = \cos(nz) = 0 \text{ und } E_y = 0.$$

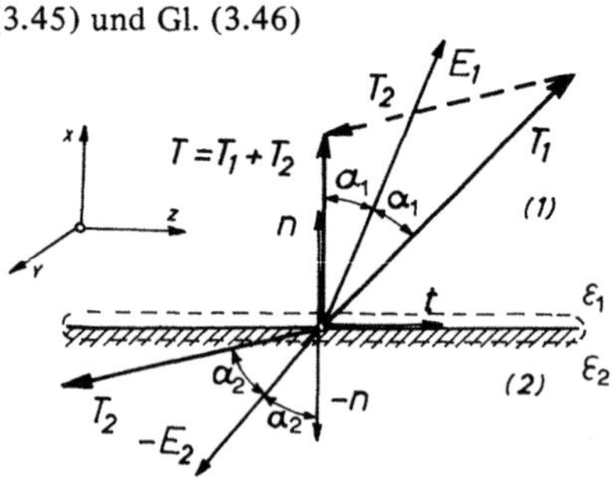

Bild 8.14

Zur Kraftwirkung an homogenen Grenzflächen im elektrischen Feld

Somit erhält man nach Bild 8.14 auf der die Grenzfläche eng umschließenden Hüllfläche

$$\boldsymbol{E}_1 = \boldsymbol{n} E_{n1} + \boldsymbol{t} E_t; \qquad \boldsymbol{E}_2 = -\boldsymbol{n} \frac{\epsilon_1}{\epsilon_2} E_{n1} - \boldsymbol{t} E_t$$

oder durch Vergleich mit Gl. (8.34) aus Gl. (8.39) für Medium (1) und Medium (2)

$$T_1 = n \frac{\epsilon_1}{2} (E_{n1}^2 - E_t^2) + t \epsilon_1 E_{n1} E_t,$$

$$T_2 = -n \frac{\epsilon_2}{2} \left(\frac{\epsilon_1^2}{\epsilon_2^2} E_{n1}^2 - E_t^2 \right) - t \epsilon_1 E_{n1} E_t.$$

Die resultierende Flächenkraft wird somit aus $T_1 + T_2$ nach einigen Umformungen

$$p = \frac{1}{2} (\epsilon_2 - \epsilon_1) \left(E_t^2 + \frac{\epsilon_1}{\epsilon_2} E_{n1}^2 \right)$$

in Übereinstimmung mit Gl. (4.53).

Beispiel 8.11: Soll aus den Maxwellschen Spannungen die Kraft berechnet werden, die auf einen vom Strom I durchflossenen Leiter der Länge l im Luftraum innerhalb eines Magnetfeldes der Flußdichte B_0 ausgeübt wird, so wählt man als Hüllfläche zweckmäßig einen zum Stromleiter koaxialen Zylinder vom Radius r nach Bild 8.15. Für das darin betrachtete Flächenelement dA auf der Hüllfläche ist dann die vom Stromleiter herrührende Feldstärke

$$\boldsymbol{H}_l = \boldsymbol{t} H_l = \boldsymbol{t} \frac{I}{2\pi r} = H_l (\boldsymbol{e}_x \sin\varphi - \boldsymbol{e}_y \cos\varphi).$$

Die Gesamtfeldstärke beträgt daher mit $B_0 = \mu_0 H_0$

$$\boldsymbol{H} = \boldsymbol{e}_x (H_0 + H_l \sin\varphi) - \boldsymbol{e}_y H_l \cos\varphi = \boldsymbol{e}_x H_x + \boldsymbol{e}_y H_y,$$

so daß

$$H_x = H_0 + H_l \sin\varphi, \qquad H_y = -H_l \cos\varphi.$$

Bild 8.15 entnimmt man ferner

$$\cos(nx) = \cos\varphi, \qquad \cos(ny) = \sin\varphi, \qquad \cos(nz) = 0,$$

so daß nach Gl. (8.34) und Gl. (8.41)

$$T_x = \tau_{xx} \cos\varphi + \tau_{xy} \sin\varphi = \frac{1}{2} (B_0 H_0 - \mu_0 H_l^2) \cos\varphi,$$

$$T_y = \tau_{yx} \cos\varphi + \tau_{yy} \sin\varphi = - \left\{ B_0 H_0 + \frac{1}{2} (B_0 H_0 + \mu_0 H_l^2) \sin\varphi \right\}.$$

Der resultierende Spannungsvektor wird

$$\boldsymbol{T} = \boldsymbol{e}_x T_x + \boldsymbol{e}_y T_y$$

und die resultierende Kraft nach Gl. (8.28)

$$\boldsymbol{F} = \int \boldsymbol{T} \, \mathrm{d}A = r l \int_0^{2\pi} \boldsymbol{T} \, \mathrm{d}\varphi.$$

Unter Berücksichtigung, daß

$$\int_0^{2\pi} \cos\varphi \, \mathrm{d}\varphi = \int_0^{2\pi} \sin\varphi \, \mathrm{d}\varphi = 0,$$

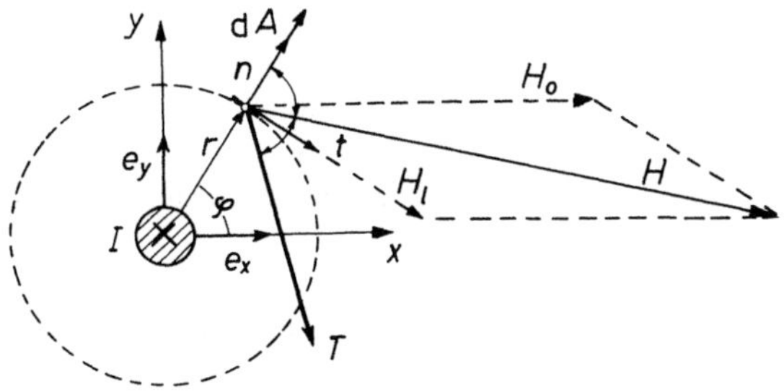

Bild 8.15 Zur Berechnung der Kraftwirkung auf einen Stromleiter aus den Maxwellschen Spannungen

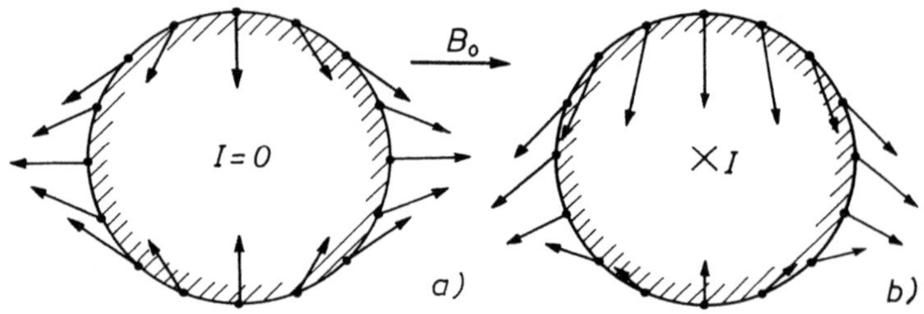

Bild 8.16
Maxwellsche Spannungsvektoren am Umfang eines Stromleiters im homogenen Magnetfeld B_0

ergibt das

$$F = -e_y B_0 H_l r l \int_0^{2\pi} \mathrm{d}\varphi = -e_y B_0 I l; \qquad F = B_0 I l$$

in Übereinstimmung mit Gl. (8.6a).

Lage und Richtung des Maxwellschen Spannungsvektors längs der Umfangs eines stromlosen und eines stromführenden zylindrischen Leiters zeigt Bild 8.16 im homogenen Feld B_0. Bei stromlosem Leiter verschwindet der resultierende Spannungsvektor, beim stromführenden Leiter erhält man dagegen eine resultierende Kraft auf den Leiter senkrecht zum ungestörten Feld. In Feldrichtung wird eine Zugkraft und quer zur Feldrichtung eine Druckspannung ausgeübt. Vergleiche auch Bild 8.9.
Im Anker elektrischer Maschinen befinden sich die Leiterstäbe im wesentlichen in einer nahezu feldfreien Ankeraussparung (Ankernut) und fast ganz von Eisen umschlossen. Trotzdem kann man die das Drehmoment ergebende Umfangskraft je Leiter aus der Beziehung BIl berechnen. Tatsächlich entfällt auf den Leiter selbst nur ein Bruchteil F_l der Kraft. Der Hauptteil F_e der Umfangskraft F greift an den Zahnflanken an, wobei mit μ_r als mittlere, konstant angenommene relative Permeabilität des Eisens und B_0 als Luftspaltflußdichte die Gesamtkraft

$$F = F_l + F_e = \frac{1}{\mu_r} B_0 I l + \frac{\mu_r - 1}{\mu_r} B_0 I l = B_0 I l$$

beträgt. Diese Verhältnisse erläutert Bild 8.17. In den Bildern 8.17a und b ist der Feldverlauf symmetrisch, die auf die Zahnflanken wirkenden Kräfte heben sich gegenseitig auf. Erst bei Belastung überlagern sich Erregerfeld und Ankerfeld in der eisenlosen Nut, was nach Bild 8.17c einen unsymmetrischen Feldverlauf ergibt. Das so erhaltene unsymmetrische Feld der belasteten Maschine bedingt einen einseitigen Längszug auf die Zahnflanken, insbesondere an den Zahnkanten, wo sich die Feldlinien dicht zusammendrängen. Die Umfangskraft entsteht somit im wesentlichen durch die Maxwellschen Spannungen und zwar vor allem durch Feldlinien, die von der Seite her, unsymmetrisch in den Zahn eindringen.

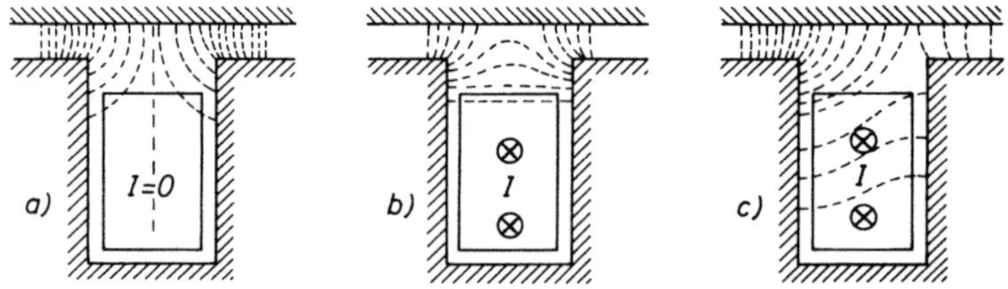

Bild 8.17
Feldverlauf in einer Ankernut
a) ohne Ankerstrom
b) ohne Felderregung
c) bei Belastung

9 Zeitlich veränderliche Felder

9.1 Der Induktionsvorgang und seine Deutung

9.1.1 Das Induktionsgesetz. Kraftwirkungen und Induktionsvorgang im elektromagnetischen Feld bilden die Grundlage für die technischen Anwendungen der elektromagnetischen Erscheinungen. Als Induktionsvorgang bezeichnet man dabei das Auftreten einer im elektrostatischen Feld unbekannten elektrischen Umlaufspannung im Magnetfeld oder genauer, das Auftreten geschlossener elektrischer Feldlinien, mit denen sich ein zeitlich veränderliches Magnetfeld gemäß der zweiten Maxwellschen Feldgleichung umgibt. Vergleiche Bild 3.7 in Kap. 3.4.1. Induktionserscheinungen treten auf, wenn

1. ein magnetisches Feld sich zeitlich ändert,
2. elektrische Ladungen oder Leiter in einem magnetischen Feld bewegt werden.

Zunächst scheint es so, als ob der Induktionsvorgang zwei verschiedene Vorgänge darstellt, hervorgerufen entweder durch eine zeitliche Änderung des magnetischen Feldes oder durch Bewegen eines Leiters im zeitlich konstanten Magnetfeld nach Kap. 8.1.3. Man erhält demnach mit Gl. (3.54) und Gl. (8.9) die beiden Beziehungen

$$\oint \boldsymbol{E}\, \mathrm{d}\boldsymbol{s} = -\frac{\partial}{\partial t} \int \boldsymbol{B}\, \mathrm{d}\boldsymbol{A} = -\frac{\mathrm{d}\Phi}{\mathrm{d}t}$$

und

$$\oint \boldsymbol{E}\, \mathrm{d}\boldsymbol{s} = \oint (\boldsymbol{v} \times \boldsymbol{B})\, \mathrm{d}\boldsymbol{s}.$$

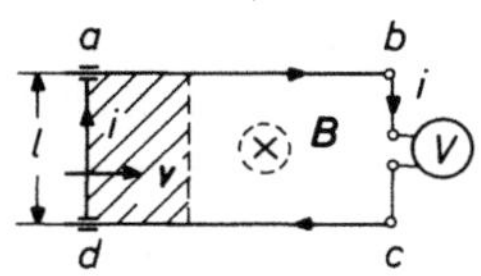

Bild 9.1
Bewegter Leiterbügel im konstanten Magnetfeld

Bilden $\boldsymbol{v}$ und $\boldsymbol{B}$ den Winkel α und zeigen $\boldsymbol{v} \times \boldsymbol{B}$ und $\mathrm{d}\boldsymbol{s}$ in die gleiche Richtung, so wird aus der zweiten Beziehung

$$\oint \boldsymbol{E}\, \mathrm{d}\boldsymbol{s} = \oint v B \sin\alpha\, \mathrm{d}s = v B l \sin\alpha. \tag{9.1}$$

Diese Verhältnisse erläutert Bild 9.1, wo ein Leiter a–d der Länge l in einem zeitlich konstanten und homogenen Magnetfeld mit der gleichförmigen Geschwindigkeit v bewegt wird. Auf die Leitungselektronen dieses Leiters wirkt dann eine magnetische Feldkraft (Lorentzkraft). Dadurch entsteht bei (a) ein Elektronenmangel (+) und bei (d) ein Elektronenüberschuß (–), dessen Ausgleich einen Strom i in der Leiterschleife zur Folge hat. Die dabei innerhalb des Stromkreises wirkende „induzierte" Spannung ist durch Gl. (9.1) gegeben. Hierbei ist v die Geschwindigkeit des Leiterbügels relativ zum Koordinatensystem, in dem auch die Flußdichte B gemessen wird. Es beträgt ferner der von der Leiterschleife umschlungene magnetische Fluß, wenn A_0 die Fläche der Leiterschleife zur Zeit $t = 0$ sein soll,

$$\Phi = B(A_0 - v\, l\, t),$$

so daß

$$B v l = -\frac{\mathrm{d}\Phi}{\mathrm{d}t}.$$

Beide Formen des Induktionsgesetzes ergeben demnach ein und dieselbe Aussage. In elementarer Form lautet somit das Induktionsgesetz, wenn $\Psi = N\,\Phi$ der ingesamt von N Windungen umschlungene Fluß und L die Induktivität der vom Strom i durchflossenen linearen Leiteranordnung ist,

$$\boxed{u_i = -\frac{\mathrm{d}\Psi}{\mathrm{d}t} = -L\,\frac{\mathrm{d}i}{\mathrm{d}t}} \tag{9.2}$$

Offenbar kommt es nur darauf an, daß sich innerhalb einer *geschlossenen* Leiterschleife der von ihr umschlungene magnetische Fluß zeitlich ändert, was im zeitlich konstanten Magnetfeld auch durch teilweises Bewegen oder Deformieren der Leiterschleife erreicht werden kann. Hierbei ist jedoch zu beachten:

1. Der magnetische Fluß Φ ist *keine* Ortsfunktion; er kann sich nur zeitlich ändern. Örtlich kann nur der Fluß bezogen auf eine Fläche, also die Flußdichte, veränderlich sein.
2. Die zeitliche Änderung des von einer Leiterschleife umschlungenen magnetischen Flusses kann sowohl durch eine zeitliche Änderung der Flußdichte B bei unveränderlicher Leiterschleife als auch durch eine Lageänderung oder Deformation der Leiterschleife hervorgerufen werden.

Sollen auch relativ zum Beobachter bewegte Leiter im Magnetfeld berücksichtigt werden, so kann man dem Induktionsgesetz die einfache Form geben

$$\boxed{\oint \boldsymbol{E}\,\mathrm{d}\boldsymbol{s} = -\frac{\mathrm{d}}{\mathrm{d}t}\int \boldsymbol{B}\,\mathrm{d}\boldsymbol{A}.} \tag{9.3}$$

Die Differentiation nach der Zeit bedeutet dabei die totale Änderung des Integrals. Man erhält dann für die während $\mathrm{d}t$ auftretende totale Flußänderung

$$\frac{\mathrm{d}}{\mathrm{d}t}(\boldsymbol{B}\,\mathrm{d}\boldsymbol{A})\,\mathrm{d}t = \frac{\partial}{\partial t}(\boldsymbol{B}\,\mathrm{d}\boldsymbol{A})\,\mathrm{d}t + \frac{\partial}{\partial s}(\boldsymbol{B}\,\mathrm{d}\boldsymbol{A})\,\mathrm{d}s.$$

Der erste Ausdruck der rechten Seite ergibt die spontane (lokale) Flußänderung, hervorgerufen durch die zeitliche Änderung von $\boldsymbol{B}$ bezüglich des Beobachters, während der zweite Ausdruck die Flußänderung infolge Bewegung und eventueller Deformation der durch die Leiterschleife gebildeten Fläche darstellt, vom gleichen Beobachter aus betrachtet. Im Beispiel 3.4 in Kap. 3.4.3 wurde bereits gezeigt, daß

$$\frac{\partial}{\partial s}(\boldsymbol{B}\,\mathrm{d}\boldsymbol{A})\,\mathrm{d}s = -\boldsymbol{B}(\mathrm{d}\boldsymbol{s}\times\boldsymbol{v})\,\mathrm{d}t = -(\boldsymbol{v}\times\boldsymbol{B})\,\mathrm{d}\boldsymbol{s}\,\mathrm{d}t,$$

wobei $v \cdot \mathrm{d}t$ die Verrückung der Schleife während $\mathrm{d}t$ ist. Mithin ist die totale Flußänderung

$$\frac{\mathrm{d}}{\mathrm{d}t}(\boldsymbol{B}\,\mathrm{d}\boldsymbol{A}) = \frac{\partial}{\partial t}(\boldsymbol{B}\,\mathrm{d}\boldsymbol{A}) - (\boldsymbol{v}\times\boldsymbol{B})\,\mathrm{d}\boldsymbol{s}.$$

Damit erhält man als Induktionsgesetz für die elektrische Umlaufspannung

$$\oint \boldsymbol{E}\, \mathrm{d}\boldsymbol{s} = -\int \frac{\partial \boldsymbol{B}}{\partial t}\, \mathrm{d}\boldsymbol{A} + \oint (\boldsymbol{v} \times \boldsymbol{B})\, \mathrm{d}\boldsymbol{s} \tag{9.4}$$

Das Linienintegral ist längs einer geschlossenen Randkurve zu bilden und das Flächenintegral über die durch diese geschlossene Kurve begrenzte Fläche zu erstrecken. Ferner ist v die Geschwindigkeit des Leiterelements $\mathrm{d}s$, gemessen im gleichen Bezugssystem wie B, d.h. v ist die Geschwindigkeit des Leiterelements $\mathrm{d}s$ relativ zum Beobachter, der die Flußdichte B mißt.

Gl. (9.3) ist das Induktionsgesetz in allgemeiner Form für ruhend und bewegt erscheinende Leiter unabhängig vom Bezugssystem. Demnach erhält man in einer Leiterschleife eine Umlaufspannung nach Gl. (9.4),

1. wenn eine zeitliche Änderung der Flußdichte von einem Beobachter in einem relativ zu ihm festen Punkt innerhalb einer Leiterschleife festgestellt wird, wobei es eine Änderung von Betrag, Richtung oder Betrag und Richtung des Flußdichtevektors $\boldsymbol{B}$ sein kann;
2. wenn in einem vom Beobachter gemessenen Magnetfeld ein Leiter relativ zu diesem Beobachter, auch im Eigenfeld, bewegt erscheint.

Die Kennzeichnung der induzierten Spannung als elektrische Umlaufspannung berücksichtigt, daß die Messung einer in einem Leiter induzierten Spannung nur durch die Bildung einer *geschlossenen* Leiterschleife möglich ist. Bildet die Leiteranordnung keine geschlossene Leiterschleife, so muß diese durch die Zuleitungen zum Meßgerät gebildet werden. Im zeitlich veränderlichen elektromagnetischen Feld (Wirbelfeld) ist eine eindeutige Spannungsmessung nicht mehr möglich. Auch beweist die Feststellung einer Ladungsanhäufung an den Leiterenden in Bild 9.1 noch nicht die Existenz einer elektrischen Spannung. Auf der Oberfläche eines in ein elektrostatisches Feld gebrachten Leiters entstehen ebenfalls leicht nachzuweisende Influenzladungen. Zwischen beliebigen Punkten auf der Oberfläche ist jedoch $U = 0$, weil sich auf einer Leiteroberfläche im elektrostatischen Feld stets eine solche Ladungsverteilung einstellt, daß die Leiteroberfläche zur Äquipotentialfläche wird.

Im Fünfersystem lautet Gl. (9.2)

$$u_i = -\frac{1}{\gamma_0}\frac{\mathrm{d}\Psi}{\mathrm{d}t} = -L\frac{\mathrm{d}i}{\mathrm{d}t}\,. \tag{9.5}$$

Spannungsstoß $\int u\,\mathrm{d}t$ und magnetischer Fluß sind somit im Fünfersystem nicht dasselbe, sondern lediglich einander proportional, was auch dem experimentellen Befund entspricht. Der Proportionalitätsfaktor ist dabei die elektrische und magnetische Größen verknüpfende Verkettungskonstante γ_0 nach Gl. (2.2). Es ist daher auch 1 Vs $\neq$ 1 Wb.

Beispiel 9.1: Bild 9.2 zeigt den Verlauf des elektrischen Feldes innerhalb einer ein pulsierendes Magnetfeld umschließenden offenen Drahtwindung. Ohne Drahtwindung würde sich das pulsierende Magnetfeld mit kreisförmigen geschlossenen E-Linien umgeben. Durch die Drahtwindung wird dieser Feldverlauf jedoch völlig geändert. Auf der Oberfläche der Drahtenden entsteht bei A ein Elektronenmangel und bei B ein Elektronenüberschuß, wobei im Leiterinnern der Verschiebungsstrom vernachlässigt werden kann, so daß dort $E \approx 0$ ist. Diese Bedingung bestimmt die Ladungsverteilung, deren Berechnung meist kompliziert ist. Von einem Voltmeter zwischen A und B, dessen Zuleitungen längs des Leiters über C zwischen A und B dicht an der Drahtwindung entlang verlaufen, wird kein zeitlich veränderlicher Fluß umschlungen, es kann daher keinen Ausschlag zeigen. Verlaufen die Zuleitungen auf beliebigem anderem Wege von A nach B, so erhält man nach Gl. (9.2) die Anzeige

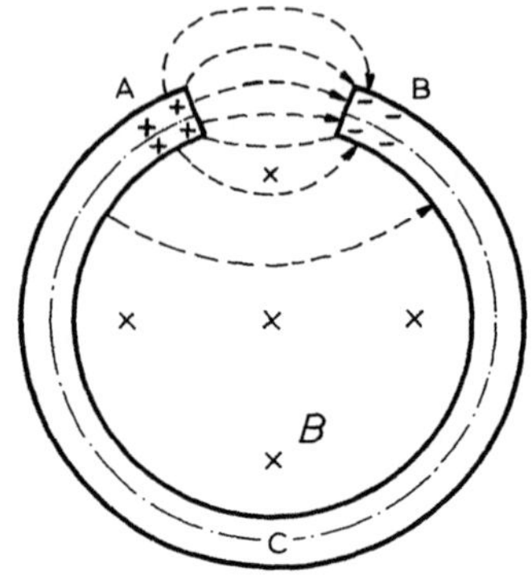

Bild 9.2
E-Linien bei einer offenen Drahtwindung im pulsierenden Magnetfeld

$$u = \oint \boldsymbol{E}\, \mathrm{d}\boldsymbol{s} = -\frac{\mathrm{d}\Phi}{\mathrm{d}t},$$

wobei Φ der magnetische Fluß ist, der vom gesamten geschlossenen Weg umschlungen wird, den der Leiter ACB mit den Zuleitungen zum Voltmeter bildet.

9.1.2 Deutung des Induktionsvorgangs. Im Sinne der Feldtheorie besteht der Vorgang der Induktion im Auftreten *geschlossener* elektrischer Feldlinien mit denen sich jedes zeitlich veränderliche Magnetfeld nach der 2. Maxwellschen Feldgleichung umgibt, wie es Bild 3.7 in Kap. 3.4.1 zeigt. Eine Leiterschleife ermöglicht lediglich einen Nachweis des Feldes durch Ausführung der Integration $\oint \boldsymbol{E}\, \mathrm{d}\boldsymbol{s}$. Man beachte dabei den Unterschied zum elektrostatischen Feld. Dort ist

$$U = \int \boldsymbol{E}\, \mathrm{d}\boldsymbol{s} \quad \text{und} \quad \oint \boldsymbol{E}\, \mathrm{d}\boldsymbol{s} = 0 \quad \text{bzw.} \quad \operatorname{rot} \boldsymbol{E} = 0.$$

Beispiel 9.2: Im leiterfreien Raum findet das elektrische Wirbelfeld eine technische Anwendung im *Betatron* (Elektronenschleuder), das zur Beschleunigung freier Elektronen dient. Diese werden in die Symmetrieebene zwischen die rotationssymmetrischen Polschuhe eines Wechselstrom-Elektromagneten eingeschossen und bis nahezu auf Lichtgeschwindigkeit beschleunigt. Das hochevakuierte Entladungsgefäß ist als Ring ausgebildet, wie Bild 9.3 zeigt. Die eingestrahlten Elektronen beschreiben Kreisbahnen und werden in dem beim Pulsieren des Magnetfeldes entstehenden elektrischen Wirbelfeld hoch beschleunigt, bis sie Betastrahlen radioaktiver Stoffe gleichen.
Der magnetische Fluß durch die Elektronenbahn vom Radius r wird

$$\Phi = 2\pi \int_0^r B\, r\, \mathrm{d}r$$

und

$$\frac{\mathrm{d}\Phi}{\mathrm{d}t} = 2\pi \int_0^r \frac{\partial B}{\partial t}\, r\, \mathrm{d}r = -2\pi r E.$$

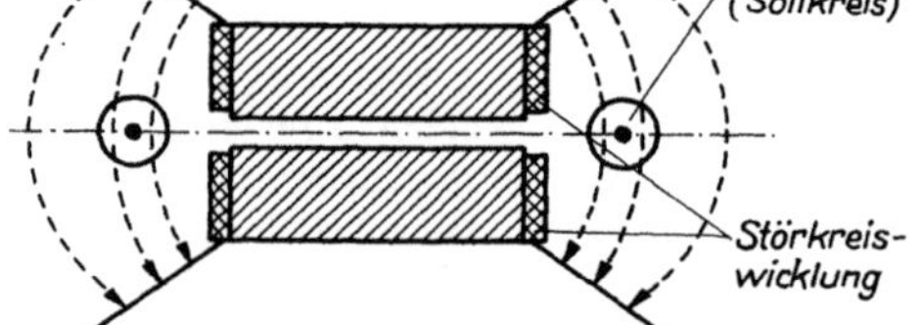

Bild 9.3 Schema des Betatrons

Damit wird die auf ein Elektron wirkende beschleunigende Kraft in der Bahn mit $r = r_0$ als Sollkreisradius

$$F = -eE = \frac{e}{2\pi r_0} \frac{d\Phi}{dt}.$$

Folgt das Magnetfeld dem harmonischen Zeitgesetz, so erfolgt eine Beschleunigung nur während einer Viertelperiode des Magnetfeldes. Die Elektronen müssen daher kurz nach dem Nulldurchgang des Magnetfeldes eingeschossen und im Maximalwert wieder herausgebracht werden. Hierzu dient die Störkreiswicklung in Bild 9.3. Durch diese wird der Bahnradius geändert und der Elektronenstrahl gelangt in eine das Magnetfeld abschirmende U-förmige Eisenrinne, aus der er tangential austreten kann.

Um zu einer physikalischen Deutung des Induktionsvorgangs zu gelangen, muß man von Gl. (9.4) ausgehen. Dabei sollen zwei Extremfälle untersucht werden, nämlich Betrachtung eines Beobachters (1), für den $v = 0$ aber $\partial B/\partial t \neq 0$ und Betrachtung eines Beobachters (2), für den $v \neq 0$ aber $\partial B/\partial t = 0$. Der relativ zur Leiterschleife ruhende Beobachter (1) deutet den Induktionsvorgang als Folge der elektrischen Feldkraft Gl. (4.46) auf die Leitungselektronen im elektrischen Wirbelfeld, mit dem sich das für ihn zeitlich veränderlich erscheinende Magnetfeld umgibt. Beobachter (2), für den die materielle Leiterschleife mit der Geschwindigkeit $v \neq 0$ bewegt erscheint, deutet dagegen den gleichen Vorgang als Folge der magnetischen Feldkraft (Lorentzkraft) Gl. (8.2) auf die mit dem Leiter mitbewegten Leitungselektronen. In allen Fällen ist das Auftreten einer Umlaufspannung in einer geschlossenen Leiterschleife eine Folge der auf die Leitungselektronen wirkenden Feldkräfte

$$\boldsymbol{F} = e(\boldsymbol{E} + \boldsymbol{v} \times \boldsymbol{B}) = \boldsymbol{F}_e + \boldsymbol{F}_m.$$

Die Deutung als Folge der elektrischen Feldkraft F_e oder als Folge der magnetischen Feldkraft F_m ist nur eine Frage des Bezugssystems. Es liegen die gleichen Verhältnisse vor, wie bei einem punktförmig gedachten Ladungsträger der Ladung Q, der sich in einem konstanten und homogenen Magnetfeld der Flußdichte B mit der Geschwindigkeit v relativ zum Bezugssystem beweg, in dem B gemessen wird. Für einen im Bezugssystem ruhenden Beobachter (1) wirkt auf den Ladungsträger die Lorentzkraft als magnetische Feldkraft F_m. Für einen mit dem Ladungsträger mitbewegten Beobachter (2) ist dagegen $v = 0$. Dieser Beobachter muß dem Raum ein elektrisches Feld zuordnen, da für ihn auf einen ihm ruhend erscheinenden Ladungsträger eine Kraft ausgeübt wird, die er als elektrische Feldkraft deutet. Quantitativ messen beide Beobachter den gleichen Wert für die ausgeübte Kraft.

Im Grenzfall und im materiefreien Raum nimmt v den Wert c_0 der Lichtgeschwindigkeit an. Bei einer Bewegung senkrecht zur Richtung des Magnetfeldes werden dann beide Beobachter dem Raum auch den gleichen Wert der Energiedichte nach Gl. (4.55) oder Gl. (8.19) zuordnen. Es wird dann unter Beachtung von Gl. (8.8)

$$\epsilon_0 E^2 = c_0^2 \epsilon_0 \mu_0^2 H^2 = \mu_0 H^2.$$

Daraus

$$\boxed{c_0^2 \epsilon_0 \mu_0 = 1} \tag{9.6}$$

woraus man im Fünfersystem wegen Gl. (8.13)

$$\epsilon_0 E^2 = \frac{\epsilon_0 \mu_0^2 c_0^2}{\gamma_0^2} H^2 = \mu_0 H^2$$

wieder Gl. (2.2) gewinnt.

Allgemein erkennt man:

Elektrisches und magnetisches Feld bilden eine Einheit, sie sind nur relativ zum benutzten Bezugssystem zu unterscheiden.

Modellmäßig erhält man als dreidimensionales Analogon einen Würfel. Je nach Standpunkt erblickt man nur die eine Fläche („elektrische Komponente") oder die andere Fläche („magnetische Komponente").

Von Bedeutung ist noch die Tatsache, daß das Induktionsgesetz *allein* zu einer eindeutigen Berechnung der elektrischen Feldstärke nicht ausreicht. Die elektrische Feldstärke ist außer vom Bezugssystem auch von der Verteilung von Leitern im Feld abhängig. Bei der Integration von Gl. (9.4) bleiben die von elektrischen Ladungen hervorgerufenen wirbelfreien Anteile des Gesamtfeldes unberücksichtigt, auch wenn die sie verursachenden Ladungen überhaupt erst als Folge des Induktionsvorgangs auf der Leiteroberfläche erscheinen. Das Induktionsgesetz ergibt unabhängig vom Bezugssystem lediglich die in einer Leiterschleife auftretende elektrische Umlaufspannung oder den Wirbel der elektrischen Feldstärke.

9.1.3 Zur Anwendung des Induktionsgesetzes. Für die meisten technischen Anwendungen reicht das Induktionsgesetz in der Form Gl. (9.2) aus. Dabei bedeutet jede Betrachtung des magnetischen Flusses Φ eine Festlegung auf ein Bezugssystem, das durch die vom Fluß Φ durchsetzte Fläche A bestimmt wird und das dann auch nicht mehr verlassen werden darf. Scheinbare Widersprüche werden auf jeden Fall vermieden, wenn man von Gl. (9.4) ausgeht und die beiden Feldgrößen E und B betrachtet, wie sie einem beliebigen Beobachter und *nur* für diesen erscheinen. Besondere „Rechen- oder Anwendungsvorschriften" zum Induktionsgesetz werden dann unnötig; sie können lediglich die klaren Zusammenhänge verschleiern und allzuleicht zu falschen Folgerungen verleiten.

Beispiel 9.3: Eine gewisse Berühmtheit erlangte unter den sogenannten „umstrittenen Fällen" der *Heringsche* Versuch nach Bild 9.4. Darin ist M ein Magnet im Schnitt, senkrecht zur Zeichenebene. Abgesehen von vernachlässigbaren Streulinien umschlingt offenbar die Leiterschleife in Bild 9.4a den gesamten Fluß des Magneten, während in Bild 9.4c kein Fluß die Leiterschleife durchdringt. Verwendet man einen Elektromagneten, so erhält man auch beim Abschalten der Erregung einen Ausschlag des Voltmeters, der in der Mittelstellung des Magneten (Bild 9.4b) kleiner ist als beim völlig umschlungenen Magneten in Bild 9.4a. Der Versuch zeigt jedoch, daß das Voltmeter weder beim Herausgleiten des Magneten aus der Leiterschleife längs der Zeichenebene noch bei dessen Hineingleiten in die Leiterschleife bzw. beim Abziehen derselben längs der Zeichenebene einen Ausschlag ergibt. Dabei bleibt der Stromkreis über die Kontakte k und den Magneten ständig geschlossen.

Zunächst erscheint für einen Beobachter (1), der relativ zum Magneten M ruht, die Leiterschleife parallel zur Zeichenebene bewegt; er stellt ferner in keinem für ihn festen Punkt eine Änderung von Größe oder Richtung der Flußdichte fest. Auch wird für diesen Beobachter kein materieller Leiter in einem Magnetfeld bewegt. Beide Ausdrücke der rechten Seite in Gl. (9.4) verschwinden daher. Für Beobachter (1) zeigt das Voltmeter keinen Ausschlag. Wählt dagegen ein Beobachter (2), für den der Magnet M bei ruhender Leiterschleife parallel zur Zeichenebene bewegt erscheint, einen relativ zu ihm ruhenden Stromweg durch den Magneten zwischen den Kontakten k – nur dieser Weg ist als Integra-

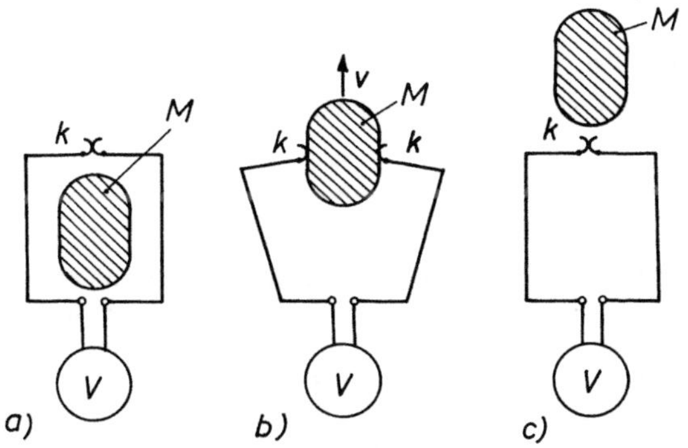

Bild 9.4 Heringscher Versuch

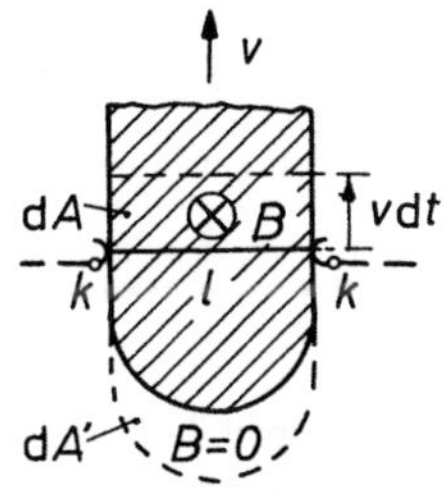

Bild 9.5 Zum Heringschen Versuch

tionsweg sinnvoll –, so ändert sich für diesen Beobachter innerhalb der vom Magnetquerschnitt überstrichenen Leiterschleife die Flußdichte von $B = B$ auf $B = 0$. Für Beobachter (2) ist demnach innerhalb des Integrationsweges während des Herausgleitens des Magneten aus der Leiterschleife $\partial B/\partial t \neq 0$. Gleichzeitig wird auch ein materieller Leiter, nämlich jeder materielle Punkt des Magneten längs des Stromweges zwischen den Kontakten k im Eigenfeld des Magneten bewegt. Demnach sind für Beobachter (2) beide Ausdrücke der rechten Seite in Gl. (9.4) von Null verschieden. Nach Bild 9.5 ist dabei die vom Stromweg l während der Zeit dt überstrichene Fläche (substantielle Fläche), wenn diese im Sinne einer Rechtsschraube umlaufen wird,

$$\mathrm{d}\boldsymbol{A} = (\boldsymbol{l} \times \boldsymbol{v})\,\mathrm{d}t = \mathrm{d}\boldsymbol{A}'.$$

Innerhalb der Fläche $\mathrm{d}A'$, für deren Punkte sich während der Zeit $\mathrm{d}t$ die Flußdichte von $B = B$ auf $B = 0$ ändert, wird dabei

$$\int \frac{\partial \boldsymbol{B}}{\partial t}\,\mathrm{d}\boldsymbol{A} = \boldsymbol{B}\,(\boldsymbol{l} \times \boldsymbol{v}) = (\boldsymbol{v} \times \boldsymbol{B})\,\boldsymbol{l} = v\,B\,l,$$

also gleich der längs des Stromweges l zwischen den Kontakten k auftretenden Umlaufspannung. Die Beträge beider Ausdrücke in der rechten Seite von Gl. (9.4) sind demnach für Beobachter (2) gleich und heben sich gegenseitig auf. Das Voltmeter kann demnach auch für Beobachter (2) keinen Ausschlag ergeben, wie es der Versuch bestätigt.

Bem.: Selbstverständlich ist $\partial B/\partial t = 0$, wenn der Magnet beliebig innerhalb der Leiterschleife bewegt wird, da sich dann für ebensoviele Punkte innerhalb der Schleife die Flußdichte von $B = B$ auf $B = 0$ ändert wie auch umgekehrt.

Eine weitere Ursache dafür, daß das Induktionsgesetz zu scheinbaren Widersprüchen führen konnte, liegt in der Nichtbeachtung der Tatsache, daß die Geschwindigkeit die eindeutige Angabe eines Bezugssystems erfordert. Angaben wie „relativ zum Feld bewegte Leiter" oder „Induktion entsteht, wenn ein Leiter Kraftlinien schneidet" haben keinen physikalischen Sinn. Feld- oder Kraftlinien sind keine physikalische Realität sondern gedachte Linien, die als Hilfsvorstellung ein anschauliches Bild von der Richtung des das Feld beschreibenden Vektors in jedem Raumpunkt vermitteln. Wie alle Hilfsvorstellungen gibt auch dieses Bild nur einen Teil der Vorgänge richtig wieder. Auf jeden Fall ist es sinnlos, von Relativgeschwindigkeiten der Kraftlinien oder von deren Verschiebung zu sprechen oder gar die Kraftlinien schneiden zu wollen. Auch die Angabe einer Relativgeschwindigkeit zwischen einem materiellen Körper und einem Feld, als Zustand des Raumes, hat keinen physikalischen Sinn.

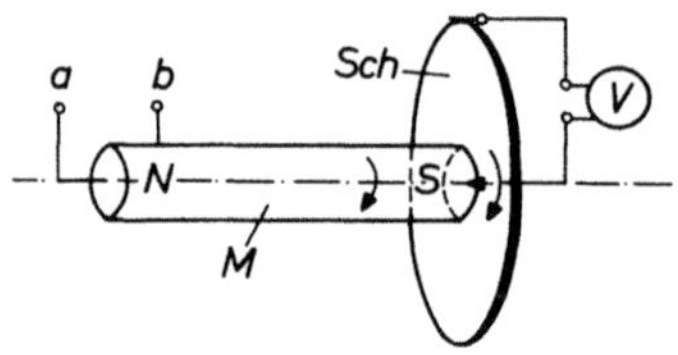

Bild 9.6
Induktionsversuch, *M* Magnet, *Sch* Scheibe

Beispiel 9.4: Das über Schleifkonstante zwischen Scheibenrand und Scheibenmitte in Bild 9.6 angeschlossene Voltmeter zeigt für einen gegenüber dem Gesamtsystem (Voltmeter) ruhenden Beobachter (1) nur dann eine Spannung an, wenn die Scheibe rotiert. Ob dabei der rotationssymmetrisch magnetisierte Stabmagnet *M* gleichzeitig ebenfalls um seine Längsachse rotiert oder nicht, bleibt auf die Anzeige des Voltmeters ohne Einfluß, da das Feld des Magneten wegen der vorausgesetzten Rotationssymmetrie für jeden Punkt außerhalb des Magneten unverändert bleibt, auch wenn sich der Magnet um seine Achse dreht. Zum gleichen Ergebnis kommt auch ein Beobachter (2), der relativ zur Scheibe ruht. Sofern er das Voltmeter erkennen kann, wird dieses nur dann eine Spannung anzeigen, wenn es für ihn rotiert, wobei für diesen Beobachter (2) dann in den Zuleitungen nach Gl. (9.1) eine Umlaufspannung entsteht. Wie man nämlich Bild 9.6 entnimmt, wird jede die Scheibe einmal durchdringende Feldlinie auch von der durch die Zuleitungen zum Voltmeter gebildeten Leiterschleife erfaßt. Beide Beobachter müssen daher die gleichen Spannungswerte erhalten, die der Drehzahl der Scheibe relativ zum Voltmeter proportional sind.
Bei rotierendem Magneten kann man allerdings zwischen den Punkten a–b auf der rotierenden Magnetoberfläche mit Hilfe von Schleifkontakten eine Spannung abnehmen (*Faradayscher* Versuch). Zwar ist in diesem Fall wegen der Rotationssymmetrie des Feldes $\partial B/\partial t = 0$, es liegt aber ein im Magnetfeld (Eigenfeld) bewegter Leiter vor, gebildet durch die relativ zum Beobachter rotierende (bewegte) Magnetoberfläche.

9.2 Energie und Energieströmung

9.2.1 Elektromagnetische Feldenergie. Nach den Maxwellschen Feldgleichungen ist jede Änderung eines magnetischen Feldes mit dem Entstehen oder Verschwinden eines elektrischen Wirbelfeldes verbunden und umgekehrt. Im zeitlich veränderlichen Feld ist demnach der felderfüllte Raum in jedem Augenblick Träger elektrischer und magnetischer Energie der räumlichen Dichte

$$w = \int_0^D \boldsymbol{E}\,\mathrm{d}\boldsymbol{D} + \int_0^B \boldsymbol{H}\,\mathrm{d}\boldsymbol{B}. \tag{9.7}$$

Für lineare und isotrope Medien wird daraus die räumliche Energiedichte nach Gl. (4.55) und Gl. (8.19)

$$w = w_e + w_m = \frac{1}{2}(\epsilon E^2 + \mu H^2) \tag{9.8}$$

oder die gesamte elektromagnetische Feldenergie innerhalb eines Volumens V

$$\boxed{W = \frac{1}{2}\int (\epsilon E^2 + \mu H^2)\,\mathrm{d}V} \tag{9.9}$$

Die zeitliche Änderung der räumlichen Energiedichte wird

$$\frac{\partial w}{\partial t} = \boldsymbol{E}\frac{\partial \boldsymbol{D}}{\partial t} + \boldsymbol{H}\frac{\partial \boldsymbol{B}}{\partial t} = \frac{\mathrm{d}P}{\mathrm{d}V} \tag{9.10}$$

oder

$$\boxed{\frac{\partial W}{\partial t} = \int \left(\boldsymbol{E} \frac{\partial \boldsymbol{D}}{\partial t} + \boldsymbol{H} \frac{\partial \boldsymbol{B}}{\partial t} \right) \mathrm{d}V} \tag{9.11}$$

9.2.2 Energieströmung und Poynting-Vektor. Der Zuwachs der räumlichen Energiedichte während $\mathrm{d}t$ wird aus Gl. (9.10)

$$\mathrm{d}w = \left(\boldsymbol{E} \frac{\partial \boldsymbol{D}}{\partial t} + \boldsymbol{H} \frac{\partial \boldsymbol{B}}{\partial t} \right) \mathrm{d}t.$$

Setzt man darin aus den beiden Maxwellschen Gleichungen Gl. (3.55)

$$\frac{\partial \boldsymbol{D}}{\partial t} = \operatorname{rot} \boldsymbol{H} - \kappa \boldsymbol{E}; \qquad \frac{\partial \boldsymbol{B}}{\partial t} = -\operatorname{rot} \boldsymbol{E},$$

so erhält man

$$\mathrm{d}w = (\boldsymbol{E} \operatorname{rot} \boldsymbol{H} - \boldsymbol{H} \operatorname{rot} \boldsymbol{E})\, \mathrm{d}t - \kappa E^2\, \mathrm{d}t. \tag{9.12}$$

Während $\mathrm{d}t$ vermindert sich demnach die im Raum je Volumen $\mathrm{d}V$ gespeicherte Feldenergie um die infolge der Leitfähigkeit des Mediums entstandene Wärme. Nach Gl. (1.22) ist dabei

$$\boldsymbol{E} \operatorname{rot} \boldsymbol{H} - \boldsymbol{H} \operatorname{rot} \boldsymbol{E} = -\operatorname{div} (\boldsymbol{E} \times \boldsymbol{H}). \tag{9.12a}$$

Die vektorielle Größe (Bivektor)

$$\boxed{\boldsymbol{S} = \boldsymbol{E} \times \boldsymbol{H}} \tag{9.13}$$

ergibt die Flächendichte der Leistung (Leistung/Fläche) und heißt *Poynting-Vektor* oder Poyntingscher Vektor. Gebräuchlich sind auch die Bezeichnungen Vektor der Energieströmung oder Strahlungsvektor.

Zu einer elementaren Ableitung des Poynting-Vektors kommt man bei der Betrachtung eines zeitlich veränderlichen elektromagnetischen Feldes im materiefreien und ladungsfreien Raum. Die elektrische Feldstärke soll nur eine Komponente $E = E_x$ haben, eine Abhängigkeit in x- und y-Richtung soll nicht vorliegen. Das Feld breitet sich in z-Richtung mit der Lichtgeschwindigkeit c_0 aus, so daß

$$\frac{\partial}{\partial x} = \frac{\partial}{\partial y} = 0, \qquad \mathrm{d}z = c_0\, \mathrm{d}t.$$

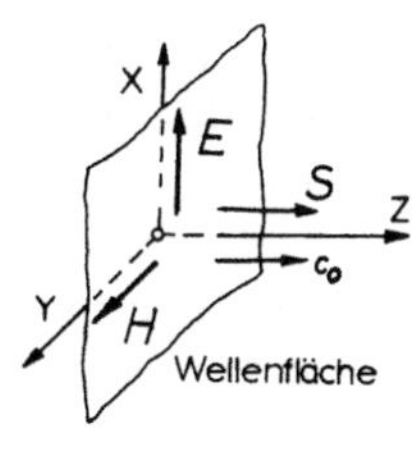

Bild 9.7
In z-Richtung sich ausbreitende Feldänderung

Aus der ersten Feldgleichung Gl. (3.55) erhält man dann als zugehörige H-Komponente nach Gl. (1.16) nur eine Komponente $H = H_y$.
Die Verhältnisse zeigt Bild 9.7. Es handelt sich um eine in z-Richtung sich ausbreitende elektromagnetische Feldänderung. Ihre Transversalität ist wegen $\rho = 0$ durch die Quellenfreiheit des elektrischen und magnetischen Feldes bedingt.

Mit dem elektromagnetischen Feld wird auch elektromagnetische Energie transportiert. Die Flächendichte dieser Energie senkrecht zur Ausbreitungsrichtung (Wellenfläche) ist im materiefreien Raum nach Gl. (9.8) unter Beachtung von Gl. (9.6) und dessen Herleitung

$$\frac{1}{2}(\epsilon_0 E^2 + \mu_0 H^2)\, c_0 \,\mathrm{d}t = c_0 \mu_0 H^2 \,\mathrm{d}t = EH\,\mathrm{d}t.$$

Wie man Bild 9.7 entnimmt, kann man dabei das Produkt EH als Betrag des Poynting-Vektors deuten.

Der Poynting-Vektor zeigt die Richtung der Energieströmung an, beschreibt also an jeder Stelle des felderfüllten Raumes die Strömung der elektromagnetischen Energie. Sein Betrag ergibt die Leistung durch eine Fläche senkrecht zur Ausbreitungsrichtung des Feldes (Wellenfläche). Das Hüllenintegral des Poynting-Vektors über die geschlossene Oberfläche eines Volumens muß demnach die gesamte durch die Volumenoberfläche ein- oder austretende Energieströmung (Wirk- und Blindleistung) ergeben. So beträgt die in ein Raumteil vom Volumen V eindringende elektromagnetische Energie pro Zeit unter Beachtung des Vorzeichens (Senke) wegen Gl. (1.28) nach Gl. (9.12)

$$-\int \operatorname{div}(\boldsymbol{E} \times \boldsymbol{H})\,\mathrm{d}V = -\oint \boldsymbol{S}\,\mathrm{d}\boldsymbol{A} = \int \left(\frac{\partial w}{\partial t} + \kappa E^2\right) \mathrm{d}V,$$

so daß

$$\boxed{-\oint \boldsymbol{S}\,\mathrm{d}\boldsymbol{A} = \frac{\partial}{\partial t}(W_e + W_m) + P_w} \tag{9.14}$$

Das ist der *Poyntingsche Satz*. Er besagt, daß die durch die Oberfläche eines Raumteils eindringende Energieströmung im elektromagnetischen Feld gleich der zeitlichen Änderung der eindringenden elektromagnetischen Energie (Blindleistung) ist, vermehrt um die zur Wärmeentwicklung benötigte Leistung (Wirkleistung).
Schreibt man den Poyntingschen Satz in der Form

$$P_w + \oint \boldsymbol{S}\,\mathrm{d}\boldsymbol{A} = -\frac{\partial}{\partial t}(W_e + W_m),$$

so ist das der Erhaltungssatz für die Energie des elektromagnetischen Feldes. Die Abnahme der Feldenergie innerhalb eines felderfüllten Raumteils ist die Folge der Energieumwandlung in Wärme innerhalb der Leiter. Diese Wärme wird nach außen abgestrahlt und muß als Feldenergie von außen wieder nachgeliefert werden. Jeder elektrische Leiter bildet für die elektromagnetische Energieströmung eine Senke.
In statischen Feldern findet keine Energieströmung statt; ein Poynting-Vektor ist dort auch nicht definiert. Wird beispielsweise ein geladener Kondensator in ein von einem Permanentmagneten erzeugtes statisches Magnetfeld gebracht, so kann zwar zwischen den Kondensatorplatten ein elektrisches und ein magnetisches Feld gemessen werden, die Angabe eines Poynting-Vektors hat jedoch in diesem Fall keinen physikalischen Sinn. Wie man der Ableitung des Poynting-Vektors aus den Maxwellschen Gleichungen entnimmt, setzt die Angabe dieses Vektors voraus, daß die elektrischen und magnetischen Feldvektoren miteinander verkettet sind, daß also ein funktioneller Zusammenhang zwischen E und H besteht, der von ein und demselben Beobachter festgestellt werden kann. Die Nichtbeachtung dieser Voraussetzung hat im Schrifttum zu zahlreichen wenig fruchtbaren Diskussionen geführt.

Im Fünfersystem lautet der Poynting-Vektor

$$\boldsymbol{S} = \gamma_0 (\boldsymbol{E} \times \boldsymbol{H}).$$

Auf die notwendige Verkettung der beiden Feldvektoren wird durch das Auftreten der Verkettungskonstante γ_0 unmittelbar hingewiesen.

9.2.3 Energiebetrachtungen. Der Poynting-Vektor ermöglicht ein anschauliches Bild von der Energieströmung im elektromagnetischen Feld zu gewinnen. Wie Bild 9.8 erkennen läßt, zeigt der Poynting-Vektor auf der Oberfläche eines stromdurchflossenen Leiters schräg in den Leiter hinein. Bei gleichmäßiger Stromdichteverteilung (Gleichstrom) sind dabei auf der Leiteroberfläche für einen Leiterausschnitt der Länge l

$$E_t = \frac{U}{l} = \frac{IR}{l}; \qquad H = \frac{I}{2\pi r_0}$$

oder

$$S_n = E_t H = \frac{I^2 R}{2\pi r_0 l}.$$

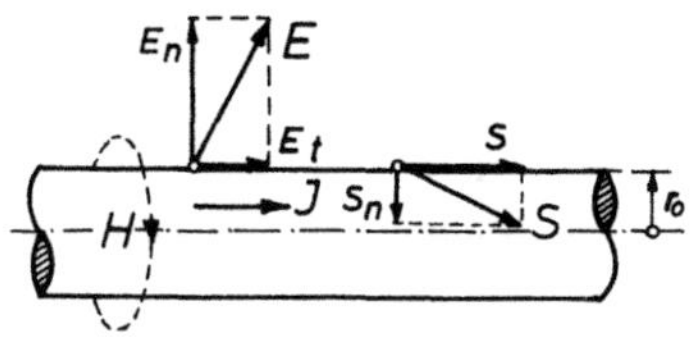

Bild 9.8
Energieströmung bei einem zylindrischen Leiter

Das ist die Verlustleistung, bezogen auf die Leiteroberfläche (Zylindermantelfläche). Die Normalkomponente S_n des Poynting-Vektors auf der Leiteroberfläche ergibt somit die vom Leiter geschluckte und in Wärme umgesetzte Energie (Joulesche Wärme), bezogen auf die Zeit. Die Energiezufuhr kommt aus dem Dielektrikum um den Leiter.
Die durch die Normalkomponente E_n der Feldstärke verursachte tangentiale Komponente des Poynting-Vektors

$$\boldsymbol{S}_t = \boldsymbol{E}_n \times \boldsymbol{H}$$

beschreibt die Energieströmung zum Verbraucher, wobei zu berücksichtigen ist, daß für den Rückleiter die drei Vektoren $\boldsymbol{E}$, $\boldsymbol{H}$ und $\boldsymbol{J}$ in Bild 9.8 ihre Richtung umkehren, nicht jedoch $\boldsymbol{S}_t$; diese Komponente zeigt auch beim Rückleiter in Richtung zum Verbraucher. Mit wachsendem Abstand vom Leiter nimmt die tranportierte Energiedichte entsprechend der Abnahme der Beträge E und H schnell ab. Der eigentliche Energietransport vollzieht sich also gleichsam als Schlauch um den Leiter im Dielektrikum.

> Der eigentliche Energietransport erfolgt im elektromagnetischen Feld immer im Dielektrikum, das sowohl Sitz als auch „Leiter" für die Energie ist.

Im idealen Leiter findet kein Energietransport zum Verbraucher statt; im Leiter ist

$$E = \frac{J}{\kappa}; \qquad S = S_n = EH = \frac{JH}{\kappa}.$$

Der Poynting-Vektor hat nur eine radiale, in den Leiter zeigende Komponente, welche die zur Erwärmung des Leiters benötigte Leistungsdichte angibt. Die Aufgabe des Leiters bei der Energieübertragung besteht lediglich darin, eine solche Feldverteilung hervorzurufen, daß die Energieströmung gezwungen wird, dem Leiter räumlich zu folgen. Hierbei wird ein Teil der elektromagnetischen Feldenergie dem Raum um den Leiter entzogen und vom Leiter geschluckt, in Wärme umgewandelt und nach außen abgestrahlt.
Zur Erläuterung zeigt Bild 9.9 noch die Energieströmung in einem Koaxialkabel. Der Energietransport zum Verbraucher vollzieht sich innerhalb des Isoliermaterials zwischen

Innen- und Außenleiter; er wird durch die tangentiale (axiale) Komponente des Poynting-Vektors S_t beschrieben. Die radiale Komponente S_r des Poynting-Vektors, hervorgerufen durch die infolge des Spannungsabfalls längs des Leiters entstehende tangentiale Komponente E_t der elektrischen Feldstärke, zeigt radial in den Leiter.

Beispiel 9.5: Bei hinreichend kleinen Frequenzen (Gleichstrom) ist in Bild 9.9 für $r_a \geqslant r \geqslant r_i$ nach Gl. (4.42) und Gl. (4.44)

$$E_r = \frac{Q}{2\pi\varepsilon r l}; \qquad U = \frac{Q}{2\pi\varepsilon l}\ln\frac{r_a}{r_i} = E_r r \ln\frac{r_a}{r_i}.$$

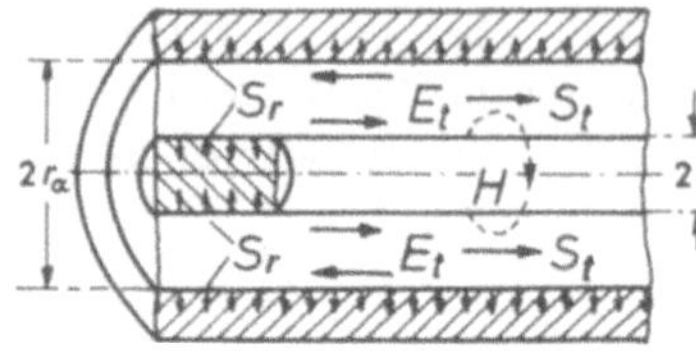

Bild 9.9 Energieströmung in einem Koaxialkabel

Damit wird die tangentiale Komponente S_t des Poynting-Vektors

$$S_t = E_r H = \frac{U}{r\ln(r_a/r_i)}\cdot\frac{I}{2\pi r}.$$

Sie beschreibt die zwischen Innen- und Außenleiter zum Verbraucher transportierte Energie und ergibt als Leistung

$$P = \int_{r_i}^{r_a} S_t 2\pi r\,\mathrm{d}r = \frac{UI}{\ln(r_a/r_i)}\int_{r_i}^{r_a}\frac{\mathrm{d}r}{r} = UI.$$

Auf der Leiteroberfläche ist mit R als Widerstand des Innen- oder Außenleiters die tangentiale Komponente der elektrischen Feldstärke

$$E_t = \frac{IR}{l}; \qquad H = \frac{I}{2\pi r}.$$

Für den Innenleiter wird demnach mit $R = R_i$ und $r = r_i$ die Verlustleistung beim Eindringen des Feldes durch die Leitermantelfläche

$$P_r = \int_0^{r_i} E_t H \cdot 2\pi l\,\mathrm{d}r = I^2 R_i.$$

Mit $R = R_a$ und $r = r_a$ erhält man das entsprechende Ergebnis für den Kabelmantel.

Bild 9.6: Bei einer Freileitung kann der Ohmsche Spannungsabfall längs des Leiters im allgemeinen vernachlässigt werden. Auf der Leiteroberfläche wird daher die elektrische Feldstärke $E \approx E_r$. Bei einer Stromdichte $J = 3\ \mathrm{A/mm^2}$, einer elektrischen Feldstärke $E = 15\ \mathrm{kV/cm}$ und einem Leiterradius $r_0 = 0{,}5$ cm erhält man auf der Leiteroberfläche

$$S = E_r H_\varphi = E_r \frac{J r_0}{2} = 1125\ \mathrm{kW/cm^2}.$$

Eine immerhin sehr beachtliche Leistungsdichte für Luft im Vergleich zu den aus bestem Stahl gefertigten Antriebswellen für mechanische Energieübertragungen, bei denen je nach Drehzahl und sonstigen Bedingungen im allgemeinen Werte in der Größenordnung von etwa 20 bis 40 $\mathrm{kW/cm^2}$ auftreten.

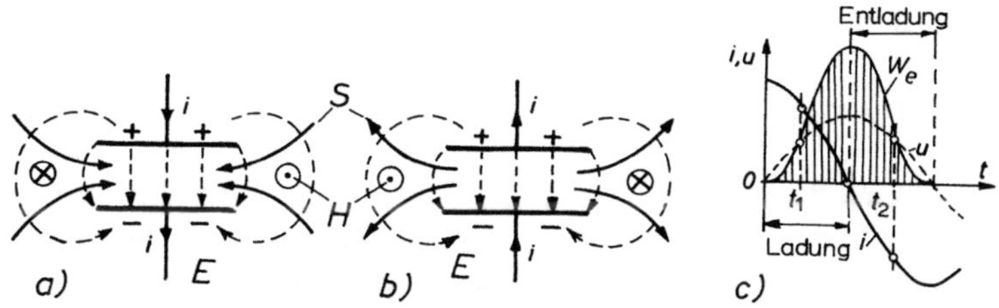

Bild 9.10 Energieströmung bei einem Kondensator

a) Kondensatorladung zur Zeit $t = t_1$
b) Kondensatorentladung zur Zeit $t = t_2$
c) Zeitlicher Verlauf von Strom i, Spannung u und Energie W_e

Beispiel 9.7: Die Energieströmung beim Laden und Entladen eines Kondensators zeigt Bild 9.10. Während der Viertelperiode der Ladung in Bild 9.10a strömt elektromagnetische Energie in den Raum zwischen beiden Kondensatorplatten zum Aufbau des elektrischen Feldes. Während der Kondensatorentladung in Bild 9.10b strömt die im Feld des Kondensators gespeicherte elektrische Energie zur speisenden Energiequelle zurück (Blindleistung); das Feld wird abgebaut, die Kondensatorspannung u nimmt ab. Mit dem Vorzeichen der Kondensatorspannung kehren auch die elektrische Feldstärke E und der Poynting-Vektor S ihre Richtung um; die Ladung des Kondensators beginnt von neuem.

9.2.4 Der komplexe Poynting-Vektor. Setzt man bei einem zeitlich harmonischen Verlauf der Feldgrößen mit der Kreisfrequenz ω für die Beträge in komplexer Schreibweise z.B. für die elektrische Feldstärke in linearen und isotropen Medien

$$|\underline{\boldsymbol{E}}| = \underline{E}; \quad |\underline{\boldsymbol{H}}| = \underline{H} \tag{9.15}$$

und entsprechend für die anderen Feldgrößen, so sind $\underline{\boldsymbol{E}}$ und $\underline{\boldsymbol{H}}$ zeitlich sinusförmig veränderliche Vektoren im Raum, deren Vektorbeträge komplexe Beträge $\underline{E}$ und $\underline{H}$ sind. Entsprechendes gilt für die durch ein Dach gekennzeichneten Höchstwerte (Amplitudenwerte). Man definiert dann analog zur komplexen Scheinleistung als *komplexen* Poynting-Vektor

$$\boxed{\underline{\boldsymbol{S}} = \underline{\boldsymbol{E}} \times \underline{\boldsymbol{H}}^* = \frac{1}{2}(\hat{\underline{\boldsymbol{E}}} \times \hat{\underline{\boldsymbol{H}}}^*)} \tag{9.16}$$

wobei $\underline{H}^*$ der konjugiert-komplexe Werte von $\underline{H}$ ist, den man durch Umkehren des Vorzeichens des Imaginärteils (von j) erhält. Es wird dann

$$\begin{aligned} -\operatorname{div}(\underline{\boldsymbol{E}} \times \underline{\boldsymbol{H}}^*) &= \underline{\boldsymbol{E}} \operatorname{rot} \underline{\boldsymbol{H}}^* - \underline{\boldsymbol{H}}^* \operatorname{rot} \underline{\boldsymbol{E}} \\ &= (\kappa - \mathrm{j}\,\omega\,\epsilon)\underline{\boldsymbol{E}}^*\underline{\boldsymbol{E}} + \mathrm{j}\,\omega\,\mu\,\underline{\boldsymbol{H}}\underline{\boldsymbol{H}}^* = \kappa E^2 + \mathrm{j}\,\omega\,(\mu H^2 - \epsilon E^2) \end{aligned}$$

oder

$$-\operatorname{div}\underline{\boldsymbol{S}} = \kappa E^2 + 2\,\mathrm{j}\,\omega\left(\frac{\mu}{2}H^2 - \frac{\epsilon}{2}E^2\right) = P'_w + 2\,\mathrm{j}\,\omega\,(w_m - w_e),$$

wobei P'_w, w_m und w_e mittlere Werte sind. Für ein endliches Raumgebiet lautet dann der komplexe Poyntingsche Satz

$$\boxed{-\oint \underline{\boldsymbol{S}}\,\mathrm{d}\boldsymbol{A} = P_w + 2\,\mathrm{j}\,\omega\,(W_m - W_e)} \tag{9.17}$$

In Leitern ist $W_e \ll W_m$. In Metallen wird daher aus Gl. (9.17)

$$-\oint \underline{S}\,\mathrm{d}A \approx P_w + 2\mathrm{j}\,\omega\,W_m. \tag{9.17a}$$

Aus dieser Beziehung können Wirkwiderstand R_w und innere Induktivität L_i von Leitern vorzugsweise bei höheren Frequenzen leicht berechnet werden. Bildet man zu diesem Zweck auf der Leiteroberfläche die in den Leiter zeigende Normalkomponente des komplexen Poynting-Vektors unter Beachtung, daß auf der Leiteroberfläche

$$\oint \underline{H}^*\,\mathrm{d}s = \underline{I}^*; \qquad \oint \underline{E}\,\mathrm{d}l = \underline{U} = \underline{I}(R_w + \mathrm{j}\,\omega L_i),$$

so erhält man damit

$$-\oint \underline{S}_n\,\mathrm{d}A = I^2\,(R_w + \mathrm{j}\,\omega L_i). \tag{9.18}$$

Beispiele siehe Kap. 10.3.4.

9.3 Verschiedene Formen der Feldgleichungen

9.3.1 Die erweiterten Feldgleichungen. Nach Kap. 3.4.1 lauten die beiden Maxwellschen Gleichungen für relativ zum Bezugssystem ruhende Medien mit konstanten Materialwerten ϵ, μ und κ in der Integralform

$$\left.\begin{aligned} &1.\ \oint \boldsymbol{H}\,\mathrm{d}s = \int\left(\boldsymbol{J} + \frac{\partial \boldsymbol{D}}{\partial t}\right)\mathrm{d}\boldsymbol{A} = \int\left(\kappa\,\boldsymbol{E} + \epsilon\,\frac{\partial \boldsymbol{E}}{\partial t}\right)\mathrm{d}\boldsymbol{A}, \\ &2.\ \oint \boldsymbol{E}\,\mathrm{d}s = -\frac{\partial}{\partial t}\int \boldsymbol{B}\,\mathrm{d}\boldsymbol{A} = -\frac{\partial}{\partial t}\int \mu \boldsymbol{H}\,\mathrm{d}\boldsymbol{A} \end{aligned}\right\} \tag{9.19}$$

oder in der Differentialform

$$\boxed{\begin{aligned} &1.\ \operatorname{rot}\boldsymbol{H} = \boldsymbol{J} + \frac{\partial \boldsymbol{D}}{\partial t} \\ &2.\ \operatorname{rot}\boldsymbol{E} = -\frac{\partial \boldsymbol{B}}{\partial t} \end{aligned}} \tag{9.20}$$

mit

$$\left.\begin{aligned} &\oint \boldsymbol{D}\,\mathrm{d}\boldsymbol{A} = Q, \qquad \operatorname{div}\boldsymbol{D} = \rho, \\ &\oint \boldsymbol{B}\,\mathrm{d}\boldsymbol{A} = 0, \qquad \operatorname{div}\boldsymbol{B} = 0 \end{aligned}\right\} \tag{9.21}$$

und den Materialgleichungen

$$\boldsymbol{D} = \epsilon\boldsymbol{E}; \quad \boldsymbol{J} = \kappa\,\boldsymbol{E}; \quad \boldsymbol{B} = \mu\boldsymbol{H}, \tag{9.22}$$

sowie der Kontinuitätsgleichung

$$\boxed{\operatorname{div}\left(\boldsymbol{J} + \frac{\partial \boldsymbol{D}}{\partial t}\right) = \operatorname{div}\boldsymbol{J} + \frac{\partial \rho}{\partial t} = 0} \tag{9.23}$$

Aus den Maxwellschen Gleichungen folgt:

Elektrisches und magnetisches Feld sind miteinander verkettet. Eine Änderung eines der beiden Felder für sich allein ist nicht möglich, ohne gleichzeitige Änderung des anderen Feldes.

Das beim Abbau eines magnetischen Feldes entstehende elektrische Wirbel-Feld (geschlossene E-Linien) hat Leitungs- und Verschiebungsströme zur Folge und wirkt auf das sich abbauende primäre Magnetfeld zurück, indem es den Abbau zu verhindern versucht. Das führt zu einem sich mit endlicher Geschwindigkeit im Raum ausbreitenden Aufbau und Abbau magnetischer und elektrischer Felder, ein Vorgang, den man als *elektromagnetische Welle* (Kap. 10.1.1) bezeichnet. Infolge ihrer großen Ausbreitungsgeschwindigkeit treten diese Vorgänge erst bei rasch veränderlichen Feldern oder über große Entfernungen merklich in Erscheinung.
Werden leitende oder nichtleitende Körper relativ zum Bezugssystem im Raum bewegt, so beobachtet man noch zusätzliche Effekte. Bei dem praktisch besonders wichtigen Einfluß der Bewegung von Leitern auf die Induktionswirkung gilt Gl. (9.4). Von den übrigen Effekten soll nur noch eine bewegt erscheinende elektrische Raumladung berücksichtigt werden; sie bildet einen Konvektionsstrom der Dichte

$$\rho v = v \operatorname{div} \boldsymbol{D}.$$

Die erweiterten Maxwellschen Gleichungen nehmen daher die Form an

$$\left.\begin{aligned} &1.\ \oint \boldsymbol{H}\,\mathrm{d}\boldsymbol{s} = \int \left(\kappa \boldsymbol{E} + \frac{\partial \boldsymbol{D}}{\partial t} + \rho \boldsymbol{v}\right) \mathrm{d}\boldsymbol{A} \\ &2.\ \oint \boldsymbol{E}\,\mathrm{d}\boldsymbol{s} = -\frac{\partial}{\partial t}\int \boldsymbol{B}\,\mathrm{d}\boldsymbol{A} + \oint (\boldsymbol{v} \times \boldsymbol{B})\,\mathrm{d}\boldsymbol{s} \end{aligned}\right\} \qquad (9.24)$$

und lauten in der Differentialform

$$\left.\boxed{\begin{aligned} \operatorname{rot}\boldsymbol{H} &= \kappa \boldsymbol{E} + \frac{\partial \boldsymbol{D}}{\partial t} + \boldsymbol{v} \operatorname{div}\boldsymbol{D} \\ \operatorname{rot}\boldsymbol{E} &= -\frac{\partial \boldsymbol{B}}{\partial t} + \operatorname{rot}(\boldsymbol{v} \times \boldsymbol{B}) \end{aligned}}\right\} \qquad (9.25)$$

9.3.2 Die Feldgleichungen in der Elementarstrom- und Mengentheorie. Die Theorie molekularer Elementarströme (Ampèresche Hypothese), kurz Elementarstromtheorie genannt, betrachtet im Sinne der Elektronentheorie in der Materie nur die sie bildenden elektrischen Ladungsträger und magnetisierenden Ströme (Kap. 2.2.3). Für die elektrisch und magnetisch polarisierte Materie gelten Gl. (4.27) in Kap. 4.2.2 und Gl. (7.28) in Kap. 7.2.1 mit M als Magnetisierung. Neben der Raumladung ρ als die Dichte der „wahren" elektrischen Ladungen tritt die Raumladungsdichte ρ_P der Polarisationsladungen (gebundenen Ladungen). Nach Gl. (4.30) ist dabei

$$\epsilon_0 \operatorname{div}\boldsymbol{E} = \rho + \rho_P; \qquad \operatorname{div}\boldsymbol{P} = -\rho_P.$$

Die magnetischen Dipole der magnetisierten Materie werden in ihrer Wirkung nach außen durch molekulare Elementarströme ersetzt, deren Stromdichte durch rot$M$ gegeben ist, wobei $\rho + \rho_P$ als Raumladungsdichte der „freien“ Ladungen bezeichnet wird. Somit lauten die Feldgleichungen in der „Elementarstromtheorie“

$$\left.\begin{aligned} \mathrm{rot}\,\boldsymbol{B} - \mu_0 \epsilon_0 \frac{\partial \boldsymbol{E}}{\partial t} &= \mu_0 \left(\boldsymbol{J} + \frac{\partial \boldsymbol{P}}{\partial t} + \mathrm{rot}\,\boldsymbol{M}\right) \\ \mathrm{rot}\,\boldsymbol{E} + \frac{\partial \boldsymbol{B}}{\partial t} &= 0 \end{aligned}\right\} \tag{9.26}$$

und

$$\left.\begin{aligned} &\boldsymbol{D} = \epsilon_0 \boldsymbol{E} + \boldsymbol{P}; \qquad \boldsymbol{B} = \mu_0 (\boldsymbol{H} + \boldsymbol{M}) \\ &\mathrm{div}\,\boldsymbol{D} = \rho; \qquad \epsilon_0\, \mathrm{div}\,\boldsymbol{E} = \rho + \rho_P; \qquad \mathrm{div}\,\boldsymbol{P} = -\rho_P. \end{aligned}\right\} \tag{9.27}$$

Wegen der Äquivalenz von Wirbelring und Dipolfläche kann man den Magnetismus der Materie auch auf fiktive *gedachte* magnetische Mengen der Dichte ρ_m zurückführen. Mit der magnetischen Polarisation J_m nach Gl. (7.29) setzt man dann wegen $\mathrm{div}\,\boldsymbol{B} = 0$

$$\rho_m = \mu_0\, \mathrm{div}\,\boldsymbol{H} = -\mathrm{div}\,\boldsymbol{J}_m.$$

Im Sinne dieser Theorie elektrischer und magnetischer Mengen, kurz „Mengentheorie“ genannt (Kap. 2.2.3), erhält man als Feldgleichungen

$$\left.\begin{aligned} \mathrm{rot}\,\boldsymbol{H} - \epsilon_0 \frac{\partial \boldsymbol{E}}{\partial t} &= \boldsymbol{J} + \frac{\partial \boldsymbol{P}}{\partial t} \\ \mathrm{rot}\,\boldsymbol{E} + \mu_0 \frac{\partial \boldsymbol{H}}{\partial t} &= -\frac{\partial \boldsymbol{J}_m}{\partial t} \end{aligned}\right\} \tag{9.28}$$

und

$$\left.\begin{aligned} &\boldsymbol{D} = \epsilon_0 \boldsymbol{E} + \boldsymbol{P}; \qquad \boldsymbol{B} = \mu_0 \boldsymbol{H} + \boldsymbol{J}_m \\ &\mathrm{div}\,\boldsymbol{D} = \rho; \qquad \epsilon_0\, \mathrm{div}\,\boldsymbol{E} = \rho + \rho_P; \qquad \mathrm{div}\,\boldsymbol{P} = -\rho_P \\ &\mu_0\, \mathrm{div}\,\boldsymbol{H} = -\mathrm{div}\,\boldsymbol{J}_m = \rho_m. \end{aligned}\right\} \tag{9.29}$$

9.3.3 Die Feldgleichungen im Frequenzbereich. Folgen die Feldgrößen dem harmonischen Zeitgesetz mit der Kreisfrequenz ω, so erhält man den Übergang der Feldgleichungen aus dem Zeitbereich in den Frequenzbereich indem man wegen deren Linearität lediglich $\mathrm{d}/\mathrm{d}t = \mathrm{j}\,\omega$ setzt. Man erhält dann unter Beachtung von Gl. (9.15) aus Gl. (9.20), angeschrieben für die komplexen Beträge,

$$\boxed{\begin{aligned} |\mathrm{rot}\,\underline{\boldsymbol{H}}| &= (\kappa + \mathrm{j}\,\omega\,\epsilon)\underline{E} = \mathrm{j}\,\omega\,\underline{\epsilon}\,\underline{E} \\ |\mathrm{rot}\,\underline{\boldsymbol{E}}| &= -\mathrm{j}\,\omega\,\underline{B} = -\mathrm{j}\,\omega\,\underline{\mu}\,\underline{H} \end{aligned}} \tag{9.30}$$

Dabei wurde gesetzt

$$\kappa + \mathrm{j}\,\omega\,\epsilon = \mathrm{j}\,\omega\,\underline{\epsilon} = \kappa\,(1 + \mathrm{j}\,\omega\,\tau) \tag{9.31}$$

mit der komplexen Permittivität

$$\underline{\epsilon} = \epsilon + \frac{\kappa}{\mathrm{j}\,\omega} = \epsilon' - \mathrm{j}\,\epsilon'' \tag{9.32}$$

und der *Relaxationszeit* (Zeitkonstanten)

$$\tau = \frac{\epsilon}{\kappa}. \qquad (9.33)$$

Die komplexe Permeabilität

$$\underline{\mu} = \mu' - \mathrm{j}\,\mu'' \qquad (9.34)$$

berücksichtigt die im Wechselfeld auftretenden Magnetisierungsverluste. Siehe „Allgemeine Elektrotechnik“ [1.4].

9.4 Physikalisch-mathematische Betrachtungen

9.4.1 Quantitäts- und Intensitätsgrößen. Nach *G. Mie* [1]) kann man in der Elektrodynamik zwischen Quantitäts- und Intensitätsgrößen unterscheiden. *Quantitätsgrößen* sind die Summe ihrer Teile und keiner kontinuierlichen Änderung fähig. *Intensitätsgrößen* können sich dagegen kontinuierlich ändern und daher nicht als Summe von Teilen aufgefaßt werden. Es zeigt sich dann, daß eine

Energiegröße = Intensitätsgröße × Änderung einer Quantitätsgröße.

Als Quantitätsgrößen erscheinen zunächst Q, I, $\boldsymbol{D}$ und $\boldsymbol{J}$, als Intensitätsgrößen dagegen U und $\boldsymbol{E}$. Aus den Feldgleichungen (im Vierersystem)

$$\operatorname{rot} \boldsymbol{H} = \boldsymbol{J} + \frac{\partial \boldsymbol{D}}{\partial t}; \qquad \operatorname{rot} \boldsymbol{E} = -\frac{\partial \boldsymbol{B}}{\partial t}$$

entnahm *Mie*, daß dann auch $\boldsymbol{H}$ und V_m Quantitätsgrößen, dagegen $\boldsymbol{B}$ und Φ Intensitätsgrößen sein müßten. Da jedoch bei $\mu \neq$ const.

$$w_m = \int \boldsymbol{H}\, \mathrm{d}\boldsymbol{B} \neq \int \boldsymbol{B}\, \mathrm{d}\boldsymbol{H},$$

würde dann die obige Aufteilung der Energiegrößen keine zwingende Gültigkeit mehr haben, ein Widerspruch, auf den *A. Sommerfeld* [2.14] bereits hingewiesen hat. Inzwischen konnte jedoch der magnetische Fluß als gequantelte Größe nachgewiesen werden, womit sich der Fluß Φ und auch die Flußdichte B eindeutig als Quantitätsgrößen ausweisen.

Offenbar entspringt die Unterscheidung zwischen Quantitäts- und Intensitätsgrößen einem Dualismus, der in der Theorie der Netzwerke als Widerstandsreziprozität auftritt. Man erhält dann folgende Unterscheidung:

> Quantitätsgrößen sind die Summe ihrer Teile, ihnen kann ein „Parallelersatzschaltbild“ zugeordnet werden. Intensitätsgrößen ändern sich kontinuierlich, ihnen kann ein „Reihenersatzschaltbild“ zugeordnet werden.

Wie bereits von *R. Fleischmann* [2]) angegeben wurde, sind dann [2.21]

Elektrische
- Quantitätsgrößen Q, $\boldsymbol{D}$, I, $\boldsymbol{J}$, ρ
- Intensitätsgrößen U, $\boldsymbol{E}$, φ

Magnetische
- Quantitätsgrößen Φ, $\boldsymbol{B}$, A_m
- Intensitätsgrößen V_m, $\boldsymbol{H}$, ψ.

---

[1]) *G. Mie:* Lehrbuch der Elektrizität und des Magnetismus. 3. Auflage, Stuttgart 1948.

[2]) *R. Fleischmann:* Struktur des physikalischen Begriffssystems. Z. Physik 129 (1951), S. 377/400.

Damit ergeben sich auch keine Widersprüche zur oben angegebenen Aufteilung von Energiegrößen, während nun die Feldkonstanten ϵ_0, μ_0 und γ_0 je einen Quotienten aus Quantitäts- und Intensitätsgröße bilden, und zwar

$$\epsilon_0 = \frac{D}{E} = \frac{\text{elektrische Quantitätsgröße}}{\text{elektrische Intensitätsgröße}}$$

$$\mu_0 = \frac{B}{H} = \frac{\text{magnetische Quantitätsgröße}}{\text{magnetische Intensitätsgröße}}$$

und wegen der Feldgleichungen nach Gl. (2.1) in Kap. 2.1.2

$$\gamma_0 = \frac{\text{elektrische Quantitätsgröße}}{\text{magnetische Intensitäsgröße}} = \frac{\text{magnetische Quantitätsgröße}}{\text{elektrische Intensitätsgröße}}\,.$$

Damit erhält man auch in

$$\gamma_0^2 = c_0^2\,\epsilon_0\,\mu_0 \tag{9.35}$$

auf beiden Seiten das Quadrat aus Quantitätsgröße durch Intensitätsgröße. Auch in den Feldgleichungen stehen somit zu beiden Seiten des Gleichheitszeichens Größen gleicher Art.

9.4.2 Die Feldkonstanten. Die Ermittlung des funktionellen Zusammenhangs zwischen den elektrischen Feldgrößen E und D sowie zwischen den magnetischen Feldgrößen H und B kann nicht mathematisch abgeleitet oder willkürlich festgelegt werden; sie bedarf vielmehr einer zusätzlichen Naturbeobachtung. Diese ergibt in linearen und isotropen Medien $\boldsymbol{D} \sim \boldsymbol{E}$ und $\boldsymbol{H} \sim \boldsymbol{B}$, also jeweils Proportionalität zwischen diesen Größen. Die Verwendung eines Gleichheitszeichens verlangt daher die Einführung von Proportionalitätsgrößen. Daß diese im materiefreien Raum als Quotienten

$$\epsilon_0 = \frac{D}{E}\,, \qquad \mu_0 = \frac{B}{H}$$

absolute Konstanten sind, kann *nur* der Naturbeobachtung, also dem Experiment, entnommen werden. Ebenso kann *nur* durch Naturbeobachtung eine Proportionalität zwischen elektrischen und magnetischen Größen festgestellt werden. Daraus ergibt sich z.B. nach Gl. (8.12) im Fünfersystem

$$\gamma_0 = \frac{v\,B\sin\alpha}{E}$$

ebenfalls als absolute Konstante. Alle drei Größen sind substanzunabhängige *Naturkonstanten*. Sie sind durch Gl. (9.35) miteinander verknüpft. Dabei dient

ϵ_0 als *elektrische* Feldkonstante zur Verknüpfung elektrischer Größen,
μ_0 als *magnetische* Feldkonstante zur Verknüpfung magnetischer Größen

und

γ_0 als *elektromagnetische* Feldkonstante zur Verknüpfung elektrischer Größen mit magnetischen Größen und umgekehrt.

Intensitätsgrößen werden mit den Feldkonstanten multipliziert, Quantitätsgrößen durch die Feldkonstanten dividiert.

Der Zahlenwert der Feldkonstanten ist eine Frage des verwendeten Einheitensystems. Im SI-System wurde μ_0 nach Gl. (3.31) auf genau $0{,}4\pi\,\mu H/m$ festgelegt, wodurch sich wegen Gl. (9.6) bei genau bekannter Lichtgeschwindigkeit c_0 im materiefreien Raum der Wert für ϵ_0 nach Gl. (3.19) ergibt. Damit sind aber auch Zahlenwert und Einheit für γ_0 nach Gl. (9.35) gegeben. Im Vierersystem wird daher $\gamma_0 = 1$ zu einer unbenannten Zahl, wodurch die physikalischen Zusammenhänge verschleiert und deren tieferes Verständnis erschwert wird. Andererseits vereinfachen sich dadurch die Gleichungen und erscheinen den Erfordernissen des praktisch rechnenden Elektrotechnikers besser angepaßt.

Die Verkettung der Feldgrößen durch die drei Feldkonstanten zeigt das Schema Bild 9.11. Auf der linken Seite stehen die elektrischen Größen, auf der rechten Seite die magnetischen Größen und in der Mitte die durch γ_0 verknüpften elektrischen und magnetischen Größen. Auf der elektrischen Seite ist auch noch die Verknüpfung von Stromdichte J und Feldstärke E durch die Leitfähigkeit κ angegeben. Diese ist jedoch *keine* Naturkonstante, sondern eine durch Definition eingeführte Materialgröße. Sie ist der Leitwert des betrachteten homogenen Leiters, dessen Länge gleich der Längeneinheit und dessen überall gleicher Querschnitt gleich der Flächeneinheit ist. Vergleiche Kap. 3.1.5 und Kap. 6.1.2.

9.4.3 Vektorgrad der Feldgrößen. Werden die Feldgrößen nach Kap. 1.2 bei Anwendung des äußeren Kalküls als dreidimensionale Multivektoren aufgefaßt, so erhält man eine eindeutige Aussage über ihren Vektorcharakter, also über ihren Vektorgrad. In diesem Abschnitt werden daher unter Beschränkung auf die wesentlichen Koordinaten mit den Bezeichnungen des Kap. 1.2 gekennzeichnet:

Skalare ohne Index,
Monovektoren mit einem Index, $A_i = (A_1, A_2, A_3)$,
Bivektoren mit einem Doppelindex, $A_{ij} = (A_{12}, A_{23}, A_{31})$,
Trivektoren mit einem Dreifachindex, $A_{ijk} = A_{123}$.

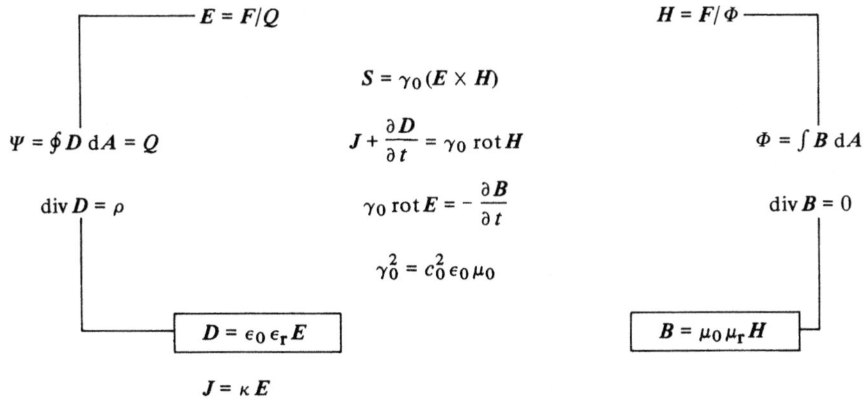

Bild 9.11 Die Feldgrößen im Fünfersystem und ihre Verkettung

Zunächst erhält man im elektrostatischen bzw. im magnetostatischen Feld durch eine Differentiation nach Gl. (1.46) in bisheriger Schreibweise

$$\boldsymbol{E} = -\operatorname{grad}\varphi, \quad \boldsymbol{H} = -\operatorname{grad}\psi.$$

Damit sind die beiden Intensitätsgrößen, die elektrische und die magnetische Feldstärke, als dreidimensionale Monovektoren erkannt.

$$\boldsymbol{E} = E_i = (E_1, E_2, E_3), \quad \boldsymbol{H} = H_i = (H_1, H_2, H_3). \tag{9.36}$$

Ihnen kann jeweils eine Differentialform ersten Grades zugeordnet werden

$$\mathbf{H} = H_i \, dx_i = H_1 \, dx_1 + H_2 \, dx_2 + H_3 \, dx_3,$$
$$\mathbf{E} = E_i \, dx_i = E_1 \, dx_1 + E_2 \, dx_2 + E_3 \, dx_3.$$

Im Wirbelfeld sind H_i und E_i nicht mehr aus einem skalaren Potential ableitbar. Man erhält daher im Wirbelfeld durch eine nicht verschwindende weitere äußere Differentiation nach Gl. (1.47)

$$d\mathbf{H} = \sum_{ij}^{3}{}^{*} \frac{\partial H_j}{\partial x_i} (x_i \wedge x_j) = \sum_{ij}^{3}{}^{*} H_{ij} (x_i \wedge x_j),$$

$$d\mathbf{E} = \sum_{ij}^{3}{}^{*} \frac{\partial E_j}{\partial x_i} (x_i \wedge x_j) = \sum_{ij}^{3}{}^{*} E_{ij} (x_i \wedge x_j)$$

oder ausgeschrieben für die strikten Koordinaten

$$d\mathbf{H} = H_{12} (x_1 \wedge x_2) + H_{23} (x_2 \wedge x_3) + H_{31} (x_3 \wedge x_1),$$
$$d\mathbf{E} = E_{12} (x_1 \wedge x_2) + E_{23} (x_2 \wedge x_3) + E_{31} (x_3 \wedge x_1).$$

Nach Gl. (1.47a) sind die so gewonnenen Bivektoren

$$\left.\begin{aligned} H_{ij} &= (H_{12}, H_{23}, H_{31}) = \operatorname{rot} H_i, \\ E_{ij} &= (E_{12}, E_{23}, E_{31}) = \operatorname{rot} E_i. \end{aligned}\right\} \tag{9.37}$$

Unter Beachtung, daß eine zeitliche Ableitung den Vektorgrad einer Größe nicht ändert, sind nach den beiden Maxwellschen Gleichungen in bisheriger Schreibweise

$$\operatorname{rot}\boldsymbol{H} = \boldsymbol{J} + \frac{\partial \boldsymbol{D}}{\partial t}; \quad \operatorname{rot}\boldsymbol{E} = -\frac{\partial \boldsymbol{B}}{\partial t}$$

die beiden aus $d\mathbf{H}$ und $d\mathbf{E}$ gewonnenen Bivektoren

$$\left.\begin{aligned} H_{ij} &= \left(J_{12} + \frac{\partial D_{12}}{\partial t}; \quad J_{23} + \frac{\partial D_{23}}{\partial t}; \quad J_{31} + \frac{\partial D_{31}}{\partial t}\right) \\ E_{ij} &= -\left(\frac{\partial B_{12}}{\partial t}; \quad \frac{\partial B_{23}}{\partial t}; \quad \frac{\partial B_{31}}{\partial t}\right). \end{aligned}\right\} \tag{9.38}$$

Die drei Quantitätsgrößen und Flächendichten

$$\boldsymbol{D} = D_{ij}, \quad \boldsymbol{J} = J_{ij}, \quad \boldsymbol{B} = B_{ij}$$

sind also dreidimensionale Bivektoren und als schiefsymmetrische Tensoren zweiter Stufe darstellbar.
Der Vektorgrad der magnetischen Flußdichte kann auch direkt mit A als Vektorpotential aus $\boldsymbol{B} = \operatorname{rot} \boldsymbol{A}$ abgelesen werden, womit sich das magnetische Vektorpotential $\boldsymbol{A} = A_i$ als Monovektor erweist. Ihm kann die äußere Differentialform

$$\mathbf{A} = \sum_i^3 A_i \, \mathrm{d}x_i = A_1 \, \mathrm{d}x_1 + A_2 \, \mathrm{d}x_2 + A_3 \, \mathrm{d}x_3$$

zugeordnet werden mit

$$\mathrm{d}\mathbf{A} = \sum_{ij}^{3} {}^{*} \frac{\partial A_j}{\partial x_i} (\mathrm{d}x_i \wedge \mathrm{d}x_j) = \sum_{ij}^{3} {}^{*} B_{ij} (x_i \wedge x_j),$$

wobei wegen Gl. (1.45) aus *mathematischen* Gründen notwendig

$$\mathrm{d}(\mathrm{d}\mathbf{A}) = 0, \quad \text{d.h.} \quad \operatorname{div} \boldsymbol{B} = 0.$$

Auch muß wegen Gl. (1.45) notwendig gelten

$$\mathrm{d}(\mathrm{d}\mathbf{H}) = 0 \quad \text{und} \quad \mathrm{d}(\mathrm{d}\mathbf{E}) = 0,$$

was wiederum wegen Gl. (9.38) identisch ist mit

$$\frac{\partial \rho}{\partial t} + \operatorname{div} \boldsymbol{J} = 0 \quad \text{und} \quad \operatorname{div} \boldsymbol{B} = 0.$$

Schließlich ist der Poynting-Vektor als äußeres Produkt zweier Monovektoren $\boldsymbol{S} = S_{ij}$ auch ein Bivektor, während die räumliche Energiedichte $w = w_{ijk}$ ebenso wie die Raumladungsdichte $\rho = \rho_{ijk}$ als Divergenzen von Bivektoren nach Gl. (1.48) Trivektoren sind, die wegen ihrer einen wesentlichen Koordinate im dreidimensionalen Raum R3 als Skalare definiert werden.
Je einen dreidimensionalen Dualübergang erfordern die Verknüpfungen der elektrischen und magnetischen Feldgrößen durch die Feldkonstanten. Werden in linearen und isotropen Stoffen ϵ_r, μ_r und κ als Skalare behandelt und Dualübergänge durch einen Stern gekennzeichnet, so erhält man

$$\boldsymbol{D} = \epsilon \boldsymbol{E}^*, \quad \boldsymbol{B} = \mu \boldsymbol{H}^*, \quad \boldsymbol{J} = \kappa \boldsymbol{E}^*.$$

Diese dreidimensionalen Dualübergänge sind jedoch physikalisch durchaus zu erklären, wie einer vierdimensionalen Darstellung in Kap. 12.2.2 entnommen werden kann.
Zusammengefaßt sind im dreidimensionalen Raum R3 mit den bisherigen Bezeichnungen:

Skalare

Elektrische Ladung (elektrischer Fluß) Q	Magnetischer Fluß Φ
Elektrisches Potential φ	Magnetisches Potential ψ
Elektrische Stromstärke I	

Monovektoren (1-Vektoren)

Elektrische Feldstärke $\boldsymbol{E}$	Magnetische Feldstärke $\boldsymbol{H}$
	Magnetisches Vektorpotential $\boldsymbol{A}$

Bivektoren (2-Vektoren)

Elektrische Flußdichte $\boldsymbol{D}$ — Magnetische Flußdichte $\boldsymbol{B}$
Elektrische Stromdichte $\boldsymbol{J}$

Poynting-Vektor $\boldsymbol{S}$

Trivektoren (3-Vektoren)

Raumladungsdichte ρ
Elektrische Energiedichte w_e — Magnetische Energiedichte w_m

Es ergeben dabei einen Skalar

1. Das Linienintegral über einen Monovektor, z.B. $\varphi = \int \boldsymbol{E}\, \mathrm{d}\boldsymbol{s}$,
2. Das Flächenintegral über einen Bivektor, z.B. $\Phi = \int \boldsymbol{B}\, \mathrm{d}\boldsymbol{A}$,
3. Das Volumenintegral über einen Trivektor, z.B. $Q = \int \rho\, \mathrm{d}V$.

Hinsichtlich des Vektorgrades stehen in den Maxwellschen Gleichungen nach Gl. (9.20) ebenso wie im Fünfersystem nach Gl. (2.1) im Schema Bild 9.11 mit rot$\boldsymbol{H}$, $\boldsymbol{J}$ und $\boldsymbol{D}$ sowie rot$\boldsymbol{E}$ und $\boldsymbol{B}$ auf beiden Seiten des Gleichheitszeichens jeweils Größen gleichen Vektorgrades ohne Dualübergänge. In dieser Form sind die Feldgleichungen affininvariant, also an keine Metrik gebunden. Nur die Materialgleichungen enthalten einen dreidimensionalen Dualübergang. Nicht affininvariant sind dagegen die Feldgleichungen nach Gl. (9.26) bis Gl. (9.29) in der Betrachtungsweise der Elementarstromtheorie und der Mengentheorie. Abgesehen von den Dualübergängen in den Materialgleichungen, die den dreidimensionalen Raum kennzeichnen, handelt es sich um die Rotorbildung eines Bivektors rot$\boldsymbol{B}$ sowie um die Divergenzbildung von Monovektoren wie div$\boldsymbol{E}$ und div$\boldsymbol{H}$, was dreidimensionale Dualübergänge erfordert. Die Gültigkeit dieser Gleichungen bleibt daher auf eine dreidimensionale Metrik begrenzt.

9.4.4 Abschließende Betrachtungen. In den bisherigen Kapiteln wurden die elektrischen und magnetischen Erscheinungen auf die beiden Quantitätsgrößen die elektrische Ladung Q und den magnetischen Fluß Φ zurückgeführt. Im Sinne der Feldtheorie ist dabei der von einem Elektron e ausgehende, den Raum ausfüllende elektrische Fluß Ψ_0 der eigentliche Repräsentant der elektrischen Erscheinungen des Raumes. Zum elektrischen Flußquant Ψ_0 tritt dann ein magnetisches Flußquant Φ_0, wobei

$$\Psi_0 = e = 1{,}60 \cdot 10^{-19}\,\mathrm{As}; \qquad \Phi_0 = 2{,}07 \cdot 10^{-15}\,\mathrm{Wb}.$$

Im Sinne der Feldtheorie gelangt man dann zur Deutung der elektrischen Ladung im Makrokosmos als den von einer materiellen Fläche ausgehenden oder als den auf eine materielle Fläche auftreffenden elektrischen Fluß jeweils auf der Oberfläche selbst. Siehe Kap. 3.1.6. Die Feldtheorie ist eine Theorie kontinuierlicher Felder, in ihr ist das Elektron eigentlich ein Fremdling.

Die Einführung des Monovektors der elektrischen Feldstärke $\boldsymbol{E}$ als Intensitätsgröße sowie des Bivektors der elektrischen Flußdichte $\boldsymbol{D}$ als Quantitätsgröße erfolgte durch die Definitionsgleichung Gl. (3.3) und aus Gl. (3.10) in Kap. 3.1. Auf analoge Weise wurden der Monovektor der magnetischen Feldstärke $\boldsymbol{H}$ als Intensitätsgröße sowie der Bivektor der magnetischen Flußdichte $\boldsymbol{B}$ als Quantitätsgröße durch die Definitionsgleichung Gl. (3.29) und aus Gl. (3.30) in Kap. 3.2 gewonnen. Den funktionellen Zusammenhang zwischen den elektrischen Feldgrößen $\boldsymbol{E}$ und $\boldsymbol{D}$ sowie zwischen den magnetischen Feld-

größen $\boldsymbol{H}$ und $\boldsymbol{B}$ ergab jeweils eine Naturbeobachtung als Naturgesetz. Das erbrachte die beiden Feldkonstanten ϵ_0 und μ_0 sowie die Materialgleichungen Gl. (3.20) und Gl. (3.32).
Der funktionelle Zusammenhang zwischen den elektrischen und magnetischen Größen erwies sich als sehr vielschichtig; er konnte ebenfalls nur durch eine Naturbeobachtung gewonnen werden. Diese erbrachte im Fünfersystem die elektromagnetische Feldkonstante γ_0 als Naturkonstante.
Schließlich erhält man nach dem Satz von Gauß mit $\boldsymbol{S}$ als Poynting-Vektor unter Beachtung von Gl. (9.12a)

$$\oint \boldsymbol{S}\,\mathrm{d}\boldsymbol{A} = \int \operatorname{div}\boldsymbol{S}\,\mathrm{d}V = \int (\boldsymbol{H}\operatorname{rot}\boldsymbol{E} - \boldsymbol{E}\operatorname{rot}\boldsymbol{H})\gamma_0\,\mathrm{d}V,$$

so daß nach Gl. (9.14)

$$\int \left\{\boldsymbol{E}\frac{\partial \boldsymbol{D}}{\partial t} + \boldsymbol{H}\frac{\partial \boldsymbol{B}}{\partial t} + \kappa\,\boldsymbol{E}^2 + \gamma_0(\boldsymbol{H}\operatorname{rot}\boldsymbol{E} - \boldsymbol{E}\operatorname{rot}\boldsymbol{H})\right\}\mathrm{d}V = 0$$

oder

$$\boldsymbol{E}\left(\frac{\partial \boldsymbol{D}}{\partial t} + \kappa\,\boldsymbol{E} - \gamma_0\operatorname{rot}\boldsymbol{H}\right) + \boldsymbol{H}\left(\frac{\partial \boldsymbol{B}}{\partial t} + \gamma_0\operatorname{rot}\boldsymbol{E}\right) = 0.$$

Da sich erfahrungsgemäß elektromagnetische Felder in Räumen der betrachteten Art linear überlagern, müssen die Feldgleichungen in E und H linear und homogen sein. Dann müssen aber die beiden obigen Klammerausdrücke je für sich verschwinden; sie ergeben die beiden Maxwellschen Gleichungen in der Form Gl. (2.1) in Kap. 2.1.2.
Zur Betrachtung der elektromagnetischen Erscheinungen sind demnach drei Naturgesetze erforderlich, aus denen man die drei Naturkonstanten ϵ_0, μ_0 und γ_0 erhält. Alle anderen Größen können dann aus Definitionen gewonnen werden. Wie Bild 9.12 zeigt, gehören zum elektrischen Ring der Monovektor $\boldsymbol{E}$ als Intensitätsgröße und die beiden Bivektoren $\boldsymbol{D}$ und $\boldsymbol{J}$ als Quantitätsgrößen und zum magnetischen Ring der Monovektor $\boldsymbol{H}$ als Intensitätsgröße sowie der Bivektor $\boldsymbol{B}$ als Quantitätsgröße. Beide Ringe sind durch die elektromagnetische Feldkonstante γ_0 verkettet, wie auch das Schema Bild 9.11 zeigt.

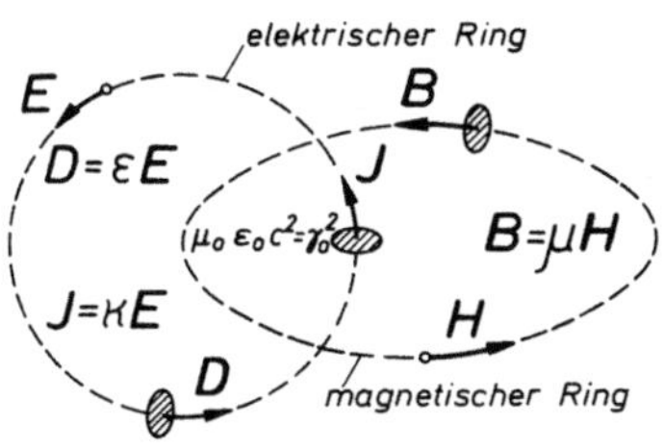

Bild 9.12
Verkettung des elektrischen und magnetischen Feldes (nach Fleischmann)

Abschnitt IV Elektromagnetische Wellen

Wellen im Dielektrikum und in Leitern. Ausbreitung freier und geführter Wellen.

10 Wellen im Dielektrikum und in Leitern

10.1 Allgemeine Wellengleichung, Wellenformen

10.1.1 Allgemeines. Nach den Maxwellschen Gleichungen Gl. (9.20) hat der Abbau eines magnetischen Feldes den gleichzeitigen Aufbau eines elektrischen Feldes zur Folge und umgekehrt. Diesen sich mit endlicher Geschwindigkeit im Raum ausbreitenden Auf- und Abbau des elektrischen und magnetischen Feldes bezeichnet man als *elektromagnetische Welle*. Jede Ausbreitung eines elektrischen oder magnetischen Feldes stellt somit eine elektromagnetische Welle dar und bedeutet als raumzeitlicher Vorgang sich schwingend ausbreitende elektromagnetische Energie ohne gleichzeitigen Transport von Materie.
Die zur raumzeitlichen Beschreibung der elektromagnetischen Welle dienende Funktion ist die zugehörige *Wellenfunktion*.

10.1.2 Die Wellengleichung. Sollen die beiden Feldvektoren $\boldsymbol{E}$ und $\boldsymbol{H}$ aus den Maxwellschen Gleichungen berechnet werden, so muß man versuchen, aus beiden Feldgleichungen für jeden Feldvektor je eine eigene Differentialgleichung zu erhalten. Dabei sollen im folgenden konstante Materialwerte ϵ, μ und κ und ein Medium mit der Raumladungsdichte $\rho \neq 0$ angenommen werden. Die Feldgleichungen lauten dann nach Gl. (9.20) für relativ zum Beobachter ruhende Medien

$$\operatorname{rot} \boldsymbol{H} = \kappa \boldsymbol{E} + \epsilon \frac{\partial \boldsymbol{E}}{\partial t}; \qquad \operatorname{rot} \boldsymbol{E} = -\mu \frac{\partial \boldsymbol{H}}{\partial t}. \tag{10.1}$$

Eine zugehörige Rotorbildung auf beiden Seiten und gegenseitiges Einsetzen ergibt

$$\operatorname{rot}\operatorname{rot} \boldsymbol{H} = \kappa \operatorname{rot} \boldsymbol{E} + \epsilon \operatorname{rot} \frac{\partial \boldsymbol{E}}{\partial t} = -\kappa \mu \frac{\partial \boldsymbol{H}}{\partial t} - \epsilon \mu \frac{\partial^2 \boldsymbol{H}}{\partial t^2},$$

$$\operatorname{rot}\operatorname{rot} \boldsymbol{E} = -\operatorname{rot} \frac{\partial \boldsymbol{B}}{\partial t} = -\mu \operatorname{rot} \frac{\partial \boldsymbol{H}}{\partial t} = -\kappa \mu \frac{\partial \boldsymbol{E}}{\partial t} - \epsilon \mu \frac{\partial^2 \boldsymbol{E}}{\partial t^2}$$

oder wegen Gl. (1.25) unter Beachtung der Quellenfreiheit des magnetischen Feldes und Gl. (3.12)

$$\left.\boxed{\begin{aligned} &\Delta \boldsymbol{H} - \kappa \mu \frac{\partial \boldsymbol{H}}{\partial t} - \epsilon \mu \frac{\partial^2 \boldsymbol{H}}{\partial t^2} = 0 \\ &\Delta \boldsymbol{E} - \kappa \mu \frac{\partial \boldsymbol{E}}{\partial t} - \epsilon \mu \frac{\partial^2 \boldsymbol{E}}{\partial t^2} = \operatorname{grad} \frac{\rho}{\epsilon} \end{aligned}}\ \right\} \tag{10.2}$$

Hierbei steht der Laplacesche Operator vor einem Vektor, so daß in kartesischen Koordinaten, angeschrieben für $\boldsymbol{H}$, nach Gl. (1.24)

$$\Delta \boldsymbol{H} = \Delta H_x \boldsymbol{e}_x + \Delta H_y \boldsymbol{e}_y + \Delta H_z \boldsymbol{e}_z . \tag{10.3}$$

Gl. (10.2) sind die allgemeinen Wellengleichungen im Zeitbereich, auch *d'Alembertsche Gleichungen* genannt; sie stellen eine Verallgemeinerung der sogenannten Telegraphengleichung (Kap. 11.4.1) dar.

Im Sonderfall des Isolators ($\kappa = 0$) verschwindet das Glied mit $\mu\kappa$, im Sonderfall des guten Leiters (Metalle) kann das letzte Glied mit $\epsilon\mu$ vernachlässigt werden und man erhält eine Gleichung von der Form der Wärmeleitungsgleichung. Das elektromagnetische Feld in Leitern wird somit durch die Differentialgleichung der Wärmeleitung beschrieben. Daraus folgt, daß man das elektromagnetische Feld in Metallen nicht zu Eigenschwingungen anregen kann, vielmehr sind in Metallen nur erzwungene Schwingungen möglich. Physikalisch erklärt sich das daraus, daß in Metallen wegen $W_e \ll W_m$ im wesentlichen nur magnetische Energie auftritt, vgl. Gl. (9.17a) in Kap. 9.2.4.

Wegen der Linearität der Wellengleichung Gl. (10.2) erhält man für zeitlich sinusförmige Feldgrößen, also bei harmonischem Zeitgesetz mit der Kreisfrequenz ω die Wellengleichung im Frequenzbereich, indem man unter Beachtung von Gl. (9.15) in den Gleichungen des Zeitbereichs $\partial/\partial t$ durch $\mathrm{j}\omega$ ersetzt. Für den jeweils komplexen Betrag einer Komponente $\underline{A}$ der magnetischen oder elektrischen Feldstärke erhält man dann als skalare homogene Wellengleichung im Frequenzbereich, die *Helmholtzsche Gleichung*,

$$\boxed{\Delta \underline{A} + \underline{k}^2 \underline{A} = 0} \tag{10.4}$$

Darin ist die komplexe Größe $\underline{k}$ die *Kreiswellenzahl* oder die komplexe Kreisrepetenz

$$\underline{k} = \sqrt{-\mathrm{j}\,\omega\mu(\kappa + \mathrm{j}\,\omega\epsilon)}, \tag{10.5}$$

woraus man bei Einführung der komplexen Permittivität $\underline{\epsilon}$ und der komplexen Permeabilität $\underline{\mu}$ nach Gl. (9.32) und Gl. (9.34) erhält

$$\underline{k} = \omega\sqrt{\underline{\epsilon}\,\underline{\mu}} = \omega\sqrt{\epsilon'\mu' - \epsilon''\mu'' - \mathrm{j}(\epsilon'\mu'' + \epsilon''\mu')}. \tag{10.5a}$$

Gl. (10.4) beschreibt einen Wellenvorgang als harmonische freie Schwingung ohne äußere Erregung. Ist im kartesischen Koordinaten $r(x, y, z)$ die Ausbreitungsrichtung, so ist die Wellenfunktion

$$\underline{A}(r) = \underline{A}_0(r)\,\mathrm{e}^{\mathrm{j}[\omega t \pm \varphi_0(r)]} \tag{10.6}$$

eine Lösung von Gl. (10.4). Darin ist $\underline{A}_0$ eine komplexe Amplitude und $\varphi_0(r)$ der Nullphasenwinkel. Die Werte

$$\omega t \pm \varphi_0(r) = \text{const.} \tag{10.7}$$

ergeben die durch Raumpunkte gleicher Phase gebildeten *Phasenflächen*.

10.1.3 Elektrodynamische Potentiale. Aus der Wellengleichung erhält man für jede der drei Komponenten eines Feldvektors jeweils eine Gleichung. Die daraus ermittelten Feldvektoren wie z.B. E und H sind jedoch nicht unabhängig voneinander, sondern durch die Maxwellschen Gleichungen Gl. (10.1) miteinander verknüpft. Eine solche Berechnung

der Feldvektoren ist meist umständlich und auch unübersichtlich, sie wird auf einfache Fälle beschränkt bleiben. Die Berechnung kann wesentlich erleichtert werden, wenn man eine dem gerade vorliegenden Problem angepaßte vektorielle oder skalare Potentialfunktion einführt und aus dieser die Feldstärken berechnet (Kap. 11.1.1).
Setzt man in den folgenden Kapiteln für das nach Gl. (7.10) eingeführte magnetische Vektorpotential $\boldsymbol{A}_m = \boldsymbol{A}^{(m)}$, so erhält man wegen der Wirbelfreiheit des Gradienten

$$\operatorname{rot} \boldsymbol{A}^{(m)} = \boldsymbol{B} = \mu \boldsymbol{H}, \qquad \boldsymbol{E} = -\frac{\partial \boldsymbol{A}^{(m)}}{\partial t} - \operatorname{grad} \varphi. \tag{10.8}$$

Dieses in die erste Maxwellsche Feldgleichung Gl. (10.1) eingesetzt, ergibt

$$\operatorname{rot} \operatorname{rot} \boldsymbol{A}^{(m)} = -\left[\mu \kappa \frac{\partial \boldsymbol{A}^{(m)}}{\partial t} + \mu \epsilon \frac{\partial^2 \boldsymbol{A}^{(m)}}{\partial t^2} + \operatorname{grad}\left(\mu \kappa \varphi + \mu \epsilon \frac{\partial \varphi}{\partial t}\right)\right],$$

wobei nach Gl. (1.25)

$$\Delta \boldsymbol{A}^{(m)} = \operatorname{grad} \operatorname{div} \boldsymbol{A}^{(m)} - \operatorname{rot} \operatorname{rot} \boldsymbol{A}^{(m)}, \tag{10.9}$$

so daß

$$\Delta \boldsymbol{A}^{(m)} = \operatorname{grad}\left(\kappa \mu \varphi + \epsilon \mu \frac{\partial \varphi}{\partial t} + \operatorname{div} \boldsymbol{A}^{(m)}\right) + \kappa \mu \frac{\partial \boldsymbol{A}^{(m)}}{\partial t} + \epsilon \mu \frac{\partial^2 \boldsymbol{A}^{(m)}}{\partial t^2}.$$

Über die zum magnetischen Vektorpotential zugehörige Divergenz kann frei verfügt werden (Kap. 7.1.2). Zur eindeutigen Festlegung kann man daher das Vektorpotential mit Hilfe der *Lorentzschen Konvention*

$$\operatorname{div} \boldsymbol{A}^{(m)} + \kappa \mu \varphi + \epsilon \mu \frac{\partial \varphi}{\partial t} = 0 \tag{10.10}$$

als Nebenbedingung normieren. Man erhält dann im Zeitbereich für das Vektorpotential die homogene Wellengleichung

$$\boxed{\Delta \boldsymbol{A}^{(m)} - \kappa \mu \frac{\partial \boldsymbol{A}^{(m)}}{\partial t} - \epsilon \mu \frac{\partial^2 \boldsymbol{A}^{(m)}}{\partial t^2} = 0} \tag{10.11}$$

Die Festlegung $\operatorname{div} \boldsymbol{A}^{(m)} = 0$ nach Gl. (7.11) hat nur für stationäre und quasistationäre Felder Gültigkeit, wenn der Verschiebungsstrom gegenüber dem Leitungsstrom vernachlässigt werden kann. Auch wird im Schrifttum das zeitlich konstante Glied $\mu \kappa \varphi$ in der Lorentzkonvention Gl. (10.10) oft vernachlässigt, womit jedoch der Einfluß der Leitfähigkeit des Mediums unberücksichtigt bleibt. Die Lorentzkonvention lautet dann

$$\operatorname{div} \boldsymbol{A}^{(m)} + \epsilon \mu \frac{\partial \varphi}{\partial t} = 0. \tag{10.10a}$$

Schließlich erhält man aus Gl. (3.12) mit $\boldsymbol{E}$ aus Gl. (10.8)

$$\operatorname{div} \boldsymbol{D} = -\epsilon\left(\operatorname{div} \frac{\partial \boldsymbol{A}^{(m)}}{\partial t} + \Delta \varphi\right) = \rho$$

und durch Einsetzen von Gl. (10.10) auch für das skalare elektrische Potential die skalare Wellengleichung im Zeitbereich

$$\Delta\varphi - \mu\kappa\frac{\partial\varphi}{\partial t} - \mu\epsilon\frac{\partial^2\varphi}{\partial t^2} = -\frac{\rho}{\epsilon}. \tag{10.12}$$

Sowohl magnetisches Vektorpotential als auch das skalare elektrische Potential gehorchen der Wellengleichung.
Im stationären Strömungsfeld werden in Gl. (10.2) und Gl. (10.11)

$$\Delta\boldsymbol{H} = 0, \qquad \Delta\boldsymbol{E} = \operatorname{grad}\frac{\rho}{\epsilon}, \qquad -\kappa\frac{\partial\boldsymbol{A}^{(m)}}{\partial t} \to \boldsymbol{J} = \text{const.},$$

so daß man wegen $\operatorname{div}\boldsymbol{A}^{(m)} = 0$ in Übereinstimmung mit Gl. (5.1) und Gl. (7.13) erhält

$$\Delta\varphi = -\frac{\rho}{\epsilon}; \qquad \Delta\boldsymbol{A}^{(m)} = -\mu\boldsymbol{J}.$$

Im *raumladungsfreien* elektrischen Feld kann man ein elektrisches Vektorpotential $\boldsymbol{A}^{(e)}$ einführen, indem man zweckmäßig setzt

$$-\operatorname{rot}\boldsymbol{A}^{(e)} = \boldsymbol{D} = \epsilon\boldsymbol{E}. \tag{10.13}$$

Die erste Maxwellsche Gleichung lautet damit

$$\operatorname{rot}\left(\boldsymbol{H} + \frac{\kappa}{\epsilon}\boldsymbol{A}^{(e)} + \frac{\partial\boldsymbol{A}^{(e)}}{\partial t}\right) = 0.$$

Daraus erhält man für die magnetische Feldstärke wegen der Wirbelfreiheit des Gradienten

$$\boldsymbol{H} = -\frac{\partial\boldsymbol{A}^{(e)}}{\partial t} - \frac{\kappa}{\epsilon}\boldsymbol{A}^{(e)} - \operatorname{grad}\psi. \tag{10.14}$$

Dieses in die zweite Maxwellsche Gleichung in der Form

$$\operatorname{rot}\operatorname{rot}\boldsymbol{A}^{(e)} = \epsilon\mu\frac{\partial\boldsymbol{H}}{\partial t}$$

eingesetzt, ergibt mit der Nebenbedingung

$$\operatorname{div}\boldsymbol{A}^{(e)} + \epsilon\mu\frac{\partial\psi}{\partial t} = 0 \tag{10.15}$$

auch für das elektrische Vektorpotential die Wellengleichung

$$\Delta\boldsymbol{A}^{(e)} - \kappa\mu\frac{\partial\boldsymbol{A}^{(e)}}{\partial t} - \epsilon\mu\frac{\partial^2\boldsymbol{A}^{(e)}}{\partial t^2} = 0. \tag{10.16}$$

Im Fünfersystem sind in den Wellengleichungen $\mu\kappa$ und $\epsilon\mu$ durch $\mu\kappa/\gamma_0^2$ bzw. $\epsilon\mu/\gamma_0^2$ zu ersetzen und entsprechend in den aus ihnen abgeleiteten Gleichungen. Zu beiden Seiten des Gleichheitszeichens stehen dann Intensitäts- oder Quantitätsgrößen, also Größen gleicher Art.

Im Frequenzbereich erhält man aus Gl. (10.10) mit Gl. (9.32)

$$\operatorname{div}\boldsymbol{A}^{(m)} + \mu(\kappa + \mathrm{j}\,\omega\,\epsilon)\varphi = \operatorname{div}\boldsymbol{A}^{(m)} + \mathrm{j}\,\omega\,\underline{\epsilon}\,\mu\,\varphi = 0 \tag{10.17}$$

und aus Gl. (10.15) bei reellen Werten ϵ und μ

$$\operatorname{div} \boldsymbol{A}^{(e)} + \mathrm{j}\,\omega\,\epsilon\,\mu\,\psi = 0. \tag{10.17a}$$

Für die elektrodynamischen Potentiale gilt Gl. (10.4) entsprechend.

10.1.4 Homogene ebene Wellen. Bilden die Flächen gleicher Phase (Phasen- oder Wellenflächen) einer elektromagnetischen Welle parallele Ebenen im Raum senkrecht zur Ausbreitungsrichtung und liegen die Feldvektoren $\boldsymbol{E}$ und $\boldsymbol{H}$ ganz in diesen Ebenen räumlich senkrecht aufeinander, so handelt es sich um eine ebene Welle oder *Planwelle*. Im einfachsten Fall ist es eine rein transversale Welle nach Bild 10.1 mit $E = E_x$ und $H = H_y$. Eine solche Welle nennt man *homogene* ebene Welle oder TEM-Welle (transversale elektromagnetische Welle). Die Raumpunkte gleicher Phase bilden die Phasenflächen, in Bild 10.1 gegeben durch die xy-Ebene senkrecht zur Ausbreitungsrichtung z. Dabei schwingt der Feldvektor $\boldsymbol{E}$ in der xz-Ebene und der Feldvektor $\boldsymbol{H}$ in der yz-Ebene. Die Ebene, in der der elektrische Feldvektor schwingt, ist die Schwingungsebene, die Ebene, in der der magnetische Feldvektor schwingt, heißt *Polarisationsebene*. Beide Feldgrößen folgen dem harmonischen Zeitgesetz mit der Kreisfrequenz ω.

Eine Welle nach Bild 10.1 bezeichnet man auch als *linear* polarisiert. Beschreibt dagegen der Endpunkt des Feldvektors beim Fortschreiten der Welle eine kreisförmige oder elliptische Schraubenlinienbahn um die Ausbreitungsrichtung, so bezeichnet man die Welle als *zirkular* oder *elliptisch* polarisiert. Die Schwingungsebene dreht sich dann um die Fortpflanzungsrichtung. Der Feldvektor bildet dabei die Summe zweier Vektoren $\boldsymbol{E}_1 + \boldsymbol{E}_2$, deren gegenseitige Richtung in der Phasenebene beliebig gewählt werden kann, die jedoch zeitlich um einen Winkel φ phasenverschoben sind. Es ist somit

$$\boldsymbol{E} = \boldsymbol{E}_1 + \boldsymbol{E}_2\, e^{\mathrm{j}\varphi},$$

vgl. Bild 10.8 in Kap. 10.2.2.

In Bild 10.1 ist

$$\frac{\partial}{\partial x} = \frac{\partial}{\partial y} = 0; \qquad \frac{\partial}{\partial z} = \frac{\mathrm{d}}{\mathrm{d}z} \neq 0.$$

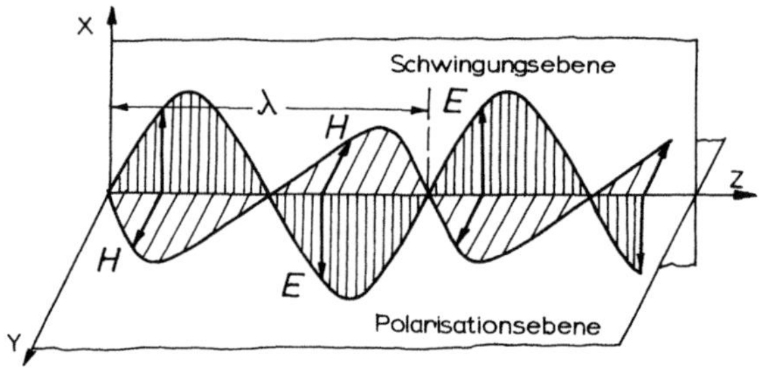

Bild 10.1
Ungedämpfte TEM-Welle, die sich in z-Richtung ausbreitet

Für elektrisch und magnetisch lineare Medien mit den konstanten Materialwerten ϵ, μ und κ lauten somit die Maxwellschen Gleichungen nach Gl. (10.1) mit Gl. (9.32) für die komplexen Beträge

$$\left.\begin{aligned} -\frac{\partial \underline{H}}{\partial z} &= (\kappa + \mathrm{j}\,\omega\,\epsilon)\underline{E} = \mathrm{j}\,\omega\,\underline{\epsilon}\,\underline{E} \\ -\frac{\partial \underline{E}}{\partial z} &= \mathrm{j}\,\omega\,\mu\,\underline{H} \end{aligned}\right\} \tag{10.18}$$

und die Wellengleichungen nach Gl. (10.4)

$$\frac{\mathrm{d}^2 \underline{H}}{\mathrm{d}z^2} + \underline{k}^2\,\underline{H} = 0; \qquad \frac{\mathrm{d}^2 \underline{E}}{\mathrm{d}z^2} + \underline{k}^2\,\underline{E} = 0. \tag{10.19}$$

Offenbar genügt diesen Gleichungen z.B. für den komplexen Augenblickswert der elektrischen Feldstärke der Ansatz

$$\underline{E} = \underline{\hat{E}}_h\, e^{-\underline{\gamma} z} + \underline{\hat{E}}_r\, e^{\underline{\gamma} z} = \underline{E}_h + \underline{E}_r. \tag{10.20}$$

Dieser Ansatz bedeutet eine hinlaufende und rücklaufende (reflektierte) Welle mit den komplexen Amplituden $\underline{\hat{E}}_h$ und $\underline{\hat{E}}_r$. In Gl. (10.19) eingesetzt, ergibt dieser Ansatz

$$\underline{\gamma}^2\, \underline{E} + \underline{k}^2\, \underline{E} = 0; \qquad \underline{\gamma} = \sqrt{-\underline{k}^2} = \mathrm{j}\,\underline{k}.$$

Mit $\underline{k}$ nach Gl. (10.5) erhält man mithin für die komplexe *Fortpflanzungskonstante*

$$\underline{\gamma} = \mathrm{j}\,\underline{k} = \sqrt{\mathrm{j}\,\omega\,\mu\,(\kappa + \mathrm{j}\,\omega\,\epsilon)} = \alpha + \mathrm{j}\,\beta, \tag{10.21}$$

wobei α die *Dämpfungskonstante* und β die *Phasenkonstante* sind. Daraus erhält man

$$\beta^2 - \alpha^2 = \omega^2 \mu\, \epsilon, \qquad 2\,\alpha\,\beta = \omega\,\mu\,\kappa$$

oder

$$\alpha = \omega\sqrt{\frac{\mu\,\epsilon}{2}\left(\sqrt{1 + \frac{\kappa^2}{\omega^2\epsilon^2}} - 1\right)}; \qquad \beta = \omega\sqrt{\frac{\mu\,\epsilon}{2}\left(\sqrt{1 + \frac{\kappa^2}{\omega^2\epsilon^2}} + 1\right)}. \tag{10.22}$$

Setzt man

$$\underline{\hat{E}}_h = \hat{E}_h\, e^{\mathrm{j}\,\omega t}; \qquad \underline{\hat{E}}_r = \hat{E}_r\, e^{\mathrm{j}\,\omega t},$$

so erhält man zunächst für die elektrische Feldstärke aus Gl. (10.20)

$$\underline{E} = \hat{E}_h\, e^{-\alpha z + \mathrm{j}(\omega t - \beta z)} + \hat{E}_r\, e^{\alpha z + \mathrm{j}(\omega t + \beta z)}$$

oder in reeller Form bei Projektion auf die imaginäre Achse

$$E = \hat{E}_h\, e^{-\alpha z} \sin(\omega t - \beta z) + \hat{E}_r\, e^{\alpha z} \sin(\omega t + \beta z).$$

Ein Phasenzustand an der Stelle z zur Zeit t, gegeben durch

$$\omega t \mp \beta z = \text{const.}$$

bleibt erhalten, wenn man mit wachsender Zeit t mit der Phasengeschwindigkeit

$$v = \frac{\mathrm{d}z}{\mathrm{d}t} = \pm\frac{\omega}{\beta} \tag{10.23}$$

in Richtung z fortschreitet. Bei negativem Wert $-\beta z$ beschreibt die gewonnene Wellenfunktion eine mit der Geschwindigkeit $+v$ in z-Richtung fortschreitende, hinlaufende Welle. Bei positivem Wert $+\beta z$ handelt es sich um eine mit der Geschwindigkeit $-v$, also in entgegengesetzter Richtung fortschreitende rücklaufende oder reflektierte Welle. Die Amplituden beider Wellen nehmen in Ausbreitungsrichtung exponentiell mit dem Dämpfungsfaktor α ab.

Der gleichen Differentialgleichung gehorcht auch der Feldvektor $\boldsymbol{H}$. Beide Feldvektoren sind aber nicht unabhängig voneinander, sondern durch die Feldgleichungen nach Gl. (10.18) miteinander verkettet. Wegen deren Linearität definiert man daher allgemein als *Feldwellenwiderstand*, kurz Wellenwiderstand genannt, einer elektromagnetischen Welle den Quotienten aus den transversalen Komponenten

$$\underline{Z} = \frac{\underline{E}_T}{\underline{H}_T}. \qquad (10.24)$$

Dieses in Gl. (10.18) eingesetzt, ergibt

$$\frac{\partial \underline{E}}{\partial z} = -\mathrm{j}\,\omega\,\mu\,\underline{H} = \underline{Z}\,\frac{\partial \underline{H}}{\partial z} = -(\kappa + \mathrm{j}\,\omega\,\epsilon)\,\underline{Z}^2\,\underline{H}.$$

Daraus der Feldwellenwiderstand einer ebenen Welle oder bei Einführung der komplexen Werte $\underline{\mu}$ und $\underline{\epsilon}$ nach Gl. (9.32) und Gl. (9.34)

$$\boxed{\underline{Z} = \sqrt{\frac{\mathrm{j}\,\omega\,\mu}{\kappa + \mathrm{j}\,\omega\,\epsilon}}} \quad \text{oder} \quad \boxed{\underline{Z} = \sqrt{\frac{\underline{\mu}}{\underline{\epsilon}}}} \qquad (10.25)$$

Im Fünfersystem wird die Einheit des Wellenwiderstandes nicht Ω sondern V/Aw = Wb/As.

Für eine in z-Richtung fortschreitende rein transversale ebene Welle erhält man nun aus Gl. (10.20) mit H aus Gl. (10.18) sowie mit Gl. (10.21) und Gl. (10.25)

$$\left.\begin{aligned} \underline{E} &= \hat{E}_h\,\mathrm{e}^{-\alpha z + \mathrm{j}(\omega t - \beta z)} + \hat{E}_r\,\mathrm{e}^{\alpha z + \mathrm{j}(\omega t + \beta z)} = \underline{E}_h + \underline{E}_r, \\ \underline{H} &= \frac{\hat{E}_h}{\underline{Z}}\,\mathrm{e}^{-\alpha z + \mathrm{j}(\omega t - \beta z)} - \frac{\hat{E}_r}{\underline{Z}}\,\mathrm{e}^{\alpha z + \mathrm{j}(\omega t + \beta z)} = \underline{H}_h + \underline{H}_r, \end{aligned}\right\} \qquad (10.26)$$

wobei $\underline{E}_h$ und $\underline{H}_h$ in Richtung zunehmender Werte z, $\underline{E}_r$ und $\underline{H}_r$ in Richtung abnehmender Werte z fortschreiten. Das negative Vorzeichen für die rücklaufende magnetische Welle erklärt sich daraus, daß damit auch für diese Welle das Produkt $\boldsymbol{E} \times \boldsymbol{H}$ als Poynting-Vektor in Ausbreitungsrichtung zeigt. Für die Wellenlänge λ wird schließlich $\beta z = \beta \lambda = 2\pi$. Daraus erhält man als Wellenlänge

$$\lambda = \frac{v}{f} = \frac{2\pi}{\omega}\,v = \frac{2\pi}{\beta}. \qquad (10.27)$$

Sie gibt die Strecke an, die eine harmonische Welle während der Periodendauer T zurücklegt.

Ebene Wellen nach Gl. (10.26) sind exakt nicht realisierbar. Ihre Bedeutung liegt jedoch darin, daß das Strahlungsfeld einer beliebigen Erregerquelle in hinreichendem Abstand vom Ort der Erregerquelle je nach Ausdehnung des betrachteten Raumteils als ebene Welle angenähert werden kann. Auch kann jedes Strahlungsfeld beliebiger Wellenform durch eine Überlagerung ebener Wellen gewonnen werden.

10.1.5 Wellenformen. Im allgemeinsten Fall ist der jeweilige Amplitudenwert z.B. für eine Feldstärkekomponente

$$\hat{E}_h\,\mathrm{e}^{-\alpha r} = \mathrm{f}(x, y, z).$$

Ist insbesondere in kartesischen Koordinaten die Ausbreitungsrichtung weiterhin durch die z-Achse gegeben, wobei eine Amplitudendämpfung durch Energieentzug nicht nur in der z-Richtung sondern auch in x- und y-Richtung auftritt, so wird

$$\hat{E}_h \, \mathrm{e}^{-\alpha r} = \hat{E}_h \, \mathrm{e}^{-(\alpha_x x + \alpha_y y + \alpha_z z)} = \mathrm{f}(x, y, z).$$

Die Dämpfungskonstante wird zu einem Vektor. Damit wird auch die Fortpflanzungskonstante zum komplexen *Ausbreitungsvektor*

$$\underline{\boldsymbol{\gamma}} = \boldsymbol{\alpha} + \mathrm{j}\boldsymbol{\beta} \tag{10.28}$$

mit $\boldsymbol{\alpha}$ als *Dämpfungsvektor* in Richtung größter Amplitudenabnahme senkrecht zu den Flächen gleicher Amplituden (Äquiamplituden-Flächen) und $\boldsymbol{\beta}$ als *Phasenvektor* in Ausbreitungsrichtung, also senkrecht zu den Flächen gleicher Phase (Phasenflächen). Nach Gl. (10.20) erhält man dann in kartesischen Koordinaten als Ansatz für eine in z-Richtung fortschreitende Welle, angeschrieben für eine E-Komponente,

$$\underline{E}(x, y, z) = \hat{E}_h \, \mathrm{e}^{-\underline{\boldsymbol{\gamma}}(\boldsymbol{e}_x x + \boldsymbol{e}_y y + \boldsymbol{e}_z z)} \, \mathrm{e}^{\mathrm{j}\omega t}. \tag{10.29}$$

Soll eine Amplitudenabhängigkeit nur in y- und z-Richtung oder in x- und z-Richtung zugelassen werden, so bilden wegen $\beta = \beta_z$ Ausbreitungsvektor, Dämpfungsvektor und Phasenvektor drei *komplanare* Vektoren in der yz- bzw. in der xz-Ebene. Im Ansatz Gl. (10.29) wird dann, wenn eine Amplitudenabhängigkeit in der y- und z-Richtung vorliegt,

$$\underline{\boldsymbol{\gamma}}\boldsymbol{e}_x = 0, \qquad \underline{\boldsymbol{\gamma}}\boldsymbol{e}_y = \alpha_y, \qquad \underline{\boldsymbol{\gamma}}\boldsymbol{e}_z = \alpha_z + \mathrm{j}\beta,$$

wobei mit ψ als Winkel zwischen $\boldsymbol{\alpha}$ und $\boldsymbol{\beta}$

$$\alpha_y = \alpha \sin\psi, \qquad \alpha_z = \alpha\cos\psi.$$

Ferner soll es sich um eine ebene Welle mit der transversalen elektrischen Komponente $E = E_x$ handeln. Da $\partial/\partial y \neq 0$ lautet die Wellengleichung für die elektrische Feldstärke nach Gl. (10.4)

$$\frac{\partial^2 \underline{E}}{\partial y^2} + \frac{\partial^2 \underline{E}}{\partial y^2} + \underline{k}^2 \underline{E} = 0.$$

Das ergibt mit dem Ansatz Gl. (10.29)

$$\{[\alpha^2 \sin^2\psi + (\alpha\cos\psi + \mathrm{j}\beta)^2] + \underline{k}^2\}\,\underline{E} = 0$$

oder

$$\alpha^2 - \beta^2 + 2\mathrm{j}\,\alpha\beta\cos\psi = (\boldsymbol{\alpha} + \mathrm{j}\boldsymbol{\beta})^2 = \underline{\gamma}^2 = -\underline{k}^2$$

in Übereinstimmung mit Gl. (10.21), woraus man für die Beträge α und β erhält

$$\beta^2 - \alpha^2 = \omega^2\mu\epsilon, \qquad \alpha\beta\cos\psi = \frac{\omega\mu\kappa}{2} \tag{10.30}$$

oder mit den komplexen Werten $\underline{\epsilon}$ und $\underline{\mu}$ nach Gl. (9.32) und Gl. (9.34)

$$\left.\begin{aligned} &\beta^2 - \alpha^2 = \omega^2(\mu'\epsilon' - \mu''\epsilon''), \\ &\alpha\beta\cos\psi = \frac{\omega^2}{2}(\mu'\epsilon'' + \mu''\epsilon'). \end{aligned}\right\} \tag{10.30a}$$

Bem.: Im Schrifttum wird im allgemeinen die Kreiswellenzahl $\underline{k}$ als komplexer Wellenvektor eingeführt. Sein Realteil entspricht dann dem Phasenvektor und sein Imaginärteil dem Dämpfungsvektor.

Bei $\cos\psi = 1$ zeigen Dämpfungs- und Phasenvektor in Ausbreitungsrichtung (z-Achse), $\alpha_x = \alpha_y = 0$. Eine Amplitudenabhängigkeit besteht nur in Ausbreitungsrichtung der Welle; Phasenflächen und Äquiamplituden-Flächen fallen zusammen. Bei $E = E_x$ wird $\mathrm{rot}\,\boldsymbol{E} = \mathrm{rot}_y\,\boldsymbol{E}$, so daß die magnetische Feldstärke nur eine ebenfalls transversale Komponente $H = H_y$ hat. Man erhält eine *homogene* ebene Welle nach Bild 10.1 als TEM-Welle.

Bei $\cos\psi \neq 1$ schneiden sich die Phasen- und Äquiamplituden-Flächen unter dem Winkel ψ. Man erhält eine *inhomogene* ebene Welle, wie Bild 10.2 für $E = E_x$ zeigt. Wegen $\alpha_y \neq 0$ tritt neben der Amplitudenabhängigkeit in Ausbreitungsrichtung z auch noch eine solche in y-Richtung auf, so daß

$$\mathrm{rot}\,\boldsymbol{E} = \mathrm{rot}_y\,\boldsymbol{E} + \mathrm{rot}_z\,\boldsymbol{E}.$$

Die magnetische Feldstärke hat daher neben der transversalen Komponente H_y senkrecht zu $E = E_x$ auch noch eine longitudinale magnetische Komponente H_z in Ausbreitungsrichtung. Eine solche transversale Welle mit einer longitudinalen H-Komponente bezeichnet man als TE-Welle (transversal-elektrische Welle), gelegentlich auch noch als H-Welle.

Hat die magnetische Feldstärke nur eine transversale Komponente $H = H_y$ und besteht neben der Amplitudenabhängigkeit in Ausbreitungsrichtung z auch noch eine solche in x-Richtung, so wird

$$\mathrm{rot}\,\boldsymbol{H} = \mathrm{rot}_x\,\boldsymbol{H} + \mathrm{rot}_z\,\boldsymbol{H}.$$

Neben der transversalen elektrischen Komponente E_x erhält man notwendig auch noch eine longitudinale Komponente E_z. Eine solche transversale Welle mit einer longitudinalen E-Komponente bezeichnet man als TM-Welle (transversal-magnetische Welle), gelegentlich auch noch als E-Welle. Zusammengefaßt erkennt man:

Bei einer *inhomogenen* ebenen Welle bilden Dämpfungs- und Phasenvektor den räumlichen Winkel $\psi \neq 0$. Neben den transversalen Komponenten E_T und H_T tritt eine longitudinale Komponente zu demjenigen Feldvektor, in dessen Richtung eine Amplitudenabhängigkeit zusätzlich zu derjenigen in Ausbreitungsrichtung erfolgt. Bei einer elektrischen longitudinalen Komponente ist es eine TM-Welle (E-Welle), bei einer magnetischen longitudinalen Komponente eine TE-Welle (H-Welle).

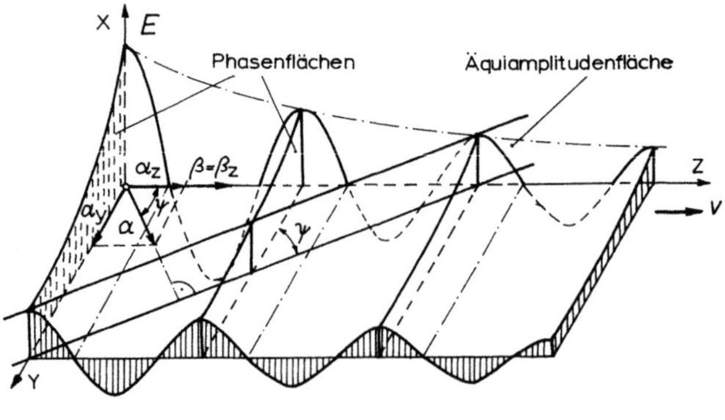

Bild 10.2
E-Komponente einer inhomogenen ebenen Welle mit Amplitudenabhängigkeit in y- und z-Richtung (TE-Welle)

Die Aufteilung in TEM-, TE- und TM-Wellen kann auf beliebige Wellenformen übertragen werden.
Unterscheidet man nach der Form der Phasenflächen, so erhält man als wichtigste Wellenformen neben den ebenen Wellen die *Zylinderwellen* und die *Kugelwellen*. Bei Zylinderwellen breitet sich das Feld in radialer Richtung aus, die Phasenflächen bilden konzentrische Kreiszylinder. Bei einer allseitig gleichmäßigen Wellenausbreitung, bei der Punkte gleicher Wellenphasen konzentrische Kugelschalen um das Erregerzentrum bilden, handelt es sich um Kugelwellen. Schließlich können sich leitungsgeführte Wellen z.B. als *Drahtwellen* oder insbesondere in von leitenden Wänden abgeschlossenen Rohren beliebigen Querschnitts als *Rohrwellen* in Hohlleitern ausbreiten. Darüber siehe Kap. 11.3.

10.1.6 Phasen- und Gruppengeschwindigkeit. Jede Wellenphase z.B. der Höchstwert oder ein Nulldurchgang einer monochromatischen elektromagnetischen Welle der Kreisfrequenz ω breitet sich als Wellenzustand mit der Phasengeschwindigkeit nach Gl. (10.23)

$$v = \frac{\omega}{\beta} = \frac{\lambda}{T} \tag{10.31}$$

aus. Die zugehörige Wellenlänge ist durch Gl. (10.27) gegeben.
Die Phasengeschwindigkeit v, definiert als die Ausbreitungsgeschwindigkeit einer Wellenphase, ist in Materie frequenzabhängig, wie man aus Gl. (10.23) mit Gl. (10.22) erkennt. Diese Erscheinung bezeichnet man als *Dispersion* (Zerstreuung). Bei normaler Dispersion nimmt v mit zunehmender Frequenz ω ab, bei anomaler Dispersion dagegen zu. Dispersionsfrei ist nur der materiefreie Raum.
Die Phasengeschwindigkeit v kann auch größer als die Lichtgeschwindigkeit c_0 werden, was aber keinen Verstoß gegen die Relativitätstheorie bedeutet, denn nach der Relativitätstheorie darf nur die Geschwindigkeit aller Erscheinungen, die Ursache und Wirkung verknüpfen, also unmittelbar physikalische Wirkungen hervorrufen (materielle Teilchen, Energie, Signale usw.), nicht größer als die Lichtgeschwindigkeit c_0 sein. Für die Phasengeschwindigkeit gilt dagegen:

> Die Phasengeschwindigkeit ist die Ausbreitungsgeschwindigkeit der Wellenphasen, also der Augenblickswerte einer eingeschwungenen monochromatischen Welle.

Demnach ist die Phasengeschwindigkeit nur für eine Welle einer einzigen Frequenz ω definiert. Da man aber nur durch Ein- und Ausschalten eines Schwingungsvorgangs (Wellenzuges), nicht aber etwa durch einzelne Wellentäler oder Wellenberge einer unbegrenzten monochromatischen Welle Signale geben kann, erfolgt die Ausbreitung der Energie von Wellenzügen (Übertragung von Signalen) auch nicht mit der Phasengeschwindigkeit v, sondern mit der sogenannten Gruppengeschwindigkeit v_g.

> Die Gruppengeschwindigkeit ist eingeführt als die Ausbreitungsgeschwindigkeit der Energie durch einen Wellenzug oder eine Wellengruppe in verlustlosen Medien.

Im einfachsten Fall erhält man einen Wellenzug durch zwei einzelne monochromatische Sinuswellen gleicher Amplitude aber wenig verschiedener Frequenzen ω_1 und ω_2, die sich beispielsweise in z-Richtung ausbreiten,

$$\alpha_1 = \hat{\alpha} \sin(\omega_1 t - \beta_1 z), \qquad \alpha_2 = \hat{\alpha} \sin(\omega_2 t - \beta_2 z).$$

Beide Wellen gleiten aneinander vorbei und ergeben eine Schwebung, deren Umhüllende sich ohne wesentliche Formänderung mit der Gruppengeschwindigkeit v_g fortpflanzt, wie Bild 10.3 zeigt. Die Wellenphasen innerhalb der Umhüllenden breiten sich mit der Phasengeschwindigkeit v aus. Denkt man sich den Wellenzug in Bild 10.3 als eine periodische Folge einzelner „Energiepakete" zwischen zwei Knoten, so ist damit gezeigt, daß sich die Energie mit der Gruppengeschwindigkeit ausbreitet. Setzt man

$$\frac{\omega_1 + \omega_2}{2} = \omega, \qquad \frac{\beta_1 + \beta_2}{2} = \beta$$

sowie

$$\frac{\omega_1 - \omega_2}{2} = \Delta\omega, \qquad \frac{\beta_1 - \beta_2}{2} = \Delta\beta,$$

Bild 10.3 Zum Begriff der Gruppengeschwindigkeit v_g

so lautet die resultierende Schwingung

$$\alpha = \alpha_1 + \alpha_2 = 2\hat{\alpha}\cos(\Delta\omega t - \Delta\beta z)\cdot\sin(\omega t - \beta z).$$

Während sich die niederfrequente Umhüllende (Modulationsschwingung) bei kontinuierlich veränderlicher Kreisfrequenz mit der Gruppengeschwindigkeit

$$v_g = \frac{\Delta\omega}{\Delta\beta} \to \frac{d\omega}{d\beta} \tag{10.32}$$

verschiebt, ist die Fortpflanzungsgeschwindigkeit des hochfrequenten Anteils als Phasengeschwindigkeit des Trägers durch Gl. (10.31) gegeben. Mithin ist

$$\frac{1}{v_g} = \frac{d\beta}{d\omega} = \frac{d}{d\omega}\left(\frac{\omega}{v}\right) = \frac{1}{v} - \frac{\omega}{v^2}\frac{dv}{d\omega}$$

oder

$$\boxed{v_g = \frac{v}{1 - \dfrac{\omega}{v}\dfrac{dv}{d\omega}}} \tag{10.32a}$$

Im materiefreien Raum ist $dv/d\omega = 0$; Gruppengeschwindigkeit und Phasengeschwindigkeit sind gleich groß und gleich der Lichtgeschwindigkeit c_0. Diese wird nach Gl. (9.6)

$$v_0 = c_0 = \frac{1}{\sqrt{\epsilon_0\mu_0}} \approx 3\cdot 10^5\ \text{km/s}. \tag{10.33}$$

Bei normaler Dispersion ist $dv/d\omega < 0$, dann ist nach Gl. (10.32a) $v_g < v$ und gleich der Signalgeschwindigkeit. Bei anomaler Dispersion, beispielsweise in der Umgebung der Absorptionsfrequenzen eines Mediums für elektromagnetische Wellen, ist $dv/d\omega > 0$ und kann sehr große Werte erreichen. Der Begriff der Gruppengeschwindigkeit verliert dann seinen Sinn, es kann sogar $v_g > c_0$ werden.

10.2 Ebene Wellen

10.2.1 Ebene Wellen im Dielektrikum. Im Nichtleiter wird die Relaxationszeit τ nach Gl. (9.33) sehr groß und daher auch $\omega\tau \gg 1$. Ist zwar $\kappa \ll \omega\epsilon$ aber nicht ganz vernachlässigbar, so wird aus Gl. (10.22) mit der Kürzung

$$\sqrt{1 \pm x} \approx 1 \pm \frac{x}{2} \qquad x \ll 1 \tag{10.34}$$

angenähert

$$\alpha \approx \frac{\kappa}{2}\sqrt{\frac{\mu}{\epsilon}}, \qquad \beta \approx \omega\sqrt{\mu\epsilon}\left(1 + \frac{\kappa^2}{8\omega^2\epsilon^2}\right) \tag{10.35}$$

sowie die Phasengeschwindigkeit mit der Näherung Gl. (4.16)

$$v = \frac{\omega}{\beta} \approx \frac{1}{\sqrt{\mu\epsilon}}\left(1 - \frac{\kappa^2}{8\omega^2\epsilon^2}\right). \tag{10.36}$$

Im idealen Isolator ist $\kappa = 0$ und $\tau \to \infty$. Die Kreiswellenzahl $\underline{k}$ wird daher bei konstanten und reellen Werten ϵ und μ reell und der Ausbreitungsvektor imaginär. Für die Beträge erhält man mit c_0 nach Gl. (10.33)

$$k = \beta = \omega\sqrt{\epsilon\mu} = \frac{\omega}{c_0}\sqrt{\epsilon_r\mu_r}; \qquad \alpha = 0. \tag{10.37}$$

Im idealen verlustlosen Medium tritt keine Amplitudendämpfung durch Energieentzug auf. Eine Amplitudenabnahme erfolgt nur infolge abnehmender Felddichte innerhalb der sich im Raum ausbreitenden Welle. Als Phasengeschwindigkeit erhält man

$$v = \frac{\omega}{\beta} = \frac{1}{\sqrt{\epsilon\mu}} = \frac{c_0}{\sqrt{\epsilon_r\mu_r}} \tag{10.38}$$

und für den Feldwellenwiderstand aus Gl. (10.25)

$$\underline{Z} = Z = \sqrt{\frac{\mu}{\epsilon}}. \tag{10.39}$$

Im materiefreien Raum wird schließlich

$$\alpha = 0; \qquad k = \beta = \omega\sqrt{\epsilon_0\mu_0} = \frac{\omega}{c_0} \tag{10.40}$$

und der Wellenwiderstand

$$\boxed{Z_0 = \sqrt{\frac{\mu_0}{\epsilon_0}} \approx 377\ \Omega} \tag{10.41}$$

10.2.2 Ebene Felder in Leitern. In Metallen oder allgemein, wenn $\omega\epsilon \ll \kappa$ vernachlässigbar ist, also $\omega\tau \ll 1$, erhält man aus Gl. (10.21) für den Betrag des Ausbreitungsvektors eines Frequenzanteils

$$\underline{\gamma} = \sqrt{\mathrm{j}\,\omega\mu\kappa} = (1 + \mathrm{j})\sqrt{\frac{\omega\mu\kappa}{2}}$$

oder

$$\alpha = \beta = \sqrt{\frac{\omega \kappa \mu}{2}}. \tag{10.42}$$

Ferner erhält man aus Gl. (10.25) für den Wellenwiderstand

$$\underline{Z} = \sqrt{\frac{\mathrm{j}\omega\mu}{\kappa}} = (1+\mathrm{j})\sqrt{\frac{\omega\mu}{2\kappa}}. \tag{10.43}$$

Phasengeschwindigkeit und Wellenlänge betragen in Leitern nach Gl. (10.23) und Gl. (10.27) für jeden Frequenzanteil

$$v = \frac{\omega}{\beta} = \sqrt{\frac{2\omega}{\mu\kappa}}, \qquad \lambda = 2\pi\sqrt{\frac{2}{\mu\kappa\omega}}. \tag{10.44}$$

Mit zunehmender Leitfähigkeit wächst die Dämpfung durch Energieentzug, während die Phasengeschwindigkeit entsprechend abnimmt. Ein Impuls beliebiger Form (Frequenzgemisch) wird im Leiter verformt, er „zerfließt", da die hochfrequenten Anteile sich schneller ausbreiten als niederfrequente Anteile, die zudem weniger stark gedämpft werden. Für Kupfer mit $\mu_r \approx 1$ und $\kappa = 50 \cdot 10^6$ S/m enthält Tabelle 10.1 die Werte für die Phasengeschwindigkeit v und die Wellenlänge λ sowie zum Vergleich die zugehörigen Werte λ_0 der Wellenlänge im materiefreien Raum.

Tabelle 10.1 f, v und λ für Kupfer

f Hz	v m/s	λ cm	λ_0 cm
50	2,9	5,9	$6 \cdot 10^8$
10^6	423	0,042	$3 \cdot 10^4$
10^{10}	42300	0,00042	3

Handelt es sich um eine homogene ebene Welle (TEM-Welle) der Kreisfrequenz ω mit $E = E_x$ und $H = H_y$, die in z-Richtung auf einen den gesamten Halbraum $z > 0$ ausfüllenden linearen Leiter auftrifft, so erhält man im Leiter wegen der unendlich angenommenen Ausdehnung keine Reflexion. Sollen auf der Leiteroberfläche $z = 0$ die Feldstärkeamplituden $\hat{H}_0$ und $\hat{E}_0$ betragen, so lautet die Lösung der Wellengleichung für das im Leiter fortschreitende Feld nach Gl. (10.26) mit Gl. (10.42) und Gl. (10.43)

$$\left.\begin{aligned} \underline{H} &= \underline{\hat{H}}_0\, \mathrm{e}^{-\underline{\gamma} z} = \underline{\hat{H}}_0\, \mathrm{e}^{-(1+\mathrm{j})\alpha z} \\ \underline{E} &= (1+\mathrm{j})\sqrt{\frac{\omega\mu}{2\kappa}}\, \underline{\hat{H}}_0\, \mathrm{e}^{-(1+\mathrm{j})\alpha z} \end{aligned}\right\} \tag{10.45}$$

oder wegen $(1+\mathrm{j}) = \sqrt{2}\,\mathrm{e}^{\mathrm{j}\pi/4}$ in reeller Form

$$\begin{aligned} H &= H_y = \hat{H}_0\, \mathrm{e}^{-\alpha z} \sin(\omega t - \beta z), \\ E &= E_x = \hat{E}_0\, \mathrm{e}^{-\alpha z} \sin\left(\omega t + \frac{\pi}{4} - \beta z\right). \end{aligned} \tag{10.45a}$$

Elektrische und magnetische Komponente stehen in der xy-Ebene (Phasenfläche) senkrecht aufeinander und sind *zeitlich* um $\pi/4$ phasenverschoben. Beim Fortschreiten nimmt die Amplitude der Feldstärken exponentiell ab.

Den Wert z, für den $\alpha z = 1$, bezeichnet man als *Eindringtiefe* δ. Aus

$$e^{-\alpha\delta} = e^{-1}$$

wird

$$\boxed{\delta = \frac{1}{\alpha} = \sqrt{\frac{2}{\omega\kappa\mu}} = \frac{1}{\sqrt{\pi f \kappa \mu}}} \qquad (10.46)$$

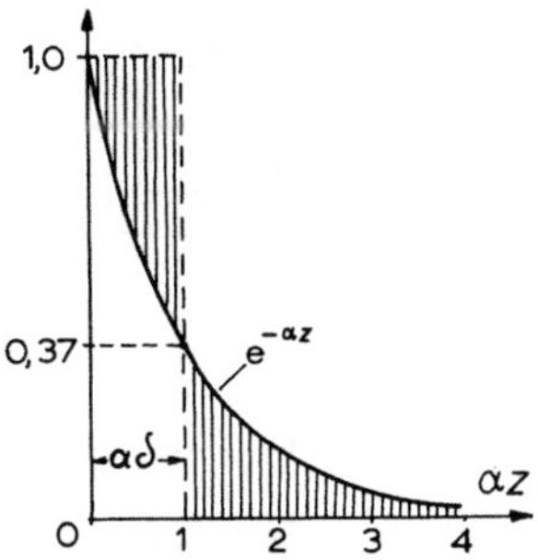

Nach Bild 10.4 beträgt die Fläche unter der Exponentialkurve

$$\int_0^\infty e^{-\alpha z}\, dz = \frac{1}{\alpha} = \delta.$$

Bild 10.4
Zur Definition der Eindringtiefe δ

Eine räumlich nach einer e-Funktion abklingende Amplitude einer in ein Metall eindringenden Welle kann demnach durch eine konstante Amplitude vom Anfangswert (Oberflächenwert) ersetzt werden, die bis zur Tiefe δ reicht. Statt mit einer nach einer e-Funktion abklingenden Amplitude rechnen zu müssen, kann man mit einem durch die Eindringtiefe gegebenen Querschnitt bei *konstanter* Amplitude vom Oberflächenwert rechnen. Voraussetzung ist dabei jedoch, daß die Leiterdicke $d \gg \delta$, praktisch etwa $d \geqslant 4{,}5\,\delta$ ist, da sonst die einer e-Funktion folgende Amplitudenabnahme durch Reflexionen am Leiterende gestört wird.

Beispiel 10.1: Soll eine Stahlwelle vom Radius $r = 63$ mm über eine Länge $h = 100$ mm in einer Schicht $a = 0{,}2$ mm gehärtet werden, so muß $a = \delta$ gemacht werden. Kann ferner die relative Permeabilität des Werkstücks im Mittel mit $\mu_r = 900$ bei einer Leitfähigkeit $\kappa = 5 \cdot 10^6$ S/m angenommen werden, so benötigt man nach Gl. (10.46) eine Frequenz

$$f = \frac{1}{\delta^2 \pi \kappa \mu} \approx 1400 \text{ Hz}.$$

Der Wirkwiderstand des Werkstücks auf der Länge h beträgt

$$R_w = \frac{2\pi r}{\kappa h \delta} = \frac{2\pi r}{h}\sqrt{\frac{\omega\mu}{2\kappa}} \approx 4 \text{ m}\Omega.$$

Damit wird die erforderliche Windungszahl N des Heizleiters, wenn dessen Gesamtwiderstand $R_h = 0{,}1\ \Omega$ beträgt, da die Windungszahl des als Sekundärkreis wirkenden Werkstücks $N_w = 1$ ist,

$$N = \ddot{u} = \sqrt{\frac{R_h}{R_w}} = 5.$$

Diese 5 Windungen sind über die Länge h zu verteilen.

Beispiel 10.2: Zur Begrenzung des hohen Anlaufstromes bei Asynchronmotoren verwendet man Tiefnut- oder Wirbelstromläufer. Im Augenblick des Anschaltens beträgt die Läuferfrequenz $f = 50$ Hz, $\delta \approx 0{,}95$ cm. Bei der sehr geringer Läuferfrequenz des laufenden Motors (Schlupffrequenz) kann mit $\delta \to \infty$ d.h. mit dem Gleichstromwiderstand R_0 des Läufers gerechnet werden. Beim Anlauf dringt das Feld als angenähert ebene elektromagnetische Welle vom Luftspalt aus senkrecht in den massiv angenommenen Läuferstab. Soll nun der Läuferwiderstand bei $f = 50$ Hz den Wert $R_w = 9\,R_0$ annehmen, so muß die Nuttiefe nach Bild 10.5 wegen

$$R_0 = \frac{l}{\kappa h b}; \qquad R_w = \frac{l}{\kappa h \delta}$$

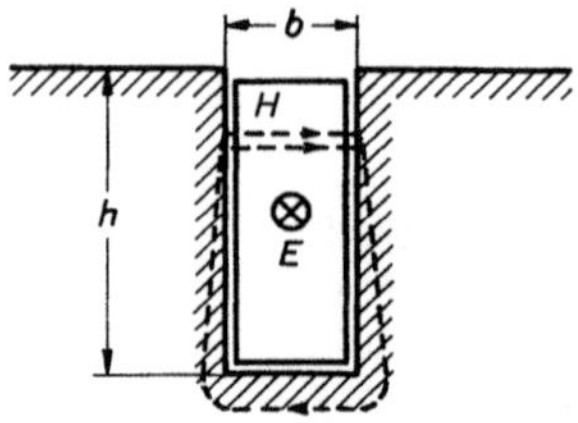

Bild 10.5 Massiver Läuferstab, Beispiel 10.2

$h = \delta\, R_w/R_0 \approx 8{,}6$ cm gemacht werden. Im Nutengrund beträgt dann die Ankerstromdichte bei 50 Hz nur noch etwa 0,012 % des Oberflächenwertes.

10.2.3 Zur Schirmwirkung von Blechen. Eine in z-Richtung fortschreitende elektromagnetische Welle legt innerhalb einer Zeitdauer T eine Strecke $z = \lambda$ zurück. In Metallen ist dabei

$$\alpha z = \beta \lambda = 2\pi; \qquad e^{-2\pi} \approx 0{,}002.$$

Ein Wechselfeld ist im Metall nach einer Strecke $z = \lambda$ praktisch vollständig abgeklungen. Bleche mit einer Stärke $d \geqslant \lambda$ können daher zur Abschirmung elektromagnetischer Wechselfelder dienen. Während eine Blechoberfläche im elektrostatischen Feld zur Äquipotentialfläche wird und daher der Raum innerhalb der Blechumhüllung feldfrei sein muß (Faradayscher Käfig), bilden sich innerhalb des Bleches im Wechselfeld infolge der auf die Leitungselektronen vom Feld ausgeübten Feldkräfte geschlossene Strombahnen der Wirbelströme. Diese zehren die in das Blech eindringende Energie des Feldes auf; sie wird als Wärme nach außen abgestrahlt. Je höher die Frequenz des Wecheselfeldes, um so kleiner ist die Wellenlänge des eindringenden Feldes sowie die Eindringtiefe und damit die zur Abschirmung des Wechselfeldes erforderliche Mindestblechstärke.

Handelt es sich um eine wie in Kap. 10.2.2 betrachtete TEM-Welle mit $H = H_y$ und $E = E_x$, die in z-Richtung in den mit Metall ausgefüllten Halbraum für $z > 0$ eindringt, so beträgt die Stromdichte der Wirbelströme im Metall nach Gl. (10.45)

$$\underline{J} = \kappa \underline{E} = (1 + \mathrm{j}) \sqrt{\frac{\omega \mu \kappa}{2}}\, \underline{H}_0\, e^{-(1+\mathrm{j})\alpha z} = (1 + \mathrm{j})\, \alpha \underline{H}_0\, e^{-(1+\mathrm{j})\alpha z}$$

oder ihr Effektivwert

$$J = \sqrt{2}\, \alpha H_0\, e^{-\alpha z}.$$

Damit wird die Flächendichte der innerhalb des Metalls umgesetzten Leistung (Verlustleistung pro Metalloberfläche)

$$P_{xy} = \frac{1}{\kappa} \int_0^\infty J^2\, dz = \frac{2\alpha^2 H_0^2}{\kappa} \int_0^\infty e^{-2\alpha z}\, dz = H_0^2 \sqrt{\frac{\omega \mu}{2\kappa}}$$

oder mit Gl. (10.43)

$$P_{xy} = H_0^2 \sqrt{\frac{\omega \mu}{2\kappa}} = H_0^2\, \mathrm{Re}\{\underline{Z}\}. \tag{10.47}$$

Sowohl eine hohe elektrische Leitfähigkeit κ als auch eine hohe Permeabilität μ des Bleches ergeben eine gute Abschirmung, weil dann die Eindringtiefe entsprechend klein ist. Eine hohe Permeabilität des Abschirmmaterials ergibt jedoch größere Abschirmverluste als hohe elektrische Leitfähigkeit.
Grundsätzlich bildet jeder Leiter für eine Strahlungsquelle einen Verbraucher. Soll z.B. das Streufeld einer Spule nach außen durch ein Blechgehäuse abgeschirmt werden, so müssen die in dem Gehäuse auftretenden (Wirbelstrom)-Verluste durch die Energiequelle gedeckt werden, die das Wechselfeld um die Spule erzeugt.

10.2.4 Wellen an Grenzflächen. Trifft eine elektromagnetische Welle auf eine Trennschicht zwischen zwei Medien (1) und (2), so wird ein Teil der Welle als gebrochene Welle vom Medium (1) in das Medium (2) eindringen, der andere Teil wird an der Trennfläche reflektiert. Dort überlagern sich die einfallende hinlaufende Welle und die reflektierte rücklaufende Welle derart, daß die Randbedingungen an der Grenzfläche erfüllt werden. So zeigt Bild 10.6 eine aus dem negativen Halbraum $z < 0$ einfallende in n_e-Richtung fortschreitende ebene Welle (TEM-Welle), die unter dem Einfallswinkel α_1 auf eine ideelle Trennfläche zwischen den isotropen und linearen Medien (1) und (2) auftrifft. Nach den Brechungsgesetzen sind Einfallswinkel und Ausfallswinkel gleich [2.13]. Die Einfallsebene wird durch die yz-Ebene gebildet.
In der Grenzfläche $z = 0$ müssen die tangentialen Komponenten der Feldstärken stetig übergehen. Bei einer Polarisation nach Bild 10.6a mit $E = E_x$ senkrecht zur Einfallsebene bedeutet diese Bedingung an der Grenzfläche $z = 0$, wenn der Index h die einfallende, also hinlaufende Welle, der Index r die reflektierte und der Index g die in n_g-Richtung fortschreitende Welle kennzeichnet,

$$\underline{E}_h + \underline{E}_r = \underline{E}_g; \quad (\underline{E}_h - \underline{E}_r)\frac{\cos\alpha_1}{\underline{Z}_1} = \underline{E}_g \frac{\cos\alpha_2}{\underline{Z}_2}.$$

Bei einer Polarisation nach Bild 10.6b mit $H = H_x$ senkrecht zur Einfallsebene erhält man entsprechend

$$\underline{H}_h + \underline{H}_r = \underline{H}_g; \qquad \underline{Z}_1(\underline{H}_h - \underline{H}_r)\cos\alpha_1 = \underline{Z}_2\,\underline{H}_g\cos\alpha_2.$$

Das ergibt als *Reflexionsfaktoren* im ersten Fall

$$r_e = \frac{\underline{E}_r}{\underline{E}_h} = \frac{\underline{Z}_2\cos\alpha_1 - \underline{Z}_1\cos\alpha_2}{\underline{Z}_2\cos\alpha_1 + \underline{Z}_1\cos\alpha_2} \tag{10.48}$$

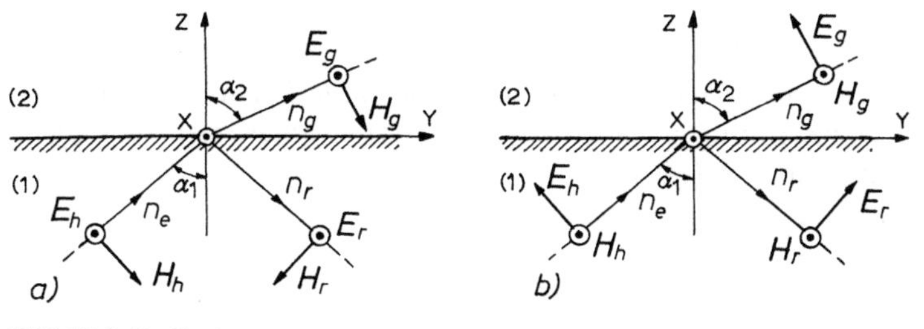

Bild 10.6 Reflexion und Brechung ebener Wellen an homogenen Grenzflächen. a) E parallel zur Grenzfläche, b) H parallel zur Grenzfläche

und im zweiten Fall

$$r_m = \frac{\underline{H}_r}{\underline{H}_h} = \frac{\underline{Z}_1 \cos\alpha_1 - \underline{Z}_2 \cos\alpha_2}{\underline{Z}_1 \cos\alpha_1 + \underline{Z}_2 \cos\alpha_2}. \tag{10.48a}$$

Für die gebrochene im Medium (2) fortschreitende Welle erhält man damit als *Transmissions-* oder *Brechungsfaktor*

$$b_e = \frac{\underline{E}_g}{\underline{E}_h} = 1 + r_e = \frac{2\underline{Z}_2 \cos\alpha_1}{\underline{Z}_1 \cos\alpha_2 + \underline{Z}_2 \cos\alpha_1} \tag{10.49}$$

und im zweiten Fall

$$b_m = \frac{\underline{H}_g}{\underline{H}_h} = 1 + r_m = \frac{2\underline{Z}_1 \cos\alpha_1}{\underline{Z}_1 \cos\alpha_1 + \underline{Z}_2 \cos\alpha_2}. \tag{10.49a}$$

Verschwindet der Zähler in den Gleichungen Gl. (10.48) und Gl. (10.48a), so ist keine Reflexion möglich. Der zugehörige Einfallswinkel $\alpha_1 = \alpha_e$ bzw. $\alpha_1 = \alpha_m$ wird als *Brewsterwinkel* bezeichnet. Für reelle Wellenwiderstände Z_1 und Z_2 wird

$$\cos\alpha_e = (Z_1/Z_2)\cos\alpha_2, \qquad \cos\alpha_m = (Z_2/Z_1)\cos\alpha_2.$$

Für eine ideal ebene Grenzfläche zwischen den linearen und isotropen Dielektrika (1) und (2) gilt für eine TEM-Welle unter Beachtung von Gl. (10.38) das Brechungsgesetz der Optik [2.13]

$$\frac{\sin\alpha_1}{\sin\alpha_2} = \frac{v_1}{v_2} = \sqrt{\frac{\epsilon_2\mu_2}{\epsilon_1\mu_1}}, \quad \text{also} \quad \sin^2\alpha_2 = \frac{\epsilon_1\mu_1}{\epsilon_2\mu_2}\sin^2\alpha_1.$$

Wegen $\cos\alpha = \sqrt{1 - \sin^2\alpha}$ erhält man mit den Wellenwiderständen nach Gl. (10.39) für den Brewsterwinkel

$$\tan\alpha_e = \sqrt{\frac{\mu_2}{\mu_1} \cdot \frac{\epsilon_2\mu_1 - \epsilon_1\mu_2}{\epsilon_1\mu_1 - \epsilon_2\mu_2}}; \qquad \tan\alpha_m = \sqrt{\frac{\epsilon_2}{\epsilon_1} \cdot \frac{\epsilon_1\mu_2 - \epsilon_2\mu_1}{\epsilon_1\mu_1 - \epsilon_2\mu_2}}. \tag{10.50}$$

und für die Reflexionsfaktoren aus Gl. (10.48) und Gl. (10.48a)

$$\left.\begin{aligned} r_e &= \frac{\cos\alpha_1 - \sqrt{(\epsilon_2\mu_1/\epsilon_1\mu_2) - (\mu_1/\mu_2)^2\sin^2\alpha_1}}{\cos\alpha_1 + \sqrt{(\epsilon_2\mu_1/\epsilon_1\mu_2) - (\mu_1/\mu_2)^2\sin^2\alpha_1}}, \\ r_m &= \frac{\cos\alpha_1 - \sqrt{(\epsilon_1\mu_2/\epsilon_2\mu_1) - (\epsilon_1/\epsilon_2)^2\sin^2\alpha_1}}{\cos\alpha_1 + \sqrt{(\epsilon_1\mu_2/\epsilon_2\mu_1) - (\epsilon_1/\epsilon_2)^2\sin^2\alpha_1}}. \end{aligned}\right\} \tag{10.51}$$

Für eine senkrecht auf die Grenzfläche auftreffende TEM-Welle fallen in Bild 10.6 n_e, n_r und n_g mit der z-Achse zusammen sowie $\alpha_1 = \alpha_2 = 0°$. Damit erhält man für den Reflexionsfaktor aus Gl. (10.48) und Gl. (10.48a)

$$\underline{r} = \underline{r}_e = -\underline{r}_m = \frac{\underline{Z}_2 - \underline{Z}_1}{\underline{Z}_2 + \underline{Z}_1} \tag{10.52}$$

und für den Brechungsfaktor aus Gl. (10.49) oder Gl. (10.49a)

$$\underline{b} = 1 + \underline{r} = \frac{2\underline{Z}_2}{\underline{Z}_1 + \underline{Z}_2} = \frac{2}{1 + \underline{Z}_1/\underline{Z}_2}. \tag{10.53}$$

Reflexions- und Brechungsfaktor sind im allgemeinen komplex und werden durch die Randbedingungen an der Grenzfläche $z = 0$ bestimmt; sie erfüllen gleichzeitig die Forderung, daß an der Grenzfläche der Energiefluß, gegeben durch den Poynting-Vektor S nach Gl. (9.16),

$$S_h \cos\alpha_1 = S_r \cos\alpha_1 + S_g \cos\alpha_2 .$$

Für das Verhältnis des Energieflusses der reflektierten zur einfallenden Welle erhält man wegen $S_h = E_h^2/Z_1$ und $S_r = E_r^2/Z_1$ bei einer senkrecht auf die Grenzfläche auftreffende TEM-Welle als Reflexionsfaktor

$$r_s = \frac{S_r}{S_h} = \frac{E_r^2}{E_h^2} = r^2 = \underline{r}\,\underline{r}^*, \tag{10.54}$$

wobei der konjugiert-komplexe Wert durch einen Stern gekennzeichnet ist.

Beispiel 10.3: Ist Medium (1) der Luftraum mit $Z_0 = \sqrt{\mu_0/\epsilon_0}$ und Medium (2) ein Metall mit $\omega\epsilon_0 \ll \kappa$, so erhält man aus Gl. (10.48) mit Gl. (10.41)

$$\underline{r} = -\frac{1 - \underline{Z}_2/Z_0}{1 + \underline{Z}_2/Z_0} = -\frac{1 - \sqrt{\mathrm{j}\,\omega\tau}}{1 + \sqrt{\mathrm{j}\,\omega\tau}},$$

oder wegen $\omega\tau = \omega\epsilon_0/\kappa \ll 1$ mit der Näherung Gl. (4.16)

$$\underline{r} \approx -(1 - \sqrt{\mathrm{j}\,\omega\tau})^2 \approx -1 + \sqrt{2\omega\tau} + \mathrm{j}\sqrt{2\omega\tau}.$$

Der Reflexionsfaktor ist komplex und die Welle erfährt bei der Reflexion eine Phasendrehung um etwa

$$\varphi \approx -\arctan\sqrt{\omega\tau} \approx -\sqrt{\omega\tau}.$$

Schließlich wird der Reflexionsfaktor des Energieflusses r_s

$$r_s = \underline{r}\,\underline{r}^* \approx 1 - 2\sqrt{\omega\tau}.$$

Bei einer idealen Metallfläche mit $\kappa \to \infty$ wird $r = -1$ und $r_s = 1$. Auf der Grenzschicht ist dann $E = 0$, da sonst im Metall unendlich große Ströme auftreten würden. Man erhält stehende Wellen, bei denen kein Energietransport stattfindet, da $S_h = S_r$ und damit S_1 und S_2 verschwinden.
Selbst bei Silber mit $\kappa = 61 \cdot 10^6$ S/m wird bei 10 GHz $\omega\tau \approx 0{,}3 \cdot 10^{-8}$ und damit der Betrag $r > 99{,}9\,\%$ sowie $r_s \approx 1 - 10^{-4}$.

Beispiel 10.4: Bei Polystyren mit $\kappa \approx 0$ und $\epsilon = 2{,}5\,\epsilon_0$ kann der Verlustwinkel von etwa 10^{-4} für Frequenzen bis etwa 10 GHz vernachlässigt werden. Der Wellenwiderstand ist reell

$$Z = \sqrt{\frac{\mu}{\epsilon}} = \sqrt{\frac{\mu_0}{2{,}5\,\epsilon_0}} = \frac{1}{\sqrt{2{,}5}}\,Z_0.$$

An der Grenzfläche Luft/Polystyren erhält man bei einer senkrecht einfallenden TEM-Welle einen ebenfalls reellen Reflexionsfaktor

$$r = \frac{1 - Z_0/Z}{1 + Z_0/Z} = \frac{1 - \sqrt{\epsilon_r/\mu_r}}{1 + \sqrt{\epsilon_r/\mu_r}}$$

oder mit den gegebenen Zahlenwerten $r = 0{,}225$. Die Amplitude der reflektierten Welle beträgt somit 22,5 % des Wertes der einfallenden Welle. Hat der reflektierende Isolator einen hohen Wert $\epsilon_r \gg 1$, so wird angenähert $r \approx -1$; man erhält wieder stehende Wellen.

Soll eine Reflexion bei senkrechtem Einfall verhindert werden, so kann das nur durch mehrere Schichten erreicht werden. Die erste Schicht reflektiert teilweise; die gebrochene Welle wird dann an einer weiteren Schicht so reflektiert und gebrochen, daß sie beim Wiedereintreten in das erste Medium die ursprüngliche dort vorher reflektierte Welle auslöscht. Reflexionsfreiheit tritt also erst dann ein, wenn die resultierende Reflexionswelle das erste Medium voll erreicht hat. Ein Funkmeßimpuls wird daher im ersten Augenblick reflektiert. Zudem gelten diese Überlegungen nur für eine monochromatische Welle.

Der Fall, daß eine ebene Welle nach Bild 10.7 einen Leiter tangiert, liegt angenähert vor, wenn eine elektromagnetische Welle an den Drähten einer Leitung entlangt läuft oder sich längs der Erdoberfläche ausbreitet (sog. *Zenneck-Welle*). In Bild 10.7 soll daher Medium (1) der Luftraum und Medium (2) ein Leiter (Metall) mit $\epsilon = \epsilon_0$ und $\mu = \mu_0$ sein. Die Ausbreitungsrichtung der Welle sei wieder die z-Richtung.

Im Leiter hat die an der Trennschicht stetig übergehende magnetische Komponente nach dem Induktionsgesetz eine elektrische Umlaufspannung und daher Wirbelströme in der xz-Ebene zur Folge. Dadurch entsteht eine elektrische Komponente in z-Richtung, die wiederum in den Luftraum stetig übergehen muß. Da die Wirbelströme der Welle Energie entziehen, liegt neben einer Amplitudenabhängigkeit in z-Richtung auch eine solche in x-Richtung vor. Im Luftraum oberhalb des Leiters hat die Welle die elektrischen Komponenten E_{x1} und E_{z1} sowie die magnetische Komponente H_y. Man erhält dort eine inhomogene ebene Welle als TM-Welle.

Wegen der Stetigkeit der Normalkomponenten der Stromdichte muß an der Grenzschicht $x = 0$ bei Vernachlässigung des Verschiebungsstromes innerhalb des Leiters (Medium 2) gelten

$$\mathrm{j}\omega\epsilon_0 \underline{E}_{x1} = \kappa \underline{E}_{x2} \qquad \text{oder} \qquad E_{x2}/E_{x1} = \omega\epsilon_0/\kappa .$$

Im „guten Leiter“ ist $\omega\epsilon_0 \ll \kappa$; in den meisten Fällen kann daher E_{x2} vernachlässigt werden. Andererseits gilt an der Grenzschicht auch die Stetigkeit der Tangentialkomponenten oder

$$H_1 = H_2 = H, \qquad E_{z1} = E_{z2} = E_z .$$

In der Grenzschicht $x = 0$ beträgt somit die in den Leiter eindringende Leistungsdichte nach Gl. (9.16)

$$\underline{E}_z \underline{H}^* = H^2 \underline{Z}_2 ; \qquad \underline{E}_z = \underline{H}\,\underline{Z}_2 = \underline{H}\sqrt{\frac{\mathrm{j}\omega\mu_0}{\kappa}} .$$

Schließlich wird damit im Luftraum (1) für $x = 0$

$$\underline{E}_{x1} = \underline{Z}_0 \underline{H} = \underline{E}_z Z_0/\underline{Z}_2 ,$$

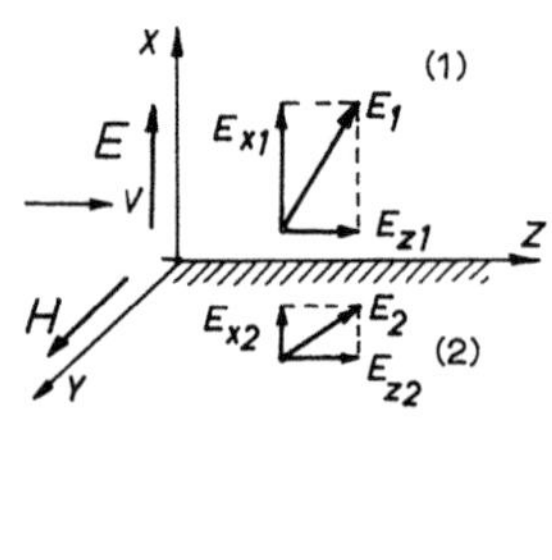

Bild 10.7 TEM-Welle parallel zu einer Grenzfläche

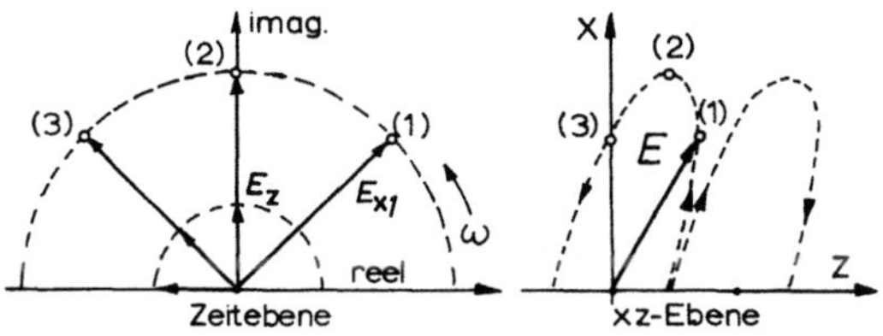

Bild 10.8
Entstehung eines elliptischen Drehfeldes auf der Leiteroberfläche

so daß man in der Grenzschicht $x = 0$ im Luftraum erhält

$$\underline{E}_{z1} = \underline{E}_{x1} \frac{1}{Z_0} \sqrt{\frac{\omega \mu_0}{\kappa}}\, e^{j\pi/4} = \underline{E}_{x1} \sqrt{\frac{\omega \epsilon_0}{\kappa}}\, e^{j\pi/4}. \tag{10.55}$$

Die beiden Komponenten der elektrischen Feldstärke sind *zeitlich* um 45° phasenverschoben, stehen jedoch als x- und z-Komponente *räumlich* senkrecht aufeinander. Man erhält daher im Luftraum ein elektrisches Drehfeld, dessen Zustandekommen in Bild 10.8 wiedergegeben ist. Innerhalb des Leiters schließen sich die Verschiebungsströme des Luftraums als Leitungsströme in einem flachen Bogen.

10.2.5 Wellen in Medien mit freien Elektronen. Die Höhen- und Sonnenstrahlung in der Erdatmosphäre bewirkt in 200 bis 300 km Höhe eine merkliche Ionisation. In dieser sogenannten Heaviside-Schicht befinden sich 10^4 bis 10^5 freie Elektronen je cm^3 und zusätzlich Ionen, die zusammen mit neutralen Gasmolekülen ein ionisiertes Gas (Plasma) bilden. Wird diese ionisierte Schicht von einer elektromagnetischen Welle durchlaufen, so wirken auf die freien Ladungsträger Feldkräfte, die sie in Schwingungen versetzen. Im folgenden soll die Feldstärke der Welle hinreichend klein angenommen werden; man kann dann die dämpfenden Zusammenstöße mit Gasmolekülen und die Bewegungen der trägeren Ionen vernachlässigen.
Bei Annahme harmonischer Schwingungen mit v als mittlere Trägergeschwindigkeit beträgt die auf die Masse m eines Elektrons ausgeübte elektrische Feldkraft

$$\underline{F} = m \frac{d\underline{v}}{dt} = e\underline{E} = j\,\omega\, m\, \underline{v}.$$

Ist ρ die Elektronenladung je Raumeinheit (Trägerdichte), so wird damit die Stromdichte

$$\rho \underline{v} = -j \frac{\rho e \underline{E}}{\omega m} = \kappa \underline{E},$$

was eine imaginäre Leitfähigkeit bedeutet. Als gesamte Stromdichte erhält man mithin aus der ersten Feldgleichung

$$|\operatorname{rot} \underline{\boldsymbol{H}}| = j\left(\omega \epsilon_0 - \frac{\rho e}{\omega m}\right)\underline{E} = j\,\omega\left(\epsilon_0 - \frac{\rho e}{\omega^2 m}\right)\underline{E} = j\,\omega\,\epsilon'\,\underline{E}$$

mit

$$\epsilon' = \epsilon_0\left(1 - \frac{\rho e}{\omega^2 m \epsilon_0}\right) = \epsilon_0\left(1 - \frac{\omega_0^2}{\omega^2}\right). \tag{10.56}$$

wenn man die Eigenfrequenz des Plasmas

$$\omega_0 = \sqrt{\frac{\rho e}{m \epsilon_0}} \tag{10.57}$$

einführt. Damit wird die Phasengeschwindigkeit v nach Gl. (10.38)

$$v = 1/\sqrt{\epsilon' \mu_0} = c_0/\sqrt{1-(\omega_0/\omega)^2} \tag{10.58}$$

und der Wellenwiderstand nach Gl. (10.39)

$$Z = \sqrt{\mu_0/\epsilon'} = Z_0/\sqrt{1-(\omega_0/\omega)^2}\,. \tag{10.59}$$

In dem praktisch interessierenden Frequenzbereich ist $\omega > \omega_0$. Dort verhält sich das Plasma nahezu wie ein normales Dielektrikum mit $\epsilon' < \epsilon_0$ und einem Wellenwiderstand $Z > Z_0$; das Magnetfeld bleibt daher relativ klein. Die Phasengeschwindigkeit ist größer als die Lichtgeschwindigkeit c_0 im materiefreien Raum.
In der Heaviside-Schicht nimmt die Trägerdichte ρ von unten nach oben zu, um nach Durchlaufen eines Maximums wieder abzunehmen; ω_0 ist daher örtlich verschieden. Die von einem Sender auf der Erde ausgestrahlten Wellen werden je nach dem Verhältnis ω_0/ω verschieden gebrochen, wobei es auch zu Totalreflexionen kommen kann. Trifft eine reflektierte Welle mit einer am Erdboden fortschreitenden Welle zusammen, so können sich beide verstärken aber auch ganz auslöschen. Schwankungen in der Höhe der reflektierenden Schichten bewirken dabei einen Empfangsschwund.
Die Verhältnisse werden wesentlich komplizierter, wenn auch noch das magnetische Erdfeld berücksichtigt wird. Schwingen die Elektronen senkrecht zur magnetischen Feldstärke, so entstehen kreis- oder spiralförmige Bahnen (Kap. 8.1.2). Das Medium ist dann nicht mehr isotrop, seine Eigenschaften sind richtungsabhängig.

10.3 Strom- und Feldverdrängung

10.3.1 Zur Entstehung der Strom- und Feldverdrängung. Bei Gleichstrom verteilt sich der Strom gleichmäßig über den gesamten Leiterquerschnitt. Bei Wechselstrom erfolgt dagegen die Stromleitung im wesentlichen in einer mit zunehmender Frequenz immer dünner werdenden Schicht unter der Leiteroberfläche. Man nennt diese Erscheinung Strom- und Feldverdrängung, sie wird auch als *Skin-* oder *Hauteffekt* bezeichnet. Geht man dabei davon aus, daß der felderfüllte Raum Sitz und Träger der Energie ist und, wie bereits in Kap. 9.2.3 gezeigt wurde, der elektrische Nichtleiter der eigentliche „Leiter" für die elektromagnetische Energie darstellt, so kommt man zu einem anschaulichen Bild des Zustandekommens der Stromleitung und der Strom- und Feldverdrängung in Leitern.

Wird eine Leiteranordnung an eine Zweipolquelle angeschlossen, so baut sich zunächst längs des Leiters ein elektromagnetisches Feld auf, das sich als elektromagnetische Welle mit Lichtgeschwindigkeit am Leiter entlang ausbreitet. Dieses Feld dringt dabei von *außen* mit der sehr geringen Phasengeschwindigkeit v nach Gl. (10.44) – vgl. Tabelle 10.1 – in den Leiter ein. Die sich dabei durch Induktionswirkung im Leiter ausbildende tangentiale elektrische Feldkomponente (Kap. 10.2.4) setzt die Leitungselektronen des Leiters in axialer Richtung in Bewegung, was zum Leitungsstrom als *sekundäre* Wirkung innerhalb des Leiters führt. Die in den Leiter eindringende Energie, gegeben durch die Normalkomponente des Poynting-Vektors (Kap. 9.2.3), wird in Form von Wärme nach

außen abgestrahlt. Das eindringende Feld wird daher im Leiter gedämpft, während die abgestrahlte Energie von der speisenden Zweipolquelle als elektromagnetische Energie über den Außenraum um den Leiter nachgeliefert werden muß. Bei $\omega = 0$ (Gleichstrom) gilt für die Eindringtiefe nach Gl. (10.46) $\delta \to \infty$, man erhält daher eine über den ganzen Leiterquerschnitt gleiche Stromdichte. Für $\omega \neq 0$ und endlich ist auch die Eindringtiefe des Feldes endlich. Infolge wachsender Dämpfung wird die Eindringtiefe mit zunehmender Frequenz immer kleiner. Im Grenzfall $\omega \to \infty$ gilt $\delta \to 0$, womit das Leiterinnere schließlich feldfrei und damit auch stromfrei bleibt, denn ein Strom ist nur dort möglich, wo ein elektrisches Feld vorhanden ist. Die stromführenden Schichten liegen stets dort, wo das Feld *außerhalb* des Leiters am dichtesten verläuft und mit einer entsprechend großen Amplitude in den Leiter eindringen kann.
Während man über den Querschnitt einer Doppelleitung bei höheren Frequenzen die in Bild 10.9 skizzierte Stromdichteverteilung erhält, dringt das Feld bei einem Einzelleiter, der sich genügend weit vom Rückleiter befindet, aus Symmetriegründen von allen Seiten in gleicher Stärke radial in den Leiter, so daß bei hohen Frequenzen der Eindruck einer radial nach außen auftretenden „Stromverdrängung" entsteht.
Man hätte ebensogut von einer „Stromzusammenziehung" sprechen können. Jedenfalls ist die Bezeichnung „Stromverdrängung" leicht irreführend. Das zeigt auch Bild 10.10, das die Stromverteilung über den Leiterquerschnitt eines Koaxialkabels bei hohen Frequenzen erkennen läßt. Vgl. auch Bild 9.9 in Kap. 9.2.3. Als stromführende Schichten verbleiben bei hohen Frequenzen nur noch Schichten unterhalb der Oberfläche des Innenleiters und der Innenfläche des Kabelmantels. Bei totaler Stromverdrängung, d.h. $r_i \gg \delta$ und entsprechenden Abmessungen des Außenleiters erhält man mit δ nach Gl. (10.46) als Wechselstrom-Wirkwiderstände

$$R_i = \frac{l}{2\pi r_i \kappa \delta} = \frac{l}{2\pi r_i}\sqrt{\frac{\omega \mu_0}{2\kappa}}; \qquad R_a = \frac{l}{2\pi r_a}\sqrt{\frac{\omega \mu_0}{2\kappa}}.$$

Eine allseitige Stromverdrängung tritt bei einem isolierten Einzelleiter im Erdreich auf, bei dem die Erde als Rückleiter dient. Bei höheren Frequenzen ziehen sich die Stromlinien im Erdreich zu einem stromführenden Schlauch um den Einzelleiter zusammen. Auch bei 50 Hz kann bereits eine Stromverdrängung auftreten und technisch genutzt werden beispielsweise zur Begrenzung des Anlaufstromes in den Läufern elektrischer Maschinen. Vgl. Beispiel 10.2 in Kap. 10.2.2.

10.3.2 Wirbelströme in längsmagnetisierten Blechen. Bei einem längsmagnetisierten Blech bilden die Wirbelströme vorwiegend Strombahnen parallel zur Blechoberfläche. Die mittlere Permeabilität μ des Bleches soll angenähert als konstant angenommen werden und die

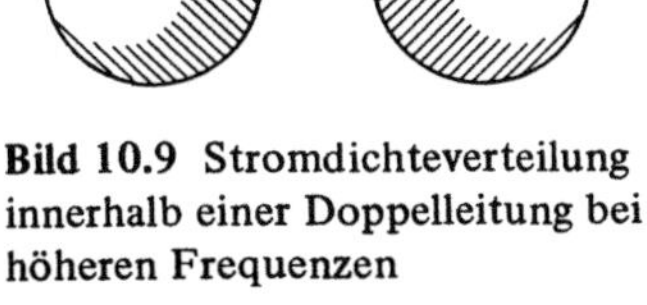

Bild 10.9 Stromdichteverteilung innerhalb einer Doppelleitung bei höheren Frequenzen

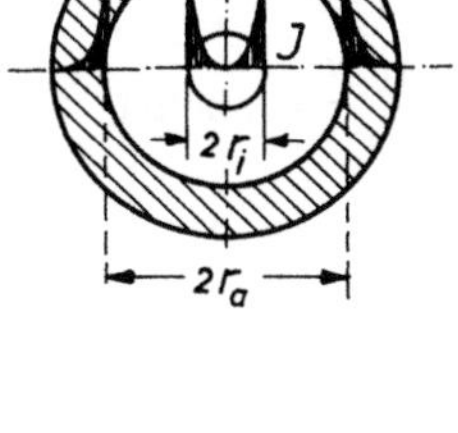

Bild 10.10 Stromdichteverteilung innerhalb eines Koaxialkabels bei höheren Frequenzen

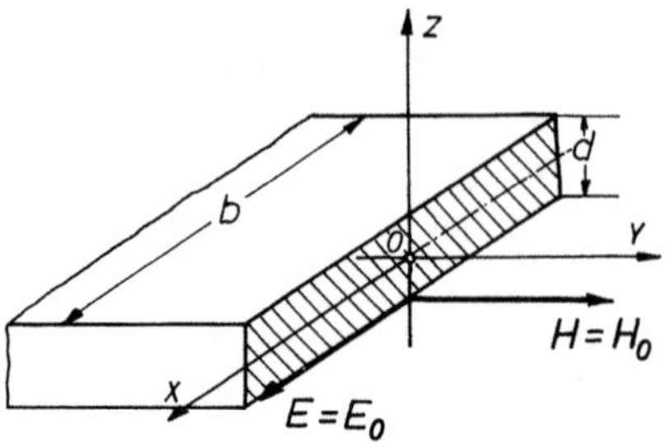

Bild 10.11 Längsmagnetisiertes Blech

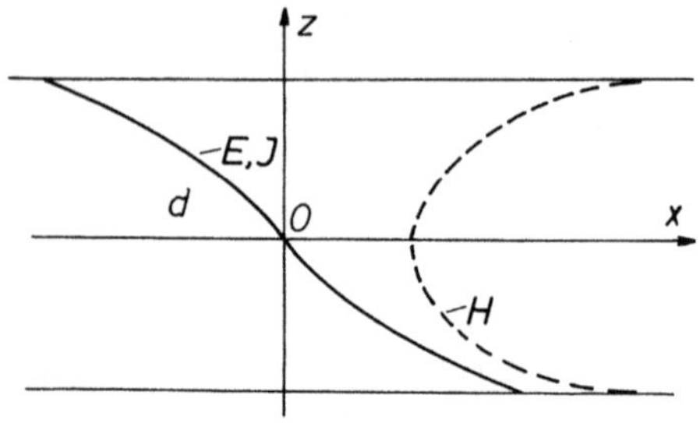

Bild 10.12 Feldverteilung über den Querschnitt eines längsmagnetisierten Bleches

Blechoberfläche nach Bild 10.11 in der xy-Ebene liegen. Mit $E = E_x$ und $H = H_y$ dringt im Wechselfeld eine ebene Welle in $\pm z$-Richtung von beiden Blechseiten in das Blech ein. Für die magnetische Feldstärke lautet dann der Ansatz zur Lösung der Wellengleichung

$$\underline{H} = C_1\,\mathrm{e}^{-\underline{\gamma} z} + C_2\,\mathrm{e}^{\underline{\gamma} z}$$

mit $C_{1,2}$ als noch zu bestimmende komplexe Amplituden der hin- und rücklaufenden Welle. Ist H_0 der Oberflächenwert der Feldstärke und d die Blechdicke, wobei der Koordinatenursprung nach Bild 10.11 in der Blechmitte liegen soll, dann lauten die Randbedingungen auf der Blechoberfläche $\pm d/2$

$$\underline{H}_0 = C_1\,\mathrm{e}^{-\underline{\gamma} d/2} + C_2\,\mathrm{e}^{\underline{\gamma} d/2} = C_1\,\mathrm{e}^{\underline{\gamma} d/2} + C_2\,\mathrm{e}^{-\underline{\gamma} d/2}.$$

Daraus findet man $C_1 = C_2 = C$ und

$$\underline{H}_0 = C(\mathrm{e}^{-\underline{\gamma} d/2} + \mathrm{e}^{\underline{\gamma} d/2}) = 2C\cosh(\underline{\gamma} d/2)$$

oder

$$C = \frac{\underline{H}_0}{2\cosh(\underline{\gamma} d/2)}.$$

Die Stromdichte J erhält man aus der ersten Feldgleichung Gl. (10.18) mit $\omega\epsilon \ll \kappa$. Mithin werden wegen $H = H_y$

$$\left.\begin{aligned} \underline{H} &= \underline{H}_0\,\frac{\cosh(\underline{\gamma} z)}{\cosh(\underline{\gamma} d/2)}, \\ \underline{J} &= -\frac{\mathrm{d}\underline{H}}{\mathrm{d}z} = -\underline{\gamma}\,\underline{H}_0\,\frac{\sinh(\underline{\gamma} z)}{\cosh(\underline{\gamma} d/2)} = \kappa\,\underline{E}. \end{aligned}\right\} \quad (10.60)$$

Schließlich wird noch der durch den Blechquerschnitt hindurchtretende magnetische Fluß bei $\mu = \text{const.}$ nach Bild 10.11

$$\Phi = b\mu \int_{-d/2}^{+d/2} \underline{H}\,\mathrm{d}z = \frac{2b\mu}{\underline{\gamma}}\,\underline{H}_0 \tanh(\underline{\gamma} d/2). \quad (10.61)$$

Die nach Gl. (10.60) gefundene Feldverteilung über den Blechquerschnitt zeigt Bild 10.12.

Die Beträge (Effektivwerte) erhält man durch Aufteilen von Zähler und Nenner in Real- und Imaginärteil mit anschließender Betragsbildung unter Beachtung von Gl. (10.42). Wegen

$$\sinh(x \pm \mathrm{j}y) = \sinh x \cdot \cos y \pm \mathrm{j} \cosh x \cdot \sin y$$
$$\cosh(x \pm \mathrm{j}y) = \cosh x \cdot \cos y \pm \mathrm{j} \sinh x \cdot \sin y$$

sowie

$$\cosh^2 x + \sinh^2 x = \cosh 2x, \qquad \cosh^2 x - \sinh^2 x = 1$$

werden mit $\underline{\gamma} = (1 + \mathrm{j})\alpha$ nach Gl. (10.42)

$$\left.\begin{aligned} |\cosh[\alpha(1+\mathrm{j})z]| &= \sqrt{\frac{\cosh 2\alpha z + \cos 2\alpha z}{2}} \\ |\sinh[\alpha(1+\mathrm{j})z]| &= \sqrt{\frac{\cosh 2\alpha z - \cos 2\alpha z}{2}} \end{aligned}\right\} \tag{10.62}$$

und die Effektivwerte von Feldstärke und Stromdichte

$$\left.\begin{aligned} H &= H_0 \sqrt{\frac{\cosh 2\alpha z + \cos 2\alpha z}{\cosh \alpha d + \cos \alpha d}}, \\ J &= \alpha\sqrt{2} H_0 \sqrt{\frac{\cosh 2\alpha z - \cos 2\alpha z}{\cosh \alpha d + \cos \alpha d}}. \end{aligned}\right\} \tag{10.63}$$

Vom Fluß und der Flußdichte interessieren insbesondere die Scheitelwerte. Mit der Kürzung

$$\vartheta = \alpha d = d \sqrt{\frac{\omega \mu \kappa}{2}} \tag{10.64}$$

erhält man aus Gl. (10.61) für den Fluß

$$\boxed{\hat{\Phi} = 2\mu H_0 \frac{A}{\alpha d} \sqrt{\frac{\cosh \vartheta - \cos \vartheta}{\cosh \vartheta + \cos \vartheta}}} \tag{10.65}$$

worin $A = bd$ der Blechquerschnitt ist. Der Scheitelwert der *mittleren* Flußdichte im Blech wird dann

$$\hat{B}_m = \frac{\hat{\Phi}}{A} = 2\mu \frac{H_0}{\vartheta} \sqrt{\frac{\cosh \vartheta - \cos \vartheta}{\cosh \vartheta + \cos \vartheta}}. \tag{10.66}$$

Die Wirbelstromverluste pro Volumen erhält man mit J nach Gl. (10.63)

$$P'_w = \frac{1}{\kappa d} \int\limits_{-d/2}^{+d/2} J^2 \, \mathrm{d}z = \frac{2\alpha}{\kappa d} H_0^2 \frac{\sinh \vartheta - \sin \vartheta}{\cosh \vartheta + \cos \vartheta}$$

oder H_0 aus Gl. (10.66) darin eingesetzt, mit V als Blechvolumen

$$\boxed{P_w = \frac{1}{24}\,\kappa\,\omega^2 d^2 \hat{B}_m^2\, V F(\vartheta)} \tag{10.67}$$

wobei die Kürzung

$$F(\vartheta) = \frac{3}{\vartheta}\,\frac{\sinh\vartheta - \sin\vartheta}{\cosh\vartheta - \cos\vartheta} \approx \begin{cases} 1 & \text{für } \vartheta < 2. \\ 3/\vartheta & \text{für } \vartheta > 5{,}5. \end{cases} \tag{10.68}$$

Diese Funktion liegt gut tabuliert vor [2.1]. Für hinreichend niedrige Frequenzen werden also die Wirbelstromverluste im Blech mit einem Fehler $< 2\,\%$

$$P_w \approx \frac{1}{24}\,\kappa\,\omega^2 d^2 \hat{B}_m^2\, V. \tag{10.67a}$$

Durch Verkleinern der Blechstärke können demnach die Wirbelstromverluste wesentlich vermindert werden. Bei höheren Frequenzen wird dagegen

$$P_w \approx \frac{1}{4}\,\hat{B}_m^2\,\omega d\,\sqrt{\frac{\omega\kappa}{2\mu}}\,V \sim \hat{B}_m^2\,\omega^{3/2} d, \qquad (\vartheta > 5{,}5) \tag{10.67b}$$

wobei mit zunehmender Frequenz ein immer kleinerer Teil des Blechquerschnitts vom Fluß durchsetzt wird (Feldverdrängung).

Beispiel 10.5: Die Wirbelstromverluste je Fläche P_{xy} können auch als Realteil der gesamten eingestrahlten Flächendichte der Leistung ermittelt werden, gegeben durch den Poynting-Vektor. Hierfür erhält man nach Gl. (9.16) unter Beachtung der Richtung der in Bild 10.11 eingezeichneten Feldvektoren bei Kennzeichnung des konjugiert-komplexen Wertes durch einen Stern

$$(\underline{E}\,\underline{H}^*)_{z=-d/2} - (\underline{E}\,\underline{H}^*)_{z=+d/2} = 2\,(\underline{E}\,\underline{H}^*)_{z=-d/2},$$

wobei nach Gl. (10.60)

$$\underline{E} = -(1+\mathrm{j})\,\frac{\alpha}{\kappa}\,\underline{H}_0\,\frac{\sinh(\underline{\gamma} z)}{\cosh(\underline{\gamma} d/2)}; \qquad \underline{H}^* = \underline{H}_0^*\,\frac{\cosh(\underline{\gamma}^* z)}{\cosh(\underline{\gamma}^* d/2)},$$

so daß man wegen

$$2\sinh x\cosh y = \sinh(x+y) + \sinh(x-y)$$
$$2\cosh x\cosh y = \cosh(x+y) + \cosh(x-y)$$

mit $x + y = 2\alpha z$, $x - y = 2\mathrm{j}\alpha z$ unter Beachtung von Gl. (10.64) und mit H_0 aus Gl. (10.66) erhält

$$2\,(\underline{E}\,\underline{H}^*)_{z=-d/2} = (1+\mathrm{j})\,\hat{B}_m^2\,\frac{\omega^2\kappa d^2}{8\alpha}\,\frac{\sinh\vartheta + \mathrm{j}\sin\vartheta}{\cosh\vartheta - \cos\vartheta}.$$

Der Realteil davon beträgt, wenn Zähler und Nenner mit $3d$ erweitert werden,

$$\mathrm{Re}\,(2\,\underline{E}\,\underline{H}^*) = P_{xy} = \frac{1}{24}\,\hat{B}_m^2\,\omega^2\kappa d^3\,\frac{3}{\vartheta}\,\frac{\sinh\vartheta - \sin\vartheta}{\cosh\vartheta - \cos\vartheta},$$

woraus man bei Division durch die Blechstärke d die Wirbelstromverluste je Volumen in Übereinstimmung mit Gl. (10.67) erhält.

10.3.3 Wirbelströme in zylindrischen Leitern. Bei einem vom Strom durchflossenen zylindrischen Leiter kann man davon ausgehen, daß die Stromdichte innerhalb des Leiters nur eine Funktion des Abstandes r von der Leiterachse z ist. Bei Einführung von Zylinderkoordinaten r, φ, z haben die elektrische Feldstärke und die Stromdichte nur je eine axiale Komponente E_z und J_z; die magnetische Feldstärke hat dagegen nur eine tangentiale Komponente H_φ. Es liegt nur eine Abhängigkeit in radialer Richtung vor. Die beiden Maxwellschen Gleichungen lauten daher für den Raum innerhalb des Leiters unter Beachtung von Gl. (1.36) und bei Vernachlässigung des Verschiebungsstromes

$$\left.\begin{aligned} |\operatorname{rot}\underline{H}| &= \frac{\mathrm{d}\underline{H}}{\mathrm{d}r} + \frac{1}{r}\underline{H} = \kappa\underline{E}, \\ -|\operatorname{rot}\underline{E}| &= \frac{\mathrm{d}\underline{E}}{\mathrm{d}r} = \mathrm{j}\,\omega\,\mu\,\underline{H}. \end{aligned}\right\} \tag{10.69}$$

Die Wellengleichung für die elektrische Feldstärke nimmt daher die Form an – vgl. Gl. (1.35) –

$$\frac{\mathrm{d}^2\underline{E}}{\mathrm{d}r^2} + \frac{1}{r}\frac{\mathrm{d}\underline{E}}{\mathrm{d}r} + \underline{k}^2\underline{E} = 0 \tag{10.70}$$

mit

$$\underline{k} = \sqrt{-\mathrm{j}\,\omega\,\kappa\,\mu} = \sqrt{-\mathrm{j}}\,k = (1-\mathrm{j})\,\alpha \tag{10.71}$$

als Kreiswellenzahl und α nach Gl. (10.42).

Gl. (10.70) ist die Besselsche Differentialgleichung Gl. (1.50) mit $n = 0$ und der Lösung Gl. (1.52), wobei die Konstante $C_2 = 0$ ist, da die Neumannsche Funktion für $r \to 0$ gegen Unendlich geht, was in der Achse eines massiven Leiters physikalisch nicht möglich ist. Die allgemeine Lösung zu Gl. (10.70) lautet daher

$$\underline{E} = CJ_0(\underline{k}r) = CJ_0(\sqrt{-\mathrm{j}}\,kr). \tag{10.72}$$

Damit erhält man für die magnetische Feldstärke aus Gl. (10.69) wegen Gl. (10.71) unter Beachtung von Gl. (1.56)

$$\underline{H} = -\frac{\kappa}{\underline{k}^2}\frac{\mathrm{d}\underline{E}}{\mathrm{d}r} = \frac{\kappa}{\underline{k}}CJ_1(\underline{k}r). \tag{10.73}$$

J_0 und J_1 sind die Besselschen Funktionen nullter und erster Ordnung (Kap. 1.3.2). Auf der Leiteroberfläche ($r = r_a$) ist

$$H_a = \frac{I}{2\pi r_a} = \frac{\kappa}{\underline{k}}CJ_1(\underline{k}r_a).$$

Daraus

$$C = \frac{I\underline{k}}{2\pi r_a\kappa}\,\frac{1}{J_1(\underline{k}r_a)}.$$

Damit erhält man aus Gl. (10.72) und Gl. (10.73) für einen zylindrischen Einzelleiter vom Radius r_a, wenn der Einfluß eines Rückleiters vernachlässigbar ist,

$$\left.\begin{aligned} \underline{J} &= \frac{\underline{k}\,\underline{I}}{2\pi r_a}\,\frac{J_0(\underline{k}r)}{J_1(\underline{k}r_a)} = \kappa\,\underline{E} \\ \underline{H} &= \frac{\underline{I}}{2\pi r_a}\,\frac{J_1(\underline{k}r)}{J_1(\underline{k}r_a)} \end{aligned}\right\} \tag{10.74}$$

Für die folgenden Betrachtungen setzt man zweckmäßig

$$\underline{k}r = \sqrt{-\mathrm{j}}\,x = \frac{1}{\sqrt{2}}(1-\mathrm{j})\,x; \qquad x = \frac{r}{\delta}\sqrt{2}, \tag{10.75}$$

wobei δ die Eindringtiefe einer ebenen Welle nach Gl. (10.46) ist. Die Stromdichteverteilung $J(r)$ über den Querschnitt erhält man dann für die beiden Grenzfälle

$$x = \frac{r}{\delta}\sqrt{2} = r\sqrt{\omega\mu\kappa} \ll 1 \quad \text{und} \quad x = \frac{r}{\delta}\sqrt{2} = r\sqrt{\omega\mu\kappa} \gg 1,$$

was sehr tiefen und sehr hohen Frequenzen entspricht. Im ersten Fall ergibt die Reihenentwicklung der Besselfunktionen mit dem Argument $\sqrt{-\mathrm{j}}\,x$ nach Gl. (1.54) für die Beträge

$$\left.\begin{aligned} |J_0(\sqrt{-\mathrm{j}}\,x)| &\approx \sqrt{1+\frac{x^4}{16}} \approx 1+\frac{x^4}{32} = 1+\frac{1}{32}\,\omega^2\kappa^2\mu^2 r^4, \\ |J_1(\sqrt{-\mathrm{j}}\,x)| &\approx \frac{x}{2} = \frac{\sqrt{\omega\mu\kappa}}{2}\,r. \end{aligned}\right\} \tag{10.76}$$

Damit erhält man wegen

$$\left|\frac{J_0(\underline{k}r)}{J_0(\underline{k}r_a)}\right| \approx \frac{1+\frac{1}{32}\,\omega^2\kappa^2\mu^2 r^4}{1+\frac{1}{32}\,\omega^2\kappa^2\mu^2 r_a^4} \approx 1-\frac{1}{32}\,\omega^2\kappa^2\mu^2(r_a^4-r^4)$$

für das Verhältnis der Beträge (Effektivwerte) der Stromdichte im Leiterinnern zu derjenigen an der Leiteroberfläche bei $r_a \ll \delta$

$$\boxed{\frac{J(r)}{J(r_a)} = 1-\frac{1}{8}\left[\left(\frac{r_a}{\delta}\right)^4-\left(\frac{r}{\delta}\right)^4\right]} \qquad r_a \ll \delta \tag{10.77}$$

Im Grenzfall des Gleichstromes wird $\delta \to \infty$, so daß dann unabhängig von den Leiterabmessungen mit Gl. (1.57) und Gl. (1.57a) nach Gl. (10.74)

$$J_{=} = \frac{I}{\pi r_a^2}.$$

Für $r_a \gg \delta$, also bei hohen Frequenzen, erhält man aus Gl. (1.63) für das Verhältnis der Beträge (Effektivwerte) der Stromdichte im Leiterinnern zu derjenigen an der Leiteroberfläche

$$\frac{J(r)}{J(r_a)} = \left|\frac{J_0(\underline{k}r)}{J_0(\underline{k}r_a)}\right| = \sqrt{\frac{r_a}{r}}\, e^{-\alpha(r_a - r)} = \sqrt{\frac{r_a}{r}}\, e^{-(r_a - r)/\delta} \qquad r_a \gg \delta \qquad (10.78)$$

Bei niederen Frequenzen wird das von außen radial eingedrungene elektromagnetische Feld von Reflexionen im Leiterinnern überlagert. Die Stromdichte verteilt sich daher mehr oder weniger gleichmäßig über den Leiterquerschnitt. Mit zunehmender Frequenz nimmt auch die Dämpfung zu, jedoch die Eindringtiefe ab, womit immer weniger Reflexionen innerhalb des Leiters auftreten. Bei hinreichend hohen Frequenzen, also $r_a \gg \delta$, ist schließlich das radial in den Leiter eingedrungene Feld bereits vor dem Erreichen der Leiterachse praktisch abgeklungen, so daß auch keine Reflexionen innerhalb des Leiters auftreten können. Man erhält eine sogenannte totale Stromverdrängung. Die Stromleitung spielt sich schließlich nur noch in einer dünnen Schicht unter der Leiteroberfläche ab (Haut- oder Skineffekt). Die Stromdichteverteilung über den Leiterquerschnitt für verschiedene Werte r_a/δ zeigt Bild 10.13.
Im Leiterinnern ändert sich nicht nur die Amplitude der Feldvektoren, sondern auch deren Phase φ. Da die Besselfunktionen komplexen Arguments selbst komplex sind, ist in den verschiedenen Schichten r innerhalb des Leiters auch das Verhältnis

$$\tan\varphi = \frac{\operatorname{Im} J_0(\sqrt{-\mathrm{j}}\,x)}{\operatorname{Re} J_0(\sqrt{-\mathrm{j}}\,x)} \qquad (10.79)$$

verschieden.

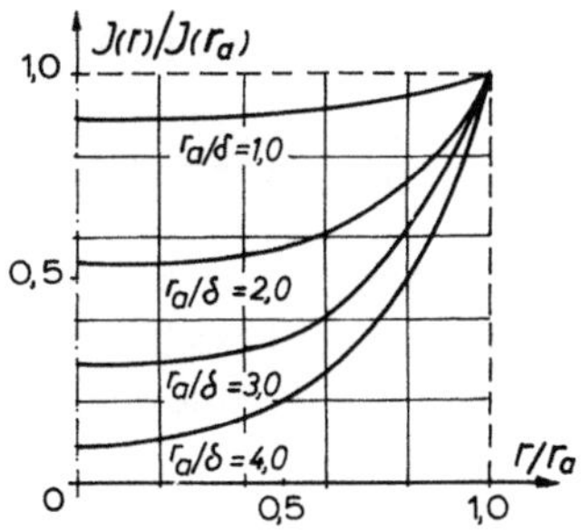

Bild 10.13
Stromdichteverteilung über den Querschnitt eines Leiters vom Radius r_a

10.3.4 Wirkwiderstand und innere Induktivität. Infolge der Strom- und Feldverdrängung nimmt der zur Stromleitung dienende Leiterquerschnitt mit zunehmender Frequenz ab; der Wechselstromwiderstand eines Leiters wird daher mit zunehmender Frequenz größer. Das Verhältnis R/R_0 des Wirkwiderstandes zum Gleichstromwiderstand für massive Kupferleiter als Einzelleiter mit verschiedenen Durchmessern zeigt Bild 10.14. Da nach Gl. (10.74) das Produkt $\underline{k}r$ maßgebend ist, verwendet man bei höheren Frequenzen Litze, das sind dünne voneinander isolierte Drähte, die zu einem Leiter verdrillt werden. Daß die Widerstandszunahme gegenüber Gleichstrom auch bereits bei 50 Hz Bedeutung haben kann, zeigt Beispiel 10.2 in Kap. 10.2.2.
Die Feldverdrängung bedeutet auch eine Verminderung des magnetischen Flusses innerhalb eines Leiters, wodurch gleichzeitig die *innere* Induktivität abnimmt. Für $\omega \to \infty$ gilt für den Fluß innerhalb des Leiters $\Phi_i \to 0$ und daher nach Gl. (7.50) auch $L_i \to 0$. Die Feldverteilung außerhalb der Leiter und damit die äußere Induktivität L_a bleibt davon

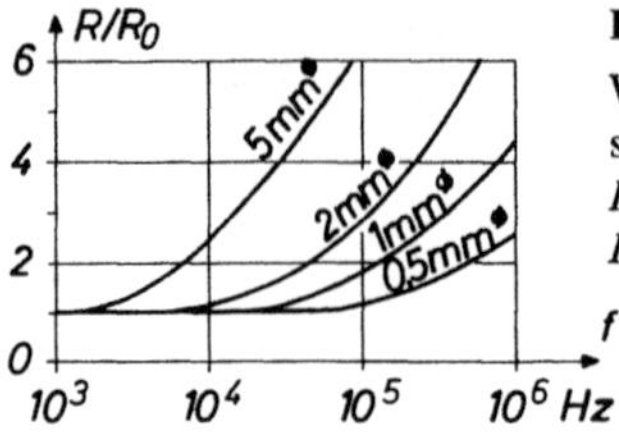

Bild 10.14

Widerstandszunahme verschiedener Kupferleiter. R Wechselstromwirkwiderstand, R_0 Gleichstromwiderstand

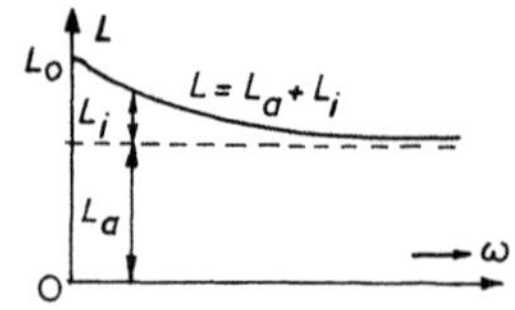

Bild 10.15 Frequenzabhängigkeit der Induktivität. L_a äußere Induktivität, L_i innere Induktivität

unberührt. Für die Frequenzabhängigkeit der Induktivität L einer Leiteranordnung gilt daher $L \to L_a$ für $\omega \to \infty$, wie aus Bild 10.15 zu erkennen ist.

Nach Gl. (10.79) ist die elektrische Feldstärke $\underline{E}_z$ auf der Oberfläche eines zylindrischen Leiters nur mit der Oberflächenstromdichte $J(r_a)$ in Phase, nicht jedoch mit der Gesamtstromdichte. Dem Leiter kann man daher einen Wirkwiderstand R_w und eine innere Induktivität L_i zuordnen, indem man unter Beachtung von Gl. (10.74) setzt,

$$\underline{E}_z(r_a)\,l = I(R_w + \mathrm{j}\,\omega L_i) = \frac{I\underline{k}\,l}{2\pi r_a \kappa}\,\frac{J_0(\underline{k}r_a)}{J_1(\underline{k}r_a)}\,. \tag{10.80}$$

Mit dem Gleichstromwiderstand

$$R_0 = \frac{l}{\pi\kappa r_a^2}$$

und $\underline{k}$ nach Gl. (10.71) erhält man dann

$$\frac{R_w}{R_0} + \mathrm{j}\,\frac{\omega L_i}{R_0} = (1-\mathrm{j})\,\frac{r_a}{2\delta}\,\frac{J_0(\underline{k}r_a)}{J_1(\underline{k}r_a)}\,. \tag{10.81}$$

Den Verlauf der bezogenen Größen R_w/R_0 und $\omega L_i/R_0$ findet man aus der Reihendarstellung der Besselfunktion [2.1], er ist in Bild 10.16 dargestellt.

Für hohe Frequenzen oder $r_a \gg \delta$ erhält man für die rechte Seite in Gl. (10.80) mit Gl. (1.62)

$$\frac{-\mathrm{j}\underline{k}Il}{2\pi r_a\kappa} = \frac{\sqrt{\mathrm{j}\,\omega\mu\kappa}\,Il}{2\pi r_a\kappa} = (1+\mathrm{j})\,\frac{Il}{2\pi r_a}\sqrt{\frac{\omega\mu}{2\kappa}}\,,$$

so daß, wenn gestrichene Größen auf die Länge bezogene Beläge sind,

$$\frac{R_w}{R_0} = \frac{\omega L_i}{R_0}\,; \qquad R'_w = \omega L'_i = \frac{1}{2\pi r_a}\sqrt{\frac{\omega\mu}{2\kappa}} \tag{10.82}$$

oder mit L_0 nach Gl. (8.23)

$$\frac{R_w}{R_0} = \frac{L_0}{L_i} = \frac{r_a}{2\delta}\,. \tag{10.82a}$$

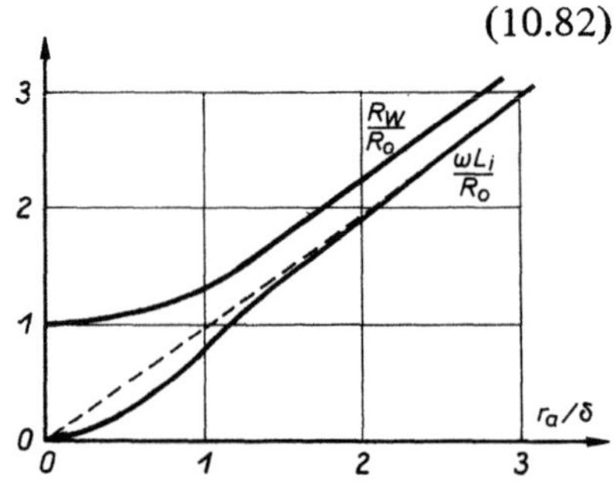

Bild 10.16

Wirkwiderstand und innere Induktivität eines zylindrischen Leiters vom Radius r_a

Besonders einfache Verhältnisse erhält man bei totaler Stromverdrängung, d.h. wenn die Eindringtiefe δ sehr klein gegenüber den Leiterabmessungen ist. Für einen solchen Fall soll ein Quader nach Bild 10.17 mit den Abmessungen l, h und a als Ausschnitt eines unendlich ausgedehnten linearen und homogenen Leiters betrachtet werden. Es sei dabei $\delta \ll a$. Ein geschlossener Umlauf ausgehend von der Oberfläche in der xz-Ebene bzw. in der yz-Ebene ergibt dann

$$\oint \underline{E}\,\mathrm{d}s = \underline{E}_0\, l = \underline{U}_0 = \underline{I}_0\,(R_w + \mathrm{j}\,\omega L_i),$$

$$\oint \underline{H}\,\mathrm{d}s = \underline{H}_0\, h = \underline{I}_0, \qquad \underline{H}_0^* h = \underline{I}_0^*.$$

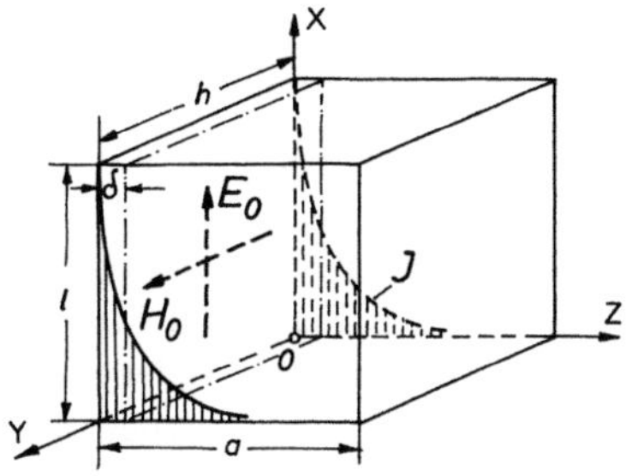

Bild 10.17 Zur Ausbreitung eines elektromagnetischen Feldes in Leitern

Hierbei ist R_w der Wirkwiderstand und L_i die innere Induktivität des Leiters. Ferner wird

$$\oint \underline{S}\,\mathrm{d}A = \underline{E}_0\,\underline{H}_0^*\, l\, h = \underline{Z}\, H_0^2\, l\, h$$

und nach dem Poyntingschen Satz Gl. (9.18) mit $\underline{Z}$ nach Gl. (10.43)

$$\underline{Z}\, H_0^2\, l\, h = I_0^2\, \frac{l}{h}\,(1+\mathrm{j})\sqrt{\frac{\omega\mu}{2\kappa}} = I_0^2\,(R_w + \mathrm{j}\,\omega L_i).$$

Infolge des gleichen Real- und Imaginärteils des Wellenwiderstandes $\underline{Z}$ erhält man daraus

$$R_w = \omega L_i = \frac{l}{h}\sqrt{\frac{\omega\mu}{2\kappa}}.$$

Beispiel 10.6: Rechnet man bei totaler Stromverdrängung mit konstantem Strom vom Oberflächenwert I_0 über eine Fläche $A = \delta h$, so entnimmt man Bild 10.17 unmittelbar

$$R_w = \frac{l}{\kappa\,\delta\, h} = \frac{l}{h}\sqrt{\frac{\omega\mu}{2\kappa}} = \frac{l}{h}\,\mathrm{Re}\left\{\frac{\underline{U}_0}{\underline{I}_0}\right\}.$$

Die Verlustleistung beträgt

$$P = \mathrm{Re}\,\{\underline{U}_0\,\underline{I}_0^*\} = \mathrm{Re}\,\{\underline{E}_0\,\underline{H}_0^*\}\, l\, h = I_0^2\, R_w,$$

woraus man bei Division durch die Fläche hl die Flächendichte der Verlustleistung P_{xy} nach Gl. (10.47) erhält.

Beispiel 10.7: Wird in Bild 10.17 die Quaderlänge h durch den Umfang $2\pi r_0$ eines zylindrischen Leiters vom Radius r_0 ersetzt, so erhält man bei totaler Stromverdrängung, also $\delta \ll r_0$ unmittelbar

$$R_w' = \omega L_i' = \frac{1}{2\pi r_0}\sqrt{\frac{\omega\mu}{2\kappa}} = \frac{1}{2\pi r_0\,\kappa\,\delta}$$

in Übereinstimmung mit Gl. (10.82).
Bei $r_0 = 4$ mm, $\kappa = 57 \cdot 10^6$ S/m, $\mu = \mu_0$ und $f = 1$ MHz wird $R_w = 30\, R_0$ und $L_i = (1/30)\, L_0$.
Liegt beispielsweise ein Rechteckquerschnitt vor, so müssen die Randbedingungen an den Kanten berücksichtigt werden. Die Quaderlänge h in Bild 10.17 kann daher nicht mehr durch den Umfang des Rechteckleiters ersetzt werden.

11 Ausbreitung freier und geführter Wellen

11.1 Lösungen der skalaren Wellengleichung

11.1.1 Zur Einführung elektrodynamischer Potentiale. Die Ausbreitung elektromagnetischer Wellen im freien Raum als Zylinder- oder Kugelwellen sowie längs Anordnungen aus Metall oder Dielektrikum (Zylinder, Hohlleiter, Doppelleitung usw.) ebenso wie die Fragen der Feld- und Stromverdrängung sind nur verschiedene Sonderfälle einer Lösung der allgemeinen Wellengleichung. Sie können durch Spezialisierung der allgemeinen Lösung gefunden werden. Dabei soll davon ausgegangen werden, daß grundsätzlich zwei Wellenformen existieren, nämlich eine TM-Welle mit einer elektrischen longitudinalen Komponente und eine TE-Welle mit einer magnetischen longitudinalen Komponente. Diese Annahme stößt auf keine Widersprüche, wenn man sie in die Maxwellschen Gleichungen einsetzt. Sie ergibt zwei verschiedene Lösungen der allgemeinen Wellengleichung, deren allgemeinste Lösung eine Summe aus TM- und TE-Wellen ist.

Zweckmäßig führt man zwei verschiedene und voneinander unabhängige Vektorpotentiale ein, jeweils eines für die TM-Welle und eines für die TE-Welle. Beide sind so zu wählen, daß im ersten Fall keine longitudinale magnetische Komponente und im zweiten Fall keine longitudinale elektrische Komponente auftritt. Im folgenden soll dabei durchweg homogenes, isotropes und leitendes Medium konstanter reeller Permeabilität ohne elektrische Raumladungen angenommen werden, wobei die Feldgrößen dem harmonischen Zeitgesetz mit der Kreisfrequenz ω folgen. Die Maxwellschen Feldgleichungen lauten dann im Frequenzbereich nach Gl. (9.30), wobei eine Kennzeichnung komplexer Werte durch unterstreichen nur in besonders notwendigen Fällen erfolgen soll wie z.B. bei $\underline{\epsilon}$,

$$\begin{aligned} |\operatorname{rot}\boldsymbol{H}| &= (\kappa + \mathrm{j}\,\omega\epsilon)E = \mathrm{j}\,\omega\underline{\epsilon}E \\ |\operatorname{rot}\boldsymbol{E}| &= -\mathrm{j}\,\omega B = -\mathrm{j}\,\omega\mu H. \end{aligned} \tag{11.1}$$

Die beiden Vektorpotentiale $A^{(m)}$ und $A^{(e)}$ sind wegen der angenommenen Quellenfreiheit beider Felder ($\rho = 0$)

$\operatorname{div}\boldsymbol{B} = 0$	$\operatorname{div}\boldsymbol{D} = 0$

wie folgt mit den Feldstärken verknüpft:

TM-Welle, $A = A^{(m)}$	*TE-Welle,* $A = A^{(e)}$
$\boldsymbol{B} = \mu\boldsymbol{H} = \operatorname{rot}\boldsymbol{A}$,	$\boldsymbol{D} = \epsilon\boldsymbol{E} = -\operatorname{rot}\boldsymbol{A}$.

In die Feldgleichungen eingeführt, ergibt das

$\operatorname{rot}\boldsymbol{E} = -\mathrm{j}\,\omega\operatorname{rot}\boldsymbol{A}$,	$\operatorname{rot}\boldsymbol{H} = -\mathrm{j}\,\omega\dfrac{\underline{\epsilon}}{\epsilon}\operatorname{rot}\boldsymbol{A}$.

Daraus

$\boldsymbol{E} = -\mathrm{j}\,\omega\boldsymbol{A} - \operatorname{grad}\varphi$,	$\boldsymbol{H} = -\mathrm{j}\,\omega\dfrac{\underline{\epsilon}}{\epsilon}\boldsymbol{A} - \operatorname{grad}\psi$.

Über die beiden skalaren Funktionen φ und ψ, deren Gradient bei der Rotorbildung notwendig verschwindet, kann frei verfügt werden. Zweckmäßig werden sie so festgelegt, daß sich die Rechnung vereinfacht. Das ist der Fall, wenn man nach der Konvention Gl. (10.17) bzw. Gl. (10.17a) setzt

$$\varphi = \frac{-1}{j\,\omega\underline{\epsilon}\mu}\,\mathrm{div}\boldsymbol{A}, \qquad (11.2) \qquad\qquad \psi = \frac{-1}{j\,\omega\epsilon\mu}\,\mathrm{div}\boldsymbol{A}. \qquad (11.2a)$$

Man erhält dann als Feldkomponenten für die TM-Welle mit $A = A^{(m)}$

$$\boldsymbol{H} = \frac{1}{\mu}\,\mathrm{rot}\boldsymbol{A}, \qquad \boldsymbol{E} = \frac{1}{j\,\omega\underline{\epsilon}\mu}\,\mathrm{grad\,div}\boldsymbol{A} - j\,\omega\boldsymbol{A} \qquad (11.3)$$

und für die TE-Welle mit $A = A^{(e)}$

$$\boldsymbol{E} = -\frac{1}{\epsilon}\,\mathrm{rot}\boldsymbol{A}, \qquad \boldsymbol{H} = \frac{1}{j\,\omega\epsilon\mu}\,\mathrm{grad\,div}\boldsymbol{A} - j\,\omega\frac{\underline{\epsilon}}{\epsilon}\boldsymbol{A}. \qquad (11.3a)$$

Für beide Vektorpotentiale gilt die skalare Wellengleichung (Helmholtzsche Gleichung)

$$\boxed{\Delta A + \omega^2\mu\underline{\epsilon}A = \Delta A + k^2 A = 0} \qquad (11.4)$$

wobei A nur eine Komponente in Ausbreitungsrichtung, z.B. z-Richtung haben soll. Für die TM-Welle nach Gl. (11.3) wird dann wie erforderlich $H_z = 0$ und für die TE-Welle nach Gl. (11.3a) $E_z = 0$. Ferner ist in Gl. (11.4) die komplexe Wellenzahl

$$k = \sqrt{-j\,\omega\mu(\kappa + j\,\omega\epsilon)} = \omega\sqrt{\underline{\epsilon}\mu} \qquad (11.5)$$

mit $\underline{\epsilon}$ als komplexe Permittivität nach Gl. (9.32).

Besonders einfache Zusammenhänge erhält man, wenn man zur Berechnung der Wellenausbreitung in nichtleitenden Medien den Hertzschen Vektor Π als Potentialfunktion einführt mit der Bestimmungsgleichung

$$A = \epsilon\mu\frac{\partial\Pi}{\partial t}; \qquad \underline{A} = j\,\omega\epsilon\mu\Pi, \qquad (11.6)$$

wobei auch im folgenden seine besondere Kennzeichnung als Vektor entfallen soll. In linearen und isotropen Medien genügt Π ebenfalls der Wellengleichung (Helmholtzschen Gleichung) insbesondere bei $\kappa = 0$

$$\Delta\Pi + \omega^2\mu\epsilon\Pi = \Delta\Pi + k^2\Pi = 0. \qquad (11.7)$$

Ordnet man dem magnetischen Vektorpotential $A^{(m)}$ den elektrischen Vektor $\Pi^{(e)}$ und dem elektrischen Vektorpotential $A^{(e)}$ den magnetischen Vektor $\Pi^{(m)}$ zu, so erhält man wegen Gl. (11.2) bzw. Gl. (11.2a) mit

$$\varphi = -\,\mathrm{div}\Pi^{(e)}, \qquad \psi = -\,\mathrm{div}\Pi^{(m)} \qquad (11.8)$$

als Feldkomponenten für die TM-Welle mit $\Pi = \Pi^{(e)}$

$$\left.\begin{aligned} \boldsymbol{H} &= j\,\omega\epsilon\,\mathrm{rot}\,\Pi = \frac{k^2}{j\,\omega\mu}\,\mathrm{rot}\Pi, \\ \boldsymbol{E} &= \mathrm{grad\,div}\Pi + k^2\,\Pi = \mathrm{rot\,rot}\,\Pi \end{aligned}\right\} \qquad (11.9)$$

und für die TE-Welle mit $\Pi = \Pi^{(m)}$

$$\left.\begin{aligned} \boldsymbol{E} &= -\mathrm{j}\,\omega\mu \operatorname{rot} \Pi = \frac{k^2}{\mathrm{j}\,\omega\mu} \operatorname{rot} \Pi, \\ \boldsymbol{H} &= \operatorname{grad} \operatorname{div} \Pi + k^2 \Pi = \operatorname{rot} \operatorname{rot} \Pi, \end{aligned}\right\} \qquad (11.9a)$$

wobei beide Potentialfunktionen Π nur jeweils eine Komponente in Ausbreitungsrichtung der elektromagnetischen Welle haben.

11.1.2 Ausbreitung ebener Wellen. Unterbleibt weiterhin eine besondere Kennzeichnung komplexer Werte, so lautet die skalare Wellengleichung für die beiden Vektorpotentiale $A^{(m)}$ und $A^{(e)}$ in *kartesischen* Koordinaten

$$\boxed{\frac{\partial^2 A}{\partial x^2} + \frac{\partial^2 A}{\partial y^2} + \frac{\partial^2 A}{\partial z^2} + k^2 A = 0} \qquad (11.10)$$

Die Lösung dieser Gleichung erfolgt zweckmäßig mit dem Bernoullischen Produktansatz nach Gl. (5.49)

$$A(x, y, z) = X(x) \cdot Y(y) \cdot Z(z), \qquad (11.11)$$

wobei X nur von x, Y nur von y und Z nur von z abhängen sollen. Das ergibt die drei Gleichungen (vgl. Kap. 5.3)

$$\left.\frac{1}{X}\frac{\mathrm{d}^2 X}{\mathrm{d}x^2} = -k_x^2, \quad \frac{1}{Y}\frac{\mathrm{d}^2 Y}{\mathrm{d}y^2} = -k_y^2, \quad \frac{1}{Z}\frac{\mathrm{d}^2 Z}{\mathrm{d}z^2} + k^2 - \chi^2 = 0 \quad\right\} \qquad (11.12)$$

und wenn man setzt

$$k_x^2 + k_y^2 = \chi^2, \qquad \gamma = \mathrm{j}\sqrt{k^2 - \chi^2} = \alpha + \mathrm{j}\beta, \qquad (11.13)$$

die Lösungsansätze

$$\left.\begin{aligned} X(x) &= A_1 \cos k_x x + A_2 \sin k_x x, \\ Y(y) &= B_1 \sin k_y y + B_2 \sin k_y y, \\ Z(z) &= C\mathrm{e}^{\pm\gamma z}. \end{aligned}\right\} \qquad (11.14)$$

Daraus erhält man als allgemeine Lösung für beide Vektorpotentiale $A^{(m)}$ und $A^{(e)}$ aus dem Lösungsansatz Gl. (11.11) ohne Zeitglied $\mathrm{e}^{\mathrm{j}\omega t}$

$$\boxed{A(x, y, z) = C\mathrm{e}^{\pm\gamma z} \begin{Bmatrix} A_1 \cos k_x x \\ A_2 \sin k_x x \end{Bmatrix} \cdot \begin{Bmatrix} B_1 \cos k_y y \\ B_2 \sin k_y y \end{Bmatrix}} \qquad (11.15)$$

Die Konstanten C, A_1, A_2, B_1, B_2 sind dimensionsbehaftet und im allgemeinen komplex. Die Feldkomponenten erhält man nun mit Gl. (11.5) für die TM-Welle aus Gl. (11.3) und für die TE-Welle aus Gl. (11.3a) unter Beachtung, daß $A = A_z$.

TM-Welle, $A = A^{(m)}$

$$\left.\begin{aligned} H_x &= \frac{1}{\mu}\frac{\partial A}{\partial x}, & E_x &= \frac{1}{\mathrm{j}\omega\underline{\epsilon}\mu}\frac{\partial^2 A}{\partial x\,\partial z}, \\ H_y &= -\frac{1}{\mu}\frac{\partial A}{\partial y}, & E_y &= \frac{1}{\mathrm{j}\omega\underline{\epsilon}\mu}\frac{\partial^2 A}{\partial y\,\partial z}, \\ H_z &= 0. & E_z &= \frac{1}{\mathrm{j}\omega\underline{\epsilon}\mu}\left(\frac{\partial^2 A}{\partial z^2} + k^2 A\right). \end{aligned}\right\} \tag{11.16}$$

TE-Welle, $A = A^{(e)}$

$$\left.\begin{aligned} E_x &= -\frac{1}{\epsilon}\frac{\partial A}{\partial y}, & H_x &= \frac{1}{\mathrm{j}\omega\epsilon\mu}\frac{\partial^2 A}{\partial x\,\partial z}, \\ E_y &= \frac{1}{\epsilon}\frac{\partial A}{\partial x}, & H_y &= \frac{1}{\mathrm{j}\omega\epsilon\mu}\frac{\partial^2 A}{\partial y\,\partial z}, \\ E_z &= 0. & H_z &= \frac{1}{\mathrm{j}\omega\epsilon\mu}\left(\frac{\partial^2 A}{\partial z^2} + k^2 A\right). \end{aligned}\right\} \tag{11.17}$$

Diese Beziehungen sind genügend allgemein gehalten, um einem speziellen Problem in kartesischen Koordinaten angepaßt zu werden. Der Vorteil der Einführung des Vektorpotentials liegt dabei nicht nur darin, daß diese Potentialfunktion einer vorliegenden Wellenform angepaßt werden kann, sondern auch darin, daß die daraus ermittelten Feldkomponenten den Maxwellschen Gleichungen genügen und daher ganz automatisch zusammenpassen.

Beispiel 11.1: Eine inhomogene ebene Welle nach Bild 10.2 in Kap. 10.1.5 mit den Komponenten E_x, H_y und H_z (TE-Welle) breitet sich in Richtung $z > 0$ in einem linearen, homogenen und isotropen ladungsfreien Medium aus, das als unendlich ausgedehnt angenommen werden kann. Wegen $\partial/\partial x = 0$ ist im Ansatz Gl. (11.11) $X(x)$ eine Konstante, die zu den übrigen Konstanten hinzugenommen werden kann. Damit erhält man aus Gl. (11.15)

$$A(y, z, t) = C\,\mathrm{e}^{-\gamma z + \mathrm{j}\omega t}(B_1 \cos k_y y + B_2 \sin k_y y).$$

Unter Beachtung der exponentiellen Amplitudenabhängigkeit in y- und z-Richtung muß für die E-Komponente gelten

$$E_x = E_0 \text{ für} \begin{cases} y = 0 \\ z = 0 \end{cases}, \qquad E_x \to 0 \text{ für} \begin{cases} y \to \infty \\ z \to \infty \end{cases}.$$

Diese Bedingung kann erfüllt werden, wenn man setzt $B_1 = -\mathrm{j}B_2$ und $k_y = \mathrm{j}\alpha_y$. Dann ergeben die Ausdrücke

$$B_1 \cos k_y y + B_2 \sin k_y y = -\mathrm{j}\,B_2\,\mathrm{e}^{\mathrm{j}k_y y} = -\mathrm{j}\,B\,\mathrm{e}^{-\alpha_y y},$$
$$B_2 \cos k_y y - B_1 \sin k_y y = B_2\,\mathrm{e}^{\mathrm{j}k_y y} = B\,\mathrm{e}^{-\alpha_y y}.$$

Setzt man noch wegen Gl. (11.17)

$$-\frac{k_y}{\epsilon}BC = E_0; \qquad \frac{\mathrm{j}\omega\mu}{\gamma} = Z,$$

so erhält man für die Feldkomponenten aus Gl. (11.17)

$$E_x = E_0\,\mathrm{e}^{-\alpha_y y}\cdot\mathrm{e}^{-\alpha z + \mathrm{j}(\omega t - \beta z)}$$

$$H_y = \frac{E_0}{Z}\,\mathrm{e}^{-\alpha_y y}\cdot\mathrm{e}^{-\alpha z + \mathrm{j}(\omega t - \beta z)}$$

$$H_z = -\frac{\alpha_y}{\gamma}\,\frac{E_0}{Z}\,\mathrm{e}^{-\alpha_y y}\cdot\mathrm{e}^{-\alpha z + \mathrm{j}(\omega t - \beta z)}.$$

11.1.3 Zylinderwellen. Läßt man weiterhin für beide Vektorpotentiale nur eine z-Komponente A_z zu, so erhält man in Zylinderkoordinaten r, φ, z nach Gl. (1.38) eine sich längs Kreiszylinder ausbreitende elektromagnetische Welle. Die Helmholtzsche Gleichung für A nimmt dann nach Gl. (1.35) die Form an

$$\boxed{\frac{1}{r}\frac{\partial}{\partial r}\left(r\frac{\partial A}{\partial r}\right) + \frac{1}{r^2}\frac{\partial^2 A}{\partial \varphi^2} + \frac{\partial^2 A}{\partial z^2} + k^2 A = 0} \tag{11.18}$$

mit k als komplexe Wellenzahl nach Gl. (11.5), wobei auch im folgenden auf eine besondere Kennzeichnung komplexer Größen verzichtet werden soll, sofern nicht besonders erforderlich. Der Produktansatz zur Lösung dieser Gleichung lautet nun

$$A(r, \varphi, z) = R(r)\cdot\Phi(\varphi)\cdot Z(z), \tag{11.19}$$

wobei die Funktion $R(r)$ nur von r, $\Phi(\varphi)$ nur von φ und $Z(z)$ nur von z abhängen. Damit erhält man unter Beachtung, daß jetzt totale Differentialquotienten geschrieben werden können,

$$\frac{1}{r}\frac{\mathrm{d}r}{\mathrm{d}}\left(r\frac{\mathrm{d}R}{\mathrm{d}r}\right) + \left(k^2 + \frac{1}{Z}\frac{\mathrm{d}^2 Z}{\mathrm{d}z^2} + \frac{1}{r^2}\frac{1}{\Phi}\frac{\mathrm{d}^2\Phi}{\mathrm{d}\varphi^2}\right)R = 0.$$

Setzt man darin mit k_z als Wellenzahl in z-Richtung

$$\frac{1}{Z}\frac{\mathrm{d}^2 Z}{\mathrm{d}z^2} = -k_z^2 \quad\text{und}\quad \frac{1}{\Phi}\frac{\mathrm{d}^2\Phi}{\mathrm{d}\varphi^2} = -m^2, \tag{11.20}$$

so erhält man die beiden Teillösungen

$$Z = C_1\,\mathrm{e}^{\pm\mathrm{j}\gamma z}; \qquad \Phi = C_2\,\mathrm{e}^{\pm\mathrm{j}m\varphi} \tag{11.21}$$

mit

$$\gamma = \mathrm{j}k_z = \mathrm{j}\frac{2\pi}{\Lambda}, \tag{11.22}$$

wobei Λ die Leitungswellenlänge längs der Leiter in z-Richtung ist. Für m sind nur ganze Zahlen zugelassen, da bei einem Winkelzuwachs von 2π die Funktion Φ ihren Anfangswert annehmen muß. Setzt man noch

$$\chi = \sqrt{k^2 - k_z^2}, \tag{11.23}$$

so erhält man als dritte Gleichung die Besselsche Differentialgleichung

$$\frac{1}{r}\frac{\mathrm{d}}{\mathrm{d}r}\left(r\frac{\mathrm{d}R}{\mathrm{d}r}\right) + \left(\chi^2 - \frac{m^2}{r^2}\right)R = 0 \tag{11.24}$$

mit der allgemeinen Lösung Gl. (1.52)

$$R(r) = CZ_m(\chi r) = C_1 J_m(\chi r) + C_2 N_m(\chi r). \tag{11.25}$$

Darin ist $Z_m(\chi r)$ die allgemeine Zylinderfunktion, die sich aus der Besselschen Funktion $J_m(\chi r)$ und der Neumannschen Funktion $N_m(\chi r)$ zusammensetzt (Kap. 1.3.2). Die allgemeine Lösung für beide Potentiale in Zylinderkoordinaten wird somit nach Gl. (11.19) mit Gl. (11.21) unter Beachtung, daß $A = A_z$, sowie unter Zusammenfassung aller Konstanten

$$\boxed{A(r, \varphi, z) = CZ_m(\chi r)\, e^{\pm \gamma z} \cdot e^{\pm j m \varphi}} \tag{11.26}$$

Die Größe C, (C_1 und C_2) ist eine dimensionsbehaftete und im allgemeinen komplexe Konstante.

Die einzelnen Feldkomponenten ergeben sich wieder aus Gl. (11.3) und Gl. (11.3a). Siehe auch Kap. 1.1.5.

TM-Welle, $A = A^{(m)}$

$$\left.\begin{aligned} H_r &= \frac{1}{\mu r}\frac{\partial A}{\partial \varphi}, & E_r &= \frac{1}{j\omega\underline{\epsilon}\mu}\frac{\partial^2 A}{\partial r\,\partial z}, \\ H_\varphi &= -\frac{1}{\mu}\frac{\partial A}{\partial r}, & E_\varphi &= \frac{1}{j\omega\underline{\epsilon}\mu r}\frac{\partial^2 A}{\partial \varphi\,\partial z}, \\ H_z &= 0. & E_z &= \frac{1}{j\omega\underline{\epsilon}\mu}\left(\frac{\partial^2 A}{\partial z^2} + k^2 A\right). \end{aligned}\right\} \tag{11.27}$$

TE-Welle, $A = A^{(e)}$

$$\left.\begin{aligned} E_r &= -\frac{1}{\epsilon r}\frac{\partial A}{\partial \varphi}, & H_r &= \frac{1}{j\omega\epsilon\mu}\frac{\partial^2 A}{\partial r\,\partial z}, \\ E_\varphi &= \frac{1}{\epsilon}\frac{\partial A}{\partial r}, & H_\varphi &= \frac{1}{j\omega\epsilon\mu r}\frac{\partial^2 A}{\partial \varphi\,\partial z}, \\ E_z &= 0. & H_z &= \frac{1}{j\omega\epsilon\mu}\left(\frac{\partial^2 A}{\partial z^2} + k^2 A\right). \end{aligned}\right\} \tag{11.28}$$

Auch diese Beziehungen sind genügend allgemein gehalten, um die Randbedingungen eines speziellen Problems in Zylinderkoordinaten zu erfüllen.

Beispiel 11.2: Ein gerader zylindrischer Leiter mit Kreisquerschnitt z.B. als Innenleiter eines Koaxialkabels, bildet eine zylindersymmetrische Anordnung; die Leiterachse ist die z-Achse und es ist $\partial/\partial\varphi = 0$. Breitet sich längs des Leiters eine elektromagnetische Welle aus, so ergibt der Spannungsabfall im Leiter eine Komponente $E_z \neq 0$, so daß man eine TM-Welle mit den Komponenten H_φ, E_r und E_z erhält. Wird dabei nur das Leiterinnere $0 \leqslant r \leqslant r_a$ mit r_a als Leiterradius betrachtet, so muß in Gl. (11.25) $C_2 = 0$ sein, da die Neumannsche Funktion für $r = 0$ nach Unendlich geht. Beachtet man ferner, daß nach Gl. (1.56) die Ableitung

$$Z_0' = -Z_1,$$

so wird im vorliegenden Fall

$$Z_m'(\chi r) = J_0'(\chi r) = -J_1(\chi r). \tag{11.29}$$

Im Leiterinnern erhält man somit unter Beachtung von Gl. (11.22) und Gl. (11.23) die drei Feldkomponenten

$$\left.\begin{aligned} H_\varphi &= \frac{\chi}{\mu} C J_1(\chi r)\, e^{-\gamma z} \\ E_r &= \frac{\gamma \chi}{j\omega\mu\underline{\epsilon}} C J_1(\chi r)\, e^{-\gamma z}, \qquad E_z = \frac{\chi^2}{j\omega\mu\underline{\epsilon}} C J_0(\chi r)\, e^{-\gamma z}. \end{aligned}\right\} \tag{11.30}$$

Innerhalb des Leiters ist mit $\omega\epsilon \ll \kappa$ die Phasengeschwindigkeit nach Gl. (10.44) für jeden Frequenzanteil unter Beachtung, daß $k = \underline{k}$ komplex ist,

$$v = \frac{\omega}{\mathrm{Re}(\underline{k})} = \frac{\omega}{\beta} = \sqrt{\frac{2\omega}{\mu\kappa}} \ll v_z = \frac{\omega}{k_z},$$

wenn v_z die Phasengeschwindigkeit ist, mit der sich eine elektromagnetische Welle außerhalb des Leiters längs des Zylinders in z-Richtung ausbreitet. Demnach ist $k_z \ll k$ und damit nach Gl. (11.23)

$$\chi \to k = \sqrt{-j\omega\mu\kappa} = (1 - j)\sqrt{\frac{\omega\mu\kappa}{2}} \gg k_z, \tag{11.31}$$

so daß in Gl. (11.30) E_r gegenüber E_z vernachlässigt werden kann. Soll schließlich wie in Kap. 10.3.3 nur die Verteilung von H und J über den Leiterquerschnitt für z = const. betrachtet werden, so kann der Exponentialfaktor in Gl. (11.30) auch noch zur Konstanten C hinzugenommen werden. Man erhält dann für die magnetische Feldstärke und die Stromdichte bei Vernachlässigung des Verschiebungsstromes im Leiter, d.h. $\chi \to k$

$$\left.\begin{aligned} H &= H_\varphi = \frac{k}{\mu} C J_1(kr), \\ J &= \kappa E_z = -j\omega\kappa C J_0(kr). \end{aligned}\right\} \tag{11.32}$$

Die Konstante C findet man aus dem Linienintegral der magnetischen Feldstärke längs des Leiterumfangs ($r = r_a$), was nach dem Durchflutungsgesetz den gesamten Leitungsstrom I ergibt. Also ist

$$\oint H\, ds = 2\pi r_a H = 2\pi r_a C \frac{k}{\mu} J_1(kr_a) = I.$$

Daraus

$$C = \frac{I}{2\pi r_a} \frac{\mu}{k} \frac{1}{J_1(kr_a)},$$

was in Gl. (11.32) eingesetzt, die Beziehungen Gl. (10.74) in Kap. 10.3.3 ergibt.

Beispiel 11.3: Wird ein zylindrischer Leiter mit Kreisquerschnitt vom Radius r_a wie im Beispiel 10.1 in Kap. 10.2.2 in ein Wechselfeld mit $H = H_z$ gebracht, so dringt das Feld radial in den Leiter. Im Gegensatz zum vorigen Beispiel 11.2 handelt es sich nun eine zylindersymmetrische TE-Welle. Wegen dieser Rotationssymmetrie ist $m = 0$; auch gelten wieder die gleichen Vereinfachungen wie im vorigen Beispiel. Insbesondere ist $\omega\epsilon \ll \kappa$, so daß $k_z \ll k$ und $\chi \to k$ gesetzt werden kann[1].
Für die beiden Feldkomponenten dieser TE-Welle erhält man aus Gl. (11.28) unter Beachtung von Gl. (11.29), wenn wieder der Exponentialfaktor zur Konstanten C hinzugenommen wird,

$$E_\varphi = -\frac{k}{\epsilon} C J_1(kr), \qquad H_z = \frac{k^2}{j\omega\mu\epsilon} C J_0(kr). \tag{11.33}$$

[1]) Nach H. Kleinwächter [2.20].

Auch hierbei sind wegen der Endlichkeit beider Felder in der Leiterachse $r = 0$ nur die Besselschen Funktionen eine zulässige Lösung. Die Konstante C findet man aus dem Induktionsgesetz

$$\oint E_\varphi(r_a)\,\mathrm{d}s = -\frac{2\pi r_a k}{\epsilon} C J_1(k r_a) = -\mathrm{j}\,\omega\,\Phi .$$

Daraus

$$C = \frac{\mathrm{j}\,\omega\epsilon\Phi}{2\pi r_a k}\;\frac{1}{J_1(k r_a)}$$

und die Stromdichte der zirkularen Wirbelströme sowie die axiale magnetische Feldstärke

$$J_\varphi = \frac{\mathrm{j}\,\omega\kappa}{2\pi r_a}\,\Phi\,\frac{J_1(kr)}{J_1(kr_a)}, \qquad H_z = \frac{k r_a}{2}\;\frac{\Phi}{\pi r_a^2 \mu}\;\frac{J_0(kr)}{J_1(kr_a)} .$$

Die Verlustleistung der Wirbelströme erhält man aus dem Poyntingschen Satz Gl. (9.17a) für $r = r_a$ unter Beachtung, daß der konjugiert-komplexe Wert durch Umkehren des Vorzeichens von j gewonnen wird,

$$\oint S\,\mathrm{d}A = -\underline{E}_\varphi \underline{H}_z^* 2\pi r_a l = \mathrm{j}\sqrt{\mathrm{j}}\,\omega\, l\,\frac{|\Phi|^2}{\pi r_a^2 \mu}\;\frac{r_a\sqrt{2}}{2\delta}\;\frac{J_0(\sqrt{\mathrm{j}}\,x)}{J_1(\sqrt{\mathrm{j}}\,x)} = P_w + 2\mathrm{j}\,\omega\, W_m. \tag{11.34}$$

Wird die betrachtete TE-Welle wie im Beispiel 10.1 durch eine Spule mit N Windungen erregt, die den massiven Leiterzylinder auf der Länge l konzentrisch umgibt, so ist die gesamte Leistung der Wirbelströme im Leiterzylinder gleich der aufgenommenen Leistung dieser *verlustlos* angenommenen Spule, wenn sie an eine Wechselspannung $U = \mathrm{j}\,\omega N \Phi$ angeschlossen wird. Führt man dann noch in Gl. (11.34) die auf die Spule bezogene Gleichstrominduktivität (statische Induktivität) des Leiterzylinders nach Gl. (7.51) ein

$$L_0 = \frac{N^2 \mu \pi r_a^2}{l},$$

sowie das Produkt

$$\underline{U}\,\underline{U}^* = U^2 = \omega^2 N^2\, |\Phi|^2,$$

so erhält man damit, wenn an den Klemmen der *verlustlosen* Spule infolge der Wirbelstromverluste im Leiter die Impedanz $R_w + \mathrm{j}\,\omega L_w$ erscheint,

$$(\mathrm{j}-1)\,\frac{U^2}{\omega L_0}\;\frac{r_a}{2\delta}\;\frac{J_0(\sqrt{\mathrm{j}}\,x)}{J_1(\sqrt{\mathrm{j}}\,x)} = P_w + 2\mathrm{j}\,\omega W_m = \frac{U^2}{R_w + \mathrm{j}\,\omega L_w} .$$

Der komplexe Leitwert an den Spulenklemmen hat dabei den Wert

$$\underline{Y} = \frac{1}{R_w + \mathrm{j}\,\omega L_w} = (\mathrm{j}-1)\,\frac{r_a}{2\omega L_0 \delta}\;\frac{J_0(\sqrt{\mathrm{j}}\,x)}{J_1(\sqrt{\mathrm{j}}\,x)} .$$

Unter Benutzung der Reihendarstellung Gl. (1.54) wird dieser Ausdruck für sehr niedrige Frequenzen nahezu rein imaginär. Das bedeutet sehr geringe Wirbelstromverluste und eine Wechselstrominduktivität $L_w \to L_0$. Für hohe Frequenzen oder $\delta \ll r_a$ erhält man dagegen mit der Näherung Gl. (1.62)

$$\frac{1}{R_w + \mathrm{j}\,\omega L_w} \approx \frac{r_a}{(1+\mathrm{j})\,\omega L_0 \delta}$$

oder mit δ nach Gl. (10.46) und $N = 1$

$$R_w = \omega L_w = \frac{L_0}{r_a}\sqrt{\frac{2\omega}{\kappa\mu}} = \frac{2\pi r_a}{l}\sqrt{\frac{\omega\mu}{2\kappa}} \qquad r_a \gg \delta$$

in Übereinstimmung mit dem Ergebnis aus Beispiel 10.1 in Kap. 10.2.2.

Der Sonderfall $k_z = k$ und $m = 0$, ohne daß $\partial/\partial\varphi = 0$, ergibt aus Gl. (11.18) und Gl. (11.21) die drei Gleichungen

$$\frac{1}{Z}\frac{\mathrm{d}^2 Z}{\mathrm{d}z^2} = -k^2, \qquad \frac{\mathrm{d}^2 \Phi}{\mathrm{d}\varphi^2} = 0, \qquad \frac{\mathrm{d}^2 R}{\mathrm{d}r^2} + \frac{1}{r}\frac{\mathrm{d}R}{\mathrm{d}r} = 0,$$

womit man aus dem Produktansatz Gl. (11.19) als allgemeine Lösung für die Vektorpotentiale erhält – vgl. Kap. 5.3.2 –

$$A(r, \varphi, z) = C \ln \frac{r}{r_0}\, \mathrm{e}^{\pm\gamma z}(A_1 \varphi + A_2). \tag{11.35}$$

Darin sind C, r_0, A_1 und A_2 noch zu bestimmende Konstanten, während γ durch Gl. (11.22) gegeben ist.

Von praktischem Interesse ist noch der Fall, daß in Gl. (11.26) $\gamma = 0$ ist. Das bedeutet $k_z = 0$, $\chi = k$ oder Unabhängigkeit der Lösung von der Koordinate z. Zweckmäßig wählt man dann für Z_m die Hankelfunktionen nach Gl. (1.64)

$$H_m^{(1,2)}(kr) = J_m(kr) \pm \mathrm{j}\, N_m(kr).$$

Sie verschwinden für $r \to \infty$ und ergeben für $kr \gg 1$ nach Gl. (1.59) mit Gl. (1.58)

$$H_m^{(1,2)}(kr) \approx \sqrt{\frac{2}{\pi k r}}\, \mathrm{e}^{\pm \mathrm{j}(kr - m\pi/2 - \pi/4)} \qquad kr \gg 1. \tag{11.36}$$

Besteht auch noch Zylindersymmetrie, so ist zusätzlich $\partial/\partial\varphi = 0$ und daher $m = 0$. Mit γ nach Gl. (10.21) erhält man dann für die Vektorpotentiale in ausreichender Entfernung von der Achse $r = 0$ bei Zusammenfassen aller Konstanten in C

$$A(r, t) = \frac{C}{\sqrt{r}}\, \mathrm{e}^{-\gamma r + \mathrm{j}\omega t}. \tag{11.37}$$

Das ergibt eine in radialer Richtung fortschreitende und mit der Wurzel aus der Entfernung abnehmende Zylinderwelle. Nach Gl. (11.27) hat sie die Feldkomponenten H_φ und E_z oder nach Gl. (11.28) die Feldkomponenten E_φ und H_z. Zu beachten ist jedoch, daß Gl. (11.37) die Achse $r = 0$ als betrachtetes Gebiet ausschließt. Soll diese in die Betrachtung einbezogen werden, so ist stets nur die Besselsche Funktion $J_m(kr)$ eine zulässige Lösung, da $N_m(kr)$ für $r \to 0$ einen unendlichen Wert annimmt.

11.1.4 Kugelwellen. Die Phasenflächen elektromagnetischer Wellen, die beispielsweise von schwingenden punktförmigen Dipolen oder Multipolen ausgehen, sind konzentrische Kugelschalen um das Erregerzentrum. Solche Wellen bezeichnet man als *Kugelwellen.* Ihre Feldkomponenten lassen sich am bequemsten in Kugelkoordinaten r, ϑ, φ nach Gl. (1.39) mit ϑ als Polabstand beschreiben. Im folgenden soll dabei wieder von zwei voneinander unabhängigen Wellenformen ausgegangen werden, nämlich einer TM-Welle mit $E_r \neq 0$ und $H_r = 0$ sowie einer TE-Welle mit $E_r = 0$ und $H_r \neq 0$. Auch kann die Rechnung vereinfacht werden, wenn man den Hertzschen Vektor als Potentialfunktion einführt, diesen dann jedoch nicht aus der Wellengleichung Gl. (11.7) in Kugelkoordinaten ermittelt, sondern eine einfachere Bestimmungsgleichung für ihn einführt, indem man über die frei verfügbare Divergenz des Vektorpotentials ebenso wie über die beiden skalaren Potentiale φ und ψ in Abweichung von der Lorentzkonvention verfügt. Auch soll im folgenden ausschließlich der nichtleitende und raumladungsfreie Luftraum betrachtet werden.

Zunächst entnimmt man Gl. (1.36), daß für Π nur eine Komponente Π_r zugelassen werden darf, wenn E_r oder H_r verschwinden sollen. Setzt man dann noch statt Gl. (11.8) für die skalaren Potentiale

$$\varphi = \left| \frac{\partial \Pi^{(e)}}{\partial r} \right|; \qquad \psi = \left| \frac{\partial \Pi^{(m)}}{\partial r} \right|, \tag{11.38}$$

so erhält man nach Gl. (1.25) aus

$$-\Delta \Pi = \operatorname{rot}\operatorname{rot} \Pi - \operatorname{grad}\operatorname{div} \Pi = k^2 \Pi,$$

wenn man darin für div Π Gl. (11.38) einsetzt, für beide Potentialfunktionen

$$\operatorname{rot}\operatorname{rot} \Pi - \operatorname{grad} \frac{\partial \Pi}{\partial r} = k^2 \Pi.$$

Mit $\Pi = \Pi_r$ ergibt das in Kugelkoordinaten r, ϑ, φ nach Gl. (1.39) aus Gl. (1.33) mit Gl. (1.36) die skalare Bestimmungsgleichung

$$\frac{d^2 \Pi}{d r^2} + \frac{1}{r^2 \sin \vartheta} \left\{ \frac{\partial}{\partial r} \left(\sin \vartheta \frac{\partial \Pi}{\partial \vartheta} \right) + \frac{\partial}{\partial \varphi} \left(\frac{1}{\sin \vartheta} \frac{\partial \Pi}{\partial \varphi} \right) \right\} + k^2 \Pi = 0. \tag{11.39}$$

Der Betrag $\Pi = \Pi_r$ erscheint dabei als eine skalare Potentialfunktion. Mit dem Produktansatz

$$\Pi(r, \vartheta, \varphi) = \sqrt{r} R(r) \cdot \Theta(\vartheta) \cdot \Phi(\varphi) \tag{11.40}$$

erhält man aus Gl. (11.39) nach einigen Umformungen, wenn man noch setzt

$$\frac{1}{\Phi} \frac{d^2 \Phi}{d \varphi^2} = -m^2; \qquad \Phi = \begin{cases} A_1 \cos m \varphi \\ A_2 \sin m \varphi \end{cases} \tag{11.41}$$

mit m ganzzahlig für eindeutiges Φ,

$$\frac{r^2}{R} \left(\frac{d^2 R}{d r^2} + \frac{1}{r} \frac{d R}{d r} \right) + k^2 r^2 - \frac{1}{4} = -\frac{1}{\Theta} \left(\frac{d^2 \Theta}{d \vartheta^2} + \cot \vartheta \frac{d \Theta}{d \vartheta} \right) + \frac{m^2}{\sin^2 \vartheta}.$$

Die linke Seite dieser Gleichung hängt nur von der Radialkoordinate r ab, die rechte Seite nur vom Polabstand ϑ. Die Endlichkeitsforderung für Θ an den Kugelpolen $\vartheta = 0$ und $\vartheta = \pi$ verlangt, daß beide Seiten dieser Gleichung gleich und konstant sind. Setzt man sie $n(n+1)$ mit $n \geqslant m$ und ganzzahlig, so erhält man für die rechte Seite die *Legendresche Differentialgleichung* nach Gl. (1.65a)

$$\frac{d^2 \Theta}{d \vartheta^2} + \cot \vartheta \frac{d \Theta}{d \vartheta} + \left[n(n+1) - \frac{m^2}{\sin^2 \vartheta} \right] \Theta = 0$$

und mit der Substitution

$$k r = x \quad \text{sowie} \quad n(n+1) + 1/4 = (n + 1/2)^2$$

die Besselsche Differentialgleichung Gl. (1.51)

$$\frac{d^2 R}{d x^2} + \frac{1}{x} \frac{d R}{d x} + \left(1 - \frac{(n + 1/2)^2}{x^2} \right) R = 0.$$

Ihre Lösungsfunktionen sind nach Gl. (1.72) und Gl. (1.52) gegeben durch die Zylinderfunktionen der Ordnung $(n + 1/2)$ und die zugeordneten Legendreschen Funktionen mit m als azimutalen und n als zonalen Parameter. Diese lauten, abgesehen von dimensionsbehafteten Konstanten,

$$\Theta(\vartheta) = P_n^m(\cos\vartheta), \qquad R(r) = Z_{n+1/2}(kr).$$

Bei Zusammenfassung aller Konstanten in C lautet somit die allgemeine Lösung für die Potentialfunktion $\Pi = \Pi_r$ nach Gl. (11.40)

$$\boxed{\Pi(r,\vartheta,\varphi) = C\sqrt{r}\,Z_{n+1/2}\cdot P_n^m(\cos\vartheta)\cdot\begin{cases} A_1\cos m\varphi, \\ A_2\sin m\varphi. \end{cases}} \tag{11.42}$$

Für eine rotationssymmetrische Welle entfällt die Abhängigkeit vom Azimut φ, so daß dann $m = 0$ wird. Die zugeordneten Kugelfunktionen werden damit zu gewöhnlichen Kugelfunktionen (Legendresche Polynome). Die Zylinderfunktionen entsprechen wegen der Ausstrahlungsbedingung den Hankelfunktionen $H_{n+1/2}^{(1,2)}(kr)$. Vereinfachungen ergeben sich, wenn sie zu elementaren Funktionen entarten und die Kugelfunktionen endliche Polynome von $\cos\vartheta$ werden.

Für die Feldkomponenten erhält man in linearen und isotropen nichtleitenden Medien aus Gl. (11.9) und Gl. (11.9a) unter Beachtung von Gl. (11.38) wegen $k^2 = \omega^2\epsilon\mu$ und $\Pi = \Pi_r$

TM-Welle, $\Pi = \Pi^{(e)}$

$$\left.\begin{aligned} H_r &= 0 & E_r &= k^2\Pi + \frac{\partial^2\Pi}{\partial r^2}, \\ H_\vartheta &= \frac{-k^2}{\mathrm{j}\omega\mu}\,\frac{1}{r\sin\vartheta}\,\frac{\partial\Pi}{\partial\varphi}, & E_\vartheta &= \frac{1}{r}\,\frac{\partial^2\Pi}{\partial r\,\partial\vartheta}, \\ H_\varphi &= \frac{k^2}{\mathrm{j}\omega\mu}\,\frac{1}{r}\,\frac{\partial\Pi}{\partial\vartheta}, & E_\varphi &= \frac{1}{r\sin\vartheta}\,\frac{\partial^2\Pi}{\partial r\,\partial\varphi}. \end{aligned}\right\} \tag{11.43}$$

TE-Welle, $\Pi = \Pi^{(m)}$

$$\left.\begin{aligned} E_r &= 0, & H_r &= k^2\Pi + \frac{\partial^2\Pi}{\partial r^2}, \\ E_\vartheta &= \frac{k^2}{\mathrm{j}\omega\epsilon}\,\frac{1}{r\sin\vartheta}\,\frac{\partial\Pi}{\partial\varphi}, & H_\vartheta &= \frac{1}{r}\,\frac{\partial^2\Pi}{\partial r\,\partial\vartheta}, \\ E_\varphi &= \frac{-k^2}{\mathrm{j}\omega\epsilon}\,\frac{1}{r}\,\frac{\partial\Pi}{\partial\vartheta}, & H_\varphi &= \frac{1}{r\sin\vartheta}\,\frac{\partial^2\Pi}{\partial r\,\partial\varphi}. \end{aligned}\right\} \tag{11.44}$$

11.2 Wellen im freien Raum

11.2.1 Wellenablösung. Bei einem von einem Wechselstrom durchflossenen Leiter bildet das elektrische Feld im Luftraum eine längs des Leiters fortschreitende und vom Leiter geführte elektromagnetische Welle. Solange bei hinreichend niedrigen Frequenzen die

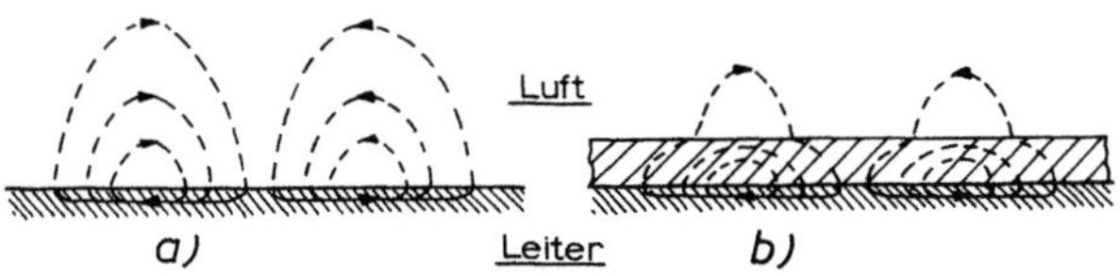

Bild 11.1 Verschiebungsströme an einer stromführenden Leiteroberfläche bei höheren Frequenzen, a) ohne und b) mit dielektrischer Schicht

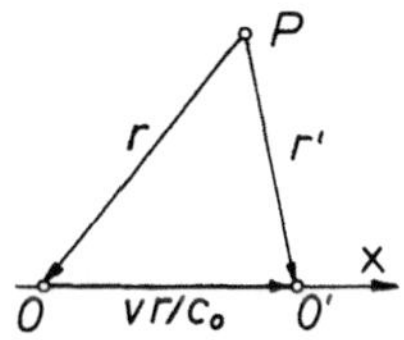

Bild 11.2 Zum Begriff der Retardierung

elektrische Leitfähigkeit des Leiters $\kappa \gg \omega\,\epsilon$ ist, schließen sich die Strombahnen innerhalb des Leiters und die Welle kann den räumlichen Änderungen des Leiters folgen. Wie bereits bei der Betrachtung des Poynting-Vektors in Kap. 9.2.3 gezeigt wurde, erzwingt der Leiter mit seinen Randbedingungen die hierfür notwendige Feldverteilung. Mit zunehmender Frequenz tritt die Erscheinung der Stromverdrängung auf (Kap. 10.3.1) und die Strombahnen beginnen immer mehr sich als Verschiebungsströme außerhalb des Leiters zu schließen, wodurch die Führung des Feldes durch den Leiter verringert wird. Im Leiter fließt schließlich nur noch ein Oberflächenstrom, der sich im Luftraum als Verschiebungsstrom schließt, wie aus Bild 11.1a zu erkennen ist. Je geringer der Unterschied zwischen der Leitfähigkeit κ und $\omega\,\epsilon$ wird, um so mehr verliert der Leiter seine feldführende Wirkung, bis sie schließlich bei der Grenzfrequenz $\omega_g = \kappa/\epsilon$ verloren geht. Teile des Feldes lösen sich insbesondere an den Leiterkrümmungen ab, um als elektromagnetische Welle im freien Raum weiterzulaufen. Aus dem leitungsgeführten Wellen werden Wellen im freien Raum, die sich von der als Antenne wirkenden Leiteranordnung ablösen.

Beispiel 11.4: Bei einer mittleren Leitfähigkeit des Erdbodens von $\kappa = 10^{-2}$ S/m beträgt die Grenzfrequenz für die Trennschicht Erde-Luft

$$f_g = \frac{\kappa}{2\pi\epsilon_0} \approx 180 \text{ MHz.}$$

Funkwellen des UKW-Bereichs (Meterwellenbereich) folgen daher kaum mehr der Erdkrümmung.

Eine interessante Möglichkeit einer Wellenfortleitung längs einer Drahtleitung bietet die *Goubau-Leitung*, sie ist eine Eindrahtleitung, bei der das Feld durch einen dielektrischen Überzug mit möglichst großer Permittivität, also $\omega\epsilon > \omega\epsilon_0$ in unmittelbarer Umgebung des Drahtes konzentriert bleibt. Im dm- und cm-Bereich kann bereits ein emaillierter Kupferdraht als Drahtwellenleiter für diese *Goubau-Harmsschen* Oberflächenwellen dienen. Den durch einen dielektrischen Überzug erhaltenen Feldverlauf an der Leiteroberfläche erläutert Bild 11.1b.

11.2.2 Retardierte Potentiale. Infolge der endlichen Lichtgeschwindigkeit c_0 vergeht im materiefreien Raum (Luftraum) die Zeit r/c_0 bis in Bild 11.2 vom Aufpunkt P aus etwa ein im Punkt O befindliches Elektron erkannt wird. Ist v die Geschwindigkeit in x-Richtung des von P aus im Beobachtungszeitpunkt t am Ort O beobachteten Elektrons, so befindet es sich in diesem Zeitpunkt bereits im Raumpunkt O', da es während r/c_0 die Strecke vr/c_0 zurückgelegt hat. Im Raumpunkt O, dem Quellpunkt, befand es sich dagegen in einem gegenüber der Beobachtungszeit t um r/c_0 zurückverlegten oder „retardierten" Zeitpunkt. Diesen Zeitverzug kann man durch Einführen retardierter Größen mit

$$t' = t - r/c_0 \tag{11.45}$$

ausgleichen. Dabei dürfen im allgemeinen nur die skalaren oder vektoriellen Potentiale „retardiert" werden, nicht jedoch die anderen Feldgrößen, da sich diese aus den Potentialen durch Differentiation ergeben. Das skalare elektrische Potential φ und das magnetische Vektorpotential A betragen z.B. nach Gl. (5.40) und Gl. (7.15)

$$\varphi = \frac{1}{4\pi\epsilon}\int \rho' \frac{\mathrm{d}V}{r}; \qquad A = \frac{\mu}{2\pi}\int J' \frac{\mathrm{d}V}{r}, \tag{11.46}$$

wobei sich φ und A auf den Aufpunkt $P(x, y, z)$ und die Aufzeit t beziehen, für welche die Werte φ und A berechnet werden sollen. Dagegen sind ρ' und J' die Werte zur früheren Zeit t', also retardierte Größen. Im übrigen läßt sich leicht zeigen, daß die retardierten Größen ebenfalls Lösungen der Wellengleichung sind. Die dabei gleichzeitig möglichen „avancierten" Potentiale werden in den hier interessierenden Fällen aus physikalischen Gründen ausgeschlossen.

11.2.3 Der Hertzsche und Fitzgeraldsche Dipol. Schwingende Dipole sind elementare Quellen elektromagnetischer Wellen, die sich im freien Raum ausbreiten können. Als *Hertzscher Dipol* bildet ein solcher Dipol einen oszillierenden elektrischen Elementardipol; ihm entspricht der oszillierende magnetische Dipol oder *Fitzgeraldsche Dipol.* In hinreichend großer Entfernung vom Quellpunkt kann ein Hertzscher Dipol durch einen kleinen von Wechselströmen durchflossenen Leiterausschnitt der Länge $\mathrm{d}s \to l$ realisiert werden, in dem die negative Elektronenwolke gegenüber den ruhenden Atomresten in axialer Richtung schwingt. Ein Hertzscher Dipol bildet nach Bild 11.3a einen sehr kurzen Linearstrahler oder eine elementare Stabantenne. Entsprechend wird ein Fitzgeraldscher Dipol in ausreichend großer Entfernung vom Quellpunkt durch eine kleine kreisförmige Stromschleife realisiert. Nach Bild 11.3b bildet er eine elementare Rahmenantenne.
Nach Gl. (4.7) ist $p = Ql$ der Betrag des Dipolmoments des Hertzschen Dipols. Ist ferner $\hat{i}$ der Scheitelwert des Stromes des mit der Kreisfrequenz ω harmonisch oszillierenden Dipols, so erhält man, wenn im folgenden auch weiterhin eine besondere Kennzeichnung komplexer Größen durch Unterstreichen nur dort erfolgt, wo es die notwendige Eindeutigkeit verlangt,

$$\left.\begin{aligned} p(t) &= p\,\mathrm{e}^{\mathrm{j}\omega t} = Ql\,\mathrm{e}^{\mathrm{j}\omega t} = \frac{\hat{i}l}{\mathrm{j}\omega}\,\mathrm{e}^{\mathrm{j}\omega t}, \\ p(t') &= p' = p(t - r/c_0) = p\,\mathrm{e}^{\mathrm{j}\omega(t - r/c_0)}. \end{aligned}\right\} \tag{11.47}$$

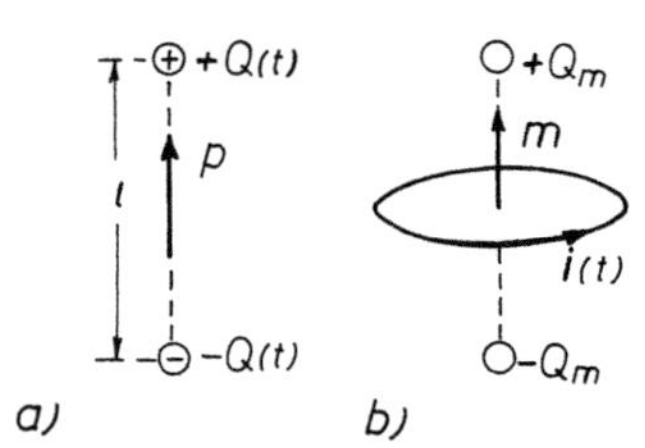

Bild 11.3
Elementare Strahlungsquellen
a) Hertzscher Dipol,
b) Fitzgeraldscher Dipol

Entsprechend erhält man mit m nach Gl. (7.5) für das magnetische Moment des harmonisch oszillierenden Fitzgeraldschen Dipols mit r_0 als Radius des den Strom $\hat{i}$ führenden kleinen Kreisrings der Fläche A

$$\left.\begin{aligned} m(t) &= m\,\mathrm{e}^{\mathrm{j}\omega t} = \mu_0\,\hat{i}A\,\mathrm{e}^{\mathrm{j}\omega t} = \mu_0\,\hat{i}\,\pi r_0^2\,\mathrm{e}^{\mathrm{j}\omega t},\\ m(t') &= m' = m(t - r/c_0) = m\,\mathrm{e}^{\mathrm{j}\omega(t - r/c_0)}. \end{aligned}\right\} \qquad (11.47\text{a})$$

Nach Bild 11.3b kann man den magnetischen Dipol in Analogie zum elektrischen Dipol aus gedachten fiktiven „magnetischen Ladungen" $\pm Q_m$ in einem sehr kleinen Abstand l darstellen. Diese Hilfsvorstellung erweist sich als sehr zweckmäßig und gestattet komplizierte Strahlungsfelder auf bekannte Dipolfelder zurückzuführen.

11.2.4 Das Strahlungsfeld oszillierender Dipole. Betrachtet man einen Hertzschen Dipol im unbegrenzten ladungsfreien Luftraum (materiefreien Raum), so gelten bei Einführung der Verschiebungsstromdichte J_v außerhalb des Dipols die Beziehungen der stationären Felder. Für das magnetische Vektorpotential erhält man dann nach Gl. (11.46), wenn man retardierte Größen als gestrichen kennzeichnet und die Geschwindigkeit v im Mittel als räumlich konstant betrachtet,

$$A^{(m)} = \frac{\mu_0}{4\pi}\int J_v'\,\frac{\mathrm{d}V}{r} = \frac{\mu_0 v'}{4\pi r}\int \rho'\,\mathrm{d}V = \frac{\mu_0}{4\pi}\,\frac{Qv'}{r}\,.$$

Da im materiefreien und raumladungsfreien Raum

$$\mu_0\,\mathrm{rot}\,\boldsymbol{H} = \mu_0\,\epsilon_0\,\frac{\partial \boldsymbol{E}}{\partial t}\,; \qquad \mu_0\,\boldsymbol{H} = \mathrm{rot}\,\boldsymbol{A}^{(m)},$$

$$\epsilon_0\,\mathrm{rot}\,\boldsymbol{E} = -\,\epsilon_0\,\mu_0\,\frac{\partial \boldsymbol{H}}{\partial t}\,; \qquad \epsilon_0\,\boldsymbol{E} = -\,\mathrm{rot}\,\boldsymbol{A}^{(e)},$$

gelten dort für das elektrische Vektorpotential $A^{(e)}$ die analogen Beziehungen wie für das magnetische Vektorpotential $A^{(m)}$. Man braucht nur μ_0 durch ϵ_0, E durch H sowie H durch $-E$ und Q durch Q_m zu ersetzen, wobei Q_m eine angenommene *fiktive* magnetische Ladung als reine Hilfsgröße darstellt, wie in Bild 11.3b angegeben. In Analogie zum Hertzschen Dipol erhält man dann für das elektrische Vektorpotential außerhalb des Fitzgeraldschen Dipols im materiefreien und raumladungsfreien Raum

$$A^{(e)} = \frac{\epsilon_0}{4\pi}\,\frac{Q_m v'}{r}\,.$$

Bei Einführung des Dipolmoments wird dabei

$$\frac{Qv'}{r} = \frac{Q}{r}\,\frac{\partial l'}{\partial t} = \frac{1}{r}\,\frac{\partial p'}{\partial t}\,; \qquad \frac{Q_m v'}{r} = \frac{Q_m v'}{r} = \frac{1}{r}\,\frac{\partial m'}{\partial t}\,.$$

Damit wird im Raum außerhalb der mit der Kreisfrequenz ω harmonisch schwingenden Dipole im Aufpunkt

$$A^{(m)}(t) = \frac{\mu_0}{4\pi r}\,\mathrm{j}\,\omega\,p'\,; \qquad A^{(e)} = \frac{\epsilon_0}{4\pi r}\,\mathrm{j}\,\omega\,m' \qquad (11.48)$$

mit p' nach Gl. (11.47) und m' nach Gl. (11.47a). Ordnet man noch den Vektorpotentialen nach Gl. (11.6) den zugehörigen elektrischen Vektor $\Pi^{(e)}$ und den zugehörigen magnetischen Vektor $\Pi^{(m)}$ zu, so ergibt das im raumladungsfreien und materiefreien Raum

$$\Pi^{(e)} = \frac{p'}{4\pi r \epsilon_0}; \qquad \Pi^{(m)} = \frac{m'}{4\pi r \mu_0}. \tag{11.49}$$

Wegen der in größerer Entfernung kugelförmigen Wellenausbreitung wird die Feldberechnung zweckmäßig in Kugelkoordinaten r, ϑ, φ durchgeführt. Nach Bild 1.7b in Kap. 1.1.5 hat dann $\Pi = \Pi_z$ die Koordinaten

$$\Pi_r = \Pi \cos\vartheta, \quad \Pi_\vartheta = -\Pi \sin\vartheta, \quad \Pi_\varphi = 0,$$

so daß wegen Gl. (11.49) die Komponenten von Π eine Funktion von r, ϑ und t sind. Mit

$$k = \omega\sqrt{\epsilon_0 \mu_0} = \frac{\omega}{c_0} = \frac{2\pi}{\lambda} \tag{11.50}$$

erhält man dann unter Beachtung von Gl. (11.45) nach Gl. (11.9) als *TM-Welle* mit $\Pi = \Pi^{(e)}$

$$\boldsymbol{H} = \mathrm{j}\,\omega\epsilon_0 \,\mathrm{rot}\,\Pi; \qquad \boldsymbol{E} = \mathrm{grad\,div}\,\Pi + k^2\,\Pi$$

oder ausgerechnet

$$\left.\begin{aligned} H_r &= 0, \quad H_\vartheta = 0, \quad H_\varphi = \frac{\mathrm{j}\,\omega p' \sin\vartheta}{4\pi}\left(\frac{1}{r^2} + \frac{\mathrm{j}\,\omega}{c_0 r}\right); \\ E_r &= \frac{p'\cos\vartheta}{2\pi\epsilon_0}\left(\frac{1}{r^3} + \frac{\mathrm{j}\,\omega}{c_0 r^2}\right); \\ E_\vartheta &= \frac{p'\sin\vartheta}{4\pi\epsilon_0}\left(\frac{1}{r^3} + \frac{\mathrm{j}\,\omega}{c_0 r^2} - \frac{\omega^2}{c_0^2 r}\right); \qquad E_\varphi = 0 \end{aligned}\right\} \tag{11.51}$$

und nach Gl. (11.9a) als *TE-Welle* mit $\Pi = \Pi^{(m)}$

$$\boldsymbol{E} = -\mathrm{j}\,\omega\mu_0 \,\mathrm{rot}\,\Pi; \qquad \boldsymbol{H} = \mathrm{grad\,div}\,\Pi + k^2\,\Pi$$

oder ausgerechnet

$$\left.\begin{aligned} E_r &= 0, \quad E_\vartheta = 0, \quad E_\varphi = \frac{-\mathrm{j}\,\omega m' \sin\vartheta}{4\pi}\left(\frac{1}{r^2} + \frac{\mathrm{j}\,\omega}{c_0 r}\right) \\ H_r &= \frac{m'\cos\vartheta}{2\pi\mu_0}\left(\frac{1}{r^3} + \frac{\mathrm{j}\,\omega}{c_0 r^2}\right), \\ H_\vartheta &= \frac{m'\sin\vartheta}{4\pi\mu_0}\left(\frac{1}{r^3} + \frac{\mathrm{j}\,\omega}{c_0 r^2} - \frac{\omega^2}{c_0^2 r}\right), \qquad H_\varphi = 0. \end{aligned}\right\} \tag{11.51a}$$

Diesen Beziehungen entnimmt man, daß sich beide Wellentypen in hinreichender Entfernung vom oszillierenden Dipol als Kugelwellen ausbreiten. Bei der TM-Welle des Hertzschen Dipols liegen die E-Linien in der durch den betrachteten Raumpunkt gehenden Meridianebene, wie Bild 11.4 zeigt. Die Ausbildung dieses elektrischen Feldes zeigt Bild 11.5. Die zugehörigen H-Linien bilden in jedem Raumpunkt Kreise um die Dipolachse. Längs der Polachse $\vartheta = 0$ und $\vartheta = \pi$ ist der Raum feldfrei. In der Äquatorialebene

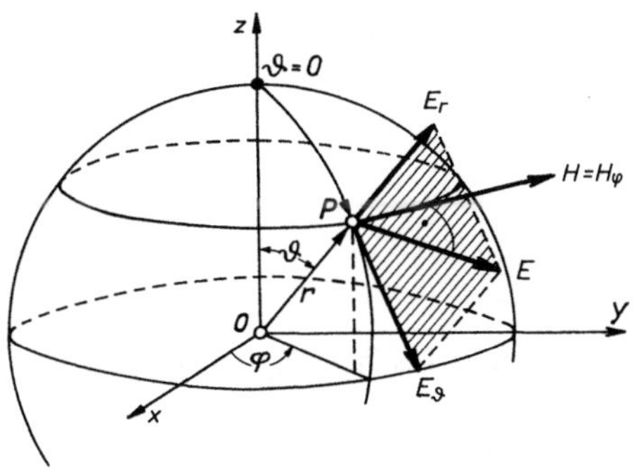

Bild 11.4
Die Feldvektoren bei einem schwingenden elektrischen Dipol (TM-Welle)

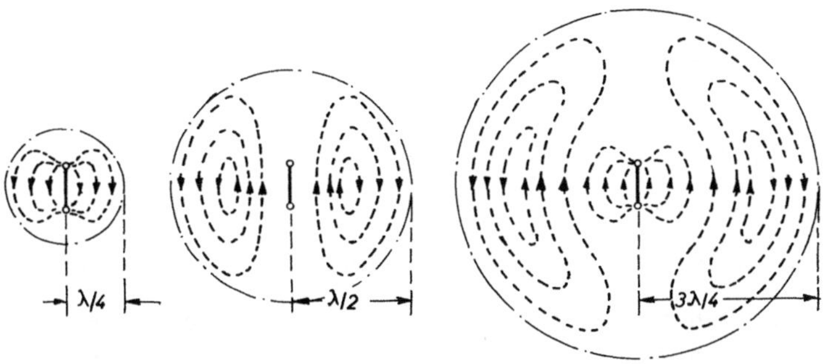

Bild 11.5 Ausbildung des elektrischen Feldes um einen schwingenden elektrischen Dipol (Hertzschen Dipol)

senkrecht zur Dipolachse hat das Feld seine größte Stärke. Bei der TE-Welle des Fitzgeraldschen Vektors sind unter Beachtung des Vorzeichens von E_φ die E- und H-Linien demgegenüber vertauscht.

In geringer Entfernung vom Dipol ($r \ll \lambda/4$), dem *Nahfeld* oder der Nahzone, brauchen nur Glieder mit den höchsten Potenzen von r im Nenner berücksichtigt zu werden. Bei der TM-Welle des elektrischen Dipols ist dabei $E \sim 1/r^3$ entsprechend Gl. (4.11) im elektrostatischen Feld. Bei der TE-Welle des magnetischen Dipols ist dagegen $H \sim 1/r^3$ entsprechend Gl. (7.3) im magnetischen Feld stationärer Ströme.

Von besonderem technischen Interesse ist der Bereich in großer Entfernung vom Dipol ($r \gg \lambda/4$). In diesem *Fernfeld* oder der Fernzone, auch Strahlungszone genannt, können alle Glieder mit im Nenner höheren Potenzen von r als zur ersten vernachlässigt werden. In der Fernzone erhält man daher für beide Wellentypen nur je zwei transversale Feldkomponenten und damit jeweils eine TEM-Welle. Das Strahlungsfeld des *Hertzschen Dipols* ergibt dabei aus Gl. (11.51) mit Z_0 nach Gl. (10.41)

$$H = H_\varphi = -\frac{\omega^2 p' \sin\vartheta}{4\pi c_0 r}; \qquad E = E_\vartheta = -\frac{\omega^2 p' \sin\vartheta}{4\pi \epsilon_0 c_0^2 r} = Z_0 H$$

oder ausgerechnet unter Beachtung von Gl. (11.47) und Gl. (11.50)

$$\boxed{\begin{aligned} H = H_\varphi &= \frac{\hat{i}\sin\vartheta}{2r}\,\frac{l}{\lambda}\,\sin\omega(t - r/c_0) \\ E = E_\vartheta &= \frac{\hat{i}\sin\vartheta}{2r}\,Z_0\,\frac{l}{\lambda}\,\sin\omega(t - r/c_0) = HZ_0 \end{aligned}} \tag{11.52}$$

Entsprechend erhält man für das Strahlungsfeld des *Fitzgeraldschen* Dipols aus Gl. (11.51a)

$$E = E_\varphi = \frac{\omega^2 m' \sin\vartheta}{4\pi c_0 r}\,; \qquad H = -H_\vartheta = \frac{\omega^2 m' \sin\vartheta}{4\pi\mu_0 c_0^2 r} = E/Z_0$$

oder ausgerechnet unter Beachtung von Gl. (11.47a) und Gl. (11.50)

$$\boxed{\begin{aligned} E = E_\varphi &= \frac{\hat{i}\pi^2 r_0^2 \sin\vartheta}{\lambda^2 r}\,Z_0 \cos\omega(t - r/c_0) \\ H = -H_\vartheta &= \frac{\hat{i}\pi^2 r_0^2 \sin\vartheta}{\lambda^2 r}\,\cos\omega(t - r/c_0) = E/Z_0 \end{aligned}} \tag{11.53}$$

Im Fünfersystem sind in Gl. (11.52) und Gl. (11.53) die rechten Seiten durch γ_0 zu dividieren.

11.2.5 Leistungsfluß und Strahlungswiderstand. Innerhalb des Nahfelds sind elektrische und magnetische Feldstärke räumlich und zeitlich um 90° gegeneinander verschoben. Das bedeutet, daß der durch den Poynting-Vektor gegebene Energiestrom abwechselnd aus dem Dipol heraus und wieder in den Dipol zurückfließt. Abgesehen von der erforderlichen Deckung der Verluste findet daher durch das Nahfeld im Mittel keine Energieströmung statt. Im Fernfeld sind dagegen elektrische und magnetische Feldstärke zeitlich in Phase stehen jedoch als ϑ- und φ-Komponente senkrecht so aufeinander, daß die Energieströmung stets radial nach außen zeigt. Für den Betrag des Strahlungsvektors (Poynting-Vektors) erhält man dabei mit E als Effektivwert aus Gl. (11.52) für den *Hertzschen Dipol*

$$S^{(e)} = \frac{E^2}{Z_0} = \frac{I^2 Z_0}{4r^2}\left(\frac{l}{\lambda}\right)^2 \sin^2\vartheta \tag{11.54}$$

und aus Gl. (11.53) für den *Fitzgeraldschen Dipol*

$$S^{(m)} = \frac{E^2}{Z_0} = \frac{I^2 Z_0}{16 r^2}\left(\frac{2\pi r_0}{\lambda}\right)^4 \sin^2\vartheta. \tag{11.54a}$$

Die Strahlungsintensität im Fernfeld in einer Meridianebene ist demnach proportional $\sin^2\vartheta$. Die *Strahlungscharakteristik*, das ist die Feldverteilung in der betrachteten Ebene, ist proportional $\sin\vartheta$ und in Bild 11.6 zu erkennen.

Die gesamte aus einer Kugel vom Radius r mit dem oszillierenden Dipol im Mittelpunkt nach außen strömende Energie pro Zeit, also die abgestrahlte Leistung, erhält man bei Aufteilung der Kugel in Zonen von der Oberfläche

$$\mathrm{d}A = 2\pi r \sin\vartheta\, r\, \mathrm{d}\vartheta$$

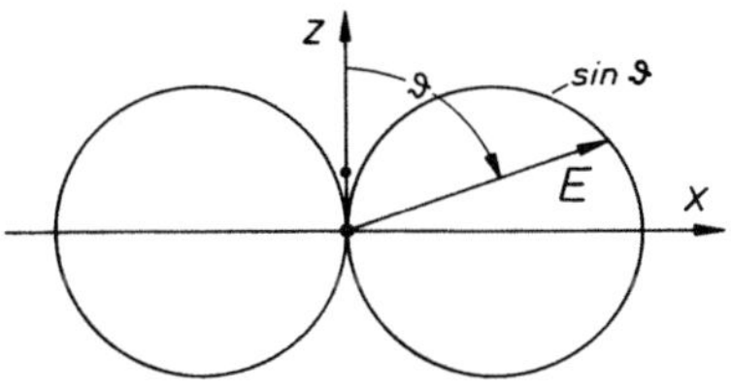

Bild 11.6 Verteilung der elektrischen Feldstärke um einen schwingenden elektrischen Dipol in der Meridianebene

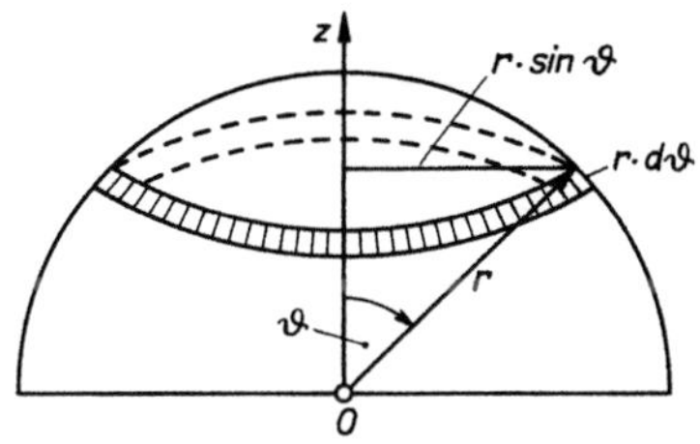

Bild 11.7 Zur Ableitung von Gl. (11.55)

nach Bild 11.7 aus dem Poyntingschen Satz Gl. (9.17) mit R_s als Strahlungswiderstand

$$P = \oint S \,\mathrm{d}A = 2\pi r^2 \int_0^\pi S \sin\vartheta \,\mathrm{d}\vartheta = I^2 R_s .$$

Gl. (11.54) bzw. (11.54a) darin eingesetzt, ergibt wegen

$$\int_0^\pi \sin^3\vartheta \,\mathrm{d}\vartheta = \int_0^\pi \sin^2\vartheta \cdot \sin\vartheta \,\mathrm{d}\vartheta = \int_0^\pi (1 - \cos\vartheta)\sin\vartheta \,\mathrm{d}\vartheta = \frac{4}{3}$$

für den elektrischen und magnetischen Dipol als abgestrahlte Leistung

$$P^{(e)} = \frac{2}{3}\pi Z_0 \left(\frac{l}{\lambda}\right)^2 I^2 ; \qquad P^{(m)} = \frac{\pi}{6} Z_0 \left(\frac{2\pi r_0}{\lambda}\right)^4 I^2 \tag{11.55}$$

und für den *Strahlungswiderstand* R_s beider Dipole

$$R_s^{(e)} = \frac{2\pi}{3} Z_0 \left(\frac{l}{\lambda}\right)^2 ; \qquad R_s^{(m)} = \frac{\pi}{6} Z_0 \left(\frac{2\pi r_0}{\lambda}\right)^4 . \tag{11.56}$$

Wie zu erwarten war, ist die abgestrahlte Leistung unabhängig vom Radius r der den Dipol umhüllenden Kugel, da der Raum als materiefrei und damit als verlustlos angenommen wurde. Man erkennt aber auch, daß im Gebiet hoher Frequenzen, also kurzer Wellenlängen, die Ausstrahlung einer verlangten Leistung bei vorgegebenem Antennenstrom leichter möglich ist als bei niedrigen Frequenzen.

11.2.6 Ausstrahlung und Empfang von Wellen. Eine Anordnung zur Ausstrahlung oder zum Empfang elektromagnetischer Wellen bezeichnet man als Antenne. Dabei kann ein aus einer Antenne mit beliebiger Stromverteilung herausgegriffenes Leiterelement angenähert als elementarer Dipol (Hertzscher Dipol, Kap. 11.2.3) betrachtet werden, der im freien Raum als Elementarstrahler zur Dipolantenne oder zum $\lambda/2$-Dipol führt. Einen solchen Dipol kann man sich aus einer am Ende offenen $\lambda/4$-Leitung nach Bild 11.8 entstanden denken. Bei einer leerlaufenden Doppelleitung findet nahezu keine Strahlung statt, da Strom und Spannung in beiden Leitern gegenphasig verlaufen.

Im Gegensatz zum Hertzschen Dipol bildet die Ermittlung der Stromverteilung längs einer endlich ausgedehnten realen Antenne ein meist sehr kompliziertes Randwertpro-

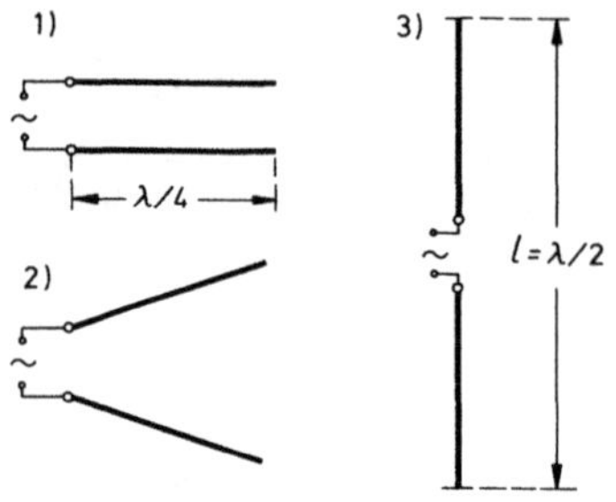

Bild 11.8 Übergang von der λ/4-Leitung zum λ/2-Dipol in drei Stufen

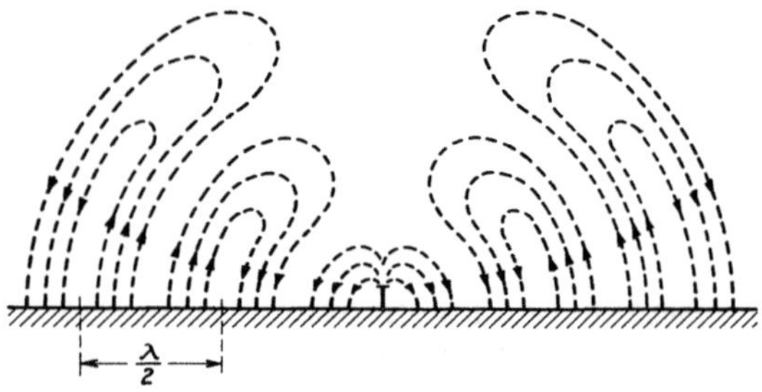

Bild 11.9 Elektrisches Feldbild um eine fußpunktgespeiste Vertikalantenne

blem. Die in Kap. 11.2.4 angegebene Feldverteilung und die dort abgeleiteten Beziehungen gelten demnach nur angenähert für eine Dipolantenne mit symmetrischer Speisung und sehr kleiner Länge $l \ll \lambda$ im unendlich ausgedehnten freien Raum sowie in ausreichender Entfernung von anderen Leitern und ohne Einfluß der Erde. Um diesen angenähert zu erfassen, kann man die Erde als unendlich ausgedehnten ebenen Leiter annehmen und bei Vernachlässigung des Sekundärfeldes der Erdströme das Spiegelungsverfahren der Elektrostatik nach Kap. 5.1.3 anwenden. Die ungleichmäßige Stromverteilung kann schließlich durch Einführen einer fiktiven kürzeren Antenne mit der effektiven Antennenlänge h_{eff} und gleichmäßiger Stromverteilung berücksichtigt werden. Für eine sehr kurze fußpunktgespeiste Vertikalantenne über Erde der Höhe h, für die man die Stromverteilung $i = \mathrm{f}(z)$ angenähert als linear annehmen kann, wird dann

$$\mathrm{f}(z) = \frac{z}{h}, \qquad h_{\text{eff}} = \int_0^h \frac{z}{h}\,\mathrm{d}z = \frac{h}{2}.$$

Allgemein entspricht eine sehr kurze Vertikalantenne mit Spiegelbild einem Dipol, dessen Achse gleich der doppelten Antennenlänge ist. Für eine sehr kurze Vertikalantenne gelten somit die gleichen Strahlungseigenschaften wie beim Hertzschen Dipol. Insbesondere gilt in der Fernzone (Strahlungsgebiet) für die Feldkomponenten Gl. (11.52), wenn man l durch $2\,h_{\text{eff}}$ ersetzt. Unter Vernachlässigung der im Erdboden entstehenden Horizontalkomponenten der elektrischen Feldstärke erhält man Bild 11.9 als elektrisches Feldbild einer im Fußpunkt gespeisten Vertikalantenne. Da die Antenne nur in den oberen Halbraum Energie ausstrahlt, wird der Strahlungswiderstand R_s aus Gl. (11.56)

$$R_s = \frac{\pi}{3} Z_0 \left(\frac{2\,h_{\text{eff}}}{\lambda}\right)^2 = \frac{4\pi}{3} Z_0 \left(\frac{h_{\text{eff}}}{\lambda}\right)^2 \qquad (11.57)$$

oder solange $h \ll \lambda$

$$R_s \approx \frac{\pi}{3} Z_0 \left(\frac{h}{\lambda}\right)^2. \qquad (11.57\text{a})$$

Bei kurzen Antennen kann die Aufgabe der Erde auch von entsprechenden Metallflächen übernommen werden, so beispielsweise in Fahrzeugen.

Die Berechnung des Strahlungsfeldes einer Rahmenantenne kann nach Kap. 11.2.4 auf die Berechnung des Feldes eines schwingenden magnetischen Dipols (Fitzgeraldschen Dipols) zurückgeführt werden. Eine Rahmenantenne bildet einen zum Linearstrahler komplimentären Strahler.

Erregt man zwischen den Rändern eines schmalen Schlitzes in einer leitenden Ebene ein elektrisches Wechselfeld, so geht von dem Schlitz eine elektromagnetische Welle aus. Man erhält eine *Schlitzantenne*, wie sie z.B. im Bereich der Zentimeterwellen in Flugzeugen oder auch als Auskopplungsglied bei Hohlleitern verwendet wird. Nach Bild 11.10 hat das Nahfeld der elektrischen Feldstärke E nur eine tangentiale Komponente (TE-Welle)

$$E = E_\varphi = \frac{U(z)}{\pi r},$$

wobei $U(z)$ die zwischen den Rändern herrschende Spannung ist. Ein Vergleich mit dem H-Feld auf der Oberfläche eines einen Stromfaden vom Strom $I(z)$ eng umschließenden Zylinders vom Radius r

$$H = H_\varphi = \frac{I(z)}{2\pi r}$$

läßt erkennen, daß das Feld in Spalthöhe einer Schlitzantenne ($r \ll \lambda$) dem quasistationären Feld eines Stromfadens in Richtung des Spaltes entspricht, wobei zu setzen ist [2.20].

$$H_{\text{Stromfaden}} \longleftrightarrow E_{\text{Spalt}}, \qquad I_{\text{Stromfaden}} \longleftrightarrow 2\,U_{\text{Spalt}}.$$

Diese Aussage ist im sogenannten *Babinetschen Prinzip* enthalten und besagt im vorliegenden Fall, daß das Feld einer Schlitzantenne, deren Ränder mit der Spannung $U(z)$ erregt werden, demjenigen eines Stromfadens mit $I(z) \sim U(z)$ und Form und Länge des Schlitzes entspricht, wobei H- und E-Linien vertauscht sind.

Grundsätzlich bildet eine beliebige Antenne einen Transformationsvierpol (Zweitor) zwischen Generator und freiem Raum oder zwischen freiem Raum und Empfänger. In isotropen Medien gilt daher auch der Umkehrungssatz der Vierpoltheorie, im vorliegenden Fall *Reziprozitätstheorem* genannt. Demnach kann eine Antenne sowohl als Sendeantenne als auch als Empfangsantenne benutzt werden. Der Strahlungs- oder Feldverlauf (Richtcharakteristik) um eine bestimmte Sendeantenne bleibt in der Form unverändert, wenn sie als Empfangsantenne benutzt wird.

Ist P die von einem Dipol als Empfangsantenne aufgenommene Leistung und fallen Dipolachse und Richtung der elektrischen Feldstärke E am Empfangsort zusammen, so beträgt

$$P = EI \int_0^h f(z)\,dz = EI\,h_{\text{eff}}.$$

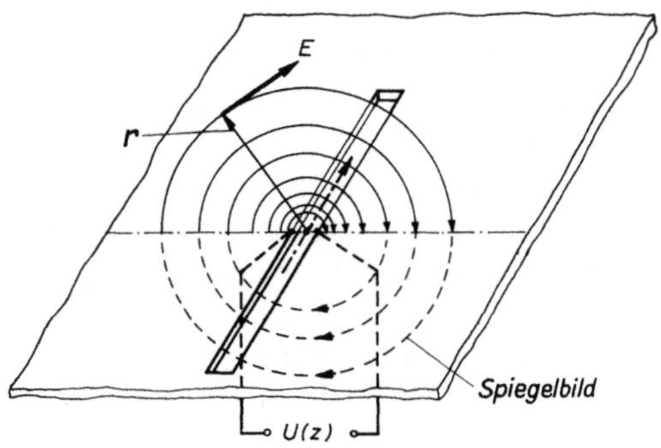

Bild 11.10 Schlitzantenne

Es tritt die gleiche Wirkung ein, wie wenn eine Quellenspannung U_e einen Antennenstrom I_e verursacht, wobei

$$U_e = E\,h_{\text{eff}}, \qquad I_e = \frac{E\,h_{\text{eff}}}{R_a}$$

und R_a der Widerstand der Empfangsantenne ist. Er setzt sich zusammen aus:

1. dem Leitungswiderstand der Antenne, der Abstimmittel und der Empfangsapparatur,
2. dem Erdungswiderstand,
3. dem Strahlungswiderstand R_s der Antenne.

Die größte Empfangsleistung tritt auf, wenn die Summe der unter 1. und 2. genannten Widerstände gleich dem Strahlungswiderstand R_s ist, womit die günstigste Antennenlänge errechenbar ist. Dann ist $R_a = 2\,R_s$. Die dabei von der Antenne aufgenommene Leistung wird je zur Hälfte im Antennenkreis umgesetzt sowie wieder abgestrahlt. Jede Empfangsantenne wie überhaupt jeder Leiter entzieht somit dem Feld Energie durch Absorption und bildet gleichzeitig einen Sekundärstrahler.
Wird eine Antenne als Empfangsantenne mit einem leistungsmäßig angepaßten Empfänger betrieben und denkt man sich um die Antenne eine sie umhüllende Fläche A_w gelegt, so setzt man für die dann von der Antenne abgegebene maximale Leistung

$$P_{\max} = \frac{E^2\,h_{\text{eff}}^2}{4\,R_s} = A_w S. \tag{11.58}$$

Die Fläche A_w wird als *Absorptionsfläche*, Wirkfläche oder wirksame Antennenfläche bezeichnet; sie kann zum Vergleich der Strahlungsdichten von Antennen dienen. Für einen sehr kurzen Dipol wird bei $h_{\text{eff}} = l$ mit Gl. (11.56)

$$P_{\max} = \frac{E^2\,l^2}{4\,R_s} = \frac{E^2}{Z_0} \cdot \frac{3}{8\pi}\,\lambda^2 = S A_w$$

oder die Absorptionsfläche

$$A_w = \frac{3}{8\pi}\,\lambda^2. \tag{11.58a}$$

Für eine Empfangsantenne kann A_w anschaulich als diejenige Fläche gedeutet werden, mit der man die Strahlungsdichte (Leistungsdichte) einer elektromagnetischen Welle am Empfangsort multiplizieren muß, um die von der Antenne einem Empfänger maximal abgebbare Leistung zu erhalten.

11.2.7 Richtstrahlung. Jede Leiteranordnung hat als Antenne eine bestimmte Strahlungscharakteristik. Beim schwingenden Dipol ist z.B. der Strahlungsvektor (Poynting-Vektor) im Fernfeld nach Gl. (11.54) $S \sim \sin^2\vartheta$. Die zugehörige Richtungsabhängigkeit der elektrischen Feldstärke in der Vertikalebene durch die Dipolachse zeigt Bild 11.6 in Kap. 11.2.5. Eine große Richtwirkung erzielt man im Bereich der dm- und cm-Wellen, wenn man einen Strahler im Brennpunkt eines Parabolspiegels anordnet.
Eine gute Bündelung in verschiedenen Richtungen kann man mit einer Anordnung mehrerer Dipolantennen erreichen, deren Felder sich bei der Überlagerung teils verstärken, teils auslöschen. Handelt es sich um zwei gleich große Vertikalantennen mit gleich großen

Antennenströmen, die um den Winkel φ gegeneinander phasenverschoben sind, so erhält man nach Gl. (11.52) für die elektrische Feldstärke in der horizontalen Ebene bei hinreichend großen Entfernungen

$$E_1 = \hat{E} \sin\left[\omega\left(t - \frac{r_1}{c_0}\right)\right], \qquad E_2 = \hat{E} \sin\left[\omega\left(t - \frac{r_2}{c_0}\right) + \varphi\right].$$

Der Betrag der Feldstärke am Empfangsort wird durch Superposition

$$E = E_1 + E_2 = 2\hat{E}\left\{\sin\left[\omega\left(t - \frac{r_1 + r_2}{2c_0}\right) + \frac{\varphi}{2}\right]\cos\left(\omega\frac{r_1 - r_2}{2c_0} - \frac{\varphi}{2}\right)\right\},$$

wobei

$$\frac{\omega}{2c_0} = \frac{\pi}{\lambda}$$

und nach Gl. (4.9) – vgl. Bild 4.5 in Kap. 4.1.2 – bei $r_1 \approx r_2$

$$r_1 - r_2 = d\cos\alpha, \qquad r_1 + r_2 = 2r.$$

Somit

$$E = 2\hat{E}\left[\sin\left(\omega t - \frac{2\pi r}{\lambda} + \frac{\varphi}{2}\right)\cos\left(\frac{\pi}{\lambda}d\cos\alpha - \frac{\varphi}{2}\right)\right].$$

Sind beide Antennenströme gleichphasig, also $\varphi = 0$, so wird

$$E = 2\hat{E}\sin\left(\omega t - \frac{2\pi r}{\lambda}\right)\cos\left(\frac{\pi}{\lambda}d\cos\alpha\right).$$

Sind beide Antennenströme gegenphasig, also $\varphi = \pi$, so wird

$$E = 2\hat{E}\cos\left(\omega t - \frac{2\pi r}{\lambda}\right)\sin\left(\frac{\pi}{\lambda}d\cos\alpha\right).$$

Für einen horizontalen Kreis um den Mittelpunkt M zwischen den Fußpunkten beider Antennen mit ausreichend großem Radius r ist $2\pi r/\lambda = \text{const}$. Die Richtwirkung ist also gegeben durch die Ausdrücke

$$\cos\left(\frac{\pi}{\lambda}d\cos\alpha\right) \qquad \text{und} \qquad \sin\left(\frac{\pi}{\lambda}d\cos\alpha\right).$$

Die Richtcharakteristiken (Richtdiagramme) $E = \mathrm{f}(r)$ für diese beiden Fälle, jeweils für $d/\lambda = 1/2$ und $d/\lambda = 1$ zeigt Bild 11.11. Je nach Anordnung, Anzahl und Betrieb solcher Dipole kann man sehr verschiedene Richtcharakteristiken erhalten.

Infolge der besseren Strahlungskonzentration bei einer Richtantenne in Strahlrichtung gegenüber einem Kugelstrahler gleicher Gesamtleistung kann die Strahlungsleistung des Senders herabgesetzt werden. Den dadurch erzielten Leistungsgewinn bei der Richtantenne bezeichnet man als *Antennengewinn* g_i. Er ist definiert als

$$g_i = \frac{S_{\max}}{S_i}, \qquad \text{wobei} \quad S_i = \frac{P}{4\pi r^2}. \tag{11.59}$$

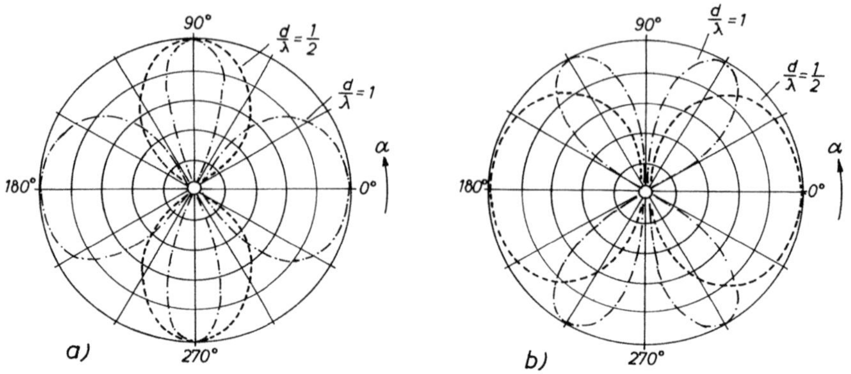

Bild 11.11 Richtcharakteristiken zweier Vertikalantennen im Abstand d, a) bei gleichphasiger, b) bei gegenphasiger Erregung

Darin ist S_{max} die Leistungsdichte des betrachteten Strahlers in Hauptstrahlrichtung und S_i die Leistungsdichte eines gleichmäßig radial abstrahlenden Kugelstrahlers.

Beispiel 11.5: Für einen Hertzschen Dipol ist in der Hauptstrahlrichtung $\vartheta = 90°$ und damit nach Gl. (11.54) und Gl. (11.55)

$$S_{max} = I^2 \frac{Z_0}{4r^2} \left(\frac{l}{\lambda}\right)^2 = \frac{3P}{8\pi r^2}.$$

Mithin beträgt der Antennengewinn beim Hertzschen Dipol nach Gl. (11.59) $g_i = 1{,}5$ oder das *Antennengewinnmaß*

$$G_i = 10 \lg g_i = 1{,}76 \text{ dB}.$$

Soll schließlich zum Vergleich der Strahlungsdichten die Absorptionsfläche herangezogen werden, so erhält man für den Dipol mit Gl. (11.58a)

$$A_w = g_i \frac{\lambda^2}{4\pi}.$$

11.3 Hohlleiter und dielektrische Leitungen

11.3.1 Übersicht. Flächen in einem elektromagnetischen Feld, auf denen die Tangentialkomponenten der elektrischen Feldstärke und die Normalkomponenten der magnetischen Feldstärke verschwinden, erfüllen die Randbedingungen ideal leitender Wände. Diese Flächen ergeben die Lösung des Randproblems der Wellengleichung in einem Hohlleiter. In solchen als Wellenleiter dienenden Hohlleitern kann man eine beliebige Vielzahl verschiedener Rohrwellen erregen. Hohlleiter dienen vorwiegend zur Signalübertragung bei Trägerfrequenzen im GHz-Bereich von etwa 0,3 bis 300 GHz; sie werden unter anderem als Verbindungsleitungen in der Radartechnik und in Richtfunksystemen verwendet. Wesentlicher Nachteil der Hohlleiter ist ihre Unhandlichkeit. Auch dürfen sie nur mit großen Krümmungsradien verlegt werden.

Rohrwellen können in Rohren beliebigen Querschnitts erregt werden. Von besonderer Bedeutung sind Rechteckrohre, Rundrohre und elliptische Rohre. Elliptische Hohlleiter aus gewellten Rohren, sogenannte *Flexwellhohlleiter*, sind so flexibel, daß sie auf Kabeltrommeln aufgerollt werden können. Zusammengefaßt gilt dabei für Rohrwellen:

1. Es sind TM- oder TE-Wellen möglich. Die verschiedenen Wellentypen oder *Moden* werden durch einen Doppelindex als TM_{mn}-Wellen oder als TE_{mn}-Wellen gekennzeichnet. Nach den Werten von m und n ist eine Vielzahl von Wellenformen möglich.
2. Rohrwellen besitzen eine Grenzfrequenz, unterhalb der keine Erregung möglich ist. Die Grenzfrequenz ist von den Rohrabmessungen und der Wellenform abhängig.
3. Die Phasengeschwindigkeit im Rohr ist größer als die Lichtgeschwindigkeit c_0 im materiefreien Raum.

Im Rechteckhohlleiter werden die Rohrwellen durch trigonometrische Funktionen beschrieben, wobei die Indizes die Zahl der Polwechsel des Leitungsstromes längs der beiden transversalen Achsen angeben. Der erste Index m gibt die Anzahl der Polwechsel der Leitungsströme auf der Breitkante (x-Achse), der zweite Index n die Anzahl der Polwechsel auf der Schmalkante (y-Achse) des Rohres an. In zylindrischen Rundrohren werden die Rohrwellen durch die Besselschen Funktionen beschrieben, deren Ordnung m den ersten Index angibt. Der zweite Index n gibt die Anzahl der Nullstellen der den Wellentyp beschreibenden Besselschen Funktion oder deren Ableitung an.

Die Möglichkeit, eine Rohrwelle in einem Rundrohr zu erregen, zeigt Bild 11.12. Läßt man den Innenleiter eines Koaxialkabels aufhören, so treten bei ausreichend hohen Frequenzen an die Stelle der axialen Leitungsströme des Innenleiters entsprechende Verschiebungsströme; man erhält eine TM-Welle. Verkleinert man den Rohrdurchmesser, so wird schließlich die Laufzeit der Welle über den Rohrdurchmesser gegenüber der Halbperiode einer Schwingung so klein, daß eine Wellenerregung nicht mehr möglich ist, da die Kopplung der gegenüberliegenden Wandströme zu stark geworden ist. Die Grenzfrequenz der in einem Rohr erregbaren Wellentypen nimmt daher mit abnehmendem Rohrdurchmesser zu.

Zur Erregung einer TE-Welle kann eine Anordnung nach Bild 11.13 dienen (Ringströmung). Die Auskopplung der Rohrwellen kann beispielsweise durch einen Schlitz (Schlitzantenne, Kap. 11.2.6) oder durch eine andere der Wellenform angepaßte geeignete Anordnung erfolgen.

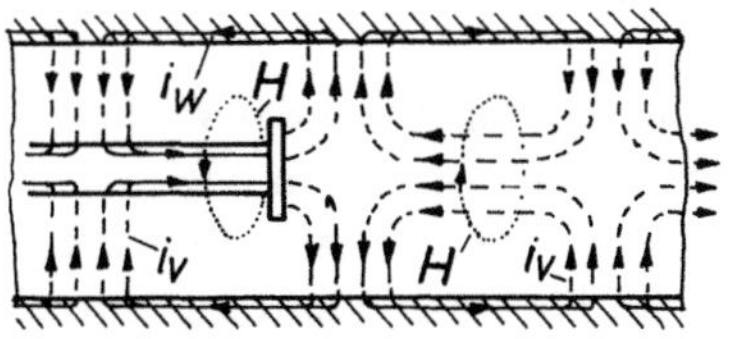

Bild 11.12 Erregung einer TM-Welle in einem Rundhohlleiter, i_W Wandströme, i_V Verschiebungsströme

Bild 11.13 Anordnung zur Erregung einer TE-Welle im Rundhohlleiter

11.3.2 Wellen in Rechteckrohren. Die wesentlichen Kennzeichen der Rohrwellen zeigt ein Rechteckhohlleiter nach Bild 11.14 mit a als Breitseite und b als Schmalseite. Zur Vereinfachung der Berechnung soll angenommen werden, daß die Rohrwandungen aus idealen Leitern bestehen ($\kappa \to \infty$) und das Rohrinnere mit einem verlustlosen Dielektrikum konstanter Materialwerte ϵ und μ angefüllt ist. Nach Gl. (11.5) und Gl. (11.13) beträgt dann

$$\gamma = \mathrm{j}\sqrt{k^2 - (k_x^2 + k_y^2)} = \mathrm{j}\sqrt{\omega^2 \epsilon \mu - \chi^2} = \mathrm{j}\beta \qquad (11.60)$$

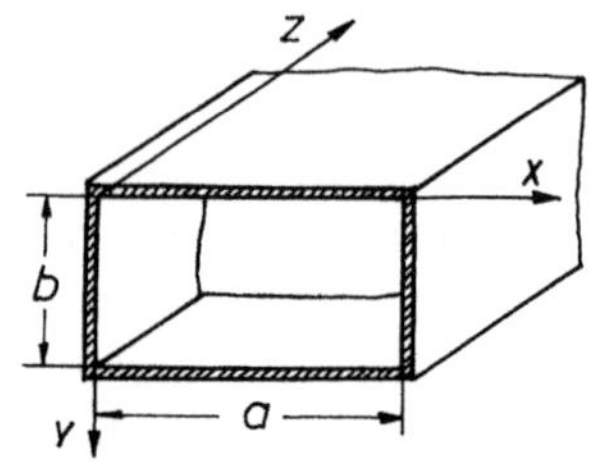

Bild 11.14 Rechteckhohlleiter

wo vorerst $k^2 > \chi^2$ angenommen wird. Um die Randbedingungen zu erfüllen darf an den Rohrwandungen die magnetische Feldstärke H nur eine Tangentialkomponente und die elektrische Feldstärke E nur eine Normalkomponente haben. Für eine TM-Welle muß daher gelten

$$H_x = 0 \text{ für } \begin{cases} x = 0, \\ x = a, \end{cases} \qquad H_y = 0 \text{ für } \begin{cases} y = 0, \\ y = b. \end{cases}$$

Das ergibt wegen Gl. (11.16) in Gl. (11.15) $A_1 = 0$ und $B_1 = 0$, womit auch die Randbedingungen für die elektrische Feldstärke erfüllt werden. Entsprechend muß für eine TE-Welle gelten

$$E_x = 0 \text{ für } \begin{cases} y = 0, \\ y = b, \end{cases} \qquad E_y = 0 \text{ für } \begin{cases} x = 0, \\ x = a. \end{cases}$$

Das ergibt wegen Gl. (11.17) in Gl. (11.15) $B_2 = 0$ sowie $A_2 = 0$ und erfüllt ebenfalls die Randbedingungen für die magnetische Feldstärke, wenn man für beide Wellenformen mit m und n ganzzahlig setzt,

$$k_x = \frac{m\pi}{a}; \qquad k_y = \frac{n\pi}{b}. \qquad (11.61)$$

In Gl. (11.60) eingesetzt, ergibt das

$$\beta = \sqrt{\omega^2 \epsilon \mu - \pi^2\left(\frac{m^2}{a^2} + \frac{n^2}{b^2}\right)} = \frac{2\pi}{\Lambda} = \frac{2\pi}{\lambda}\sqrt{1 - (\chi/k)^2}. \qquad (11.62)$$

Hierbei ist Λ die Rohrwellenlänge in z-Richtung zum Unterschied von der Wellenlänge λ nach Gl. (11.50) als Wellenlänge freier Wellen. Soll schließlich nur eine in z-Richtung hinlaufende Welle zugelassen werden (reflexionsfreier Rohrabschluß) und faßt man alle Konstanten in $C^{(m)}$ bzw. $C^{(e)}$ zusammen, so erhält man für beide Vektorpotentiale bei Berücksichtigung der Zeitabhängigkeit

$$\left.\begin{aligned} A^{(m)} &= C^{(m)}\, \mathrm{e}^{\mathrm{j}(\omega t - \beta z)} \cdot \sin\frac{m\pi}{a}x \cdot \sin\frac{n\pi}{b}y, \\ A^{(e)} &= C^{(e)}\, \mathrm{e}^{\mathrm{j}(\omega t - \beta z)} \cdot \cos\frac{m\pi}{a}x \cdot \cos\frac{n\pi}{b}y. \end{aligned}\right\} \qquad (11.63)$$

Die Feldkomponenten können damit leicht aus Gl. (11.16) und Gl. (11.17) berechnet werden. TM-Grundwelle ist die TM_{11}-Welle mit $m = n = 1$, TE-Grundwelle ist die TE_{10}-Welle mit $m = 1$ und $n = 0$.
Ist bei niederen Frequenzen $k < \chi$, so wird β imaginär und γ in Gl. (11.60) reell; es tritt dann Dämpfung in z-Richtung auf. Im Grenzfall $k = \chi$ erhält man aus Gl. (11.60) mit

$$c = \frac{1}{\sqrt{\mu \epsilon}} = \frac{c_0}{\sqrt{\mu_r \epsilon_r}} \tag{11.64}$$

als *Grenzfrequenz* des Rechteckhohlleiters

$$\omega_g = c\,\chi = c\,\pi \sqrt{\left(\frac{m}{a}\right)^2 + \left(\frac{n}{b}\right)^2}, \tag{11.65}$$

unterhalb der eine Erregung von Rohrwellen im Rechteckrohr nicht mehr möglich ist. Dieser Grenzfrequenz ω_g entspricht die *Grenzwellenlänge*

$$\lambda_g = \frac{2}{\sqrt{\left(\frac{m}{a}\right)^2 + \left(\frac{n}{b}\right)^2}}\,. \tag{11.66}$$

Die Phasengeschwindigkeit der Rohrwellen im Rechteckrohr beträgt wegen

$$\frac{\chi}{k} = \frac{\lambda}{\lambda_g} = \frac{\omega_g}{\omega}$$

unter Beachtung von Gl. (11.60) und Gl. (11.64)

$$v = \frac{\omega}{\beta} = \frac{c}{\sqrt{1-(\lambda/\lambda_g)^2}} = \frac{c}{\sqrt{1-(\omega_g/\omega)^2}}\,. \tag{11.67}$$

Sie wird bei der Grenzfrequenz ω_g unendlich und für $k < \chi$ oder $\omega < \omega_g$ imaginär. Die Rohrwellenlänge in z-Richtung beträgt nach Gl. (11.6)

$$\Lambda = \frac{2\pi}{\beta} = \frac{\lambda}{\sqrt{1-(\lambda/\lambda_g)^2}}\,. \tag{11.68}$$

Schließlich erhält man für die Wellenwiderstände nach Gl. (10.24)

$$Z = \sqrt{\frac{|E_x^2| + |E_y^2|}{|H_x^2| + |H_y^2|}} \tag{11.69}$$

oder für die TM- und TE-Welle im verlustlosen Medium unter Beachtung von Gl. (11.63) und Gl. (11.67)

$$\left.\begin{aligned} Z_{\mathrm{TM}} &= \frac{\beta}{\omega\epsilon} = \sqrt{\frac{\mu}{\epsilon}}\,\{1-(\lambda/\lambda_g)^2\}^{+1/2}, \\ Z_{\mathrm{TE}} &= \frac{\omega\mu}{\beta} = \sqrt{\frac{\mu}{\epsilon}}\,\{1-(\lambda/\lambda_g)^2\}^{-1/2}. \end{aligned}\right\} \tag{11.69a}$$

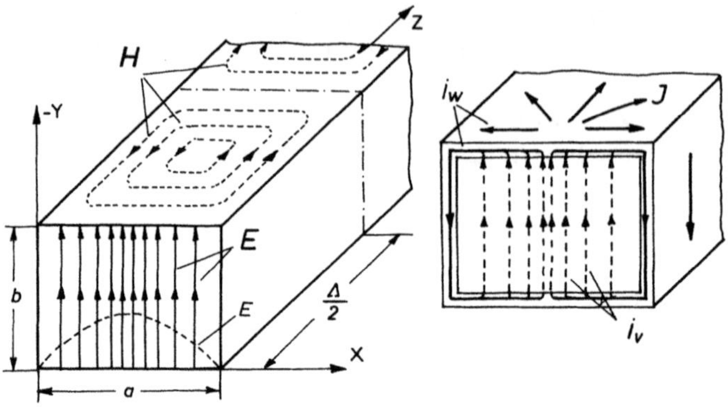

Bild 11.15
TE$_{10}$-Welle im Rechteckhohlleiter. Feldverteilung sowie Wand- und Verschiebungsströme i_w und i_v

Beispiel 11.6: Für die technisch wichtige TE$_{10}$-Welle im Rechteckrohr ist $m = 1$ und $n = 0$. Die Welle hat nach Gl. (11.17) nur die drei verschiedenen Feldkomponenten

$$E_y = - E_0 \, e^{j(\omega t - \beta z)} \cdot \sin \frac{\pi}{a} x,$$

$$H_x = \frac{E_0}{Z_{TE}} \, e^{j(\omega t - \beta z)} \cdot \sin \frac{\pi}{a} x,$$

$$H_z = \frac{-j}{\beta} \frac{\pi}{a} \frac{E_0}{Z_{TE}} \, e^{j(\omega t - \beta z)} \cdot \cos \frac{\pi}{a} x,$$

wobei $k_y C^{(e)}/\epsilon = E_0$ gesetzt wurde. Die Grenzwellenlänge für diese Welle beträgt nach Gl. (11.66) $\lambda_g = 2a$. Um sich nicht der Grenzfrequenz der TE$_{10}$-Welle oder der TE$_{01}$-Welle zu sehr zu nähern, wird meist ein Verhältnis $a/b = 2$ und ein Frequenzbereich $1{,}25 \, f_g < f < 1{,}9 \, f_g$ verwendet. Die TE$_{10}$-Welle ist dann so stabil, daß man das Rohr krümmen oder tordieren kann.
Den Feldverlauf der TE$_{10}$-Welle im Rechteckrohr zeigt Bild 11.15. Die Wandströme schließen sich in der Mitte des Hohlleiters über die Verschiebungsströme. Auf der Breitkante haben sie in x-Richtung einen Polwechsel ($m = 1$); auf der Schmalkante in y-Richtung befinden sich wegen $n = 0$ keine Polwechsel. Infolge der Stromverdrängung fließt der Leitungsstrom in einer sehr dünnen Schicht unter der inneren Leiteroberfläche.

Beispiel 11.7: Die von einer TE$_{10}$-Welle im Rechteckrohr in z-Richtung transportierte Leistung ergibt sich aus dem Poyntingschen Vektor S, Gl. (9.16). Rechnet man mit dem Amplitudenwert der elektrischen Feldstärke, so erhält man

$$P = \int S \, dA = \frac{\hat{E}_0^2}{2 Z_{TE}} \, b \int_0^a \sin^2 \frac{\pi}{a} x \, dx$$

oder

$$P = \frac{\hat{E}_0^2}{4 Z_{TE}} \, a b = \frac{E_0^2}{4 Z_0} \sqrt{1 - (\lambda/\lambda_g)^2}.$$

Für Frequenzen um 16 GHz, also $\lambda \approx 3$ cm, mit den normierten Rohrabmessungen $a = 1'' \approx 2{,}4$ cm und $b = 1/2'' \approx 1{,}2$ cm beträgt die Grenzwellenlänge für die TE$_{10}$-Welle $2a = 4{,}8$ cm. Wird von einer solchen Welle im luftgefüllten Rechteckrohr mit einem Sendeimpuls während einer Mikrosekunde eine Leistung von 100 kW übertragen, so beträgt der Höchstwert der elektrischen Feldstärke bei sinusförmigem Verlauf

$$\hat{E}_0 = \sqrt{\frac{4 Z_0 P}{ab \sqrt{1 - (\lambda/\lambda_g)^2}}} \approx 8{,}2 \text{ kV/cm}.$$

Um bei hohen Feldstärken Glimmerscheinungen und Überschläge zu vermeiden, wird der Hohlleiter mit Gas von erhöhtem Druck gefüllt, außerdem müssen die Innenwände hochglanzpoliert sein.

11.3.3 Wellen in Rundrohren. In idealen Rundrohren werden Rohrwellen als TM- und TE-Wellen durch die Beziehungen Gl. (11.27) und Gl. (11.28) beschrieben und durch die Besselschen Funktionen m-ter Ordnung oder deren Ableitung bestimmt. Auch kann sich die Lösungsfunktion $\Phi(\varphi)$ in Gl. (11.20) je nach Erregerart entlang dem Umfang verändern und die Feldlinienverteilung daher keine Zylindersymmetrie aufweisen. Jedoch muß eine Periodizität mit der Periode 2π vorliegen. Die Randbedingungen auf der inneren Rohroberfläche werden mit r_0 als Rohrradius erfüllt, wenn

$$\text{für } r_0 \begin{cases} E_\varphi = 0, \; E_z = 0 & \text{bei TM-Wellen} \\ E_\varphi = 0 & \text{bei TE-Wellen.} \end{cases}$$

Nach Gl. (11.27) und Gl. (11.28) müssen dabei

$$\left.\begin{aligned} &\text{für TM-Wellen:} \quad \chi r_0 = a_{mn}; \qquad \chi = \frac{a_{mn}}{r_0} \\ &\text{für TE-Wellen:} \quad \chi r_0 = a'_{mn}; \qquad \chi = \frac{a'_{mn}}{r_0} \end{aligned}\right\} \tag{11.70}$$

gemacht werden, wobei a_{mn} die n-te Nullstelle der Besselschen Funktion m-ter Ordnung und a'_{mn} die n-te Nullstelle der Ableitung der Besselschen Funktion m-ter Ordnung ist, wie in Bild 11.16 für die TM_{01}-, TM_{02}- und TM_{03}-Welle erläutert wird.
Handelt es sich um einen Rundhohlleiter mit Luftfüllung, wie im folgenden vorausgesetzt werden soll, so wird

$$\left.\begin{aligned} &k = \omega \sqrt{\mu_0 \epsilon_0} = \frac{\omega}{c_0} = \frac{2\pi}{\lambda}, \\ &\gamma = \mathrm{j} k_z = \mathrm{j}\beta = \mathrm{j}\frac{2\pi}{\Lambda}, \end{aligned}\right\} \tag{11.71}$$

wobei Λ die Rohrwellenlänge in z-Richtung ist. Beim Unterschreiten der Grenzfrequenz ω_g wird jedoch in Gl. (11.23) $k < \chi$ und damit k_z imaginär sowie γ reell. Selbst bei einem

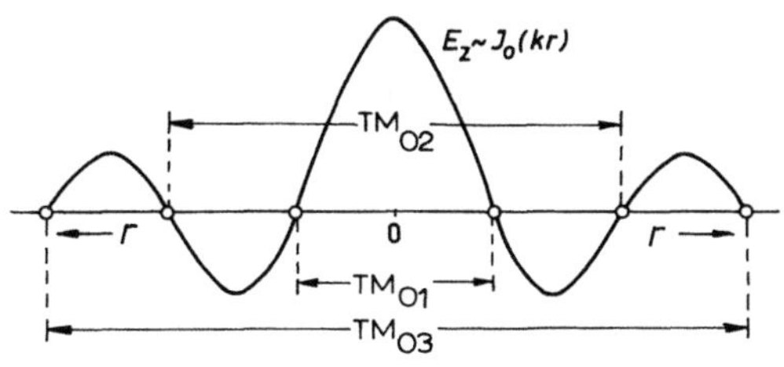

Bild 11.16
Verteilung der axialen Feldkomponente E_z über den Rohrradius r_0 bei TM_{0n}-Wellen

verlustlosen Hohlleiter tritt dann Dämpfung auf und eine Welle kann sich nicht ausbilden. Bei $k = \chi = 2\pi/\lambda_g$ erhält man daher für die Grenzwellenlängen λ_g wegen Gl. (11.70)

$$\text{TM-Welle: } \lambda_g = \frac{2\pi r_0}{a_{mn}} \, ; \qquad \text{TE-Welle: } \lambda_g = \frac{2\pi r_0}{a'_{mn}} \tag{11.72}$$

Ihr entsprechen die Grenzfrequenzen im luftgefüllten Rohr

$$\omega_g = \frac{a_{mn} c_0}{r_0} \quad \text{bzw.} \quad \omega_g = \frac{a'_{mn} c_0}{r_0} \, . \tag{11.73}$$

Mit diesen Werten findet man schließlich aus Gl. (11.60) mit Gl. (11.71)

$$\chi = 2\pi \sqrt{\frac{1}{\lambda^2} - \frac{1}{\Lambda^2}} = \frac{2\pi}{\lambda_g} \tag{11.74}$$

und daraus für die Rohrwellenlänge Λ beider Wellentypen wieder Gl. (11.68). Grenzwellenlängen λ_g und Grenzfrequenzen f_g für die beiden einfachsten TM- und TE-Wellen in Rundrohren vom Radius r_0 mit Luftfüllung sind in Tabelle 11.1 zusammengestellt. Grenzwellenlängen einiger Wellentypen zeigt ferner Bild 11.17. Unter allen existierenden Wellentypen in Rundrohren hat die TE_{11}-Welle die größte Grenzwellenlänge, sie bildet die TE-Grundwelle im Rundrohr; es folgt die TM_{01}-Welle als TM-Grundwelle. Mit Wellenlängen $\lambda > 3{,}41\, r_0$ können somit nach Tabelle 11.1 in luftgefüllten Rundrohren keine TE-Wellen und mit Wellenlängen $\lambda > 2{,}61\, r_0$ keine TM-Wellen erregt werden.

Tabelle 11.1 Verlustlose Rundhohlleiter (Luft)

Typ	TM_{01}	TM_{11}	TE_{01}	TE_{11}
λ_g	$2{,}61\, r_0$	$1{,}64\, r_0$	$1{,}64\, r_0$	$3{,}41\, r_0$
f_g	$0{,}38 \frac{c_0}{r_0}$	$0{,}61 \frac{c_0}{r_0}$	$0{,}61 \frac{c_0}{r_0}$	$0{,}29 \frac{c_0}{r_0}$

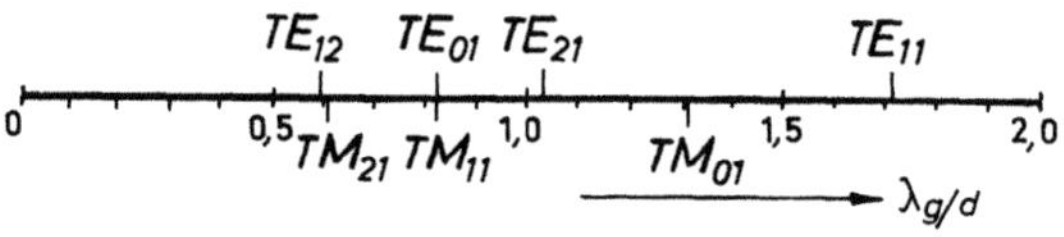

Bild 11.17
Grenzwellenlängen einiger Wellentypen in luftgefüllten Rundrohren vom Durchmesser d

Für die Berechnung der einzelnen Feldkomponenten ist es meist einfacher den Hertzschen Vektor einzuführen, als von den Vektorpotentialen auszugehen. Für $\Pi = \Pi_z$ erhält man unter Beachtung von Gl. (11.71) als allgemeine Lösung entsprechend Gl. (11.26)

$$\Pi(r, \varphi, z, t) = C Z_m(\chi r)\, e^{\pm jm\varphi} \cdot e^{j(\omega t - \beta z)} \tag{11.75}$$

Die einzelnen Feldkomponenten für verlustlose Medien erhält man damit unter Beachtung von Gl. (11.29) aus Gl. (11.9) für die TM-Welle mit $\Pi = \Pi^{(e)}$

$$\boldsymbol{H} = j\,\omega\,\epsilon \,\mathrm{rot}\,\Pi; \qquad \boldsymbol{E} = \mathrm{grad}\,\mathrm{div}\,\Pi + k^2 \Pi, \tag{11.76}$$

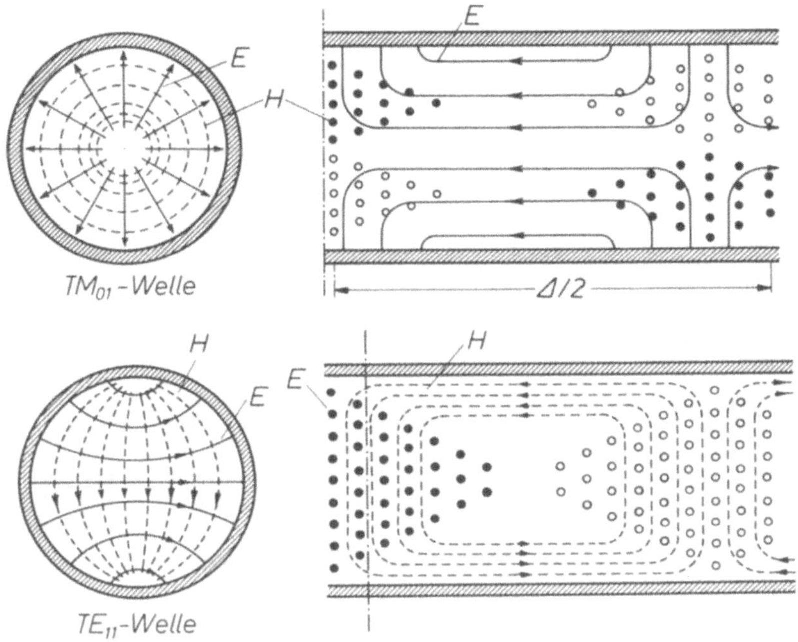

Bild 11.18 Feldverlauf der TM_{01}- und TE_{11}-Welle in Rundrohren

und nach Gl. (11.9a) für die TE-Welle mit $\Pi = \Pi^{(m)}$

$$\boldsymbol{E} = -\mathrm{j}\,\omega\,\mu \operatorname{rot} \boldsymbol{\Pi}; \qquad \boldsymbol{H} = \operatorname{grad} \operatorname{div} \Pi + k^2 \Pi. \tag{11.77}$$

Die Wellenwiderstände werden nach Gl. (10.24)

$$Z = \sqrt{\frac{|E_r^2| + |E_\varphi^2|}{|H_r^2| + |H_\varphi^2|}} \tag{11.78}$$

was ausgerechnet bei verlustlosen Medien für Z_{TM} und Z_{TE} wieder Gl. (11.69a) ergibt. Den Feldlinienverlauf der beiden Grundwellen in Rundrohren, TM_{01}-Welle und TE_{11}-Welle, zeigt Bild 11.18.

Beispiel 11.8: Für die besonders interessante TE_{01}-Welle erhält man aus Gl. (11.77) im Rundrohr mit verlustlosem Medium, wenn man setzt $\mathrm{j}\,\omega\,\mu\,\chi\,C = E_0$ und nach Gl. (11.69a) $Z_{TE} = \omega\mu/\beta$,

$$E_r = 0; \quad E_\varphi = E_0 J_1(\chi r)\, \mathrm{e}^{\mathrm{j}(\omega t - \beta z)}; \quad E_z = 0.$$

$$H_r = \frac{E_0}{Z_{TE}} J_1(\chi r)\, \mathrm{e}^{\mathrm{j}(\omega t - \beta z)}; \qquad H_\varphi = 0,$$

$$H_z = -\mathrm{j}\,\frac{E_0}{Z_{TE}}\,\frac{\Lambda}{\lambda_g}\, J_0(\chi r)\, \mathrm{e}^{\mathrm{j}(\omega t - \beta z)}.$$

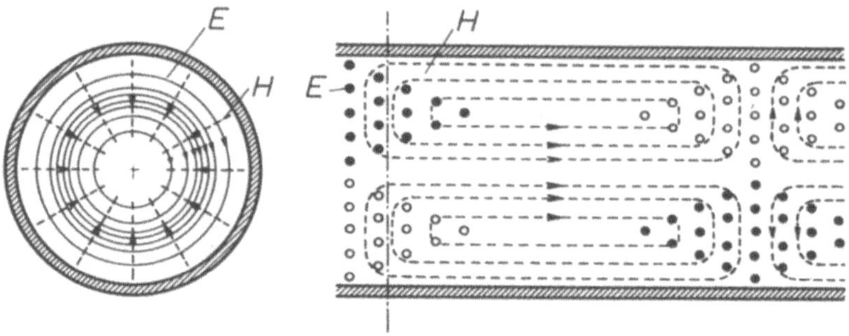

Bild 11.19 Feldverlauf der TE_{01}-Welle im Rundrohr

Den Feldlinienverlauf dieser Welle zeigt Bild 11.19. Bemerkenswert ist, daß keine Verschiebungsströme an den Rohrwandungen enden. Die dämpfungsverursachenden zirkularen Wandströme entstehen nur durch Induktionswirkung. TE_{0n}-Wellen sind daher besonders dämpfungsarm. Die geringen Wandverluste bedeuten aber eine geringe Führung der Welle durch das Rohr. Die TE_{01}-Welle wird daher leicht instabil. Bereits geringe Abweichungen des Rohres von der Geraden oder des Rohrquerschnitts von der Kreisform führt zur Umwandlung in andere Moden mit durchweg größerer Dämpfung wie etwa die TM_{11}-Welle mit gleicher Grenzwellenlänge.

11.3.4 Verluste in Hohlleitern. Wegen der endlichen Leitfähigkeit der Rohrwandungen wird den Rohrwellen laufend Energie entzogen, die Wellen werden gedämpft. Ist P die vom verlustlosen Hohlleiter übertragene Leistung (siehe Beispiel 11.7), so nimmt diese längs des Rohres im einfachsten Fall entsprechend $P\mathrm{e}^{-2\alpha z}$ exponentiell ab. Innerhalb eines Leitungsabschnitts $l = z$ beträgt dann der Leistungsverlust

$$P_v = P(1 - \mathrm{e}^{-2\alpha z})$$

oder der auf die Rohrlänge bezogene spezifische Leistungsverlust

$$P'_v = \frac{\mathrm{d}P_v}{\mathrm{d}z} = 2\alpha P$$

und daraus der Dämpfungsbelag

$$\alpha = \frac{1}{2}\,\frac{P'_v}{P}. \tag{11.79}$$

P_v ist die zur Energieumwandlung in Wärme innerhalb der Rohrwandungen benötigte Leistung. Sofern in einfachen Fällen keine Stromverkopplungen vorliegen, kann sie ausgehend von Gl. (10.47) berechnet werden, wenn man darin setzt

$$\mathrm{Re}\,\{\underline{Z}\} = \sqrt{\frac{\omega\mu}{2\kappa}} = \frac{1}{\kappa\delta} = R_w.$$

Die magnetische Feldstärke hat bei TM-Wellen nur transversale Komponenten H_T

$$H_T = \sqrt{|H_x^2| + |H_y^2|} \quad \text{bzw.} \quad H_T = \sqrt{|H_r^2| + |H_\varphi^2|},$$

die Wandströme verlaufen daher nur in axialer Richtung. Bei TE-Wellen hat die magnetische Feldstärke sowohl transversale als auch eine longitudinale Komponente H_z, so daß

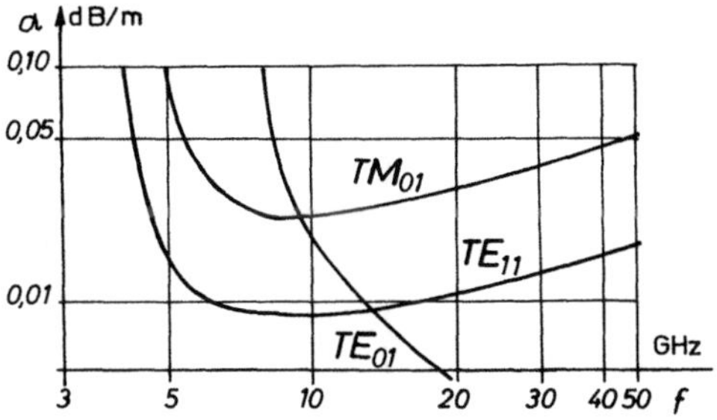

Bild 11.20
Dämpfungskurven in einem Rundrohr aus Kupfer, $d = 50$ mm

in den Rohrwandungen Längs- und Querströme fließen. Setzt man daher beim Vorhandensein nur eines Wellentyps

$$\text{für TM-Wellen: } H_s = H_T, \qquad \text{für TE-Wellen: } H_s = \sqrt{|H_T^2| + |H_z^2|},$$

so wird die auf die Länge bezogene mittlere Verlustleistung in den Rohrwandungen

$$P_v' = \frac{R_W}{2} \oint |H_s^2| \, ds = \frac{1}{2} \sqrt{\frac{\omega \mu}{2 \kappa}} \oint |H_s^2| \, ds, \tag{11.80}$$

wobei das Linienintegral längs der Innenwand des Hohlleiters in der Normalebene zu bilden ist. Den Verlauf der Dämpfungskurven für die drei wichtigsten Rohrwellen im Rundrohr aus Kupfer zeigt Bild 11.20.

11.3.5 Hohlraumresonatoren. Wird ein Hohlleiter der Länge l an beiden Enden durch eine ideal leitend angenommene Metallplatte abgeschlossen, so können in ihm stehende Wellen erregt werden, wenn im verlustlosen Medium mit p ganzzahlig die Bedingung erfüllt ist

$$\beta l = p \pi; \qquad l = p \frac{\Lambda}{2}.$$

Diese Bedingung erfüllt die Randbedingungen, da dann das elektrische Feld nur eine zur Abschlußebene normale Komponente haben kann. Wird die Rohrwellenlänge Λ nach Gl. (11.68) oben eingeführt, so ergibt das als Eigenwellenlänge

$$\lambda_0 = \frac{2}{\sqrt{\left(\frac{p}{l}\right)^2 + \left(\frac{2}{\lambda_g}\right)^2}}. \tag{11.81}$$

In einem solchen *Hohlraumresonator* ist demnach eine dreidimensionale diskrete Vielzahl von Eigenwellenlängen möglich, die mit den drei Indizes m, n, p gekennzeichnet werden. So erhält man im Rechteckrohr für TM- und TE-Wellen mit Gl. (11.66) als mögliche Eigenwellenlängen

$$\lambda_0 = \frac{2}{\sqrt{\left(\frac{m}{a}\right)^2 + \left(\frac{n}{b}\right)^2 + \left(\frac{p}{l}\right)^2}} \tag{11.82}$$

und in Rundrohren vom Radius r_0 mit Gl. (11.72) für die

$$\left.\begin{aligned} &\textit{TM-Welle:}\quad \lambda_0 = \frac{2}{\sqrt{\left(\frac{p}{l}\right)^2 + \left(\frac{a_{mn}}{\pi r_0}\right)^2}} \\ &\textit{TE-Welle:}\quad \lambda_0 = \frac{2}{\sqrt{\left(\frac{p}{l}\right)^2 + \left(\frac{a'_{mn}}{\pi r_0}\right)^2}}\,. \end{aligned}\right\} \tag{11.83}$$

In sich abgeschlossene Hohlräume aus Metall übernehmen bei hohen Frequenzen die Aufgaben von Schwingungskreisen, um einen schmalen Frequenzbereich herauszusieben. Die „Erregung" erfolgt in entsprechender Weise wie die Erregung der Rohrwellen.

Beispiel 11.9: Die Eigenwellenlänge eines TM_{010}-Hohlraumresonators mit Kreisquerschnitt ist gegeben durch $m = p = 0$ und $n = 1$, so daß nach Gl. (11.83) mit $a_{01} = 2{,}4$

$$\lambda_0 = \frac{2\pi}{a_{01}}\, r_0 = 2{,}61\, r_0 .$$

Sie ist unabhängig von der Zylinderlänge l.
Einen ringförmigen Hohlraumresonator bildet ein an beiden Enden abgeschlossenes Koaxialkabel. In ihm können die Randbedingungen nur durch die TEM-Wellenform erfüllt werden.

11.3.6 Dielektrische Wellenleiter. Bei sehr hohen Frequenzen können elektromagnetische Wellen auch ohne metallische Umhüllung in einem dielektrischen Wellenleiter geführt werden, sofern für diesen $\omega\epsilon$ ausreichend groß ist gegenüber $\omega\epsilon_0$ des ihn umgebenden Luftraumes. Da jedoch für solche Wellenleiter geeignete Dielektrika im Mikrowellenbereich meist relativ hohe Verluste aufweisen, werden dielektrische Wellenleiter im Mikrowellenbereich nur in Sonderfällen benutzt. Große technische Bedeutung für den Breitbandweitverkehr haben im optischen Frequenzbereich dielektrische Wellenleiter als *Lichtwellenleiter* in Form von Glasfaserkabeln. Im einfachsten Fall handelt es sich um einen zylindrischen Glasfaserkern, umgeben von einem dielektrischen Mantel mit geringerer Permittivität ϵ.
Innerhalb und außerhalb des Glasfaserkerns muß die Wellengleichung (Helmholtzsche Gleichung) Gl. (11.4) erfüllt sein. Im Dielektrikum beträgt dabei wegen $\mu_r \approx 1$ mit der *Brechzahl* oder dem Brechungsindex, auch Maxwellsche Relation genannt,

$$n = \sqrt{\mu_r \epsilon_r} \approx \sqrt{\epsilon_r} \tag{11.84}$$

die Wellenzahl k nach Gl. (10.37)

$$k = \beta = \omega\,\frac{n}{c_0}\,. \tag{11.85}$$

Diese Beziehung gibt den Zusammenhang $k = \mathrm{f}(n)$ und wird wegen der Frequenzabhängigkeit der Brechzahl n im optischen Frequenzbereich auch als *Dispersionsbeziehung* bezeichnet.

Die Reflexionsfaktoren Gl. (10.51) nehmen mit Gl. (11.84) die Form an

$$\left.\begin{aligned} r_e &= \frac{\cos\alpha_1 - \sqrt{(n_2/n_1)^2 - \sin^2\alpha_1}}{\cos\alpha_2 + \sqrt{(n_2/n_1)^2 - \sin^2\alpha_1}}\,, \\ r_m &= \frac{\cos\alpha_1 - (n_1/n_2)^2\sqrt{(n_2/n_1)^2 - \sin^2\alpha_1}}{\cos\alpha_1 + (n_1/n_2)^2\sqrt{(n_2/n_1)^2 - \sin^2\alpha_1}}\,. \end{aligned}\right\} \tag{11.86}$$

Während beim metallischen Hohlleiter an der Grenzfläche des Innenraums die tangentiale Komponente E_t und die Normalkomponente H_n verschwinden müssen, gilt für den Lichtwellenleiter ebenso wie allgemein für dielektrische Wellenleiter an der Grenzfläche zum Außenraum die Stetigkeit der Tangentialkomponenten E_t und H_t sowie der Normalkomponenten D_n und B_n. Nach Bild 11.21 erhält man daher an der Grenzfläche mit α_1 als Einfallswinkel und α_2 als Ausfallwinkel, beide gemessen bezüglich der Flächennormalen, für die z-Komponente des Phasenvektors $\boldsymbol{\beta}$

$$\beta_1 \sin\alpha_1 = \beta_2 \sin\alpha_2\,,$$

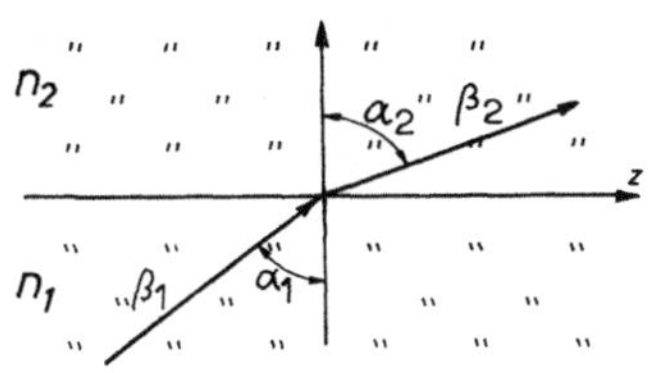

Bild 11.21
Phasenvektor β an der Grenzfläche zweier Medien mit den Brechzahlen $n_1 > n_2$

so daß wegen Gl. (11.85) $n_1 \sin\alpha_1 = n_2 \sin\alpha_2$. Bei einem Ausfallswinkel $\alpha_2 > \pi/2$ tritt Totalreflexion ein. Das ergibt im Grenzfall mit $\alpha_2 = \pi/2$ und $n_1 > n_2$ den *Grenzwinkel* der Totalreflexion

$$\alpha_t = \arcsin\frac{n_2}{n_1}\,; \qquad \eta_t = \pi/2 - \alpha_t = \arccos\frac{n_2}{n_1}\,. \tag{11.87}$$

Für alle Winkel $\alpha_1 > \alpha_t$ erhält man demnach eine Totalreflexion, sofern $n_1 > n_2$.

Beispiel 11.10: Bei Glas mit $n_1 = 3{,}0$ beträgt der Grenzwinkel gegen Luft

$$\alpha_t = \arcsin\frac{1}{\sqrt{3}} \approx 35{,}3°\,; \qquad \eta_t \approx 54{,}7°.$$

Totalreflexion tritt demnach ein für Einfallswinkel bezüglich der Flächennormalen $\alpha_1 > 35{,}3°$ oder bezüglich der Grenzfläche $\eta_t < 54{,}7°$.

Beim Grenzwinkel α_t werden die Reflexionsfaktoren nach Gl. (11.86) $r_e = r_m = 1$. Für $\alpha_1 > \alpha_t$ werden die Wurzelausdrücke in Gl. (11.86) imaginär und beide Reflexionsfaktoren komplex, ihre Beträge bleiben jedoch weiterhin eins. Schließlich bedeutet die Frequenzabhängigkeit der relativen Permittivität ϵ_r im optischen Frequenzbereich eine frequenzabhängige Brechzahl. Die dadurch verursachte Dispersion innerhalb der Glasfaser bezeichnet man als *Materialdispersion*; sie spielt bei Lichtwellenleitern eine wichtige Rolle.

Den grundsätzlichen Aufbau von Lichtwellenleitern zeigt Bild 11.22. Die vielwellige Stufenfaser nach Bild 11.22a ist eine *Multimode-Leitung*. Die Lichtwellen werden durch Totalreflexion geführt, was jedoch unterschiedliche Laufzeiten und Lauflängen bedeutet.

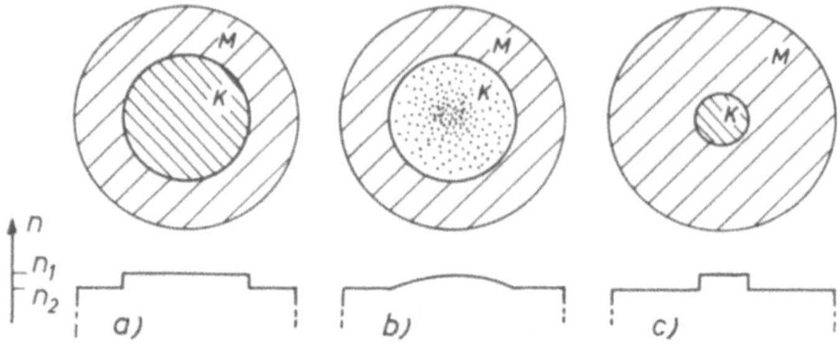

Bild 11.22 Grundsätzlicher Aufbau eines Lichtwellenleiters. *K* Kern mit der Brechzahl n_1, *M* Mantel mit der Brechzahl n_2. a) Vielwellige Stufenfaser, b) Gradientenfaser, c) einwellige Faser

Ein Impuls wird dabei bei der Übertragung abgeflacht, er „zerfließt". Auch die *Gradientenleitung* nach Bild 11.22b ist eine Multimode-Leitung, eine vielwellige Faser, jedoch mit einer nach außen radial parabolisch abnehmenden Brechzahl; die Lichtwellen verlaufen daher in wellenförmigen Bahnen. Laufzeitunterschiede werden dadurch verringert, daß die Lichtgeschwindigkeit auf Bahnen mit größerer Lauflänge wegen

$$c = c_0/\sqrt{\mu_r \epsilon_r} = c_0/n$$

auch entsprechend größer ist. Bei der einwelligen Glasfaser oder *Monomode-Leitung* nach Bild 11.22c liegt der Faserdurchmesser in der Größenordnung der Wellenlänge des Lichtes im μm-Bereich, was extrem hohe Bandbreiten zuläßt.
Ausbreitungsfähig in Glasfasern sind sowohl TM- als auch TE-Wellen, doch auch *hybride Wellen* (HE-Wellen) sind möglich. Bei diesen ist eine longitudinale elektrische Komponente E_z und eine longitudinale magnetische Komponente H_z vorhanden. TEM-Wellen treten in dielektrischen Wellenleitern nicht auf. Als optische Sender dienen Lumineszenz-Dioden (LED) oder Laserdioden.

11.4 Wellen auf Doppelleitungen

11.4.1 Die Telegraphengleichung. Infolge der großen räumlichen Ausdehnung von Fernleitungen und der endlichen Ausbreitungsgeschwindigkeit elektromagnetischer Felder hängen die Vorgänge auf Fernleitungen nicht mehr allein von der Zeit ab, sondern auch vom Ort, vgl. Bild 3.9 im Beispiel 3.3, Kap. 3.4.2. Sollen ferner wie im folgenden die Verschiebungsströme längs der Leitung vernachlässigt werden, so kann man statt der Feldgrößen E und H die Integralgrößen Spannung u und Stromstärke i betrachten. Jeder differentielle Leitungsabschnitt der Länge $\mathrm{d}x$ hat dann die Induktivität $\mathrm{d}L_x$, den Ohmschen Widerstand $\mathrm{d}R_x$ und die Kapazität $\mathrm{d}C_x$. Die dielektrischen Verluste berücksichtigt die Ableitung $\mathrm{d}G_x$. Das Ersatzschaltbild eines solchen differentiellen Leitungsabschnitts zeigt Bild 11.23 mit den auf die Länge bezogenen Leitungsbelägen

Induktivitätsbelag L',	Widerstandsbelag R',
Kapazitätsbelag C',	Ableitungsbelag G'.

Diese vier Leitungsbeläge bestimmen vollständig das Verhalten einer Leitung. Wenn sie, wie im folgenden vorausgesetzt werden soll, gleichmäßig über die ganze Leitungslänge

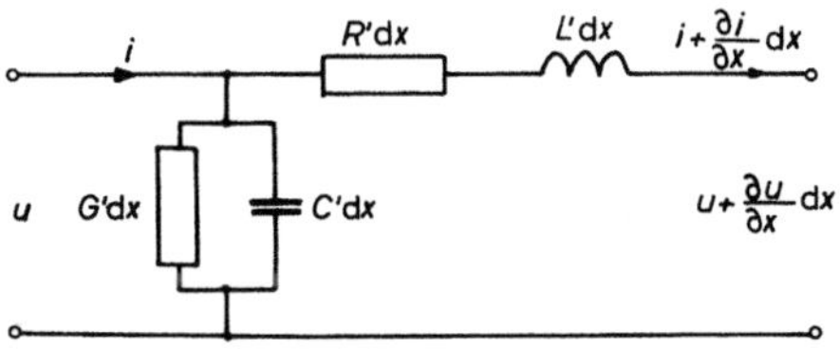

Bild 11.23
Ersatzschaltbild eines differentiellen Stückes einer homogenen Leitung

verteilt sind, so bezeichnet man die Leitung als *homogen*. Die Leitungsbeläge haben dann an jeder beliebigen Stelle der Leitung den gleichen Betrag.
Aus Bild 11.23 entnimmt man bei Vernachlässigung der Verschiebungsströme längs der Leitung und der sehr kleinen Glieder zweiter Ordnung

$$u + \frac{\partial u}{\partial x}\,\mathrm{d}x = u - \left(i R' + L'\,\frac{\partial i}{\partial t}\right)\mathrm{d}x$$

$$i + \frac{\partial i}{\partial x}\,\mathrm{d}x = i - \left(u G' + C'\,\frac{\partial u}{\partial t}\right)\mathrm{d}x$$

und daraus

$$-\frac{\partial u}{\partial x} = i R' + L'\,\frac{\partial i}{\partial t}, \qquad -\frac{\partial i}{\partial x} = u G' + C'\,\frac{\partial u}{\partial t}. \tag{11.88}$$

Zur Auflösung dieses Gleichungssystems nach u und i werden beide Gleichungen nach x sowie nach t differenziert. Gegenseitiges Einsetzen ergibt dann die allgemeine Telegraphengleichung

$$\boxed{\begin{aligned} \frac{\partial^2 u}{\partial x^2} &= R'G'u + (R'C' + L'G')\,\frac{\partial u}{\partial t} + L'C'\,\frac{\partial^2 u}{\partial t^2} \\ \frac{\partial^2 i}{\partial x^2} &= R'G'i + (R'C' + L'G')\,\frac{\partial i}{\partial t} + L'C'\,\frac{\partial^2 i}{\partial t^2} \end{aligned}} \tag{11.89}$$

Sie gilt allgemein bei Vernachlässigung des Verschiebungsstromes längs der Leitung. Bei einem beliebigen zeitlichen Verlauf von Strom und Spannung ist es zweckmäßig die Telegraphengleichung nicht direkt zu lösen, da $u(x, t)$ und $i(x, t)$ nicht zwei voneinander unabhängige Lösungen sein dürfen, sondern durch Gl. (11.88) miteinander verknüpft sind. Einfacher ist es, eine Funktion $\psi(x, t)$ einzuführen und aus dieser dann $u(x, t)$ und $i(x, t)$ zu berechnen. Doch auch die Funktion $\psi(x, t)$ kann man nicht willkürlich wählen, da sie ebenfalls die Telegraphengleichung

$$\frac{\partial^2 \psi}{\partial x^2} = R'G'\psi + (R'C' + L'G')\,\frac{\partial \psi}{\partial t} + L'C'\,\frac{\partial^2 \psi}{\partial t^2} \tag{11.89a}$$

erfüllen muß. Diese Bedingung erfüllt offenbar der Ansatz

$$u = -\frac{\partial \psi}{\partial x}, \quad \text{so daß} \quad i = G'\psi + C'\,\frac{\partial \psi}{\partial t}, \tag{11.90}$$

während Gl. (11.89a) durch den Ansatz

$$\psi(x, t) = e^{-kt} \Psi(x, t)$$

vereinfacht werden kann, wenn man noch für den Parameter k, über den grundsätzlich frei verfügt werden darf, setzt

$$k = \frac{1}{2}\left(\frac{R'}{L'} + \frac{G'}{C'}\right) \tag{11.91}$$

und die *Verzerrung*

$$\delta = \frac{1}{2}\left(\frac{R'}{L'} - \frac{G'}{C'}\right) \tag{11.92}$$

einführt. Man erhält dann aus Gl. (11.89a) die partielle Differentialgleichung

$$\frac{\partial^2 \Psi}{\partial x^2} + L'C'\Psi\,\delta^2 - L'C'\frac{\partial^2 \Psi}{\partial t^2} = 0.$$

Die Funktion $\Psi(x, t)$ kann daraus mit dem bereits mehrfach verwendeten Produktansatz

$$\Psi(x, t) = X(x) \cdot \Theta(t)$$

berechnet werden. Das ergibt

$$\frac{1}{X}\frac{d^2 X}{dx^2} = -L'C'\left(\delta^2 - \frac{1}{\Theta}\frac{d^2\Theta}{dt^2}\right) = -m^2.$$

Hierin muß m eine noch zu bestimmende Konstante sein, da $X(x)$ voraussetzungsgemäß allein von x abhängen soll und die rechte Seite x nicht enthält. Somit wird

$$\frac{d^2 X}{dx^2} + m^2 X = 0; \qquad \frac{d^2\Theta}{dt^2} + m^2 v^2 \Theta = 0,$$

wobei vorerst

$$\frac{1}{L'C'} - \frac{\delta^2}{m^2} = v^2$$

gesetzt wurde. Die allgemeine Lösung dieser beiden Gleichungen lautet mit den Konstanten A und B

$$X(x) = A\,e^{\pm j m x}, \qquad \Theta(t) = B\,e^{\pm j m v t}.$$

Unter Berücksichtigung, daß m und v mehrere Werte annehmen können, erhält man schließlich für die gesuchte Funktion $\Psi(x, t)$ als Produkt aus beiden Einzellösungen mit $\nu = 1, 2, 3, \ldots$ und A_ν, B_ν, C_ν und D_ν als speziell zu bestimmende Konstanten

$$\begin{aligned}\Psi(x, t) = \Sigma\,[&A_\nu \cos m_\nu(x - v_\nu t) + B_\nu \sin m_\nu(x - v_\nu t)\\ &+ C_\nu \cos m_\nu(x + v_\nu t) + D_\nu \sin m_\nu(x + v_\nu t)],\end{aligned} \tag{11.93}$$

sowie für Spannung und Strom aus Gl. (11.90)

$$\boxed{\begin{aligned} u(x,t) &= -\mathrm{e}^{-kt}\frac{\partial \Psi}{\partial x} \\ i(x,t) &= -\mathrm{e}^{-kt}C'\left(\Psi\delta - \frac{\partial \Psi}{\partial t}\right) \end{aligned}} \qquad (11.94)$$

Auf einer mit Verlusten behafteten und verzerrenden Leitung ergibt sich demnach die Spannungs- und Stromverteilung längs der Leitung aus einer Summe in entgegengesetzter Richtung fortschreitender Wellen mit verschiedenen Phasengeschwindigkeiten

$$v_\nu = \sqrt{\frac{1}{L'C'} - \frac{\delta^2}{m_\nu^2}}\,. \qquad (11.95)$$

Die anschauliche Deutung durch je ein vorwärts und rückwärts fortschreitendes Wellenprofil gleicher Phasengeschwindigkeit geht damit verloren. Pflanzt sich eine beliebige Welle längs der Leitung fort, so wird der Wellenkopf nur die Teilwellen höherer Ordnung enthalten, die in der Regel kleine Amplituden haben. Die Teilwellen niederer Ordnung, die einen größeren Betrag zum Aufbau der Welle beitragen, haben dagegen kleinere Phasengeschwindigkeit. Es besteht Dispersion; eine steile Wellenfront „zerfließt". Diese Wirkung der Leitungsverzerrung ist namentlich für die Übertragung von Impulsen von Bedeutung.

Eine Welle, die längs einer verzerrenden Leitung fortschreitet wird gedämpft und gleichzeitig verformt.

Bei den meisten praktisch verwendeten Leitungen ist die Ableitung sehr klein, so daß $G' \approx 0$ gesetzt werden kann. Die allgemeine Telegraphengleichung wird dann zur *Heavisideschen Gleichung*

$$\left.\begin{aligned} \frac{\partial^2 u}{\partial x^2} &= R'C'\frac{\partial u}{\partial t} + L'C'\frac{\partial^2 u}{\partial t^2} \\ \frac{\partial^2 i}{\partial x^2} &= R'C'\frac{\partial i}{\partial t} + L'C'\frac{\partial^2 i}{\partial t^2} \end{aligned}\right\} \qquad (11.96)$$

mit

$$k = \delta = \frac{R'}{2L'}\,.$$

Ein besonders interessanter Fal liegt vor, wenn man $G' = 0$ und $L' = 0$ setzt. Das Ersatzschaltbild einer so erhaltenen Leitung (Thomson-Kabel) zeigt Bild 11.24. Die Leitungsgleichungen nehmen jetzt die Form an

$$-\frac{1}{R'}\frac{\partial u}{\partial x} = i, \qquad -\frac{\partial i}{\partial x} = C'\frac{\partial u}{\partial t},$$

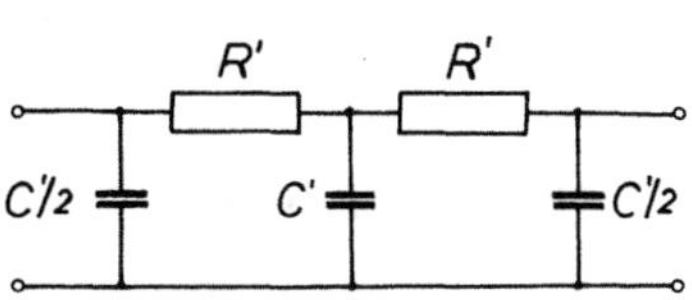

Bild 11.24 Ersatzschaltbild des Thomson-Kabels

so daß die Telegraphengleichung Gl. (11.89) für die Spannung u ergibt

$$\frac{\partial^2 u}{\partial x^2} - R'C' \frac{\partial u}{\partial t} = 0. \tag{11.97}$$

Das ist eine Differentialgleichung vom parabolischen Typ (Wärmeleitungsgleichung), für die mit

$$\tau = \frac{t}{R'C'}$$

eine Grundlösung

$$u(x, t) = \frac{A}{\sqrt{\pi\tau}} e^{-x^2/4\tau} = \frac{Q}{2C'\sqrt{\pi\tau}} e^{-x^2/4\tau} \tag{11.98}$$

angegeben werden kann. Für jeden positiven Wert τ erhält man eine sogenannte *Gaußsche Fehlerkurve*, wie sie Bild 11.25 für zwei verschiedene Werte τ zeigt. Für $x = 0$ und $\tau = 0$ besitzt sie eine Singularität.

Da die Ableitung $G' = 0$ angenommen wurde, kann keine Ladung abfließen. Es ändert sich mit der Zeit lediglich die Verteilung auf der Leitung, die durch die Ladung pro Länge Q'

$$Q'(x, t) = C'u(x, t) = \frac{Q}{2\sqrt{\pi\tau}} e^{-x^2/4\tau} \tag{11.98a}$$

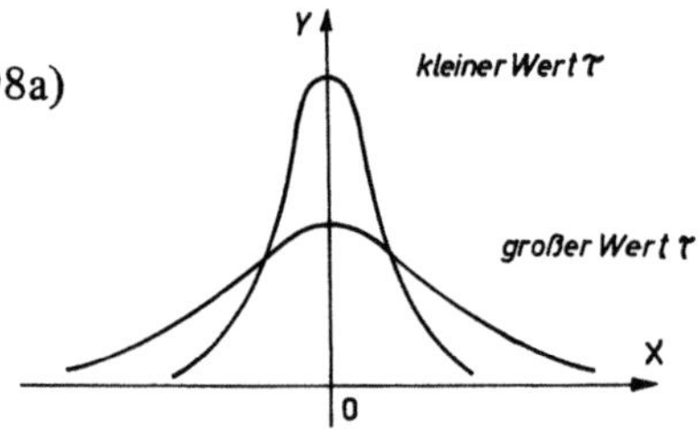

Bild 11.25 Gaußsche Fehlerkurven

gegeben ist und sich zu jeder Zeit nach einer Gaußschen Fehlerkurve über die Leitung verteilt. Dasselbe gilt auch für die der Ladungsdichte proportionale Spannung $u(x, t)$. Wird z.B. zur Zeit $t = 0$ die Elektrizitätsmenge Q an die Stelle $x = 0$ einer unendlich ausgedehnten Leitung gebracht, so sind dort in diesem Augenblick Ladungsdichte und Spannung unendlich groß, haben dagegen sonst überall auf der Leitung den Wert Null. Mit wachsender Zeit t verteilt sich die Ladung von der Stelle $x = 0$ über die Leitung. Die Ladungsdichte längs der Leitung flacht mit der Zeit ab. Für sehr große Werte t erhält man schließlich eine gleichförmige Verteilung, deren Ladungsdichte (infolge der unbegrenzten Leitungslänge) wieder zu Null geworden ist.

11.4.2 Wellen auf verzerrungsfreier Leitung. Bei der verzerrungsfreien Leitung ist $\delta = 0$, was praktisch nur sehr angenähert realisiert werden kann. Damit wird aus Gl. (11.94)

$$u(x, t) = -e^{-kt} \frac{\partial \Psi}{\partial x}, \qquad i(x, t) = e^{-kt} C' \frac{\partial \Psi}{\partial t}. \tag{11.99}$$

Die Phasengeschwindigkeit beträgt jetzt

$$v_p = v = \frac{1}{\sqrt{L'C'}} \tag{11.100}$$

sie ist für alle Teilwellen gleich und konstant. Ein Spannungs- oder Stromprofil pflanzt sich längs einer verzerrungsfreien Leitung ohne Formänderung fort; lediglich die Amplituden werden exponentiell gedämpft. Die Dämpfung beträgt mit

$$k\,t = \frac{k}{v}\,x = \alpha x,$$

unter Beachtung von Gl. (11.91)

$$\alpha = \frac{1}{2} R' \sqrt{\frac{C'}{L'}} + \frac{1}{2} G' \sqrt{\frac{L'}{C'}} = \frac{1}{2}\left(\frac{R'}{Z} + G'Z\right), \tag{11.101}$$

wobei man für den Wellenwiderstand Z als Quotienten u/i an jeder Stelle der Leitung für jeweils eine Teilwelle aus Gl. (11.99) erhält

$$Z = \frac{1}{C'v} = \sqrt{\frac{L'}{C'}}. \tag{11.102}$$

Für Spannung und Strom erhält man somit, wenn die Funktionen f_h und f_r die hinlaufende und die entgegengesetzt laufende Spannungswelle beschreiben,

$$\begin{aligned} u &= \{f_h(x - v\,t) + f_r(x + v\,t)\}\,\mathrm{e}^{-kt} \\ i &= \frac{1}{Z}\{f_h(x - v\,t) - f_r(x + v\,t)\}\,\mathrm{e}^{-kt}. \end{aligned} \tag{11.103}$$

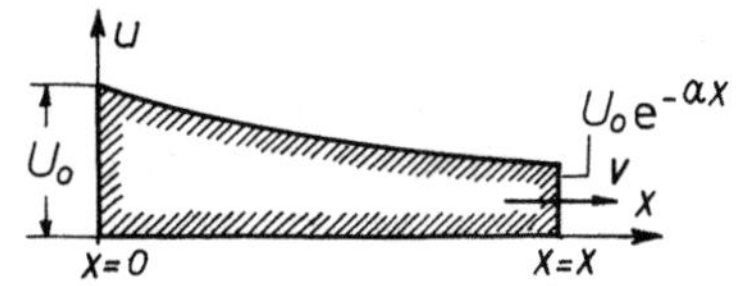

Bild 11.26 Wellenfront auf einer verzerrungsfreien Leitung

Den schematischen Spannungsverlauf einer Wellenfront längs einer verzerrungsfreien Leitung zeigt Bild 11.26. Infolge Energieentzugs durch die Leitung wird die Energie der Welle aufgezehrt und ihr Anfangswert U_0 ohne daß die Welle verformt wird exponentiell gedämpft. Entsprechendes gilt für die Stromwelle.

11.4.3 Die Telegraphengleichung im Frequenzbereich. Folgen Strom und Spannung den harmonischen Zeitgesetz mit der Kreisfrequenz ω so erhält man die Telegraphengleichung im Frequenzbereich, wenn man wegen der Linearität in Gl. (11.89) $\partial/\partial t$ durch $\mathrm{j}\,\omega$ ersetzt. Das ergibt in komplexer Schreibweise im stationären Zustand mit $u = \underline{U}$ und $i = \underline{I}$

$$\boxed{\begin{aligned} \frac{\mathrm{d}^2\underline{U}}{\mathrm{d}x^2} &= (R' + \mathrm{j}\,\omega L')(G' + \mathrm{j}\,\omega C')\underline{U} = \gamma^2\underline{U} \\ \frac{\mathrm{d}^2\underline{I}}{\mathrm{d}x^2} &= (R' + \mathrm{j}\,\omega L')(G' + \mathrm{j}\,\omega C')\underline{I} = \gamma^2\underline{I} \end{aligned}} \tag{11.104}$$

wobei

$$\gamma = \alpha + \mathrm{j}\,\beta = \sqrt{(R' + \mathrm{j}\,\omega L')(G' + \mathrm{j}\,\omega C')}. \tag{11.105}$$

Hierbei ist

γ die komplexe Fortpflanzungskonstante oder der Leitungsbelag,
α die Dämpfungskonstante oder der Dämpfungsbelag,
β die Phasenkonstante oder der Phasenbelag.

Den Zusammenhang zwischen $\underline{U}$ und $\underline{I}$ erhält man im Frequenzbereich aus Gl. (11.88) zu

$$-\frac{\mathrm{d}\underline{U}}{\mathrm{d}x} = (R' + \mathrm{j}\,\omega L')\underline{I}, \qquad -\frac{\mathrm{d}\underline{I}}{\mathrm{d}x} = (G' + \mathrm{j}\,\omega C')\underline{U}, \tag{11.106}$$

woraus für den Wellenwiderstand $\underline{Z}$ folgt

$$\boxed{\underline{Z} = \sqrt{\frac{R' + \mathrm{j}\,\omega L'}{G' + \mathrm{j}\,\omega C'}} = Z\,\mathrm{e}^{\mathrm{j}\psi}} \tag{11.107}$$

mit

$$\left.\begin{aligned} Z &= \sqrt[4]{\frac{R'^2 + (\omega L')^2}{G'^2 + (\omega C')^2}} \\ \psi &= \frac{1}{2}\left(\arctan\frac{\omega L'}{R'} - \arctan\frac{\omega C'}{G'}\right). \end{aligned}\right\} \tag{11.108}$$

Da die physikalischen Vorgänge auf einer Leitung stets von der Beschaffenheit ihres Endes abhängen, erfolgt die Betrachtung der Vorgänge auf einer Leitung von ihrem Ende aus. Die allgemeine Lösung zu Gl. (11.104) setzt sich dabei aus der Summe einer hinlaufenden Welle (Index h) und einer rücklaufenden Welle (Index r) zusammen. Für eine Leitung der Länge l nach Bild 11.27 erhält man daher an der Stelle x als betrachteter Anfang einer verbleibenden Länge $l - x$ als allgemeine Lösung

$$\boxed{\begin{aligned} \underline{U}_x &= \underline{U}_h\,\mathrm{e}^{\gamma(l-x)} + \underline{U}_r\,\mathrm{e}^{-\gamma(l-x)} \\ \underline{I}_x &= \frac{1}{\underline{Z}}(\underline{U}_h\,\mathrm{e}^{\gamma(l-x)} - \underline{U}_r\,\mathrm{e}^{-\gamma(l-x)} \end{aligned}} \tag{11.109}$$

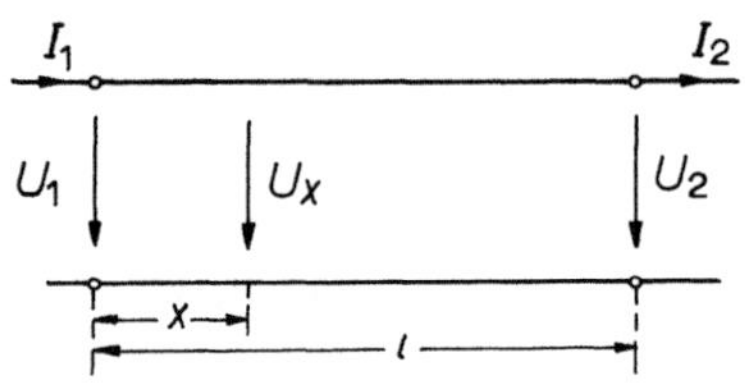

Bild 11.27 Homogene Leitung der Länge l

Am Ende der Leitung ist $x = l$ und $U_x = U_2$ sowie $I_x = I_2$ oder

$$\underline{U}_2 = \underline{U}_h + \underline{U}_r; \qquad \underline{I}_2 = \frac{1}{\underline{Z}}(\underline{U}_h - \underline{U}_r).$$

Daraus erhält man

$$\underline{U}_h = \frac{1}{2}(\underline{U}_2 + \underline{I}_2\underline{Z}); \qquad \underline{U}_r = \frac{1}{2}(\underline{U}_2 - \underline{I}_2\underline{Z}). \tag{11.110}$$

Beim Fortschreiten nehmen diese Werte mit αx exponentiell ab, was das bekannte Spiralendiagramm einer Leitung ergibt. Ebenso wie bei ebenen Wellen erhält man als Phasengeschwindigkeit und Wellenlänge

$$v = \frac{\omega}{\beta}, \qquad \lambda = \frac{2\pi}{\beta} = \frac{v}{f}. \tag{11.111}$$

Führt man schließlich in Gl. (11.109) die Hyperbelfunktionen ein, so erhält man die bekannten Gleichungen der Leitungstheorie. Hierzu sei auf das Schrifttum verwiesen [2.8; 2.13].

11.4.4 Sprung- und Wanderwellen auf Leitungen. Steile Änderungen elektrischer Felder beispielsweise bei Blitzentladungen können auf Leitungen Ausgleichsvorgänge hervorrufen. Befindet sich etwa eine elektrische Raumladungswolke als Gewitterwolke über einer Leitung, so werden auf der Leitung Ladungen influenziert, während die Ladungen mit dazu entgegengesetztem Vorzeichen zur Erde abfließen. Entlädt sich die Wolke durch einen Blitz, so werden die influenzierten Ladungen plötzlich frei und fließen zu beiden Seiten der Leitung ab. Es entsteht ein Ladungsausgleich. Gleichzeitig entsteht dadurch ein magnetisches Feld, das der Ladungsbewegung hemmend entgegentritt. Die sich daher längs der Leitung ausbreitenden Feldänderungen bezeichnet man als *Wanderwellen* oder bei großer Steilheit der Wellenfront auch als *Sprungwellen*. Solche Wellen können durch jeden Schaltvorgang ausgelöst werden. Infolge der stets vorhandenen Leitungsverluste ergibt sich aber in der Regel ein nur allmählicher Spannungsanstieg.

Nimmt man eine verlustlose Leitung an, so erhält man besonders einfache und transparente Beziehungen, die die wirklichen Verhältnisse mit meist ausreichender Genauigkeit erkennen lassen. Aus der Telegraphengleichung Gl. (11.89) erhält man dabei mit $R' = 0$ und $G' = 0$ für die verlustlose Leitung

$$\frac{\partial^2 u}{\partial x^2} - L'C' \frac{\partial^2 u}{\partial t^2} = 0; \qquad \frac{\partial^2 i}{\partial x^2} - L'C' \frac{\partial^2 i}{\partial t^2} = 0. \tag{11.112}$$

Das ist eine spezielle Form der allgemeinen Wellengleichung Gl. (10.19) in eindimensionaler Form. Die allgemeine Lösung lautet entsprechend

$$\left.\begin{aligned} u(x,t) &= f_h(x - vt) + f_r(x + vt) = u_h + u_r \\ i(x,t) &= \frac{1}{Z}[f_h(x - vt) - f_r(x + vt)] = \frac{1}{Z}(u_h - u_r). \end{aligned}\right\} \tag{11.113}$$

Hierbei sind f_h und f_r beliebige Funktionen, die auch in den Ableitungen unstetig sein können. Phasengeschwindigkeit und Wellenwiderstand betragen nach Gl. (11.100) und Gl. (11.102)

$$v = \frac{1}{\sqrt{L'C'}}, \qquad Z = \sqrt{\frac{L'}{C'}}. \tag{11.114}$$

Da die Leitung verlustlos sein soll, bleiben die elektrischen Längskomponenten und ihre Wirkungen unberücksichtigt; man erhält eine Welle vom TEM-Typ.

Hat die Welle im Zeitpunkt $t = 0$ eine bekannte und den Spannungsverlauf $u(x, 0) = F(x)$ bestimmende Ladungsverteilung, so erhält man wegen $i(x, 0) = 0$ zur Zeit $t = 0$

$$F(x) = f_h(x) + f_r(x)$$
$$0 = f_h(x) - f_r(x).$$

Daraus folgt

$$f_h(x) = f_r(x) = \frac{1}{2} F(x).$$

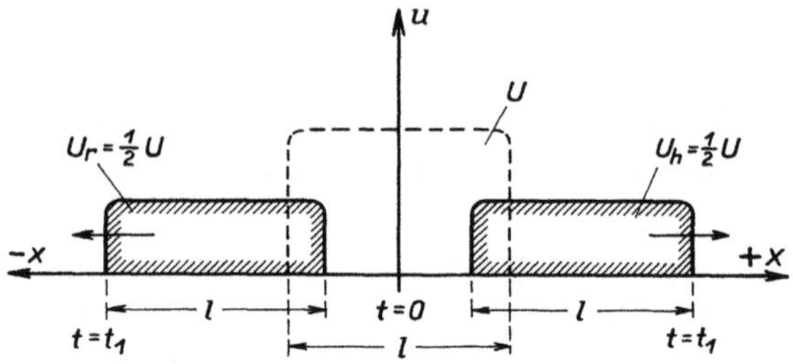

Bild 11.28 Ausbildung einer Spannungswelle aus einer örtlich begrenzten Ladungsverteilung auf einer verlustlosen Leitung

Eine ursprünglich vorhandene Spannungsverteilung $F(x)$ halbiert sich demnach, wobei beide Teile in unveränderter Form als Welle nach beiden Seiten über die Leitung laufen. Der Strom in jeder Welle ist in jedem Augenblick der Spannung proportional. Dies ist in Bild 11.28 für die Spannungswelle schematisch dargestellt. Für die Stromwelle erhält man das entsprechende Bild, wenn man diese wegen $i(x, 0) = 0$ als Überlagerung zweier zur x-Achse spiegelbildlich symmetrische Wellen (positive und negative Welle) darstellt. Für $t > 0$ wandert entsprechend Gl. (11.113) die positive Stromwelle in Richtung der positiven x-Achse und die negative Stromwelle in Richtung der negativen x-Achse.

Ist die Leitung nicht homogen, so führt jede Unregelmäßigkeit zu einer Aufspaltung der hinlaufenden Welle u_h in eine weiterlaufende Welle u_g und eine rücklaufende reflektierte Welle u_r. Die weiterlaufende Welle ist im allgemeinen von der auftreffenden und reflektierten Welle verschieden. An der Stoßstelle etwa zweier Leitungen mit den Wellenwiderständen Z_1 und Z_2 muß gelten $u_1 = u_2$ und $i_1 = i_2$ oder

$$u_g = u_h + u_r, \qquad \frac{u_g}{Z_2} = (u_h - u_r)\frac{1}{Z_1}.$$

Daraus der Reflexionsfaktor $r = u_r/u_h$

$$r = \frac{Z_2 - Z_1}{Z_2 + Z_1} \tag{11.115}$$

in Übereinstimmung mit Gl. (10.48) in Kap. 10.2.4. Demnach wird

$$\left.\begin{aligned} u &= u_h(1 + r), & u_r &= r u_h, \\ i &= i_h(1 - r) = \frac{u_h}{Z}(1 - r), & i_r &= -r i_h. \end{aligned}\right\} \tag{11.116}$$

Für zwei Leitungen mit Z_1 und Z_2, wobei $Z_1 \neq Z_2$ ist auch v_1 und v_2 verschieden. Im allgemeinen tritt demnach beim Übergang einer Welle an der Stoßstelle zweier Leitungen eine Umbildung der Wellenform ein. Die Wellenumbildung an der Stoßstelle zweier verlustloser Leitungen mit $v_2 = 2v_1$ und $r = 0{,}5$ zeigt Bild 11.29. An der Stoßstelle beträgt in diesem Fall

$$u_r = 0{,}5\,u_h, \qquad u_g = (1 + r)\,u_h = 1{,}5\,u_h.$$

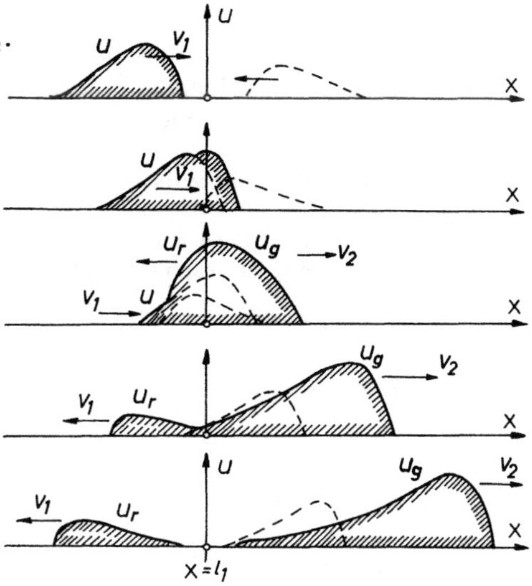

Bild 11.29
Wellenumbildung an der Stoßstelle $x = l_1$ zweier verlustloser Leitungen mit $v_2 = 2v_1$ und $r = 0{,}5$ nach [2.8]

Alle Abstände rechts von der Stoßstelle $x = l_1$ erscheinen für u_g wegen $v_2 = 2v_1$ verdoppelt und die Ordinaten von u_g sind gegenüber u_h um den Faktor 1,5 vergrößert. Bei einer leerlaufenden Leitung wird schließlich $r = 1$ und damit $u_r = u_h$. Diesen Fall zeigt noch Bild 11.30 bei einer rechteckigen (ideellen) Spannungs- und Stromwelle. Bei kurzgeschlossenem Leitungsende sind in Bild 11.30 wegen $r = -1$ Spannung u und Strom i zu vertauschen.
Ist das Leitungsende mit einer beliebigen Widerstandsanordnung Z_a abgeschlossen, so bestimmt diese den Verlauf von Strom und Spannung am Ende der Leitung. Setzt man am Leitungsende $x = l$

$$\left.\begin{aligned} u(l, t) &= \psi(t) = u_h + u_r, \\ i(l, t) &= \varphi(t) = \frac{1}{Z}(u_h - u_r), \end{aligned}\right\} \qquad (11.117)$$

wobei $\psi(t)$ und $\varphi(t)$ im allgemeinen durch eine Differentialgleichung miteinander verknüpft sind, so wird daraus am Leitungsende

$$\psi(t) + Z\varphi(t) = 2u_h = u + iZ.$$

Am Ende der Leitung wird der doppelten Spannung der hinlaufenden Welle das Gleichgewicht gehalten durch die dort herrschende Spannung u zusammen mit dem Produkt aus Wellenwiderstand Z und Strom i am Leitungsende.

Bild 11.30
Schema der Reflexion einer ideellen Rechteckwelle am offenen Leitungsende, Spannungswelle u und Stromwelle i

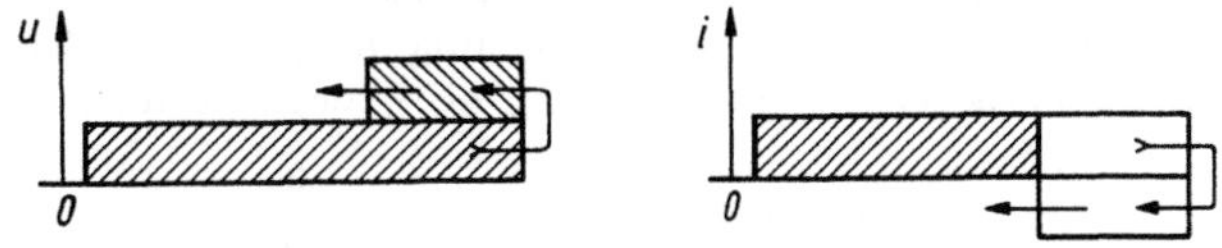

Das Ende einer mit einer beliebigen Widerstandsanordnung Z_a abgeschlossenen Leitung kann als Ersatzschaltbild durch eine Reihenschaltung aus Wellenwiderstand Z und Widerstandsanordnung Z_a dargestellt werden, die in jedem Augenblick mit der Spannung $2u_h$ gespeist wird.

Dieses Ersatzschaltbild zeigt Bild 11.31. Ist der Verlauf der ankommenden Spannungswelle u_h bekannt, so können Strom und Spannung am Ende der Leitung nach den üblichen Verfahren berechnet werden.

Beispiel 11.11: Wird eine verlustlos angenommene Leitung vom Wellenwiderstand Z mit einem Kondensator der Kapazität C abgeschlossen, so ist in Bild 11.31 der Abschlußwiderstand Z_a durch C zu ersetzen. Beim Auftreffen einer rechteckigen Sprungwelle $u_h = U = \text{const.}$ erhält man dann als Bestimmungsgleichung für Spannung u und Strom i am Leitungsende

$$2U = u + ZC\frac{\mathrm{d}u}{\mathrm{d}t}; \qquad i = C\frac{\mathrm{d}u}{\mathrm{d}t}.$$

Mit der Zeitkonstante $\tau = ZC$ erhält man daraus am Leitungsende

$$u(t) = 2U(1 - \mathrm{e}^{-t/\tau}); \qquad i(t) = \frac{2U}{Z}\,\mathrm{e}^{-t/\tau}$$

und nach Gl. (11.117)

$$u_r(t) = U(1 - 2\,\mathrm{e}^{-t/\tau}); \qquad i_r(t) = -\frac{U}{Z}(1 - \mathrm{e}^{-t/\tau}).$$

Den schematischen Verlauf von $u(t)$ und $i(t)$ am Leitungsende zeigt Bild 11.32. Im ersten Augenblick wirkt der Kondensator für die einfallende Welle wie ein Kurzschluß. Nach beendetem Aufbau des elektrischen Feldes (Aufladung des Kondensators) wirkt das Leitungsende bei konstanter Spannung wie offen.

Erfolgt der Leitungsabschluß mit einer Spule der konstanten Induktivität L, wobei deren Ohmscher Widerstand zum Wellenwiderstand Z hinzugezählt werden soll, so ist in Bild 11.31 der Abschlußwiderstand Z_a durch L zu ersetzen. Man erhält die umgekehrten Verhältnisse wie bei Abschluß der Leitung mit einem Kondensator. In Bild 11.32 sind daher u und i zu vertauschen. Für die einfallende Welle wirkt die Spule im ersten Augenblick wie eine am Ende offene Leitung und nach beendetem Aufbau des magnetischen Feldes wie ein Kurzschluß.

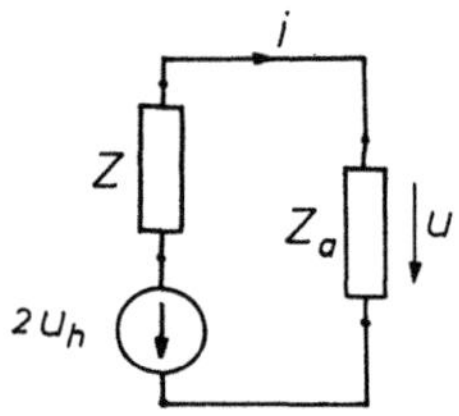

Bild 11.31 Ersatzschaltbild des Leitungsendes zur Berechnung von Stoßwellenvorgängen

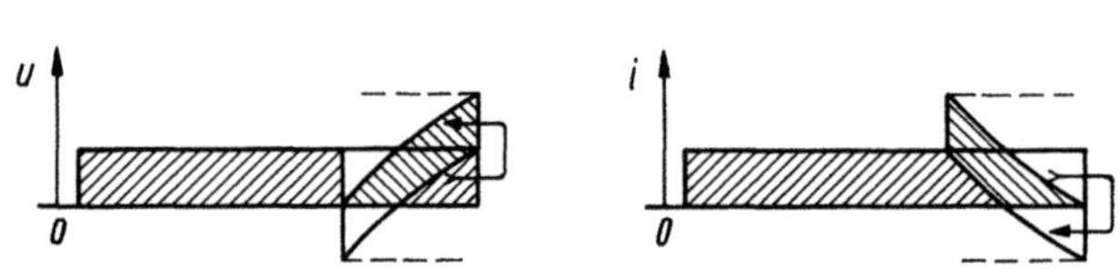

Bild 11.32 Schema der Reflexion einer ideellen Rechteckwelle an einem mit einem Kondensator abgeschlossenen Leitungsende, Spannungswelle u und Stromwelle i

Beispiel 11.12: Wird die Stoßstelle S zweier verlustloser Leitungen mit den Wellenwiderständen Z_1 und Z_2 über einen Kondensator der Kapazität C geerdet, so ist im Ersatzschaltbild Bild 11.31 die Spannung u zu ersetzen durch die Spannung u_s an der Stoßstelle und Z_a durch eine Parallelschaltung aus Z_2 und C, mit der die Leitung für eine auftreffende Welle abgeschlossen erscheint. Bei einer rechteckigen Spannungswelle $u_h = U = \text{const.}$ erhält man dann an der Stoßstelle

$$2U = i_1 Z_1 + u_s; \qquad i_1 = \frac{u_s}{Z_2} + C\frac{\mathrm{d}u_s}{\mathrm{d}t} = i_2 + i_C.$$

Mit

$$\tau = C \frac{Z_1 \cdot Z_2}{Z_1 + Z_2}$$

als Zeitkonstante ergibt das

$$u_2(t) = u_s(t) = \frac{2 Z_2}{Z_1 + Z_2} U (1 - e^{-t/\tau})$$

und

$$i_1(t) = \frac{2U}{Z_1 + Z_2} (1 - e^{-t/\tau}) + \frac{2U}{Z_1} e^{-t/\tau} = i_2 + i_c$$

sowie

$$u_r(t) = u_s(t) - U = \frac{Z_2 - Z_1}{Z_1 + Z_2} U - \frac{2Z_2}{Z_1 + Z_2} U e^{-t/\tau}.$$

Die Verformung der auftreffenden Spannungs- und Stromwelle zeigt Bild 11.33. Die Stoßstelle wirkt für die ankommende Welle im ersten Augenblick wie ein kurzgeschlossenes Leitungsende, der Reflexionsfaktor $r = -1$. Ist der Kondensator aufgeladen, so wirkt er sich bei konstanter Spannung nicht mehr aus.

Verwendet man zwischen beiden Leitungen statt eines geerdeten Querkondensators eine verlustlos angenommene Längsspule der konstanten Induktivität L, so erscheint die Stoßstelle für die auftreffende Welle als Reihenschaltung aus L und Z_2. Mit der Zeitkonstanten

$$\tau = L/(Z_1 + Z_2)$$

erhält man dann

$$i(t) = \frac{2U}{Z_1 + Z_2} (1 - e^{-t/\tau})$$

sowie

$$u_s(t) = Z_2 i + L \frac{di}{dt} = \frac{2Z_2}{Z_1 + Z_2} U + \frac{2Z_1}{Z_1 + Z_2} e^{-t/\tau}.$$

Wie Bild 11.34 erkennen läßt, wirkt die Stoßstelle nun im ersten Augenblick wie ein offenes Leitungsende mit einem Reflexionsfaktor $r = 1$. Die Nachrechnung sei dem Leser überlassen.

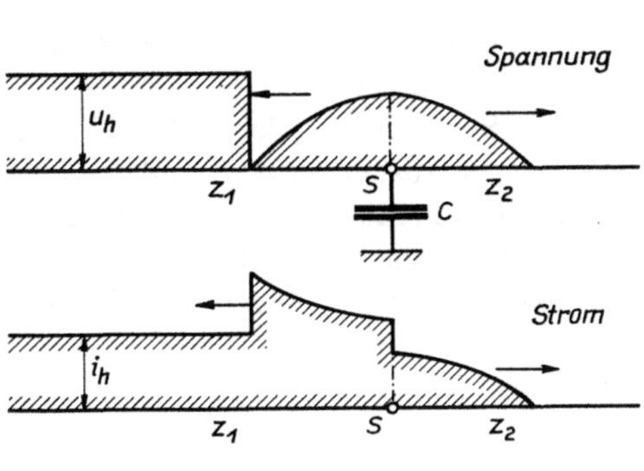

Bild 11.33 Schema der Verformung einer ideellen Rechteckwelle durch einen Querkondensator. $Z_1 < Z_2$

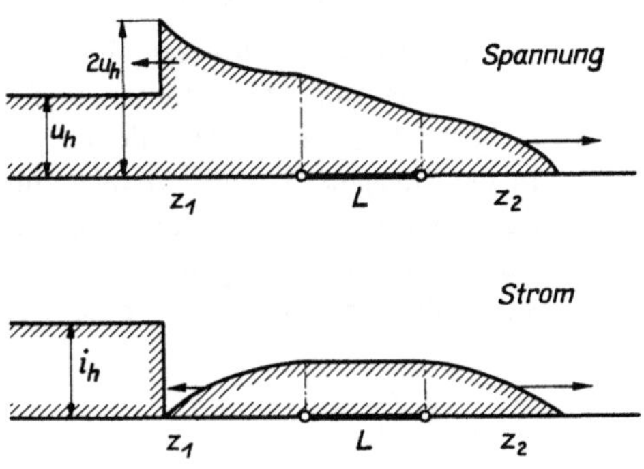

Bild 11.34 Schema der Verformung einer ideellen Rechteckwelle durch eine Längsspule. $Z_1 < Z_2$

Abschnitt V Die Raum-Zeit-Welt

Einführung in die vierdimensionale Elektrodynamik

12 Einführung in die vierdimensionale Elektrodynamik

12.1 Vierdimensionale Darstellung

12.1.1 Relativitätsprinzip und Lichtgeschwindigkeit. Die spezielle Relativitätstheorie faßt Raum und Zeit zusammen. Grundlage bilden zwei Postulate Einsteins, nämlich das Relativitätsprinzip und die Konstanz der Lichtgeschwindigkeit. Das Relativitätsprinzip besagt, daß in zwei euklidischen Bezugssystemen, die sich mit konstanter Geschwindigkeit geradlinig relativ zueinander bewegen, alle physikalischen Vorgänge in gleicher Weise ablaufen. Dieser Ablauf ist unabhängig von der Translationsgeschwindigkeit der Systeme relativ zueinander, sofern sie konstant ist. Solche Systeme bezeichnet man als *Inertialsysteme.* Keines dieser Systeme kann nach dem Relativitätsprinzip als ruhend oder sonst als bevorzugt bezeichnet werden; eine absolute Geschwindigkeit gibt es nicht.
Die Konstanz der Lichtgeschwindigkeit bedeutet Unabhängigkeit von der Geschwindigkeit ihrer Quelle. Demnach kann die Zeit nicht mehr als eine von den Raumkoordinaten unabhängige und universelle Variable betrachtet werden. Bei der Zusammenfassung von Raum und Zeit zur vierdimensionalen Einstein-Minkowskischen Raumzeit-Welt gilt auch nicht mehr die euklidische Metrik; sie gilt nur im Raum allein. In der Raum-Zeit-Welt gilt eine pseudoeuklidische Metrik mit endlicher Grenzgeschwindigkeit c_0. Der Übergang von einem Inertialsystem zu einem anderen dazu gleichförmig und geradlinig bewegten System erfordert nicht nur eine Transformation der Raumkoordinaten, sondern auch der „Zeitkoordinate", was zu einem vierdimensionalen System führt.

12.1.2 Die vierdimensionalen Koordinaten. Um zu einem vierdimensionalen Raum-Zeit-Koordinatensystem zu kommen und dieses zu begründen, soll ein Gedankenexperiment nach Joos [2.7] dienen. Man denke sich dabei einen Beobachter *C*, der nach Bild 12.1 mit Hilfe des Spiegels *S* beide Orte *A* und *B* mit gleichen Abständen *A–S* und *B–S* gleichzeitig beobachten kann. Stellt man sich auf den Standpunkt der Absolutvorstellungen und denkt sich die ganze Anordnung einschließlich des Beobachters mit der gleichförmigen Geschwindigkeit v relativ zu einem absoluten Koordinatensystem im Weltall von links

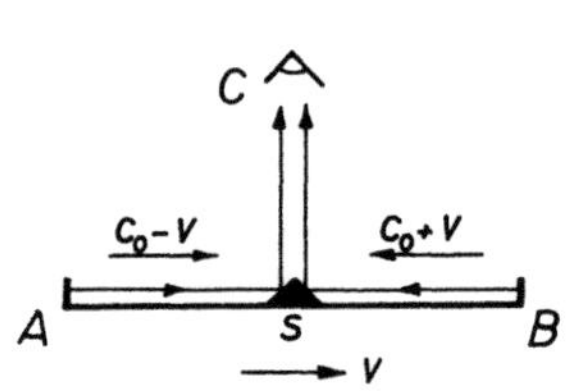

Bild 12.1 Zum Begriff der Gleichzeitigkeit

nach rechts bewegt, so könnte der Beobachter ein in A und B gleichzeitig einsetzendes Ereignis nicht mehr gleichzeitig wahrnehmen. Bezüglich des Beobachters in C hätte das Licht auf der einen Seite die Geschwindigkeit $c_0 - v$ und auf der anderen Seite die Geschwindigkeit $c_0 + v$. In begriffliche Schwierigkeiten kommt man, wenn man fragt, was unter der Geschwindigkeit v der Anordnung in einem absoluten Koordinatensystem zu verstehen ist. Ist es lediglich die Geschwindigkeit bezüglich der Erde oder muß man auch deren Bahngeschwindigkeit hinzuzählen? Dann müßte man aber auch die Geschwindigkeit des Sonnensystems innerhalb des Milchstraßensystems oder sogar die Geschwindigkeit gegenüber außergalaktischen Systemen berücksichtigen usw. Offenbar gibt es auf eine solche Frage nur eine sinnvolle Antwort, nämlich die Forderung Einsteins, daß die Lichtgeschwindigkeit c_0 eine absolute Konstante sein muß. Sowohl in einem ruhend als auch in einem gleichförmig bewegt erscheinenden Inertialsystem erfolgt die Lichtausbreitung im linearen und isotropen Medium in Form einer Kugelwelle unabhängig von der Ausbreitungs*richtung* und damit auch unabhängig von einer Geschwindigkeit der Lichtquelle. In jedem relativ zum Beobachter ruhend oder gleichförmig translatorisch bewegt erscheinenden System im materiefreien Raum ist immer

$$x^2 + y^2 + z^3 - c_0^2 t^2 = 0.$$

Damit ist bereits der Übergang zur vierdimensionalen Darstellung vollzogen, wenn man setzt

$$\begin{aligned} x_1 &= x, \qquad & x_3 &= z, \\ x_2 &= y, \qquad & x_4 &= \sqrt{-c_0^2 t^2} = \mathrm{j}\, c_0 t. \end{aligned} \tag{12.1}$$

Die vierte Koordinate ist in durchaus sinnvoller Weise imaginär.

Mit den orthogonalen Koordinaten nach Gl. (12.1) kann man im vierdimensionalen Raum R4 grundsätzlich genauso rechnen wie im dreidimensionalen Raum R3; man muß nur die imaginäre „Zeitkoordinate“ $x_4 = \mathrm{j}\, c_0 t$ hinzufügen. Die Beschreibung der Naturvorgänge in R4 kann dann ebenso wie in R3 durch allgemein gültige Gesetze in Form vierdimensionaler Vektorgleichungen erfolgen. In dieser Raum-Zeit-Welt sind „Punkte“ gleichsam „Ereignisse“ des Weltgeschehens, da sie durch Raum und Zeit festgelegt sind. Man bezeichnet diese Koordinaten daher auch als *Weltkoordinaten* und die Vierervektoren und Vierertensoren dieses Systems als Weltvektoren bzw. Welttensoren. Näheres siehe insbesondere [2.6; 2.7; 2.14].

Die Differentiation nach der Zeit t sowie nach der Koordinate x_4 wird mit den Koordinaten nach Gl. (12.1)

$$\frac{\mathrm{d}}{\mathrm{d}t} = \mathrm{j}\, c_0 \frac{\mathrm{d}}{\mathrm{d}x_4}\,; \qquad \frac{\mathrm{d}}{\mathrm{d}x_4} = \frac{1}{\mathrm{j}\, c_0} \frac{\mathrm{d}}{\mathrm{d}t}. \tag{12.2}$$

Ist $A = \mathrm{f}(x, y, z, t)$ eine skalare Ortsfunktion, die als äußere Differentialform vom Grade Null betrachtet werden kann, so ergibt eine äußere Differentiation nach Gl. (1.43) die Form ersten Grades

$$\mathbf{A} = \sum_{i=1}^{4} \frac{\partial A}{\partial x_i}\, \mathrm{d}x_i = \sum_{i=1}^{4} A_i\, \mathrm{d}x_i\,.$$

Für $i = 4$ erhält man als vierte Koordinate

$$A_4 = \frac{\partial A}{\partial x_4} = \frac{1}{\mathrm{j} c_0} \frac{\partial A}{\partial t} = \frac{a}{\mathrm{j} c_0}.$$

In R3 ist diese Koordinate nicht definiert, in R4 ist sie die Zeitkoordinate eines vierdimensionalen Monovektors oder *Vierervektors*

$$A_i = (A_1, A_2, A_3, A_4). \tag{12.3}$$

Verallgemeinert erhält man demnach in der Raum-Zeit-Welt aus einer dreidimensionalen Ortsfunktion $A(t)$ durch äußere Differentiation als vierte Koordinate

$$\frac{A}{\mathrm{j} c_0} = A_4, \qquad \frac{A_i}{\mathrm{j} c_0} = A_{i4} \ldots \qquad i = 1, 2, 3. \tag{12.4}$$

Eine Division durch den ausschließlich durch die Einführung der „Zeitkoordinate" x_4 bedingten Faktor $\mathrm{j} c_0$ ist demnach gleichbedeutend mit der Erhöhung des Grades p eines p-Vektors auf $p + 1$. Ebenso wie in R3 bedeutet jedoch eine Differentiation nach der Zeit t keine Änderung des Grades p eines Vektors, wie aus Gl. (12.2) entnommen werden kann.

12.2.3 Galilei- und Lorentztransformation. In der klassischen Mechanik transformieren sich die Raum-Zeitkoordinaten x, y, z, t und x', y', z', t' zweier orthogonaler und paralleler Bezugssysteme S und S', die sich relativ zueinander mit der gleichförmigen Geschwindigkeit $v = v_x$ bewegen nach der *Galilei-Transformation*

$$x' = x - vt, \quad y' = y, \quad z' = z, \quad t' = t. \tag{12.5}$$

Diese Transformation setzt ein ausgezeichnetes Koordinatensystem voraus. Die inzwischen auch experimentell gesicherte Tatsache, daß die Feldgleichungen unabhängig von der Orientierung des betrachteten elektromagnetischen Feldes zur Erdbewegung gelten, verlangen jedoch, daß $t \neq t'$.

Im folgenden sollen nun zwei parallele Inertialsystems S und S' in R4 betrachtet werden, die zur Zeit $t = 0$ zusammenfallen und sich für $t > 0$ mit der konstanten Relativgeschwindigkeit v in Richtung der x_1-Achse voneinader entfernen. Mit (a) als notwendig nichtsinguläre Transformationsmatrix erhält man dann für die Koordinatentransformation die Matrizengleichung

$$(x') = (a)(x).$$

Da für die beiden orthogonalen Achsen senkrecht zur Geschwindigkeitsrichtung voraussetzungsgemäß $x_2 = x'_2$ und $x_3 = x'_3$, lautet diese Gleichung mit ausgeschriebenen Matrizen

$$\begin{pmatrix} x'_1 \\ x'_2 \\ x'_3 \\ x'_4 \end{pmatrix} = \begin{pmatrix} a_{11} & 0 & 0 & a_{14} \\ 0 & 1 & 0 & 0 \\ 0 & 0 & 1 & 0 \\ a_{41} & 0 & 0 & a_{44} \end{pmatrix} \cdot \begin{pmatrix} x_1 \\ x_2 \\ x_3 \\ x_4 \end{pmatrix}$$

oder als Restgleichung

$$\left.\begin{aligned} x'_1 &= a_{11} x_1 + a_{14} x_4 \\ x'_4 &= a_{41} x_1 + a_{44} x_4. \end{aligned}\right\} \tag{12.6}$$

Wegen der Orthogonalität der Koordinatensysteme muß auch (a) orthogonal sein. Das bedeutet $\det(a) = 1$ und für die transponierte Matrix $(a)_t = (a)^{-1}$ oder

$$\begin{pmatrix} a_{11} & a_{41} \\ a_{14} & a_{44} \end{pmatrix} = \begin{pmatrix} a_{44} & -a_{14} \\ -a_{41} & a_{11} \end{pmatrix}.$$

Daraus entnimmt man

$$a_{11} = a_{44} = a; \quad a_{14} = -a_{41} = \mathrm{j}\, b,$$

da nach Gl. (12.1) x_4 und x_4' imaginär sind, weshalb in Gl. (12.6) die beiden Diagonalelemente von (a) reell und die beiden anderen Elemente imaginär sein müssen. Für die Determinante von (a) erhält man somit

$$\det(a) = a^2 - b^2 = 1 = a^2 \left(1 - \frac{b^2}{a^2}\right).$$

Daraus, mit

$$\frac{b^2}{a^2} = \beta^2,$$

wenn nur das positive Vorzeichen vor der Wurzel berücksichtigt wird,

$$a = \frac{1}{\sqrt{1-\beta^2}}; \qquad b = \beta a = \frac{\beta}{\sqrt{1-\beta^2}}.$$

In Gl. (12.6) eingesetzt, ergibt das

$$x_1' = \frac{x_1 - \beta c_0 t}{\sqrt{1-\beta^2}}; \qquad t' = \frac{c_0 t - \beta x_1}{c_0 \sqrt{1-\beta^2}}.$$

Setzt man schließlich darin

$$\beta = \frac{v}{c_0}, \tag{12.7}$$

wobei v die Relativgeschwindigkeit zwischen den Systemen S und S' in Richtung der x_1- bzw. x_1'-Achse ist, so erhält man die spezielle *Lorentztransformation*

$$\left.\boxed{\begin{aligned} x_1' &= \frac{x_1 - v t}{\sqrt{1-\beta^2}}, & x_1 &= \frac{x_1' + v t'}{\sqrt{1-\beta^2}}, \\ x_2' &= x_2, & x_3' &= x_3, \\ t' &= \frac{t - \frac{v}{c_0^2} x_1}{\sqrt{1-\beta^2}}, & t &= \frac{t' + \frac{v}{c_0^2} x_1'}{\sqrt{1-\beta^2}} \end{aligned}}\right\} \tag{12.8}$$

Unverändert bleiben nur die beiden Koordinaten senkrecht zur Richtung der Relativgeschwindigkeit v. Für $v \ll c_0$ oder $\beta \to 0$ geht die Lorentztransformation in die Galileitransformation Gl. (12.5) über.

Soll auch noch das durch x_1' und x_4' gebildete orthogonale Achsenkreuz in S' um den Winkel φ gegenüber den Achsen x_1, x_4 verdreht sein, so lauten die Transformationsgleichungen

$$\left.\begin{aligned} x_1' &= x_1 \cos\varphi - x_4 \sin\varphi, \\ x_4' &= x_1 \sin\varphi + x_4 \cos\varphi. \end{aligned}\right\} \tag{12.9}$$

Setzt man darin nach Gl. (12.1) $x_4 = \mathrm{j}\, c_0 t$ und $x_4' = \mathrm{j}\, c_0 t'$, so ergibt ein Vergleich mit Gl. (12.6)

$$\cos\varphi = \frac{1}{\sqrt{1-\beta^2}}, \qquad \sin\varphi = \frac{-\mathrm{j}\beta}{\sqrt{1-\beta^2}}, \qquad \tan\varphi = -\mathrm{j}\beta.$$

Das bedeutet eine Drehung um den imaginären Winkel $\varphi = \mathrm{j}\,\mathrm{arc\,tan}\,\beta$. Die Werte für $\cos\varphi$ und $\sin\varphi$ in Gl. (12.9) eingesetzt, ergeben wieder die Lorentztransformation Gl. (12.8).

Schließlich soll noch ein Punkt P' im System S' betrachtet werden, der in diesem System mit der gleichförmigen Geschwindigkeit $v' = x'/t'$ in Richtung der x_1'-Achse bewegt erscheint und dessen Anfangslage bei $t' = 0$ durch den Koordinatenursprung gegeben ist. Das System S' bewegt sich wieder relativ zum parallelen und gleichartigen System S mit der gleichförmigen Geschwindigkeit v ebenfalls in x_1-Richtung. Im System S erscheint daher dieser Punkt aufgrund der Lorentztransformation mit der Geschwindigkeit

$$u = \frac{x_1}{t} = \frac{x_1' + v t'}{t' + \dfrac{v}{c_0^2} x_1'}.$$

Wird darin $x_1' = v' t'$ eingesetzt, so erhält man das *Additionstheorem* zweier gleichgerichteter Geschwindigkeiten v und v'

$$u = \frac{v + v'}{1 + \dfrac{v v'}{c_0^2}}. \tag{12.10}$$

Für $v \to c_0$ und $v' \to c_0$ ergibt das wieder $u \to c_0$ ebenso für $v \to c_0$ oder $v' \to c_0$. Die Lichtgeschwindigkeit c_0 erweist sich demnach nicht nur in beiden Systemen als konstant – wie vorausgesetzt – sondern auch als eine absolute *physikalische* Grenzgeschwindigkeit. Nach den Absolutvorstellungen der Galilei-Transformation wäre dagegen $u = v + v'$.

Soll ein bestimmtes Bezugssystem S in R4 in ein gleichartiges relativ dazu gleichförmig bewegtes oder um einen Winkel verdrehtes System S' zur Darstellung eines physikalischen Vorgangs transformiert werden, so ist hierfür eine Lorentz-Transformation erforderlich; sie bildet eine Transformationsgruppe innerhalb der Raum-Zeit-Welt. Alle in dieser Raum-Zeit-Welt definierten vierdimensionalen Größen sind *Lorentz-invariant*, was jedoch keinesfalls für alle in R3 definierten Größen gelten muß. Physikalische Gesetze, die nicht Lorentz-invariant sind, verletzen das Relativitätsprinzip. Solche Gesetze oder Theorien haben eine begrenzte Gültigkeit, so wie die Newtonsche Mechanik, deren Gültigkeitsbereich durch $v \ll c_0$ gegeben ist. Es muß jedoch ausdrücklich betont werden, daß die Lorentz-Transformation nur *gleichförmige* Relativbewegungen und keine beschleunigte Bewegungen zuläßt. In jedem beschleunigten System treten zusätzliche „Trägheitskräfte“ auf. Das ist auch der Fall, wenn es sich um eine gleichförmige Drehung handelt. Vorgänge mit endlicher Beschleunigung werden von der Minkowskischen Geometrie nicht erfaßt, sie gehören der Riemannschen Geometrie an.

12.2 Die vierdimensionalen Feldgrößen

12.2.1 Die Feldtensoren. Sowohl die Erfahrung als auch alle theoretischen Überlegungen sprechen dafür, das die elektrische Ladung als Lorentz-Invariante betrachtet werden muß. Eine Abhängigkeit der elektrischen Ladung eines Teilchens von dessen Geschwindigkeit konnte jedenfalls bisher in keinem Fall nachgewiesen werden. Diese Lorentz-Invarianz bestimmt die Transformationseigenschaften des elektromagnetischen Feldes, die im physikalischen und mathematischen Schrifttum noch vielfach im Gaußschen CGS-System dargestellt werden und zu dem nur das Fünfersystem mit der elektromagnetischen Feldkonstanten

$$\gamma_0^2 = c_0^2 \epsilon_0 \mu_0 \tag{12.11}$$

einen bequemen Übergang ergibt (Kap. 2.1.3). Den folgenden Ausführungen wird daher ausschließlich das Fünfersystem zugrunde gelegt. Dabei wird sich zudem zeigen, daß dieses System ein tieferes Verständnis der physikalischen Zusammenhänge wesentlich fördern kann. In der üblichen Schreibweise des MKSA-Systems (Vierersystems) ist $\gamma_0 = 1$ zu setzen. Auch sollen im folgenden alle Betrachtungen auf lineare und isotrope Medien mit $\epsilon_r = \mu_r = 1$, also speziell auf den materiefreien Raum beschränkt bleiben.
Die beiden Maxwellschen Feldgleichungen lauten im Fünfersystem nach Gl. (2.1)

$$\left.\begin{aligned} \gamma_0 \operatorname{rot} \boldsymbol{H} &= \frac{\partial \boldsymbol{D}}{\partial t} + \boldsymbol{J}, \\ \gamma_0 \operatorname{rot} \boldsymbol{E} &= -\frac{\partial \boldsymbol{B}}{\partial t}. \end{aligned}\right\} \tag{12.12}$$

Mit $\boldsymbol{A}$ als magnetisches Vektorpotential erhält man dann wegen der Quellenfreiheit des magnetischen Feldes nach Gl. (7.10)

$$\boldsymbol{B} = \operatorname{rot} \boldsymbol{A} = \sum_{i,j}^{3} \left(\frac{\partial A_j}{\partial x_i} - \frac{\partial A_i}{\partial x_j} \right) \tag{12.13}$$

und damit aus der zweiten Feldgleichung mit φ als skalares elektrisches Potential mit Gl. (12.2)

$$\boldsymbol{E} = -\frac{1}{\gamma_0} \frac{\partial \boldsymbol{A}}{\partial t} - \operatorname{grad} \varphi = -\sum_{i=1}^{3} \left(\frac{\mathrm{j} c_0}{\gamma_0} \frac{\partial A_i}{\partial x_4} + \frac{\partial \varphi}{\partial x_i} \right)$$

oder mit $i = 1, 2, 3$

$$\frac{\gamma_0}{\mathrm{j} c_0} E_i = -\frac{\gamma_0}{\mathrm{j} c_0} \frac{\partial \varphi}{\partial x_i} - \frac{\partial A_i}{\partial x_4} = \frac{\partial A_4}{\partial x_i} - \frac{\partial A_i}{\partial x_4}. \tag{12.14}$$

Der Monovektor A des dreidimensionalen magnetischen Vektorpotentials kann daher unter Beachtung von Gl. (12.4) mit dem skalaren elektrischen Potential φ zum *Viererpotential* (Vierervektor)

$$A_i = A_1, A_2, A_3, A_4) = \left(A, \ -\frac{\gamma_0}{\mathrm{j} c_0} \varphi\right) \tag{12.15}$$

zusammengefaßt werden. Diesem Viererpotential kann man ferner die äußere vierdimensionale Differentialform ersten Grades

$$\mathbf{V} = \sum_{i=1}^{4} A_i \, \mathrm{d}x_i = A_1 \, \mathrm{d}x_1 + A_2 \, \mathrm{d}x_2 + A_3 \, \mathrm{d}x_3 + A_4 \, \mathrm{d}x_4$$

zuordnen. Eine äußere Differentiation dieser Form ergibt nach Gl. (1.44) eine Form zweiten Grades $\mathrm{d}\mathbf{V} = \Phi$ mit dem zugehörigen vierdimensionalen Bivektor

$$\Phi_{ij} = \sum_{i,j}^{4}{}^{*} \left(\frac{\partial A_j}{\partial x_i} - \frac{\partial A_i}{\partial x_j}\right), \tag{12.16}$$

der nach Gl. (1.47a) eine vierdimensionale Rotation darstellt. Die Indizes i, j der $s = 6$ strikten Koordinaten entstehen aus der natürlichen Reihenfolge der Zahlen 1, 2, 3, 4 durch zyklisches Vertauschen. Das ergibt mit Gl. (12.13) und Gl. (12.14)

$$\Phi_{12} = \frac{\partial A_2}{\partial x_1} - \frac{\partial A_1}{\partial x_2} = B_z, \qquad \Phi_{14} = \frac{\partial A_4}{\partial x_1} - \frac{\partial A_1}{\partial x_4} = \frac{\gamma_0}{\mathrm{j} c_0} E_x,$$

$$\Phi_{23} = \frac{\partial A_3}{\partial x_2} - \frac{\partial A_2}{\partial x_3} = B_x, \qquad \Phi_{24} = \frac{\partial A_4}{\partial x_2} - \frac{\partial A_2}{\partial x_4} = \frac{\gamma_0}{\mathrm{j} c_0} E_y,$$

$$\Phi_{31} = \frac{\partial A_1}{\partial x_3} - \frac{\partial A_3}{\partial x_1} = B_y, \qquad \Phi_{34} = \frac{\partial A_4}{\partial x_3} - \frac{\partial A_3}{\partial x_4} = \frac{\gamma_0}{\mathrm{j} c_0} E_z.$$

Für den vollständigen Tensor erhält man damit die Matrix

$$\Phi_{ij} = \begin{pmatrix} 0 & \Phi_{12} & \Phi_{13} & \Phi_{14} \\ \Phi_{21} & 0 & \Phi_{23} & \Phi_{24} \\ \Phi_{31} & \Phi_{32} & 0 & \Phi_{34} \\ \Phi_{41} & \Phi_{42} & \Phi_{43} & 0 \end{pmatrix} = \begin{pmatrix} 0 & B_z & -B_y & \frac{\gamma_0}{\mathrm{j} c_0} E_x \\ -B_z & 0 & B_x & \frac{\gamma_0}{\mathrm{j} c_0} E_y \\ B_y & -B_x & 0 & \frac{\gamma_0}{\mathrm{j} c_0} E_z \\ \frac{-\gamma_0}{\mathrm{j} c_0} E_x & \frac{-\gamma_0}{\mathrm{j} c_0} E_y & \frac{-\gamma_0}{\mathrm{j} c_0} E_z & 0 \end{pmatrix} \tag{12.17}$$

oder in gekürzter Schreibweise

$$\Phi_{ij} = \left(B_{ij},\ \frac{\gamma_0}{\mathrm{j}c_0} E_i\right) = \left(\boldsymbol{B},\ \frac{\gamma_0}{\mathrm{j}c_0} \boldsymbol{E}\right). \tag{12.17a}$$

Man bezeichnet Φ_{ij} als den *magnetischen Feldtensor*; er ist vom Grade $p = 2$ und faßt die magnetische Flußdichte und die elektrische Feldstärke zusammen.
Im raumladungsfreien und isotropen Medium mit $\boldsymbol{J} = 0$ und $\operatorname{div} \boldsymbol{D} = 0$ kann man noch einen zu Φ_{ij} analogen elektrischen Feldtensor Θ_{ij} mit dem Ansatz

$$\boldsymbol{D} = \operatorname{rot} \boldsymbol{A}^{(e)} = \sum_{i,j}^{3} \left(\frac{\partial A_j^{(e)}}{\partial x_i} - \frac{\partial A_i^{(e)}}{\partial x_j}\right) \tag{12.18}$$

direkt aus dem elektrischen Vektorpotential $\boldsymbol{A}^{(e)}$ ableiten. Mit den gemachten Voraussetzungen ergibt dann die erste Feldgleichung

$$\boldsymbol{H} = \frac{1}{\gamma_0} \frac{\partial \boldsymbol{A}^{(e)}}{\partial t} - \operatorname{grad} \psi = \sum_{i=1}^{3} \left(\frac{\mathrm{j}c_0 t}{\gamma_0} \frac{\partial A_i^{(e)}}{\partial x_4} - \frac{\partial \psi}{\partial x_i}\right)$$

oder mit $i = 1, 2, 3$

$$-\frac{\gamma_0}{\mathrm{j}c_0} H_i = \frac{\gamma_0}{\mathrm{j}c_0} \frac{\partial \psi}{\partial x_i} - \frac{\partial A_i^{(e)}}{\partial x_4} = \frac{\partial A_4^{(e)}}{\partial x_i} - \frac{\partial A_i^{(e)}}{\partial x_4}, \tag{12.19}$$

wobei das elektrische Vektorpotential mit ψ als magnetisches skalares Potential durch

$$A_i^{(e)} = (A_1^{(e)}, A_2^{(e)}, A_3^{(e)}, A_4^{(e)}) = \left(\boldsymbol{A}^{(e)},\ \frac{\gamma_0}{\mathrm{j}c_0} \psi\right) \tag{12.20}$$

gegeben ist. Aus der ihm zugeordneten Form ersten Grades **A** erhält man wieder durch eine weitere äußere Differentiation die Form $\mathrm{d}\mathbf{A} = \boldsymbol{\Theta}$ mit dem vierdimensionalen elektrischen Bivektor

$$\Theta_{ij} = \sum_{i,j}^{4} \left(\frac{\partial A_j^{(e)}}{\partial x_i} - \frac{\partial A_i^{(e)}}{\partial x_j}\right) \tag{12.21}$$

als vierdimensionalen Rotor. Ausgerechnet ergibt das für die $s = 6$ strikten Koordinaten mit Gl. (12.18) und Gl. (12.19)

$$\Theta_{12} = \frac{\partial A_2^{(e)}}{\partial x_1} - \frac{\partial A_1^{(e)}}{\partial x_2} = D_z, \qquad \Theta_{14} = \frac{\partial A_4^{(e)}}{\partial x_1} - \frac{\partial A_1^{(e)}}{\partial x_4} = \frac{-\gamma_0}{\mathrm{j}c_0} H_x,$$

$$\Theta_{23} = \frac{\partial A_3^{(e)}}{\partial x_2} - \frac{\partial A_2^{(e)}}{\partial x_3} = D_x, \qquad \Theta_{24} = \frac{\partial A_4^{(e)}}{\partial x_2} - \frac{\partial A_2^{(e)}}{\partial x_4} = \frac{-\gamma_0}{\mathrm{j}c_0} H_y,$$

$$\Theta_{31} = \frac{\partial A_1^{(e)}}{\partial x_3} - \frac{\partial A_3^{(e)}}{\partial x_1} = D_y, \qquad \Theta_{34} = \frac{\partial A_4^{(e)}}{\partial x_3} - \frac{\partial A_3^{(e)}}{\partial x_4} = \frac{-\gamma_0}{\mathrm{j}c_0} H_z.$$

Der vollständige Feldtensor lautet somit als Matrix

$$\Theta_{ij} = \begin{pmatrix} 0 & \Theta_{12} & \Theta_{13} & \Theta_{14} \\ \Theta_{21} & 0 & \Theta_{23} & \Theta_{24} \\ \Theta_{31} & \Theta_{32} & 0 & \Theta_{34} \\ \Theta_{41} & \Theta_{42} & \Theta_{43} & 0 \end{pmatrix} = \begin{pmatrix} 0 & D_z & -D_y & \frac{-\gamma_0}{\mathrm{j}c_0} H_x \\ -D_z & 0 & D_x & \frac{-\gamma_0}{\mathrm{j}c_0} H_y \\ D_y & -D_x & 0 & \frac{-\gamma_0}{\mathrm{j}c_0} H_z \\ \frac{\gamma_0}{\mathrm{j}c_0} H_x & \frac{\gamma_0}{\mathrm{j}c_0} H_y & \frac{\gamma_0}{\mathrm{j}c_0} H_z & 0 \end{pmatrix} \tag{12.22}$$

oder in gekürzter Schreibweise

$$\Theta_{ij} = \left(D_{ij}, \ -\frac{\gamma_0}{\mathrm{j}c_0} H_i\right) = \left(\boldsymbol{D}, \ -\frac{\gamma_0}{\mathrm{j}c_0} \boldsymbol{H}\right). \tag{12.22a}$$

Dieser *elektrische Feldtensor* faßt die elektrische Flußdichte und die magnetische Feldstärke zusammen. Wegen der vorausgesetzten Quellenfreiheit sowie nach Gl. (1.45) verschwindet die Form dritten Grades

$$\mathrm{d}\boldsymbol{\Theta} = \mathrm{d}(\mathrm{d}\mathbf{A}) = 0.$$

Der aus dem elektrischen Vektorpotential abgeleitete elektrische Feldtensor beschreibt demnach ein quellenfreies vierdimensionales Feld. Es soll daher versucht werden, einen nicht quellenfreien elektrischen Feldtensor aus dem magnetischen Feldtensor Φ_{ij} abzuleiten.

Da die Quotienten aus den Koordinaten beider Feldtensoren

$$\frac{D}{B} = \frac{\epsilon_0 E}{\mu_0 H} \quad \text{und} \quad \frac{-\gamma_0}{\mathrm{j}c_0} H \cdot \frac{\mathrm{j}c_0}{\gamma_0 E} = -\frac{H}{E}$$

für die Raum- und Zeitkoordinaten verschiedene Werte ergeben, soll in Analogie zu den dreidimensionalen Verknüpfungen

$$\boldsymbol{D} = \epsilon \boldsymbol{E}^*, \quad \boldsymbol{B} = \mu \boldsymbol{H}^*, \tag{12.23}$$

die einen dreidimensionalen durch den Stern gekennzeichneten Dualübergang erfordern, eine Verknüpfung beider Tensoren durch einen vierdimensionalen Dualübergang versucht werden. Dabei gilt für den zu Φ_{ij} dualen Tensor Φ^*_{ij}

$$\Phi^*_{12} = \Phi_{34}, \qquad \Phi^*_{14} = \Phi_{23}, \qquad \Phi^*_{24} = \Phi_{31},$$

$$\Phi^*_{13} = \Phi_{42}, \qquad \Phi^*_{23} = \Phi_{14}, \qquad \Phi^*_{34} = \Phi_{12},$$

so daß Φ^*_{ij} die Form erhält

$$\Phi^*_{ij} = \left(\frac{\gamma_0}{\mathrm{j}c_0} \boldsymbol{E}, \ \boldsymbol{B}\right).$$

Der elektrische Feldtensor ist dann unter Beachtung von Gl. (12.11) wegen

$$\frac{-\gamma_0}{\mathrm{j}c_0}\frac{H}{B} = \mathrm{j}\sqrt{\frac{\epsilon_0}{\mu_0}}\,; \qquad \frac{\mathrm{j}c_0}{\gamma_0 E}D = \mathrm{j}\sqrt{\frac{\epsilon_0}{\mu_0}}$$

gegeben durch

$$\boxed{\Theta_{ij} = \mathrm{j}\sqrt{\frac{\epsilon_0}{\mu_0}}\;\Phi^*_{ij}} \qquad (12.24)$$

und infolge des Dualübergangs auch aus *keinem* Vektorpotential ableitbar, so daß seine Divergenz nicht notwendig verschwinden muß.
An die Stelle der dreidimensionalen Feldgrößen $\boldsymbol{E}$, $\boldsymbol{D}$ und $\boldsymbol{H}$, $\boldsymbol{B}$ treten in der Raum-Zeit-Welt die beiden vierdimensionalen Bivektoren, der magnetische Feldtensor Φ_{ij} und der elektrische Feldtensor Θ_{ij}. Sie fassen den magnetischen Bivektor $\boldsymbol{B}$ mit dem elektrischen Monovektor $\boldsymbol{E}$ sowie den elektrischen Bivektor $\boldsymbol{D}$ mit dem magnetischen Monovektor $\boldsymbol{H}$ zusammen. Die Division durch $\mathrm{j}c_0$ in

$$\Phi_{i4} = \frac{\gamma_0}{\mathrm{j}c_0}E_i \quad \text{und} \quad \Theta_{i4} = -\frac{\gamma_0}{\mathrm{j}c_0}H_i$$

ist dabei ausschließlich durch die Differentiation nach der vierten imaginären Koordinate x_4 bedingt und bedeutet nach Gl. (12.4) die Erhöhung des Grades $p = 1$ der Komponenten E_i und H_i auf $p = 2$ der Komponenten B_{ij} und D_{ij} dieser beiden Feldtensoren. Schließlich bedeutet die Multiplikation mit γ_0 nach Kap. 9.4.1 eine Anpassung der Intensitätsgrößen E_i und H_i an die Quantitätsgrößen B_{ij} und D_{ij}. Beide Feldtensoren sind damit mit allen ihren Komponenten Quantitätsgrößen. Das entsprechende gilt auch hinsichtlich des Vektorgrades für die vierte Komponente der Viererpotentiale Gl. (12.15) und Gl. (12.20). Auch diese Viererpotentiale sind Quantitätsgrößen.
Schließlich sind die erforderlichen Dualübergänge in Gl. (12.23) und Gl. (12.24) durchaus erklärlich. E und D haben ebenso wie H und B nur als dreidimensionale Größen einen selbständigen Charakter, dann benötigen sie eine dreidimensionale Metrik. Ihre Zusammenfassung zu Feldtensoren der Raum-Zeit-Welt ist dagegen nur in dieser Welt definiert, beide Feldtensoren sind daher auch durch einen dieser vierdimensionalen Raum-Zeit-Welt angepaßten vierdimensionalen Dualübergang miteinander verknüpft. Dabei ist zu beachten, daß in R4 mit $m = 4$ bei $s = 2$ nach Gl. (1.41) einem Bivektor wiederum ein Bivektor dual zugeordnet ist.

12.2.2 Die Feldgleichungen in der Raum-Zeit-Welt. Ordnet man den beiden Feldtensoren nach Gl. (1.47) je eine äußere Form zweiten Grades zu

$$\boldsymbol{\Theta} = \sum_{i,j}^{4}{}^{*}\;\Theta_{ij}(\mathrm{d}x_i \wedge \mathrm{d}x_j); \qquad \boldsymbol{\Phi} = \sum_{i,j}^{4}{}^{*}\;\Phi_{ij}(\mathrm{d}x_i \wedge \mathrm{d}x_j),$$

so bedeutet eine weitere äußere Differentiation eine vierdimensionale Divergenzbildung und man erhält wegen Gl. (1.45) die äußeren Formen dritten Grades

$$\mathrm{d}\boldsymbol{\Theta} = \mathrm{d}(\mathrm{d}\mathbf{A}) = 0, \qquad \mathrm{d}\boldsymbol{\Phi} = \mathrm{d}(\mathrm{d}\mathbf{V}) = 0.$$

Sofern Θ *nicht* aus einem elektrischen Potential mit der zugehörigen äußeren Form **A** ableitbar ist, wird $\mathrm{d}\Theta \neq 0$.
Die beiden den Formen $\mathrm{d}\boldsymbol{\Theta}$ und $\mathrm{d}\boldsymbol{\Phi}$ zugeordneten vierdimensionalen Trivektoren erhält man als vierdimensionale Divergenzbildung und unter Beschränkung auf die $s = 4$ strikte Koordinaten aus

$$\Theta_{ijk} = \sum_{i,j,k}^{4}{}^{*} \frac{\partial \Theta_{jk}}{\partial x_i}, \qquad \Phi_{ijk} = \sum_{i,j,k}^{4}{}^{*} \frac{\partial \Phi_{jk}}{\partial x_i}. \tag{12.25}$$

Die Indizes i, j, k entstehen aus der natürlichen Reihenfolge der Zahlen 1, 2, 3, 4 durch zyklisches Vertauschen. Ausgerechnet erhält man unter Beachtung der Ziffernfolge, wenn die rechte Seite in der üblichen dreidimensionalen Symbolik angeschrieben wird,

$$\Theta_{123} = \frac{\partial \Theta_{23}}{\partial x_1} + \frac{\partial \Theta_{31}}{\partial x_2} + \frac{\partial \Theta_{12}}{\partial x_3} = \operatorname{div} \boldsymbol{D} \qquad = \rho,$$

$$\Theta_{234} = \frac{\partial \Theta_{34}}{\partial x_2} + \frac{\partial \Theta_{42}}{\partial x_3} + \frac{\partial \Theta_{23}}{\partial x_4} = \frac{-1}{\mathrm{j} c_0} \left(\gamma_0 \operatorname{rot}_x \boldsymbol{H} - \frac{\partial \boldsymbol{D}_x}{\partial t}\right) = \frac{-1}{\mathrm{j} c_0} \boldsymbol{J}_x,$$

$$\Theta_{314} = \frac{\partial \Theta_{14}}{\partial x_3} + \frac{\partial \Theta_{43}}{\partial x_1} + \frac{\partial \Theta_{31}}{\partial x_4} = \frac{-1}{\mathrm{j} c_0} \left(\gamma_0 \operatorname{rot}_y \boldsymbol{H} - \frac{\partial \boldsymbol{D}_y}{\partial t}\right) = \frac{-1}{\mathrm{j} c_0} \boldsymbol{J}_y,$$

$$\Theta_{124} = \frac{\partial \Theta_{24}}{\partial x_1} + \frac{\partial \Theta_{41}}{\partial x_2} + \frac{\partial \Theta_{12}}{\partial x_4} = \frac{-1}{\mathrm{j} c_0} \left(\gamma_0 \operatorname{rot}_z \boldsymbol{H} - \frac{\partial \boldsymbol{D}_z}{\partial t}\right) = \frac{-1}{\mathrm{j} c_0} \boldsymbol{J}_z.$$

Das ist die Aussage der ersten Maxwellschen Gleichung mit der Zusatzgleichung

$$\operatorname{div} \boldsymbol{D} = \rho.$$

Der rechten Seite entnimmt man für den dreidimensionalen Trivektor der Stromdichte (Viererstromdichte) die Zusammemsetzung

$$\Gamma_{ijk} = \left(\rho, \frac{-1}{\mathrm{j} c_0} \boldsymbol{J}\right). \tag{12.26}$$

Für die strikten Koordinaten des vierdimensionalen Trivektors Φ_{ijk} erhält man nach Gl. (12.25) entsprechend, gleich in der üblichen dreidimensionalen Symbolik angeschrieben,

$$\Phi_{123} = \operatorname{div} \boldsymbol{B} \qquad = 0,$$

$$\Phi_{234} = \frac{1}{\mathrm{j} c_0} \left(\gamma_0 \operatorname{rot}_x \boldsymbol{E} + \frac{\partial \boldsymbol{B}_x}{\partial t}\right) = 0,$$

$$\Phi_{314} = \frac{1}{\mathrm{j} c_0} \left(\gamma_0 \operatorname{rot}_y \boldsymbol{E} + \frac{\partial \boldsymbol{B}_y}{\partial t}\right) = 0,$$

$$\Phi_{124} = \frac{1}{\mathrm{j} c_0} \left(\gamma_0 \operatorname{rot}_z \boldsymbol{E} + \frac{\partial \boldsymbol{B}_z}{\partial t}\right) = 0.$$

Das ist die Aussage der zweiten Maxwellschen Gleichung mit der Zusatzgleichung

$$\operatorname{div} \boldsymbol{B} = 0.$$

Ordnet man schließlich noch der Viererstromdichte Γ_{ijk} die äußeren Formen

$$\boldsymbol{\Gamma} = \mathrm{d}\boldsymbol{\Theta} \quad \text{und} \quad \mathrm{d}\boldsymbol{\Gamma} = \mathrm{d}(\mathrm{d}\boldsymbol{\Theta}) = 0$$

zu. so erhält man wegen Gl. (1.42) für den in R3 nicht definierten vierdimensionalen 4-Vektor, wenn man berücksichtigt, daß

$$\frac{\partial \Gamma_{123}}{\partial x_4}(\mathrm{d}x_4 \wedge \mathrm{d}x_1 \wedge \mathrm{d}x_2 \wedge \mathrm{d}x_3) = -\frac{\partial \Gamma_{123}}{\partial x_4}(\mathrm{d}x_1 \wedge \mathrm{d}x_2 \wedge \mathrm{d}x_3 \wedge \mathrm{d}x_4),$$

die eine strikte Koordinate

$$\sum_{i,j,k,l}^{4}{}^{*} \frac{\partial \Gamma_{ijk}}{\partial x_l} = -\frac{\partial \Gamma_{123}}{\partial x_4} + \frac{\partial \Gamma_{234}}{\partial x_1} + \frac{\partial \Gamma_{314}}{\partial x_2} + \frac{\partial \Gamma_{124}}{\partial x_3}$$

oder mit Gl. (12.26) in der üblichen Schreibweise der dreidimensionalen Vektorsymbolik

$$\sum_{i,j,k,l}^{4}{}^{*} \frac{\partial \Gamma_{ijk}}{\partial x_l} = \frac{-1}{\mathrm{j}c_0}\left(\frac{\partial \rho}{\partial t} + \operatorname{div}\boldsymbol{J}\right) = 0. \tag{12.27}$$

Das ist die Aussage der dreidimensionalen Kontuitätsgleichung. Diese Zusammenfassung bestätigt erneuert die Raumladungsdichte ρ als Trivektor und die Stromdichte $\boldsymbol{J}$ als Bivektor.

Die Aussage der Feldgleichungen des dreidimensionalen Raumes

$$\left.\begin{aligned} \gamma_0 \operatorname{rot}\boldsymbol{H} &= \frac{\partial \boldsymbol{D}}{\partial t} + \boldsymbol{J}, \qquad & \operatorname{div}\boldsymbol{D} &= \rho, \\ \gamma_0 \operatorname{rot}\boldsymbol{E} &= \frac{\partial \boldsymbol{B}}{\partial t}, \qquad & \operatorname{div}\boldsymbol{B} &= 0 \end{aligned}\right\} \tag{12.28}$$

erhält man somit in der Raum-Zeit-Welt durch eine vierdimensionale Divergenzbildung der beiden Feldtensoren Θ_{ij} und Φ_{ij}. Das ergibt zusammengefaßt, wenn wieder die rechte Seite in der üblichen dreidimensionalen Vektorsymbolik angeschrieben wird,

$$\sum_{i,j,k}^{4}{}^{*} \frac{\partial \Theta_{jk}}{\partial x_i} = \left\{\begin{aligned} &\operatorname{div}\boldsymbol{D} && = \rho \\ &\frac{-1}{\mathrm{j}c_0}\left(\gamma_0 \operatorname{rot}\boldsymbol{H} - \frac{\partial \boldsymbol{D}}{\partial t}\right) && = \frac{-1}{\mathrm{j}c_0}\boldsymbol{J}, \end{aligned}\right\} \tag{12.29}$$

$$\sum_{i,j,k}^{4}{}^{*} \frac{\partial \Phi_{jk}}{\partial x_i} = \left\{\begin{aligned} &\operatorname{div}\boldsymbol{B} && = 0, \\ &\frac{1}{\mathrm{j}c_0}\left(\gamma_0 \operatorname{rot}\boldsymbol{E} + \frac{\partial \boldsymbol{B}}{\partial t}\right) && = 0, \end{aligned}\right\} \tag{12.30}$$

wofür man mit Gl. (12.26) auch schreiben kann

$$\operatorname{div}\Theta_{ij} = \Gamma_{ijk}; \qquad \operatorname{div}\Phi_{ij} = \operatorname{div}\operatorname{rot}A_i = 0. \tag{12.31}$$

Ferner ist die dreidimensionale Kontinuitätsgleichung gegeben durch

$$\sum_{i,j,k,l}^{4}{}^{*} \frac{\partial \Gamma_{ijk}}{\partial x_l} = \frac{-1}{\mathrm{j}c_0}\left(\frac{\partial \rho}{\partial t} + \operatorname{div}\boldsymbol{J}\right) = 0. \tag{12.32}$$

Schließlich kann die Aussage des dreidimensionalen Gleichungssystems Gl. (12.28) nach E. Kähler[1]) in der vierdimensionalen Minkowskischen Raum-Zeit-Welt auch als äußere Differentialformen dritten Grades

$$\begin{aligned} &\mathrm{d}\Theta = \Gamma, \\ &\mathrm{d}\boldsymbol{\Phi} = \mathrm{d}(\mathrm{d}\mathbf{V}) = 0 \end{aligned} \tag{12.33}$$

angegeben werden, während die Kontinuitätsgleichung mit der äußeren Form vierten Grades

$$\mathrm{d}\boldsymbol{\Gamma} = \mathrm{d}(\mathrm{d}\boldsymbol{\Theta}) = 0 \tag{12.34}$$

gleichwertig ist.

12.2.3 Die Feldgleichungen der Elementarstromtheorie. In den Feldgleichungen der dreidimensionalen Elementarstromtheorie (Kap. 9.3.2) treten nur die beiden Feldgrößen $\boldsymbol{B}$ und $\boldsymbol{E}$ auf. Für eine vierdimensionale Darstellung im Sinne dieser Theorie braucht man daher nur vom magnetischen Feldtensor und seiner dualen Ergänzung auszugehen. Die dreidimensionale Stromdichte setzt sich dabei nach Gl. (9.26) zusammen aus

$$\boldsymbol{J}_{\text{ges}} = \boldsymbol{J} + \frac{\partial \boldsymbol{P}}{\partial t} + \operatorname{rot} \boldsymbol{M}.$$

Eine Divergenzbildung nach Gl. (12.29) mit dem dualen magnetischen Feldtensor ergibt dann, wenn die rechte Seite wieder in der üblichen dreidimensionalen Symbolik angeschrieben wird, mit $i, j, k = 1 \dots 4$

$$\sum_{i,j,k}^{4} {}^{*}\frac{\partial \Phi_{jk}^{*}}{\partial x_i} = \left\{ \begin{aligned} &\frac{\gamma_0}{\mathrm{j} c_0} \operatorname{div} \boldsymbol{E}^{*} = \frac{\gamma_0}{\mathrm{j} c_0 \epsilon_0} (\rho + \rho_p), \\ &\operatorname{rot} \boldsymbol{B}^{*} - \frac{\mu_0 \epsilon_0}{\gamma_0} \frac{\partial \boldsymbol{E}^{*}}{\partial t} = \frac{\mu_0}{\gamma_0} \boldsymbol{J}_{\text{ges}}. \end{aligned} \right\} \tag{12.35}$$

Dem auf der linken Seite durch einen Stern gekennzeichneten vierdimensionalen Dualübergang entsprechen auf der rechten Seite ebenfalls durch einen Stern gekennzeichnete dreidimensionale Dualübergänge. Die zweite Feldgleichung ist weiterhin durch Gl. (12.30) gegeben. Ähnliche Ausdrücke erhält man für die Feldgleichungen im Sinne einer Mengentheorie (Kap. 9.3.2).

12.2.4 Diskussion der Ergebnisse. Die Betrachtungen der vorigen Abschnitte dieses Kapitels führten zu folgenden vierdimensionalen Multivektoren (schiefsymmetrischen Tensoren):

Erster Stufe (Monovektor)

$$A_i = \left(\boldsymbol{A}, \; -\frac{\gamma_0}{\mathrm{j} c_0} \varphi\right).$$

---

1) *Kähler, E.:* Bemerkungen über die Maxwellschen Gleichungen. Abhandlung aus dem Mathemat. Seminar der Hansischen Universität, Hamburg, Band 12 (1938), Seite 1–28.

Zweiter Stufe (Bivektor)

$$\Theta_{ij} = \left(\boldsymbol{D}, \ -\frac{\gamma_0}{\mathrm{j}c_0}\boldsymbol{H}\right), \qquad \Phi_{ij} = \left(\boldsymbol{B}, \ \frac{\gamma_0}{\mathrm{j}c_0}\boldsymbol{E}\right).$$

Dritter Stufe (Trivektor)

$$\Gamma_{ijk} = \left(\rho, \ -\frac{1}{\mathrm{j}c_0}\boldsymbol{J}\right).$$

Aus diesen kann der jeweilige Vektorgrad der dreidimensionalen Feldgrößen direkt abgelesen werden, wenn man berücksichtigt, daß die Division eines p-Vektors durch $\mathrm{j}c_0$ in R4 den Grad von p auf $p + 1$ erhöht. Auch ergab sich die Zusammenfassung der elektrischen und magnetischen Feldgrößen in beiden Feldtensoren ganz zwangsläufig durch die Anwendung des äußeren Kalküls. Auf die Einführung zweier verschiedener Divergenzbegriffe [2.14] konnte verzichtet werden.

Die oft übliche Zusammenfassung

$$(c_0\boldsymbol{B}, \ -\mathrm{j}\boldsymbol{E}) \quad \text{oder} \quad (\boldsymbol{H}, \ -\mathrm{j}c_0\boldsymbol{D})$$

ist gegenüber Gl. (12.17a) und Gl. (12.22a) irreführend. Im ersten Fall werden die Komponenten eines dreidimensionalen Bivektors mit denen eines dreidimensionalen Monovektors zu einem vierdimensionalen Bivektor zusammengefaßt, im zweiten Fall werden die Komponenten eines vierdimensionalen Bivektors – wegen des Faktors $\mathrm{j}c_0$ – aus Komponenten dreidimensionaler Monovektoren gebildet. Schließlich ist auch die Viererstromdichte in der oft üblichen Zusammenfassung

$$(\boldsymbol{J}, \ -\mathrm{j}c_0\rho)$$

kein vierdimensionaler Monovektor. Vielmehr handelt es sich wegen des Faktors $\mathrm{j}c_0$ um vier Komponenten vom Grade $p = 2$. Die Viererstromdichte ist jedoch nach Gl. (12.26) eindeutig ein vierdimensionaler Trivektor, doch haben in R4 nach Gl. (1.41) Trivektor und Monovektor die gleiche Anzahl strikter Koordinaten.

Beispiel 12.1: Für einen Beobachter in R4 mit den orthogonalen Koordinaten nach Gl. (12.1) hat der Raum nur die eine magnetische Feldkomponente

$$B_z = B_{12} = \frac{\partial A_2}{\partial x_1} - \frac{\partial A_1}{\partial x_2},$$

während

$$A_3 = A_4 = 0 \quad \text{und} \quad \frac{\partial}{\partial x_3} = \frac{\partial}{\partial x_4} = 0.$$

Für diesen Beobachter hat der Feldtensor Φ_{ij} nach Gl. (12.17) den Aufbau

$$\Phi_{ij} = \begin{pmatrix} 0 & B_z & 0 & 0 \\ -B_z & 0 & 0 & 0 \\ 0 & 0 & 0 & 0 \\ 0 & 0 & 0 & 0 \end{pmatrix}$$

Für einen Beobachter, der sich mit gleichförmiger Geschwindigkeit v in Richtung der x_1-Achse relativ zum ersten Beobachter bewegt, ist dagegen nach Gl. (12.8) mit Gl. (12.7)

$$x_1' = \frac{x_1 + j\beta x_4}{\sqrt{1-\beta^2}}, \qquad x_4' = \frac{x_4 - j\beta x_1}{\sqrt{1-\beta^2}}, \qquad x_2' = x_2, \qquad x_3' = x_3$$

und

$$\frac{\partial}{\partial x_1'} = \frac{1}{\sqrt{1-\beta^2}} \frac{\partial}{\partial x_1}, \qquad \frac{\partial}{\partial x_4'} = \frac{-j\beta}{\sqrt{1-\beta^2}} \frac{\partial}{\partial x_1},$$

sowie

$$A_1' = \frac{A_1}{\sqrt{1-\beta^2}}; \qquad A_2' = A_2, \qquad A_3' = 0, \qquad A_4' = \frac{-j\beta}{\sqrt{1-\beta^2}} A_1.$$

Daher wird

$$B_x' = 0, \quad B_y' = 0, \quad E_x' = 0, \quad E_z' = 0$$

jedoch

$$B_z' = \frac{\partial A_2'}{\partial x_1'} - \frac{\partial A_1}{\partial x_2'} = \frac{B_z}{\sqrt{1-\beta^2}}$$

$$\frac{\gamma_0}{j c_0} E_y = \frac{\partial A_4'}{\partial x_2'} - \frac{\partial A_2'}{\partial x_4'} = \frac{j\beta}{\sqrt{1-\beta^2}} B_z = \frac{-v B_z}{j c_0 \sqrt{1-\beta^2}}.$$

Im gestrichenen System hat somit das Feld sowohl eine magnetische als auch eine elektrische Komponente und der Feldtensor lautet

$$\Phi_{ij}' = \begin{pmatrix} 0 & B_z' & 0 & 0 \\ -B_z' & 0 & 0 & \frac{\gamma_0}{j c_0} E_y' \\ 0 & 0 & 0 & 0 \\ 0 & \frac{-\gamma_0}{j c_0} E_y' & 0 & 0 \end{pmatrix}$$

Erst die vierdimensionale Beschreibung des elektromagnetischen Feldes läßt die Verknüpfung der elektrischen und magnetischen Feldgrößen voll erkennen. Beide Felder sind nur relativ zum benutzten Bezugssystem voneinander trennbar. Die Tatsache, daß beide Felder durch Naturgesetze untrennbar verbunden sind, bedeutet jedoch noch nicht, daß sie beide bedingungslos durcheinander ersetzbar sind. Beide Felder bilden ein und dasselbe Naturphänomen jedoch mit verschiedenen Einzelmerkmalen. Nur durch deren Beschreibung können wir das Naturphänomen „elektromagnetisches Feld" darstellen. Diese Einzelmerkmale sind verschiedene Erscheinungsformen, die einander nicht bedingungslos ersetzen können. Die vierdimensionale Darstellung läßt darüber keinen Zweifel aufkommen.

Kennzeichnung und Formelzeichen der wichtigsten Größen

Es werden gekennzeichnet:

Beträge (Skalare) durch Schrägdruck, z.B. A, a, B, C;
Vektorielle Größen (Mono- und Bivektoren) allgemein durch Schrägdruck fett, z.B. $\boldsymbol{A}, \boldsymbol{B}, \boldsymbol{e}$;
Komplexe Größen durch Unterstreichen, z.B. $\underline{\underline{E}}, \underline{Z}$.

Besondere Kennzeichnung als Multivektoren:

Monovektoren durch einen Index, z.B. A_i
Bivektoren durch zwei Indizes, z.B. B_{ij}
Trivektoren durch drei Indizes, z.B. D_{ijk} usw.

Formelzeichen der wichtigsten Größen

A Fläche, Querschnitt
Vektorpotential allgemein; $A_m, A^{(m)}$ magnetisches, $A_e, A^{(e)}$ elektrisches

B Magnetische Flußdichte

C Kapazität

c Lichtgeschwindigkeit, c_0 Vakuumlichtgeschwindigkeit

D Elektrische Flußdichte (Verschiebungsdichte)

E Elektrische Feldstärke

F Kraft

f Kraftdichte
Frequenz

G Elektrischer Leitwert, Ableitung

H Magnetische Feldstärke

I Elektrische Stromstärke, i Augenblickswert

J Elektrische Stromdichte
J_m magnetische Polarisation

k Kreiswellenzahl (Kreisrepetenz)

L Induktivität

M Gegeninduktivität
Magnetisierung

m Magnetisches (Dipol)-Moment
Masse

N Windungszahl

n Brechungsindex (Brechzahl) $n = \sqrt{\epsilon_r \mu_r}$
Drehzahl

P Polarisation
Leistung

p Elektrisches (Dipol)-Moment
Druck-Zugspannung
Q Elektrische Ladung
R Elektrischer Widerstand
S Poynting-Vektor
T Maxwellscher Spannungsvektor
Abs. Temperatur
U Elektrische Spannung, u Augenblickswert
V Magnetische Spannung, auch V_m
Volumen
v Geschwindigkeit
W Energie, Arbeit; W_e elektrische, W_m magnetische
w Energiedichte; w_e elektrische, w_m magnetische
Beweglichkeit
Y Scheinleitwert (Admittanz)
Z (Feld)-Wellenwiderstand, Z_0 des materiefreien Raumes
Scheinwiderstand (Impedanz)

α Dämpfungskonstante (Betrag des Dämpfungsvektors)
β Phasenkonstante (Betrag des Phasenvektors)
γ Fortpflanzungskonstante (Betrag des Ausbreitungsvektors) $\gamma = \alpha + j\beta$
γ_0 Elektromagnetische Feldkonstante (Verkettung)
δ Eindringtiefe, $\delta = 1/\alpha$
ϵ Permittivität $\epsilon = \epsilon_0 \epsilon_r$
Θ Durchflutung
κ Elektrische Leitfähigkeit
λ Wellenlänge
μ Permeabilität, $\mu = \mu_0 \mu_r$
ρ Elektrische Raumladungsdichte
Spez. elektrischer Widerstand $\rho = 1/\kappa$
σ Elektrische Flächenladungsdichte
τ Relaxationszeit, Zeitkonstante
Spannungstensor
Φ Magnetischer Fluß
φ Elektrisches Potential
χ Suszeptibilität, χ_e elektrische, χ_m magnetische
Ψ Elektrischer Fluß (Verschiebungsfluß)
Verketteter magnetischer Fluß $\Psi = N\Phi$
ψ magnetisches skalares Potential
Ω Raumwinkel
ω Kreisfrequenz, $\omega = 2\pi f$

Schrifttum

1. Grundlagenliteratur

[1.1] *Ameling, W.*, Grundlagen der Elektrotechnik I und II. Bertelsmann Universitätsverlag, Düsseldorf 1974.

[1.2] *Lunze, K.* und *Wagner, E.*, Einführung in die Elektrotechnik, Teil I und II. 5. und 3. Aufl. Hüthig, Heidelberg 1968.

[1.3] *Simonyi, K.*, Grundgesetze des elektromagnetischen Feldes. VDB Deutscher Verlag der Wissenschaften, Berlin 1963.

[1.4] *v. Weiss, A.*, Allgemeine Elektrotechnik, 8. Aufl. Vieweg, Wiesbaden 1983.

2. Ergänzungs- und Spezialliteratur

[2.1] *Abramowitz, M.* und *Stegun, I. A.* (Hrsg.). Handbook of Mathematical Functions, Dover, New York 1965.

[2.2] *Becker, K.-D.*, Ausbreitung elektromagnetischer Wellen. Springer, Berlin, Heidelberg, New York 1965.

[2.3] *Blume, S.*, Theorie elektromagnetischer Felder. Hüthig, Heidelberg 1982.

[2.4] *Dechamps, G. A.*, Electromagnetics and Differential Forms. Proc. IEEE 69 (1981) Nr. 6, S. 676–696.

[2.5] *Hofmann, H.*, Das elektromagnetische Feld. 2. Aufl. Springer, Wien, New York 1982.

[2.6] *Jackson, J. D.*, Klassische Elektrodynamik. de Gruyter, Berlin, New York 1981.

[2.7] *Joos, G.*, Lehrbuch der Theoretischen Physik. Akadem. Verlagsgesellschaft, Leipzig 1977.

[2.8] *Küpfmüller, K.*, Einf. in die Theoretische Elektrotechnik. 10. Aufl. Springer, Berlin, Heidelberg, New York 1973.

[2.9] *Kähler, E.*, Einf. in die Theorie der Systeme von Differentialgleichungen. Hamburger Mathemat. Einzelschriften 16 (1934), Berlin und Leipzig.

[2.10] *Rothe, R.*, *Ollendorf, F.* und *Pohlhausen, K.*, Funktionentheorie und ihre Anwendung in der Technik. Springer, Berlin 1931.

[2.11] *Lichnerowicz, A.*, Lineare Algebra und lineare Analysis. Berlin 1956.

[2.12] *Meetz, K.* und *Engl, W. L.*, Elektromagnetische Felder. Springer, Berlin, Heidelberg, New York 1980.

[2.13] *Simonyi, K.*, Theoretische Elektrotechnik 6. Aufl. VEB Deutscher Verlag der Wissenschaften, Berlin 1977.

[2.14] *Sommerfeld, A.*, Vorlesungen über Theoret. Physik, Bd. III Elektrodynamik, Wiesbaden 1948.

[2.15] *Stratton, J. A.*, Electromagnetic Theory, McGraw-Hill, New York 1941.

[2.16] *Timmermann, C.-C.*, Lichtwellenleiter. Vieweg, Wiesbaden 1981.

[2.17] *Thirring, W. E.*, Classical Field Theory. Springer New York 1979.

[2.18] *Unger, H.-G.*, Elektromagnetische Wellen. Bd. I und II. Vieweg, Braunschweig 1967.

[2.19] *v. Weiss, A.*, Übersicht über die theoret. Elektrotechnik, Teil I Physikalisch-mathemat. Grundlagen. 3. Aufl. C. F. Wintersche Verlagshandlung, Prien 1965.

[2.20] *v. Weiss, A.* und *Kleinwächter, H.*, Übersicht über die theoret. Elektrotechnik, Teil II Ausgewählte Kapitel und Aufgaben. 2. Aufl. C. F. Wintersche Verlagshandlung, Prien 1961.

[2.21] *v. Weiss, A.*, Die elektromagnetischen Feldgrößen. R. Oldenbourg, München, Wien 1964.

[2.22] *Weizel, W.*, Lehrbuch der theoret. Physik. Teil I. 2. Aufl. Springer, Berlin 1955.

Anhang

Tafel I Dimensionssysteme

Größe und Symbol		Dimensionen		
		Gaußsches System (CGS)	MKSA-System	Fünfer-System
Länge	l	[l]	[l]	[l]
Zeit	t	[t]	[t]	[t]
Arbeit, Energie	A, W	$[m]\,[l]^2\,[t]^{-2}$	$[m]\,[l]^2\,[t]^{-2}$	[W]
Masse	m	[m]	[m]	$[W]\,[l]^{-2}\,[t]^2$
Kraft	F	$[m]\,[l]\,[t]^{-2}$	$[m]\,[l]\,[t]^{-2}$	$[W]\,[l]^{-1}$
Leistung	P	$[m]\,[l]^2\,[t]^{-3}$	$[m]\,[l]^2\,[t]^{-3}$	$[W]\,[t]^{-1}$
Elektrische Ladung	Q	$[m]^{1/2}\,[l]^{3/2}\,[t]^{-1}$	[Q]	[Q]
Magnetischer Fluß	Φ	$[m]^{1/2}\,[l]^{3/2}\,[t]^{-1}$	$[m]\,[l]^2\,[t]^{-1}\,[Q]^{-1}$	[Φ]
Elektrischer Strom	I	$[m]^{1/2}\,[l]^{3/2}\,[t]^{-2}$	$[Q]\,[t]^{-1}$	$[Q]\,[t]^{-1}$
Elektrische Spannung	U	$[m]^{1/2}\,[l]^{1/2}\,[t]^{-1}$	$[m]\,[l]^2\,[t]^{-2}\,[Q]^{-1}$	$[W]\,[Q]^{-1}$
Elektrische Feldstärke	E	$[m]^{1/2}\,[l]^{-1/2}\,[t]^{-1}$	$[m]\,[l]\,[t]^{-2}\,[Q]^{-1}$	$[W]\,[Q]^{-1}\,[l]^{-1}$
Elektrische Flußdichte	D	$[m]^{1/2}\,[l]^{-1/2}\,[t]^{-1}$	$[Q]\,[l]^{-2}$	$[Q]\,[l]^{-2}$
Magnet. Feldstärke	H	$[m]^{1/2}\,[l]^{-1/2}\,[t]^{-1}$	$[Q]\,[l]^{-1}\,[t]^{-1}$	$[W]\,[\Phi]^{-1}\,[l]^{-1}$
Magnet. Flußdichte	B	$[m]^{1/2}\,[l]^{-1/2}\,[t]^{-1}$	$[m]\,[t]^{-1}\,[Q]^{-1}$	$[\Phi]\,[l]^{-2}$
Widerstand	R	$[l]^{-1}\,[t]$	$[m]\,[l]^2\,[t]^{-1}\,[Q]^{-2}$	$[W]\,[t]\,[Q]^{-2}$
Kapazität	C	$[l]$	$[m]^{-1}\,[l]^{-2}\,[t]^2\,[Q]^2$	$[W]^{-1}\,[Q]^2$
Induktivität	L	$[l]$	$[m]\,[l]^2\,[Q]^{-2}$	$[W]\,[t]^2\,[Q]^{-2}$
Elektrische Feldkonstante	ϵ_0	–	$[m]^{-1}\,[l]^{-3}\,[t]^2\,[Q]^2$	$[W]^{-1}\,[l]^{-1}\,[Q]^2$
Magnetische Feldkonstante	μ_0	–	$[m]\,[l]\,[Q]^{-2}$	$[W]^{-1}\,[l]^{-1}\,[\Phi]^2$
Elektromagnetische Feldkonstante	γ_0	$[l]\,[t]^{-1}$	–	$[W]^{-1}\,[t]^{-1}\,[Q]\,[\Phi]$

Tafel II Schreibweise einiger Gleichungen in den verschiedenen Systemen

Rationale Schreibweise		Konventionelle Schreibweise [1])
Vierersystem	Fünfersystem	Gaußsches System
$\epsilon = \epsilon_0 \epsilon_r$	$\epsilon = \epsilon_0 \epsilon_r$	$\epsilon_0^* = 1$
$\boldsymbol{D} = \epsilon \boldsymbol{E} \quad \boldsymbol{D}_0 = \epsilon_0 \boldsymbol{E}$	$\boldsymbol{D} = \epsilon \boldsymbol{E} \quad \boldsymbol{D}_0 = \epsilon_0 \boldsymbol{E}$	$\boldsymbol{D}^* = \epsilon_r \boldsymbol{E} \quad \boldsymbol{D}_0^* \equiv \boldsymbol{E}_0$
$F = \frac{1}{4\pi\epsilon_0} \frac{Q_1 Q_2}{\epsilon_r r^2}$	$F = \frac{1}{4\pi\epsilon_0} \frac{Q_1 Q_2}{\epsilon_r r^2}$	$F = \frac{Q_1 Q_2}{\epsilon_r r^2}$
$C = \epsilon \frac{A}{a}$	$C = \epsilon \frac{A}{a}$	$C = \frac{\epsilon_r}{4\pi} \frac{A}{a}$
$C = 4\pi\epsilon R$	$C = 4\pi\epsilon R$	$C = \epsilon_r R$
$w_e = \frac{\epsilon}{2} E^2 = \frac{DE}{2}$	$w_e = \frac{\epsilon}{2} E^2 = \frac{DE}{2}$	$w_e = \frac{\epsilon_r}{8\pi} E^2 = \frac{D^* E}{8\pi}$
$\mu = \mu_0 \mu_r$	$\mu = \mu_0 \mu_r$	$\mu_0^* = 1$
$\boldsymbol{B} = \mu \boldsymbol{H} \quad \boldsymbol{B}_0 = \mu_0 \boldsymbol{H}$	$\boldsymbol{B} = \mu \boldsymbol{H} \quad \boldsymbol{B}_0 = \epsilon_0 \boldsymbol{H}$	$\boldsymbol{B} = \mu_r \boldsymbol{H}^* \quad \boldsymbol{B}_0 \equiv \boldsymbol{H}_0^*$
$H = \frac{I}{4\pi} \oint \frac{\sin\alpha}{r^2} \, ds$	$H = \frac{I}{4\pi\gamma_0} \oint \frac{\sin\alpha}{r^2} \, ds$	$H^* = \frac{1}{c_0} I \oint \frac{\sin\alpha}{r^2} \, ds$
$\oint \boldsymbol{H} \, d\boldsymbol{s} = \Sigma I$	$\oint \boldsymbol{H} \, d\boldsymbol{s} = \frac{1}{\gamma_0} \Sigma I$	$\oint \boldsymbol{H}^* \, d\boldsymbol{s} = \frac{4\pi}{c_0} \Sigma I$
$\boldsymbol{F} = Q (\boldsymbol{v} \times \boldsymbol{B})$	$\boldsymbol{F} = \frac{1}{\gamma_0} Q (\boldsymbol{v} \times \boldsymbol{B})$	$\boldsymbol{F} = \frac{1}{c_0} Q (\boldsymbol{v} \times \boldsymbol{B})$
$w_m = \frac{\mu}{2} H^2 = \frac{BH}{2}$	$w_m = \frac{\mu}{2} H^2 = \frac{BH}{2}$	$w_m = \frac{\mu_r}{8\pi} H^{*2} = \frac{BH^*}{8\pi}$
$\operatorname{rot} \boldsymbol{H} = \kappa \boldsymbol{E} + \epsilon \frac{\partial \boldsymbol{E}}{\partial t}$	$\operatorname{rot} \boldsymbol{H} = \frac{1}{\gamma_0} \left(\kappa \boldsymbol{E} + \epsilon \frac{\partial \boldsymbol{E}}{\partial t} \right)$	$\operatorname{rot} \boldsymbol{H}^* = \frac{4\pi}{c_0} \kappa \boldsymbol{E} + \frac{\epsilon_r}{c_0} \frac{\partial \boldsymbol{E}}{\partial t}$
$\operatorname{rot} \boldsymbol{E} = - \frac{\partial \boldsymbol{B}}{\partial t} = - \mu \frac{\partial \boldsymbol{H}}{\partial t}$	$\operatorname{rot} \boldsymbol{E} = - \frac{1}{\gamma_0} \frac{\partial \boldsymbol{B}}{\partial t} = - \frac{\mu}{\gamma_0} \frac{\partial \boldsymbol{H}}{\partial t}$	$\operatorname{rot} \boldsymbol{E} = - \frac{1}{c_0} \frac{\partial \boldsymbol{B}}{\partial t} = - \frac{\mu_r}{c_0} \frac{\partial \boldsymbol{H}^*}{\partial t}$
$\boldsymbol{S} = \boldsymbol{E} \times \boldsymbol{H}$	$\boldsymbol{S} = \gamma_0 (\boldsymbol{E} \times \boldsymbol{H})$	$\boldsymbol{S} = c_0 \frac{\boldsymbol{E} \times \boldsymbol{H}^*}{4\pi}$
$c_0 = \frac{1}{\sqrt{\epsilon_0 \mu_0}}$	$c_0 = \frac{\gamma_0}{\sqrt{\epsilon_0 \mu_0}}$	$c_0 = c_0$
$\gamma_0 = 1$	$\gamma_0 = c \sqrt{\epsilon_0 \mu_0}$	$\gamma_0 = c_0$

[1]) Die nichtrationalen Größen sind durch * gekennzeichnet (s. Kap. 2.1.3)

Tafel III Einheiten im Vierer- und Fünfersystem

1. Unabhängige Grundeinheiten

Größe		Vierersystem		Fünfersystem	
Länge	l	Meter	m	Meter	m
Masse	m	Kilogramm	kg	Kilogramm	kg
Zeit	t	Sekunde	s	Sekunde	s
Elektrische Stromstärke	I	Ampere	A	Ampere	A
Magnetischer Fluß	Φ			Weber	Wb

2. Abgeleitete Einheiten

Größe		Einheit	
Kraft	F	Newton	$1\ \mathrm{N} = 1\ \mathrm{m} \cdot \mathrm{kg/s^2}$
Leistung	P	Watt	$1\ \mathrm{W} = 1\ \mathrm{N} \cdot \mathrm{m/s}$
Energie (Arbeit)	W	Joule	$1\ \mathrm{J} = 1\ \mathrm{Ws}$
Elektrische Ladung	Q	Coulomb	$1\ \mathrm{C} = 1\ \mathrm{As}$
Elektrische Spannung	U	Volt	$1\ \mathrm{V} = 1\ \mathrm{W/A}$
Elektrischer Widerstand	R	Ohm	$1\ \Omega = 1\ \mathrm{V/A}$
Kapazität	C	Farad	$1\ \mathrm{F} = 1\ \mathrm{s}/\Omega = 1\ \mathrm{Ss}$
Induktivität	L	Henry	$1\ \mathrm{H} = 1\ \Omega\mathrm{s}$
Elektrische Feldstärke	E	Volt/Meter	$1\ \mathrm{V/m}$
Elektrische Flußdichte	D	Coulomb/Quadratmeter	$1\ \mathrm{As/m^2}$
Elektrische Feldkonstante	$\epsilon_0 = 8{,}8542 \cdot 10^{-12}\ \mathrm{F/m}$		
Vakuumlichtgeschwindigkeit	$c_0 = 2{,}9979 \cdot 10^8\ \mathrm{m/s}$		

3. Voneinander abweichende Einheiten und Konstanten

Größe		Einheit	Vierersystem	Fünfersystem
Magnetischer Fluß	Φ	Weber	$1\ \mathrm{Wb} = 1\ \mathrm{Vs}$	$1\ \mathrm{Wb} = 1\ \mathrm{Ws/Aw}$
Magnetische Flußdichte	B	Tesla	$1\ \mathrm{T} = 1\ \mathrm{Vs/m^2}$	$1\ \mathrm{T} = 1\ \mathrm{Wb/m^2}$
Magnetische Feldstärke	H	–	$1\ \mathrm{A/m}$	$1\ \mathrm{Aw/m} = 1\ \mathrm{N/Wb}$
Magnetische Spannung	V_m	Amperewdg.	$1\ \mathrm{Aw} = 1\ \mathrm{A}$	$1\ \mathrm{Aw} = 1\ \mathrm{Ws/Wb}$
Magnetische Feldkonstante		μ_0	$0{,}4\pi \cdot 10^{-6}\ \mathrm{H/m}$	$0{,}4\pi \cdot 10^{-6}\ \mathrm{Wb/m \cdot Aw}$
Elektromagnetische Feldkonstante		γ_0	1	$1\ \mathrm{Wb/Vs} = 1\ \mathrm{A/Aw}$
Wellenwiderstand		Z_0	$376{,}73\ \Omega$	$376{,}73\ \mathrm{Wb/As}$

Wichtige Konstanten [1]	
Äquivalentladung	$F = 9{,}648 \cdot 10^{7}$ As/k Mol
Elementarladung Elektronenladung	$e = 1{,}601 \cdot 10^{-19}$ As
Elektronenmasse (Ruhemasse)	$m_0 = 0{,}911 \cdot 10^{-27}$ g
Protonenmasse (Ruhemasse)	$m_p = 1{,}672 \cdot 10^{-24}$ g
Plancksches Wirkungsquantum	$h = 6{,}620 \cdot 10^{-34}$ Ws²
Boltzmannsche Konstante	$k = 1{,}380 \cdot 10^{-23}$ Ws
Loschmidtsche Zahl	$L = 6{,}023 \cdot 10^{23}$ 1/Mol
Bohrsches Magneton	$m_B = 1{,}160 \cdot 10^{-29}$ Wb · m
Elektrische Feldkonstante	$\epsilon_0 = 8{,}854 \cdot 10^{-12}$ F/m
Magnetische Feldkonstante	$\mu_0 = 1{,}256 \cdot 10^{-6}$ H/m
Wellenwiderstand (materiefreier Raum)	$Z_0 = 3{,}768 \cdot 10^{2}\ \Omega$
Lichtgeschwindigkeit (materiefreier Raum)	$c_0 = 2{,}998 \cdot 10^{8}$ m/s

[1] Auf etwa 1 v.T. abgerundet

Permittivität und Permeabilität einiger Stoffe

Relative Permittivität ϵ_r bei 20 °C			
Bakelit	4,8 bis 5,3	Papier trocken	1,8 bis 2,6
Bernstein	2,8	Pertinax	4,8 bis 5,4
Ebonit	2,6	Plexiglas	3,0
Glas	5 bis 12	Porzellan	5,0
Glimmer	5 bis 8	Polyäthylen	2,25
Hartpapier	4,0	Polystyrol	2,5
Holz	2,5 bis 6,8	Steatit	6,4
Kabelpapier in Öl	4,5	Styroflex	2,5
Kondensa	40 bis 80	Tempa	12,5 bis 16
Luft, Normalverh.	1,0006	Transformatoröl	2,2 bis 2,4
Marmor	8,3	Trolytul	2,4
Mikanit	4 bis 6	Wasser, dest.	80

Relative Permeabilität μ_r					
Kupfer	$1 - 10 \cdot 10^{-6}$	Diamagnetisch			
Quecksilber	$1 - 25 \cdot 10^{-6}$	Diamagnetisch	Aluminium	$1 + 22 \cdot 10^{-6}$	Paramagnetisch
Silber	$1 - 19 \cdot 10^{-6}$	Diamagnetisch	Luft (1 atm)	$1 + 0{,}4 \cdot 10^{-6}$	Paramagnetisch
Wasser	$1 - 9 \cdot 10^{-6}$	Diamagnetisch	Platin	$1 + 330 \cdot 10^{-6}$	Paramagnetisch
Wismut	$1 - 170 \cdot 10^{-6}$	Diamagnetisch	Palladium	$1 + 690 \cdot 10^{-6}$	Paramagnetisch
Zink	$1 - 12 \cdot 10^{-6}$	Diamagnetisch			

Sachverzeichnis

GPSR Compliance

The European Union's (EU) General Product Safety Regulation (GPSR) is a set of rules that requires consumer products to be safe and our obligations to ensure this.

If you have any concerns about our products, you can contact us on ProductSafety@springernature.com

In case Publisher is established outside the EU, the EU authorized representative is:

Springer Nature Customer Service Center GmbH
Europaplatz 3
69115 Heidelberg, Germany

Batch number: 10584556

Printed by Printforce, the Netherlands